한티 에너지 과학 시리즈

방사선안전관리를 위한

원자력안전법령

문주현 저

저자 소개

문주현 교수 동국대학교 원자력에너지시스템공학과

jhmoon86@naver.com

방사선안전관리를 위한

원자력안전법령

발행일 2017년 8월 31일 초판 1쇄

지은이 문주현
펴낸이 김준호
펴낸곳 한티미디어 | **주 소** 서울시 마포구 연남로 1길 67 1층
등 록 제15-571호 2006년 5월 15일
전 화 02)332-7993~4 | **팩 스** 02)332-7995
ISBN 978-89-6421-308-7(93360)
정 가 25,000원
인 쇄 이산문화사

마케팅 박재인 최상욱 김원국 | **편집** 이소영 박새롬 김현경 | **관리** 김지영

이 책에 대한 의견이나 잘못된 내용에 대한 수정정보는 한티미디어 홈페이지나 이메일로 알려주십시오.
독자님의 의견을 충분히 반영하도록 늘 노력하겠습니다.

홈페이지 www.hanteemedia.co.kr | **이메일** hantee@empal.com

머리말

원자력을 이용하는 과정에서 방사선이 방출되어 사람과 환경에 영향을 미칠 수 있기 때문에, 방사선 안전관리는 원자력 이용을 위한 핵심 기반이라고 할 수 있습니다. 이러한 방사선 안전관리의 핵심은 방사선에 의한 인체 및 환경 영향이 허용 가능한 수준임을 보장할 수 있는 기준을 먼저 마련하고, 관련된 모든 사람들이 이를 잘 이해하고 준수하도록 유도하는 것이라고 할 수 있습니다.

본서는 원자력안전법 중 원자력 비발전(非發電) 분야, 즉, 전기를 생산하는 분야를 제외한 분야와 관련된 내용을 담고 있습니다. 이렇게 발전(發電) 분야를 제외하고 비발전 분야의 내용만을 담고 있는 것은 본서가 방사성동위원소(RI) 취급자 일반면허, 특수면허, 그리고 감독자면허 시험을 준비하는 수험생과, 원자력공학과와 방사선학과의 원자력안전법 관련 과목을 수강하는 학생을 위한 교재로 사용될 수 있도록 하기 위해서입니다.

본서는 2017년 7월 현재 공개되어 있는 원자력안전법(비발전분야)의 내용과 형식을 바탕으로 구성하였습니다. 어떤 사안에 대한 전체적 내용을 쉽게 알아볼 수 있도록, 그 사안을 다루고 있는 원자력안전법(비발전분야) 조항과 함께, 그 하위법령인 원자력안전법 시행령과 시행규칙 등에서 다루고 있는 조항까지 볼 수 있게 편집하였습니다. 본서의 각 장 뒤에는 해당 장의 내용에 대한 이해도를 스스로 평가할 수 있도록 문제를 수록하였습니다.

마지막으로 본서를 출판하는데 도움을 주신 한티미디어 관계자 분들께 감사의 말씀을 드립니다.

2017년 7월

문주현

차례

CHAPTER 01

원자력안전위원회

CONTENTS

1. 구성

원자력을 이용하는 과정에서 방사선이 방출되어 사람과 환경이 영향을 받을 수 있기 때문에, 국가는 이런 상황의 발생을 예방하고, 혹시 그런 상황이 발생하더라도 그 피해가 최소화되도록 원자력 안전에 관한 법령을 마련하고 모든 원자력사업자에게 이를 준수하게 하고 있다. 2017년 7월 현재 원자력안전위원회 소관 원자력 안전 법령은 7개로서, 그 세부 사항은 <표 1-1>과 같다.

원자력 안전에 관한 법령의 제 · 개정 등 법령 관리와 사업자의 법령 이행 여부 확인 등의 업무를 담당하는 행정부처는 원자력안전위원회(www.nssc.go.kr)다. 원자력안전위원회는 다른 행정부처와 구별되는 특징이 있다. 우리나라 대부분의 행정부처는 의사결정 권한이 그 부처의 장에게 위임된 독임제(獨任制) 기관이지만, 원자력안전위원회는 9명의 위원으로 구성된 원자력안전위원회 - 행정부처명과 이 위원회의 이름이 같다 -의 합의로 의사결정이 이루어지는 합의제(合議制) 기관이다.

행정부처로서 원자력안전위원회는 현재 국무총리 소속으로, 합의기구인 원자력안전위원회와 이 위원회를 지원하고 행정사무를 담당하는 행정조직을 포함하고 있다. 따라서 원자력안전위원회는 합의기구인 원자력안전위원회 설치 및 운영에 관한 법률인 「원자력안전위원회의 설치 및 운영에 관한 법률」과 행정부처에 공통으로 적용되는 「정부조직법」의 적용을 받고 있다. 일상 업무나 생활 속에서

〈표 1-1〉 원자력안전위원회 소관 법령 현황

(2017년 7월 현재)

법률 명칭	주요 내용	제정일 (최초시행일)
원자력안전법	원자력 연구 · 개발 · 생산 · 이용에 따른 안전규제 전반에 관해 다른 법에서 정하고 있지 아니한 사항을 정함.	2011.07.25. (2011.10.26.)
원자력시설 등의 방호 및 방사능방재대책법	핵물질 및 원자력시설 방호체제를 강화하고 방사능재난 관리체계 구축에 대한 사항을 정함.	2003.05.15. (2004.2.16.)
생활주변 방사선 안전 관리법	국민이 일상생활에서 불필요한 방사선에 노출되지 않도록, 광물원료 생활제품 및 우주 등에서 발생하는 방사선 관리에 관한 사항을 정함.	2011.07.25. (2011.07.26.)
원자력손해배상법	원자력사고로 인한 손해의 배상을 위한 특별 불법행위 제도의 창설과 그 담보 방안 등을 정함.	1969.01.24. (1969.01.24.)
원자력손해배상계약에 관한 법률	책임보험으로 가입하지 못하는 손해를 담보하기 위해 사업자와 정부 간에 체결하는 보상계약에 관한 사항을 정함.	1975.04.07. (1975.04.07.)
원자력안전위원회 설치 및 운영에 관한 법률	원자력안전위원회 설치에 관한 사항을 정함.	2011.07.25. (2011.10.26.)
한국원자력안전기술원법	원자력안전규제전문기관인 한국원자력안전기술원의 설립, 운영에 관한 사항을 정함.	1989.12.30. (1989.12.30.)

이름이 같은 두 조직이 혼용되고 있으므로, 둘 중 어느 것을 의미하는지는 전후 맥락을 통해 파악해야 한다.

합의기구인 원자력안전위원회는 「원자력안전위원회의 설치 및 운영에 관한 법률」 제4조(위원회의 구성 등)에 따라, 위원장(정무직)을 포함하여 9명의 위원으로 구성돼 있다. 위원장 및 위원 1명은 상임위원이며 나머지는 비상임위원이다. 위원장은 국무총리의 제청으로 대통령이 임명하고, 상임위원을 포함한 4명의 위원은 위원장이 제청하여 대통령이 임명 또는 위촉하며, 나머지 4명의 위원은 국회에서 추천하여 대통령이 임명 또는 위촉한다. 위원의 임기는 3년으로 하며, 1회에 한하여 연임할 수 있다.

위원장은 위원회를 대표하고, 원자력안전위원회의 회의를 주재하며, 소관 사무를 총괄한다. 필요한 경우, 위원장은 국무회의에 출석하여 발언할 수 있으며, 그 소관 사무에 관하여 국무총리에게 의안의 제출을 건의할 수 있다. 위원장은 국회에 출석하여 위원회의 소관 사무에 관하여 의견을 진술할 수 있으며, 국회의 요구가 있을 때에는 출석하여 보고하거나 답변해야 한다. 위원장이 부득이한 사유로 직무를 수행할 수 없을 때에는 상임위원인 위원이 그 직무를 대행하고, 상임위원 모두가 부득이한 사유로 직무를 수행할 수 없을 때에는 위원회가 미리 정한 위원이 위원장의 직무를 대행한다. 국회는 위원장이 그 직무를 집행함에 있어 헌법이나 법률을 위반한 때에는 탄핵의 소추를 의결할 수 있다.

위원은 원자력안전에 관한 식견과 경험이 풍부한 사람 중에서 임명하거나 위촉하되, 원자력 · 환경 · 보건의료 · 과학기술 · 공공안전 · 법률 · 인문사회 등 원자력안전에 이바지할 수 있는 관련 분야 인사가 고루 포함되도록 위촉한다. 다만, 동법 제10조(결격사유)에 따라, 다음 중 어느 하나에 해당하는 사람은 위원이 될 수 없다.

- 「국가공무원법」 제33조 각 호의 어느 하나에 해당하는 사람
- 탄핵결정에 따라 파면된 사람
- 「정당법」 제22조에 따른 당원
- 최근 3년 이내 원자력이용자, 원자력이용단체의 장 또는 그 종업원으로서 근무하였거나 근무하고 있는 사람
- 최근 3년 이내 원자력이용자 또는 원자력이용단체로부터 연구개발과제를 수탁하는 등 원자력이용자 또는 원자력이용단체가 수행하는 사업에 관여하였거나 관여하고 있는 사람

위원은 다음 중 어느 하나에 해당하는 경우를 제외하고는 그 의사에 반하여 면직되지 아니한다.

- 장기간 심신장애로 인하여 직무를 수행할 수 없게 된 경우
- 「원자력안전위원회의 설치 및 운영에 관한 법률」 제10조(결격사유)에 해당하는 경우
- 이 법 또는 그 밖의 다른 법률에 따른 직무상의 의무를 위반한 경우
- 이 법 또는 그 밖의 다른 법률에 따른 위원회의 소관 직무와 관련하여 부당한 이득을 취한 경우
- 위원은 직무를 집행함에 있어 부당한 지시나 간섭을 받지 아니한다.

위와 같이 위원의 신분은 보장이 되지만, 이에 준하여 다음과 같은 의무가 부과된다.

- 상임위원은 공무 외의 영리를 목적으로 하는 업무에 종사하지 못하며 다른 직무를 겸할 수 없다.
- 위원은 정치활동에 관여할 수 없다.

2. 소관업무

원자력안전위원회의 소관 사무는 원자력안전관리에 관한 사항, 원자력안전관리에 따른 연구 · 개발에 관한 사항 등을 포함하며, 동법 제12조(위원회의 심의 · 의결사항)에 의해 소관 사무 중 다음 사항을 심의 · 의결하고 재적의원 과반수의 찬성으로 의결한다.

- 원자력안전관리에 관한 사항의 종합 · 조정
- 원자력안전법 제3조에 따른 원자력안전종합계획의 수립에 관한 사항
- 핵물질 및 원자로의 규제에 관한 사항
- 원자력이용에 따른 방사선피폭으로 인한 장해의 방어에 관한 사항
- 원자력이용자의 허가 · 재허가 · 인가 · 승인 · 등록 및 취소 등에 관한 사항[1*]
- 원자력이용자의 금지행위에 대한 조치 및 과징금 부과에 관한 사항
- 원자력안전관리에 따른 경비의 추정 및 배분계획에 관한 사항
- 원자력안전관리에 따른 조사 · 시험 · 연구 · 개발에 관한 사항
- 원자력안전관리에 따른 연구자 · 기술자의 양성 및 훈련에 관한 사항
- 방사성폐기물의 안전관리에 관한 사항
- 방사선재해대책에 관한 사항
- 원자력안전 관련 국제협력에 관한 사항
- 위원회의 예산 편성 및 집행에 관한 사항
- 소관 법령 및 위원회규칙의 제정 · 개정 및 폐지에 관한 사항
- 이 법 또는 다른 법률에 따라 위원회의 심의 · 의결 사항으로 정한 사항

1* 허가: 법령에 의해 일반적으로 금지되어 있는 행위를 일정한 요건을 갖춘 특정인(자연인 또는 법인)에 대해 해제하는 행정 처분. 예, 건축 허가, 영업 허가 등.
인가: 제3자의 법률행위를 보충하여 그 법률상 효력을 완성시켜 주는 행정 행위. 예, 사립학교 등 법인 설립의 인가, 사업 양도의 인가 등.
승인: 타인의 행위에 대해 긍정적 의사를 표시하는 행위. 예, 채무 승인 등
등록: 일정한 법률 사실이나 법률관계를 행정청 등 특정한 등록 기관에 비치된 장부에 기재하는 일. 등록은 어떤 사실이나 법률관계의 존재를 공적으로 공시 또는 증명하는 공증행위에 속함.

3. 전문위원회

원자력안전위원회는 그 소관 사무의 실무적인 자문이나 심의 · 의결 사항에 관한 사전검토 또는 위원회로부터 위임받은 사무의 효율적 수행을 위해 전문위원회를 둘 수 있다.

전문위원회는 위원장 1명을 포함한 15명 이내의 위원으로 구성한다. 전문위원회 위원장은 전문위원회 위원 중에서 원자력안전위원회 위원장이 지명하고, 전문위원회 위원은 △원자력에 관한 학식과 경험이 풍부한 사람 △관계 기관의 직원으로 위촉하거나 임명한다. 전문위원회 위원의 임기는 2년으로 하며, 한 차례 연임할 수 있다.

전문위원회의 회의는 재적위원 과반수의 출석으로 열고, 출석위원 과반수의 찬성으로 의결한다. 원자력안전위원회는 이 전문위원회와는 별도로 다음 중 하나에 해당하는 경우에는 별도의 전문위원회를 구성하여 조사하게 할 수 있다.

- 원자력 관계시설의 안전계통에서 중대한 사고가 발생한 경우
- 방사선으로 인한 환경오염사고가 발생한 경우
- 방사선에 의한 중대한 피폭사고가 발생한 경우
- 상기 세 가지 경우에 준하는 국외의 방사능 사고가 발생한 경우 또는 방사선 오염이 확산되는 경우

이 이외에 원자력안전위원회와 원자력안전전문위원회의 설치 및 운영에 관한 세부사항은 「원자력안전위원회의 설치 및 운영에 관한 법률」과 「원자력안전위원회의 설치 및 운영에 관한 법률 시행령」에서 찾아볼 수 있다.

01 **다음 중 원자력안전위원회 소관 법령이 아닌 것은?**

① 원자력안전법
② 생활주변 방사선 안전 관리법
③ 원자력손해배상법
④ 방사성폐기물 관리법

02 **행정부처로서 원자력안전위원회는?**

① 독임제 기관이다.
② 합의제 기관이다.
③ 행정조직을 갖고 있지 않다.
④ 위원장이 의사결정의 권한을 갖는다.

03 **원자력안전위원회에 대한 설명으로 틀린 것은?**

① 국무총리 소속이다.
② 위원장을 비롯하여 9명의 위원으로 구성한다.
③ 위원장은 위원 중 호선하여 정한다.
④ 위원장과 위원 1명을 상임위원으로 한다.

04 **원자력안전위원회 위원의 임기는?**

① 1년, 1회 연임 가능
② 2년, 1회 연임 가능
③ 3년, 1회 연임 가능
④ 5년, 1회 연임 가능

05 **원자력안전위원회 위원에 대한 설명으로 틀린 것은?**

① 위원장과 상임위원 1인은 국무총리가 제청하여 대통령이 임명한다.
② 위원장으로 비롯하여 9명으로 구성한다.
③ 위원의 임기는 3년으로 하되, 1회에 한하여 연임할 수 있다.
④ 위원 중 4명은 국회에서 추천하여 대통령이 임명 또는 위촉한다.

06 원자력안전위원회 위원이 면직될 수 없는 경우는?

① 장기간 심신장애로 인하여 직무를 수행할 수 없는 경우
② 탄핵결정에 따라 파면된 경우
③ 최근 3년 이내 원자력이용자로부터 연구개발과제를 수탁한 경우
④ 원자력위원회 소관 업무를 수행한 후 수당을 수령한 경우

07 원자력안전위원회의 소관업무가 아닌 것은?

① 원자력안전관리에 관한 사항의 종합 · 조정
② 원자력진흥종합계획의 수립에 관한 사항
③ 방사선재해대책에 관한 사항
④ 방사성폐기물의 안전관리에 관한 사항

08 원자력안전위원회에 대한 설명으로 맞는 것은?

① 위원장은 위원 중 호선하여 정한다.
② 위원장은 국회에 출석하여 보고하거나 답변할 의무가 없다.
③ 위원장이 부득이한 사유로 직무를 수행할 수 없을 때는 상임위원이 대행한다.
④ 위원장은 어떤 경우든 국회의 탄핵소추를 받지 않는다.

09 원자력안전전문위원회에 대한 설명으로 틀린 것은?

① 원자력안전위원회 소관 사무에 대한 자문과 사전검토를 한다.
② 원자력안전전문위원회의 위원장은 원자력안전위원회 위원장이 지명한다.
③ 재적위원 과반수 출석과 출석위원 과반수 찬성으로 의결한다.
④ 원자력안전전문위원회와는 별도로 다른 전문위원회를 구성할 수 없다.

10 **원자력안전전문위원회 대한 설명으로 맞는 것은?**

① 위원장 1인을 포함한 15명 이내의 위원으로 구성한다.

② 전문위원회 위원의 임기는 3년이며, 한 차례 연임할 수 있다.

③ 전문위원회 회의는 재적위원 과반수 찬성으로 의결한다.

④ 일본에서 일어난 방사능 사고는 별도 전문위원회 조사대상이 아니다.

CHAPTER 02

원자력안전법

CONTENTS

1. 원자력안전법 체계

다른 법령과 마찬가지로 원자력안전법령도 「법-시행령-시행규칙(기술기준 규칙)-고시」의 위계로 이루어져 있다. 상위 법령은 일반적이고 포괄적인 내용을 담고 있으며, 세부 내용은 하위 법령에서 정하도록 위임을 하고 있다. 아래의 예처럼, 하위 법령으로 내려 갈수록 보다 구체적이고 기술적인 사항들을 담고 있다.

상 · 하위 법령 간 관계의 예

【원자력안전법】

제2조(정의)

3. "핵연료물질"이란 우라늄 · 토륨 등 원자력을 발생하는 물질로서 **대통령령으로 정하는 것**을 말한다.

【원자력안전법 시행령】

제3조(핵연료 물질)

「원자력안전법」 제2조제3호에서 "**대통령령으로 정하는 것**"이란 다음 각 호의 것을 말한다.

1. 우라늄 238에 대한 우라늄 235의 비율이 천연혼합률과 같은 우라늄 및 그 화합물
2. 우라늄 238에 대한 우라늄 235의 비율이 천연혼합률에 미달하는 우라늄 및 그 화합물
3. 토륨 및 그 화합물
4. 제1호부터 제3호까지의 규정에 해당하는 물질이 하나 이상 함유된 물질로서 원자로의 연료로 사용할 수 있는 물질
5. 우라늄 238에 대한 우라늄 235의 비율이 천연혼합률을 초과하는 우라늄 및 그 화합물
6. 플루토늄 및 그 화합물
7. 우라늄 233 및 그 화합물
8. 제5호부터 제7호까지의 규정에 해당하는 물질이 하나 이상 함유된 물질

어떤 사안에 대한 규제요건의 전체를 파악하려면, 상위 법령뿐만 아니라 그 법령에서 하위 법령으로 위임한 사항들을 찾아서 확인해야 한다. 대부분의 하위 법령 조항에는 그 조항이 만들어진 근거가 되는 상위 법령의 조항을 인용하고 있다. 앞의 예를 보면, 원자력안전법 시행령 제3조의 근거는 「원자력안전법」 제2조제3호이다. 이처럼 하위 법령 조항에서 인용하고 있는 근거 조항들을 활용하면, 상 · 하위 법령 조항 사이의 연계를 파악하는 데 도움이 된다.

원자력안전법령 간 위계를 정리하면 아래와 같다.

- 원자력안전법: 원자력안전법은 법률로서 법률 제정권은 국회에 있으나, 법률안 제출은 국회의원과 정부가 할 수 있다.
- 원자력안전법 시행령: 원자력안전법 시행령은 대통령령으로서, 원자력안전법에서 위임된 사항 및 그 시행에 필요한 사항과 원자력진흥법 제17조제2항에 따른 원자력안전규제계정의 관리 운용에 필요한 사항을 규정하고 있다.

- 원자력안전법 시행규칙: 원자력안전법 시행규칙은 총리령으로서, 원자력안전법 및 동법 시행령에서 위임된 사항과 그 시행에 필요한 인 · 허가 절차, 신청방법 등을 규정하고 있다.
- 기술기준 규칙: 기술기준 규칙은 부령, 즉, 원자력안전위원회 규칙에 해당하며, 원자력안전법 및 동법 시행령으로부터 위임된 사항 중 원자로시설, 방사선 안전관리에 대한 기술기준에 관한 사항을 규정하고 있다. 원자력안전위원회 기술기준 규칙으로는 '원자로시설 등의 기술기준에 관한 규칙'과 '방사선 안전관리 등의 기술기준에 관한 규칙'이 있다.
- 원자력안전위원회 고시: 원자력안전법, 동법 시행령 및 시행규칙 또는 기술기준 규칙에서 위임한 사항과 그 시행에 필요한 기술기준과 행정절차에 관한 사항을 상세히 정하고 있다. 2017.7.1. 현재 원자력안전법과 관련한 고시는 총 93건이 있으며, 이를 적용분야에 따라 구분해 보면 <표 2-1>과 같다.

〈표 2-1〉 원자력안전법 관련 고시 현황

기술 분야*	원자력안전법의 장	적용 분야	고시건수
원자로	제3장 원자로 및 관계시설의 건설 · 운영	발전용, 연구용 원자로 등	34
방사선	제5장 방사성동위원소 및 방사선발생장치	방사성동위원소, 방사선발생 장치 사용허가 등	20
폐기물	제6장 폐기 및 운반	폐기물시설, 포장 및 운반 등	20
선량	제7장 방사선피폭선량의 판독 등	판독업무자의 등록 및 취소, 피폭 관리 등	4
면허	제8장 면허 및 시험	면허시험, 교육훈련 등	4
규제	제9장 규제 · 감독	계량관리 등	5
보칙	제10장 보칙	권한의 위탁 등	7
		합계	94

*기술 분야는 원자력안전법의 장을 기준으로 하여 분류한 것임.

2017.7.1. 현재 모든 원자력안전위원회(약칭하여 '원안위'라고 한다) 고시를 기술 분야에 따라 정리하면 <표 2-2>와 같다.[1*]

1* 고시를 비롯한 원자력안전법령은 제 · 개정 수요에 따라 수시로 제 · 개정되므로, 최신 법령은 원자력안전위원회(www.nssc.go.kr) 또는 한국원자력안전기술원(www.kins.re.kr) 홈페이지를 방문하여 확인해야 한다.

〈표 2-2〉 원자력안전위원회 고시 총괄표

(2017.7.1. 현재)

법령번호	관리번호	고시 명칭
【원자로 분야: 34건】		
제2017-05호	원자로.03	운영기술지침서의 작성에 관한 기준
제2014-10호	원자로.04	원자로시설의 위치에 관한 기술기준
제2016-04호	원자로.06	원자력이용시설 방사선환경영향평가서 작성 등에 관한 규정
제2014-12호	원자로.07	원자력이용시설 주변의 방사선환경조사 및 방사선환경영향평가에 관한 규정
제2016-30호	원자로.09	기타 원자로의 안전에 관계되는 시설에 관한 규정
제2015-07호	원자로.10	원자력시설의 검사지적사항 처리에 관한 규정
제2014-14호	원자로.14	원자로압력용기 감시시험 기준
제2016-10호	원자로.15	원자로시설의 안전등급과 등급별 규격에 관한 규정
제2016-11호	원자로.16	원자로시설의 가동중 검사에 관한 규정
제2017-10호	원자로.19	원자력이용시설의 사고고장 발생시 보고공개 규정
제2014-18호	원자로.20	원자로시설 주요부품의 내압시험에 관한 기준
제2016-12호	원자로.23	원자로시설의 안전밸브 및 방출밸브에 관한 기준
제2014-21호	원자로.24	가압경수로의 비상노심냉각계통의 성능에 관한 기준
제2014-22호	원자로.25	원자로격납건물 기밀시험에 관한 기준
제2016-13호	원자로.26	원자로시설의 품질보증 세부요건에 관한 기준
제2016-06호	원자로.27	원자로시설의 사용전검사에 관한 규정
제2014-25호	원자로.29	원자로시설 부지의 기상조건에 관한 조사평가기준
제2014-26호	원자로.30	원자로시설 부지의 수문 및 해양특성에 관한 조사평가 기준
제2015-12호	원자로.31	화재방호계획의 수립 및 이행에 관한 규정
재2015-11호	원자로.32	화재위험도분석에 관한 기술기준
제2016-14호	원자로.33	안전관련 펌프 및 밸브의 가동중 시험에 관한 규정
제2017-09호	원자로.34	원자로시설의 정기검사 대상 및 방법에 관한 규정
제2014-31호	원자로.35	원자로시설의 계속운전 평가를 위한 기술기준 적용에 관한 지침
제2014-32호	원자로.36	원자력시설 주변에 산업시설 등의 설치협의에 관한 규정
제2014-33호	원자로.37	원자로시설의 설치 및 운영에 관한 기술능력설명서 작성에 관한 지침
제2016-31호	원자로.38	발전용원자로시설의 계기 및 방사선측정기 검 · 교정에 관한 규정
제2015-07호	원자로.39	원자로시설 안전관련설비의 공급자 등 검사에 관한 규정
제2014-80호	원자로.40	부적합사항의 보고에 관한 규정

〈표 2-2〉 (계속) 원자력안전위원회 고시 총괄표

법령번호	관리번호	고시 명칭
제2015-08호	원자로.41	원자력이용시설 해체계획서 등의 작성에 관한 규정
제2016-02호	원자로.42	사고관리 범위 및 사고관리능력 평가의 세부기준에 관한 규정
제2016-03호	원자로.43	사고관리계획서 작성방법에 관한 규정
제2016-32호	원자로.44	원자력이용시설 해체상황 확인점검 방법 등에 관한 규정 제정안
제2016-33호	원자로.45	원자력이용시설 해체완료 후 부지 및 잔존건물 재이용을 위한 기준
제2017-04호	원자로.46	발전용원자로 및 관계시설의 액체 및 기체상태의 방사성물질등의 배출계획서 작성에 관한 규정
【방사선 분야: 20건】		
제2016-16호	방사선.01	방사선방호 등에 관한 기준
제2014-35호	방사선.02	방사선발생장치 추가 적용대상에 관한 규정
제2014-82호	방사선.03	원자력사업자의 방사선비상대책에 관한 규정
제2014-36호	방사선.05	방사선안전보고서 작성지침
제2016-17호	방사선.06	방사선안전관리 업무대행 권역구분 및 업무대행규정 작성지침
제2014-38호	방사선.07	방사성동위원소에서 제외되는 물질 등에 관한 규정
제2014-39호	방사선.08	방사선발생장치에서 제외되는 용도 및 용량 등에 관한 규정
제2014-40호	방사선.09	사용허가 대상에서 제외되는 핵연료물질의 종류 및 수량 등에 관한 규정
제2015-05호	방사선.10	의료분야의 방사선 안전관리에 관한 기술기준
제2014-42호	방사선.11	방사선원의 누설점검에 관한 기술기준
제2016-22호	방사선.13	방사선기기의 설계승인 및 검사에 관한 기준
제2016-18호	방사선.14	안전관리규정 작성지침
제2014-44호	방사선.15	방사성동위원소등의 허가사용자 및 업무대행자에 대한 정기검사 면제에 관한 규정
제2014-45호	방사선.16	방사성동위원소 판매자의 준수 규정
제2014-46호	방사선.18	원자력시설등의 방호검사에 관한 규정
제2014-83호	방사선.19	물리적방호규정등의 작성내용의 항목별 세부작성기준
제2014-47호	방사선.20	방사성동위원소등의 생산에 관한 기준
제2014-48호	방사선.21	원자력사업자의 방사능방재 검사에 관한 규정
제2014-49호	방사선.22	생활주변방사선 안전관리에 관한 규정
제2015-06호	방사선.23	방사성동위원소 보안관리에 관한 규정
【폐기물 분야 : 20건】		
제2014-50호	폐기물.02	방사성물질등의 포장 및 운반에 관한 규정

〈표 2-2〉 (계속) 원자력안전위원회 고시 총괄표

법령번호	관리번호	고시 명칭
제2014-51호	폐기물.04	중저준위 방사성폐기물 처분시설의 위치에 관한 기술기준
제2014-52호	폐기물.05	사용후핵연료 중간저장시설의 위치에 관한 기술기준
제2014-53호	폐기물.06	중저준위 방사성폐기물 천층처분시설의 구조 및 설비에 관한 기준
제2015-04호	폐기물.07	중저준위 방사성폐기물 인도규정
제2014-55호	폐기물.10	방사성폐기물 폐기시설 품질보증기준
제2016-25호	폐기물.11	중저준위 방사성폐기물 처분시설에 관한 방사선 위해방지기준
제2014-57호	폐기물.13	중저준위 방사성폐기물 처분시설 부지특성보고서 작성 지침
제2014-59호	폐기물.15	사용후핵연료 인도규정
제2014-03호	폐기물.16	방사성폐기물 분류 및 자체처분 기준에 관한 규정
제2017-06호	폐기물.18	중저준위 방사성폐기물 소각기준
제2014-61호	폐기물.19	방사성물질 운반용기의 제작검사 및 사용검사에 관한 규정
제2014-62호	폐기물.20	방사성폐기물 처리설비의 구조 및 설비에 관한 기술기준
제2016-26호	폐기물.21	중저준위 방사성폐기물 처분시설 운영 등에 관한 기술기준
제2016-24호	폐기물.22	중저준위 방사성폐기물 처분시설의 안전성분석보고서 작성 지침
제2014-65호	폐기물.23	중저준위 방사성폐기물 처분검사에 관한 규정
제2014-66호	폐기물.24	중저준위 방사성폐기물 운송선박의 방사선안전관리 등에 관한 기술기준
제2015-19호	폐기물.25	사용후핵연료 중간저장시설의 구조 및 설비에 관한 세부 기술기준
제2015-20호	폐기물.26	사용후핵연료 중간저장시설의 구조 및 설비에 관한 세부 기술기준
제2016-27호	폐기물.27	고준위방사성폐기물 심층처분시설에 관한 일반기준
【선량 분야 : 4건】		
제2016-19호	선량.01	판독업무 등록기준 및 검사에 관한 규정
제2014-68호	선량.02	외부피폭선량 판독에 관한 품질보증계획서 작성 기준
제2016-15호	선량.03	개인 피폭방사선량의 평가 및 관리에 관한 규정
제2014-70호	선량.04	내부피폭방사선량의 측정 및 산출에 관한 규정
【면허 분야 : 4건】		
제2014-71호	면허.01	원자력관계 면허시험 시행에 따른 경력(교육훈련 포함)의 내용 및 산출방법 등에 관한 규정
제2014-72호	면허.07	방사능방재교육에 관한 규정
제2014-73호	면허.08	원자력통제교육에 관한 규정
제2014-86호	면허.09	물리적방호 교육 및 훈련에 관한 규정

〈표 2-2〉 (계속) 원자력안전위원회 고시 총괄표

법령번호	관리번호	고시 명칭
【규제 분야 : 5건】		
제2014-74호	규제.01	국제규제물자의 대상에 관한 규정
제2014-05호	규제.02	특정핵물질의 계량관리규정 작성에 관한 규정
제2014-06호	규제.03	특정핵물질의 계량관리 검사에 관한 규정
제2014-75호	규제.04	국제규제물자등의 보고에 관한 규정
제2014-84호	규제.05	핵물질수출입요건확인요령
【보칙 분야 : 7건】		
제2016-21호	보칙.01	원자력손해배상보상계약약관
제2014-77호	보칙.03	위탁업무취급자의 자격기준
제2014-78호	보칙.04	방사선작업종사자 등의 업무상 질병 인정범위에 관한 규정
제2016-28호	보칙.05	원자력안전관리부담금에 관한 규정
제2016-23호	보칙.07	원자력안전 위반행위 신고자 등에 대한 포상금지급에 관한 규정
제2015-17호	보칙.08	원자력안전관리비용에 관한 규정
제2016-08호	보칙.09	원자력안전정보의 적극적인 정보공개에 관한 규정 제정안

2. 원자력안전법 조항의 명칭 및 구성

다른 법과 마찬가지로 원자력안전법령의 조문을 보면, 서로 다른 구분기호를 앞에 표시하고 문장이 적혀 있는 것을 알 수 있다. 구분기호에 따라 조문을「조 → 항 → 호 → 목」순으로 호칭을 하며, 그 이하에 대해서는 별도의 호칭을 붙이지 않는다. 이 명칭 순서의 앞에 두 개를 따서, 법률의 조문을 조항이라고 통칭한다. 각 법령의 조항은 다음 원칙에 따라 작성을 한다.[2*]

- 법령의 본칙은 조(條)로 구분한다. '조'는 제1조, 제2조 등과 같이 표시한다.
- 조문 하나에 여러 가지 내용을 규정할 필요가 있거나 세분하여 규정할 필요가 있으면 조문을 '항'이나 '호'로 구분한다. '항'은 반드시 완성된 형식의 문장으로 하고, ①, ② 등으로 시작한다.
- '호'는 어떤 '조'나 '항' 중에서 규율하려는 내용을 열거하여 규정할 필요가 있을 때 사용한다. 다만, '호'로 열거하는 것보다 '조'나 '항'의 본문 또는 단서(전단 또는 후단[3*]) 부분에서 직접 열거

2* http://blog.naver.com/jung6390/220303052194 참조

3* 항의 문장이 두 개로 이루어진 경우, 첫 번째 문장을 '전단'이라고 하며, 두 번째 문장을 '후단'이라고 한다. 그리고 조항에서 한 문장이 끝난 후, '단' 또는 '다만'으로 시작되는 문장을 그 조항의 '단서 조항'이라고 한다.

하는 것이 더 합리적이라고 인정되면 '호'를 두지 않을 수 있다. '호'는 단어나 어절 또는 '… 할 것' 등과 같이 표현하며, '…한다.'와 같은 표현방식은 원칙적으로 사용하지 않는다. 다만 호에 단서를 붙일 경우에는 '…한다.'와 같은 표현 방식을 사용할 수 있다. '호'는 '1.', '2.' 등으로 시작한다.

- '호'를 다시 세분하여 정하거나 열거할 필요가 있으면 '목'으로 나누어 규정한다. '목'은 단어나 어절 또는 '…할 것' 등과 같이 표현하며, '…한다.'와 같은 표현 방식은 원칙적으로 사용하지 않는다. '목'은 가. 나. 등으로 시작한다.
- '목'을 세분하여 열거할 필요가 있으면 1), 2) …를 사용하고, 1), 2) …를 다시 세분할 필요가 있는 경우에는 가), 나) …를 사용한다.

원자력안전법령 조항의 명칭

【원자력안전법 시행령】

('조') → **제25조의3(성능검증관리기관의 지정기준 등)**

(*'항', '제1항'이라고 한다.*) → ① 법 제15조의4제4항에 따른 성능검증관리기관의 지정기준은 다음 각 호와 같다.

(*'호', '제1호'라고 한다.*) → 1. 성능검증기관을 효율적으로 관리하는데 필요한 상설 전담조직을 갖출 것

(*'제2호'라고 한다.*) → 2. 성능검증기관을 관리할 수 있는 다음 각 목의 전문 인력을 모두 확보할 것

(*'목', '제가목'이라고 한다.*) → 가. 다음의 어느 하나에 해당하는 사람 중 1명 이상

(*별도의 명칭이 없다.*) → 1) 「국가기술자격법」에 따른 방사선관리기술사 또는 원자력발전기술사 자격을 취득한 후 3년 이상 원자력 분야에 종사한 경력이 있는 사람

…

원자력안전법령 조항 중 전단/후단 및 단서 조항의 예

【원자력안전법】

제15조(계량관리규정)

① (*전단*) → 제10조제1항에 따라 허가를 받은 자(이하 "발전용원자로설치자"라 한다)는 대통령령으로 정하는 바에 따라 국제규제물자 중 핵물질(이하 "특정핵물질"이라 한다)의 계량관리규정을 정하여 특정핵물질의 사용개시 전에 위원회의 승인을 받아야 한다. (*후단*) → 이를 변경하려는 때에도 또한 같다. (*단서 조항*) → 다만, 총리령으로 정하는 경미한 사항을 변경하려는 때에는 이를 신고하여야 한다.

연습문제

01 원자력안전법령에 대한 설명으로 틀린 것은?

① 원자력안전법은 법률로서 제정권은 국회에 있다.
② 원자력안전법 법률안 제출은 국회의원만 할 수 있다.
③ 원자력안전법 시행령은 대통령령이다.
④ 원자력안전법 시행규칙은 총리령이다.

02 원자력안전법에 대한 설명으로 맞는 것은?

① 원자력안전법-시행규칙-시행령 순의 법체계를 갖고 있다.
② 정부는 원자력안전법 법률안을 제출할 수 없다.
③ 원자력안전위원회는 기술기준과 행정절차에 관한 사항을 고시로 정할 수 있다.
④ 원자력안전법에서는 세부적인 사항을 하위 법령에 위임할 수 없다.

03 원자력안전법 조항에 대한 설명으로 틀린 것은?

① 법령의 본칙은 조로 구분한다.
② 항은 반드시 완성된 형식의 문장으로 한다.
③ 호는 어떤 경우든 '… 한다'와 같은 표현을 써서는 안 된다.
④ 조문을 조→항→호→목의 순으로 호칭한다.

04 다음 원자력안전법 조문 중 단서조항에 해당하는 부분은?

제10조(건설허가) ① 발전용원자로 및 관계시설을 건설하려는 자는 대통령령으로 정하는 바에 따라 위원회의 허가를 받아야 한다. 허가받은 사항을 변경하려는 때에도 또한 같다. 다만, 총리령으로 정하는 경미한 사항을 변경하려는 때에는 이를 신고하여야 한다.

① 발전용원자로 및 관계시설을 건설하려는 자는 대통령령으로 정하는 바에 따라 위원회의 허가를 받아야 한다.
② 허가받은 사항을 변경하려는 때에도 또한 같다.
③ 다만, 총리령으로 정하는 경미한 사항을 변경하려는 때에는 이를 신고하여야 한다.
④ 이 조문에는 단서조항이 없다.

CHAPTER 03

용어

CONTENTS

원자력안전법도 다른 법과 마찬가지로 제1조에는 원자력안전법의 제정 취지와 목적을 기술하고 있다. 원자력안전법 제1조(목적)에 의하면, 동법(同法)은 "원자력의 연구 · 개발 · 생산 · 이용 등에 따른 안전관리에 관한 사항을 규정하여 방사선에 의한 재해의 방지와 공공의 안전을 도모함"을 목적으로 하고 있다.

원자력안전법 제2조(정의)에서는 동법에서 사용하는 용어를 정의하고 있다. 이처럼 법의 서두에 용어를 배치하는 것은 그 법에서 사용하는 용어의 뜻을 분명히 밝히는 목적 이외에, 그 법의 적용 대상과 범위를 분명히 하려는 목적도 있다. 이 때문에 법에서 정의한 용어가 일반적 정의나 과학적 정의와 일치하지 않을 수도 있다. 어떤 법에서 정한 정의는 그 법과 그 법의 하위법령에서만 유효하다.

용어의 정의 등을 법 자체에서 할 수도 있지만, 하위 법령에 구체적 사항을 위임하여 정의할 수도 있다. 아래의 예처럼, 법에서 '대통령령으로 정하는 것'이라 함은 시행령에서 상세 사항을 규정한다는 것을 의미하며, 법 또는 시행령에서 '총리령으로 정하는 것' 또는 '원자력안전위원회규칙으로 정하는 것'이라 함은 그 하위 법령인 시행규칙이나 원자력안전위원회 규칙에서 상세 사항을 규정한다는 것을 나타낸다. 법, 시행령 또는 시행규칙 등에서 '위원회가 정하는 …', '위원회가 정하여 고시하는 것' 등으로 말하는 것은 원자력안전위원회 고시에서 상세 사항을 규정한다는 것을 의미한다.

용어 정의를 하위 법령에 위임한 예

【원자력안전법】

제2조(정의)

6. "방사성동위원소"란 방사선을 방출하는 동위원소와 그 화합물 중 **대통령령으로 정하는 것**을 말한다.

【원자력안전법 시행령】

제5조(방사성동위원소)

법 제2조제6호에서 **"대통령령으로 정하는 것"**이란 동위원소의 수량과 농도가 **위원회가 정하는** 수량과 농도를 초과하는 물질로서 다음 각 호의 물질을 제외한다.

1. 법 제2조제3호에 따른 핵연료 물질
2. 법 제2조제4호에 따른 핵원료 물질
3. 방사성물질 또는 이를 내장한 장치 중 방사선장행의 우려가 없는 것으로 **위원회가 정하여 고시하는 것**

이 장에서는 원자력안전법과 그 하위 법령에서 사용하고 있는 주요 용어의 정의를 살펴보기로 한다.

1. 원자력안전법에서의 용어 정의

제2조(정의) 이 법에서 사용하는 용어의 뜻은 다음과 같다.

1. **"원자력"**이란 원자핵 변화의 과정에 있어서 원자핵으로부터 방출되는 모든 종류의 에너지를 말한다.
2. **"핵물질"**이란 핵연료물질 및 핵원료물질을 말한다.
3. **"핵연료물질"**이란 우라늄 · 토륨 등 원자력을 발생할 수 있는 물질로서 **대통령령**으로 정하는 것을 말한다.

⇒ **대통령령 : 시행령[1*] 제3조(핵연료물질)**「원자력안전법」(이하 "법"이라 한다) 제2조제3호에서 "대통령령으로 정하는 것"이란 다음 각 호의 것을 말한다.

1. 우라늄 238에 대한 우라늄 235의 비율이 천연혼합률과 같은 우라늄 및 그 화합물
2. 우라늄 238에 대한 우라늄 235의 비율이 천연혼합률에 미달하는 우라늄 및 그 화합물
3. 토륨 및 그 화합물
4. 제1호부터 제3호까지의 규정에 해당하는 물질이 하나 이상 함유된 물질로서 원자로의 연료로 사용할 수 있는 물질
5. 우라늄 238에 대한 우라늄 235의 비율이 천연혼합률을 초과하는 우라늄 및 그 화합물
6. 플루토늄 및 그 화합물
7. 우라늄 233 및 그 화합물
8. 제5호부터 제7호까지의 규정에 해당하는 물질이 하나 이상 함유된 물질

4. **"핵원료물질"**이란 우라늄광 · 토륨광과 그 밖의 핵연료물질의 원료가 되는 물질로서 **대통령령**으로 정하는 것을 말한다.

⇒ **대통령령 : 시행령 제4조(핵원료물질)** 법 제2조제4호에서 "대통령령으로 정하는 것"이란 우라늄 및 그 화합물 또는 토륨 및 그 화합물을 함유한 물질로서 핵연료물질 외의 물질을 말한다.

5. **"방사성물질"**이란 핵연료물질 · 사용후핵연료 · 방사성동위원소 및 원자핵분열생성물(原子核分裂生成物)을 말한다.
6. **"방사성동위원소"**란 방사선을 방출하는 동위원소와 그 화합물 중 **대통령령**으로 정하는 것을 말한다.

⇒ **대통령령 : 시행령 제5조(방사성동위원소)** 법 제2조제6호에서 "대통령령으로 정하는 것"이란 동위원소의 수량과 농도가 **위원회가 정하는 수량과 농도**[a)]를 초과하는 물질로서 다음 각 호의 물질을 제외한 것을 말한다.

1. 법 제2조제3호에 따른 핵연료물질

1* 이 책에서 별도의 설명이 없는 한 시행령이라 함은 원자력안전법 시행령을 의미한다.

2. 법 제2조제4호에 따른 핵원료물질
3. 방사성물질 또는 이를 내장한 장치 중 방사선장해의 우려가 없는 것으로서 **위원회가 정하여 고시**[b)]하는 것

a) 고시[2*]: 제2016-16호 방사선방호 등에 관한 기준

제9조(방사성동위원소의 수량 및 농도) 영 제5조에서 "원자력안전위원회가 정하는 수량과 농도"란 **별표 5**의 제2란의 해당 방사성핵종에 대한 제3란의 수량 및 제4란의 농도를 말한다.

[별표 5] 핵종별 규제면제 관련 수량 및 농도(예)

원자 번호 제1란	핵종 제2란	최소수량 (Bq) 제3란	최소농도 (Bq/g) 제4란	원자 번호 제1란	핵종 제2란	최소수량 (Bq) 제3란	최소농도 (Bq/g) 제4란
1	H-3	1×10^9	1×10^6	25	Mn-54	1×10^6	1×10^1
4	Be-7	1×10^7	1×10^3	25	Mn-56	1×10^5	1×10^1

b) 고시: 제2014-38호 방사성동위원소에서 제외되는 물질 등에 관한 규정

제1조(제외되는 물질 등) 「원자력안전법 시행령」 제5조제3호에 따른 "방사성물질 또는 이를 내장한 장치 중 방사선장해의 우려가 없는 것으로서 위원회가 정하여 고시하는 것"은 다음과 같다.

1. 「원자력안전법」 제60조 및 제61조에 따른 설계승인 및 검사를 받은 방사선기기에 내장된 것으로서 다음 각 목에 해당하는 것

가. 연기감지기에 내장된 것으로서 다음 조건을 만족하는 것

1) 연기감지기의 뒷면 및 이를 열었을 때 눈에 띄기 쉬운 곳에 방사성물질임을 나타내는 표지와 취급시의 주의사항(폐기방법 포함)을 부착하고 있을 것

2) 건물주와 공급자 사이에 연기감지기의 보수유지에 관한 유효한 서면 계약이 있을 것

나. 일정 시설에 고정되어 있거나 물품 내부에 견고하게 부착되어 있는 다음과 같은 것

1) H-3을 사용한 안전지시등으로서 단위제품당 925 GBq을 초과하지 아니하여야 하며, 다음 조건을 만족하는 것

가) 방사성동위원소와의 접촉을 방지하는 구조일 것

나) 접근 가능한 표면에서의 표면방사선량률이 1 μSv/h 이하일 것

다) 취급으로 인한 개인피폭방사선량이 연간 10 μSv 미만일 것

2) Pm-147을 사용한 항공기용 발광물질로서 3 GBq을 초과하지 않는 것

2. 방사선기기에 내장된 것으로서 다음 각 목에 해당하는 것

가. 게이지 또는 지시계(시계를 포함한다)에 견고하게 내장된 발광물질로서 다음 기준을 만족하는 것

1) 원자력안전위원회고시 「방사선방호 등에 관한 기준」(이하 "방호기준"이라 한다) 별표 5의 제

2* 이 책에서 별도 설명이 없는 한 고시라 함은 원자력안전위원회(또는 원안위) 고시를 의미한다.

3란에 명시된 최소 수량이 100 kBq 미만인 제2란의 해당 방사성핵종을 함유하지 아니 할 것

2) 방사성 발광도료에 사람의 접촉이 어려운 상태의 것

3) 단위 제품당 방사능이 방호기준 별표 5의 제2란의 해당 방사성핵종에 대한 제3란의 수량의 50배 이하이고, 표면방사선량률이 1μSv/h 이하인 것

나. 전기 및 가스 기기에 내장된 것으로서 다음 조건을 만족하는 것

1) 방호기준 별표 5의 제3란에 명시된 최소수량이 10 kBq 미만인 제2란의 해당 방사성핵종을 함유하지 아니 할 것

2) 단위 부품당 방사능이 방호기준 별표 5의 제2란의 해당 방사성핵종에 대한 제3란의 수량의 100배 미만일 것

3) 단위 부품 또는 여러 개의 단위 부품을 내장하는 기기의 표면방사선량률이 1μSv/h 이하일 것

다. 군사용 기기에 내장된 다음과 같은 것

1) 9.25 MBq 이하의 Am-241

2) 37 GBq 이하의 H-3

3) 3 GBq 이하의 Pm-147

4) 1 GBq 이하의 Ni-63

3. ISO 2919-1999(E) 또는 ANSI N542-1977에 명시된 방사선계측기의 검 · 교정용 선원의 내구성 기준을 만족하는 밀봉된 방사성동위원소로서 그 수량이 3.7 MBq 이하 또는 방호기준 별표5의 제2란의 해당 방사성핵종에 대한 제3란의 수량의 10배 이하인 것

4. 방사성의약품으로 인증된 37 kBq 이하의 C-14를 과립형태로 내장한 캡슐을 인체에 대한 진단용으로 사용하는 경우

7. **"방사선"**이란 전자파 또는 입자선 중 직접 또는 간접으로 공기를 전리(電離)하는 능력을 가진 것으로서 **대통령령**으로 정하는 것을 말한다.

⇒ **대통령령 : 시행령 제6조(방사선)** 법 제2조제7호에서 "대통령령으로 정하는 것"이란 다음 각 호의 것을 말한다.

1. 알파선 · 중양자선 · 양자선 · 베타선 및 그 밖의 중하전입자선
2. 중성자선
3. 감마선 및 엑스선
4. 5만 전자볼트 이상의 에너지를 가진 전자선

8. **"원자로"**란 핵연료물질을 연료로 사용하는 장치를 말한다. 다만, **대통령령**으로 정하는 것은 제외한다.

⇒ **대통령령 : 시행령 제7조(적용 제외 원자로)** 법 제2조제8호 단서에서 "대통령령으로 정하는 것"이란 원자핵분열의 연쇄반응을 제어할 수 있고 그 반응의 평형상태를 중성자원을 쓰지 아니하고도 지속할 가능성이 있는 장치 외의 것을 말한다.

9. **"방사선발생장치"**란 하전입자(荷電粒子)를 가속시켜 방사선을 발생시키는 장치로서 **대통령령**으로 정하는 것을 말한다.

⇒ **대통령령 : 시행령 제8조(방사선발생장치)** 법 제2조제9호에서 "대통령령으로 정하는 것"이란 다음 각 호의 것을 말한다. 다만, **위원회가 정하는 용도의 것과 위원회가 정하는 용량 이하의 것**[a]은 제외한다.

1. 엑스선발생장치
2. 사이클로트론(cyclotron)
3. 신크로트론(synchrotron)
4. 신크로사이클로트론(synchro-cyclotron)
5. 선형가속장치
6. 베타트론(betatron)
7. 반 · 데 그라프형 가속장치
8. 콕크로프트 · 왈톤형 가속장치
9. 변압기형 가속장치
10. 마이크로트론(microtron)
11. 방사광가속기
12. 가속이온주입기
13. 그 밖에 **위원회가 정하여 고시**[b]하는 것

a) 고시: 제2014-39호 방사선발생장치에서 제외되는 용도 및 용량 등에 관한 규정

제1조(용도 및 용량) 「원자력안전법 시행령」 제8조의 단서에서 "위원회가 정하는 용도의 것과 및 위원회가 정하는 용량 이하의 것"은 다음과 같다.

1. 하전입자를 가속시켜 방사선을 발생하는 장치로서 가속된 하전입자 및 이로 인해 부수적으로 발생하는 모든 방사선의 최대 에너지가 5keV 이하인 것
2. 의료 진단용으로 사용하는 엑스선발생장치
3. 「원자력안전법」 제60조 및 제61조에 따른 설계승인 및 검사를 받은 방사선기기로서 원자력안전위원회고시 「방사선기기의 설계승인 및 검사에 관한 기준」 제16조에 따른 완전방호형인 것

b) 고시: 제2014-35호 방사선발생장치 추가 적용대상에 관한 규정

제1조(적용대상) 「원자력안전법 시행령」 제8조제13호에서 "그 밖에 위원회가 정하여 고시하는 것"이란 다음과 같다.

1. 수소를 이용한 핵융합 실험장치
2. 중수소를 이용한 핵융합 실험장치

10. "**관계시설**"이란 원자로의 안전에 관계되는 시설로서 **대통령령**으로 정하는 것을 말한다.

⇒ **대통령령 : 시행령 제9조(관계시설)** 법 제2조제10호에서 "대통령령으로 정하는 것"이란 다음 각 호의 시설을 말한다.

1. 원자로냉각계통 시설
2. 계측제어계통 시설

3. 핵연료물질의 취급시설 및 저장시설
4. 원자력발전소 안에 위치한 방사성폐기물의 처리시설 · 배출시설 및 저장시설
5. 방사선관리시설
6. 원자로격납시설
7. 원자로안전계통 시설
8. 그 밖에 원자로의 안전에 관계되는 시설로서 **위원회가 정하는 것**[a)]

a) 고시: 제2016-30호 기타 원자로의 안전에 관계되는 시설에 관한 규정

제2조(기타 원자로의 안전에 관계되는 시설) ① 「원자력안전법 시행령」제9조제8호에서 "그 밖에 원자로의 안전에 관계되는 시설"이란 다음 각 호의 시설을 말한다.

1. 구조물
2. 용수계통시설
3. 공기조화 및 환기계통시설
4. 전력계통시설
5. 보조계통시설
6. 동력변환계통시설
7. 감속재계통시설(가압중수로형에 해당)
8. 중대사고의 예방 및 완화 시설

② 제1항의 규정에 의한 각 시설의 세부사항은 **별표**와 같다.

[별표] 기타 원자로의 안전에 관계되는 시설(제2조제2항 관련)

시설명	세부사항
1. 구조물	가. 제어건물 나. 보조건물 다. 핵연료취급건물 라. 비상디젤발전기건물 마. 기기 냉각수 열교환기건물 바. 1차기기 냉각해수 취배수 구조물 사. 비상급수저장구조물 아. 1E급 지하매설전선관로(전력구) 자. 방사성폐기물처리건물 차. 터빈건물 카. 복합건물 타. 안전등급 수중취배수 구조물 파. 삼중수소 제거설비 건물(가압중수로형 원전 해당)
2. 용수계통 시설	가. 기기 냉각해수계통 나. 기기 냉각수계통 다. 복수저장 및 이송계통 다. 핵연료교환용수 저장계통 라. 냉방수계통 마. 원자로보충수계통

시설명	세부사항
3. 공기조화 및 환기계통 시설	가. 제어건물 나. 보조건물 다. 핵연료취급건물 라. 원자로격납건물 마. 공학적 안전설비 바. 폐기물건물
4. 전력계통 시설	가. 소외 전력계통 나. 소내 교류전력계통 다. 소내 직류전력계통
5. 보조계통 시설	가. 화학 및 체적제어계통 나. 압축공기계통 다. 방사성 배수계통 라. 시료채취계통 마. 화재방호계통 바. 비상디젤발전기 연료저장 및 이송계통 사. 안전 및 감압밸브 아. 배관, 지지대 및 방진기 자. 환형기체계통(가압중수로형 원전 해당)
6. 동력변환계통 시설	가. 주증기계통 나. 증기발생기 취출계통 다. 급수 및 복수계통 라. 보조급수계통 마. 터빈 및 보조계통 바. 발전기 및 보조계통 사. 보조증기계통
7. 감속재계통 시설 (가압중수로형 원전 해당)	가. 주 감속재계통 나. 감속재 정화계통 다. 감속재 상층기체계통 라. 감속재 독물질첨가계통
8. 중대사고의 예방 및 완화 시설	가. 다양성보호계통 나. 대체교류전원 다. 원자로냉각재계통 비상감압설비 라. 설계기준으로 고려한 외적요인을 초과하는 자연재해 및 인위적재해 완화전략 설비 마. 중대사고 가연성기체 제어설비 바. 원자로격납건물 압력제어설비 사. 원자로공동 충수설비

11. "**정련**"이란 핵원료물질에 포함된 우라늄 또는 토륨의 비율을 높이기 위하여 물리적 · 화학적 방법으로 핵원료물질을 처리하는 것을 말한다.
12. "**변환**"이란 핵연료물질을 화학적 방법으로 처리하여 가공에 적합한 형태로 만드는 것을 말한다.
13. "**가공**"이란 핵연료물질을 물리적 · 화학적 방법으로 처리하여 원자로의 연료로서 사용할 수 있는 형태로 만드는 것을 말한다.

14. **"사용후핵연료처리"**란 원자로의 연료로서 사용된 핵연료물질 또는 그 밖의 방법으로 원자핵분열을 시킨 핵연료물질을 연구 또는 시험을 목적으로 취급하거나, 물리적 · 화학적 방법으로 처리하여 핵연료물질과 그 밖의 물질로 분리하는 것을 말한다.
15. **"핵연료주기사업"**이란 정련 · 변환 · 가공 또는 사용후핵연료처리 사업을 말한다.
16. **"방사선관리구역"**이란 외부의 방사선량율(放射線量率), 공기 중의 방사성물질의 농도 또는 방사성물질에 따라 오염된 물질의 표면의 오염도가 **원자력안전위원회규칙**으로 정하는 값을 초과할 우려가 있는 곳으로서 방사선의 안전관리를 위하여 사람의 출입을 관리하고 출입자에 대하여 방사선의 장해(障害)를 방지하기 위한 조치가 필요한 구역을 말한다.

⇒ **부령[3*] : 방사선 안전관리 등의 기술기준에 관한 규칙**

제3조 (방사선관리구역) ① 법 제2조제16호에서 "원자력안전위원회규칙으로 정하는 값"이라 함은 다음 각호와 같다.

1. 외부방사선량률 : 1주당 400마이크로시버트
2. 공기중의 방사성물질의 농도 : 유도공기중농도
3. 물체표면의 오염도 : 허용표면오염도

② 외부방사선량률 등이 제1항의 규정에 의한 값을 초과할 우려가 있는 곳에 대하여는 사람의 출입을 관리하고 출입자에 대한 방사선의 장해를 방지하기 위하여 다음 각호의 조치를 하여야 한다.

1. 방사선관리구역의 설정
2. 벽 · 울타리 등의 구획물로 구획하여 **별표 1**에 의한 표지를 부착함으로써 다른 장소와 구별하고 방사선작업종사자외의 사람이 당해 구역에 출입하는 경우에는 방사선작업종사자의 지시에 따르도록 할 것
3. 바닥 · 벽 기타 사람이 접촉할 우려가 있는 물체의 표면이 방사성물질에 오염된 경우 그 오염도가 허용표면오염도를 초과하지 아니하도록 할 것
4. 방사선관리구역으로부터 사람이 퇴거하거나 물품을 반출하는 경우에는 인체 및 의복 · 신발 등 인체에 착용하고 있는 물품과 반출하는 물품(그 물품이 용기에 들어있거나 포장한 경우에는 그 용기 또는 포장)표면의 방사성물질의 오염도가 허용표면오염도의 10분의 1을 초과하지 아니하도록 할 것

3* 이 책에서 별도의 설명이 없는 한 부령이라 함은 '원자로시설 등의 기술기준에 관한 규칙' 또는 '방사선 안전관리 등의 기술기준에 관한 규칙' 중 하나를 의미한다.

[별표 1*] 각종 표지 및 방사능표지

구분	표지사항	방사능표지의 크기	표지를 붙일 장소
1. 방사선관리구역(생산 · 사용 · 분배 · 저장 · 보관 · 처리 · 배출 · 처분) 등 제시설(제3조제2항제1호,제17조, 제19조제1항제7호,제20조제6호,제21조제4호,제22조제5호,제23조제5호,제25조,제27조제1항제4호,제28조제5호,제29조제5호,제31조,제33조제1항제5호,제58조제6호)	부표에 의한 표지(이하"표지"라함)의 위에는 "방사선 관리구역"이란 글자를, 그 바로 아래에는 "생산시설"."사용시설" · "분배시설" · "저장시설" · "보관시설" · "처리시설" · "배출시설" 또는 "처분시설" 등을 표시하는 글자를, 표지의 아래에는 "허가없이 들어감을 금함"이란 글자를 기입한다.	반지름 15센티미터 이상	생산시설 및 사용시설 등의 출입구와 방사선관리구역의 경계로 설정된 곳
2. 방사성동위원소 또는 방사선발생장치의 생산실, 사용실 및 작업실(제17조,제19조제1항제7호,제25조,제27조제1항제4호,제31조,제33조제1항제5호,제58조제6호)	표지의 위에는 "방사성동위원소생산실","방사성동위원소사용실" · "방사성동위원소사용작업실" · "방사선발생장치생산실" 또는 "방사선발생장치사용실"이란 글자를 기입한다.	반지름 10센티미터 이상	방사성동위원소생산실 · 방사성동위원소사용실 · 방사성동위원소사용작업실 · 방사선발생장치생산실 또는 방사선발생장치사용실의 출입구 및 그 부근
3. 방사성동위원소의 분배실(제19조제1항제7호,제27조제1항제4호)	표지의 위에는 "방사성동위원소분배실"이란 글자를 기입한다.	반지름 10센티미터 이상	방사성동위원소분배실의 출입구 또는 그 부근
4. 방사성동위원소의 저장실(제20조제6호,제28조제5호)	표지의 위에는 "방사성동위원소저장실"이란 글자를, 표지의 아래에는 "허가없이 접근함을 금함"이란 글자를 기입한다.	반지름 10센티미터 이상	방사성동위원소 저장실의 출입구 및 그 부근
5. 오염검사실 · 처리작업실(제19조제1항제7호,제22조제5호)	표지의 위에는 "오염검사실" 또는 "폐기작업실"이란 글자를 기입한다.	반지름 10센티미터 이상	오염검사실 또는 폐기작업실의 출입구 또는 그 부근
6. 방사성동위원소의 저장함(제20조제6호,제28조제5호)	표지의 위에는 "방사성동위원소저장함"이란 글자를, 표지의 아래에는 "허가없이 접근함을 금함"의 글자를 기입한다.	반지름 3센티미터 이상	저장함의 표면
7. 방사성동위원소저장시설에 비치한 용기(제20조제6호)	표지의 위에는 "방사성동위원소"의 글자를, 표지의 아래에는 방사성동위원소의 종류와 수량을 기입한다.	반지름 2.5센티미터 이상	용기의 표면
8. 배수설비(제23조제5호)	표지의 위에는 "배수설비"의 글자를, 표지의 아래에는 "허가없이 들어감을 금함"의 글자를 기입한다.	배수정화탱크에는 반지름 10센티미터 이상, 배액처리장치에는 반지름 5센티미터 이상, 배수관에는 반지름 2.5센티미터 이상, 기타의 설비의 주위에 붙이는 표지는 반지름 10센티미터 이상	배수정화탱크의 경우에는 그 표면(배수정화탱크가 매몰되어 있을 경우에는 당해 매몰장소의 지상 또는 바로 위쪽), 배액처리장치 및 배수관의 경우에는 지상에 노출한 부분의 표면과 그 설비의 주위 일대

*별표의 번호는 원자력안전법령에서 인용하는 번호에 따른 것이며, 본 교재에서 나오는 표의 순서와는 무관하다.

구분	표지사항	방사능표지의 크기	표지를 붙일 장소
9. 소각로(제22조제5호)	표지의 위에는 "소각로"의 글자를, 표지의 아래에는 "허가없이 접근함을 금함"의 글자를 기입한다.	반지름 5센티미터 이상	소각로의 주위
10. 배기설비(제23조제5호)	표지의 위에는 "배기설비"의 글자를, 표지의 아래에는 "허가없이 접근함을 금함"의 글자를 기입한다.	반지름 5센티미터 이상	배수구 또는 그 부근 및 배기정화장치배기관의 표면
11. 보관설비 및 보관시설에 비치한 용기(제21조제4호)	표지의 위에는 "방사성폐기물"의 글자를 기입한다.	반지름 2.5센티미터 이상	용기의 표면
12. 방사성동위원소 또는 방사성동위원소에 의한 오염물 비치장소(영 제136조제1항제3호 라목)	표지의 위에는 "방사성오염물"의 글자를, 표지의 아래에는 "허가없이 접근함을 금함"의 글자를 기입한다.	반지름 10센티미터 이상	비치장소의 주위
13. 방사성폐기물을 보관 · 처리 · 저장 · 배출 · 처분하는 경우 표면방사선량률이 원자력안전위원회가 정하는 수치를 초과하는 경우(제85조제1항제3호, 제86조제1항제2호, 제87조제9호 다목)	표지의 위에는 "방사성폐기물"의 글자를, 표지 아래에는 폐기하는 사업자의 성명 · 폐기물의 수량 · 방사성물질의 농도 및 정리번호 등을 기입한다.	반지름 5센티미터 이상	방사성폐기물의 표면

비고
1. 방사능 표지의 크기를 위 표의 반지름기준에 맞추어 정하기가 곤란하다고 인정되는 때에는 당해 반지름기준을 적용하지 아니할 수 있다.
2. 위 표에서 "반지름"이라 함은 부표의 5R의 크기를 말한다.

[부표] 표지의 예시도

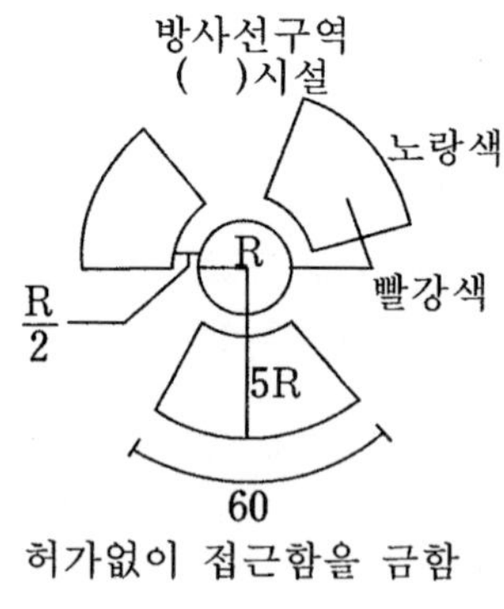

17. **"국제규제물자"**란 원자력의 연구 · 개발 및 이용에 관한 조약과 그 밖의 국제약속(이하 "국제약속"이라 한다)에 따라 보장조치의 적용대상이 되는 물자로서 **총리령**으로 정하는 것을 말한다.

⇒ **총리령[4*]: 시행규칙 제3조(국제규제물자)** ① 법 제2조제17호에서 "총리령으로 정하는 것"이란 다음 각 호의 것을 말한다.

1. 국제원자력기구의 안전조치 및 물리적 방호(防護)의 대상이 되는 핵물질
2. 원자로 및 그 부속장비
3. 원자로에 사용되는 비핵물질
4. 조사용 핵연료(照射用 核燃料)의 재처리공장 및 이를 위하여 설계 또는 제작된 장비
5. 핵연료의 가공시설(변환시설을 포함한다. 이하 같다)
6. 우라늄농축시설 및 이를 위하여 설계 또는 제작된 장비
7. 중수(重水), 중수소(重水素) 또는 중수소화합물의 생산시설 및 이를 위하여 설계 또는 제작된 장비
8. 그 밖에 원자력 관련 조약과 그 밖의 국제약속에 따라 관리되는 원자력 관련 물자 또는 시설

18\. **"방사성폐기물"**이란 방사성물질 또는 그에 따라 오염된 물질(이하 "방사성물질등"이라 한다)로서 폐기의 대상이 되는 물질(**제35조제4**항에 따라 폐기하기로 결정한 사용후핵연료를 포함한다)을 말한다.

⇒ **원자력안전법 제35조(핵연료주기사업의 허가 등)**

④ 사용후핵연료의 처리 · 처분에 관하여 필요한 사항은 미래창조과학부장관과 산업통상자원부장관이 위원회 및 관계 부처의 장과 협의하여 「원자력 진흥법」 제3조에 따른 원자력진흥위원회의 심의 · 의결을 거쳐 결정한다.

19\. **"피폭방사선량"**(被曝放射線量)이란 사람의 신체의 외부 또는 내부에 피폭하는 방사선량을 말한다. 다만, 진료를 위하여 피폭하는 방사선량과 인위적으로 증가시키지 아니하는 자연방사선량은 제외한다. 이 경우 방사선량의 종류 및 적용기준은 **원자력안전위원회가 정하여 고시**한다.

⇒ **고시: 제2016-06호 방사선방호 등에 관한 기준**

제2조(용어의 정의) 이 기준에서 사용하는 용어의 뜻은 다음과 같다.

1. **"외부피폭"**이란 사람의 신체 외부에 있는 방사선원으로부터 방출된 방사선에 의한 피폭을 말한다.
2. **"내부피폭"**이란 사람의 신체 내부에 유입되어 체내에 존재하는 방사성핵종으로부터 방출되는 방사선에 의한 피폭을 말한다.
3. **"조사선량"**이란 엑스선 또는 감마 방사선에 의하여 공기 단위 질량당 생성된 전하량을 말한다. 조사선량의 단위로 쿨롱/킬로그램(C/kg) 또는 렌트겐(Roentgen, R)이 사용되며, 1R은 2.58×10^{-4}C/kg과 같다.
4. **"흡수선량"**이란 물질의 단위 질량당 흡수된 방사선의 에너지를 말한다. 흡수선량의 단위로 그레이(Gray, Gy)가 사용되며, 1Gy는 1 주울/킬로그램(J/kg)이다.

4* 이 책에서 별도의 설명이 없는 한 총리령이라 함은 원자력안전법 시행규칙을 의미한다.

5. **"등가선량"**이란 인체의 피폭선량을 나타낼 때 흡수선량에 해당 방사선의 방사선가중치를 곱한 양을 말한다. 등가선량의 단위로 시버트(Sievert, Sv)가 사용되며, 이때 사용할 방사선가중치는 **별표 1**과 같다.

[별표 1] 방사선 가중치[1)]

종류 및 에너지 범위	방사선 가중치(W_R)
ο 광자(전에너지)	1
ο 전자 및 뮤온(전에너지)[2]	1
ο 중성자, 에너지 〈 10 keV 10 keV - 100 keV 100 keV - 2 MeV 2 MeV - 20 MeV 〉 20 MeV	5 10 20 10 5
ο 반조양자이외의 양자 (에너지〉2 MeV)	5
ο 알파입자, 핵분열 파편, 무거운 원자핵	20

1. 모든 값은 신체에 입사하는 방사선에 대한 것이며 신체내 선원의 경우는 선원으로부터 방출되는 방사선에 대한 것이다.
2. DNA에 결합된 원자핵들로부터 방출되는 오제전자는 제외된다.

6. **"유효선량"**이란 인체내 조직간 선량분포에 따른 위험 정도를 하나의 양으로 나타내기 위하여 각 조직의 등가선량에 해당 조직의 조직가중치를 곱하여 이를 모든 조직에 대해 합산한 양을 말한다. 유효선량의 단위로 시버트가 사용되며, 이때 사용할 조직가중치는 **별표 2**와 같다.

[별표 2] 조직 가중치[1)]

조직 또는 장기	조직가중치	조직 또는 장기	조직가중치
생식선	0.20	간	0.05
골수(적색)	0.12	식 도	0.05
대 장	0.12	갑상선	0.05
폐	0.12	피 부	0.01
위	0.12	뼈표면	0.01
방 광	0.05	기타 조직	0.05[2,3]
유 방	0.05		

1. 이 수치들은 남녀 동수, 광범위한 연령층의 기준 인구집단으로부터 도출된 것이다. 이 값들은 유효선량을 정의할 때 작업자 또는 전 인구, 남녀 어느 쪽에 대해서도 적용된다.
2. 계산목적을 위하여 기타 조직은 다음의 추가 조직 및 장기로 구성된다. 즉, 부신, 뇌, 대장 상부, 소장, 콩팥, 근육, 췌장, 비장, 흉선 및 자궁이 된다. 이 목록에는 선택적으로 방사선피폭이 있을 법한 장기가 포함되어 있다. 목록 중의 어떤 장기는 암유발에 높은 감수성을 가진 것으로 알려져 있다. 만약, 다른 조직이나 장기가 암유발의 현저한 리스크를 갖는 것이 후에 확인된다면, 그들은 구체적인 WT값과 함께 목록에 포함되거나 혹은 기타조직을 구성하는 추가 목록에 포함될 것이다. 기타 조직에는 선택적으로 방사선에 피폭하는 다른 조직 또는 장기도 포함될 수 있다.
3. 기타 조직 중의 하나가 위 "표"의 12개 기관 중의 최고선량을 초과한 등가선량을 받은 예외적인 경우에는, 그 조직 또는 장기에 가중치 0.025를 적용하고, 그 이외의 나머지 기타 조직 또는 장기에 대한 평균선량에 0.025의 가중치를 적용한다.

7. **"집단선량"**이란 다수의 사람이 피폭되는 경우에 그 집단의 개인피폭방사선량의 총합을 말한다.

집단선량의 단위로 맨 시버트(man-Sv)가 사용된다.

8. **"예탁선량"**이란 체내에 존재하는 방사성핵종으로 인하여 그 사람이 일정기간 받게 되는 내부피폭방사선량을 말한다. 예탁선량은 예탁등가선량이나 예탁유효선량으로 나타낼 수 있으며, 피폭을 고려하는 기간이 사전 지정되어 있지 아니 할 경우에 일정기간은 성인에 대해서는 50년, 아동에 대해서는 70년으로 한다.

⇒ **고시: 제2016-19호 판독업무 등록기준 및 검사에 관한 규정**

제3조(심부선량 및 표층선량) 「원자력안전법 시행규칙」(이하 "규칙"이라 한다) 제113조제1항제4호에서 원자력안전위원회가 정하는 심부선량 및 표층선량이란 다음 각 호와 같다.

1. **"심부선량"**이란 국제방사선단위측정위원회(ICRU)가 정하는 HP(10)으로서 인체의 몸통 표면아래 10mm 깊이에서의 선량을 선량계로 판독한 것을 말한다.
2. **"표층선량"**이란 국제방사선단위측정위원회(ICRU)가 정하는 HS(0.07)으로서 인체의 피부 표면아래 0.07mm 깊이에서의 선량을 선량계로 판독한 것을 말한다.

20. **"원자력이용시설"**이란 원자력의 연구 · 개발 · 생산 · 이용(이하 "원자력이용"이라 한다)과 관련된 시설로서 **대통령령**으로 정하는 것을 말한다.

⇒ **대통령령 : 시행령 제10조(원자력이용시설)** 법 제2조제20호에서 "대통령령으로 정하는 것"이란 다음 각 호의 시설을 말한다.

1. 원자로 및 관계시설
2. 핵연료주기시설
3. 핵물질의 사용시설
4. 방사성동위원소의 생산시설 · 사용시설 · 분배시설 · 저장시설 · 보관시설 · 처리시설 및 배출시설
5. 방사선발생장치 및 그 부대시설
6. 사용후핵연료 중간저장시설
7. 방사성폐기물의 영구처분시설
8. 방사성폐기물의 처리시설 및 저장시설

21. **"방사선작업종사자"**란 원자력이용시설의 운전 · 이용 또는 보전이나 방사성물질등의 사용 · 취급 · 저장 · 보관 · 처리 · 배출 · 처분 · 운반과 그 밖의 관리 또는 오염제거 등 방사선에 피폭하거나 그 염려가 있는 업무에 종사하는 자를 말한다.

22. **"안전관련설비"**란 원자로 및 관계시설 중에서 원자력안전위원회규칙으로 정하는 안전에 중요한 구조물 · 계통 및 기기로서 **원자력안전위원회규칙**으로 정하는 바에 따라 안전등급이 부여된 설비를 말한다.

⇒ **원자력안전위원회규칙: 원자로시설 등의 기술기준에 관한 규칙 제12조(안전등급 및 규격)** ① 안전에 중요한 구조물 · 계통 및 기기는 안전기능의 중요도에 상응하는 안전등급 및 규격에 따라 설계 · 제작 · 설치 · 시험 · 검사되어야 한다. 안전등급 및 등급별 규격은 **원자력안전위원회가 정하여 고시**[a]한다.

a) 고시 제2014-15호 원자로시설의 안전등급과 등급별 규격에 관한 규정

② 제1항의 규정에 의하여 원자력안전위원회가 정하여 고시한 규격외의 것은 그 적용성 · 적합성 및 충분성에 대하여 원자력안전위원회의 검토 및 평가를 거쳐 승인을 받은 후에 적용하여야 한다. 이 경우 원자력안전위원회가 원자로시설의 안전성확보를 위하여 필요하다고 인정하는 때에는 해당 규격을 보완 또는 수정하여 적용하여야 한다.

23. **"방사선투과검사"**란 「비파괴검사기술의 진흥 및 관리에 관한 법률」 제2조에 따른 비파괴검사 중 방사선을 이용한 비파괴검사를 말한다.

24. **"해체"**란 제20조제1항에 따라 허가를 받은 자, 제30조의2제1항에 따라 허가를 받은 자, 제35조제1항 및 제2항에 따라 허가 또는 지정을 받은 자가 이 법에 따라 허가 또는 지정을 받은 시설의 운영을 영구적으로 정지(이하 "영구정지"라 한다)한 후, 해당 시설과 부지를 철거하거나 방사성오염을 제거함으로써 이 법의 적용대상에서 배제하기 위한 모든 활동을 말한다.

24의2. **"폐쇄"**란 제63조에 따라 방사성폐기물 처분시설의 건설 · 운영 허가를 받은 자가 방사성폐기물을 처분하는 활동을 완결하고 장기 안전성을 확보하기 위하여 실시하는 관리적 · 기술적 조치(방사성폐기물 처분시설 지하 공간의 뒷채움, 덮개 설치 등을 포함한다)를 말한다.

25. **"사고관리"**란 원자로시설에 사고가 발생하였을 때 사고가 확대되는 것을 방지하고 사고의 영향을 완화하며 안전한 상태로 회복하기 위하여 취하는 제반조치를 말하며, **원자력안전위원회에서 정하는 설계기준**을 초과하여 노심의 현저한 손상을 초래하는 사고(이하 "중대사고"라 한다)에 대한 관리를 포함한다.

⇒ **부령 : 원자로시설 등의 기술기준에 관한 규칙**

제2조(정의)

8. "설계기준"이라 함은 원자로시설의 원자력발전소 수명기간 동안 예상되는 운전상태 또는 사건에 대하여 원자로시설의 조건이 규정된 제한치를 초과하지 아니하도록 설정하는 기준으로서 원자로시설에 설치되는 설비들의 설계시 고려하여야 하는 최소한의 기능 또는 성능에 관한 기준을 말한다.

2. 원자력안전법 시행령에서의 용어 정의

제2조(정의) 이 영에서 사용하는 용어의 뜻은 다음과 같다.

1. **"고준위방사성폐기물"**이란 방사성폐기물 중 그 방사능 농도 및 열발생률이 「원자력안전위원회의 설치 및 운영에 관한 법률」 제3조에 따른 **원자력안전위원회(이하 "위원회"라 한다)가 정하는 값**[a] 이상인 방사성폐기물을 말하고, "중 · 저준위방사성폐기물"이란 고준위방사성폐기물외의 방사성폐기물을 말한다. 이 경우 중 · 저준위방사성폐기물은 **위원회가 방사능 농도를 고려하여 정하는 바**[b]에 따라 구분한다.

⇒ [a] 고시: **제2016-06호 방사선방호 등에 관한 기준**

제3조(고준위 방사성폐기물) 「원자력안전법 시행령」(이하 "영"이라 한다) 제2조제1호에서 "원자력안전위원회가 정하는 값"이란 다음 표의 방사능농도 및 열발생률을 말한다.

방사능농도	열발생률
반감기 20년 이상의 알파선을 방출하는 핵종으로 4,000 Bq/g	2 kW/m^3

⇒ [b] 고시: **제2014-3호 방사성폐기물 분류 및 자체처분 기준에 관한 규정 제3조(방사성폐기물 분류)**

② 영 제2조제1호에서 "위원회가 방사능 농도를 고려하여 정하는 바"란 다음 각호와 같다.

1. "중준위방사성폐기물"은 중 · 저준위방사성폐기물 중에서 방사능 농도가 **별표 2**의 핵종별 농도 이상인 것을 말한다.

[별표 2] 저준위방사성폐기물의 방사능 농도 제한치

방사성 핵종	방사능 농도(Bq/g)
H-3	1.11E+6
C-14	2.22E+5
Co-60	3.70E+7
Ni-59	7.40E+4
Ni-63	1.11E+7
Sr-90	7.40E+4
Nb-94	1.11E+2
Tc-99	1.11E+3
I-129	3.70E+1
Cs-137	1.11E+6
전알파	3.70E+3

2. "저준위방사성폐기물"은 중 · 저준위방사성폐기물 중에서 방사능 농도가 자체처분 허용농도의 100배 이상이고 별표2의 핵종별 농도 미만인 것을 말한다. 단, 별표 2에 규정되지 않은 핵종에 대해서는 처분시설 운영자의 인수기준에 따른 처분제한농도를 적용한다.
3. "극저준위방사성폐기물"은 중 · 저준위방사성폐기물 중에서 방사능 농도가 자체처분 허용농도 이상이고, 자체처분 허용농도의 100배 미만인 방사성폐기물을 말한다.

2. "**핵연료집합체**"란 원자로의 연료로 사용할 수 있는 형태를 갖춘 한 다발의 핵연료물질을 말한다.
3. "**밀봉된 방사성동위원소**"란 기계적인 강도가 충분하여 파손될 우려가 없고, 부식되기 어려운 재료로 된 용기에 넣은 방사성동위원소로서 사용할 때에 방사선은 용기 외부로 방출하지만 방사성동위원소는 누출하지 못하도록 되어 있는 것을 말한다.
4. "**선량한도**"(線量限度)란 외부에 피폭하는 방사선량과 내부에 피폭하는 방사선량을 합한 피폭방사선량(被曝放射線量)의 상한값으로서 그 값은 **별표 1**과 같다.

[별표 1] 선량한도(제2조제4호 관련)

(단위: 밀리시버트)

구분	유효선량한도	등가선량한도	
		수정체	손 · 발 및 피부
1. 방사선작업종사자	연간 50을 넘지 않는 범위에서 5년간 100	연간 150	연간 500
2. 수시출입자, 운반종사자 및 법 제96조 단서에 따라 교육훈련 등의 목적으로 위원회가 인정한 18세 미만인 사람	연간 6	연간 15	연간 50
3. 제1호 및 제2호 외의 사람	연간 1	연간 15	연간 50

비고
1. "선량한도"란 매년 1월 1일부터 12월 31일까지 1년간 피폭하는 방사선량을 말한다.
2. 제1호 또는 제2호에 해당하는 사람 중 임신이 확인된 사람과 제3호에 해당하는 사람 중 제79조제1항에 따른 방사성동위원소등을 제한적 또는 일시적으로 사용하는 사람에 대한 선량한도는 위의 표에도 불구하고 위원회가 정하여 고시한다.
3. 제2호에서 "운반종사자"란 방사선관리구역 밖에서 제2조제12호에 따른 방사성물질등을 운반하는 사람으로서 방사선작업종사자에 해당하지 않는 사람을 말한다.
4. 제3호에 해당하는 사람에 대하여 연간 1밀리시버트를 넘는 경우가 발생한 경우로서 위원회가 인정하는 경우에는 위 표 제3호의 유효선량한도값에도 불구하고 피폭방사선량의 합을 5년간 평균하여 연간 1밀리시버트를 넘지 않는 범위에서 해당 1밀리시버트를 넘는 값을 유효선량한도로 한다.
5. 제1호의 유효선량한도란 및 비고 제4호에서 "5년간"이란 1998년 1월 1일부터 기산되는 5년마다의 기간을 말한다.

5. "**허용표면오염도**"란 물체 또는 인체 표면의 방사성오염도로서 **위원회가 정하는 허용오염도**를 말한다.

⇒ **고시: 제2016-16호 방사선방호 등에 관한 기준**

제5조(허용표면오염도) 영 제2조제5호에 따른 허용표면오염도는 그 오염을 제거할 수 있는 경우로서 다음 각 호와 같다.

1. 알파선을 방출하는 방사성물질에 대하여는 0.4 Bq/cm^2
2. 알파선을 방출하지 아니하는 방사성물질에 대하여는 4 Bq/cm^2

6. "**보전구역**"이란 원자력이용시설의 보전을 위하여 특별한 관리가 필요한 장소를 말한다.
7. "**제한구역**"이란 방사선관리구역 및 보전구역의 주변 구역으로서 그 구역 경계에서의 피폭방사선량이 **위원회가 정하는 값**을 초과할 우려가 있는 장소를 말한다.

⇒ **고시: 제2014-10호 원자로시설의 위치에 관한 기술기준**

[별표] 원자로시설의 위치에 관한 기준

순번	고 시 내 용	관련조항	준용할 외국 규정
2	원자로시설의 위치제한에 관한 지침	「원자로시설 등의 기술기준에 관한 규칙」 제5조	1) 10 CFR 100.11: "Determination of Exclusion Area, Low Population Zone and Population Center Distance"

*10 CFR 100.11에는 제한구역의 크기를 다음과 같이 정의하고 있다.

(1) An exclusion area of such size that an individual located at any point on its boundary for two hours immediately following onset of the postulated fission product release would not receive a total radiation dose to the whole body in excess of 25 rem or a total radiation dose in excess of 300 rem to the thyroid from iodine exposure.

원자력발전소 관련 구역에 대한 개념도

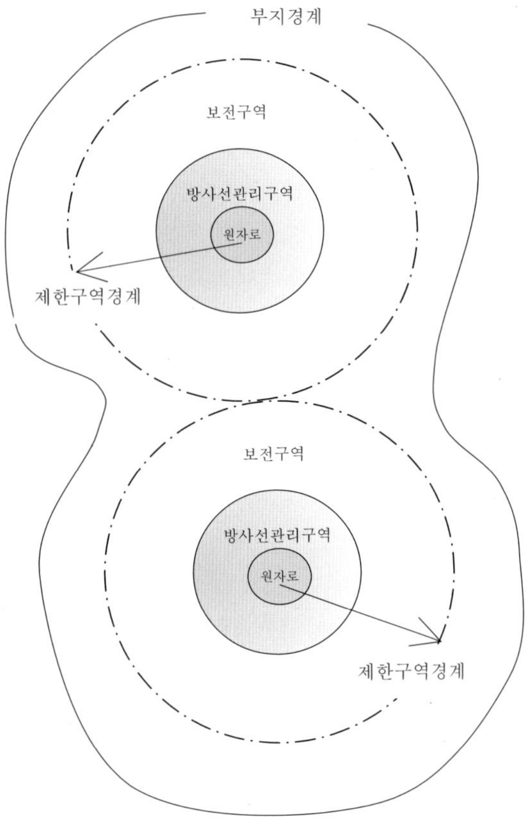

8. **"수시출입자"**란 방사선관리구역에 청소, 시설관리 등의 업무상 출입하는 사람(방문, 견학 등을 위하여 일시적으로 출입하는 사람은 제외한다)으로서 방사선작업종사자 외의 사람을 말한다.
9. **"영구처분"**이란 방사성폐기물을 회수할 의도 없이 인간의 생활권으로부터 영구히 격리하는 것을 말한다.

10. **"사용후핵연료 중간저장"**이란 원자로의 연료로 사용된 핵연료물질이나 그 밖의 방법으로 핵분열시킨 핵연료물질을 발생자로부터 인수하여 처리 또는 영구처분하기 전까지 일정 기간 안전하게 저장하는 것을 말한다.
11. **"특수형방사성물질"**이란 견고한 고체형 방사성물질 또는 캡슐에 넣고 봉한 방사성물질로서 **위원회가 정하는 운반기준**에 맞는 것을 말한다.

⇒ **고시: 제2014-50호 방사성물질등의 포장 및 운반에 관한 규정**

제3조(특수형방사성물질) 「원자력안전법 시행령」(이하 "영"이라 한다) 제2조제11호에 따른 특수형방사성물질의 기술기준은 제20조를 적용한다.

제20조(특수형방사성물질의 기술기준) 제3조에 따른 특수형방사성물질의 기술기준 은 다음 각 호와 같다.

1. 견고한 고체형 방사성물질 또는 캡슐에 봉입된 방사성물질로서 한 변의 길이가 최소한 0.5센티미터 이상일 것
2. 캡슐에 봉입된 방사성물질인 경우에는 캡슐이 파괴되어야만 개봉될 수 있을 것
3. 제43조에 따른 특수형방사성물질에 대한 시험에서 다음 각 목의 기준에 적합할 것

가. 제43조제1항제1호부터 제3호까지의 규정 및 제2항제1호에 따른 충격시험 · 타격시험 및 굽힘시험에서 파괴되거나 부서지지 않을 것

나. 제43조제1항제4호 또는 제2항제2호에 따른 열시험에서 용융되거나 분산되지 않을 것

다. 제43조제3항에 따른 누출평가시험에서 물의 방사능이 2킬로베크렐을 초과하지 않을 것. 다만, 밀봉 캡슐형태의 방사성물질인 경우에 선택적으로 문서번호 ISO 9978 "Radiation Protection-Sealed Radioactive Sources-Leakage Test Method"에 규정된 시험을 적용할 수 있다.

12. **"배출"**이란 방사성물질 또는 그로 인하여 오염된 물질(이하 "방사성물질등"이라 한다)로서 원자력이용시설에서 정상운전 중에 발생한 액체 또는 기체 상태의 방사성물질등을 **위원회가 정하는 제한값** 이내에서 배수시설 또는 배기시설을 통하여 계획적이고 통제된 상태에서 외부로 내보내는 것을 말한다.

⇒ **고시: 제2016-16호 방사선방호 등에 관한 기준**

제6조(배출관리기준) ① 영 제2조제12호, 제136조제1항제3호, 「원자로시설 등의 기술기준에 관한 규칙」(이하 "원자로규칙"이라 한다) 제32조제1호나목 및 「방사선 안전관리 등의 기술기준에 관한 규칙」(이하 "방사선규칙"이라 한다) 제10조제3호에서 "원자력안전위원회가 정하는 제한값"이란 다음과 같다.

1. 방사성물질의 종류를 알 수 있고 단일 방사성핵종일 때에는 **별표 3**의 제1란의 해당 방사성핵종에 대한 **제5란**과 **제8란**의 농도

[별표 3] 방사성물질의 연간섭취한도, 유도공기중농도, 및 배출관리기준(예)

1란	2란	3란	4란	5란	6란	7란	8란
핵종	흡입				섭취		
	화학적 형태	연간 섭취 한도	유도 공기중 농도	배기중의 배출관리 기준	화학적 형태	연간 섭취 한도	배수중의 배출관리 기준
		Bq	Bq/m^3	Bq/m^3		Bq	Bq/m^3
Hydrogen H-3	G, 삼중수소가 결합된 물 (피부흡수 포함)	1E+09	3E+05	3E+03	삼중수소가 결합된 물	1E+09	4E+07
	G, 유기적으로 결합된 삼중수소	5E+08	2E+05	2E+03	유기적으로 결합된 삼중수소	5E+08	2E+07
…	…	…	…	…	…	…	…

2. 방사성물질의 종류를 알 수 있고 2종 이상의 방사성핵종일 때에는 각 방사성핵종의 농도의 제1호에 따른 농도에 대한 각각의 비율의 합계가 1이 되는 농도
3. 방사성물질의 종류를 알 수 있으나 방사성물질의 일부 또는 전부의 농도를 알 수 없을 때에는 혼합물내 방사성핵종의 배출관리기준중 가장 낮은 값
4. 방사성물질의 종류는 알 수 없으나 혼합물내에 존재하지 않는 방사성핵종이 알려진 경우에는 혼합물내에 존재할 수 있는 방사성핵종의 배출관리기준 중 가장 낮은 값 또는 별표 4의 제1란의 핵종별 각 경우에 대한 제4란과 제6란의 농도
5. 배출관리기준을 산출함에 있어서 배기중 또는 배수중에 자연적으로 존재하는 방사성핵종의 농도는 제외한다.

② 배출관리기준을 적용함에 있어 배기중 또는 배수중 방사성핵종의 허용농도는 1주간의 평균치로 한다. 다만, 부득이한 경우에는 3개월간의 평균치로 갈음할 수 있다.

13. "**연간섭취한도**"란 방사선작업종사자가 1년 동안 섭취할 경우 피폭방사선량이 선량한도에 이를 것으로 보이는 방사능의 양으로서 **위원회가 정하는 값**을 말한다.

⇒ 고시: **제2016-16호 방사선방호 등에 관한 기준**

제7조(연간섭취한도) 영 제2조제13호에서 "원자력안전위원회가 정하는 값"인 연간섭취한도는 다음과 같다.

1. 방사성물질의 종류를 알 수 있고 단일 방사성핵종일 때에는 흡입에 대하여는 **별표 3**의 **제1란**의 해당 방사성핵종에 대한 **제3란**의 연간섭취한도, 경구섭취에 대하여는 제7란의 연간섭취한도

[별표 3] 방사성물질의 연간섭취한도, 유도공기중농도, 및 배출관리기준(예)

1란	2란	3란	4란	5란	6란	7란	8란
핵종	흡입				섭취		
	화학적 형태	연간 섭취 한도	유도 공기중 농도	배기중의 배출관리 기준	화학적 형태	연간 섭취 한도	배수중의 배출관리 기준
		Bq	Bq/m^3	Bq/m^3		Bq	Bq/m^3
Hydrogen H-3	G, 삼중수소가 결합된 물 (피부흡수 포함)	1E+09	3E+05	3E+03	삼중수소가 결합된 물	1E+09	4E+07
	G, 유기적으로 결합된 삼중수소	5E+08	2E+05	2E+03	유기적으로 결합된 삼중수소	5E+08	2E+07
…	…	…	…	…	…	…	…

2. 방사성물질의 종류를 알 수 있고 2종 이상의 방사성핵종일 때에는 각 방사성핵종의 흡입 또는 경구섭취량의 제1호에 따른 연간섭취한도에 대한 각각의 비율의 합계가 1이 되는 흡입 또는 경구섭취량
3. 방사성물질의 종류를 알 수 있으나 방사성물질의 일부 또는 전부의 농도를 알 수 없을 때에는 혼합물내 방사성핵종의 연간섭취한도중 가장 낮은 값
4. 방사성물질의 종류는 알 수 없으나 혼합물내에 존재하지 않는 방사성핵종이 알려진 경우에는 혼합물내에 존재할 수 있는 방사성핵종의 연간섭취한도중 가장 낮은 값 또는 흡입에 대하여는 별표 4의 제1란의 핵종별 각 경우에 대한 제2란의 연간섭취한도
5. 연간섭취한도를 산출함에 있어서 자연적으로 존재하는 방사성핵종의 농도는 제외한다.

14. **"유도공기중농도"**란 방사선작업종사자가 1년 동안 흡입할 경우 방사능 섭취량이 연간섭취한도에 이를 것으로 보이는 공기 중의 농도로서 **위원회가 정하는 값**을 말한다.

⇒ **고시: 제2016-16호 방사선방호 등에 관한 기준**

제8조(유도공기중농도) 영 제2조제14호에서 "원자력안전위원회가 정하는 값"인 유도공기중농도는 다음과 같다.

1. 방사성물질의 종류를 알 수 있고 단일 방사성핵종일 때에는 **별표 3**의 **제1란**의 해당 방사성핵종에 대한 **제4란**의 농도

[별표 3] 방사성물질의 연간섭취한도, 유도공기중농도, 및 배출관리기준(예)

1란	2란	3란	4란	5란	6란	7란	8란
핵종	흡입				섭취		
	화학적 형태	연간 섭취 한도	유도 공기중 농도	배기중의 배출관리 기준	화학적 형태	연간 섭취 한도	배수중의 배출관리 기준
		Bq	Bq/m^3	Bq/m^3		Bq	Bq/m^3
Hydrogen H-3	G, 삼중수소가 결합된 물 (피부흡수 포함)	1E+09	3E+05	3E+03	삼중수소가 결합된 물	1E+09	4E+07
	G, 유기적으로 결합된 삼중수소	5E+08	2E+05	2E+03	유기적으로 결합된 삼중수소	5E+08	2E+07
…	…	…	…	…	…	…	…

2. 방사성물질의 종류를 알 수 있고 2종 이상의 방사성핵종일 때에는 각 방사성핵종의 농도의 제1호에 따른 농도에 대한 각각의 비율의 합계가 1이 되는 농도
3. 방사성물질의 종류를 알 수 있으나 방사성물질의 일부 또는 전부의 농도를 알 수 없을 때에는 혼합물내 방사성핵종의 유도공기중농도중 가장 낮은 값
4. 방사성물질의 종류는 알 수 없으나 혼합물내에 존재하지 않는 방사성핵종이 알려진 경우에는 혼합물내에 존재할 수 있는 방사성핵종의 유도공기중농도중 가장 낮은 값 또는 별표 4의 제1란의 핵종별 각 경우에 대한 제3란의 농도
5. 유도공기중농도를 산출함에 있어서 공기 중에 자연적으로 함유되어 있는 방사성핵종의 농도는 제외한다.

15. **"판독특이자"**란 다음 각 목의 어느 하나에 해당하는 사람을 말한다.
   가. 선량한도를 초과하여 방사선에 피폭된 사람
   나. 선량계의 훼손 · 분실 등으로 인하여 선량판독이 불가능하게 된 사람
   다. 위원회가 정하는 선량계 교체주기를 2개월 이상 지난 후 선량계를 제출한 사람

3. 원자력안전법 시행규칙에서의 용어 정의

1. **"표면방사선량률"**(表面放射線量率)이란 방사성물질, 방사성물질을 내장한 용기 또는 장치, 방사선발생장치 및 방사선차폐체(放射線遮蔽體) 등 방사선이 나오는 물체의 표면으로부터 10센티미터의 거리에서 측정한 방사선량률을 말한다.

2. **"핵분열성물질"**이란 우라늄 233, 우라늄 235, 플루토늄 239, 플루토늄 241 또는 이들의 혼합물을 말한다. 다만, 조사(照射)되지 아니한 천연우라늄 및 감손(減損)우라늄과 열중성자로에서 조사된 천연우라늄 및 감손우라늄은 제외한다.
3. **"개인선량계"**란 사람의 신체 외부에 피폭되는 방사선량을 측정할 수 있는 장치로서 「원자력안전위원회의 설치 및 운영에 관한 법률」제3조에 따른 **원자력안전위원회(이하 "위원회"라 한다)가 정하여 고시**하는 것을 말한다.

⇒ 고시: **제2016-15호 개인 피폭방사선량의 평가 및 관리에 관한 규정**

제3조(선량계의 구분) ① 「원자력안전법 시행규칙」(이하 "규칙"이라 한다) 제2조제3호 및 제122조제1호에 따른 방사선작업종사자가 착용하는 선량계는 각 호의 어느 하나를 말한다. 다만, 측정기와 판독부가 일체형으로 구성되어 있어 측정결과를 즉시 확인할 수 있는 능동형 선량계는 제외한다.

1. 감광 또는 흑화작용 등 화학작용을 이용한 선량계
2. 형광 또는 섬광 등 여기작용을 이용한 선량계
3. 분자구조결함 등 결함유발을 이용한 선량계

② 규칙 제2조제3호 및 제122조제2호에 따라 수시출입자가 착용하는 선량계는 제1항에 따른 선량계 또는 각 호의 어느 하나를 말한다.

1. 기체, 액체 및 고체전리 등 전리 작용을 이용한 선량계
2. 섬광 원리를 이용한 선량계
3. 기타 개인이 휴대할 수 있는 누적선량계

4. **"운반물"**이란 운반을 위하여 준비된 방사성물질등이 들어있는 용기를 말한다.
5. **"A값"**이란 방사성물질등의 운반을 위하여 방사성동위원소별로 **위원회가 정하여 고시하는 방사능값**을 말한다.

⇒ 고시: **제2014-50호 방사성물질등의 포장 및 운반에 관한 규정**

제8조(A_1및 A_2값) 방사선규칙 제91조제7항에 따른 A형 운반물에 허용되는 최대방사능인 A_1 및 A_2값은 다음 각 호의 어느 하나에서 정하는 기준으로 한다.

1. 종류가 분명한 단일 방사성핵종의 방사성물질인 경우에는 **별표 1**의 제1란의 각각의 핵종에 대한 **제2란의 A_1값 및 제3란의 A_2값**

[별표 1] 기본 방사성 핵종에 대한 A_1 및 A_2 값(예)

핵종(원자번호)	A_1 (TBq)	A_2 (TBq)	면제물질에 대한 방사능 농도(Bq/g)	면제운반물에 대한 방사능 제한치(Bq)
Actinium (89)				
Ac-225 (a)	8×10^{-1}	6×10^{-3}	1×10^{1}	1×10^{4}
Ac-227 (a)	9×10^{-1}	9×10^{-5}	1×10^{-1}	1×10^{3}

2. 혼합 방사성핵종의 방사성물질로서 각 방사성핵종의 원소 및 방사능을 알고 있는 경우에는 다음

식에 의하여 계산된 A_1 또는 A_2값

$$A_1 \text{ 또는 } A_2 = \frac{1}{\sum_i \frac{f(i)}{X(i)}}$$

다만, 여기에서 $f(i)$는 혼합 방사성물질 중에서 핵종 i의 방사능 또는 방사능농도의 비율을, $X(i)$는 별표 1에 제시된 핵종 i의 A_1값 또는 A_2값을 적용할 것

3. 혼합 방사성핵종의 방사성물질로서 각 방사성핵종의 원소명은 알고 있으나 일부 방사성핵종의 방사능을 알 수 없는 경우에는 방사성핵종을 적절히 그룹으로 분류하고, 각 그룹의 방사성핵종 중에서 가장 작은 A_1값 또는 A_2값을 제2호에서 규정하는 공식에 적용하여 계산된 A_1 또는 A_2값. 다만, 총 알파방사능 및 총 베타 · 감마방사능을 알고 있어 이에 따라 그룹으로 분류하는 경우에는 알파방출체 또는 베타 · 감마방출체의 핵종 중에서 가장 작은 A_1값 또는 A_2값을 적용할 것
4. 종류가 불분명한 단일 방사성핵종 또는 혼합 방사성핵종의 방사성물질인 경우에는 **별표 2**의 값을 적용할 것

[별표 2] 불명확한 핵종 또는 혼합물에 대한 A_1 및 A_2 값(제5조제1항라호 관련)

방사성 내용물	A_1 (TBq)	A_2 (TBq)	면제물질에 대한 방사능 농도(Bq/g)	면제운반물에 대한 방사능 제한치(Bq)
베타 · 감마 방출핵종만 존재할 경우	0.1	0.02	1×10^{1}	1×10^{4}
알파 방출핵종만 존재할 경우	0.2	9×10^{-5}	1×10^{-1}	1×10^{3}
핵종이 확인되지 않는 경우	0.001	9×10^{-5}	1×10^{-1}	1×10^{3}

6. **"B(U)형 운반물"**이란 A값을 초과하는 방사성물질등을 운반하는 운반물로서 **국제원자력기구의 방사성물질 안전운반에 관한 규정**(이하 "국제운반규정"이라 한다)에 따라 설계 발원국가의 승인이 필요한 운반물을 말한다.
   ⇒ 국제원자력기구(IAEA)의 Safety Standards Series No. SSR-6, '**Regulations for the Safe Transport of Radioactive Material, 2012 Edition**'을 의미한다.
7. **"B(M)형 운반물"**이란 A값을 초과하는 방사성물질등을 운반하는 운반물로서 국제운반규정에 따라 설계 발원국가의 방사성물질 운반물이 통과 또는 도착하는 국가의 승인이 필요한 운반물을 말한다.
8. **"C형 운반물"**이란 항공운반을 위하여 준비된 운반물로서 **위원회가 정하여 고시하는 방사능량**을 초과하여 운반하는 운반물을 말한다.
   ⇒ **부령 : 방사선 안전관리 등의 기술기준에 관한 규칙**

   제91조(운반물별 방사성물질의 한도량) ⑤ C형 운반물의 방사성물질등과 그 한도량은 **제4항제2호 나목**[a] **및 다목**[b]에서 규정한 방사성물질등과 그 한도량을 초과하는 것으로서 당해 운반물을 항공기에 의하여 운반하는 경우 해당 설계승인서에서 규정하는 제한값을 초과하지 아니하여야 한다.

   a) 특수형방사성물질의 경우에는 A_1의 3천배 또는 A_2의 10만배중에서 낮은 값

b) 가목 및 나목 이외의 경우에는 A_2의 3천배

9. **"핵분열성물질 운반물"**이란 위원회가 정하여 고시하는 면제기준을 초과하는 핵분열성물질을 운반하는 운반물을 말한다.

⇒ **고시: 제2014-50호 방사성물질등의 포장 및 운반에 관한 규정**

제35조(핵분열성물질 면제기준) 핵분열성물질이 다음 각 호의 어느 하나에 적합한 경우 핵분열성물질의 요건뿐만 아니라 제29부터 제34조까지의 규정에 따르는 핵분열성물질 운반용기 및 운반물로 운반되는 요건으로부터 면제된다. 다만, 화물당 하나 형태의 면제로 제한된다.

1. 다음 각 목의 어느 하나에 해당하는 것으로서 화물당 질량제한치가 다음 식을 만족시키는 운반물. 다만, 베릴륨 또는 중수소는 핵분열성물질 질량의 0.1퍼센트를 초과하지 않아야 한다.

$$\frac{\text{우라늄235의 질량}(g)}{X} + \frac{\text{기타핵분열성물질의 질량}(g)}{Y} < 1$$

여기에서 X 및 Y는 다음 표에서 정의된 질량제한치이다.

핵분열성 물질	평균 수소밀도가 물의 것과 같거나 그 이하인 물질과 혼합된 핵분열성 물질의 질량(g)	평균 수소밀도가 물의 것보다 큰 물질과 혼합된 핵분열성물질의 질량(g)
우라늄-235(X)	400	290
기타 핵분열성 물질(Y)	250	180

가. 핵분열성물질이 15그램 이하인 운반물. 포장되지 않은 물질에 대한 이 수량제한치는 운반수단으로 운반되는 화물에 적용함

나. 수소에 대한 핵분열성 핵종의 질량비가 5퍼센트 미만인 균질 수소용액 또는 혼합물 형태의 운반물

다. 임의의 체적 10리터에 핵분열성 물질이 5그램 이하인 운반물

2. 질량으로 최대 1퍼센트의 우라늄-235로 농축된 우라늄을 포함하고 있으며 플루토늄 및 우라늄233의 총량이 우라늄-235 질량의 1퍼센트를 초과하지 않은 운반물. 다만, 핵분열성물질은 해당 물질 전반에 걸쳐서 본질적으로 균일하게 분포되어 있으며, 또한 우라늄-235가 금속 · 산화물 또는 탄화물 형태인 경우에는 운반물 안에서 격자배열을 이루어서는 안 된다.
3. 질량으로 최대 2퍼센트의 우라늄-235로 농축된 질산우라늄염 용액으로서 플루토늄 및 우라늄-233의 총량이 우라늄 질량의 0.002퍼센트를 초과하지 않고 질소와 우라늄의 원자비(N/U)가 최소 2 이상인 운반물
4. 플루토늄 총량이 1kg를 초과하지 않으며, 플루토늄-239 · 플루토늄-241 또는 이들 핵종의 혼합량이 질량의 20퍼센트를 초과하지 않는 운반물

4. 방사선 안전관리 등의 기술기준에 관한 규칙에서의 용어 정의

1. **"작업실"**이라 함은 밀봉되지 아니한 방사성동위원소 또는 방사성동위원소에 의하여 오염된 물건으로서 밀봉되지 아니한 것을 사용 또는 포장하는 곳을 말한다.
2. **"오염검사실"**이라 함은 인체 또는 작업복 · 신발 · 보호구 등 인체에 착용하였던 물건의 표면이 방사성물질에 의하여 오염되었는지 여부를 검사하는 곳을 말한다.
3. **"배수설비"**라 함은 액체상태의 방사성물질이나 그에 의하여 오염된 액체를 정화하거나 배출하는 설비로서 농축기 · 분리기 · 이온교환장치 등의 배출액처리장치 또는 저장탱크 · 희석탱크 · 여과탱크 등 배출액정화탱크의 배수관 · 배수구 등을 말한다.
4. **"고형화처리설비"**라 함은 방사성물질 등을 콘크리트 기타의 고형화 재료에 의하여 고형화하는 설비로서 분쇄장치 · 압축장치 · 혼합장치 또는 재포장장치 등을 말한다.
5. **"외부방사선량률"**이라 함은 인체 외부로부터 피폭되는 시간당방사선량(밀리시버트/시간)을 말한다.
6. **"저분산성방사성물질"**이라 함은 분말형태가 아닌 고체이거나 밀봉된 캡슐에 내장되어 있어 분산성이 제한되는 방사성물질을 말한다.
7. **"운반지수"**라 함은 운반물 · 덧포장 · 탱크 또는 화물컨테이너에 지정되는 등급으로서 방사선 피폭에 대한 관리를 위하여 사용되는 수치를 말한다.

⇒ **고시: 제2014-50호 방사성물질등의 포장 및 운반에 관한 규정**

제10조(운반지수의 산출) 방사선규칙 제102조제2항에 따른 운반물 · 덧포장 · 탱크 · 화물컨테이너에 대한 운반지수의 산출방법은 다음 각 호와 같다.

1. 단일의 운반물 · 덧포장 · 화물컨테이너의 외부표면으로부터 1미터 거리에서의 시간당 밀리시버트(mSv/h) 단위로 나타내는 최대 방사선량률의 값에 100을 곱하여 수치를 구할 것.
2. 탱크 · 화물컨테이너의 경우에는 제1호에서 산출한 수치에 다음 표의 해당 인자를 곱한 수치로 할 것

적하물의 제원(주)	증배계수
1㎡ 이하인 경우	1
1㎡ 보다 크고 5㎡ 이하인 경우	2
5㎡ 보다 크고 20㎡ 이하인 경우	3
20㎡ 보다 클 경우	10

(주) : 제원은 적하물의 가장 큰 단면적을 말함

3. 제1호 및 제2호에 따라 구한 수치를 소수 둘째자리에서 올림하여 구한 수치를 운반지수로 할 것. 다만, 0.05이하의 값은 영(0)으로 한다.
4. 여러 개의 운반물이 포함된 덧포장 · 화물컨테이너 또는 운반수단 각각에 대한 운반지수는 포함되

어 있는 모든 운반물의 운반지수를 합계하거나 또는 직접적인 방사선량률의 측정에 의하여 구할 것. 다만, 단단하지 않은 덧포장의 경우에는 모든 운반물의 운반지수의 합으로 할 것

8. **"핵임계안전지수"**라 함은 핵분열성물질이 들어 있는 운반물 · 덧포장 · 탱크 또는 화물컨테이너에 지정되는 등급으로서 운반물 · 덧포장 · 탱크 또는 화물컨테이너의 집적량을 관리하기 위하여 사용되는 수치를 말한다.

⇒ **고시: 제2014-50호 방사성물질등의 포장 및 운반에 관한 규정**

제11조(핵임계안전지수의 산출) 방사선규칙 제102조제2항에 따른 핵임계 안전지수의 산출방법은 다음 각 호와 같다.

1. 핵분열성물질 운반물의 핵임계 안전지수는 제33조 및 제34조에 의하여 산출한 두 개의 N의 값 중에서 작은 것을 50으로 나누어 결정된 수치로 할 것(즉, 핵임계안전지수 = 50/N)
2. 무한갯수의 운반물이 미임계를 유지하는 경우 핵임계 안전지수의 값은 영(0)으로 할 것
3. 여러 개의 운반물이 포함된 화물에 대한 핵임계 안전지수는 포함되어 있는 모든 운반물의 핵임계 안전지수의 합으로 할 것

5. 원자력안전위원회 고시에서의 용어 정의

○ **방사선원의 누설점검에 관한 기술기준(고시 제2014-42호)**

1. **"방사선원"**이란 「원자력안전법 시행령」 제2조제3호에서 정의된 밀봉된 방사성동위원소(이하 "밀봉선원"이라 한다)로서 이 기준에 따라 누설점검을 하여야 하는 선원을 말한다. 다만, 다음 각 목에서 정하는 방사선원은 제외한다.
   가. 베타 및 감마선을 방출하는 밀봉선원으로서 방사능량이 3.7MBq 이하의 것
   나. 알파선을 방출하는 밀봉선원으로서 방사능량이 0.37MBq 이하의 것
   다. 물리적 반감기가 30일 이하의 것
2. **"누설점검"**이란 밀봉선원의 밀봉성능을 확인하기 위하여 이 기준에서 정하는 바에 따라 누설여부를 시험하는 것을 말한다.

○ **방사성동위원소등의 생산에 관한 기준(고시 제2014-47호)**

1. **"방사성동위원소등"**이란 방사성동위원소 또는 방사선발생장치를 말한다.
2. **"밀봉선원"**이란 기계적인 강도가 충분하여 파손될 우려가 없고, 부식되기 어려운 재료로 된 용기에 넣은 방사성동위원소로서 사용할 때에 방사선은 용기외부로 방출하지만 방사성동위원소는 누출하지 못하도록 되어 있는 것을 말한다.
3. **"개봉선원"**이란 밀봉되지 않은 방사성동위원소를 말한다.

4. **"특수형방사성물질"**이란 견고한 고체형 방사성물질 또는 캡슐에 봉입된 방사성물질로서 원자력안전위원회고시 「방사성물질등의 포장 및 운반에 관한 규정」제20조의 기준에 적합한 것을 말한다.
5. **"비차폐 선원"**이란 사용할 때 차폐체가 제거되어 있는 형태로 사용되는 밀봉선원을 말한다.

○ **방사성동위원소 보안관리에 관한 규정(고시 제2015-06호)**

1. **"허가사용자"**란 「원자력안전법」 제53조제1항에 따라 방사성동위원소의 생산 · 판매 · 사용 · 소지 · 취급 또는 이동사용의 허가를 받은 자를 말한다.
2. **"보안관리책임자"**란 허가사용자가 임명한 방사성동위원소 보안관리의 책임을 가진 사람을 말하며 방사선안전관리자가 이를 겸임할 수 있다.
3. **"단독접근자"**란 보안관리구역에 업무상 목적으로 혼자서 접근할 수 있는 사람을 말하며 보안관리책임자가 지명한다.
4. **"동반접근자"**란 단독접근자의 안내에 따라 보안관리구역에 업무상 목적으로 일시적으로 접근할 수 있는 사람을 말한다.
5. **"사보타주"**란 방사성동위원소 또는 관련 설비를 의도적으로 공격하여 방사성물질을 분산시키거나 방사선을 노출함으로써 사람의 건강 · 안전 또는 환경을 위태롭게 하는 행위를 말한다.
6. **"불법이전"**이란 정당한 권한 없이 방사성동위원소를 수수(授受) · 소지 · 소유 · 보관 · 사용 · 운반 · 개조 · 처분 또는 분산하는 것을 말한다.

○ **방사성물질등의 포장 및 운반에 관한 규정(고시 제2014-50호)**

1. **"방사성내용물"**이란 방사성물질 등으로서 고체 · 액체 또는 기체상태로 운반용기 안에 들어있는 것을 말한다.
2. **"운반용기"**란 방사성내용물을 완전히 포장하는데 필요한 부품의 집합체를 말한다.
3. **"운반물"**이란 운반을 위해 제시된 방사성내용물이 들어있는 운반용기를 말한다.
4. **"비방사능"**이란 방사성 핵종의 단위질량당 방사능을 말한다.
5. **"저준위비방사능물질"**이란 본질적으로 제한된 비방사능을 가지고 있는 방사성물질 또는 평균 비방사능의 제한치가 적용되는 방사성물질을 말한다. 다만, 평균 비방사능을 결정할 때에 저준위비방사능물질을 둘러싼 외부 차폐체는 고려하지 않는다.
6. **"미조사(未照射) 토륨"**이란 토륨-232의 1그램 당 천만분의 1그램 이하의 우라늄-233을 함유하고 있는 토륨을 말한다.
7. **"미조사(未照射)우라늄"**이란 다음 각 목의 어느 하나와 같다.

가. 우라늄-235의 1그램당 2킬로베크렐 이하의 플루토늄을 함유하고 있는 우라늄

나. 우라늄-235의 1그램당 9메가베크렐 이하의 핵분열생성물을 함유하고 있는 우라늄
다. 우라늄-235의 1그램당 5밀리그램 이하의 우라늄-236을 함유하고 있는 우라늄

8. “**천연우라늄**”이란 화학적인 방법으로 분리된 우라늄으로서 그 중에 포함되어 있는 우라늄-235의 존재비가 천연의 존재비(질량비로 우라늄-238: 99.28퍼센트, 우라늄-235: 0.72퍼센트)와 같은 것을 말한다.
9. “**감손우라늄**”이란 우라늄-235의 존재비가 천연우라늄의 경우보다 작은 우라늄을 말한다.
10. “**농축우라늄**”이란 우라늄-235의 존재비가 천연우라늄의 경우보다 큰 우라늄을 말한다.
11. “**저독성알파방출체**”란 천연우라늄 · 감손우라늄 · 천연토륨 · 우라늄-235 · 우라늄-238 · 토륨-232 · 광석에 함유되어 있거나 물리적 및 화학적 농축상태의 토륨-228 및 토륨-230 또는 10일 이하의 반감기를 갖는 알파방출체 등을 말한다.
12. “**오염**”이란 베타선 · 감마선 및 저독성 알파방출체의 경우 제곱센티미터당 0.4베크렐을, 기타 알파선 방출체의 경우 제곱센티미터당 0.04베크렐를 초과하는 방사성물질이 물질의 표면에 존재하는 것을 말한다.
13. “**제거성 오염**”이란 일상적인 운반조건에서 운반물의 표면으로부터 제거될 수 있는 오염을 말한다.
14. “**고착성 오염**”이란 제거성오염 이외의 오염을 말한다.
15. “**운반수단**”이란 다음 각 목에 해당하는 운반에 사용되는 것을 말한다.
    가. 도로 또는 철도에 따른 운반: 모든 차량
    나. 수로에 따른 운반: 모든 선박 또는 선창, 구획영역 또는 선박의 지정갑판 영역
    다. 항로에 따른 운반: 모든 항공기
16. “**덧포장**”이란 취급 · 적재 및 운반의 편리를 위하여 하나 이상의 운반물을 하나의 취급단위로 통합하기 위하여 단일 송하인이 사용하는 상자 등의 수납체를 말한다.
17. “**화물컨테이너**”이란 중간에 재 적재를 하지 않고, 하나 이상의 운반형태에 의하여 운반물을 용이하게 운반할 수 있도록 설계된 컨테이너를 말한다. 이 경우 화물컨테이너는 재사용이 가능하도록 영구적 밀폐특성 · 견고성 및 강도를 유지하여야 하며, 특히 운반수단 간의 이동 및 운반형태의 변경 시 취급을 용이하게 하기 위한 장치가 부착되어 있어야 한다.
18. “**탱크**”란 기체 또는 액체 상태로 적재되거나 연이어 응결되는 액체 · 분말 · 과립 · 슬러리 또는 고화물 등을 운반하기 위한 450리터 이상 또는 기체운반을 위한 1,000리터 이상의 탱크컨테이너 · 휴대용 탱크 · 도로용 탱크차량 · 철도용 탱크화물차량 또는 용기를 말한다. 이 경우 탱크컨테이너는 육상 또는 해상수송이 가능하며 구조장치를 제거하지 않고 적재 및 하역이 가능하여야 하며, 셸의 외부에 안정부재 및 결속부착물이 있고, 또한 만재한 상태에서 인양할 수 있어야 한다.
19. “**전용운반**”이란 단일 송하인이 운반수단 · 탱크 또는 화물컨테이너를 독점적으로 사용하는

것으로서, 최초 · 중간 또는 최종 운반단계에서 적재 및 하역이 송하인 또는 수하인의 지시에 따라 수행되는 운반을 말한다.

20. **"최대정상운전압력"**이란 운반도중 통풍 또는 보조장치에 따른 외부냉각 또는 조절관리를 하지 않은 경우 운반 주변조건에 상응하는 온도 및 태양광선에서 1년 동안 격납계통 내에 형성되는 평균 해수면 상에서의 대기압 이상의 최대압력을 말한다.
21. **"격납계통"**이란 운반도중 방사성물질을 수납할 수 있도록 특별히 설계자가 지정한 운반용기 구성품의 집합체를 말한다.
22. **"제한계통"**이란 핵임계의 안전성을 유지하기 위한 목적으로 설계자가 지정하고 관계당국이 인정하는 핵분열성물질 및 운반용기 구성품의 집합체를 말한다.
23. **"수하인"**이란 화물을 받는 개인이나 기관 또는 정부를 말한다.
24. **"송하인"**이란 화물을 보내기 위하여 준비하는 개인이나 기관 또는 정부를 말한다.
25. **"화물"**이란 운반을 위하여 송하인이 제시하는 운반물 또는 방사성물질의 집합된 적하물을 말한다.
26. **"관계당국"**이란 원자력안전위원회고시 「방사성물질 등의 포장 및 운반에 관한 규정」관련한 목적을 위하여 지정되었거나 인정된 국내 · 외의 규제기관 또는 당국을 말한다.
27. **"편무승인"**이란 설계 발원국가의 관계당국에 의하여 요구되는 설계에 대한 승인을 말한다.
28. **"다변승인"**이란 설계 또는 선적의 발원국가 및 화물이 통과 또는 도착되는 해당국가의 관계당국에 따른 승인을 말한다. 여기에서, "통과 또는 도착"이란 특별히 영공통과를 배제하는 것으로서, 즉 방사성물질을 수송하는 항공기가 기착이 예정되지 않은 국가의 영공을 통과하는 경우에 해당국가에 대한 승인 및 통보요건은 적용하지 않는다.

○ **중 · 저준위 방사성폐기물 처분시설의 위치에 관한 기술기준(고시 제2014-51호)**

1. **"처분장"**이란 중 · 저준위 방사성폐기물(이하 "폐기물"이라 한다) 처분시설이 위치하는 장소를 말한다.
2. **"천층처분"**이란 지표면과 가까이에 천연방벽 또는 공학적 방벽으로 폐기물을 처분하는 것을 말한다.
3. **"동굴처분"**이란 암반 내 또는 지표면 하의 동굴에 천연방벽 또는 공학적 방벽으로 폐기물을 처분하는 것을 말한다.
4. **"천연방벽"**이란 처분장의 지표 및 지하구조로서 방사성핵종의 이동을 지연시킬 수 있는 자연적인 방벽구조를 말하며, 폐기물 처분시설 또는 폐기물을 둘러싼 토양 및 암반 등을 포함한다.
5. **"공학적 방벽"**이란 폐기물 처분시설로부터 폐기물 및 방사성핵종의 이동을 지연시키거나 제한할 수 있는 인공구조물을 말한다.

6. **“표층수”**란 담수 · 염수를 포함하여 지표면상에 존재하는 모든 물을 말한다.
7. **“지하수”**란 지표면 아래로 침투하여 지하의 공극 또는 공동을 채우고 있는 모든 물을 말한다.

○ 중 · 저준위 방사성폐기물 천층처분시설의 구조 및 설비에 관한 기준(고시 제2014-53호)

1. **“내진설계”**란 설계지진이 발생하더라도 안전에 중요한 구조물, 계통 및 기기가 안전하게 주어진 기능을 다할 수 있도록 설계하는 것을 말한다.
2. **“설계지진”**이란 안전에 관련되는 주요 구조물, 계통 및 기기의 건전성이 유지되도록 하기 위하여 설계 시 설정하는 지진을 말한다.
3. **“천연방벽”**이란 처분장의 지표 및 지하구조로서 방사성핵종의 이동을 지연시킬 수 있는 자연적인 방벽으로 토양 및 암반 등을 말한다.
4. **“폐쇄 후 관리”**란 폐쇄된 처분시설이 설계 성능을 유지하고 있음을 입증하기 위하여 수행되는 행위를 총칭하는 것으로서 처분부지의 환경감시, 접근제한, 보수작업 등의 능동적인 활동과 토지사용통제, 기록보관 등의 수동적인 활동을 모두 포함한다.

○ 중 · 저준위 방사성폐기물 인도규정(고시 제2015-04호)

1. **“유리수”**란 포장물 내에서 물리 · 화학적으로 결합되어 있지 않은 물을 말한다.
2. **“킬레이트제등”**이란 킬레이트제 및 킬레이트 화합물로서, 유기물질과 결합하여 고리형 착화합물을 형성시켜 방사성핵종의 유동성을 촉진시키는 유기물질을 말한다.
3. **“임계안전”**이란 핵분열성 물질에 기인한 핵분열 연쇄반응이 더 이상 지속되지 않은 상태를 말한다.
4. **“포장물”**이란 처분을 위해 폐기시설운영자에게 인도하는 폐기물을 담고 있는 용기와 그 안에 들어 있는 폐기물을 포함한 내용물 전체를 말한다.
5. **“전알파”**란 해당 포장물 또는 시료에 함유된 알파선을 방출하는 방사성핵종 전체를 말한다.
6. **“척도인자”**란 그 값이 알려진 방사성핵종의 농도를 이용하여 직접 측정이 어려운 다른 미지의 핵종의 농도를 유추하는 데 적용할 수 있는 핵종간 존재비 또는 상관계수를 말한다.
7. **“고형화”**란 유동성이 있는 물질을 하소(Calcination), 건조, 시멘트화, 아스팔트화, 유리화 등의 방법으로 물리적으로 안정한 고체 형태로 바꾸는 것을 말하며, 폐필터 등의 고체 물질을 시멘트 등으로 고정화하는 것을 포함한다.
8. **“침출”**이란 폐기물이 물과 접촉하는 경우에 용해, 확산 등에 의해 방사성핵종이 폐기물로부터 누출되는 현상을 말한다.
9. **“고건전성용기”**란 우리나라의 일반적인 지하 환경 및 처분 조건에서 300년 이상의 건전성을 유지할 수 있는 폐기물 포장용기를 말한다.

○ **중 · 저준위 방사성폐기물 처분시설에 관한 방사선 위해방지 기준(고시 제2016-25호)**

1. **"성능목표치"**란 처분시설 폐쇄 후 피폭을 유발할 가능성이 있는 자연 현상에 대하여 인간 건강과 환경 보호를 위하여 설정되는 수치로서 선량 또는 위험도로 표시된다.
2. **"결정집단"**이란 안전성평가가 수행될 기간과 환경을 감안하여, 주어진 처분시설 주변에서 방사성폐기물의 누출에 따른 방사선영향이 가장 클 것이라 예상되는 보편적 생활습관과 섭생을 보이는 개인들의 집단을 말한다.
3. **"자연현상"**이란 처분시설로부터 정상적인 방사성물질의 누출과 이동을 통해 궁극적으로 방사선영향을 야기할 수 있는 모든 잠재적인 사건과 과정을 총칭하며 발생확률이 낮은 심각영향을 발생시키는 산사태 등의 자연재해 및 주요설비의 조기 파손 등 예상치 못한 결함 등도 포함한다.
4. **"인간침입"**이란 처분시설의 방사성폐기물 격리성능에 영향을 미쳐 방사선피폭을 야기할 수 있는 모든 인위적인 활동을 총칭한다.
5. **"시나리오"**란 안전성평가에서 방사성폐기물의 누출과 이동 그리고 궁극적으로 방사선영향을 추정하기 위해 사용되는 조건들의 가정된 세트를 말한다.
6. **"처분시설"**이란 중 · 저준위방사성폐기물을 회수할 의도 없이 인간 생활권으로부터 영구히 격리하기 위해 허가된 시설을 말한다.

○ **사용후핵연료 인도규정(고시 제2014-59호)**

1. **"사용후핵연료 중간저장"**이란 원자로의 연료로 사용된 핵연료물질이나 그 밖의 방법으로 핵분열시킨 핵연료물질을 발생자로부터 인수하여 처리 또는 영구 처분하기 전까지 일정기간 안전하게 저장하는 것을 말한다.
2. **"불가항력적인 사건"**이란 폐기시설운영자나 위탁자등의 통제가 불가능한 상태로서 범죄행위, 국가원수 또는 정부에 의한 불가피한 행위, 화재, 홍수, 지진 등의 천재지변, 전염병 격리지역, 파업, 비정상적인 기후 및 불가피한 운반수단의 사고 등을 말하며, 이로 인하여 사용후핵연료의 인도 또는 운반이 지연되는 것을 말한다.
3. **"결함핵연료"**란 집합체 또는 핵연료에 손상이 있어 취급, 운반 및 저장에 특별한 관리를 요하는 사용후핵연료를 말한다.
4. **"물질수지구역"**이란 국제원자력기구의 보장조치 목적상 물질수지가 결정될 수 있는 시설의 내부 또는 외부의 다음 각 목과 같은 지역을 의미한다.

가. 일정구역 안 또는 밖으로의 이전에 있어서 핵물질의 양이 확정될 수 있는 지역

나. 규정된 절차에 따라, 필요한 경우 각 일정구역에서 핵물질의 재고가 확정될 수 있는 지역

○ **방사성폐기물 분류 및 자체처분 기준에 관한 규정(고시 제2014-03호)**

1. "**자체처분**"이란 방사성폐기물 중에서 핵종별 농도가 자체처분 허용농도 미만임이 확인된 것을 「원자력안전법」의 적용대상에서 제외하여 방사성폐기물이 아닌 폐기물로 소각, 매립 또는 재활용 등의 방법으로 관리하는 것을 말한다.
2. "**자체처분 허용농도**"란 「원자력안전법 시행령」(이하 "영"이라 한다) 제107조제1항에 따라 방사성폐기물의 자체처분을 허용할 수 있는 방사성핵종별 방사능 농도로서 별표1의 허용농도 또는 자체처분 허용선량을 만족함이 입증되는 농도를 말한다.

[별표 1] 방사성핵종별 자체처분 허용농도(제2조제2호 및 제3조제1항 관련)

방사성핵종	허용농도 (Bq/g)
I-129	0.01
Na-22, Sc-46, Mn-54, Co-56, Co-60, Zn-65, Nb-94, Ru-106, Ag-110m, Sb-125, Cs-134, Cs-137, Eu-152, Eu-154, Ta-182, Bi-207, Th-229, U-232, Pu-238, Pu-239, Pu-240, Pu-242, Pu-244, Am-241, Am-242m, Am-243, Cm-245, Cm-246, Cm-247, Cm-248, Cf-249, Cf-251, Es-254	0.1
C-14, Na-24, Cl-36, Sc-48, V-48, Mn-52, Fe-59, Co-57, Co-58, Se-75, Br-82, Sr-85, Sr-90, Zr-95, Nb-95, Tc-96, Tc-99, Ru-103, Ag-105, Cd-109, Sn-113, Sb-124, Te-123m, Te-132, Cs-136, Ba-140, La-140, Ce-139, Eu-155, Tb-160, Hf-181, Os-185, Ir-190, Ir-192, Tl-204, Bi-206, U-233, Np-237, Pu-236, Cm-243, Cm-244, Cf-248, Cf-250, Cf-252, Cf-254	1
Be-7, F-18, Cl-38, K-43, Ca-47, Mn-51, Mn-52m, Mn-56, Fe-52, Co-55, Co-62m, Ni-65, Zn-69m, Ga-72, As-74, As-76, Sr-91, Sr-92, Zr-93, Zr-97, Nb-93m, Nb-97, Nb-98, Mo-90, Mo-93, Mo-99, Mo-101, Tc-97, Ru-97, Ru-105, Cd-115, In-111, In-114m, Sn-125, Sb-122, Te-127m, Te-129m, Te-131m, Te-133, Te-133m, Te-134, I-126, I-130, I-131, I-132, I-133, I-134, I-135, Cs-129, Cs-132, Cs-138, Ba-131, Ce-143, Ce-144, Gd-153, W-181, W-187, Pt-191, Au-198, Hg-203, Tl-200, Tl-202, Pb-203, Po-203, Po-205, Po-207, Ra-225, Pa-230, Pa-233, U-230b, U-236, Np-240, u-241, Cm-242, Es-254m	10
H-3, S-35, K-42, Ca-45, Sc-47, Cr-51, Mn-53, Co-61, Ni-59, Ni-63, Cu-64, Rb-86, Sr-85m, Sr-87m, Y-91, Y-91m, Y-92, Y-93, Tc-97m, Tc-99m, Rh-105, Pd-109, Ag-111, Cd-115m, In-113m, In-115m, Te-129, Te-131, I-123, I-125,Cs-135, Ce-141, Pr-142, Nd-147, Nd-149, Sm-153, Eu-152m, Gd-159, Dy-166, Ho-166, Er-171, Tm-170, Yb-175, Lu-177, Re-188, Os-191, Os-193, Ir-194, Pt-197m, Au-199, Hg-197, Hg-197m, Tl-201, Ra-227, U-231, U-237, U-239, U-240, Np-239, Pu-234, Pu-235, Pu-237, Bk-249, Cf-253, Es-253, Fm-255	100
Si-31, P-32, P-33, Fe-55, Co-60m, Zn-69, As-73, As-77, Sr-89, Y-90, Tc-96m, Pd-103, Te-125m, Te-127, Cs-131, Cs-134m, Pr-143, Pm-147, Pm-149, Sm-151, Dy-165, Er-169, Tm-171, W-185, Re-186, Os-191m, Pt-193m, Pt-197, At-211, Th-226, Pu-243, Am-242, Cf-246	1,000
Co-58m, Ge-71, Rh-103m, Fm-254	10,000

주1) 다수의 방사성핵종이 혼합되어 있는 경우에는 다음과 같이 한다.

$$\sum_i \frac{C_i}{C_{L,i}} < 1$$

C_i: 방사성핵종 i의 방사능농도(Bq/g), $C_{L,i}$: 별표 1에 주어진 방사성핵종 i의 자체처분 허용농도(Bq/g)

주2) 별표 1에 수록되지 않은 알파선을 방출하지 아니하는 방사성핵종의 경우 자체처분 허용농도로서 0.1 Bq/g을 적용할 수 있다.

주3) 다음 목록에 제시된 모핵종과 그 모핵종의 붕괴로 생성되는 자핵종이 함께 존재하는 경우, 모핵종에 대해서만 허용농도를 적용한다.

모핵종	자핵종
Fe-52	Mn-52m
Zn-69m	Zn-69
Sr-90	Y-90
Sr-91	Y-91m
Zr-95	Nb-95

모핵종	자핵종
Zr-97	Nb-97m, Nb-97
Nb-97	Nb-97m
Mo-99	Tc-99m
Mo-101	Tc-101
Ru-103	Rh-103m
Ru-105	Rh-105m
Ru-106	Rh-106
Pd-103	Rh-103m
Pd-109	Ag-109m
Ag-110m	Ag-110
Cd-109	Ag-109m
Cd-115	In-115m
Cd-115m	In-115m
In-114m	In-114
Sn-113	In-113m
Sb-125	Te-125m
Te-127m	Te-127
Te-129m	Te-129
Te-131m	Te-131
Te132	I-132
Cs-137	Ba-137m
Ce-144	Pr-144, Pr-144m
U-232	Th-228, Ra-224, Rn-220, Po-216, Pb-212, Bi-212, Tl-208
U-240	Np-240m, Np-240
Np237	Pa-233
Pu-244	U-240, Np-240m, Np-240
Am-242m	Np-238
Am-243	Np-239
Cm-247	Pu-243
Es-254	Bk-250
Es-254m	Fm-254

3. **"자체처분 허용선량"**이란 방사성폐기물의 자체처분에 따른 개인에 대한 연간 예상 피폭방사선량이 10 마이크로시버트(μSv) 미만이고 집단에 대한 연간 예상 총피폭방사선량이 1 맨 · 시버트(man · Sv) 미만이 되는 값을 말한다.
4. **"검출목표치"**란 방사성폐기물을 자체처분하고자 하는 원자력관계사업자(이하 "자체처분사업자"라 한다)가 자체적으로 설정하는 검출목표 방사능 농도를 말한다.
5. **"최소검출가능농도"**란 방사능계측기, 시료량, 회수율, 계측시간 등의 계측조건에 따라 정해지는 검출가능한 최소 방사능 농도를 말한다.

○ **중 · 저준위 방사성폐기물 소각기준(고시 제2017-06호)**

1. 삭제
2. **"강열감량"**이란 건조된 소각재를 섭씨 650도의 온도로 가열하였을 때 감소되는 무게를 백분율로 나타낸 값을 말한다.
3. 삭제
4. **"2차 폐기물"**이란 방사성폐기물의 소각시 발생되는 고체, 액체 및 기체상의 부산물로서 소각재, 배출수, 배기가스 등을 포함한다.
5. **"운전인자"**란 소각공정 운전의 안전성을 결정하는 공정내 각 부위에서의 배기가스의 온도, 압력 및 유속 또는 유량을 말한다.
6. **"폐기물 인수기준"**이란 소각로 및 배기가스 처리설비가 가지는 성능에 따라 안전하게 처리할 수 있는 대상 폐기물의 물리 화학적 조성 및 함유된 방사성 핵종별 농도의 제한 값을 말한다.

○ **중 · 저준위 방사성폐기물 처분시설 운영 등에 관한 기술기준(고시 제2016-26호)**

1. **"처분고"**란 처분시설에서 폐기물이 최종적으로 정치되는 설비로서 방벽에 의해 격리되는 독립적인 폐기물 처분용 구조물을 말한다.
2. **"감시"**란 방사선피폭의 평가 또는 관리를 목적으로 방사선학적 또는 비방사선학적 파라미터들을 측정하고 그 측정치를 해석하는 것을 말한다.
3. **"성능"**이란 처분장이 방사성폐기물을 격리하는 데 그리고 설계 요건에 따라 방사선방어의 요건을 만족하는 데 얼마나 유효한가를 나타내는 척도를 말한다.
4. **"덮개"**란 처분시설에서 폐기물 용기와 포장물 또는 처분고 등 구조물 위를 덮고 있는 물질이나 이러한 물질들의 층을 말한다.
5. **"폐쇄후 관리"**란 처분시설이 설계성능을 유지함을 입증하기 위하여 수행되는 행위를 총칭하는 것으로서 감시, 접근제한, 보수작업 등의 적극적인 활동과 토지사용통제, 기록보관 등의 소극적인 활동을 모두 포함한다.

○ **중 · 저준위 방사성폐기물 운송선박의 방사선안전관리 등에 관한 기술기준(고시 제2014-66호)**

1. **"화물구역"**이란 선박 안에서 방사성내용물이 들어 있는 운반물 등 화물이 적재되는 구역을 말한다.
2. **"고박장치"**란 화물을 선체 또는 화물단위체 등에 고정시키기 위하여 사용되는 장치를 말한다.
3. **"작업종사자구역"**이란 방사선관리실 · 오염검사실 및 폐기물보관실 등 운반작업종사자가 출입하는 구역을 말한다.
4. **"일반인구역"**이란 조타실 · 기관구역 · 거주구역 및 그 밖의 작업구역 등 주로 승무원이 출입하는 구역을 말한다.
5. **"배기설비"**란 기체상의 방사성물질이나 그에 의하여 오염된 기체를 정화하거나 배출하는 설비로서 정화필터 · 배기관 및 배기구 등을 말한다.
6. **"배수설비"**란 액체상의 방사성물질이나 그에 의하여 오염된 액체를 정화하거나 보관하는 설비로서 정화필터 · 저장조 · 배수관 및 배수구 등을 말한다.

○ **사용후핵연료 중간저장시설의 구조 및 설비에 관한 세부기술기준(고시 제2015-19호)**

1. **"안전에 중요한 구조물 · 계통 및 기기"**(이하 "중요안전설비"라 한다)란 중간저장시설의 안전한 운전을 위하여 중요한 설비로서 다음 각 목의 설비를 말한다.
   가. 중간저장시설의 핵임계 안전, 붕괴열 제거, 방사선 차폐, 방사성물질의 격납 능력 및 구조적 건전성 유지에 필수적인 기능을 수행하는 설비
   나. 가목 이외의 설비로서 고장 시 가목의 설비가 안전기능을 수행하는데 직접적인 영향을 미칠 수 있는 설비
2. **"정상운전"**이란 운전제한조건 범위 안에서 수행되는 중간저장시설의 운전으로서 사용후핵연료의 인수 · 취급 · 저장 및 회수, 그리고 관련 설비 등에 대한 감시 · 유지보수 및 시험 등을 말한다.
3. **"예상운전과도"**란 정상운전은 아니나 중요안전설비에 심각한 손상을 일으키지 아니하거나 사고상태로 진전되지 아니하는 상태로서 중간저장시설의 수명기간 동안 수차례 발생할 것으로 예상되는 운전상태를 말한다.
4. **"설계기준"**이란 중간저장시설의 수명기간 동안 예상되는 운전상태 또는 사건에 대하여 중간저장시설의 조건이 규정된 제한치를 초과하지 아니하도록 설정하는 기준으로서 중간저장시설에 설치되는 설비들의 설계시 고려하여야 하는 최소한의 기능 및 성능에 관한 기준을 말한다.
5. **"핵임계 사고"**란 제어할 수 없는 중성자 연쇄반응이 발생하여 방사선이나 에너지가 방출되는 사고를 말한다.
6. **"저장대"**란 저장구역에 사용후핵연료를 일정 간격으로 정치(定置)하는 저장용 격자(rack) 및

관련 설비를 말한다.

7. **"사용후핵연료저장조"**(이하 "저장조"라 한다)란 사용후핵연료에서 방출되는 열을 냉각시키고 방사선을 차폐하는 등 사용후핵연료를 안전하게 저장하는 역할을 하는 수조(水槽)를 말한다.
8. **"경년열화**(經年劣化)"란 시간경과 또는 사용에 따라 중간저장시설의 구조물 · 계통 및 기기의 손상을 가져오는 물리적 또는 화학적 과정을 말한다.
9. **"운전제한조건"**이란 중간저장시설이 안전한 상태를 유지하기 위한 최소한의 기능 및 성능수준을 말한다.

○ **사용후핵연료 중간저장시설 안전성분석보고서 작성지침(고시 제2015-20호)**

2. **"저장용기(storage cask)"**란 사용후핵연료를 건식상태에서 저장하는 용기로서 방사성물질의 누출을 방지하기 위한 격납기능, 방사선 차폐기능 및 붕괴열 제거기능 등을 수행하며, 필요시 이동시킬 수 있는 저장용기를 말한다.

○ **고준위폐기물 심층처분시설에 관한 일반기준(고시 제2016-27호)**

1. **"심층처분"**이란 방사성폐기물을 사람의 접근과 방사성핵종의 생태계 유입이 제한될 수 있도록 지하 깊은 곳의 안정한 지층구조에 처분하여 인간 생활권으로부터 영구히 격리시키는 것을 말한다.
2. **"처분시스템"**이란 방사성폐기물, 공학적 방벽을 비롯한 설계특징, 천연방벽, 방사선영향에 연관되는 부지환경, 처분시설 운영관리 등 처분시설의 안전성을 구성하는 성분 모두를 말한다.
3. **"천연방벽"**이란 처분장에서 방사성핵종의 이동, 처분시설로 지하수 침투 또는 사람의 침입 및 방사성폐기물의 노출을 제한할 수 있는 천연의 지하구조 및 지표구조로서, 처분된 방사성폐기물 또는 공학적 방벽을 둘러싼 암반과 토양 등을 포함한다.
4. **"공학적 방벽"**이란 처분환경에서 방사성폐기물의 유출과 처분시설로의 지하수 침투 또는 사람의 침입을 제한하는 역할을 하는 인공물로서 포장용기, 처분용기, 완충재, 처분고 구조물, 뒤채움재 등을 포함한다.
5. **"처분고"**란 처분시설에서 방사성폐기물이 최종적으로 정치되는 설비로서 방벽에 의해 격리되는 독립적인 처분용 구조물을 말한다. (예: 처분공 또는 처분용 터널)
6. **"안전목표치"**란 처분시설의 폐쇄 후 자연현상이나 인간침입으로 초래될 수 있는 방사선피폭으로부터 사람을 보호하기 위해 설정되는 목표치로서 방사선량 또는 상응하는 위험도로 나타낸다.
7. **"대표인"**이란 안전성평가가 수행될 기간과 환경을 고려하여, 해당 처분시설로부터 방사선영향을 받는 집단 중 높은 피폭을 받는 사람들의 보편적 생활습관과 섭생을 따르는 대표적 개

인을 말한다.

8. **"자연현상"**이란 인간침입 이외에 처분시스템에 변화를 초래할 수 있는 모든 자연적 현상을 총칭하는 것으로, 처분시스템의 점진적 진화를 나타내는 정상자연현상과 천재지변 또는 방벽의 조기파손 등 발생가능성이 낮은 확률자연현상을 포함한다.
9. **"인간침입"**이란 처분시설 폐쇄 후 방벽의 성능을 훼손할 수 있는 사람의 행위를 총칭하는 것으로서 의도적 침입은 제외한다.
10. **"시나리오"**란 안전성평가에서 방사성폐기물의 누출과 이동 그리고 궁극적으로 방사선영향을 추정하기 위해 가정한 조건이나 사건의 세트를 말한다.
11. **"위험도"**란 처분된 방사성폐기물로 인한 방사선피폭으로 초래될 보건위험의 정도를 정량적으로 나타낸 것으로, 방사선피폭으로 이어지는 시나리오가 일어날 확률과 그 피폭방사선량에 의한 보건위험 확률의 곱으로 표현된다.
12. **"성능기간"**이란 방사성폐기물의 처분에 따른 안전을 위해 해당 처분시스템이 성능을 나타내야 할 기간을 말한다.
13. **"자연유사물**(Natural analogue)"이란 처분시스템에 영향을 미치는 과정들에 대한 모델로 사용되는 자연계의 상태로서 처분시설의 안전성을 판단하는 데 참고할 수 있는 것을 말한다. (예: 지질계에서 방사성핵종의 장기 거동을 유추하고 모델링하는 데 사용될 수 있는 광물질)
14. **"보조안전지표"**란 선량이나 위험도 이외에 방사선영향이나 방사선방호성능의 척도로서 안전성평가에 적용될 수 있는 양을 말한다. (예: 방사성핵종의 농도 또는 유출률 등)
15. **"방사성폐기물의 회수"**란 처분된 방사성폐기물을 처분 전 관리의 상태로 되돌리는 것을 말한다.
16. **"안전기능"**이란 처분시설 종사자의 보호와 방사성물질의 제어를 포함하여 처분시설의 운영안전과 처분안전성을 위해 달성되어야 하는 처분시스템 성분들의 고유기능을 말한다.

○ **판독업무 등록기준 및 검사에 관한 규정(고시 제2016-19호)**

1. **"개인선량계"**란 사람의 신체외부에 피폭하는 방사선량의 판독업무를 수행하기 위하여 원자력안전위원회에 판독에 관한 업무를 등록한 자(이하 "판독업무자"라 한다)가 등록할 수 있는 장치(이하 "선량계"라 한다)로서 다음 각 목에 해당하는 선량계를 말한다.
   가. 감광 또는 흑화작용 등 화학작용을 이용한 선량계
   나. 형광 또는 섬광 등 여기작용을 이용한 선량계
   다. 분자구조결합 등 결합유발을 이용한 선량계
2. **"자연방사선량**(H_B)"이란 방사선에 조사되지 않은 선량계로부터 판독한 선량을 말하며 다음의 식에 따라 산출되는 값으로 한다.

$$H_B = (1/n)\sum_{i=1}^{n} G_i$$

(G_i : 방사선에 조사되지 않은 선량계의 판독값, n=15)

3. "**자연방사선량의 표준편차**(S_0)"란 자연방사선량의 표준편차를 말하며 다음의 식에 따라 산출되는 값으로 한다.

$$S_0 = \left[\sum_{i=1}^{n}(G_i - H_B)^2/(n-1)\right]^{1/2}$$

4. "**기준조사선량**(H_i)"이란 선량계의 성능을 검사하기 위하여 국가표준연구기관 또는 국가교정검사기관에서 선량계에 조사한 선량을 말한다.
5. "**측정선량**($\widetilde{H_i}$)"이란 선량계의 성능을 검사하기 위하여 기준조사선량을 조사한 선량계로부터 판독업무자가 판독한 선량을 말한다.
6. "**성능지수**(P_i)"란 기준조사선량에 대한 측정선량과 기준조사선량간의 차의 비를 말하며 다음의 식에 따라 산출되는 값으로 한다.

$$P_i = \frac{\widetilde{H_i} - H_i}{H_i}$$

(P_i : 성능지수, $\widetilde{H_i}$: 측정선량, H_i : 기준조사선량)

7. "**편중**(Bias : B)"이란 성능지수의 평균치를 말하며 다음의 식에 따라 산출되는 값으로 한다.

$$B = \overline{P} = (1/n)\sum_{i=1}^{n} P_i$$

($\overline{P}$: 평균치, n : 기준조사선량이 조사된 선량계의 수)

8. "**표준편차**(S)"란 성능지수의 표준편차를 말하며 다음의 식에 따라 산출되는 값으로 한다.

$$S = \left[\sum_{i=1}^{n}\left(P_i - \overline{P}\right)^2/(n-1)\right]^{1/2}$$

9. "**성능지표**(Q)"란 편중의 절대치와 표준편차의 합을 말하여 다음의 식에 따라 산출되는 값으로 한다.

$$Q = |B| + S$$

10. "**허용준위**(L)"란 성능지표(Q)의 성능검사 범주별 허용범위를 말한다.
11. "**전문판독업무자**"란 일정한 수수료를 받을 목적으로 방사선작업종사자 등의 피폭선량 판독을 대행하기 위한 판독업무자를 말한다.
12. "**자체판독업무자**"란 원자력관계사업자로서 해당 원자력이용시설의 방사선작업종사자 등의 피폭선량 판독을 위한 판독업무자를 말한다.
13. "**주 판독기**"란 판독업무자가 보유하고 있는 성능검사에 합격한 판독기로서 방사선작업종사자 등에게 지급하였던 선량계를 일상적으로 판독하는 장비를 말한다.
14. "**부 판독기**"란 주 판독기의 고장 등으로 인하여 정상적인 판독업무가 불가능 할 경우 일시적으로 사용하기 위한 주 판독기와 동일한 성능을 갖춘 판독장비를 말한다.

○ **개인 피폭방사선량의 평가 및 관리에 관한 규정(고시 제2016-15호)**

1. **“선량판독”**이란 방사선작업종사자 및 수시출입자(이하 “종사자등”이라 한다)가 일정기간 착용한 개인선량계(이하 “선량계”라 한다)를 회수하여 피폭방사선량을 산출하는 것을 말한다.
2. **“사업자 추정선량”**이란 해당 사업자가 「원자력안전법 시행령」(이하 “영”이라 한다) 제2조제15호의 판독특이자에 대한 조사 · 평가 결과 실제 피폭이 아닌 것으로 판단되거나 선량판독이 불가능한 경우에는 해당 판독특이자에 대한 자료 및 방사선작업 조건 검토, 동일 작업의 평가 등에 근거하여 합리적으로 추정한 피폭방사선량을 말한다.

○ **내부피폭방사선량의 측정 및 산출에 관한 규정(고시 제2014-70호)**

1. **“체내섭취”**란 경구, 호흡구, 피부 또는 상처 등을 통하여 방사성 핵종이 인체내부로 들어오는 것을 말한다.
2. **“체액흡수”**란 섭취된 방사성 핵종이 혈액 및 세포액 등과 같은 체액에 흡수되는 것을 말한다.
3. **“섭취잔류량”**이란 방사성 핵종이 인체 내로 섭취된 다음 일정 기간 경과 후에도 소변, 대변 또는 땀 등을 통하여 체외로 배설되지 않고 인체에 남아 있는 양을 말한다.
4. **“배설률”**이란 인체 내에 섭취되었던 방사성 핵종이 장기나 조직으로부터 소변 및 대변 등을 통하여 체외로 단위시간당 배설되는 양을 말한다.
5. **“직접측정법”**이란 인체 내에 섭취된 방사성 핵종의 농도 및 그 양을 방사선측정기를 이용하여 직접 측정하는 방법을 말한다.
6. **“간접측정법”**이란 인체 내부로부터 배설 또는 분비되는 물질이나 타액 등에 존재하는 방사능의 양을 측정하여 인체 내에 섭취된 방사성 핵종의 농도 및 그 양을 측정하는 방법을 말한다.

○ **국제규제물자 등의 보고에 관한 규정(고시 제2014-75호)**

1. **“고농축 우라늄”**이란 우라늄 동위원소 235를 20퍼센트 이상 함유하고 있는 우라늄을 말한다.
2. **“시설”**이란 원자로 · 임계시설 · 변환공장 · 가공공장 · 재처리공장 · 동위원소 분리공장 또는 분리 저장설비, 또는 1 유효킬로그램 이상의 특정핵물질이 통상적으로 사용되는 모든 지점을 말한다.
3. **“시설외지점”**이란 1 유효킬로그램 이하의 특정핵물질이 통상적으로 사용되는, 시설이외의 설비나 지점을 말한다.
4. **“부지”**란 시설(폐쇄된 시설 포함)의 설계정보와 특정핵물질을 통상적으로 사용하거나 사용한 적이 있는 시설외지점(이는 핫셀이 있거나, 과거에 변환 · 농축 · 핵연료 가공 · 재처리를 수행한 적이 있는 폐쇄된 시설외지점을 포함한다)의 정보를 고려하여 정부가 지정한 지역을 말한다. 또한, 이는 시설과 함께 위치하는 모든 설비 또는 필수적인 서비스의 제공이나 이용을 위한 장소를 포함한다. 즉, 특정핵물질을 포함하고 있지는 아니하더라도 조사후 물질의

처리를 위한 핫셀, 방사성폐기물의 처리 · 저장 및 처분 설비, 그리고 정부가 확인한 국제규제특정물자의 생산활동과 관련 있는 건물을 포함한다.

5. **"폐쇄된 시설 또는 폐쇄된 시설외지점"**이란 가동이 중지되고 특정핵물질은 제거되었으나 해체되지 아니한 설비 또는 지점을 말한다.
6. **"유효킬로그램"**이란 특정핵물질의 계량관리에 사용되는 특별단위를 말하며, 유효킬로그램량은 다음 각 목과 같이 얻어진다.
   가. 플루토늄의 경우, 그 킬로그램 단위의 중량
   나. 농축도가 0.01(1%) 이상인 우라늄의 경우, 그 킬로그램 단위의 중량에 농축도의 제곱을 곱한 값
   다. 농축도가 0.005(0.5%) 초과되고 0.01(1%) 미만인 우라늄의 경우, 그 킬로그램 단위의 중량에 0.0001을 곱한 값
   라. 농축도가 0.005(0.5%) 이하인 감손우라늄 또는 토륨의 경우, 그 킬로그램 단위의 중량에 0.00005를 곱한 값

○ **방사선작업종사자 등의 업무상 질병 인정범위에 관한 규정(고시 제2014-78호)**

2. **"인과확률"**이란 방사선작업종사자 등에게 발생한 암이 방사선에 기인되었을 확률로서 다음 식으로 산출되는 값이다.

$$\text{인과확률} = \frac{A}{A+B} \times 100$$

여기서 A는 방사선 피폭에 의한 해당암의 초과위험이며 B는 해당암의 기저위험이다.

연습문제

01 원자력안전법에 대한 설명으로 틀린 것은?

① 원자력안전법의 제1조는 동법의 목적을 기술하고 있다.
② 원자력안전법 제2조 용어의 정의는 과학적 정의와 항상 일치한다.
③ 원자력안전법 제2조는 동법의 적용대상과 범위를 명확히 하기 위해 용어를 정의하고 있다.
④ 원자력안전법은 용어의 정의를 하위 법령에 위임하는 경우도 있다.

02 다음 중 방사성물질에 포함되지 않는 것은?

① 핵연료물질
② 사용후핵연료
③ 핵원료물질
④ 원자핵분열생성물

03 다음 중 방사성동위원소에 해당하지 않는 것은?

① 군사용 기기에 내장된 9.25 MBq 이상의 Am-241
② 우라늄 238에 대한 우라늄 235의 비율이 천연혼합율과 같은 우라늄
③ 안전지시등에 내장된 925 GBq 이상의 H-3
④ 항공기용 발광물질로서 사용하는 3 GBq 이상의 Pm-147

04 **다음은 방사성동위원소에서 제외되는 물질에 대한 조항 중 하나이다. (　　)에 맞는 값은?**

> 군사용 기기에 내장된 다음과 같은 것
> 1) (ㄱ) 이하의 Am-241
> 2) (ㄴ) 이하의 H-3
> 3) (ㄷ) 이하의 Pm-147
> 4) (ㄹ) 이하의 Ni-63

	(ㄱ)	(ㄴ)	(ㄷ)	(ㄹ)
①	9.25	37	3	1
②	9.25	37	30	10
③	92.5	370	300	10
④	92.5	370	300	100

05 **다음은 방사선에 대한 정의이다. (　　)에 맞는 것은?**

> "방사선"이란 (ㄱ) 또는 (ㄴ) 중 직접 또는 간접으로 (ㄷ)를 (ㄹ)하는 능력을 가진 것으로서 대통령령으로 정하는 것을 말한다.

	(ㄱ)	(ㄴ)	(ㄷ)	(ㄹ)
①	전자파	입자선	공기	여기
②	전자파	입자선	공기	전리
③	전자파	입자선	물	여기
④	전자파	입자선	물	전리

06 **다음 중 원자력안전법에서 정한 방사선에 해당하지 않는 것은?**

① 4 MeV 알파선　　② 10 keV 감마선
③ 1 Mev 중성자선　　④ 30 keV 전자선

07 **다음 중 원자력안전법에서 정한 방사선발생장치에 해당하지 않는 것은?**

① 신클로트론

② 가속된 하전입자 및 이로 인해 부수적으로 발생하는 방사선의 최대 에너지가 5 keV 이상인 발생장치

③ 의료 진단용으로 사용하는 엑스선 발생장치

④ 수소를 이용한 핵융합 실험장치

08 **다음 중 원자로 관계시설에 해당하지 않는 것은?**

① 원자로냉각계통시설
② 방사선관리시설
③ 전력계통시설
④ 방사성폐기물처분시설

09 **다음 (　　)에 들어갈 맞는 말은?**

"(　　)"이란 핵원료물질에 포함된 우라늄 또는 토륨의 비율을 높이기 위하여 물리적 · 화학적 방법으로 핵원료물질을 처리하는 것을 말한다.

① 정련
② 가공
③ 변환
④ 농축

10 **다음 중 원자력안전법에서 정한 핵연료주기사업에 해당하지 않는 것은?**

① 정련
② 변환
③ 가공
④ 농축

11 **다음은 방사선관리구역에 대한 원자력안전법 조항이다. (   )에 맞는 것은?**

> 1 외부방사선량률: 1주당 (ㄱ) 마이크로시버트
> 2 공기중의 방사성물질의 농도 : (ㄴ)
> 3 물체표면의 오염도 : (ㄷ)

	(ㄱ)	(ㄴ)	(ㄷ)
①	40	유도공기중농도	허용표면오염농도
②	40	유도공기중농도	제한표면오염농도
③	400	유도공기중농도	허용표면오염농도
④	400	유도공기중농도	제한표면오염농도

12 **외부방사선량률 등이 원자력안전위원회규칙으로 정한 값을 초과할 우려가 있는 곳에 대한 조치로서 틀린 것은?**

① 방사선관리구역으로 설정한다.
② 벽 · 울타리 등 구획물로 구획하고 정해진 표지를 부착하여 다른 장소와 구별한다.
③ 방사선작업종사자외의 사람이 당해 구역에 출입할 때는 방사선작업종사자의 지시를 따르도록 한다.
④ 당해 구역으로부터 사람이 퇴거할 때, 인체에 착용하고 있는 물품 표면의 방사성물질의 오염도가 허용표면오염도를 초과하지 아니하도록 한다.

13 **다음 중 국제규제물자에 해당하지 않는 것은?**

① 우라늄원광
② 원자로 및 그 부속장비
③ 조사용 핵연료 재처리공장을 위하여 제작된 장비
④ 중수

14 **다음 중 방사성폐기물에 대한 설명으로 틀린 것은?**

① 방사성물질 또는 그에 따라 오염된 물질로서 폐기의 대상이 되는 물질이다.
② 모든 사용후핵연료는 방사성폐기물에 해당한다.
③ 고준위방사성폐기물은 방사성폐기물 중 방사능농도와 열발생률이 정해진 값 이상인 폐기물을 말한다.
④ 고준위방사성폐기물 이외의 폐기물을 중 · 저준위 방사성폐기물이라 한다.

15 **다음은 어떤 선량에 대한 설명인가?**

> 인체 내 조직간 선량분포에 따른 위험정도를 하나의 양으로 나타내기 위해 각 조직의 등가선량에 해당 조직의 조직가중치를 곱하여, 모든 조직에 대해 합산한 양

① 조사선량 ② 흡수선량
③ 유효선량 ④ 예탁선량

16 **원자력안전법에서 정한 피폭방사선량에 대한 설명으로 틀린 것은?**

① 사람의 신체의 외부 또는 내부에 피폭하는 방사선량을 말한다.
② 진료를 위하여 피폭하는 방사선량은 피폭방사선량에 포함한다.
③ 인위적으로 증가시키지 아니하는 자연방사선량은 피폭방사선량에서 제외한다.
④ 인위적으로 증가시키는 자연방사선량은 관리의 대상이 된다.

17 **다음 방사선량에 대한 설명 중 틀린 것은?**

① "조사선량"이란 중성자에 의해 공기 단위 질량당 생성된 전하량을 말한다.
② "흡수선량"이란 물질의 단위 질량당 흡수된 방사선의 에너지를 말한다.
③ "등가선량"이란 흡수선량에 해당 방사선의 방사선가중치를 곱한 양을 말한다.
④ "집단선량"이란 다수의 사람이 피폭되는 경우에 그 집단의 개인피폭방사선량의 총합을 말한다.

18 **광자에 의한 등가선량 10 mSv와 등가인 것은?**

① 10 keV 미만 중성자에 의한 흡수선량 1 mSv
② 알파입자에 의한 흡수선량 1 mSv
③ 100 keV 전자에 의한 흡수선량 0.1 mSv
④ 핵분열파편에 의한 흡수선량 0.5 mSv

19 **다음 예탁선량에 대한 설명으로 틀린 것은?**

① 체내에 존재하는 방사성핵종으로 인하여 그 사람이 일정기간 받는 내부피폭방사선량을 말한다.
② 예탁선량은 예탁등가선량이나 예탁유효선량으로 나타낼 수 있다.
③ 피폭을 고려하는 기간이 사전 지정되어 있지 않을 경우, 성인에 대해서는 50년, 아동에 대해서는 100년을 고려하여 예탁선량을 평가한다.
④ 예탁선량은 방사선작업종사자의 피폭방사선량 평가 시 포함해야 한다.

20 **다음은 선량과 그 선량의 단위를 짝지은 것이다. 틀린 것은?**

① 조사선량 - 쿨롱/킬로그램(C/kg) ② 흡수선량 - 그레이(Gy)
③ 등가선량 - 시버트(Sv) ④ 집단선량 - 시버트(Sv)

21 **심부선량과 표층선량은 몸통과 피부 표면 아래 어느 깊이에서 측정하는가?**

	심부선량	표층선량		심부선량	표층선량
①	10 mm	0.7 mm	②	10 mm	0.07 mm
③	1 mm	0.7 mm	④	1 mm	0.07 mm

22 **다음 중 원자력안전법에서 정한 원자력이용시설에 해당하지 않는 것은?**

① 핵연료주기시설
② 방사성동위원소 배출시설
③ 방사선발생장치 및 그 부대시설
④ 방사성동위원소 운반 관련 시설

23 **다음 중 원자력안전법에서 정한 방사선작업종사자에 해당하지 않는 자는?**

① 원자력이용시설 운전 업무에 종사하는 자
② 방사성물질을 사용하는 업무에 종사하는 자
③ 방사성물질에 오염된 물질을 취급하는 업무에 종사하는 자
④ 방사선관리구역 시설관리 등의 업무 상 출입하는 자

24 **다음 중 원자력안전법에서 규정하고 있는 해체의 범위는?**

① 허가 또는 지정받은 시설의 영구정지 및 시설 철거
② 허가 또는 지정받은 시설의 영구정지, 시설 및 부지 철거
③ 허가 또는 지정받은 시설의 영구정지, 시설 및 부지 철거, 방사성 오염 제거
④ 허가 또는 지정받은 시설의 영구정지, 시설 및 부지 철거, 방사성 오염 제거 및 규제 해제

25 **다음은 고준위방사성폐기물에 대한 정의다. (   )에 들어갈 맞는 값은?**

방사능 농도	열발생률
반감기 (ㄱ)년 이상의 (ㄴ)을 방출하는 핵종으로 (ㄷ) Bq/g	(ㄹ) kW/m^3

	(ㄱ)	(ㄴ)	(ㄷ)	(ㄹ)
①	20	감마	400	0.2
②	20	베타	400	0.2
③	20	알파	4000	2
④	20	중성자	4000	2

26 **다음은 저준위 방사성폐기물에 대한 정의다. (   )에 맞는 것은?**

> 중 · 저준위방사성폐기물 중에서 방사능농도가 (ㄱ) 허용농도의 (ㄴ) 배 이상이고 별표 2의 핵종별 농도 미만인 것을 말한다.

	(ㄱ)	(ㄴ)		(ㄱ)	(ㄴ)
①	자체처분	100	②	매립형처분	100
③	표층처분	1000	④	심층처분	1000

27 **현재 우리나라 원자력안전법에서 방사능 농도에 따라 분류하고 있는 방사성폐기물의 분류 체계는?**

① 고준위 - 중 · 저준위 - 극저준위
② 고준위 - 중준위 - 저준위
③ 고준위 - 중준위 - 저준위 - 극저준위
④ 고준위 - 중준위 - 저준위 - 면제준위

28 **선량한도에 대한 설명 중 틀린 것은?**

① 교육훈련 등의 목적으로 원자력안전위원회가 인정한 18세 미만인 사람에 대한 유효선량한도는 연간 6 mSv이다.
② 선량한도란 피폭이 발생한 시점부터 1년간 피폭하는 방사선량을 말한다.
③ 방사선작업종사자에 대한 유효선량한도는 연간 50 mSv을 넘지 않는 범위에서 5년간 100 mSv이다.
④ 유효선량한도에서 '5년간'이란 1998년 1월 1일부터 기산되는 5년마다의 기간을 말한다.

29 다음은 허용표면오염도에 대한 정의이다. (　　)에 맞는 것은?

> 1 알파선을 방출하는 방사성물질에 대하여는 (ㄱ) Bq/m^3
> 2 알파선을 방출하지 아니하는 방사성물질에 대하여는 (ㄴ) Bq/m^3

	(ㄱ)	(ㄴ)		(ㄱ)	(ㄴ)
①	0.1	10	②	0.1	1
③	0.4	10	④	0.4	4

30 다음은 원자력이용시설 관련 구역에 대한 설명이다. (　　)에 맞는 것은?

> (ㄱ) 원자력이용시설의 보전을 위한 특별한 관리가 필요한 장소를 말한다.
> (ㄴ) 그 구역 경계에서 피폭방사선량이 위원회가 정하는 값을 초과할 우려가 있는 장소를 말한다.

	(ㄱ)	(ㄴ)		(ㄱ)	(ㄴ)
①	보전구역	제한구역	②	보전구역	관리구역
③	제한구역	관리구역	④	관리구역	제한구역

31 다음 설명 중 틀린 것은?

① 수시출입자는 방사선관리구역에 업무상 출입하는 사람으로서 방사선작업종사자에 해당한다.
② 수시출입자에 대한 연간 유효선량한도는 6 mSv이다.
③ 운반종사자는 방사성물질등을 운반하는 사람으로서 방사선작업종사자에 해당하지 않는다.
④ 원자력안전위원회가 인정하는 경우, 일반인에 대한 연간 유효선량한도를 5년간 평균하여 연간 1 mSv를 넘지 않도록 관리할 수 있다.

32 다음은 원자력안전위원회 고시 '원자로시설의 위치에 관한 기준'에서 준용하고 있는 미국 연방법 10 CFR 100.11의 에서 규정하고 있는 제한구역 경계 선량한도이다. ( )에 맞는 값은?

> An exclusion area of such size that an individual located at any point on its boundary for two hours immediately following onset of the postulated fission product release would not receive a total radiation dose to the whole body in excess of (ㄱ) rem or a total radiation dose in excess of (ㄴ) rem to the thyroid from iodine exposure.

	(ㄱ)	(ㄴ)		(ㄱ)	(ㄴ)
①	2.5	30	②	2.5	300
③	25	300	④	250	300

33 방사성폐기물을 회수할 의도 없이 인간의 생활권으로부터 영구히 격리하는 것을 무엇이라 하는가?

① 임시저장
② 영구처분
③ 중간저장
④ 영구보관

34 다음 특수형방사성물질에 대한 설명 중 틀린 것은?

① 견고한 고체형 방사성물질 또는 캡슐에 봉입된 방사성물질로서 한 변의 길이가 최소한 0.5 cm 이상일 것
② 캡슐에 봉인된 방사성물질인 경우에는 캡슐이 파괴되어야만 개봉될 수 있을 것
③ 규정에 따른 충격시험 · 타격시험 및 굽힘시험에서 파괴되거나 부서지지 않을 것
④ 규정에 따른 누출평가시험에서 물의 방사능이 3 kBq을 초과하지 않을 것

35 **다음 설명 중 틀린 것은?**

① 원자력이용시설 정상운전 중 발생한 액체 또는 기체 상태의 방사성물질등을 원자력안전위원회가 정한 제한값 이내에서 배수시설 또는 배기시설을 통해 외부로 내보낼 수 있다.
② 방사선작업종사자가 1년 동안 섭취할 경우 피폭방사선량이 선량한도에 이를 것으로 보이는 방사능의 양을 연간섭취한도라고 한다.
③ 연간섭취한도를 산출함에 있어 자연적으로 존재하는 방사성핵종의 농도도 포함한다.
④ 방사선작업종사자가 1년 동안 흡입한 방사능 섭취량이 연간섭취한도에 이를 것으로 보이는 공기중의 농도를 유도공기중농도라고 한다.

36 **다음 중 판독특이자에 해당하지 않는 사람은?**

① 인명구조를 목적으로 하는 긴급작업에 투입되어 피폭된 사람
② 선량한도를 초과하여 방사선에 피폭된 사람
③ 선량계의 훼손 · 분실 등으로 선량판독이 불가능하게 된 사람
④ 위원회가 정하는 선량계 교체주기를 2개월 이상 지난 후 선량계를 제출한 사람

37 **원자력안전법에서는 표면방사선량률을 방사선이 나오는 물체의 표면으로부터 몇 cm의 거리에서 측정한 방사선량률로 정하고 있는가?**

① 1 ② 3
③ 5 ④ 10

38 **다음 중 핵분열성물질에 해당하지 않는 것은?**

① 우라늄 233 ② 플루토늄 239
③ 우라늄 235 ④ 천연우라늄

39 다음 중 방사선작업종사자의 외부 방사선량 측정을 위한 개인선량계로서 인정받을 수 없는 것은?

① 화학작용을 이용한 선량계
② 일체형으로 구성된 능동형 선량계
③ 여기작용을 이용한 선량계
④ 결함유발을 이용한 선량계

40 방사성물질등의 운반을 위하여 방사성동위원소별로 원자력안전위원회가 정하여 고시하는 방사능값을 무엇이라 하는가?

① A값
② B값
③ C값
④ D값

41 다음 운반에 관한 설명 중 틀린 것은?

① 운반을 위하여 준비된 방사성물질등이 들어있는 용기를 운반물이라 한다.
② A값을 초과하는 운반물로서 국제운반규정에 따라 설계 발원국가의 승인이 필요한 운반물을 B(U)형 운반물이라 한다.
③ 선박운반을 위해 준비된 운반물로서 원자력안전위원회가 정하여 고시하는 방사능량을 초과하여 운반하는 운반물을 C형 운반물이라 한다.
④ A값을 초과하는 운반물로서 국제운반규정에 따라 설계 발원국가의 방사성물질 운반물이 통과 또는 도착하는 국가의 승인이 필요한 운반물을 B(M)형 운반물이라 한다.

42 다음 표는 어떤 운반물 표면에서 떨어진 거리에 따른 최대 방사선량률을 기록한 것이다. 이 운반물의 운반지수는 얼마인가?

표면으로부터의 거리(m)	0.5	1	1.5	2
방사선량률(mSv/h)	4	1	0.44	0.25

① 4
② 1
③ 25
④ 100

43 **운반물 · 덧포장 · 탱크 또는 화물컨테이너에 지정되는 등급으로서 방사선피폭에 대한 관리를 위하여 사용되는 수치를 무엇이라 하는가?**

① 핵임계 안전지수
② 운반지수
③ 외부 방사선량률
④ 표면 방사선량률

44 **다음 밀봉선원 중 누설점검에서 제외할 수 없는 것은?**

① 베타를 방출하는 밀봉선원으로서 방사능량이 3 MBq인 것
② 감마를 방출하는 밀봉선원으로서 방사능량이 2 MBq인 것
③ 알파선을 방출하는 밀봉선원으로서 방사능량이 0.5 MBq인 것
④ 물리적 반감기가 20일인 것

45 **다음 방사선동위원소등에 대한 설명 중 틀린 것은?**

① 기계적인 강도가 충분하여 파손될 우려가 없고 부식되기 어려운 재로료 된 용기에 넣은 방사성동위원소를 밀봉선원이라 한다.
② 밀봉되지 않은 방사성동위원소를 개봉선원이라 한다.
③ 사용할 때 차폐체가 제거되어 있는 형태로 사용되는 개봉선원을 비차폐 선원이라 한다.
④ 견고한 고체형 방사성물질 또는 캡슐에 봉입된 방사성물질로서 원자력안전위원회 고시 기준에 적합한 것을 특수형 방사성물질이라 한다.

46 **다음 방사성동위원소 보안관리에 대한 설명 중 틀린 것은?**

① 방사성동위원소 보안관리 책임자는 방사선안전관리자를 겸임할 수 있다.
② 단독접근자는 방사성동위원소 보안관리구역에 혼자 접근할 수 있다.
③ 동반접근자는 단독접근자 안내 없이는 보안관리구역에 접근할 수 없다.
④ 보안관리 책임자는 허가사용자 추천으로 원자력안전위원회가 임명한다.

47 다음은 무엇에 대한 설명인가?

> 방사성동위원소 또는 관련 설비를 의도적으로 공격하여 방사성물질을 분산시키거나 방사선을 노출함으로써 사람의 건강 · 안전 또는 환경을 위태롭게 하는 행위를 말한다.

① 불법이전
② 방사능테러
③ 사보타주
④ 방사능분산

48 다음 방사성물질등의 포장 및 운반에 대한 설명 중 틀린 것은?

① 저준위비방사성물질의 평균 비방사능을 결정할 때 그 물질을 둘러싼 외부 차폐체를 고려한다.
② 운반용기는 방사성내용물을 완전히 포장하는데 필요한 부품의 집합체이다.
③ 운반물은 운반을 위해 제시된 방사성내용물이 들어있는 운반용기를 말한다.
④ 방사성내용물은 고체 · 액체 · 기체 상태일 수 있다.

49 방사성 핵종의 단위질량 당 방사능을 무엇이라 하는가?

① 방사능 농도
② 비방사능
③ 단위 방사능
④ 비전리방사능

50 다음 미조사 핵물질에 대한 설명 중 틀린 것은?

① 토륨-232의 1그램 당 천만분의 1 그램 이하하의 우라늄-233을 함유하고 있는 토륨을 미조사 토륨이라 한다.
② 우라늄-235의 1그램 당 2킬로베크렐 이하의 플루토늄을 함유하고 있는 우라늄을 미조사 우라늄이라 한다.
③ 우라늄-235의 1그램 당 9메가베크렐 이하의 핵분열생성물을 함유하고 있는 우라늄을 미조사 우라늄이라 한다.
④ 우라늄-235의 1그램 당 10밀리그램 이하의 우라늄-236을 함유하고 있는 우라늄을 미조사 우라늄이라 한다.

51 **다음은 저독성알파방출체의 정의이다. (　　)에 맞는 값은?**

천연우라늄 · 감손우라늄 · 천연토륨 · 우라늄-235 · 우라늄-238 · 토륨-232 · 광석에 함유되어 있거나 물리적 및 화학적 농축상태의 토륨-238 및 토륨-230 또는 (ㄱ)일 이하의 반감기를 갖는 알파방출체 등을 말한다.

① 5　　② 10
③ 15　　④ 20

52 **다음은 오염에 대한 정의이다. (　　)에 맞는 값들은?**

베타선 · 감마선 및 저독성 알파방출체의 경우 제곱센티미터당 (ㄱ) 베크렐을, 기타 알파선 방출체의 경우 제곱센티미터당 (ㄴ) 베크렐을 초과하는 방사성물질이 물질의 표면에 존재하는 것을 말한다.

	(ㄱ)	(ㄴ)
①	0.1	0.01
②	0.2	0.02
③	0.3	0.03
④	0.4	0.04

53 **다음은 무엇에 대한 정의인가?**

취급 · 적재 및 운반의 편리를 위하여 하나 이상의 운반물을 하나의 취급단위로 통합하기 위하여 단일 송하인이 사용하는 상자 등의 수납체를 말한다.

① 운반용기　　② 운반수단
③ 덧포장　　④ 화물컨테이너

54 **다음 운반에 관련한 설명 중 틀린 것은?**

① 운반도중 방사성물질을 수납할 수 있도록 특별히 설계자가 지정한 운반용기 구성품 집합체를 격납계통이라 한다.
② 방사선량률 제한을 목적으로 설계자가 지정하고 관계당국이 인정하는 핵분열성 물질 및 운반용기 구성품의 집합체를 제한계통이라 한다.
③ 화물을 받는 개인이나 기관 또는 정부를 수하인이라 한다.
④ 설계 발원국가의 관계당국에 의하여 요구되는 설계에 대한 승인을 편무승인이라 한다.

55 **다음 중 · 저준위 방사성폐기물 처분시설에 대한 설명 중 틀린 것은?**

① 처분장의 지표 및 지하구조로서 방사성핵종의 이동을 지연시킬 수 있는 자연적인 방벽구조를 천연방벽이라 한다.
② 폐기물 처분시설로부터 폐기물 및 방사성핵종의 이동을 지연시키거나 제한할 수 있는 인공구조물을 공학적 방벽이라 한다.
③ 지표면과 가까이에 천연방벽 또는 공학적 방벽으로 폐기물을 처분하는 것을 천층처분이라 한다.
④ 암반 내 또는 지표면 하의 동굴에 공학적 방벽만으로 폐기물을 처분하는 것을 동굴처분이라 한다.

56 **다음은 무엇에 대한 설명인가?**

> 폐쇄된 처분시설이 설계 성능을 유지하고 있음을 입증하기 위하여 수행되는 행위를 총칭하는 것으로서 처분부지의 환경감시, 접근제한, 보수작업 등의 능동적인 활동과 토지사용통제, 기록보관 등의 수동적인 활동을 모두 포함한다.

① 폐쇄 후 관리
② 설계 성능 관리
③ 시설 성능 관리
④ 품질 관리

57 **다음 중 · 저준위 방사성폐기물에 관한 설명 중 틀린 것은?**

① 유리수란 포장물 내에서 물리 · 화학적으로 결합되지 않은 물을 말한다.
② 킬레이트제란 유기물질과 결합하여 고리형 착화합물을 형성시켜 방사성핵종의 유동성을 지연시키는 유기물질을 말한다.
③ 전알파란 해당 포장물 또는 시료에 함유된 알파선을 방출하는 방사성핵종 전체를 말한다.
④ 임계안전이란 핵분열성 물질에 기인한 핵분열 연쇄반응이 더 이상 지속되지 않은 상태를 말한다.

58 **다음은 무엇에 대한 설명인가?**

그 값이 알려진 방사성핵종의 농도를 이용하여 직접 측정이 어려운 다른 미지의 핵종의 농도를 유추하는데 적용할 수 있는 핵종간 존재비 또는 상관계수

① 비례인자
② 상관인자
③ 척도인자
④ 비방사능

59 **다음 (　　)에 적절한 값은?**

고건전성용기란 우리나라의 일반적인 지하 환경 및 처분 조건에서 (ㄱ)년 이상의 건전성을 유지할 수 있는 폐기물 포장용기를 말한다.

① 100
② 200
③ 300
④ 400

60 **다음 중 · 저준위 방사성폐기물 처분시설에 대한 설명 중 틀린 것은?**

① 인간침입이란 처분시설의 방사성폐기물 격리성능에 영향을 미쳐 방사선피폭을 야기할 수 있는 모든 인위적인 활동을 총칭한다.

② 성능목표치란 처분시설 운영 중 피폭을 유발할 가능성이 있는 자연 현상에 대하여 인간 건강과 환경보호를 위하여 설정되는 수치로서 선량 또는 위험도로 표시된다.

③ 결정집단이란 안전성평가가 수행될 기간과 환경을 감안하여, 주어진 처분시설 주변에서 방사성폐기물의 누출에 따른 방사선영향이 가장 클 것이라 예상되는 보편적 생활습관과 섭생을 보이는 개인들의 집단을 말한다.

④ 자연현상이란 처분시설로부터 정상적인 방사성물질의 누출과 이동을 통해 궁극적으로 방사선영향을 야기할 수 있는 모든 잠재적인 사건과 과정을 총칭한다.

61 **다음은 무엇에 대한 설명인가?**

안전성평가에서 방사성폐기물의 누출과 이동 그리고 궁극적으로 방사선영향을 추정하기 위해 사용되는 조건들의 가정된 세트

① 평가 가정 ② 고장 수목
③ 시나리오 ④ 사건 수목

62 **다음은 무엇에 대한 설명인가?**

방사성폐기물 중에서 핵종별 농도가 허용농도 미만임이 확인된 것을 원자력안전법의 적용대상에서 제외하여 방사성폐기물이 아닌 폐기물로 소각, 매립, 또는 재활용 등의 방법으로 관리하는 것

① 표층 처분 ② 위탁 처분
③ 매립 처분 ④ 자체 처분

63 다음 (　)에 맞는 값들은?

> 자체처분 허용선량이란 방사성폐기물의 자체처분에 따른 개인에 대한 연간 예상 피폭방사선량이 (ㄱ) 미만이고 집단에 대한 연간 예상 총피폭방사선량이 (ㄴ) 미만이 되는 값을 말한다.

	(ㄱ)	(ㄴ)		(ㄱ)	(ㄴ)
①	1 μSv	0.1 man·Sv	②	10 μSv	0.1 man·Sv
③	10 μSv	1 man·Sv	④	10 μSv	10 man·Sv

64 다음 중 · 저준위 방사성폐기물 소각에 관한 설명 중 틀린 것은?

① 2차 폐기물이란 방사성폐기물의 소각시 발생되는 고체, 액체 및 기체상의 부산물을 말한다.
② 강열감량이란 건조된 소각재를 섭씨 500도의 온도로 가열하였을 때 감소되는 무게를 백분율로 나타낸 값을 말한다.
③ 운전인자란 소각공정 운전의 안전성을 결정하는 공정 내 각 부위에서의 배기가스의 온도, 압력 및 유속 또는 유량을 말한다.
④ 폐기물 인수기준이란 소각로 또는 배기가스 처리설비가 가지는 성능에 따라 안전하게 처리할 수 있는 대상 폐기물의 물리 화학적 조성 및 함유된 방사성 핵종별 농도의 제한값을 말한다.

65 다음은 무엇에 대한 설명인가?

> 방사성폐기물 처분시설에서 방사성폐기물을 처분하는 활동을 완결하고 장기 안전성을 확보하기 위하여 실시하는 관리적 · 기술적 조치를 말한다.

① 허가종료　　② 폐쇄
③ 규제해제　　④ 영구처분

66 **다음 중 · 저준위 방사성폐기물 처분시설에 관한 설명 중 틀린 것은?**

① 방사선피폭의 평가 또는 관리를 목적으로 방사선학적 또는 비방사선학적 파라미터들을 측정하고 그 측정치를 해석하는 것을 감시라고 한다.
② 처분장이 방사성폐기물을 격리하는데 그리고 설계요건에 따라 방사선방어의 요건을 만족하는데 얼마나 유효한가를 나타내는 척도를 성능이라고 한다.
③ 처분시설에서 폐기물 용기와 포장물 또는 처분고 등 구조물 위를 덮고 있는 물질이나 이러한 물질들의 층을 덮개라고 말한다.
④ 처분시설의 설계성능을 유지함을 입증하기 위하여 수행되는 행위를 총칭하는 것으로서 감시 등의 적극적 활동과 토지사용통제 등 소극적인 활동을 모두 포함하여 성능 관리라고 한다.

67 **다음은 사용후핵연료 중간저장시설의 어떤 운전상태를 설명하는 것인가?**

정상운전은 아니나 중요안전설비에 심각한 손상을 일으키지 아니하거나 사고상태로 진전되지 아니하는 상태로서 중간저장시설의 수명기간 동안 수차례 발생할 것으로 예상되는 운전상태를 말한다.

① 예상운전과도　② 비정상운전
③ 설계기준사고　④ 핵임계 사고

68 **사용후핵연료를 저장구역에 일정 간격으로 정치하는 저장격자 및 관련 설비를 무엇이라고 하는가?**

① 저장조　② 중간저장시설
③ 저장대　④ 임시저장시설

69 **다음 고준위폐기물 처분시설 관련 성분 중 성격이 다른 것은?**

① 포장용기　② 암반
③ 완충재　④ 뒤채움재

70 **방사성폐기물이 최종적으로 정치되는 설비로서 방벽에 의해 격리되는 독립적인 처분용 구조물을 무엇이라 하는가?**

① 포장용기
② 처분용기
③ 처분고
④ 공학적방벽

71 **다음은 무엇에 대한 설명인가?**

> 처분된 방사성폐기물을 처분 전 관리의 상태로 되돌리는 것을 말한다.

① 방사성폐기물 처분
② 방사성폐기물 재처리
③ 방사성폐기물 처리
④ 방사성폐기물 회수

72 **다음 방사선량 판독에 관한 설명 중 틀린 것은?**

① 방사선에 조사되지 않은 선량계로부터 판독한 선량을 자연방사선량이라 한다.
② 선량계의 성능 검사를 위하여 국가표준연구기관 또는 국가교정검사기관에서 선량계에 조사한 선량을 기준조사선량이라 한다.
③ 선량계의 성능을 검사하기 위하여 기준조사선량을 조사한 선량계로부터 국가표준연구기관이 판독한 선량을 측정선량이라고 한다.
④ 기준조사선량에 대한 측정선량과 기준조사선량간의 차의 비를 성능지수라 한다.

73 **다음 (　　)에 알맞은 값은?**

> 고농축 우라늄이란 우라늄 동위원소 235를 (ㄱ) 퍼센트 이상 함유하고 있는 우라늄을 말한다.

① 5
② 10
③ 15
④ 20

74 **다음 유효킬로그램에 대한 정의로 틀린 것은?**

① 플루토늄의 경우, 그 킬로그램 단위의 중량
② 농축도가 0.01(1%) 이상인 우라늄의 경우, 그 킬로그램 단위의 중량에 농축도를 곱한 값
③ 농축도가 0.005(0.5%) 초과되고 0.01(1%) 미만인 우라늄의 경우, 그 킬로그램 단위의 중량에 0.0001을 곱한 값
④ 농축도가 0.005(0.5%) 이하인 감손우라늄 또는 토륨의 경우, 그 킬로그램 단위의 중량에 0.00005를 곱한 값

75 **방사선작업종사자에 대한 역학 조사를 통해, 다음의 데이터를 획득하였다. 폐암의 인과확률(%)은?**

가. 폐암의 기저위험 : 2×10^{-4}
나. 방사선에 의한 폐암의 초과위험: 3×10^{-5}

① 13 ② 15
③ 30 ④ 87

CHAPTER 04

방사성동위원소 및 방사선발생장치

CONTENTS

1. 방사성동위원소·방사선발생장치 사용 등의 허가 등

제53조(방사성동위원소 · 방사선발생장치 사용 등의 허가 등)[1*] ① 방사성동위원소 또는 방사선발생장치(이하 "방사성동위원소등"이라 한다)를 생산 · 판매 · 사용(소지 · 취급을 포함한다. 이하 같다) 또는 이동사용하려는 자는 **대통령령**[1)][2*]으로 정하는 바에 따라 위원회의 허가를 받아야 한다.[3*] 허가받은 사항을 변경하려는 때에도 또한 같다. 다만, **총리령**[2)]으로 정하는 일시적인 사용 장소의 변경과 그 밖의 경미한 사항을 변경하려는 때에는 이를 신고하여야 한다.

② 제1항에도 불구하고 **총리령**[3)]으로 정하는 용도 또는 수량 이하의 밀봉된 방사성동위원소 또는 **총리령**[4)]으로 정하는 용도 또는 용량 이하의 방사선발생장치를 사용 또는 이동사용하려는 자는 **대통령령**[5)]으로 정하는 바에 따라 위원회에 신고하여야 한다. 신고한 사항을 변경하려는 때에도 또한 같다.

③ 제1항에 따른 허가를 받으려는 자는 허가신청서에 안전성분석보고서, 품질보증계획서, 방사선안전보고서 및 안전관리규정과 그 밖에 **총리령**[6)]으로 정하는 서류를 첨부하여 위원회에 제출하여야 하며, 제2항에 따른 신고를 하려는 자는 신고서에 **총리령**[7)]으로 정하는 서류를 첨부하여 위원회에 제출하여야 한다. 다만, 안전성분석보고서 및 품질보증계획서의 제출은 생산허가를 받으려는 자에 한한다.

④ 제1항에 따라 허가를 받은 자(이하 "허가사용자"라 한다) 및 제2항에 따라 신고를 한 자(이하 "신고사용자"라 한다)의 결격사유에 관하여는 제14조를 준용한다. 이 경우 제14조 본문 중 "제10조제1항의 허가를 받을 수 없다"는 "제53조제1항 · 제2항의 허가를 받거나 신고를 할 수 없다"로, 같은 조 제3호 중 "제17조에 따라 허가가 취소된 후"는 "제57조에 따라 허가취소 · 사용금지된 후"로, 같은 조 제4호 중 "임원 중에"는 "대표자가"로 본다.

1* 상자 안의 내용은 원자력안전법의 해당 조항이다.

2* 상자 안 위첨자 번호로 표시된 하위 법령(대통령령, 총리령 등)의 해당조항은 상자 밖에 주+위첨자 번호) (예: 주[1)], 주[2)] 등)로 표시하고 하위법령 명칭 및 해당 조항을 기술하기로 한다.

3* 이 조항으로부터 원자력안전법에서 정하고 있는 방사성동위원소 및 방사선발생장치에 대한 허가의 종류는 생산허가, 판매허가, 사용허가 및 이동사용허가 등 4가지 종류가 있음을 알 수 있다. 이와 함께 허가받은 사항을 변경하는 변경허가도 있음을 알 수 있다.

주1) 대통령령 : 시행령 제79조(사용허가등의 신청), 제80조(변경허가 신청)

○ **제79조(사용허가등의 신청)**

① **법 제53조제1항** 본문의 전단에 따른 방사성동위원소 또는 방사선발생장치(이하 "방사성동위원소등"이라 한다)를 생산 · 판매 · 사용(소지 · 취급을 포함한다. 이하 같다) 또는 이동사용하기 위하여 허가를 받으려는 자는 사업소별로 **총리령**[4*]으로 정하는 바에 따라 허가신청서를 위원회에 제출하여야 한다.

⇒ **총리령 : 시행규칙**

▶ **제58조(방사성동위원소등의 생산허가 신청 등)**

① 영 제79조제1항 및 제2항에 따른 방사성동위원소 또는 방사선발생장치(이하 "방사성동위원소등"이라 한다)의 생산허가신청은 별지 제41호서식 또는 별지 제42호서식의 신청서에 따른다.

② 법 제53조제3항에 따라 제1항의 신청서에는 다음 각 호의 서류를 첨부하여야 한다.

1. 안전성분석보고서
2. 품질보증계획서
3. 방사선안전보고서
4. 안전관리규정
5. 영 **별표 2**에 따른 장비의 구입을 증명하는 서류

[별표 2] 방사성동위원소등 생산 등의 허가 시 장비기준(제83조제2항 관련)

구분	기준
1. 생산	
가. 방사성동위원소를 생산하는 경우	방사선측정기[5*] 및 방사능측정기[6*] 각 2대 이상과 방사선원 운반차량 1대 이상
나. 방사선발생장치를 생산하는 경우	방사선측정기 2대 이상
2. 판매	
가. 밀봉된 방사성동위원소를 판매하는 경우	방사선측정기 2대 이상과 방사선원 운반차량 1대 이상
나. 밀봉되지 아니한 방사성동위원소를 판매하는 경우	방사선측정기 및 방사능측정기 각 2대 이상과 방사선원 운반차량 1대 이상
다. 방사선발생장치를 판매하는 경우	방사선측정기 2대 이상

4* 상자 밖의 조항에서 또다시 하위 법령을 인용할 때는 조항의 해당 부분을 굵게 표시하고, 하위 법령의 해당 조항은 그 아래 이중 화살표로 표시하고 글자 크기를 줄여서 기술하기로 한다.

5* 방사선측정기: 실내 공기 중 방사선준위 확인을 위해 방사선조사시설이나 방사선발생장치 등을 대상으로 방사선량율(예: mR/h)을 측정하는 기기이다.

6* 방사능측정기: 표면오염이 우려되는 곳(예: RI 실험실)을 대상으로 오염도(예: Bq/cm^2)를 측정하는 기기이다.

구분	기준
3. 사용 가. 밀봉된 방사성동위원소 또는 방사선발생장치를 사용하는 경우 나. 밀봉되지 아니한 방사성동위원소를 사용하는 경우	 방사선측정기 1대 이상 사용시설마다 방사선측정기 및 방사능측정기 각 1대 이상
4. 이동사용 가. 방사선투과검사의 목적으로 이동사용하는 경우	1) 방사선투과검사 장비: 5대 이상 2) 방사선 측정장비 가) 방사선측정기: 방사선투과검사 장비 1대당 1대 이상 나) 방사선경보기: 방사선작업종사자 1명당 1개 이상 다) 직독식개인선량계: 방사선작업종사자 1명당 1개 이상(방사선경보기로 알람도시메터를 갖추지 아니한 경우만 해당한다) 3) 방사선 방호장비 가) 콜리메이터(10밀리미터 이상): 방사선발생장치를 제외한 방사선투과검사 장비 1대당 1개 이상 나) 경고등: 방사선투과검사 장비 1대당 4개 이상 4) 방사선원 운반 전용차량: 2대 이상(승용차는 제외한다)
나. 가목 외의 경우	방사선측정기 1대 이상

6. 영 **별표 3**에 따른 인력의 재직을 입증하는 서류

[별표 3] 방사성동위원소등 생산 등의 허가 시 인력기준(제83조제2항 관련)

구분	기준
1. 생산	방사선취급감독자면허 소지자 또는 방사선관리기술사 1명 이상(「의료기기법」 제6조에 따른 의료기기 제조업 허가를 받은 자가 방사선발생장치 생산 허가를 받는 경우에는 방사성동위원소취급자일반면허 소지자, 방사선취급감독자면허 소지자 또는 방사선관리기술사 1명 이상)
2. 판매 가. 방사성동위원소를 판매하는 경우 나. 방사선발생장치를 판매하는 경우	 방사선취급감독자면허 소지자 또는 방사선관리기술사 1명 이상 방사성동위원소취급자일반면허 소지자, 방사선취급감독자면허 소지자 또는 방사선관리기술사 1명 이상
3. 사용 가. 인체에 사용하는 경우	 방사성동위원소취급자특수면허 소지자 1명 이상 및 방사성동위원소취급자일반면허 소지자, 방사선취급감독자면허 소지자 또는 방사선관리기술사 1명 이상
나. 인체 외에 사용하는 경우 1) 밀봉된 방사성동위원소 가) 기기에 장비되지 않은 것으로서 연간 사용량 1.85 테라베크렐 이상 나) 기기에 장비되지 않은 것으로서 연간 사용량 1.85 테라베크렐 미만 다) 기기에 장비된 것으로서 연간 사용량 3.7테라베크렐 이상	 방사선취급감독자면허 소지자 또는 방사선관리기술사 1명 이상 방사성동위원소취급자일반면허 소지자, 방사선취급감독자면허 소지자 또는 방사선관리기술사 1명 이상 방사선취급감독자면허 소지자 또는 방사선관리기술사 1명 이상

구분	기준
라) 기기에 장비된 것으로서 연간 사용량 3.7테라베크렐 미만	방사성동위원소취급자일반면허 소지자, 방사선취급감독자면허 소지자 또는 방사선관리기술사 1명 이상
2) 밀봉되지 아니한 방사성동위원소	
가) 연간 사용량 1.85기가베크렐 이상	방사성동위원소취급자특수면허 소지자, 방사선취급감독자면허 소지자 또는 방사선관리기술사 1명 이상
나) 연간 사용량 1.85기가베크렐 미만	방사성동위원소취급자일반면허 소지자, 방사성동위원소취급자특수면허 소지자, 방사선취급감독자면허 소지자 또는 방사선관리기술사 1명 이상
3) 방사선발생장치	
가) 1메가전자볼트 이상	방사선취급감독자면허 소지자 또는 방사선관리기술사 1명 이상
나) 최대 사용전압 350킬로볼트 이상으로서 용량이 350킬로볼트 5밀리암페어 1대 이상	방사선취급감독자면허 소지자 또는 방사선관리기술사 1명 이상
다) 최대 사용전압 350킬로볼트 미만으로서 용량이 250킬로볼트 5밀리암페어 2대 이상	방사선취급감독자면허 소지자 또는 방사선관리기술사 1명 이상
라) 가)부터 다)까지의 규정에 해당되지 않는 경우	방사성동위원소취급자일반면허 소지자, 방사선취급감독자면허 소지자 또는 방사선관리기술사 1명 이상
4. 이동사용	
가. 방사선투과검사의 목적으로 이동사용하는 경우	방사선취급감독자면허 소지자 또는 방사선관리기술사 2명 이상
나. 가목 외의 경우	방사성동위원소취급자일반면허 소지자, 방사선취급감독자면허 소지자 또는 방사선관리기술사 1명 이상

7. 영 제152조제1호에 따른 보상기준

③ 제2항제1호에 따른 안전성분석보고서에는 위원회가 정하여 고시하는 작성지침에 따라 다음 각 호의 사항을 적어야 한다.

1. 방사성동위원소등의 개요 및 제원
2. 방사성동위원소등의 재질 · 구조 및 안전성평가
3. 방사성동위원소등의 성능시험계획서

④ 제2항제3호에 따른 방사선안전보고서에는 위원회가 정하여 고시하는 작성지침에 따라 다음 각 호의 사항을 적어야 한다. 다만, 허가대상과 관련이 없는 사항은 기재하지 아니할 수 있다.

1. 시설 개요
2. 시설주변의 환경
3. 운영계획 개요
4. 방사선원의 특성 · 위치 및 제원
5. 안전시설 개요
6. 방사선취급방법 및 방사선안전관리계획
7. 예상피폭선량의 평가에 관한 절차 · 방법 및 결과
8. 주변환경에 대한 방사선 영향
9. 사고의 위험 및 그 대책
10. 방사성폐기물의 발생 및 처리계획

11. 방사선안전보고서의 작성자의 인적사항 및 자격

⑤ 제2항제4호에 따른 안전관리규정에는 위원회가 정하여 고시하는 작성지침에 따라 다음 각 호의 사항을 적어야 한다. 다만, 허가대상과 관련이 없는 사항은 적지 아니할 수 있다.

1. 방사성동위원소등 또는 방사성동위원소에 의하여 오염된 물질을 취급하는 조직 및 그 기능에 관한 사항
2. 방사성동위원소등의 구매 · 사용 및 판매에 관한 사항
3. 방사성동위원소 또는 방사성동위원소에 의하여 오염된 물질의 분배 · 보관 · 운반 · 처리 · 배출 · 저장 · 자체처분 및 인도에 관한 사항
4. 방사선량률 · 피폭방사선량 및 방사성물질 또는 그에 의하여 오염된 물질(이하 "방사성물질등"이라 한다)에 따른 오염상황의 측정 및 그 측정결과의 기록과 보존에 관한 사항
5. 방사선안전관리 장비의 보관 · 관리 및 교정에 관한 사항
6. 방사선작업종사자 및 수시출입자에 대한 피폭방사선량의 평가 및 개인선량계의 관리에 관한 사항
7. 방사선작업종사자 및 수시출입자의 방사선장해발생을 방지하기 위하여 필요한 교육훈련에 관한 사항
8. 방사선장해 발생 여부를 발견하기 위하여 필요한 조치에 관한 사항
9. 방사선장해를 받았거나 받을 우려가 있는 사람에 대하여 필요한 보건상 조치에 관한 사항
10. 법 제58조에 따른 기록과 그 비치에 관한 사항
11. 위험 시 조치에 관한 사항
12. 방사성동위원소등의 분실 · 도난 등 사고 시의 조치 및 사고예방에 관한 사항
13. 방사선안전관리자의 권한 · 책임 및 직무수행에 관한 사항
14. 그 밖에 방사선장해의 방어에 필요한 사항

⑥ 영 제79조에 따른 신청서를 제출받은 위원회는 「전자정부법」 제36조제1항에 따른 행정정보의 공동이용을 통하여 신청인의 사업자등록증을 확인하여야 한다. 다만, 신청인이 확인에 동의하지 아니하는 경우에는 사업자등록증 사본을 첨부하도록 하여야 한다.

⑦ 위원회는 법 제53조제1항 본문에 따른 방사성동위원소등의 생산허가를 하였을 때에는 별지 제43호서식 또는 별지 제44호서식의 허가증을 신청인에게 발급하여야 한다. 이 경우 생산허가의 대상이 특수형방사성물질인 경우에는 별지 제45호서식의 특수형방사성물질설계승인서를 함께 발급하여야 한다.

▶ 제59조(방사성동위원소등의 판매허가 신청 등)

① 영 제79조제1항에 따른 방사성동위원소등의 판매허가신청은 별지 제46호서식 또는 별지 제47호서식의 신청서에 따른다.

② 법 제53조제3항에 따라 제1항의 신청서에는 다음 각 호의 서류를 첨부하여야 한다.

1. 제58조제2항제3호부터 제7호까지의 서류(제58조제2항제6호의 서류 중 업무대행 인력으로 방사선안전관리자를 갈음하려는 경우에는 업무대행 계약서류 사본)
2. 방사성동위원소등의 수급 및 판매에 관한 계획서
3. 방사선발생장치의 경우에는 취급 방사선발생장치의 명세서

③ 영 제79조제1항에 따른 허가신청서를 제출받은 위원회는 「전자정부법」 제36조제1항에 따른 행정정보의 공동이용을 통하여 신청인의 사업자등록증을 확인하여야 한다. 다만, 신청인이 확인에 동의하지 아니하는 경우에는 사업자등록증 사본을 첨부하게 하여야 한다.

④ 위원회는 법 제53조제1항 본문에 따라 방사성동위원소등의 판매허가를 하였을 때에는 별지 제48호서식 또는 별지 제49호서식의 허가증을 신청인에게 발급하여야 한다.

▶ 제60조(방사성동위원소등의 사용허가 신청 등)

① 영 제79조제1항에 따른 방사성동위원소등의 사용(소지 · 취급을 포함한다. 이하 같다)허가신청은 별지 제50호서식 또는 별지 제51호서식의 신청서에 따른다.

② 법 제53조제3항에 따라 제1항의 신청서에는 제59조제2항제1호에 따른 서류를 첨부하여야 한다.

1. 삭제
2. 삭제

③ 영 제79조제1항에 따른 허가신청서를 제출받은 위원회는 「전자정부법」 제36조제1항에 따른 행정정보의 공동이용을 통하여 신청인의 사업자등록증을 확인하여야 한다. 다만, 신청인이 확인에 동의하지 아니하는 경우에는 사업자등록증 사본을 첨부하게 하여야 한다.

④ 위원회는 법 제53조제1항 본문에 따라 방사성동위원소등의 사용허가를 하였을 때에는 별지 제52호서식 또는 별지 제53호서식의 허가증을 신청인에게 발급하여야 한다.

▶ 제61조(방사성동위원소등의 이동사용허가 신청 등)

① 영 제79조제1항에 따른 방사성동위원소등의 이동사용허가신청은 각각 별지 제54호서식 또는 별지 제55호서식의 신청서에 따른다.

② 법 제53조제3항에 따라 제1항의 신청서에는 다음 각 호의 서류를 첨부하여야 한다.

1. 제58조제2항제3호부터 제6호까지의 서류(방사선투과검사 목적으로 이동사용하려는 경우에는 영 별표 2에 따른 장비 및 별표 3에 따른 인력의 기준에 적합함을 증명하는 서류)
2. 제58조제2항제7호의 서류

③ 영 제79조제1항에 따른 허가신청서를 제출받은 위원회는 「전자정부법」 제36조제1항에 따른 행정정보의 공동이용을 통하여 신청인의 사업자등록증을 확인하여야 한다. 다만, 신청인이 확인에 동의하지 아니하는 경우에는 사업자등록증 사본을 첨부하게 하여야 한다.

④ 위원회는 법 제53조제1항 본문에 따른 방사성동위원소등의 이동사용허가를 하였을 때에는 별지 제56호서식 또는 별지 제57호서식의 허가증을 신청인에게 발급하여야 한다.

② 제1항에 따라 방사성동위원소등의 생산허가를 받으려는 자는 사업소마다 방사성동위원소의 경우에는 핵종별 · 수량별로, 방사선발생장치의 경우에는 용량별로 **총리령**으로 정하는 바에 따라 허가신청서를 위원회에 제출하여야 한다.

⇒ 총리령 : 시행규칙 제58조(방사성동위원소등의 생산허가 신청 등)(교재 p.92–95)[7*]

7* 본 교재에 수록된 해당 페이지를 가리킨다.

○ **제80조(변경허가 신청)**

법 제53조제1항 본문의 전단에 따라 허가를 받은 자(이하 "허가사용자"라 한다)는 같은 항 본문의 후단에 따라 그 허가사항의 변경허가를 받으려면 **총리령**으로 정하는 바에 따라 변경허가신청서를 위원회에 제출하여야 한다.

⇒ **총리령 : 시행규칙 제62조(변경허가신청)**

① **영 제80조**에 따른 변경허가신청서는 별지 제58호서식과 같다.

② 제1항의 신청서에는 다음 각 호의 서류를 첨부하여야 한다.

1. 변경사항에 관한 서류
2. 공사를 수반하는 변경인 경우에는 그 공사기간 중 방사선장해방어를 위한 조치를 적은 서류
3. 허가증

주2) 총리령 : 시행규칙 제63조(경미한 사항의 변경신고), 제64조(일시적인 사용장소의 변경신고)

○ **제63조(경미한 사항의 변경신고)**

① 법 제53조제1항 단서에서 "총리령으로 정하는 일시적인 사용장소의 변경과 그 밖의 경미한 사항을 변경하려는 때"란 다음 각 호의 어느 하나에 해당하는 경우를 말한다.

1. 다음 각 목의 어느 하나에 해당하는 일시적인 사용장소의 변경

가. 방사성동위원소등을 사업소 외에서 검정 또는 교정을 목적으로 이동사용하기 위하여 그 사용장소를 변경하는 것

나. 방사성동위원소등을 사업소 외에서 방사선투과검사를 목적으로 이동사용하기 위하여 작업장(방사성동위원소등을 사용하는 장소를 말한다. 이하 같다)을 개설하는 것

다. 방사선발생장치 또는 방사성동위원소가 내장된 기기(이하 "방사선기기"라 한다)를 사업소 외에서 검문 · 검색 또는 보안을 목적으로 이동사용하기 위하여 그 사용장소를 변경하는 것

라. 방사선기기를 사업소 외에서 제품의 홍보 등을 목적으로 진열 · 전시하기 위하여 그 사용장소를 변경하는 것

2. 다음 각 목의 어느 하나에 해당하는 사항의 변경

가. 사용시설등의 변경을 요하지 아니하는 방사성동위원소등의 종류 또는 수량의 감소에 관한 사항

나. 허가를 받은 사람(이하 "허가사용자"라 한다)의 성명 및 주소(법인인 경우에는 명칭 및 주소와 그 대표자의 성명)

다. 삭제

라. 허가사용자가 제65조에 따른 사용신고대상 방사성동위원소 또는 제66조에 따른 사용신고대상 방사선발생장치를 추가 또는 변경하는 것에 관한 사항

마. 안전관리규정의 변경에 관한 사항

② 법 제53조제1항 단서에 따라 제1항제2호의 사항에 대한 변경신고를 하려는 자는 변경 후 30일 이내에 별지 제4호서식의 신고서를 위원회에 제출하여야 한다. 다만, 제1항제2호라목의 사항에 대한 변경신고는 변경 전에 제출하여야 한다.

③ 제2항의 신고서에는 다음 각 호의 서류를 첨부하여야 한다.

1. 변경사항에 관한 서류
2. 허가증

○ **제64조(일시적인 사용장소의 변경신고)**

① **법 제53조제1항** 단서에 따라 **제63조제1항제1호**(나목은 제외한다)의 사항에 대한 변경신고를 하려는 자는 이동사용의 개시 5일전까지 **별지 제59호서식**의 신고서를 위원회에 제출하여야 한다. 신고한 사항을 변경하려는 경우에도 또한 같다.

② 제1항의 신고서에는 다음 각 호의 서류를 첨부하여야 한다.

1. 사용장소 및 그 부근의 상황설명서
2. 저장시설의 구조명세서
3. 저장시설 및 방사선관리구역의 평면도
4. 작업방법에 관한 설명서
5. 운반방법에 관한 설명서
6. 신고한 사항의 변경에 관한 서류(신고한 사항을 변경하려는 경우에만 제출한다)

③ **제63조제1항**제1호나목의 사항에 대한 변경신고를 하려는 자는 이동사용의 개시 30일 전(작업기간이 1개월 미만이거나 긴급을 요하는 경우에는 5일 전)까지 **별지 제59호의2서식**의 신고서에 다음 각 호의 서류를 첨부하여 위원회에 제출하여야 한다. 신고한 사항을 변경하려는 경우에도 또한 같다.

1. 발주자와의 방사선투과검사 계약서
2. 작업장 및 그 부근의 상황설명서
3. 저장시설 · 보관시설의 구조명세서 및 차폐평가결과
4. 방사선관리구역에 관한 설명서
5. 작업방법에 관한 설명서
6. 운반방법에 관한 설명서
7. 작업장 방사선안전관리자의 배치에 관한 서류

④ 제3항에 따라 신고를 한 자는 개설된 작업장의 운영이 종료된 경우에는 10일 이내에 **별지 제59호의3서식**의 신고서에 작업인원 및 작업량이 포함된 발주자의 작업장 폐지확인서를 첨부하여 위원회에 제출하여야 한다.

주3) 총리령 : 시행규칙 제65조(사용 등의 신고대상 방사성동위원소)

법 제53조제2항 전단에서 "총리령으로 정하는 용도 또는 수량 이하의 밀봉된 방사성동위원소"란 다음 각 호의 기준에 적합한 밀봉된 방사성동위원소로서 사용 또는 이동사용 중 파손될 우려가 없고 방사능표지가 용기 또는 장치 외부에 부착되어 있는 것을 말한다.

1. 용도

가. 엑스선 형광분석용

나. 엑스선 회절분석용

다. 가스 크라마토그래피 중 전자포획용

라. 그 밖에 **위원회가 정하여 고시하는 것**

⇒ **고시: 제2016-16호 방사선방호등에 관한 기준**

제10조의2(방사성동위원소의 신고대상 용도) 규칙 제65조제1호라목에서 "그 밖에 위원회가 정하여 고시하는 것"이란 다음 각 호와 같다.

1. 휴대형 소화기용량측정용
2. 휴대형 재료성분분석용
3. 밀봉선원 100μCi 이하의 휴대형 밀도함수량측정용

2. 수량

가. 교정용 장치에 방사성동위원소가 내장된 경우에는 방사성동위원소의 수량이 40메가베크렐 이하이고, 사용 중인 경우에는 표면방사선량률이 시간당 500마이크로시버트 이하이며, 사용하지 아니하는 경우에는 표면방사선량률이 시간당 1마이크로시버트 이하일 것

나. 가목 외의 용기 또는 장치에 내장된 경우에는 방사성동위원소의 수량은 **위원회가 정하는 값** 이하이고, 표면방사선량률은 시간당 10마이크로시버트 이하로서 방사성물질의 접촉을 방지하는 일체형 장치일 것

⇒ **고시: 제2016-16호 방사선방호등에 관한 기준**

제10조(방사성동위원소의 신고사용대상) 「원자력안전법 시행규칙」(이하 "규칙"이라 한다) 제65조제2호나목에서 "위원회가 정하는 값"이란 별표 5의 제2란의 해당 방사성핵종에 대하여 제3란에 규정된 수량의 10,000배로 한다.

주4) 총리령 : 시행규칙 제66조(사용 등의 신고대상 방사선발생장치)

법 제53조제2항 전단에서 "총리령으로 정하는 용도 또는 용량 이하의 방사선발생장치"란 다음 각 호의 기준에 적합한 방사선발생장치를 말한다.

1. 용도

가. 엑스선 형광분석용

나. 엑스선 회절분석용

다. 가속이온주입용

라. 수화물 검색용

마. 그 밖에 **위원회가 정하여 고시하는 것**

⇒ **고시: 제2016-16호 방사선방호등에 관한 기준**

제10조(방사성동위원소의 신고사용대상) 제10조의3(방사선발생장치의 신고대상 용도) 규칙 제66조제1호마목에서 "그 밖에 위원회가 정하여 고시하는 것"이란 휴대형 폭발물처리 또는 테러방지 검사용을 말한다.

2. 용량: 자체 차폐된 방사선발생장치로서 가속관의 최대전압이 170킬로볼트 이하이고, 표면 방사선량률이 시간당 10마이크로시버트 이하일 것

주5) 대통령령 : 시행령 제81조(사용신고) 및 제82조(변경신고)

제81조(사용신고) 법 제53조제2항 전단에 따라 밀봉된 방사성동위원소 또는 방사선발생장치의 사용 또는 이동사용 신고를 하려는 자는 **총리령**으로 정하는 바에 따라 사업소마다 사용 또는 이동사용 신고서를 작성하여 위원회에 제출하여야 한다.

⇒ 총리령 : 시행규칙 제67조(방사성동위원소등의 사용신고)

① 영 제81조에 따른 사용 또는 이동사용신고서는 별지 제60호서식 및 별지 제61호서식과 같다.

② 제1항의 신고서에는 다음 각 호의 서류를 첨부하여야 한다.

1. 다음 각 목의 사항이 포함된 방사성동위원소등의 명세서
   가. 방사성동위원소의 종류 및 수량(방사선발생장치의 경우에는 방사선의 종류 및 최대에너지)
   나. 표면방사선량률
   다. 사용의 목적 및 방법
   라. 장치의 명칭 · 모델번호 · 고유번호 및 제조회사의 명칭
2. 사용이 종료된 방사성동위원소의 조치계획서(방사성동위원소 사용신고의 경우에만 첨부한다)
3. 사용시설등 및 주변환경의 현황에 관한 설명서
4. 법 제84조제2항제5호 · 제7호의 면허를 받은 자 또는 「국가기술자격법」에 따른 방사선관리기술사가 재직하는 경우 이를 증명하는 서류나 법 제54조제1항제5호에 따른 방사선안전관리의 업무대행자가 있는 경우 이를 증명하는 서류
5. 영 제152조제1호에 따른 보상기준

제82조(변경신고) 법 제53조제2항 전단에 따라 신고를 한 자(이하 "신고사용자"라 한다)는 같은 항 후단에 따라 그 신고한 사항을 변경하려면 **총리령**으로 정하는 바에 따라 변경신고서를 위원회에 제출하여야 한다.

⇒ 총리령 : 시행규칙 제68조(방사성동위원소등의 사용변경신고)

① 영 제82조에 따른 변경신고서는 별지 제64호서식 및 별지 제65호서식과 같다.

② 제1항의 신고서에는 다음 각 호의 서류를 첨부하여야 한다.

1. 변경사항을 증명하는 서류
2. 신고확인증

주6) 총리령 : 시행규칙 제58조 ~ 제61조(교재 p.92-96)

주7) 총리령 : 시행규칙 제63조, 제64조, 제67조(교재 p.97-98, 100)

2. 방사선안전관리자

제53조의2(방사선안전관리자) ① 허가사용자 및 신고사용자는 방사선 안전관리에 관한 다음 각 호의 업무를 수행하기 위하여 **대통령령**[1]으로 정하는 바에 따라 방사선안전관리자를 선임하여 방사성동위원소등의 사용개시 전에 이를 위원회에 신고하여야 한다. 신고한 사항을 변경하려는 때에도 또한 같다.

1. 제53조제3항의 안전관리규정 및 제59조제1항의 기술기준의 준수여부 점검
2. 방사선작업종사자 또는 방사선관리구역에 출입하는 자에 대한 제91조에 따른 방사선장해방지조치
3. 허가사용자 및 신고사용자에 대한 방사선 안전관리에 관한 조치 권고
4. 그 밖에 방사선 안전관리를 위하여 필요한 조치

② 위원회는 방사선안전관리자가 제1항에 따른 업무를 게을리한 때에는 허가사용자 및 신고사용자에게 그 방사선안전관리자의 해임을 요구할 수 있다.

③ 허가사용자 및 신고사용자는 제2항에 따른 해임요구를 받은 때에는 정당한 사유가 없으면 해당 방사선안전관리자를 지체 없이 해임하고 새로운 방사선안전관리자를 선임하되, 해임한 날부터 30일 이내에 위원회에 선임신고 및 해임신고를 하여야 한다.

④ 허가사용자 및 신고사용자는 제3항에 따라 해임된 후 1년이 지나지 아니한 사람을 방사선안전관리자로 선임하여서는 아니된다.

⑤ 허가사용자, 신고사용자, 방사선작업종사자 및 방사선관리구역출입자는 방사선 안전관리에 관한 방사선안전관리자의 조치와 권고에 따라야 한다.

⑥ 방사선안전관리자의 자격요건 등에 필요한 사항은 **대통령령**[2]으로 정한다.

주1) 대통령령 : 시행령 제82조의2(방사선안전관리자의 선임 등)

① 허가사용자 및 신고사용자는 법 제53조의2제1항에 따라 사업소마다 방사선안전관리자를 선임하여야 하며, 선임한 방사선안전관리자를 변경하거나 해임한 때에는 지체 없이 새로운 방사선안전관리자를 선임하여야 한다.

② 제1항에도 불구하고 법 제53조제1항 단서에 따라 방사성동위원소등을 사업소 외에서 방사선투과검사를 목적으로 이동사용하기 위한 작업장(이하 "작업장"이라 한다) 개설 또는 변경 신고를 한 자는 작업장마다 각각 제1항에 따른 방사선안전관리자를 선임하여야 한다. 다만, 작업장이 다음 각 호의 어느 하나에 해당하는 경우에는 작업장마다 방사선안전관리자를 선임하지 아니하고 해당 각 호의 구분에 따라 방사선안전관리자를 선임할 수 있다.

1. 작업장이 같은 시 · 군 · 구(자치구를 말한다. 이하 같다)에 위치하거나 그 시 · 군 · 구 경계에서 15킬로미터 이내에 위치하는 경우: 2개 이하(전용 방사선 사용시설에서만 방사선원을 사용하는 경우에는 3개 이하)의 작업장마다 1명의 방사선안전관리자
2. 작업장이 방사선원을 1개만 사용하고, 방사선 작업기간이 1개월 미만이며, 방사선안전관리자가 방사선 작업에 항상 참여하는 경우: 5개 이하의 작업장마다 1명의 방사선안전관리자

③ 법 제53조의2제1항 및 제3항에 따라 방사선안전관리자를 선임하거나, 선임한 방사선안전관리자를 변경 또는 해임 후 선임하는 때에는 다음 각 호의 기한까지 **총리령**으로 정하는 바에 따라 위원회에 신고하여야 한다.

1. 법 제53조의2제1항 전단에 따라 방사선안전관리자를 선임하는 경우: 방사성동위원소등의 사용개시 전
2. 법 제53조의2제1항 후단에 따라 방사선안전관리자를 변경하려는 경우: 변경 전
3. 법 제53조의2제3항에 따라 방사선안전관리자를 해임 후 선임하는 경우: 해임한 날부터 30일 이내

⇒ 총리령 : 시행규칙 제68조의2(방사선안전관리자의 선임신고등)

① **영 제82조의2제3항**에 따른 방사선안전관리자의 선임 · 변경 및 해임신고는 별지 제65의2서식에 따른다.

② 제1항에 따른 신고서에는 다음 각 호의 서류를 첨부하여야 한다.

1. 방사선안전관리자의 재직을 증명하는 서류(업무대행 인력으로 방사선안전관리자를 갈음하려는 경우에는 업무대행 계약서류 사본) 1부
2. 허가사용자의 경우 면허증 사본(보수교육 이수 증명서류를 포함한다) 또는 「**국가기술자격법**」에 따른 방사선관리기술사 자격증 사본(「기술사법」 제5조의7에 따른 자격 등록증을 포함한다) 1부
3. **법 제53조제2항** 전단에 따라 신고를 한 자(이하 "신고사용자"라 한다)의 경우 방사성동위원소등의 취급업무에 종사한 경력확인서류 및 **제138조제2항**에 따른 방사선안전관리자 교육 이수 증명서류 각 1부
4. 방사선안전관리자의 업무분장 내용 1부(2명 이상인 경우로 한정한다)
5. 신고한 사항을 변경하는 경우 그 사실을 증명하는 서류 1부

주2) 대통령령 : 시행령 제82조의3(방사선안전관리자의 자격요건)

① 법 제53조의2제6항에 따른 방사선안전관리자의 자격요건은 다음 각 호와 같다.

1. 허가사용자가 선임하는 경우에는 해당 사업소 종업원 중에서 법 제84조제2항제5호부터 제7호까지 중 어느 하나에 해당하는 면허를 소지한 사람 또는 방사선관리기술사 자격을 소지한 사람
2. 신고사용자가 선임하는 경우에는 해당 사업소 종업원 중에서 방사성동위원소등의 취급업무에 종사한 경력이 있는 사람

② 제1항에도 불구하고 법 제54조제1항제5호에 따라 방사선안전관리를 업무대행자에게 대행시키는 자는 **별표 4 제3호**에 따른 인력을 방사선안전관리자로 선임할 수 있다.

[별표 4] 업무대행자의 등록 시 인력기준(제84조제2호 관련)

구분	인력기준
1. 법 제54조제1항제1호부터 제3호 까지 및 제6호의 업무대행자	가. 방사선취급감독자면허 소지자 또는 방사선관리기술사로서 방사선안전관리 경력 또는 방사선안전규제업무 경력이 5년 이상인 사람 1명 이상 나. 방사성동위원소취급자일반면허 소지자로서 방사선안전관리 경력 또는 방사선안전규제업무 경력이 3년 이상인 사람 1명 이상
2. 법 제54조제1항제4호의 업무대행자	가. 방사선취급감독자면허 소지자 또는 방사선관리기술사로서 사용시설 등의 설치 또는 방사선안전규제업무 경력이 3년 이상인 사람 1명 이상 나. 방사성동위원소취급자일반면허 소지자로서 방사선안전관리 또는 방사선안전규제업무 경력이 3년 이상인 사람 1명 이상
3. 법 제54조제1항제5호의 업무대행자	가. 방사선취급감독자면허 소지자 또는 방사선관리기술사로서 다음 중 어느 하나에 해당하는 사람 1명 이상 1) 방사선안전관리 경력 5년 이상이며 최근 5년간 법을 위반하여 처벌을 받은 사실이 없는 사람 2) 방사선안전규제업무 경력이 5년 이상인 사람 나. 방사선취급감독자면허 소지자 또는 방사선관리기술사로서 다음 중 어느 하나에 해당하는 사람 2명 이상 1) 방사선안전관리 경력 3년 이상이며 최근 3년간 법을 위반하여 처벌을 받은 사실이 없는 사람 2) 방사선안전규제업무 경력이 3년 이상인 사람 다. 주 사무소 외에 사업소를 별도로 두는 경우에는 사업소별로 방사성동위원소취급자일반면허 소지자로서 다음 중 어느 하나에 해당하는 사람 2명 이상 1) 방사선안전관리 경력 3년 이상이며 최근 3년간 법을 위반하여 처벌을 받은 사실이 없는 사람 2) 방사선안전규제업무 경력이 3년 이상인 사람

③ 제1항에 따른 방사선안전관리자의 자격요건에 관한 세부적인 사항은 **총리령**으로 정한다.

⇒ 총리령 : 시행규칙 제68조의3(방사선안전관리자의 자격요건 등)

① 영 제82조의3제3항에 따른 방사선안전관리자의 세부 자격요건은 다음 각 호와 같다.

1. 허가사용자가 선임하는 경우에는 **별표 1의2**에 따른 인력으로 다음 각 목의 구분에 따른 요건을 갖춘 사람

   ⇒ 영 별표 3「방사성동위원소등 생산 등의 허가시 인력기준」(교재 p.93-94)

   가. 면허를 소지한 경우: 선임일부터 최근 3년 이내에 면허를 취득하였거나 법 제106조제2항에 따른 보수교육을 받은 사람

   나. 방사선관리기술사 자격을 소지한 경우: 「국가기술자격법」에 따라 방사선관리기술사자격을 취득하고 「기술사법」 제5조의7에 따른 기술사로 등록하거나 등록을 갱신한 사람

2. 신고사용자가 선임하는 경우에는 방사성동위원소등의 취급업무에 종사한 경력이 있는 사람으로서 선임일부터 최근 3년 이내에 제138조제1항에 따른 방사선안전관리자 교육을 받은 사람

② 방사선안전관리자가 2명 이상인 경우 각각의 방사선안전관리 업무를 명확하게 구분하여야 한다.

3. 업무대행자의 등록

제54조(업무대행자의 등록) ① 허가사용자 및 신고사용자를 대행하여 다음 각 호의 어느 하나의 업무를 하려는 자는 위원회에 등록하여야 한다.

1. 방사선오염의 제거
2. 방사성동위원소등 및 방사성폐기물의 수거 · 처리 및 운반
3. 방사선안전보고서 · 안전관리규정의 작성
4. 사용시설등의 설치에 대한 감리
5. 방사선안전관리
6. 그 밖에 **총리령**[1])으로 정하는 방사선의 안전관리 및 장해방지 관련 업무

② 제1항에 따라 등록한 자(이하 "업무대행자"라 한다)가 등록한 사항을 변경하려면 이를 위원회에 신고하여야 한다.

③ 제1항에 따른 등록을 하려는 자는 그 신청서에 업무대행규정과 그 밖에 **총리령**[2])으로 정하는 서류를 첨부하여 위원회에 제출하여야 한다.

④ 제1항에 따른 등록의 결격사유에 관하여는 제14조를 준용한다. 이 경우 제14조 본문 중 "제10조제1항의 허가를 받을 수 없다"는 "제54조제1항의 등록을 할 수 없다"로, 같은 조 제3호 중 "제17조에 따라 허가가 취소된 후"는 "제57조에 따라 등록이 취소된 후"로, 같은 조 제4호 중 "임원 중에"는 "대표자가"로 본다.

주1) 총리령 : 시행규칙 제69조(업무대행자의 등록신청 등)

② 법 제54조제1항제6호에서 "그 밖에 총리령으로 정하는 방사선의 안전관리 및 장해방지관련 업무"란 다음 각 호의 업무를 말한다.

1. **방사선원 누설점검** 업무
   ※ 방사선원 누설점검: 방사선 안전관리 등의 기술기준에 관한 규칙 제43조(사용) 제6호에 따라 밀봉선원의 건전성을 확인하기 위하여, 원자력안전위원회 고시 제2014-42호, 「방사선원의 누설점검에 관한 기술기준」에 따라 수행하는 누설점검을 말함.
2. 사용시설등의 설계
3. 자체점검보고서의 작성업무

주2) 총리령 : 시행규칙 제69조(업무대행자의 등록신청 등)

③ **법 제54조제3항**에 따른 업무대행규정에는 위원회가 정하여 고시하는 지침에 따라 다음 각 호의 사항을 적어야 한다.

1. 방사선안전관리 체계
2. 수행하려는 대행업무의 절차
3. 안전관리절차
4. 방사선비상대응절차

④ **법 제54조제3항**에서 "그 밖에 총리령으로 정하는 서류"란 다음 각 호의 서류를 말한다.

1. 영 제84조에 따른 장비 및 인력을 확보하고 있음을 증명하는 서류
2. 영 제152조제1호에 따른 보상기준
3. 대행업무와 관련된 기술을 보유하고 있는 인력의 경력확인서

⑤ **제4항제3호**에 따른 경력은 다음 각 호의 방법에 따라 산출한다.

1. 경력기간은 경력 개월 수를 단위로 하여 계산하되, 15일 이상은 1개월로 계산할 것
2. 경력 산출의 기준일은 업무대행등록 신청일로 할 것

4. 허가기준 등

제55조(허가기준 등) ① 제53조제1항에 따른 허가기준은 다음과 같다.

1. 생산시설 · 사용시설등의 위치 · 구조 및 설비가 **위원회규칙**[1]으로 정하는 기술기준에 적합할 것
2. 방사성동위원소 또는 그에 따라 오염된 물질 또는 방사선발생장치에 따라 발생한 피폭방사선량이 **대통령령**[2]으로 정하는 선량한도를 초과하지 아니할 것
3. 생산하려는 방사성동위원소등의 성능 및 품질보증계획서의 내용이 **위원회가 정하여 고시하는 기준**[3]에 적합할 것
4. **대통령령**[4]으로 정하는 장비 및 인력을 확보할 것

② 제54조제1항에 따른 등록기준은 다음 각 호와 같다.

1. **총리령**[5]으로 정하는 대행업무 수행에 필요한 기술능력을 확보하고 있을 것
2. **대통령령**[6]으로 정하는 장비 및 인력을 확보할 것
3. 대행업무의 범위 및 업무대행규정이 **총리령**[7]으로 정하는 기준에 적합할 것

주1) 부령 : 방사선 안전관리 등의 기술기준에 관한 규칙

○ **개봉선원에 대한 기술기준: 제17조부터 제23조 및 제23조의2까지**

▶ **제17조(개봉선원의 생산시설)**

① 개봉선원의 생산시설은 지반이 견고하고 화재 또는 침수의 우려가 적은 장소에 이를 설치하여야 한다.

② 개봉선원 생산시설의 구조 및 설비에 관한 기술기준은 다음 각호와 같다.

1. 주요 구조부는 내화구조로 하거나 불연재료를 사용할 것
2. 다음 각목의 1에 해당하는 방사선량이 선량한도 이하가 되도록 필요한 차폐벽이나 차폐물을 설치할 것

가. 생산시설 안의 사람이 상시 출입하는 장소에서의 방사선량

나. 사업소의 경계에 인접하는 구역에서의 방사선량

⇒ 고시 : **제2016-16호 방사선방호 등에 관한 기준 제13조(차폐물의 설계기준)**

방사선규칙 제17조제2항제2호, 제19조제1항제3호, 제27조제1항제2호 및 제33조제1항제1호에 따른 차폐벽이나 차폐물에 대한 설계기준은 다음 각 호와 같다.

1. 사용시설 등의 내부에 사람이 상시 출입하는 장소는 연간 방사선량이 20mSv를 초과하지 아니 하여야 하고 1주당 방사선량은 1 mSv를 초과하지 아니 하여야 한다.
2. 사용시설 등의 경계에 인접하여 사람이 거주하는 구역은 연간 방사선량이 1mSv를 초과하

지 아니 하여야 하고 1주당 방사선량은 0.1 mSv를 초과하지 아니하여야 한다.

3. 다음 각목의 기준에 따라 작업실을 설치할 것
  가. 작업실 내부의 벽 · 바닥 그 밖에 개봉선원에 의하여 오염될 우려가 있는 부분의 표면은 평탄하고 매끄러우며 빈틈이나 구멍이 없도록 하고, 기체 또는 액체가 침투할 수 없는 내식성이 강한 재료로 할 것
  나. 작업실에 설치한 후드 · 글로브박스 등 기체상의 방사성동위원소의 확산을 방지하는 장치는 배기설비에 연결시킬 것
4. 다음 각목의 기준에 따라 오염검사실을 설치할 것
  가. 오염검사실은 사람이 상시 출입하는 출입구 부근 등 개봉선원에 의한 오염검사를 실시하기에 가장 적합한 장소에 설치할 것
  나. 오염검사실 내부의 벽 · 바닥 그 밖에 개봉선원에 의하여 오염될 우려가 있는 부분은 제3호 가목의 기술기준에 적합한 것으로 할 것
  다. 오염검사실에는 세정 · 탈의설비, 오염검사를 위한 방사선측정기 및 오염제거에 필요한 장비를 갖출 것
5. 개봉선원을 생산하기 위한 방사선 조사시설(조사시설)에는 다음 각목의 기준에 따라 시설을 설치할 것
  가. 출입구에 방사선 조사 중임을 자동적으로 표시하는 장치를 설치할 것
  나. 방사선 조사 여부에 따라 출입구가 개폐되는 연동장치를 할 것
  다. 내부를 상시 감시할 수 있는 장치를 할 것
  라. 사람의 출입을 제한하는 장치를 할 것
6. 시설의 경계에는 울타리 그 밖에 사람의 출입을 제한하는 시설을 할 것. 다만, 제2호 가목에 해당하는 방사선량이 선량한도 이하가 되도록 차폐벽이나 차폐물이 설치되어 있는 경우에는 그러하지 아니하다.
7. 생산시설 · 작업실 · 오염검사실의 경계에 설치한 울타리 그 밖에 사람의 출입을 제한하는 시설에는 **별표 1에 의한 표지**를 부착할 것

  ⇒ **[별표 1] 각종 표지 및 방사능표지**(교재 p.33-34)

▶ 제18조 사용시설등의 위치

개봉선원(개봉선원)의 사용시설등은 지반이 견고하고 화재 또는 침수의 우려가 적은 장소에 이를 설치하여야 한다.

▶ 제19조 사용시설 및 분배시설

① 개봉선원의 사용시설 및 분배시설의 구조 및 설비에 관한 기술기준은 다음 각 호와 같다.

1. 주요 구조부는 내화구조로 하거나 불연 재료를 사용할 것. 다만, **원자력안전위원회가 정하여 고시하는 것**은 그러하지 아니하다.

⇒ **고시: 제2016-16호 방사선방호 등에 관한 기준**

제11조(설비기준 예외규정에 대한 방사성동위원소의 수량) 방사선규칙 제19조제1항제1호, 제4호나목 및 제5호에서 "원자력안전위원회가 정하여 고시하는 것"이란 다음 각 호와 같다.

1. 내화구조 및 불연재료 시설을 요하지 아니하는 한도량은 별표 5의 제2란의 해당 방사성핵종에 대하여 제3란에 규정된 수량의 1,000배
2. 오염검사 또는 배기설비의 설치를 요하지 아니하는 한도량은 별표 5의 제2란의 해당 방사성핵종에 대하여 제3란에 규정된 수량의 100배

2. 사용시설은 개봉선원을 취급하기 위한 장비의 설치 및 작업 수행에 필요한 공간을 확보할 것
3. 다음 각목의 1에 해당하는 방사선량이 선량한도 이하가 되도록 필요한 차폐벽이나 차폐물을 설치할 것

가. 사용시설안 및 분배시설안의 사람이 상시 출입하는 장소에서의 방사선량

나. 사업소의 경계에 인접하는 구역에서의 방사선량

⇒ **고시 : 제2016-16호 방사선방호 등에 관한 기준 제13조(차폐물의 설계기준)**(교재 p.106-107)

4. 다음 각목과 같은 작업실을 설치할 것

가. 작업실 내부의 벽 · 바닥 기타 개봉선원에 의하여 오염될 우려가 있는 부분의 표면은 평탄하고 매끄러우며 빈틈이나 구멍이 없도록 하고, 기체 또는 액체가 침투할 수 없는 내식성이 강한 재료로 할 것

나. 작업실에 설치한 후드 · 글로브박스 등 기체상의 방사성동위원소의 확산을 방지하는 장치는 배기설비에 연결시킬 것. 다만, **원자력안전위원회가 정하는 것**은 그러하지 아니하다.

⇒ **고시: 제2016-16호 방사선방호 등에 관한 기준 제11조(설비기준 예외규정에 대한 방사성동위원소의 수량)**(교재 p.108)

5. 다음 각목의 1에 해당하는 오염검사실을 설치할 것. 다만, 인체 및 작업복 · 신발등 인체에 착용하는 물건의 표면이 방사성동위원소에 의하여 오염될 우려가 없도록 밀폐된 장치안에서 개봉선원을 사용 또는 분배하는 경우와 **원자력안전위원회가 정하여 고시하는 경우**에는 그러하지 아니하다.

⇒ **고시: 제2016-16호 방사선방호 등에 관한 기준 제11조(설비기준 예외규정에 대한 방사성동위원소의 수량)**(교재 p.108)

가. 오염검사실은 사람이 상시 출입하는 출입구 부근 등 개봉선원에 의한 오염검사를 실시하기에 가장 적합한 장소에 설치할 것

나. 오염검사실 내부의 벽 · 바닥 기타 개봉선원에 의하여 오염될 우려가 있는 부분은 제4호 가목의 기술기준에 적합한 것으로 할 것

다. 오염검사실에는 세정 · 탈의설비, 오염검사를 위한 방사선측정기 및 오염제거에 필요

한 기재를 갖출 것

6. 경계에는 울타리 기타 사람의 출입을 제한하는 시설을 할 것. 다만, 제3호 가목에 해당하는 방사선량이 선량한도 이하가 되도록 차폐벽이나 차폐물이 설치되어 있는 경우에는 그러하지 아니하다.
7. 사용시설 · 분배시설 · 작업실 · 오염검사실의 경계에 설치한 울타리 기타 사람의 출입을 제한하는 시설에는 **별표 1에 의한 표지**를 부착할 것

   ⇒ **[별표 1] 각종 표지 및 방사능표지 참조**(교재 p.33-34)

② 제1항의 규정은 누수의 조사, 곤충의 역학적 조사 또는 원료물질의 생산공정중 이동상황의 조사 등을 위하여 개봉선원을 광범위하게 분산 · 이동시키는 경우 또는 일시적으로 사용 · 분배하는 경우에는 이를 적용하지 아니한다.

▶ **제20조 저장시설**

개봉선원 저장시설의 구조 및 설비에 관한 기술기준은 다음 각호와 같다.

1. 저장시설의 구조는 다음 각목과 같이 할 것
   가. 저장실의 주요 구조부 및 출입문은 내화구조로 하거나 불연재료를 사용할 것
   나. 저장함은 내화구조로 하거나 불연재료를 사용할 것
2. 저장시설에는 제19조제1항제3호의 기술기준에 적합한 차폐벽이나 차폐물을 설치할 것
3. 저장시설에 비치하는 용기는 다음 각목의 기준에 적합할 것
   가. 외부의 공기를 오염시킬 우려가 있는 개봉선원을 넣는 용기는 기밀구조일 것
   나. 액체상의 개봉선원을 넣는 용기의 구조는 액체가 누출되지 아니하도록 하고, 그 재료는 액체가 침투할 수 없는 것으로 할 것
   다. 액체상 또는 기체상의 개봉선원을 넣는 용기가 균열 또는 파손될 우려가 있는 때에는 밑받이 · 흡수재 기타 개봉선원에 의한 오염의 확산을 방지하기 위한 시설 또는 기구를 설치할 것
4. 저장시설의 문 · 덮개 등 외부로 통하는 부분에는 자물쇠 기타 도난 또는 분실을 방지하기 위한 시설 또는 기구를 설치할 것
5. 저장시설의 경계에는 울타리 기타 사람의 출입을 제한하는 시설을 설치할 것
6. 저장실 · 저장함, 제3호의 용기 및 저장시설의 경계에 설치하는 울타리 기타 사람의 출입을 제한하는 시설에는 **별표 1에 의한 표지**를 부착할 것

   ⇒ **[별표 1] 각종 표지 및 방사능표지 참조**(교재 p.33-34)

▶ **제21조 보관시설**

개봉선원 및 그에 의하여 오염된 물질의 보관시설의 구조 및 설비에 관한 기술기준은 다음 각호와 같다.

1. 주요 구조부를 내화구조로 하거나 불연재료로 할 것

2. 제19조제1항제3호의 기술기준에 적합한 차폐벽이나 차폐물을 설치할 것
3. 다음 각목의 기준에 적합한 보관설비를 갖출 것
 가. 외부와 구획된 구조로 할 것
 나. 문 · 덮개 등 외부로 통하는 부분에는 자물쇠 기타 도난 또는 분실을 방지하기 위한 설비 또는 기구를 설치할 것
 다. 제20조제3호의 기술기준에 적합한 용기를 비치할 것. 다만, 방사성동위원소에 의하여 오염된 대형기계 등으로서 용기에 넣기가 곤란하여 오염확산을 방지하기 위한 조치를 취한 경우에는 그러하지 아니하다.
4. 보관설비, 제3호 다목의 용기 기타 사람의 출입을 제한하는 시설에는 **별표 1에 의한 표지**를 부착할 것

 ⇒ **[별표 1] 각종 표지 및 방사능표지 참조(교재 p.33-34)**

▶ 제22조 처리시설

개봉선원 및 그에 의하여 오염된 물질의 처리시설의 구조 및 설비에 관한 기술기준은 다음 각호와 같다.

1. 주요 구조부를 내화구조 또는 불연재료로 할 것
2. 제19조제1항제3호의 기술기준에 적합한 차폐벽이나 차폐물을 설치할 것
3. 방사성동위원소 및 그에 의하여 오염된 물질을 소각하는 경우에는 원자력안전위원회가 정하여 고시하는 바에 따라 소각설비를 설치할 것
4. 방사성동위원소 및 그에 의하여 오염된 물질을 콘크리트 기타 고형화 재료에 의하여 고형화하는 경우에는 다음 각목에 정하는 바에 따라 고형화처리설비를 설치하는 외에 오염검사실 및 제23조제4호의 기준에 적합한 배기설비를 설치할 것
 가. 고형화처리설비는 방사성동위원소 및 그에 의하여 오염된 물질이 누설되거나 넘쳐 흐르지 아니하고 분진이 확산되지 아니하는 구조로 할 것
 나. 고형화처리설비는 액체가 침투하지 아니하고 부식에 강한 재료로 할 것
5. 소각로 · 오염검사실 기타 사람의 출입을 제한하는 시설에는 **별표 1에 의한 표지**를 부착할 것

 ⇒ **[별표 1] 각종 표지 및 방사능표지 참조(교재 p.33-34)**

▶ 제23조 배출시설

개봉선원 및 그에 의하여 오염된 물질의 배출시설의 구조 및 설비에 관한 기술기준은 다음 각호와 같다.

1. 주요 구조부를 내화구조 또는 불연재료로 할 것
2. 제19조제1항제3호의 기술기준에 적합한 차폐벽이나 차폐물을 설치할 것
3. 액체상의 방사성동위원소를 정화하거나 배출하는 경우에는 다음 각목에 정하는바에 따라

배수설비를 설치할 것. 다만, **원자력안전위원회가 정하여 고시**하는 경우에는 그러하지 아니하다.

⇒ **고시: 제2016-16호 방사선방호 등에 관한 기준**

제12조(배출시설을 요하지 아니하는 경우) 방사선규칙 제23조제3호 및 제4호의 단서에서 배수설비 및 배기설비의 설치를 요하지 아니하는 경우란 ^{90}Sr 및 알파입자를 방출하는 동위원소를 제외한 방사성동위원소로서 제6조에서 규정한 수량을 초과하지 아니하고 다음 각 호에 해당하는 것을 말한다.

1. **별표 5**의 제2란의 해당 방사성핵종에 대하여 제3란에 규정된 수량의 10,000배 이하의 양을 사용하고 배출물의 방사능이 충분히 감쇠될만한 기간 동안 보관한 다음 다량의 물로 희석하여 배출할 때
2. **별표 5**의 제2란의 해당 방사성핵종에 대하여 제3란에 규정된 수량의 100배 이하의 양을 사용하고 후드 안의 공기가 작업실로 거꾸로 유출하지 아니하는 후드 및 적절한 용량의 보관용기를 설비하였을 때
3. 제1호와 같은 양의 방사성동위원소를 사용하고 후드의 창을 열었을 때의 공기유입속도가 매분당 15미터 이상인 후드를 마련하였을 때

⇒ **별표 5. 핵종별 규제면제 관련 수량 및 농도(교재 p.27)**

가. 배수설비는 배수구에서 채취한 배출액의 방사성동위원소 농도를 배출관리기준의 제한값 이하로 하는 능력을 갖추도록 할 것. 다만, 배수구에서의 배수중 방사성동위원소의 농도를 배출관리기준의 제한값 이하로 하기가 곤란한 경우로서 배수중 방사성동위원소의 농도를 감시하기 위한 배수감시설비를 하고 사업소의 경계외부에서의 수중 방사성동위원소의 농도를 배출관리기준의 제한값 이하로 하는 경우에는 그러하지 아니하다.

나. 배수설비의 구조는 배출액이 누설되지 아니하도록 하고, 그 재료는 배출액이 침투할 수 없고 내식성이 강한 것으로 할 것

다. 배수정화조는 배출액을 채취하여 배출액의 방사성동위원소 농도를 쉽게 측정할 수 있도록 이를 설치하고, 그 주위에는 울타리 등 사람의 출입을 제한하는 시설을 설치할 것

4. 기체상의 방사성동위원소를 정화하거나 배출하는 경우에는 다음 각목에 정하는 바에 따라 배기설비를 설치할 것. 다만, **원자력안전위원회가 정하여 고시**하는 경우에는 그러하지 아니하다.

⇒ **고시: 제2016-16호 방사선방호 등에 관한 기준 제12조(배출시설을 요하지 아니하는 경우)(교재 p.111)**

가. 배기설비는 작업실안의 사람이 상시 출입하는 장소에서의 공기중 방사성동위원소의 농도를 유도공기중농도 이하로 하는 능력을 갖출 것

나. 배기설비는 배기구의 배기중 방사성동위원소 농도를 배출관리기준의 제한값 이하로 하는 능력을 갖출 것. 다만, 배기구에서의 배기중 방사성동위원소의 농도를 배출관리기준

의 제한값 이하로 하기가 곤란한 경우로서 배기중 방사성동위원소의 농도를 감시하기 위한 배기감시설비를 하고 사업소 등의 경계외부에서의 공기중 방사성동위원소 농도를 배출관리기준의 제한값이하로 하는 경우에는 그러하지 아니하다.

다. 배기설비의 구조는 배기구외로 기체가 누설되지 아니하도록 하고, 그 재료는 내식성이 강한 것으로 할 것

라. 배기설비에는 고장이 발생한 경우 방사성동위원소에 의하여 오염된 공기의 확산을 신속히 방지할 수 있는 장치를 할 것

5. 배수설비 · 배기설비와 기타 사람의 출입을 제한하는 시설에는 **별표 1에 의한 표지**를 부착할 것

⇒ **[별표 1] 각종 표지 및 방사능표지**(교재 p.33-34)

▶ **제23조의2 개봉선원의 보안관리 시설등**

원자력안전위원회가 정하는 수량 이상의 개봉선원 생산시설 및 사용시설등에는 **원자력안전위원회가 정하여 고시하는 바**에 따라 보안관리 시설 또는 설비를 설치하여야 한다.

⇒ **고시: 제2015-06호 방사성동위원소 보안관리에 관한 규정**

○ **밀봉선원에 대한 기술기준: 제25조부터 제29조 및 제29조의2까지**

▶ **제25조(밀봉선원의 생산시설)**

① 밀봉선원의 생산시설은 비상시 생산시설 안에 들어가 있는 사람이 신속히 탈출할 수 있는 구조로 하고, 반입구 · 비상구 등 사람이 상시 출입하지 아니하는 출입구의 문은 외부로부터 개폐할 수 없도록 하여야 한다.

② 밀봉선원 생산시설의 구조 및 설비에 관한 기술기준에 관하여 제1항에 규정되지 아니한 사항은 제17조제1항, 제2항제1호 · 제2호, 제5호 내지 제7호의 규정을 준용한다. 이 경우 제17조중 "개봉선원"은 "밀봉선원"으로 본다.

▶ **제26조(사용시설등의 위치)**

밀봉선원(밀봉선원)의 사용시설등은 화재 · 침수 또는 지반붕괴의 우려가 적은 장소에 이를 설치하여야 한다.

▶ **제27조(사용시설 및 분배시설)**

① 밀봉선원의 사용시설 및 분배시설의 구조 및 설비에 관한 기술기준은 다음 각호와 같다.

1. 주요 구조부는 내화구조로 하거나 불연재료를 사용할 것
2. 다음 각목의 1에 해당하는 방사선량이 선량한도 이하가 되도록 필요한 차폐벽이나 차폐물을 설치할 것

가. 사람이 상시 출입하는 장소에서의 방사선량

나. 사업소의 경계에 인접하는 구역에서의 방사선량

⇒ 고시: **제2016-16호 방사선방호 등에 관한 기준 제13조(차폐물의 설계기준)**(교재 p.106)

3. 111테라베크렐 이상의 밀봉선원을 사용 또는 분배하는 때에는 다음 각목의 시설을 갖출 것
 가. 출입구에 밀봉선원의 사용 또는 분배중임을 자동적으로 표시하는 장치를 설치할 것
 나. 밀봉선원의 사용 또는 분배여부에 따라 출입구가 개폐되는 연동장치를 할 것
 다. 내부를 상시 감시할 수 있는 장치를 할 것
 라. 사람의 출입을 제한하는 장치를 할 것
4. 시설의 경계에는 울타리 등 사람의 출입을 제한하는 시설을 하고 **별표 1에 의한 표지**를 부착할 것. 다만, 제2호 가목에 해당하는 방사선량이 선량한도 이하가 되도록하는 데 필요한 차폐벽이나 차폐물이 설치되어 있는 경우에는 그러하지 아니하다.

 ⇒ **[별표 1] 각종 표지 및 방사능표지 참조**(교재 p.33-34)

5. 비상시 사용시설 또는 분배시설안에 들어있는 사람이 신속히 탈출할 수 있는 구조로 하고, 반입구 · 비상구 등 사람이 상시 출입하지 아니하는 출입구의 문을 외부로부터 개폐할 수 없도록 할 것

② 제1항제1호 · 제2호 · 제3호 및 제5호의 규정은 밀봉선원을 수시로 이동시켜 사용 또는 분배하는 경우에는 이를 적용하지 아니한다.

▶ **제28조(저장시설)**

밀봉선원의 저장시설의 구조 및 설비에 관한 기술기준은 다음 각호와 같다.

1. 저장시설의 구조는 다음 각목과 같이 할 것
 가. 저장실의 주요 구조부 및 출입문은 내화구조로 하거나 불연재료로 할 것
 나. 저장함은 내화구조로 하거나 불연재료로 할 것
2. 제27조제1항제2호의 기술기준에 적합한 차폐벽이나 차폐물을 설치할 것
3. 문 · 덮개 등 외부로 통하는 부분에는 자물쇠 기타 도난 또는 분실을 방지하기 위한 시설 또는 기구를 설치할 것
4. 시설의 경계에는 울타리 기타 사람의 출입을 제한하는 시설을 설치할 것
5. 저장실 · 저장함 및 저장시설의 경계에 설치하는 울타리 등에는 **별표 1에 의한 표지**를 부착할 것

 ⇒ **[별표 1] 각종 표지 및 방사능표지 참조**(교재 p.33-34)

▶ **제29조(보관시설)**

폐기하는 밀봉선원의 보관시설의 구조 및 설비에 관한 기술기준은 다음 각호와 같다.

1. 내화구조로 하거나 불연재료로 할 것
2. 외부와 구획된 구조로 할 것
3. 문 · 덮개 등 외부로 통하는 부분에는 자물쇠 기타 도난 또는 분실을 방지하기 위한 설비 또는 기구를 설치할 것

4. 제27조제1항제2호의 기술기준에 적합한 차폐벽이나 차폐물을 설치할 것
5. 시설의 경계에는 **별표 1에 의한 표지**를 부착하고 울타리 기타 사람의 출입을 제한하는 시설을 설치할 것

⇒ **[별표 1] 각종 표지 및 방사능표지 참조**(교재 p.33-34)

▶ **제29조의2(밀봉선원의 보안관리 시설등)**

원자력안전위원회가 정하는 수량 이상의 밀봉선원 생산시설 및 사용시설등에는 **원자력안전위원회가 정하여 고시하는 바**에 따라 보안관리 시설 또는 설비를 설치하여야 한다.

⇒ **고시: 제2015-06호 방사성동위원소 보안관리에 관한 규정**

○ **방사선발생장치에 대한 기술기준: 제31조부터 제34조까지**

▶ **제31조(방사선발생장치의 생산시설)**

제17조제1항, 제2항제2호 · 제6호 및 제7호의 규정은 방사선발생장치 생산시설의 구조 및 설비에 관한 기술기준에 관하여 이를 준용한다. 이 경우 제17조중 "개봉선원"은 "방사선발생장치"로 본다.

▶ **제32조(사용 · 보관시설)**

방사선발생장치의 사용 · 보관시설은 화재 · 침수 또는 지반붕괴의 우려가 적은 장소에 설치하여야 한다.

▶ **제33조(사용시설)**

① 방사선발생장치의 사용시설의 구조 및 설비에 관한 기술기준은 다음 각호와 같다.

1. 사용시설에는 다음 각목의 1에 해당하는 방사선량이 선량한도 이하가 되도록 필요한 차폐벽이나 차폐물을 설치할 것
 가. 사용시설안의 사람이 상시 출입하는 장소에서의 방사선량
 나. 사업소의 경계에 인접하는 구역에서의 방사선량

 ⇒ **고시 : 제2014-34호 방사선방호 등에 관한 기준 제13조(차폐물의 설계기준)**(교재 p.106-107)
2. 방사선발생장치를 사용하는 때에는 그 사용시설의 출입구에 방사선발생장치의 사용중임을 자동적으로 표시하는 장치와 사람의 출입을 제한하는 장치를 할 것
3. 방사선발생장치를 사용하는 때에는 방사선발생장치의 사용여부에 따라 사용시설의 출입구가 개폐되는 연동장치를 할 것
4. 시설의 경계에는 울타리 기타 사람의 출입을 제한하는 시설을 할 것. 다만, 제1항제1호 가목에 해당하는 방사선량이 선량한도 이하가 되도록 하는 데 필요한 차폐벽이나 차폐물이 설치되어 있는 경우에는 그러하지 아니하다.
5. 사용시설 및 사용시설의 경계에 설치한 울타리 기타 사람의 출입을 제한하는 시설에는 **별표 1에 의한 표지**를 부착할 것

⇒ **[별표 1] 각종 표지 및 방사능표지 참조**(교재 p.33-34)

6. 비상시 사용시설안에 들어있는 사람이 신속히 탈출할 수 있는 구조로 하고, 반입구 · 비상구 등 사람이 상시 출입하지 아니하는 출입구의 문을 외부로부터 개폐할 수 없도록 할 것

② 제1항제1호 · 제3호 및 제6호의 규정은 방사선발생장치를 수시로 이동시켜 사용하는 경우에는 이를 적용하지 아니한다.

▶ **제34조(보관시설)**

방사선발생장치 보관시설의 구조 및 설비에 관한 기술기준은 다음 각호와 같다.

1. 문 · 덮개 등 외부로 통하는 부분에는 자물쇠 기타 도난 · 분실을 방지하기 위한 시설 또는 기구를 설치할 것
2. 출입문에는 눈에 띄기 쉬운 곳에 방사선장해방지에 필요한 주의사항을 게시할 것

주2) 대통령령 : 시행령 제83조(허가기준)

① 법 제55조제1항제2호에서 "대통령령으로 정하는 선량한도"란 제2조제4호에 따른 선량한도를 말한다.

⇒ **영 [별표 1] 선량한도(제2조제4호 관련)**(교재 p.40)

주3) 고시: 제2014-47호 방사성동위원소등의 생산에 관한 기준

○ **방사성동위원소등의 성능에 관한 기준: 제4조에서 제6조까지**

▶ **제4조(밀봉선원의 성능기준)**

① 밀봉선원의 성능기준은 다음 각 호와 같다.

1. 별표 1의 사용용도별 성능시험 및 등급에 따라 별표 2의 해당 성능시험 등급별 시험에 적합하여야 한다.
2. 제1호에서 규정하는 성능시험에 관한 절차는 별지에서 정하는 기준에 적합하여야 한다.
3. 평가기준은 각 성능시험을 거친 후 해당 방사성핵종의 방사능 누설량이 200베크렐(Bq)을 초과하지 않아야 한다.

② 밀봉선원은 다음 각 호와 같이 성능시험 등급을 부여하고 표식 및 표시하여야 한다.

1. 6자리로 구성된(예 : C43515) 등급을 다음 각 목에 따라 부여하여야 한다.

가. 첫째 자리 :

1) **별표 3**의 핵종 군별 구분에 따라 별표 4에서 정한 방사능준위를 초과하지 않는 경우 : C

2) **별표 3**의 핵종 군별 구분에 따라 별표 4에서 정하는 방사능준위를 초과하는 경우 : E

나. 둘째자리 : **별표 2**의 온도시험의 해당 등급

다. 셋째자리 : **별표 2**의 외부압력시험의 해당 등급

라. 넷째자리 : **별표 2**의 충격시험의 해당 등급

마. 다섯째자리 : **별표 2**의 진동시험의 해당 등급

바. 여섯째자리 : **별표 2**의 관통시험의 해당 등급

⇒ **[별표 2] 밀봉선원의 성능시험등급별 시험조건(제4조제1항 관련)**

2. 제1호에 따른 밀봉선원에 대한 등급은 밀봉선원 캡슐에 표식하고 관련서류에 표시하여야 한다.

[별표 2] 밀봉선원의 성능시험등급별 시험조건(제4조제1항 관련)

시험 구분	성능시험등급						
	1	2	3	4	5	6	X
온도	시험 없음	-40℃(20분) +80℃(1시간)	-40℃(20분) +80℃(1시간)	40℃(20분) +400℃(1시간) 및 400℃에서 20℃로 열 충격	-40℃(20분) +600℃(1시간) 및 600℃에서 20℃로 열 충격	-40℃(20분) +800℃(1시간) 및 800℃에서 20℃로 열 충격	특별 시험
외부 압력	시험 없음	25kN/㎡ (절대압력)에서 대기압	25kN/㎡에서 2MN/㎡ (절대압력)	25kN/㎡에서 7MN/㎡ (절대압력)	25kN/㎡ 에서 70MN/㎡ (절대압력)	25kN/㎡에서 170MN/㎡ (절대압력)	특별 시험
충격	시험 없음	1m에서 50g 및 1.5m 높이에서 철판표면으로 자유낙하 10회	1m에서 200g	1m에서 2kg	1m에서 5kg	1m에서 20kg	특별 시험
진동	시험 없음	5g최고 amp에 서 25Hz내지 50Hz까지 30분	5g 최고 amp 에서 25Hz 내 지 50Hz, 최고진폭 간격 0.635mm에서 50Hz 내지 90Hz 및 10g에 서 90Hz 내지 500Hz 까지 30분	최고진폭 간격 1.5mm 에서 25Hz내지 80Hz 및 20g에서 80Hz 내지 2000Hz까지 90분	미사용	미사용	특별 시험
관통	시험 없음	1m에서 1g	1m에서 10g	1m에서 50g	1m에서 300g	1m에서 1kg	특별 시험

[별표 3] 방사성핵종의 상대적 위험도에 따른 분류(제4조제2항 관련)

1군 : 매우 높은 독성				
Ac-227	Cm-242	Pa-231	Pu-241	Th-228
Am-241	Cm-243	Pb-210	Pu-242	Th-230
Am-243	Cm-244	Po-210	Ra-223	U-230
Cf-249	Cm-245	Pu-238	Ra-226	U-232
Cf-250	Cm-246	Pu-239	Ra-228	U-233
Cf-252	Np-237	Pu-240	Th-227	U-234
2군 : 높은 독성				
Ac-228	Ce-144	I-124	Pb-212	Tb-160
Ag-110m	Cl-36	I-125	Ra-224	Te-127m
At-211	Co-56	I-126	Ru-106	Te-129m
Ba-140	Co-60	I-131	Sb-124	Th-234
Bi-207	Cs-134	I-133	Sb-125	Tl-204
Bi-210	Cs-137	In-114m	Sc-46	Tm-170
Bk-249	Eu-152(13y)	Ir-192	Sr-89	U-236
Ca-45	Eu-154	Mn-54	Sr-90	Y-91
Cd-115m	Hf-181	Na-22	Ta-182	Zr-95
		Pa-230		
3군 : 중간 독성				
Ar-41	C-14	Ga-72	Pr-142	Tc-96
Ag-105	Cu-64	K-43	Pr-143	Tc-97
Ag-111	Dy-165	Kr-85m	Pt-191	Tc-97m
As-73	Dy-166	Kr-87	Pt-193	Tc-99
As-74	Er-169	La-140	Pt-197	Te-125m
As-76	Er-171	Lu-177	Rb-86	Te-127
As-77	Eu-152(9.2h)	Mn-52	Re-183	Te-129
Au-196	Eu-155	Mo-90	Re-186	Te-131m
Au-198	F-18	Mn-56	Re-188	Te-132
Au-199	Fe-52	Na-24	Rh-105	Th-231
Ba-131	Fe-55	Nb-93m	Rn-220	Tl-200
Be-7	Fe-59	Nb-95	Rn-222	Tl-201
Bi-206	Ga-67	Nd-147	Ru-97	Tl-202
Bi-212	Gd-153	Nd-149	Ru-103	Tm-171
Br-82	Gd-159	Ni-63	S-35	V-48
	Hg-197	Ni-65	Sb-122	W-181

▶ **제5조(특수형방사성물질의 성능기준)**

특수형방사성물질인 경우의 성능기준은 다음 각 호와 같다.

1. 제4조에서 정하는 기준에 적합하여야 한다.
2. 원자력안전위원회고시 「방사성물질등의 포장 및 운반에 관한 규정」 제20조에서 정하는 기준에 적합하여야 한다.
3. 제1호 및 제2호의 기준 중 시험항목이 중복되는 경우는 보다 엄격한 시험요건을 적용한다.

▶ 제6조(방사선발생장치의 성능기준)

방사선발생장치의 성능기준은 원자력안전위원회고시 「**방사선기기의 설계승인 및 검사에 관한 기준」제5조부터 제20조까지의 규정**을 준용한다. 이 경우에 "방사선기기"는 "방사선발생장치"로 본다.

⇒ **고시: 제2016-22호 방사선기기의 설계승인 및 검사에 관한 기준**

제5조(설계의 일반기준) ① 방사선기기 자체의 결함으로 인하여 종사자 또는 일반인이 선량한도를 초과하여 방사선에 피폭되어서는 아니 된다.

② 방사선기기는 운영 · 유지 · 수리 및 선원교체 등 일련의 방사선작업이 용이하도록 설계하여야 한다.

③ 방사선기기에 결함이 발생하는 경우에는 즉시 그 사실을 감지하여 의도하지 않은 방사선피폭을 제한하거나 감소시킬 수 있어야 하며, 특히 의료용 방사선기기의 경우에는 운영자의 실수를 방지할 수 있도록 설계하여야 한다.

제6조(설계기준) 방사선기기의 설계기준은 제7조부터 제14조까지의 규정을 적용한다.

제7조(방사선차폐) 방사선차폐에 대한 기준은 다음 각 호와 같다.

1. 차폐체의 성능은 종사자 및 일반인의 선량한도를 기준으로 한다.
2. 차폐 재료는 균일성 및 변성 등에 관한 사항은 품질이 보증된 것이어야 하며, 재료 자체의 하중으로 인하여 구조적으로 변형되거나 물리적 충격에 의하여 쉽게 손상되지 않아야 한다.
3. 서로 다른 종류의 차폐 재료가 연결되는 부위 또는 공조설비 · 배관설비 · 케이블 등이 차폐 재료를 관통하는 부위가 있는 경우에는 해당부위 또는 기타 특정부분의 차폐효과가 저하되지 않아야 한다.
4. 천연 우라늄 또는 감손 우라늄을 차폐 재료로 사용하는 경우에는 종사자가 우라늄에 직접 접촉할 수 없도록 내구성 있는 도료로 포장하거나 다른 외장재로 보강하여야 한다.
5. 차폐성능의 평가는 별도의 합리적인 기준이 없는 한 임의의 종사자에 의한 방사선기기 가동 시간을 연간 2000시간(일일 8시간, 주당 5일 및 연간 50주)으로 한다.

제8조(연동장치) 연동장치에 대한 기준은 다음 각 호와 같다.

1. 연동장치는 작동 환경 등을 고려하여 설계목적을 충분히 달성할 수 있는 성능을 확보하여야 한다.
2. 연동장치는 비상안전기능을 갖추어야 하며, 다른 계통 또는 장치에 의하여 영향을 받지 않도록 하여야 한다.
3. 연동장치는 방사선기기를 가동하기 위한 일상적인 수단으로 이용되지 않도록 하여야 한다.
4. 특수공구를 사용하지 않아도 탈착 · 부착 또는 개 · 폐가 가능한 부위가 방사선 차폐 또는 방사선원의 접촉을 제한하는 기능을 하는 것은 연동장치와 연동되도록 하여야 한다.
5. 수시 개 · 폐가 필요한 특정 부위는 2개 이상의 서로 독립적인 연동장치와 연동되어야 하며, 이 중 최소한 1개는 시스템의 주 전원 공급회로를 차단하거나 방사선발생장치인 경우에는 고전압 발생기 전원공급회로를 차단하는 기능을 하도록 하여야 한다.

제9조(보안장치) 보안장치에 대한 기준은 다음 각 호와 같다.

1. 방사선기기의 무단 취급을 방지하고 방사선기기를 보호하기 위하여 최소한 1개 이상의 보안장치를 갖추어야 한다.
2. 보안장치를 열쇠로 이용하는 경우에는 특정기기의 열쇠가 다른 기기(동일모델의 방사선기기를 포함한다)에 사용될 수 없도록 하여야 한다.
3. 열쇠를 이용하여 방사선기기를 작동하는 경우 방사선기기의 가동 중에는 열쇠를 분리할 수 없도록 하여야 한다.

제10조(비상정지계통) 비상정지계통에 대한 기준은 다음 각 호와 같다.

1. 연동장치의 기능이 비정상인 경우에는 방사선방출이 가능하지 않도록 하여야 한다.
2. 최소한 1개의 비상정지 스위치는 수동조작에 의해서만 가동하고, 이를 통한 정지기능은 모든 제어기능에 우선하여야 하며, 연동장치에 연동되어 있어야 한다.
3. 비정상적으로 방사선의 방출이 제한 또는 중단된 경우에는 중단 원인의 단순한 복구 또는 조정에 의하여 방사선방출이 재개되지 않도록 하여야 한다. 이 경우 주 제어판을 수동으로 복원하여 처음부터 방사선기기의 가동절차를 다시 거치는 경우에만 방사선방출이 가능하도록 하여야 한다.
4. 작동원리상 방사선기기에 내장된 방사성동위원소 또는 선원용기의 이동이 불가피한 경우에 대비하여 탈락 · 끼임 · 훼손 및 파손 등의 사고를 예방하고 복구하는 방법을 강구하여야 한다.

제11조(방사선방출 제어장치) 방사선방출 제어장치에 대한 기준은 다음 각 호와 같다.

1. 방사선방출이 정상적임을 감지하는 장치와 방사선방출을 직접 제한하는 장치는 기능이 정상적임을 보증할 수 있도록 비상안전기능을 갖추어야 한다.
2. 셔터나 방사선원의 위치이동을 통하여 방사선방출을 제어하는 기능이 있는 방사선기기의 경우에는 셔터의 개폐상태 또는 방사선원의 위치확인이 방사선기기의 통상적인 가동환경에서 용이하도록 하여야 한다.
3. 전원을 통하여 셔터의 개폐 또는 방사선원의 위치를 조종하는 방사선기기의 경우에는 전원이 상실된 상황에서는 반드시 셔터가 닫히거나 방사선원이 안전한 위치로 복원되도록 하여야 한다.
4. 압축공기나 유압을 이용하여 장치를 구동하는 경우에는 이물질을 제거하기 위한 필터와 안전보조밸브 및 비상구동 기능을 갖추어야 한다.
5. 시간 제어장치를 통하여 방사선방출을 제어하는 경우에는 시간제어 가능 범위와 경과시간을 확인할 수 있도록 하여야 한다.
6. 두 종류 이상의 방사선을 사용하기 위하여 특별히 제작된 방사선기기는 목적하지 않은 방사선이 방출되는 것을 감지하는 기능을 갖추어야 하며, 이 기능은 연동장치와 연동되어야 한다.
7. 컴퓨터에 탑재한 소프트웨어나 PLC(Programmable Logic Controller)에 입력한 정보 등을 통하여 방사선기기의 가동을 제어하는 경우에는 프로그램 충돌 등에 의한 제어상실 가능성에 대비하여 예방대책 및 복구절차를 강구하여야 한다.

제12조(경고체계) 경고체계에 대한 기준은 다음 각 호와 같다.

1. 예상되는 방사선기기의 사용 환경에서 방사선이 방출되고 있음을 쉽게 확인할 수 있어야 하며,

다른 표시와 혼동되거나 중복되지 않도록 하여야 한다.

2. 방사선방출을 경고하기 위한 시각적인 장치는 적색을 이용하여야 하며, 방사선기기 주위의 모든 종사자 및 일반인이 쉽게 식별할 수 있는 위치에 충분한 수량을 설치하여야 한다.
3. 최소한 1개의 방사선방출 경고장치는 비상안전기능을 갖추어야 한다.
4. 방사선기기로부터 1미터 위치에서의 피폭방사선량이 시간당 5시버트(Sv)를 초과하는 경우에는 시각적 경고 장치와 함께 연동장치에 연동된 청각적 경고 장치를 함께 설치하여야 한다. 이 경우 청각적 경고 장치는 방사선방출 직전까지 최소한 20초 이상 작동되어야 한다.

제13조(선원용기) 선원용기에 대한 기준은 다음 각 호와 같다.

1. 선원용기의 내구성은 ISO 2919:1999(E)에 규정된 밀봉된 방사성동위원소의 이용목적별 기준에 부합하거나, 이에 부합하는 밀봉된 방사성동위원소를 내장하여야 한다.
2. 선원용기의 밀봉성은 ISO 9978:1992(E)에 규정된 시험방법별 기준에 부합하거나, 이에 부합하는 밀봉된 방사성동위원소를 내장하여야 한다.
3. 선원용기는 화재 · 폭발 및 부식 가능성에 대하여 적절히 대처할 수 있는 성능을 갖추어야 한다.
4. 선원용기는 진동이나 충격 등에 의하여 기기로부터 쉽게 탈락하지 않도록 고정되어야 한다.
5. 선원용기는 이에 내장될 수 있는 방사성동위원소의 물리적, 화학적 제한조건 및 최대 적재수량을 고려하여 설계하여야 하며, 이와 같은 내용을 용기에 명시하여야 한다.
6. 방사선기기의 사용목적 및 작동원리상 제1호의 기준을 적용할 수 없는 경우에는 방사선기기를 제작하고자 하는 자가 해당 방사선기기의 사용 · 저장 및 운반 등 예상 가능한 취급 조건을 전제기준으로 하여 충분한 검증시험을 한 결과가 유사사례와 비교하여 안전성 확보가 객관적으로 인정되는 경우에는, 이를 인정할 수 있다.

제14조(식별 체계) 식별체계에 대한 기준은 다음 각 호와 같다.

1. 방사선기기 또는 선원용기의 외부에 방사능표지를 부착하거나 색인 등의 조치를 하여 방사선을 방출하고 있거나 방출할 수 있음을 누구나 쉽게 인지할 수 있어야 한다.
2. 방사성동위원소를 내장하고 있는 방사선기기에는 방사선표지, 방사선원의 종류, 방사능량, 모델번호, 제작번호, 기기공급사 및 설계승인번호를 표시하여야 한다.
3. 방사선발생장치에는 방사선표지, 가속입자의 최대 빔에너지(엑스선발생장치인 경우에는 최대 관전압), 가속입자의 최대 빔전류(엑스선발생장치인 경우에는 최대 관전류), 모델번호, 제작번호, 기기 공급사 및 설계승인번호를 표시하여야 한다.
4. 중성자를 방출하는 방사선기기는 방출되는 중성자속을 별도로 표시하여야 한다.
5. 우라늄을 차폐 재료로 사용하고 있는 방사선기기는 이와 같은 내용을 방사선기기의 외부에 표시하여야 한다.
6. 부적절한 설치, 조립 또는 연동장치 및 차폐물 제거행위 등을 방지하기 위한 표지 또는 표시를 부착하여야 한다.
7. 각종 경고기능은 명확한 의미를 확인할 수 있어야 한다.
8. 모든 식별체계는 한글로 표기하고, 해당 방사선기기의 수명기간동안 식별이 가능하여야 하며,

자연적인 제거가 쉽지 않아야 한다.

제15조(구조기준) 외형 및 표면방사선량의 관점에서 방사선기기의 구조기준은 제16조부터 제20조까지의 규정을 적용한다. 이 경우 구조기준의 입증에 방사선작업이 수반되는 경우에는 이에 필요한 보조 장비와 적절한 기능범위 및 이용방법을 포함한 표준작업지침서를 구비하여야 한다.

제16조(완전방호형) 완전방호형에 대한 구조기준은 다음 각 호와 같다.

1. 방사선원과 피사체 또는 시료는 정상적인 사용조건에서 고유 안전성이 항상 유지되는 고정 부착된 격리 구조물로 밀폐되어, 방사선방출 중에는 신체의 일부가 격리 구조물 내에 직접 접촉할 수 없도록 하여야 한다.
2. 특수공구를 이용하지 않는 한 방사선기기의 분해가 가능하지 않아야 한다.
3. 개폐가 가능한 모든 격리 구조물이 정상적인 위치에 있지 않은 경우에는 방사선기기가 작동하지 않도록 하여야 한다.
4. 단순히 방사선기기를 고정하는 부분이외에는 방사선기기의 안전성 확보를 위한 별도의 장치가 필요하지 않아야 한다.
5. 방사선기기의 외부에 형성되는 방사선장에 의한 피폭방사선량이 최대가 되는 가동조건에서 모든 접촉부위의 표면방사선량은 시간당 1마이크로시버트(μSv)를 초과하지 않아야 한다.
6. 방사선발생장치의 경우 가속관의 최대전압이 50킬로볼트(kV) 이하이어야 한다.

제17조(캐비닛형) 캐비닛형에 대한 구조기준은 다음 각 호와 같다.

1. 방사선원과 최소한 피사체 또는 시료의 조사되는 부분은 정상적인 사용 조건에서 고유 안전성이 항상 유지되는 고정 부착된 격리 구조물 내에 위치하여야 한다.
2. 방사선방출 중에는 신체의 일부가 격리 구조물 내에 직접 접촉할 수 없거나, 만약 접촉 가능하더라도 접촉하는 곳의 피폭방사선량이 격리구조물 외부의 방사선량과 동일한 수준이거나 방사선 빔에 직접 노출되지 않도록 하여야 한다.
3. 공구를 이용한 분해 또는 개폐가 가능한 모든 격리 구조물이 정상적인 위치에 있지 않은 한 방사선기기가 작동하지 않도록 하여야 한다.
4. 단순히 방사선기기를 고정하는 부분이외에는 방사선기기의 안전성 확보를 위한 별도의 장치가 필요하지 않아야 한다.
5. 방사선기기의 외부에 형성되는 방사선장에 의한 피폭방사선량이 최대가 되는 가동 조건에서 모든 접촉 부위의 표면방사선량은 시간당 10마이크로시버트(μSv)를 초과하지 않아야 한다.

제18조(무인격리형) 무인격리형에 대한 구조기준은 다음 각 호와 같다.

1. 방사선원은 특정한 단일 목적으로 제작된 격리 구조물 내에 수납되어야 하며, 셔터의 개폐 또는 방사선원의 위치이동 등을 통하여 방사선의 방출을 제어할 수 있어야 한다.
2. 수동조작을 통하여 셔터를 개폐하거나 방사선원의 위치를 이동하는 경우에는 방사선의 방출경로에 신체가 노출되지 않도록 방지대책을 강구하여야 한다.
3. 방사성동위원소가 내장된 기기의 경우 셔터를 닫거나 방사선원을 안전위치로 이동시킨 후, 방사선기기의 표면방사선량은 시간당 2밀리시버트(mSv)를 초과하지 않아야 한다.

4. 방사선기기를 점유도가 낮은 위치에 고정설치하거나, 방사선원을 설치한 부근에서 종사자가 상시 체류하지 않아야 한다.

제19조(휴대개방형) 휴대개방형에 대한 구조기준은 다음 각 호와 같다.

1. 작업수행에 필요한 방사선이외에 불필요하게 방출되는 방사선은 필터나 콜리메타 등을 이용하여 제거하거나 차단하여야 한다.
2. 제어기와 방사선방출 부분이 분리되어 있는 경우에는 두 부분을 연결하는 케이블의 길이를 충분히 유지하여 방사선피폭을 저감시켜야 한다.
3. 방사성동위원소가 내장된 기기의 경우 셔터를 닫거나 방사선원을 안전위치로 이동한 후, 방사선기기의 표면방사선량은 시간당 2밀리시버트(mSv)를 초과하지 않아야 하며, 방사선기기의 표면으로부터 1미터 떨어진 위치에서의 방사선량은 시간당 0.02밀리시버트(mSv)를 초과하지 않아야 한다.
4. 휴대가 용이한 방사선기기에는 방사선기기 자체나 보조 운반 장치에 잠금 장치를 구비하여야 한다.

제20조(국제표준규격의 준용) 제29조에 규정된 특정용도별 방사선기기의 구분에 따라 해당 방사선기기의 안전성 확보 또는 효율성 제고를 위하여 필요하다고 인정되는 경우에는 그 사항에 관한 최신의 국제표준규격을 준용할 수 있다.

○ **방사성동위원소등의 품질보증에 관한 기준: 제8조에서 제25조까지**

▶ **제8조(품질보증 조직)**

① 방사성동위원소등의 생산자(이하 "생산자"라 한다)는 방사성동위원소등의 생산과 관련된 기능에 영향을 미치는 업무를 수행하는 자의 권한과 의무를 명확하게 정하여야 한다.

② 생산자는 품질보증업무를 수행하는 자가 안전성 확보를 위하여 필요하다고 판단하는 경우에는 비용 및 작업공정에 관계없이 그 사항을 직접 경영층에 보고하고 다음 각 호의 업무를 수행할 수 있도록 충분한 권한과 조직상의 독립성을 부여하여야 한다.

1. 품질문제의 제기
2. 품질문제에 대한 해결방안의 제시
3. 해결방안의 이행여부 확인

▶ **제9조(품질보증 계획)**

① 생산자는 방사성동위원소등의 생산 업무개시 전에 품질보증계획을 수립하고 이를 지침서·절차서 또는 지시서 등의 서류로 작성하여야 한다.

② 제1항의 품질보증계획에는 다음 각 호의 사항이 포함되어야 한다.

1. 품질보증의 대상이 되는 방사성동위원소등 생산의 품질보증활동에 참여하는 주요 조직과 그 기능
2. 품질에 영향을 미치는 업무를 수행하는 자에 대하여 업무상 필요한 교육 및 훈련에 관한

사항

3. 품질보증의 대상이 되는 방사성동위원소등 생산의 품질에 영향을 미치는 업무와 그 업무의 안전성에 관한 관리내용

③ 제2항제3호의 업무 및 관리내용에는 다음 각 호의 사항이 포함되어야 한다.

1. 업무별 적절한 장비의 사용
2. 청결상태 등 업무수행에 필요한 최적 환경
3. 업무수행에 필요한 선행요건이 있는 경우에는 그 요건의 충족기준
4. 그 밖에 업무의 적절한 수행을 위한 조건에 관한 사항

④ 생산자는 제1항의 품질보증계획을 작성함에 있어 다음 각 호의 필요성을 고려하여야 한다.

1. 특별관리
2. 특수작업공정
3. 특수시험
4. 특수장비
5. 공구
6. 숙련도
7. 검사 또는 시험에 의한 품질확인

⑤ 생산자는 품질보증계획의 현황과 적합성을 정기적으로 점검하여야 한다.

▶ **제10조(설계관리)**

① 생산자는 품질보증의 대상이 되는 방사성동위원소등에 대하여 관련 기술기준과 설계기준이 시방서 · 도면 · 절차서 및 지시서에 반영될 수 있도록 다음 각 호의 조치를 취하여야 한다.

1. 품질기준을 설계서류에 명시하고 해당 품질기준을 위배한 사항에 대한 관리를 위한 방안의 설정
2. 방사성동위원소등의 안전성과 관련한 기능에 필수적인 재료 · 부품 · 장비 및 공정의 선정과 그 적용의 타당성 검토
3. 설계공유영역의 확인 · 조정 및 설계참여 조직간 관계서류의 검토 · 승인 · 발행 · 배포 및 개정 절차의 확립

② 생산자는 특정한 설계의 적합성을 입증하기 위하여 시험에 의한 방법을 사용하는 경우에는 그 시험계획에 최악의 설계조건에서 해당 설계에 따라 제작된 시제품에 대한 인증시험이 포함되도록 하여야 한다.

③ 생산자는 설계를 변경하는 경우 제1항에 따른 조치를 하고, 최초로 설계한 자 또는 부서로부터 그 적합성을 확인받아야 한다. 다만, 최초로 설계한 자 또는 부서가 없어진 경우 등의 이유로 생산자가 다른 담당자 또는 담당부서를 지정한 경우에는 지정받은 담당자 또

는 담당부서로부터 확인을 받을 수 있다.

▶ **제11조(구매서류관리)**

생산자는 자재 · 기기 또는 용역을 구매하는 때에는 기술기준 · 설계기준 그 밖에 품질보증에 필요한 사항이 구매서류에 기재되어 있는지 여부를 확인하여야 한다. 자재 · 기기 또는 용역에 관한 도급이나 하도급을 받는 자(이하 "공급자"라 한다)가 자재 · 기기 또는 용역을 구매하는 때에도 또한 같다.

▶ **제12조(지시서 · 절차서 및 도면)**

① 생산자는 품질에 영향을 미치는 업무의 수행방법을 지시서 · 절차서 또는 도면에 기술하고 이행하여야 한다.

② 생산자는 품질에 영향을 미치는 업무가 적절히 수행되었는지 여부를 결정하기 위한 정량적 또는 정성적 판정기준을 지시서 · 절차서 또는 도면에 기술하여야 한다.

▶ **제13조(구매품목 및 용역의 관리)**

① 생산자는 구매품목 및 용역이 구매서류 등과 일치하는지 여부를 확인하는 방안을 수립하여야 하며, 그 확인방안에는 다음 각 호의 사항이 포함되도록 하여야 한다.

1. 공급자에 대한 평가 및 선정
2. 객관적인 품질증빙서류의 제출 및 검토
3. 공급자에 대한 검사
4. 공급자가 인도한 품목 및 용역의 검사

② 생산자는 자재 또는 기기를 설치하거나 사용하기 전에 이들이 규격 · 기준 및 시방서에서 요구하는 구매요건에 일치함을 입증하는 증빙서류를 확보하여 해당 시설에 이를 비치 · 관리하여야 한다.

③ 생산자는 공급자가 자재 · 기기 또는 용역의 중요도 · 복잡도 및 분량에 따라 효과적으로 품질관리업무를 수행하고 있는지를 정기적으로 평가하여야 한다.

▶ **제14조(품목의 식별 및 관리)**

① 생산자는 자재 · 부품 · 기기 및 조립품에 대한 식별 및 관리방안을 수립하여야 한다.

② 생산자는 필요한 경우 품목의 제작시부터 사용시까지 제작번호 · 부품번호 또는 그 밖에 적절한 방법으로 품목 자체 또는 그 품목을 추적할 수 있는 기록에 식별표지를 하여야 하며, 자재 · 부품 · 기기 또는 조립품 등이 부적합하거나 결함이 있을 경우에는 그 사용을 금지하도록 하여야 한다.

▶ **제15조(특수작업의 관리)**

생산자는 용접 · 열처리 및 비파괴검사 등 특수작업은 해당 규격 · 기준 · 시방서 및 그 밖에 특수요건에 부합하는 절차서에 따라 자격이 있는 자에 의하여 수행되도록 관리하여야 한다.

▶ **제16조(검사)**

① 생산자는 품질에 영향을 미치는 업무가 지시서 · 절차서 및 도면에 따라 수행되었는지를 확인하기 위한 검사계획을 수립 · 시행하여야 한다.

② 생산자는 검사대상 업무를 직접 수행하지 않는 자에 의하여 검사가 수행될 수 있도록 하여야 하며, 검사요원은 자재 · 기기 등의 품질을 보증하기 위하여 필요한 경우에는 작업공정마다 시험 · 측정 또는 점검 등의 방법으로 직접검사를 실시하되, 직접검사가 불가능하거나 품질에 위해한 영향을 미치는 경우에는 작업방법 · 장비 및 작업자를 감시하는 간접적인 관리를 하여야 한다.

③ 생산자는 다음 작업을 진행하기 전에 필수적으로 검사를 받아야 하는 사항이 있는 경우 그 사항을 명시하도록 하여야 한다.

▶ **제17조(서류관리)**

① 생산자는 품질에 영향을 미치는 업무를 규정하는 지시서 · 절차서 · 도면 등의 서류의 작성 · 변경을 관리하기 위하여 다음 각 호의 조치를 취하여야 한다.

1. 권한을 부여받은 자 또는 부서에 의한 서류의 적합성 검토 및 작성 승인
2. 서류가 해당 업무가 수행되는 장소에 배포되어 사용되고 있는지 여부의 확인

② 생산자는 제1항의 서류를 변경한 경우 서류의 변경사항을 최초로 검토 · 승인한 자 또는 부서가 이를 검토 · 승인하도록 하여야 한다. 다만, 조직의 변경 등의 이유로 생산자가 변경사항의 검토 · 승인을 위하여 별도의 담당자 또는 담당부서를 지정한 경우에는 지정받은 담당자 또는 담당부서로부터 검토 · 승인을 받을 수 있다.

▶ **제18조(시험관리)**

① 생산자는 방사성동위원소등의 성능을 보증하는데 필요한 모든 시험이 시험절차서에 따라 시행되고 있는지 여부를 확인하는 시험계획을 수립하여야 한다.

② 생산자는 시험절차서에 해당 시험에 대한 다음 각 호의 사항을 규정하여야 한다.

1. 시험의 선결조건
2. 시험에 적합한 기기 및 장비의 준비
3. 시험에 적합한 환경조건

③ 생산자는 시험결과와 시험요건의 만족 여부에 대한 확인 및 평가결과를 서류로 작성하여야 한다.

▶ **제19조(측정 및 시험장비의 관리)**

생산자는 품질에 영향을 미치는 업무에 사용되는 공구 · 계기 · 계측기 그 밖에 측정 및 시험장비가 정확도를 유지할 수 있도록 이를 정기적으로 교정 · 관리하여야 한다.

▶ **제20조(취급 · 저장 및 운송)**

① 생산자는 자재 및 장비를 취급 · 저장 · 세척 및 출하하는 경우 작업지시서와 검사지시서

에 따라 품목의 손상 또는 변질을 방지하여야 한다.

② 생산자는 특수품목의 취급시 불활성가스환경 · 특정습도 및 온도조건 등 특별한 보호환경이 필요한 경우에는 이를 명시하고, 적절한 조치를 취하여야 한다.

▶ 제21조(검사 · 시험 및 성능의 상태)

생산자는 방사성동위원소등의 각 품목의 검사결과, 성능에 대한 다음 각 호의 사항을 각인 · 꼬리표 · 작업카드 그 밖에 적절한 방법을 사용하여 표시하여야 한다.

1. 검사 및 시험 합격여부
2. 방사성동위원소등의 성능

▶ 제22조(부적합한 품목의 관리)

① 생산자는 기술기준에 부적합한 자재 · 부품 및 기기(이하 "부적합품목"이라 한다)의 사용이나 설치를 방지하기 위한 관리방안을 수립하고, 다음 각 호의 사항을 포함하는 절차서를 작성하여야 한다.

1. 부적합품목의 식별방안
2. 문서화
3. 격리
4. 처리
5. 관련 조직에 대한 통보

② 부적합품목은 절차서에 따라 검토한 후 현상태사용 · 폐기 · 수리 또는 재작업으로 분류하고, 이에 따라 처리하여야 한다.

▶ 제23조(시정조치)

① 생산자는 고장 · 오작동 · 결함 · 이탈 그 밖에 부적합 사항 등 품질을 저해하는 상태를 즉시 식별하고 시정할 수 있도록 조치하여야 한다.

② 생산자는 제1항의 품질을 저해하는 상태가 중대한 것인 경우 그 원인을 규명하고 재발방지를 위한 시정조치를 취하여야 하며, 이의 확인 및 시정조치결과를 문서화하여 보존하고 관련책임자에게 보고하여야 한다.

▶ 제24조(품질보증기록)

① 생산자는 품질에 영향을 주는 업무에 대하여 다음 각 호의 기록을 보존하여야 한다.

1. 작업 및 생산
2. 운영 및 평가결과
3. 검사 및 시험
4. 감사결과
5. 작업감시결과
6. 재료분석결과

7. 작업자 · 절차서 및 장비의 적격 증빙자료

② 제1항제3호의 검사 · 시험에 대한 기록에는 다음 각 호의 사항이 기재되어야 한다.

1. 검사자 또는 자료기록자
2. 검사 또는 시험의 방법
3. 검사 또는 시험의 결과
4. 합격여부
5. 지적된 결함사항에 대하여 취한 조치

③ 생산자는 제1항에 따른 품질보증기록의 식별과 검색이 가능하도록 하여야 한다.

④ 생산자는 해당 기술기준에 따라 다음 각 호의 사항에 대한 기록보존요건을 수립하여야 한다.

1. 보존기간
2. 보존장소
3. 책임의 소재

▶ **제25조(감사)**

① 생산자는 정기적으로 감사를 실시하여 품질보증계획에 따라 업무가 수행되었는지 여부를 확인하고 품질보증계획의 유효성을 평가하여야 한다.

② 제1항의 감사는 감사의 대상이 되는 업무에 직접 책임을 지지 않는 자 중에서 감사업무 훈련을 받은 자를 정하여 서류화된 절차서나 점검표에 따라 수행되어야 한다.

③ 생산자는 감사결과가 문서로 작성되도록 하여야 하며, 감사의 대상이 되는 업무에 책임이 있는 관리자가 이를 검토하도록 하여야 한다.

④ 생산자는 감사에서 지적된 사항에 대하여 필요한 시정조치를 취하여야 하며, 필요에 따라 확인감사 등 사후조치를 취하여야 한다.

주4) 대통령령 : 시행령 제83조(허가기준)

② 법 제55조제1항제4호에서 "대통령령으로 정하는 장비 및 인력"이란 **별표 2에 따른 장비** 및 **별표 3에 따른 인력**을 말한다.

⇒ **별표 2 방사성동위원소등 생산 등의 허가 시 장비기준(제83조제2항 관련)**(교재 p.116)

⇒ **별표 3 방사성동위원소등 생산 등의 허가 시 인력기준(제83조제2항 관련)**(교재 p.117)

주5) 총리령 : 시행규칙 제72조(대행업무의 기술능력)

법 제55조제2항제1호에서 "총리령으로 정하는 대행업무 수행에 필요한 기술능력을 확보하고 있을 것"이란 다음 각 호의 요건을 모두 갖춘 것을 말한다.

1. 방사선안전관리 체계를 수립하여 운영하고 있을 것

2. 법 제54조에 따라 등록한 대행업무의 유형별 절차를 수립하고 있을 것

주6) 대통령령 : 시행령 제84조(등록기준)

법 제55조제2항제2호에서 "대통령령으로 정하는 장비 및 인력"이란 다음 각 호의 장비 및 인력을 말한다.

1. 장비: 등록업무를 전담하기 위한 다음 각 목의 장비
   가. 방사선측정기 5대 이상
   나. 방사능측정기 2대 이상
   다. 전담인력마다 방사선경보기 또는 직독식 개인선량계 **1**대 이상
   라. 방사성물질등을 운반할 수 있는 전용차량 **1**대 이상(법 제54조제1항제2호의 업무를 대행하려는 경우에 한정한다)
2. 인력: 등록업무를 전담하기 위한 **별표 4**에 따른 인력
   ⇒ **영 [별표 4] 업무대행자의 등록 시 인력기준(제84조제2호 관련)**(교재 p.103)

주7) 총리령 : 시행규칙 제73조(대행업무의 범위 등)

법 제55조제2항제3호에서 "대행업무의 범위 및 업무대행규정이 총리령으로 정하는 기준에 적합할 것"이란 다음 각 호의 기준을 모두 갖춘 것을 말한다.

1. 방사선안전관리에 관한 업무의 대행은 **위원회가 정하여 고시**하는 권역별로 위치한 사무소에서 할 것
   ⇒ **고시: 제2016-17호 방사선안전관리 업무대행 권역구분 및 업무대행규정 작성지침**
   제2조(권역구분) 업무대행자가 「원자력안전법 시행규칙」 제73조제1호에 따라 「원자력안전법」 제54조제1항제5호의 업무를 대행할 수 있는 권역은 다음 각 호와 같다.
   1. 수도권(서울특별시, 인천광역시, 경기도, 강원도)
   2. 충청권(대전광역시, 세종특별자치시, 충청남도, 충청북도)
   3. 영남권(부산광역시, 대구광역시, 울산광역시, 경상남도, 경상북도)
   4. 호남권(광주광역시, 전라남도, 전라북도, 제주특별자치도)
2. 업무대행규정이 제69조제3항에 따라 **위원회가 정하여 고시**하는 지침에 적합하게 작성되었을 것
   ⇒ **고시: 제2016-17호 방사선안전관리 업무대행 권역구분 및 업무대행규정 작성지침**
   제3조(일반지침) 등록신청자가 업무대행규정을 작성하는데 필요한 일반지침은 다음 각 호와 같다.
   1. 업무대행규정은 「원자력안전법」 제54조제1항에 해당하는 업무 중 등록신청자가 대행하고자 하는 업무에 한하여 작성한다.
   2. 등록신청자는 대행하고자 하는 업무의 내용을 충분히 파악하고 이해한 후에 업무대행규정을 작성하여야 한다.

3. 등록신청자는 업무대행규정을 작성함에 있어 업무의 대행을 충분히 수행할 수 있음을 입증할 수 있도록 작성하여야 한다.
4. 등록신청자는 업무대행규정 작성을 위하여 인용된 자료는 그 출처를 명시하여야 한다.

제4조(세부지침) 등록신청자가 업무대행규정을 작성하는데 필요한 세부지침은 다음 각 호와 같다.

1. "방사선안전관리 체계"에는 다음 각 호 사항을 기술한다.
 가. 조직도 : 업무대행자의 대표자를 정점으로 하여 대행업무와 관련된 안전관리업무를 수행하는 전체 소속직원의 조직도 및 인력배치도(사무소를 별도로 두고 있는 경우에는 주사무소와 권역별 지역사무소의 조직을 모두 포함한다)
 나. 직무 : 대표이사, 부서장 및 대행업무를 수행할 전담인력을 포함한 방사선작업종사자의 직무에 관한 사항
 다. 업무의 대행절차(계약체결, 결과보고 등)
 라. 업무의 대행을 위한 계약서, 보고서, 결과서 등 필요한 제반 서식에 관한 사항
2. "대행업무의 수행절차"에는 수행하고자 하는 해당 대행업무에 한하여 다음과 같이 각각 기술한다.
 가. 방사성오염의 제거
  1) 방사성오염제거 작업계획 수립에 관한 사항
  2) 방사성오염의 측정방법 및 절차
  3) 방사성오염의 제거방법 및 절차
  4) 방사성오염제거 작업자에 대한 방호조치와 투입된 장비 등의 제염에 관한 사항
  5) 방사성오염의 제거에 따른 방사성폐기물의 관리
 나. 방사성동위원소등 및 방사성폐기물의 수거 · 처리 및 운반
  1) 방사성동위원소등 및 방사성폐기물의 수거 · 처리
   가) 수거 · 처리 작업계획 수립에 관한 사항
   나) 수거 · 처리 방법 및 절차에 관한 사항
   다) 수거 · 처리를 위한 용기 등 장비에 관한 사항
  2) 방사성동위원소등 및 방사성폐기물의 운반
   가) 운반계획 수립에 관한 사항
   나) 운반방법 및 절차에 관한 사항
   다) 운반용기 및 차량에 관한 사항
   라) 운반 중 사고발생 시 비상조치 계획에 대한 사항
 다. 방사선안전보고서 · 안전관리규정의 작성
  1) 방사선안전보고서 작성 기준에 대한 사항
  2) 안전관리규정 작성 기준에 대한 사항
 라. 사용시설 등의 설치에 대한 감리
  1) 감리 계획의 수립에 관한 사항
  2) 감리 방법 및 절차에 관한 사항

마. 방사선안전관리

1) 방사선안전관리 범위에 관한 사항

2) 방사선안전관리 방법 및 절차에 관한 사항

바. 방사선원 누설점검

1) 누설점검 대상, 시기 및 방법

2) 누설점검에 필요한 장비 등의 확보에 관한 사항

3) 누설점검결과에 대한 판정기준 및 조치 등에 관한 사항

사. 사용시설 등의 설계

1) 설계의 범위에 관한 사항

2) 설계계획 수립에 관한 사항

3) 설계의 방법 및 절차에 관한 사항

아. 자체점검보고서의 작성

1) 자체점검 계획 수립에 관한 사항

2) 자체점검 항목, 방법 및 절차에 관한 사항

3. "안전관리 절차"에는 대행업무를 수행하는데 따른 자체 방사선안전관리와 관련하여 다음 각 호의 사항을 기술한다.

가. 방사선작업종사자 및 수시출입자의 피폭관리에 관한 사항

나. 방사선작업종사자 및 수시출입자에 대한 교육훈련에 관한 사항

다. 방사선작업종사자 및 수시출입자의 건강진단에 관한 사항

라. 안전관리장비의 관리에 관한 사항

마. 각종 기록의 작성 및 비치

4. "방사선비상대응절차"에는 대행업무를 수행하는데 따른 방사선비상 대응과 관련하여 다음 각 호의 사항을 기술한다.

가. 대행업무 수행과 관련하여 예측 가능한 사고의 종류

나. 각 사고시의 대응절차

다. 대응조치에 필요한 조직, 인력, 차량, 장비의 확보에 관한 사항

5. 검사 – 허가사용자 및 업무대행자

제56조(검사) ① 허가사용자 및 업무대행자는 방사성동위원소등의 생산 · 판매 · 사용 · 이동사용 또는 대행업무를 **대통령령**[1]으로 정하는 바에 따라 위원회의 검사를 받아야 한다. 다만, **대통령령**[2]으로 정하는 바에 따라 검사가 면제되는 경우에는 그러하지 아니하다.

② 위원회는 제1항에 따른 검사결과 다음 각 호의 어느 하나에 해당하면 허가사용자 또는 업무대행자에게 그 시정 또는 보완을 명할 수 있다.

1. 제55조제1항에 따른 허가기준 또는 제55조제2항에 따른 등록기준에 미달될 때
2. 제53조제3항에 따른 안전관리규정 또는 제54조제3항에 따른 업무대행규정을 위반하였을 때

주1) 대통령령 : 시행령 제85조(시설검사), 제88조(정기검사), 제91조(생산검사)

▶ **제85조(시설검사)** ① 법 제56조제1항 본문에 따라 허가사용자는 방사성동위원소등의 생산시설 · 사용시설 · 분배시설 · 저장시설 · 보관시설 · 처리시설 및 배출시설(이하 "사용시설등"이라 한다)을 설치 또는 변경한 경우에는 해당 시설에 대하여 위원회의 검사를 받아야 한다.

② 허가사용자가 다음 각 호의 어느 하나에 해당하는 사용시설등에 대하여 **총리령**[a]으로 정하는 바에 따라 자체점검을 하고, 그 자체점검결과에 대하여 위원회의 서면심사를 받아 합격한 경우에는 해당 자체점검으로 제1항에 따른 시설검사를 갈음한다. 다만, 해당 사용시설등을 최초로 검사하는 경우에는 그러하지 아니하다.

1. 법 제60조제1항 본문에 따라 승인을 받은 방사선기기(별도의 방사선차폐체를 설치하지 아니하고 취급할 수 있는 것만 해당한다)를 설치한 사용시설등
2. 법 제60조제1항 본문에 따라 승인을 받은 방사선발생장치로서 **총리령**[b]으로 정하는 장치를 설치한 사용시설등
3. 370기가베크렐 미만의 밀봉된 방사성동위원소의 사용시설등

⇒ **총리령[a]: 시행규칙 제75조(시설검사의 자체점검 · 감리에 대한 서면심사 등)** ① 영 제85조제2항에 따른 허가사용자의 자체점검 또는 영 제85조제3항에 따른 업무대행자의 감리는 다음 각 호의 사항에 대하여 실시한다.

1. 방사선기기의 제작회사 · 모델번호 및 일련번호
2. 방사선발생장치의 최대 사용용량
3. 내장되어 있는 방사성동위원소의 핵종 · 방사능량 · 제작회사 · 모델번호 · 일련번호 및 인증서
4. 방사선기기를 포함한 사용시설등의 설치위치 및 상태
5. 방사선기기 설치 후 방사선기기 외부표면 및 사용시설등의 주요 지점에서의 방사선량률

6. 사용시설등의 재질 및 치수
7. 사용시설등의 주변환경
8. 사용시설등의 안전장치설치 및 안전관리장비 보유현황
9. 방사능표지 · 주의사항의 게시위치 및 내용

② 영 제85조제2항 또는 같은 조 제3항에 따라 서면심사를 신청하려는 자는 별지 제69호서식의 신청서에 자체점검결과 또는 감리결과를 첨부하여 위원회에 제출하여야 한다.

⇒ **총리령[b]: 시행규칙 제74조(시설검사의 서면심사 대상)** 영 제85조제2항제2호에서 "총리령으로 정하는 장치"란 최대용량 250킬로볼트 이하의 방사선발생장치를 말한다.

③ 업무대행자가 제2항 각 호의 어느 하나에 해당하는 사용시설등에 대하여 총리령으로 정하는 바에 따라 감리(監理)를 실시하고, 그 감리 결과에 대하여 위원회의 서면심사를 받아 합격한 경우에는 그 감리로 제1항에 따른 시설검사를 갈음한다. 다만, 해당 사용시설등을 최초로 검사하는 경우에는 그러하지 아니하다.

⇒ **총리령 : 시행규칙 제75조(시설검사의 자체점검 · 감리에 대한 서면심사 등)**(교재 p.131-132)

④ 제1항에 따른 검사, 제2항에 따른 자체점검 또는 제3항에 따른 감리 결과에 대한 서면심사 결과 그 사용시설등의 설치 또는 변경이 법 제53조제1항에 따른 허가 내용(법 제99조에 따른 조건을 포함한다)과 일치하는 경우에는 합격으로 한다.

⑤ 위원회는 제2항 또는 제3항에 따라 제출된 자체점검 결과 또는 감리 결과에 대한 서면심사 결과 불합격한 사용시설등에 대해서는 제1항에 따른 검사를 하여야 한다.

▶ **제88조(정기검사)** ① 허가사용자는 법 제56조제1항에 따라 사용시설등의 시설 및 그 운영에 관하여 총리령으로 정하는 바에 따라 정기적으로 위원회의 검사를 받아야 한다.

⇒ **총리령 : 시행규칙 제77조(정기검사의 시기)** 영 제88조에 따른 정기검사의 시기는 **별표** 1과 같다.

[별표 1] 방사성동위원소등 사용자에 대한 정기검사의 시기(제77조 관련)

구분	검사시기
1. 방사성동위원소등을 인체에 사용하는 공장 또는 사업소	
가. 인체의 치료 및 체내외 검진을 목적으로 사용하는 경우	매 1년
나. 가목 외의 경우	
1) 연간 사용량이 3.7기가베크렐(100밀리퀴리) 이상	매 3년
2) 연간 사용량이 3.7기가베크렐(100밀리퀴리) 미만	매 5년

구분	검사시기
2. 방사성동위원소등을 인체에 사용하지 않는 공장 또는 사업소	
가. 밀봉된 방사성동위원소	
1) 연간 사용량이 111테라베크렐(3,000퀴리) 이상	매 3년
2) 연간 사용량이 111테라베크렐(3,000퀴리) 미만	매 5년
나. 밀봉되지 않은 방사성동위원소	
1) 연간 사용량이 3.7기가베크렐(100밀리퀴리) 이상	매 3년
2) 연간 사용량이 3.7기가베크렐(100밀리퀴리) 미만	매 5년
다. 방사선발생장치	
1) 1기가전자볼트 이상	매 1년
2) 1기가전자볼트 미만, 1메가전자볼트 이상	매 3년
3) 최대사용전압 350킬로볼트 이상으로서 용량이 350킬로볼트, 5밀리암페어 1대 이상	매 3년
4) 최대사용전압 350킬로볼트 미만으로서 용량이 250킬로볼트, 5밀리암페어 2대 이상	매 3년
5) 3) 또는 4)에서 정한 각각의 전압 · 용량 및 수량에 해당되지 않는 경우	매 5년
3. 방사성동위원소등의 이동사용을 전문으로 하는 사업소	매 1년
4. 판매허가를 받은 자	
가. 밀봉된 방사성동위원소	
1) 연간 판매량이 370테라베크렐(10,000퀴리) 이상	매 1년
2) 연간 판매량이 370테라베크렐(10,000퀴리) 미만	매 3년
나. 밀봉되지 아니한 방사성동위원소	
1) 연간 판매량이 37테라베크렐(1,000퀴리) 이상	매 1년
2) 연간 판매량이 37테라베크렐(1,000퀴리) 미만	매 3년
다. 방사선발생장치	매 3년
5. 방사성동위원소등의 생산허가를 받은 자	매 1년
6. 업무대행자	매 1년

② 업무대행자는 법 제56조제1항 본문에 따라 대행업무의 운영 및 내용에 관하여 **총리령**으로 정하는 바에 따라 정기적으로 위원회의 검사를 받아야 한다.

⇒ 총리령 : 시행규칙 제77조(정기검사의 시기)(교재 p.132-133)

③ 다음 각 호의 요건을 모두 갖춘 허가사용자가 사용시설등의 시설 및 그 운영에 관하여 총리령으로 정하는 바에 따라 자체점검을 하고, 그 자체점검 결과에 대하여 위원회의 서면심사를 받아 합격한 경우에는 해당 자체점검으로 제1항에 따른 정기검사를 갈음한다. 다만, 최초의 정기검사에 대해서는 그러하지 아니하다.

1. **총리령**으로 정하는 정기검사주기가 3년 또는 5년인 사용시설등을 설치 · 운영하는 자일 것

   ⇒ 총리령 : 시행규칙 제77조(정기검사의 시기)(교재 p.132-133)
2. 직전 정기검사에서 시정 또는 보완 명령을 받지 아니하였을 것
3. 정기검사 해당 연도의 1월 1일부터 기산하여 최근 3년간 법 제98조제1항에 따른 보고(해당 사용시설등의 시설 및 그 운영에 관한 보고에 한정한다)가 누락되지 아니하였을 것
4. 정기검사 해당 연도의 1월 1일부터 기산하여 최근 3년간 판독특이자가 발생하지 아니하였을 것
5. 정기검사 해당 연도의 1월 1일부터 기산하여 최근 5년간 법 제97조에 따른 방사선발생장

치 또는 방사성물질등에 관한 도난 · 분실 · 화재, 그 밖의 사고가 발생하지 아니하였을 것

④ 제1항과 제2항에 따른 검사 결과 또는 제3항에 따른 자체점검 결과에 대한 서면심사 결과 법 제55조 및 제59조제1항에 따른 기준에 맞게 유지된 경우에는 합격으로 한다.

⑤ 위원회는 제3항에 따라 제출된 자체점검 결과에 대한 서면심사 결과 불합격한 사용시설등의 시설 및 그 운영에 대해서는 제1항에 따른 검사를 하여야 한다.

▶ **제91조(생산검사)** ① 방사성동위원소의 생산허가를 받은 자는 법 제56조제1항에 따라 다음 각 호의 방사성동위원소 생산에 대하여 핵종별 및 수량별로 **위원회가 정하는 바**에 따라 검사를 받아야 한다.

1. 밀봉된 방사성동위원소
2. 밀봉되지 아니한 방사성동위원소
3. 특수형방사성물질

② 제1항에 따른 검사 결과 방사성동위원소의 성능 및 품질보증계획서의 내용이 법 제55조제1항제3호에 따른 허가기준에 맞는 경우에는 합격으로 한다.

⇒ **고시: 제2014-47호 방사성동위원소등의 생산에 관한 기준**

제31조(검사시기) ① 생산검사는 생산허가를 받고 방사성동위원소를 최초로 생산하였을 때에 받아야 한다.

② 제1항에 의한 생산검사는 영 제88조에 따른 정기검사와 병행하여 실시할 수 있다.

제32조(검사방법) ① 생산검사는 생산자가 제24조에서 규정하는 성능시험계획서에 따라 실시하는 시험에 입회 또는 직접 검사하는 방법으로 한다. 이 경우 서류검사 및 현장검사를 포함한다.

② 생산검사는 방사성동위원소 또는 모형 시험물을 이용하여 실시할 수 있다.

주2) 대통령령 : 시행령 제86조(시설검사의 면제), 재89조(정기검사의 면제)

▶ **제86조(시설검사의 면제)** 법 제56조제1항 단서에 따라 시설검사가 면제되는 경우는 다음 각 호와 같다.

1. 밀봉된 방사성동위원소 외의 방사성동위원소(이하 "밀봉되지 아니한 방사성동위원소"라 한다)의 저장시설을 변경하는 경우
2. 방사성폐기물(폐기선원은 제외한다)의 저장시설을 변경하는 경우
3. 일시적인 사용장소에 사용시설등을 설치하는 경우
4. 법 제53조제2항에 따라 신고대상인 방사성동위원소등을 사용하기 위하여 사용시설등을 추가로 설치하거나 변경하는 경우
5. 제94조제1항에 따른 제작검사에 합격한 방사선기기를 기존 시설의 변경 없이 설치하는 경우
6. 방사광가속기에 방사광빔라인을 추가로 설치하거나 구조를 변경하는 경우로서 위원회가 시설검사가 필요 없다고 인정하는 경우
7. 방사선발생장치의 보관시설을 설치하거나 변경하는 경우

▶ **제89조(정기검사의 면제)** ① 법 제56조제1항 단서에 따라 제88조 및 법 제98조제2항에 따른 검사 결과나 허가사용자 및 업무대행자의 자체 안전관리 수준이 우수하다고 위원회가 인정하는 허가사용자 및 업무대행자에 대해서는 정기검사를 면제한다.

② 제1항에 따른 검사면제의 기준 등 검사면제에 필요한 사항은 위원회가 정하여 고시한다.

⇒ **고시: 제2014-44호 방사성동위원소등의 허가사용자 및 업무대행자에 대한 정기검사 면제에 관한 규정**

제2조(적용범위) 이 규정은 정기검사주기가 매 1년인 방사성동위원소등의 허가사용자 및 업무대행자(이하 "허가사용자 및 업무대행자"라 한다) 중에서 전년도에 정기검사 또는 수시검사를 받은 자에 대하여 적용한다.

제3조(정기검사 면제대상자의 선정) 한국원자력안전기술원장(이하 "기술원장"이라 한다)은 매년 2월말까지 제4조에 따른 면제기준에 해당하는 허가사용자 및 업무대행자를 해당 년도 정기검사계획에 반영하여 원자력안전위원회의 승인을 받아야 한다.

제4조(정기검사 면제기준) 안전관리실적평가표 **별표 1** 및 **별표 2**에 따른 평점이 70점 이상인 허가사용자 및 업무대행자에 대하여는 해당연도 정기검사를 면제할 수 있다.

[별표 1] 허가사용자의 안전관리실적 평가표(제4조 관련)

항목		해당기간	평점	비고
1	정기검사 또는 수시검사 지적사항	전년도	-30	(주1)
2	정기검사 또는 수시검사 권고사항	전년도	-10	(주2)
3	정기검사 또는 수시검사 준비 및 수검자세가 우수함	전년도	+5	
4	방사성동위원소등의 분실 또는 도난 사고 발생	최근 1년간	-50	
		1~2년 경과시	-40	
		2~3년 경과시	-30	
		3~4년 경과시	-20	
		4~5년 경과시	-10	
5	선량한도 초과피폭자 발생	최근 1년간	-30	
		1~2년 경과시	-20	
		2~3년 경과시	-10	
6	피폭선량 측정결과 판독특이자 발생	최근 1년간	-10	
		1~2년 경과시	-5	
7	변경허가를 받은 실적이 있음	전년도	-5	
8	방사선안전관리자의 변경 실적이 있음	전년도	-5	
9	각종 보고 또는 신고기한 초과	전년도	-5	

※ 기본점수 100점에서 각 항목의 점수를 가감하여 70점 이상인 경우 정기검사 면제 가능
(주1) 발급건당 10점 감점, 최대 30점 감점
(주2) 발급건당 5점 감점, 최대 10점 감점

[별표 2] 업무대행자의 안전관리실적 평가표(제4조 관련)

항목		해당기간	평점	비고
1	정기검사 또는 수시검사 지적사항	전년도	-30	(주1)
2	정기검사 또는 수시검사 권고사항	전년도	-10	(주2)
3	정기검사 또는 수시검사 준비 및 수검자세가 우수함	전년도	+5	
4	대행업무분야 관련 사고 발생	최근 1년간	-50	
		1~2년 경과시	-40	
		2~3년 경과시	-30	
		3~4년 경과시	-20	
		4~5년 경과시	-10	
5	선량한도 초과피폭자 발생	최근 1년간	-30	
		1~2년 경과시	-20	
		2~3년 경과시	-10	
6	피폭선량 측정결과 판독특이자 발생	최근 1년간	-10	
		1~2년 경과시	-5	
7	변경등록 실적이 있음	전년도	-5	
8	전담인력의 변경 실적이 있음	전년도	-5	
9	각종 보고 또는 신고기한 초과	전년도	-5	
10	업무대행자가 제공한 대행업무로 인한 원자력관계사업자의 보완 및 지적발생	전년도	-20	(주3)

※ 기본점수 100점에서 각 항목의 점수를 가감하여 70점 이상인 경우 정기검사 면제 가능
(주1) 발급건당 10점 감점, 최대 30점 감점
(주2) 발급건당 5점 감점, 최대 10점 감점
(주3) 발생건당 2점 감점, 최대 20점 감점

제5조(정기검사 면제의 통보) 기술원장은 정기검사가 면제되는 허가사용자 및 업무대행자에 대하여 해당연도 정기검사계획에 따라 이를 통보하여야 한다.

제6조(정기검사 면제에 대한 조치) 정기검사가 면제된 허가사용자 및 업무대행자에 대하여는 해당연도 정기검사가 합격된 것으로 한다.

제7조(정기검사 면제 예외규정) 원자력안전위원회는 정기검사가 면제된 허가사용자 및 업무대행자에 대하여 방사선안전관리상 문제가 있을 것으로 예상되는 경우에는 수시검사를 통하여 방사선안전관리상태를 점검할 수 있다.

6. 생산·판매·사용 또는 이동사용 허가 등의 취소 등

제57조(생산 · 판매 · 사용 또는 이동사용 허가 등의 취소 등) ① 위원회는 허가사용자 · 신고사용자 또는 업무대행자가 다음 각 호의 어느 하나에 해당하면 그 허가 · 등록의 취소 또는 1년 이내의 기간을 정하여 그 업무를 정지하거나 사용금지(신고사용자만 해당한다)를 명할 수 있다. 다만, 제1호 또는 제4호에 해당하는 때에는 그 허가 또는 등록을 취소하여야 한다.

1. 거짓이나 그 밖의 부정한 방법으로 허가를 받았거나 신고 또는 등록한 때
2. 정당한 사유 없이 **대통령령**[1]으로 정하는 기간 안에 그 허가받은 사용 또는 사업을 개시하지 아니하거나 1년 이상 계속하여 중단한 때
3. 제53조제1항 후단, 제2항 후단 또는 제54조제2항에 따라 변경허가 또는 변경신고를 하지 아니하고 허가받은 사항이나 신고 또는 등록한 사항을 변경한 때
4. 제53조제4항 및 제54조제4항에서 준용하는 제14조제1호 · 제2호 및 제4호 중 어느 하나에 해당하게 된 때. 다만, 법인의 대표자가 그 사유에 해당하게 된 경우 3개월 이내에 그 대표자를 바꾸어 선임한 때에는 그러하지 아니하다.
5. 제55조의 허가 또는 등록 기준에 미달하게 된 때
6. 제56조제2항, 제59조제2항, 제92조제2항 또는 제98조제1항 및 제3항에 따른 명령을 위반한 때
7. 제59조제3항 · 제70조 · 제94조 · 제96조 또는 제106조제1항을 위반한 때
8. 제99조의 허가조건을 위반한 때

② 위원회는 제1항에 따라 업무의 정지 또는 사용금지를 명하여야 할 경우에 그 업무의 정지 또는 사용금지를 갈음하여 5억원 이하의 과징금을 부과할 수 있다.

③ 제1항에 따른 업무의 정지 또는 사용금지 처분기준과 제2항에 따른 과징금의 부과기준은 **대통령령**[2]으로 정한다.

④ 위원회는 제2항에 따른 과징금을 내야 할 자가 납부기한까지 과징금을 내지 아니하면 국세 체납처분의 예에 따라 이를 징수하거나 제2항에 따른 과징금 부과처분을 취소하고 제1항에 따른 업무정지처분 또는 사용금지처분을 하여야 한다.

주1) 대통령령 : 시행령 제92조(사업개시기간)

법 제57조제1항제2호에서 "대통령령으로 정하는 기간"이란 그 허가를 받은 날부터 1년을 말한다.

주2) 대통령령 : 시행령 제175조(업무의 정지 또는 사용금지 처분기준과 과징금 부과기준)

법 제17조제2항(법 제24조제2항, 법 제32조제2항, 법 제38조제2항 및 법 제66조제2항에서 준용하는 경우를 포함한다), 법 제48조제2항(법 제52조제7항에서 준용하는 경우를 포함한다) 및 법 제57조제2항(법 제81조제2항에서 준용하는 경우를 포함한다)에 따른 업무의 정지 또는 사용금지 처분기준과 과징금 부과기준은 별표 11과 같다.

7. 기록과 비치

> **제58조(기록과 비치)** 허가사용자 · 신고사용자 및 업무대행자는 총리령[1]으로 정하는 바에 따라 방사성동위원소등의 생산 · 사용 · 이동사용 · 분배 · 저장 · 운반 · 보관 · 처리 · 배출 · 판매 또는 업무대행 등에 관한 사항을 기록하여 이를 공장 또는 사업소마다 비치하여야 한다.

주1) 총리령 : 시행규칙 제145조(기록과 비치)

법 제18조 · 제25조 · 제39조 · 제49조 · 제52조제4항 · **제58조** · 제67조 · 제82조, 영 제131조 제3항 및 제132조제2항에 따라 기록 · 비치하여야 할 사항은 **별표 7**과 같다. 다만, 기록하여야 할 사항 중 측정이 필요한 경우로서 직접 측정하기가 곤란한 때에는 해당 사항을 간접적으로 추정하여 그 내용을 기록하되, 추정치임을 부기하여야 한다.

⇒ **별표 7 기록 · 비치하여야 할 사항(145조 관련)**

8. 방사성동위원소등의 생산 및 사용자(신고사용자는 제외한다)

기록사항	기록시기	보존기간
가. 방사성동위원소등의 생산 또는 사용기록(생산 또는 사용일시 · 장소 · 방법 · 목적 · 종사자성명 · 종류 및 수량)	생산 또는 사용한 때마다	5년
나. 방사성동위원소 또는 방사성동위원소에 따른 오염물의 보관 · 처리 · 저장 및 배출기록(일시 · 장소 · 방법 · 종사자 · 성명 · 종류 및 수량)	보관 · 처리 · 저장 및 배출한 때마다	5년
다. 방사선안전관리의 기록		
1) 방사성동위원소등의 생산, 사용, 분배, 저장 및 폐기시설의 방사선량률	측정한 때마다	5년
2) 밀봉방사성동위원소 또는 방사선발생장치로서 방사선차폐시설이 일정한 장소의 방사선량률	측정한 때마다	10년
3) 배기구 및 배수구에서의 방사성물질의 농도	배기 및 배수한 때마다	10년
4) 방사선관리구역에서의 방사성물질로 오염된 물체의 표면오염도	작업한 때마다	10년
5) 매년 1월 1일을 기준으로 한 각 3개월간의 방사선작업종사자의 피폭방사선량	매분기 1회	사용을 폐지할 때까지
6) 매년 1월 1일을 기준으로 한 각 3개월간의 수시출입자의 피폭방사선량	매분기 1회	5년
7) 방사선작업종사자가 해당 업무에 종사하기 이전의 건강진단기록 및 방사선피폭경력	해당 업무에 종사하기 시작한 때	사용을 폐지할 때까지
8) 수시출입자가 해당 업무에 종사하기 이전의 건강진단기록	해당 업무에 종사하기 시작한 때	5년
9) 방사선작업종사자가 해당 업무에 종사하는 기간 중의 건강진단기록	건강진단을 한 때마다	사용을 폐지할 때까지
10) 수시출입자가 해당 업무에 종사하는 기간 중의 건강진단기록	건강진단을 한 때마다	5년
11) 자체처분한 방사성폐기물의 발생원, 종류, 수량, 방사선량률, 처분방법 및 처리일시	자체처분을 한 때마다	5년

9. 방사성동위원소등의 판매업자

기록사항	기록시기	보존기간
가. 방사성동위원소등의 구입 또는 판매기록(일시 · 종류 및 수량)	구입 또는 판매한 때마다	5년
나. 방사성동위원소 또는 방사성동위원소에 따른 오염물의 보관 · 처리 · 저장 및 배출기록(일시 · 장소 · 방법 · 종사자 성명 · 종류 및 수량)	보관 · 처리 · 저장 및 배출한 때마다	5년
다. 방사선안전관리의 기록		
1) 방사성동위원소등의 분배 · 저장 · 보관 · 처리 및 배출시설의 방사선량률	측정한 때마다	10년
2) 밀봉방사성동위원소 저장시설의 방사선량률	측정한 때마다	10년
3) 배기구 및 배수구에서의 방사성물질의 농도	배기 및 배수한 때마다	10년
4) 방사선관리구역에서 방사성물질로 오염된 물체표면의 오염도	작업한 때마다	10년
5) 매년 1월 1일을 기준으로 한 각 3개월간의 방사선작업종사자의 피폭방사선량	매분기 1회	판매사업을 폐지할 때까지
6) 매년 1월 1일을 기준으로 한 각 3개월간의 수시출입자의 피폭방사선량	매분기 1회	5년
7) 방사선작업종사자가 해당 업무에 종사하기 이전의 건강진단기록 및 방사선피폭경력	해당 업무에 종사하기 시작한 때	판매사업을 폐지할 때까지
8) 수시출입자가 해당 업무에 종사하기 이전의 건강진단기록	해당 업무에 종사하기 시작한 때	5년
9) 방사선작업종사자가 해당 업무에 종사하는 기간 중의 건강진단기록	건강진단을 한 때마다	판매사업을 폐지할 때까지
10) 수시출입자가 해당 업무에 종사하는 기간 중의 건강진단기록	건강진단을 한 때마다	5년
11) 자체처분한 방사성폐기물의 발생원, 종류, 수량, 방사선량률, 처분방법 및 처리일시	자체처분을 한 때마다	5년

12. 업무대행자

기록사항	기록시기	보존기간
가. 업무대행 실적		
1) 업무대행 내용 및 기간	업무 대행 때마다	업무대행등록을 폐지할 때까지
2) 방사선작업 내용 및 결과	업무 대행 때마다	업무대행등록을 폐지할 때까지
3) 방사선안전관리대행의 경우에는 정기적인 안전관리대행 실적	업무 대행 때마다	업무대행등록을 폐지할 때까지
나. 방사선안전관리의 기록		
1) 매년 1월 1일을 기준으로 한 각 3개월간의 방사선작업종사자의 피폭방사선량	매분기 1회	업무대행등록을 폐지할 때까지
2) 매년 1월 1일을 기준으로 한 각 3개월간의 수시출입자의 피폭방사선량	매분기 1회	5년
3) 방사선작업종사자가 해당 업무에 종사하기 이전의 건강진단기록 및 방사선피폭경력	해당 업무에 종사하기 시작한 때	업무대행등록을 폐지할 때까지
4) 수시출입자가 해당 업무에 종사하기 이전의 건강진단기록	해당 업무에 종사하기 시작한 때	5년
5) 방사선작업종사자가 해당 업무에 종사하는 기간 중의 건강진단기록	건강진단을 한 때마다	업무대행등록을 폐지할 때까지
6) 수시출입자가 해당 업무에 종사하는 기간 중의 건강진단기록	건강진단을 한 때마다	5년

8. 기준준수의무 등

제59조(기준준수의무 등) ① 허가사용자 및 신고사용자는 다음 사항에 관하여 **위원회규칙**[1]으로 정하는 기술기준을 준수하여야 한다.

1. 방사성동위원소 또는 그에 따라 오염된 물질이나 방사선발생장치의 생산시설 · 사용시설 등의 위치 · 구조 및 설비
2. 방사성동위원소 또는 그에 따라 오염된 물질이나 방사선발생장치의 사업소 안에서의 생산 · 사용 · 분배 · 저장 · 운반 · 보관 · 처리 및 배출
3. 방사성동위원소등의 이동사용 및 판매

② 위원회는 사업소 안에서의 방사성동위원소 또는 그에 따라 오염된 물질이나 방사선발생장치의 생산시설 또는 사용시설등의 위치 · 구조 및 설비, 사업소 안에서의 생산 · 사용 · 분배 · 저장 · 운반 · 처리 및 배출과 방사성동위원소등의 이동사용이나 판매가 제1항에 따른 기술기준에 적합하지 아니하다고 인정하면 허가사용자 및 신고사용자에게 해당 시설의 수리 · 개선 · 이전 또는 생산 · 사용의 정지, 취급방법의 변경과 그 밖의 안전에 필요한 조치를 명할 수 있다.

③ 허가사용자 및 그 종업원은 제53조제3항에 따른 안전관리규정을 준수하여야 하며, 업무대행자와 그 종업원은 제54조제3항에 따른 업무대행규정을 준수하여야 한다.

주1) 위원회 규칙: 방사선 안전관리 등의 기술기준에 관한 규칙

【제59조제1항제1호 관련】

○ **개봉선원에 대한 기술기준: 제17조부터 제23조 및 제23조의2까지**(교재 p.106-112)

☞ 법 제55조(허가기준 등)의 주1) 참조

○ **밀봉선원에 대한 기술기준: 제25조부터 제29조 및 제29조의2까지**(교재 p.112-114)

☞ 법 제55조(허가기준 등)의 주1) 참조

○ **방사선발생장치에 대한 기술기준: 제31조부터 제34조까지**(교재 p.114-115)

☞ 법 제55조(허가기준 등)의 주1) 참조

【제59조제1항제2호 관련】

○ **개봉선원에 대한 기술기준: 제36조부터 제40조 및 제40조의2까지**

▶ **제36조 (생산)**

개봉선원의 생산에 관한 기술기준은 다음 각호와 같다.

1. 다음 각목에 해당하는 조치를 함으로써 방사선작업종사자 또는 수시출입자의 피폭방사선량이 선량한도를 초과하지 아니하도록 할 것

가. 차폐벽이나 차폐물에 의하여 방사선을 차폐할 것

나. 원격조작장치 · 집게 등을 사용하여 개봉선원과 인체 사이에 적당한 거리를 확보하고 차폐물을 이용하도록 할 것

다. 면밀한 작업계획 및 숙달 · 훈련 등을 통하여 인체에 방사선이 피폭되는 시간을 단축할 것

2. 생산시설 안의 사람이 상시 출입하는 장소에서 사람이 호흡하는 공기중 방사성동위원소의 농도는 방사성동위원소에 의하여 오염된 공기를 정화하거나 배기함으로써 유도공기중농도를 초과하지 아니하도록 할 것
3. 생산시설 안의 사람이 접촉하는 물건표면의 방사성동위원소의 오염도가 허용표면오염도를 초과하지 아니하도록 할 것
4. 생산시설 안에서는 작업복 · 신발 · 보호구 등을 착용하되, 이를 착용한 채 작업실을 나가지 아니하도록 할 것
5. 생산시설을 나갈 때에는 인체에 착용하고 있는 물건표면에 대하여 방사성동위원소에 의한 오염상태를 검사하고 그 오염을 제거할 것
6. 생산시설에는 눈에 띄기 쉬운 장소에 방사선장해방지에 필요한 주의사항을 게시할 것

▶ **제37조 (사용 및 분배)**

개봉선원의 사용 또는 분배에 관한 기술기준은 다음 각호와 같다.

1. 사용시설 또는 작업실에서 사용 · 분배할 것
2. 다음 각목에 해당하는 조치를 함으로써 방사선작업종사자 또는 수시 출입자의 피폭방사선량이 선량한도를 초과하지 아니하도록 할 것

가. 차폐벽이나 차폐물에 의하여 방사선을 차폐할 것

나. 원격조작장치 · 집게 등을 사용하여 개봉선원과 인체 사이에 적당한 거리를 확보하고 차폐물을 이용하도록 할 것

다. 면밀한 작업계획 및 숙달 · 훈련 등을 통하여 인체에 방사선이 피폭되는 시간을 단축할 것

3. 작업실안의 사람이 상시 출입하는 장소에서 사람이 호흡하는 공기중 방사성동위원소의 농도는 방사성동위원소에 의하여 오염된 공기를 정화하거나 배기함으로써 유도공기중농도를 초과하지 아니하도록 할 것
4. 작업실 또는 오염검사실안의 사람이 접촉하는 물건표면의 방사성동위원소의 오염도가 허용표면오염도를 초과하지 아니하도록 할 것
5. 작업실안에서는 작업복 · 신발 · 보호구 등을 착용하되, 이를 착용한 채 작업실을 나가지 아니하도록 할 것
6. 작업실을 나갈 때에는 인체 및 작업복 · 신발 · 보호구 등 인체에 착용하고 있는 물건표면

에 대하여 방사성동위원소에 의한 오염상태를 검사하고 그 오염을 제거할 것

7. 사용 또는 분배시설에는 눈에 띄기 쉬운 장소에 방사선장해방지에 필요한 주의사항을 게시할 것

▶ **제38조 (저장)**

개봉선원의 저장에 관한 기술기준은 다음 각호와 같다.

1. 용기에 넣어 저장시설에 저장할 것
2. 저장시설의 저장능력을 초과하여 저장하지 아니할 것
3. 제37조제2호 각목의 조치를 함으로써 방사선작업종사자 또는 수시출입자의 피폭방사선량이 선량한도를 초과하지 아니하도록 할 것
4. 저장함은 개봉선원의 보관중에는 그 운반을 제한하도록 할 것
5. 저장시설안의 사람이 호흡하는 공기중 방사성동위원소의 농도가 유도공기중 농도를 초과하지 아니하도록 할 것
6. 저장시설안의 사람이 접촉하는 물건표면의 방사성동위원소의 오염도가 허용표면오염도를 초과하지 아니하도록 다음 각목의 조치를 할 것

가. 액체상의 방사성동위원소는 액체가 흘러넘치지 아니하는 구조 및 액체가 침투할 수 없는 재료로 된 용기에 넣을 것

나. 액체상의 방사성동위원소를 넣은 용기가 균열 또는 파손될 우려가 있는 경우에는 밑받이 · 흡수재 기타 시설 또는 기구를 사용하여 방사성동위원소에 의한 오염의 확산을 방지할 것

7. 방사선관리구역에는 사람의 출입을 제한하는 조치를 할 것

▶ **제39조 (운반)**

① 개봉선원 및 그에 의하여 오염된 물질을 사업소 안에서 운반하는 경우의 기술기준은 다음 각호와 같다.

1. 용기에 봉입하여 운반할 것. 다만, 다음 각목의 조치를 하는 경우에는 그러하지 아니하다.

가. 방사성동위원소에 의하여 오염된 것(당해 물질에 함유된 방사성동위원소의 농도가 허용표면오염도를 초과하지 아니하는 것에 한한다)으로서 방사성동위원소의 확산 또는 누설의 방지조치를 하거나 기타 **원자력안전위원회가 정하여 고시**하는 방사선장해방지를 위한 조치를 하여 운반하는 경우

⇒ 고시 : 제2014-50호 방사성물질등의 포장 및 운반에 관한 규정

제15조(사업소 안의 운반)

② 방사선규칙 제9조제1항제2호가목 및 제39조제1항제1호가목에 따른 방사선장해방지 조치는 다음 각 호와 같다.

1. 정상 운반상태에서 방사성물질 등이 쉽게 비산하거나 누설되지 않도록 할 것.

2. 빗물 등이 쉽게 침투되지 않도록 할 것
3. 외접하는 직방체의 최소변을 10센티미터 이상이 되도록 할 것
4. 운반 후에 운반수단 및 운반경로 등에 대한 오염상황을 점검할 것

나. 방사성동위원소에 의하여 오염된 것으로서 대형기계 등 용기에 넣어 운반하기 어려운 것을 원자력안전위원회의 승인을 얻어 운반하는 경우

2. 방사성동위원소 및 그에 의하여 오염된 물질을 넣은 용기(제1호 가목 또는 나목의 규정에 의한 방사성동위원소에 의하여 오염된 것을 포함하며, 이하 이 조에서 "운반물"이라 한다) 및 이를 적재하는 차량이나 방사성동위원소 및 그에 의하여 오염된 물질을 운반하는 기계 · 기구(이하 이 조에서 "차량등"이라 한다)의 표면으로부터 10센티미터 및 차량의 외부표면으로부터 2미터 떨어진 위치의 방사선량률이 각각 **원자력안전위원회가 정하여 고시**하는 방사선량률을 초과하지 아니하도록 하고 운반물표면의 방사성동위원소의 오염도가 허용표면오염도를 초과하지 아니하도록 할 것

⇒ 고시 : 제2014-50호 방사성물질등의 포장 및 운반에 관한 규정 제15조(사업소 안의 운반)

④ 방사선규칙 제9조제1항제4호 및제39조제1항제2호에 따른 방사선량률은 다음 각 호와 같다.

1. 운반물 외부표면으로부터 10센티미터 떨어진 위치에서 시간당 10밀리시버트
2. 운반차량 외부표면에서 2미터 떨어진 위치에서 시간당 0.1밀리시버트

3. 운반물을 차량등에 실을 때에는 운반중에 이동 · 전도 또는 전락 등에 의하여 운반물의 안전성이 손상되지 아니하도록 할 것
4. 동일한 차량등에 제98조의 규정에 의한 위험물과 운반물을 혼재하지 아니하도록 할 것
5. 운반물의 운반경로에는 표지를 설치하거나 감시인을 배치하는 등의 방법으로 운반에 종사하지 아니하는 자와 운반에 사용되지 아니하는 차량등의 출입을 제한할 것
6. 운반물을 운반하는 차량등은 서행하도록 할 것
7. 방사성동위원소의 취급에 관하여 지식과 경험을 갖춘 자를 동행하게 하거나 방사선장해방지를 위하여 필요한 감독을 하도록 할 것
8. 운반물 및 차량등에는 눈에 띄기 쉬운 곳에 **별표 2**에 의한 표지를 부착할 것

[별표 2] 포장 및 운반관계 표지(제35조·제100조 및 제119조관련)

구분	표지사항	방사능표지의 형태 및 크기	표지를 붙일 장소
1. 제1종 백색운반물	부표 1에 의한 표지의 아래에 한글로 "방사성물질"이란 글자를, 그 아래에 방사성내용물의 명칭, 방사능의 양을, 그 아래에 위험물질 종류를 나타내는 기호 "7"을 기재한다.	방사능표지는 부표 2와 같은 형태로 하고, 가로세로를 각 100밀리미터 이상으로 한다.	운반물의 표면으로서 서로 반대방향인 2곳
2. 제2종 황색운반물	부표 1에 의한 표지의 아래에 한글로 "방사성물질"이란 글자를, 그 아래에 방사성내용물의 명칭, 방사능의양 및 운반지수를, 그아래에 위험물질 종류를 나타내는 기호 "7"을 기재한다.	방사능표지는 부표 3과 같은 형태로 하고, 가로세로를 각 100밀리미터 이상으로 한다.	운반물의 표면으로서 서로 반대방향인 2곳
3. 제3종 황색운반물	부표1에 의한 표지의 아래에 한글로 "방사성물질"이란 글자를, 그 아래에 방사성내용물의 명칭, 방사능의 양 및 운반지수를, 그아래에 위험물질 종류를 나타내는 기호 "7"을 기재한다.	방사능표지는 부표 4와 같은 형태로 하고, 가로세로를 각 100밀리미터 이상으로 한다.	운반물의 표면으로서 서로 반대 방향인 2곳
4. 핵분열성물질을 함유한 포장물	"핵분열성물질"이란 글자아래에 핵임계안전지수를, 그 아래에 위험물질 종류를 나타내는 기호 "7"을 기재한다.	표지는 부표 5와 같은 형태로 하고, 가로세로를 각 100밀리미터이상으로 한다.	운반물의 표면으로서 서로 반대 방향인 2곳
5. 방사성운반물이 들어 있는 화물컨테이너 또는 탱크	부표 1에 의한 표지의 아래에 한글로 "방사성물질"이란 글자를, 그 아래에 위험물질 종류를 나타내는 기호 "7"을 기재한다.	방사능표지는 부표6과 같은 형태로 하고, 가로세로를 각 250밀리미터 이상으로 한다.	컨테이너 또는 탱크의 4측면
6. 도로 및 철도로 방사성물질을 운반하는 차량	부표 1에 의한 표지의 아래에 한글로"방사성물질"이란 글자를, 그 아래에 위험물질 종류를 나타내는 기호 "7"을 기재한다.	방사능표지는 부표 6과 같은 형태로 하고, 가로세로를 각 250밀리미터 이상으로 한다.	차량의 양측면 및 전후면
7. 단일 국제연합번호의 방사성물질을 전용운반하는 도로 및 철도 차량	운반되는 방사성물질에 따라 별표 7의 해당국제연합번호를 65밀리미터 이상의 크기로 기재한다.	표지는 부표 7과 같은 형태로 하고, 가로 300밀리미터 세로 120밀리미터 이상으로 한다.	차량의 양측면

참고: 위의 표지는 그 붙일 대상물의 크기 등 상황에 따라 그 크기를 조절할 수 있다.

[부표 1] 방사능표지의 규격

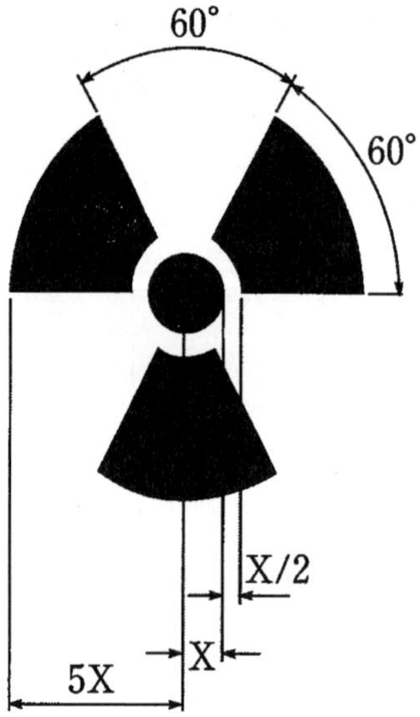

[부표 2] 제1종 백색운반표지

9. 방사선작업종사자외의 사람이 운반물의 운반에 종사하는 경우에는 그의 피폭방사선량이 선량한도를 초과하지 아니하도록 할 것
10. 용기 밖의 운반물 등을 오염시킬 우려가 있는 방사성동위원소 및 그에 의하여 오염된 물질은 기밀구조의 용기에 넣어 운반할 것
11. 액체상태의 방사성동위원소 및 그에 의하여 오염된 물질은 그 액체의 침투나 부식이 잘 되지 아니하는 재료로 만들어지고 전복되기 어려운 구조로 된 용기에 넣어 운반할 것

② 제1항제3호의 조치의 전부 또는 일부를 하기가 곤란한 경우에는 원자력안전위원회의 승인을 얻은 조치로 이를 갈음할 수 있다. 이 경우 당해 운반물의 표면으로부터 10센티미터 및 2미터 떨어진 위치의 방사선량률은 각각 **원자력안전위원회가 정하여 고시**하는 방사선량률을 초과하여서는 아니된다.

⇒ **고시 : 제2014-50호 방사성물질등의 포장 및 운반에 관한 규정 제15조제4항**(교재 p.144)

③ 제1항제1호 · 제2호 · 제5호 내지 제8호의 규정은 방사선관리구역안에서의 운반에 관하여는 이를 적용하지 아니한다.

④ 제1항의 규정은 방사성동위원소 및 그에 의하여 오염된 물질을 사용시설등의 안에서 운반하는 경우와 운반시간이 짧고 방사선장해의 우려가 없는 경우에는 이를 적용하지 아니한다.

▶ **제40조 (보관 · 처리 및 배출)**

사업소안에서 방사성동위원소 또는 그에 의하여 오염된 물질을 보관 · 처리 및 배출하는 경우에는 다음 각호의 기술기준에 따르는 외에 제37조 각호(제1호를 제외한다)의 규정을 준용한다. 이 경우 동조제7호중 "사용 또는 분배시설"은 "보관 · 처리 및 배출시설"로 본다.

1. 기체상의 방사성동위원소 또는 그에 의하여 오염된 물질은 이를 배기설비로 정화하거나 배출할 것
2. 제1호의 방법으로 배출하는 경우에는 배기설비의 배기구에서의 배기중 방사성동위원소의 농도를 배출관리기준의 제한값 이하로 할 것. 다만, 제23조제4호 나목 단서에 해당하는 경우에는 그러하지 아니하다.
3. 배기설비에 부착한 방사성동위원소를 제거하는 때에는 깔개 · 밑받이 또는 흡수재 기타 방사성동위원소에 의한 오염의 확산을 방지하기 위한 시설 · 기구 및 보호구를 사용할 것
4. 액체상의 방사성동위원소 또는 그에 의하여 오염된 물질은 다음 각목의 1의 방법으로 보관 · 처리 또는 배출할 것

가. 배수설비로 정화하거나 배출할 것

나. 용기에 넣거나 고형화처리설비안에서 콘크리트 기타 고형화재료로 고형화하여 보관할 것

다. 방사선장해방지를 위하여 **원자력안전위원회가 정하여 고시**하는 기준에 따라 소각할 것

⇒ 고시 : 제2017-06호 중 · 저준위 방사성폐기물 소각기준**(교재 p.239-241)**

5. 제4호 가목의 방법으로 배출하는 경우에는 배수설비의 배수구에 있어서의 배출액중 방사성동위원소의 농도를 배출관리기준의 제한값 이하로 할 것. 다만, 제23조제3호 가목 단서에 해당하는 경우에는 그러하지 아니하다.
6. 제4호 가목의 방법으로 배출하는 경우 배출액을 처리하는 때 또는 동목의 배수설비의 부착물 또는 침전물 등의 방사성동위원소를 제거하는 때에는 깔개 · 밑받이 또는 흡수재 기타 방사성동위원소에 의한 오염의 확산을 방지하기 위한 시설 · 기구 또는 보호구를 사용할 것
7. 제4호 나목의 방법으로 보관하는 경우 액체상의 방사성동위원소 및 그에 의하여 오염된 물질을 넣는 용기는 액체가 흘러넘치지 아니하는 구조 및 액체가 침투할 수 없는 재료로 된 용기에 넣을 것
8. 제4호 나목의 방법 중 액체상의 방사성동위원소 또는 그에 의하여 오염된 물질을 용기에 넣어 보관하는 경우 당해 용기가 균열 또는 파손될 우려가 있는 때에는 밑받이 · 흡수재 기타 방사성동위원소에 의한 오염의 확산을 방지하기 위한 시설 또는 기구를 사용하여 방사성동위원소의 오염의 확산을 방지할 것
9. 제4호 나목의 방법중 액체상의 방사성동위원소 또는 그에 의하여 오염된 물질을 고형화하는 경우에는 액체상의 방사성동위원소 또는 그에 의하여 오염된 물질의 확산 또는 누설을 방지할 수 있을 것

▶ **제40조의2 (개봉선원의 보안관리 등)**

원자력안전위원회가 정하는 수량 이상의 개봉선원을 생산 · 사용 · 분배 · 보관 · 저장 또는 운반하는 경우에는 **원자력안전위원회가 정하여 고시**하는 바에 따라 보안관리 및 그에 관련된 계획 등을 수립하여 이행하여야 한다.

⇒ **고시: 제2015-06호 방사성동위원소 보안관리에 관한 규정**

○ **밀봉선원에 대한 기술기준: 제42조부터 제46조 및 제46조의2까지**

▶ **제42조 (생산)**

제36조제1호 및 제6호의 규정은 밀봉선원의 생산에 관한 기술기준에 관하여 이를 준용한다.

▶ **제43조 (사용)**

밀봉선원의 사용에 관한 기술기준은 다음 각호와 같다.

1. 사용시설안에서만 사용할 것
2. 정상적인 사용 상태에서는 밀봉선원이 개봉 또는 파괴될 우려가 없도록 할 것
3. 다음 각목의 1에 해당하는 조치를 함으로써 방사선작업종사자 또는 수시출입자의 피폭방사선량이 선량한도를 초과하지 아니하도록 할 것
   가. 차폐벽이나 차폐물에 의하여 방사선을 차폐할 것
   나. 원격조작장치 또는 집게 등을 사용하여 밀봉선원과 인체 사이에 적당한 거리를 확보하도록 할 것
   다. 면밀한 작업계획 및 취급의 숙달 · 훈련 등을 통하여 인체에 방사선이 피폭되는 시간을 단축할 것
4. 사용시설 또는 방사선관리구역의 눈에 띄기 쉬운 장소에 방사선장해방지에 필요한 주의사항을 게시할 것
5. 밀봉선원을 이동사용하는 경우에는 사용직후 그 밀봉선원의 분실 또는 누설 등 이상유무를 점검하고, 이상이 판명된 때에는 탐사 기타 방사선장해방지를 위하여 필요한 조치를 할 것
6. 밀봉선원의 건전성을 확인하기 위하여 **원자력안전위원회가 정하여 고시**하는 바에 따라 누설점검을 실시할 것

⇒ **고시: 제2014-42호 방사선원의 누설점검에 관한 기술기준**

제4조(누설점검의 시기) ① 방사선원에 대한 누설점검의 시기는 다음 각 호와 같다.

1. 방사선원을 신규로 인수하였을 경우에는 취득일로부터 30일 이내
2. 사용 중인 방사선원에 대해서는 매 1년
3. 최근 6개월 이내에 누설점검을 실시하지 아니하고 보관 또는 저장하고 있는 방사선원에 대해서는 사용을 재개하기 직전

② 제1항의 규정에 불구하고 방사선원의 제작자가 서면으로 누설점검의 시기 및 유효기간을 지정

한 경우에는 이에 따를 수 있다. 다만, 이 경우에 사용자는 관련 증빙서류를 확보하고 있어야 한다.

제5조(누설점검의 방법) ① 방사선원의 누설점검의 방법은 **별표 1부터 별표 3**까지와 같다.

[별표 1] 문지름시험(제5조 및 제8조 관련)

1. 시험조건
시험실시전에 방사선원은 청결한 상태이어야 하며 방사선원의 표면은 방사능오염이 없는 상태를 유지하여야 한다.
2. 시험절차
가. 습기보유능력 및 흡수능력이 양호한 종이필터 또는 이와 유사한 문지름 재료를 준비한다.
나. 종이필터 등에 방사선원의 표면물질에 손상을 주지 아니하는 용매를 적시어 방사선원의 외부표면을 충분히 문지른다. 다만, 종이필터 등을 방사선기기에 내장된 방사선원에 직접 접촉시키는 것이 실질적으로 불가능한 경우에는 방사선원이 누설되어 방사선원 내부의 방사성물질이 묻어 있을 것으로 추정되는 부위를 문지르는 것으로 대신할 수 있다.
다. 방사선원의 외부표면 또는 방사선기기를 문지른 종이필터 등의 방사능을 계측한다.
3. 합격기준
계측결과, 해당 방사선원을 구성하고 있는 핵종의 총 방사능량이 200Bq을 초과하지 아니하는 경우에는 방사선원의 누설이 없는 것으로 간주한다.

[별표 2] 건조 문지름시험(제5조 및 제8조 관련)

1. 시험조건
시험실시전에 방사선원은 청결한 상태이어야 하며 방사선원의 표면은 방사능오염이 없는 상태를 유지하여야 한다.
2. 시험절차
가. 건조한 종이필터 또는 이와 유사한 물질을 준비한다.
나. 건조한 종이필터 등으로 방사선원의 외부표면을 충분히 문지른다. 다만, 종이필터 등을 방사선기기에 내장된 방사선원에 직접 접촉시키는 것이 실질적으로 불가능한 경우에는 방사선원이 누설되어 방사선원 내부의 방사성물질이 묻어 있을 것으로 추정되는 부위를 문지르는 것으로 대신할 수 있다.
다. 방사선원의 외부표면 또는 방사선기기를 문지른 종이필터 등의 방사능을 계측한다.
3. 합격기준
계측결과, 해당 방사선원을 구성하고 있는 핵종의 총 방사능량이 200Bq을 초과하지 아니하는 경우에는 방사선원의 누설이 없는 것으로 간주한다.

[별표 3] 가열 미 침수시험(제5조 및 제8조 관련)

1. 시험조건
시험실시전에 방사선원은 청결한 상태이어야 하며 방사선원의 표면은 방사능오염이 없는 상태를 유지하여야 한다.
2. 시험절차
가. 방사선원의 외부표면물질에 손상을 주지 않는 청결한 용매를 준비한다.
나. 용매에 방사선원을 침수시키고 10분간 가열한 후 선원을 꺼낸다.
다. 선원을 냉각시킨 후 깨끗한 용매로 방사선원의 외부를 닦아낸다.
라. 나목 및 다목의 시험을 3회 반복하여 실시한다. 이때, 용매는 처음의 것을 계속 사용하여야 한다.
마. 최초의 용매에 대한 총 방사능량을 계측한다.
3. 합격기준
계측결과, 해당 방사선원을 구성하고 있는 핵종의 총 방사능량이 200Bq을 초과하지 아니하는 경우에는 선원의 누설이 없는 것으로 간주한다.

② 제1항의 규정에 불구하고 방사선원의 제작자가 서면으로 누설점검의 방법을 지정한 경우에는 이에 따를 수 있다. 다만, 이 경우에 사용자는 관련 증빙서류를 확보하고 있어야 한다.

제6조(누설점검의 안전관리) 방사선원의 누설점검은 해당선원의 방사선안전관리자의 지시 · 감독하에 수행하여야 한다. 다만, 누설점검업무를 업무대행자에게 위탁하는 경우에는 해당선원의 방사선안전관리자 또는 관련책임자가 누설점검에 입회하여야 한다.

제7조(기록 및 품질보증) ① 누설점검을 실시한 경우에는 다음 각 호에서 정하는 서류를 작성하여 5년간 보관하여야 한다.

1. 방사선원의 핵종, 방사능량, 제작사 및 모델 등 제원
2. 방사선원의 일련번호 및 관리번호
3. 점검일시 및 장소
4. 점검방법 및 점검에 사용한 장비의 목록
5. 점검책임자 및 점검에 참여한 자의 인적사항
6. 점검결과

② 누설점검의 품질을 보증하기 위하여 방사선원의 사용자는 다음 각 호의 서류를 확보하고 있어야 한다.

1. 누설점검의 절차서
2. 누설점검의 평가에 필요한 계측장비 등 소요품목의 목록 및 확보여부
3. 누설점검의 평가에 사용하였던 계측장비 등의 검 · 교정 내역

제8조(누설선원에 대한 조치) 누설점검의 실시결과 별표 1부터 별표 3까지 규정된 기준 또는 방사선원의 제작자가 제시하는 기준에 미달하여 누설이 확인된 방사선원은 사용의 정지 등 필요한 안전조치를 취하고 원자력안전위원회에 즉시 보고하여야 한다.

제9조(기록의 양도) 방사선원을 양도하는 경우에 양도자는 제작사가 공급하였던 관련서류 일체와 제7조제1항에서 정하는 기록의 원본 또는 사본을 함께 양도하여야 한다.

7. 밀봉선원이 내장된 방사선기기의 건전성을 확인하기 위하여 **원자력안전위원회가 정하여 고시**하는 바에 따라 정기점검을 실시할 것

⇒ **고시: 제2016-22호 방사선기기의 설계승인 및 검사에 관한 기준**

제21조(검사항목) 방사선기기의 검사 분야 및 세부 검사항목은 제2장에 따른 기준을 포함하여 설계승인서에서 승인된 검사항목으로 한다.

제22조(검사기준) 방사선기기의 검사기준은 제2장에 따른 기준을 포함하여 설계승인서에서 승인된 검사기준으로 한다.

제23조(검사방법) ① 방사선기기의 검사는 방사선기기의 제작, 출하, 현장설치 등의 과정에 대하여 현장입회의 방법으로 한다.

② 검사는 방사선기기 구입 사용자가 법 제53조에 따른 조치를 완료한 후에 수행하되, 검사과정에서 방사선방출을 수반하여 검사 수행 전에 법 제56조제1항 및 영 제85조제1항에 따른 시설검사가 필요한 경우에는 시설검사 완료 후에 수행한다.

③ 검사는 검사신청자의 시설 및 장비를 이용하여 검사신청자가 수립하여 타당성을 입증하는 검사방법으로 수행한다.

제24조(검사결과 확인) 「원자력안전법 시행규칙」(이하 "규칙"이라 한다) 제85조제3항에 따른 검사합격내용 표시는 방사선기기 설계승인서의 기기검사결과 란에 '합격'이라고 기재하며, 기기검사를 받지 않은 경우는 '검사 미필'이라고 기재한다.

▶ **제44조 (분배)**

밀봉선원의 분배에 관한 기술기준은 다음 각호와 같다.

1. 밀봉선원의 분배는 분배시설에서 할 것
2. 방사성동위원소를 밀봉된 상태로 분배하는 경우에는 그 방사성동위원소를 제43조제2호의 규정에 적합한 상태에서 분배할 것
3. 분배시설안의 눈에 띄기 쉬운 곳에는 방사선장해방지에 필요한 주의사항을 게시할 것

▶ **제45조 (보관 · 저장)**

밀봉선원을 보관 또는 저장하는 경우의 기술기준은 다음 각호와 같다.

1. 사용하지 아니하는 밀봉선원은 저장시설에 저장할 것
2. 저장시설의 저장능력을 초과하여 방사성동위원소를 저장하지 아니할 것
3. 제37조제2호 각목의 조치를 함으로써 방사선작업종사자 및 수시출입자의 피폭방사선량이 선량한도를 초과하지 아니하도록 할 것
4. 저장함(방사성동위원소를 내화구조의 용기에 넣어 보관하는 경우에는 그 용기)에 방사성동위원소를 보관 · 저장중인 때에는 그 운반을 제한하도록 할 것
5. 보관 · 저장시설에는 눈에 띄기 쉬운 곳에 방사선장해방지에 필요한 주의사항을 게시할 것

▶ **제46조 (운반)**

밀봉선원을 사업소안에서 운반하는 때에는 제39조의 규정을 준용한다. 이 경우 "개봉선원 및 그에 의하여 오염된 물질"은 "밀봉선원"으로 본다.

▶ **제46조의2 (밀봉선원의 보안관리 등)**

원자력안전위원회가 정하는 수량 이상의 밀봉선원을 생산 · 사용 · 분배 · 보관 · 저장 또는 운반하는 경우에는 **원자력안전위원회가 정하여 고시**하는 바에 따라 보안관리 및 그에 관련된 계획 등을 수립하여 이행하여야 한다.

⇒ 고시: **제2015-06호 방사성동위원소 보안관리에 관한 규정**

○ **방사선발생장치에 대한 기술기준: 제47조부터 제48조까지**

▶ **제47조 (생산)**

제36조제1호 및 제6호의 규정은 법 제59조제1항제2호의 규정에 의한 방사선발생장치의 생산에 관한 기술기준에 관하여 이를 준용한다. 이 경우 제36조중 "개봉선원"은 "방사선발생장치"로 본다.

⇒ **부령 : 방사선 안전관리 등의 기술기준에 관한 규칙 제36조 (생산)**

개봉선원의 생산에 관한 기술기준은 다음 각호와 같다.

1. 다음 각목에 해당하는 조치를 함으로써 방사선작업종사자 또는 수시출입자의 피폭방사선량이 선량한도를 초과하지 아니하도록 할 것

가. 차폐벽이나 차폐물에 의하여 방사선을 차폐할 것

나. 원격조작장치 · 집게 등을 사용하여 개봉선원과 인체 사이에 적당한 거리를 확보하고 차폐물을 이용하도록 할 것

다. 면밀한 작업계획 및 숙달 · 훈련 등을 통하여 인체에 방사선이 피폭되는 시간을 단축할 것

6. 생산시설에는 눈에 띄기 쉬운 장소에 방사선장해방지에 필요한 주의사항을 게시할 것

▶ **제48조 (사용)**

법 제59조제1항제2호의 규정에 의한 방사선발생장치의 사용에 관한 기술기준은 다음 각호와 같다.

1. 사용시설안에서만 사용할 것
2. 정상적인 사용 상태에서는 방사선발생장치가 파괴될 우려가 없도록 할 것
3. 다음 각목의 조치를 할 것

가. 차폐벽이나 차폐물에 의하여 방사선을 차폐할 것

나. 원격조작장치를 사용하여 방사선발생장치와 인체 사이에 적당한 거리를 두게 할 것

다. 면밀한 작업계획 및 취급의 숙달 · 훈련 등을 통하여 인체에 방사선이 피폭되는 시간을 단축할 것

4. 사용시설 또는 방사선관리구역의 눈에 띄기 쉬운 장소에 방사선장해방지에 필요한 주의사항을 게시할 것
5. 방사선발생장치의 건전성을 확인하기 위하여 **원자력안전위원회가 정하여 고시**하는 바에 따라 정기점검을 실시할 것

⇒ **고시: 제2016-22호 방사선기기의 설계승인 및 검사에 관한 기준**(교재 p.150-151)

○ **의료분야 안전관리에 대한 기술기준: 제50조부터 제54조까지**

▶ **제50조 (의료방사선 방호 및 관리)**

① 방사성동위원소등을 인체에 사용함에 따른 방사선피폭(이하 "의료피폭"이라 한다)의 관리 대상 및 범위는 다음 각 호와 같다.

1. 진료 목적으로 받는 개인의 피폭
2. 진료를 받은 임산부의 태내 배태아 또는 모유 수유하는 환자의 유아가 받는 피폭
3. 진료 환자를 간병하는 가족이나 친지가 받는 피폭
4. 방사선을 이용한 의생명 연구 대상으로 참여하는 연구 자원자가 받는 피폭

② 방사성동위원소등을 인체에 사용하는 자는 방사선피폭으로 인한 해로움보다 이로움이 크

도록 하여야 한다.

③ 제2항에 따른 사용자는 방사선 피폭이 경제적, 사회적 인자를 고려해 합리적으로 달성할 수 있는 범위에서 낮게 유지되도록 하여야 한다.

▶ **제51조 (사용자의 책임)**

① 방사성동위원소등을 인체에 사용하는 자는 의료방사선 방호에 충분한 전문성을 가진 의사가 의료방사선을 사용하도록 하여야 한다.

② 방사성동위원소등을 인체에 사용하는 자는 의사의 의뢰와 함께 방사선방호 대책 수립을 확인하고 **원자력안전위원회가 정하여 고시**하는 바에 따라 의료피폭을 받는 사람 또는 법적 보호자가 적절하게 이해하고 동의한 경우가 아니면 의료피폭을 받지 않도록 하여야 한다.

⇒ **고시: 제2015-5호 의료분야의 방사선안전관리에 관한 기술기준**

제11조(환자방호) ① 방사선 규칙 제51조제2항에 따라 방사성동위원소 등을 인체에 사용하는 자는 치료 전에 해당 환자 또는 보호자에게 방사선치료의 개요와 예상 이득, 잠재적 위험 등을 설명하고 서면으로 이해동의를 받아야 한다.

② 제1항에 따른 사용자는 의사 및 전문인력의 교육훈련, 선량 상호 교차 평가, 치료용 방사선 기기 품질관리, 제5조제2항제7호에 따른 외부 독립적인 품질감사 등의 프로그램을 통해 환자 방호대책을 수립하여야 한다.

③ 제1항에 따른 사용자는 의도되지 아니한 또는 사고에 의한 의료피폭 가능성을 최소화하기 위한 모든 가용한 수단을 강구해야 하며, 이러한 의료피폭이 있는 경우 즉시 조사를 수행하고 시정조치를 하여야 한다.

④ 제1항에 따른 사용자는 방사선 사용시설에서 이행하는 의료피폭의 정당화와 최적화에 대하여 **원자력안전위원회가 정하여 고시**하는 바에 따라 주기적으로 검토하여야 하며 의료피폭 기록을 유지하여야 한다.

⇒ **고시: 제2015-5호 의료분야의 방사선안전관리에 관한 기술기준**

제15조(기록의 유지) 의료기관은 별표 3에서 정하는 바에 따라 기록을 작성하고 비치하여야 한다.

▶ **제52조(의료방사선 품질관리)**

① 진료의 목적으로 방사성동위원소등을 인체에 사용하는 자는 환자의 피폭방사선량 또는 투여 방사능량을 의사의 처방대로 유지하여야 한다.

② 제1항에 따른 사용자는 **원자력안전위원회가 고시**하는 바에 따라 방사선 진료장비를 유지 · 관리하여야 하며, 방사선안전관리자와 별도로 의료방사선 품질관리를 위한 전문인력을 두어야 한다.

⇒ **고시: 제2015-5호 의료분야의 방사선안전관리에 관한 기술기준**

제8조(방사선량 교정) ① 의료기관은 치료용 방사선기기에 대한 방사선량교정 및 평가를 다음 각 호에 따라 수행하여야 한다.

1. 해당 방사선 기기의 방사선량교정에 적합한 측정장비 및 방사성동위원소를 준비하여야 한다.
2. 국제원자력기구 기술보고서 또는 이와 동등한 기술기준 및 해당 방사선 기기의 제작사가 권고한 조건에 따라 방사선량을 교정하여야 한다.
3. 치료용 방사선기기에 대한 선량 교정 및 평가주기는 다음 각 목의 어느 하나와 같다.

가. 장비를 설치하고 처음으로 사용할 때

나. 처음으로 사용한 이후 매 1년마다

다. 삭제

라. 방사선원을 교체하거나 새로운 시설로 이전한 경우

마. 선량평가에 영향을 미칠 수 있는 보수를 한 경우

바. 1년 이상 사용을 중지 한 후 다시 사용하려는 경우

제9조(의료방사선 품질관리 인력 등) ① 의료기관은 방사선규칙 제52조제2항에 따라 의료방사선 품질관리를 수행할 전문인력을 정하여 별지 제1호서식에 따라 위원회에 제출하여야 한다. 보고한 사항을 변경한 때에는 변경 후 30일 이내에 별지 제1호서식에 따라 위원회에 제출하여야 한다.

② 제1항에서 정하는 전문인력은 제5조제1항의 규정에 따른 품질관리를 수행할 수 있는 역량을 지닌 자로서 방사선진료전문의의 지시 · 감독을 받아 직무를 수행하되 다음과 같은 책임 및 권한을 갖는다.

1. 치료용 방사선기기의 품질관리
2. 치료용 방사선기기와 품질관리에 사용하는 방사선 측정장비의 교정
3. 환자의 피폭방사선량을 의사의 처방대로 유지하기 위한 치료계획 수립 및 확인

제10조(교정장비) 제8조에 따른 교정에 사용하는 장비는 「국가표준기본법」에 의해 국가교정기관으로 지정된 기관에서 정하는 바에 따라 교정을 받아야 한다.

② 제1항에 따라 교정 받아야 하는 측정장비는 다음과 같다.

1. 전리함
2. 온도계 및 기압계
3. 그 외 교정이 필요한 장비

▶ 제53조 (방사성동위원소 투여환자 안전관리)

① 진료의 목적으로 방사성동위원소를 인체에 사용하는 자는 체내에 잔류하는 방사능 또는 인체표면 1m 거리에서의 방사선량률이 **원자력안전위원회가 정하여 고시**하는 수량을 초과하는 환자를 일반환자와 격리하여 입원시켜야 한다.

⇒ 고시: 제2015-5호 의료분야의 방사선안전관리에 관한 기술기준

제12조(진료환자의 격리 및 퇴원 기준) ① 방사선규칙 제53조제1항에서 원자력안전위원회가 정하여 고시하는 수량이란 다음 각 호의 하나와 같다.

1. 환자 체내에 잔류하는 방사성동위원소의 방사능은 **별표 2의 1란**
2. 환자 신체 표면으로부터 1m 거리에서 최대 방사선량률은 **별표 2의 2란**
3. 환자 퇴원 후 요양 계획 및 주변 환경을 면밀히 고려하여 환자의 가족이나 친지 등이 받는 개인의

유효선량이 5mSv를 초과하지 않도록 한다.

[별표 2] 진료환자 격리 및 퇴원 기준(제12조제1항 관련)

	방사능 제1란		1m 거리 선량률 제2란
주요 핵종	GBq	mCi	mSv/h
Au-198	3.5	93	0.21
Ga-67	8.7	240	0.18
I-123	6	160	0.26
I-125	0.25	7	0.01
I-125 (이식)	0.33	9	0.01
I-131	1.2	33	0.07
In-111	2.4	64	0.2
Ir-192 (이식)	0.074	2	0.008
P-32	*	*	*
Re-186	28	770	0.15
Sr-89	*	*	*
Tc-99m	28	760	0.58
Tl-201	16	430	0.19
Y-90	*	*	*
Yb-169	0.37	10	0.02
Ra-223	*	*	*

1. 방사성동위원소를 투입 또는 투여 받은 환자의 퇴원으로 인한 다른 개인의 피폭방사선량이 5mSv를 초과할 가능성이 있는 방사능 및 환자로부터 1 m 거리에서의 선량률을 각각 제시하였다.
2. 1 m 거리에서의 선량률은 환자 신체 표면에서부터 1 m 거리에서 바닥으로부터 1 m 높이의 공간 선량률(주위선량당량률 또는 유효선량당량률)을 측정한다.

* 알파 방출체(Ra-223) 또는 베타 방출체(P-32, Sr-89, Y-90)는 다른 개인에게 미치는 영향이 매우 미미하므로 기준값을 따로 제시하지 않는다.

② 치료의 목적으로 방사성동위원소를 인체에 사용하는 자는 환자의 퇴원으로 인하여 방사선에 의해 영향을 받을 수 있는 다른 개인의 유효선량을 합리적으로 가능한 낮게 유지하도록 하기 위하여 퇴원 후 주의사항이 기재된 지침(이하 "지침서"라 한다)을 제공하여야 한다.

③ 제2항에 따른 지침서는 다음 각 호의 사항을 포함하여야 하며, 특히 가정 내에 수유중인 유아(乳兒) 또는 어린이가 있거나 치료를 받고 퇴원하는 환자가 가정 이외의 장소에 머무르는 경우, 퇴원한 환자 이외의 다른 개인의 유효선량이 시행령 별표 1의 일반인 선량한도를 초과할 가능성이 있을 때, 환자가 지켜야 할 사항을 강조한 특정 내용을 추가하여야 한다.

1. 방사성동위원소 투여량에 따른 환자와의 접촉 제한과 접촉시간 최소화
2. 방사성동위원소 투여 환자 특정 장소로의 군집 제한
3. 환자의 배설물 등으로 인한 오염의 최소화
4. 모유 수유 또는 임신 계획에 대한 주의사항 및 방사선에 의한 영향
5. 항공 이용 시 X-선 검색 주의사항
6. 전리방사선 영향에 대한 정보
7. 추가 질문이 있는 경우 연락 가능한 담당자의 성명 및 연락처

② 제1항에 따른 사용자는 환자의 입원실에 전용 화장실을 설치하여야 한다.

③ 제1항에 따른 사용자가 진료환자의 배설물을 배출하는 경우에는 원자력안전위원회가 정하여 고시하는 방법에 따라야 한다.

▶ **제54조(임신 또는 모유 수유중인 여성)**

진료의 목적으로 방사성동위원소등을 인체에 사용하는 자는 방사선 진료를 받는 여성 환자가 임신했거나 임신 했을 가능성이 있는 경우, 또는 모유 수유중인 경우에는 **원자력안전위원회가 정하여 고시**하는 바에 따라 적합한 방사선방호 절차를 수립하여 이행하여야 한다.

⇒ **고시: 제2015-5호 의료분야의 방사선안전관리에 관한 기술기준**

제14조(임신 또는 모유 수유 중인 여성에 대한 방호절차) 방사선규칙 제54조에 따라 의료기관은 다음 각 호의 사항을 포함하여 적합한 방사선 방호 절차를 수립하여 이행하여야 한다.

1. 배태아에게 영향을 줄 수 있는 방사선 치료를 수행하기 전 가임여성의 임신여부 확인
2. 방사성동위원소를 투여하는 치료를 수행하기 전 여성의 모유수유 확인
3. 임신 가능성이 있거나 임신 또는 모유 수유중인 환자가 의료진에게 이 사실을 알리도록 안내하는 절차

【제59조제1항제3호 관련】

○ **이동사용에 대한 기술기준: 제56조에서 제58조까지**

▶ **제56조(위치)**

방사성동위원소등을 일시적 사용장소에 이동하여 사용하는 경우에는 제26조 및 제32조의 규정을 적용하지 아니한다.

▶ **제57조(사용시설 이외에서의 방사선투과검사 작업)**

방사성동위원소등을 고정 차폐된 사용시설 이외에서의 사용은 검사대상물을 사용시설 내부로 이동할 수 없는 타당한 사유가 있고 방사선투과검사 이외의 가능한 검사 방법이 없는 경우에 한하며 이때 적용하는 기술기준은 다음 각 호와 같다.

1. 피폭방사선량이 선량한도 이하가 되도록 하는 차폐벽이나 차폐물을 설치할 것
2. 방사선관리구역의 경계에 설치한 울타리 등 사람의 출입을 제한하는 시설의 사방에 소리 및 경광등 겸용의 경고등을 설치할 것
3. Ir-192 0.74 테라베크렐 이하에 상응하는 방사성동위원소만을 사용할 것

▶ **제57조의2(작업환경)**

발주자는 법 제59조의2제1항의 규정에 따라 안전한 작업환경을 제공하기 위하여 다음 각 호의 조치를 취하여야 한다.

1. 방사선장해방지 조치에 적합한 사용시설 또는 차폐물 및 방사선원과 종사자 사이에 안전거리를 유지할 수 있는 작업환경을 제공할 것
2. 용역계약의 내용이 허가사용자의 방사선 안전관리 계획 수립 이행에 지장을 초래하지 않도록 할 것
3. 작업장 소재지 직원 및 출입자에게 방사선투과검사가 진행됨을 알려 주의를 환기할 것
4. 복수의 허가사용자에게 방사선투과검사 용역을 발주하는 경우 동시 작업에 따른 방사선 영향을 최소화할 것

▶ **제57조의3(작업중지)**

위원회는 법 제59조의2제3항에 따라 방사선투과검사의 중지를 명할 때에는 발주자에게 다음 각 호의 사항을 알려야 한다.

1. 작업을 중지하여야 하는 장소 및 일시
2. 설치 또는 보완되어야 하는 안전설비와 그 사유

▶ **제57조의4(일일작업량 등 보고)**

① 법 제59조의2제6항에 따라 작업 기간을 1개월 이상 발주한 발주자는 다음 각 호의 사항을 위원회에 보고하여야 한다.

1. 용역 계약 시 총 작업량 및 일일 평균 작업량
2. 허가사용자의 작업자(작업조)가 일자별로 수행한 방사선투과검사 작업시간, 작업장소, 작업량, 피검사체의 설명서 및 사용선원
3. 제1호에 따른 일일 평균 작업량을 초과한 경우 해당 사유

② 발주자는 제1호에 따른 사항은 용역 업무 개시일로부터 15일 이내에, 제2호 및 제3호에 따른 사항은 매월 경과 후 15일 이내에 방사선안전관리통합정보망을 통하여 온라인 보고하여야 한다. 다만, 위원회가 인정하는 부득이한 경우에는 서면으로 보고할 수 있다.

▶ **제57조의5(안전설비)**

법 제59조의2제8항에 따른 안전설비에 관한 세부 기술기준은 제27조 및 제33조를 적용한다.

▶ **제58조(방사선투과검사 작업)**

방사성동위원소등을 이동사용하는 경우의 기술기준은 다음 각호와 같다.

1. 사용시설 또는 방사선관리구역안에서 사용할 것
2. 정상적인 사용상태에서는 밀봉선원이 개봉 또는 파괴될 우려가 없도록 할 것
3. 다음 각목에 해당하는 조치를 함으로써 방사선작업종사자 또는 수시출입자의 피폭방사선량이 선량한도를 초과하지 아니하도록 할 것

가. 전용작업장을 설치하거나, 차폐벽 또는 차폐물에 의하여 방사선을 차폐할 것
나. 원격조작장치 · 집게 등을 사용하여 방사성동위원소와 인체 사이에 적당한 거리가 확보되도록 할 것
다. 면밀한 작업계획, 숙달 · 훈련 등을 통하여 인체에 방사선이 피폭되는 시간을 단축할 것
4. 사용시설 또는 방사선관리구역의 눈에 띄기 쉬운 장소에 방사선장해방지에 필요한 주의사항을 게시할 것
5. 사용시설에는 사람의 출입을 제한하고, 방사선작업종사자외의 사람이 출입하는 경우에는 방사선작업종사자의 지시에 따르도록 할 것
6. 사용시설에는 **별표 1**에 의한 표지를 부착할 것

⇒ **[별표 1] 각종 표지 및 방사능표지 참조**(교재 p.33-34)

7. 밀봉선원을 사용한 직후에는 그 방사성동위원소의 분실 및 누설 등 이상유무를 점검하고, 이상이 판명되는 경우에는 탐사 기타 방사선장해방지를 위하여 필요한 조치를 취할 것
8. 감마선조사장치를 사용하는 경우에는 콜리메터(collimator)를 장착하고 사용할 것
9. 방사선조사장치 1대당 측정범위가 작업현장에 적합한 방사선측정기 1대 이상을 휴대하고 이상유무를 점검하여 활용할 것
10. 방사선작업은 반드시 2인 이상을 1조로 편성하여 작업을 수행하고 각 개인에 대한 직무를 분담하되, 조장은 다음 각목의 1에 해당하는 자일 것

가. 방사성동위원소취급자일반면허 또는 방사선취급감독자면허 취득자
나. 방사선투과검사 경력 2년이상 또는 「국가기술자격법」에 의한 방사선비파괴검사 기능사 이상의 자격을 취득한 자로서 영 제148조제3항의 기본교육기관에서 실시하는 제58조의2에 따른 조장교육을 받은 자

11. 방사선조사장치의 정상작동상태를 확보하고 안전한 작업을 수행하기 위하여 감마선조사장치에 대한 점검절차서를 정하고 그 절차서에 따라 점검을 실시한 후 작업을 수행할 것
12. 야간 방사선작업을 수행하는 경우에는 작업수행에 필요한 다음 각목의 기구 등을 확보할 것

가. 방사선관리구역의 경계를 쉽게 식별할 수 있는 기구
나. 작업수행에 필요한 조명기구
다. 기타 작업수행에 필요한 기구

13. 방사선작업을 종료하는 경우에는 방사선조사장치 등의 안전성 여부를 확인하기 위하여 다음 각목의 조치를 할 것

가. 감마선조사기의 방사성동위원소 정상상태를 확인할 것
나. 개인피폭선량계를 확인할 것
다. 기타 안전장구 등에 대하여 안전상태를 점검할 것

14. 일시적 사용장소에 사용을 폐지한 선원을 보관하지 아니할 것
15. 고정 설치된 방사선차폐시설이 없는 곳에서 방사선작업을 하는 경우 외부방사선량률이 시간당 10마이크로시버트를 초과하는 구역에 대하여 작업장 출입을 관리하고, 시간당 1마이크로시버트를 초과하는 구역에 대하여 일반인의 접근 여부를 감시할 것

9. 발주자의 안전조치 의무

제59조의2(발주자의 안전조치 의무) ① 방사선투과검사를 위하여 제53조에 따라 방사성동위원소등을 이동사용하는 경우 방사선투과검사를 의뢰한 발주자(이하 "발주자"라 한다)는 발주자의 사업장에서 방사성동위원소등을 이동사용하는 방사선작업종사자가 과도한 방사선에 노출되지 아니하도록 **위원회규칙**[1]으로 정하는 바에 따라 안전한 작업환경을 제공하여야 한다.
② 위원회는 발주자에게 다음 각 호의 안전설비의 설치 또는 보완을 명할 수 있다.
1. 제91조에 따른 방사선장해방지조치에 적합한 전용작업장
2. 방사선방호를 위한 차폐시설 또는 차폐물

③ 제2항에 따라 위원회가 발주자에게 안전설비의 설치 또는 보완을 명하였음에도 발주자가 이를 이행하지 아니하여 방사선작업종사자의 안전이 위협받을 경우 위원회는 **위원회규칙**[2]으로 정하는 바에 따라 방사선투과검사 작업의 중지를 명할 수 있다.
④ 제3항에 따라 작업이 중지된 작업장에서는 방사선투과검사를 실시하여서는 아니 된다.
⑤ 제3항에 따라 작업이 중지된 작업장에 대하여 발주자 및 허가사용자 또는 신고사용자가 작업을 재개하기 위한 이행사항 · 절차 · 방법 및 그 밖에 필요한 사항은 **대통령령**[3]으로 정한다.
⑥ 발주자는 안전한 작업환경 조성을 위하여 방사선작업종사자의 실제 일일작업량을 위원회에 보고하여야 한다. 이 경우 보고 대상 · 방법 및 절차 등에 필요한 사항은 **위원회규칙**[4]으로 정한다.
⑦ 방사성동위원소등을 이동사용하여 방사선투과검사를 실시할 때 방사선안전관리자가 안전한 방사선투과검사의 수행을 위하여 발주자에게 필요한 조치나 협력을 요청할 경우 발주자는 이에 따라야 한다.
⑧ 제2항에 따른 안전설비의 세부기준 등에 필요한 사항은 **위원회규칙**[5]으로 정한다.

주1) 부령 : 방사선 안전관리 등의 기술기준에 관한 규칙 제57조의2(작업환경)

발주자는 법 제59조의2제1항의 규정에 따라 안전한 작업환경을 제공하기 위하여 다음 각 호의 조치를 취하여야 한다.

1. 방사선장해방지 조치에 적합한 사용시설 또는 차폐물 및 방사선원과 종사자 사이에 안전거리를 유지할 수 있는 작업환경을 제공할 것
2. 용역계약의 내용이 허가사용자의 방사선 안전관리 계획 수립 이행에 지장을 초래하지 않도록 할 것
3. 작업장 소재지 직원 및 출입자에게 방사선투과검사가 진행됨을 알려 주의를 환기할 것

4. 복수의 허가사용자에게 방사선투과검사 용역을 발주하는 경우 동시 작업에 따른 방사선영향을 최소화할 것

주2) 부령 : 방사선 안전관리 등의 기술기준에 관한 규칙 제57조의3(작업중지)

위원회는 법 제59조의2제3항에 따라 방사선투과검사의 중지를 명할 때에는 발주자에게 다음 각 호의 사항을 알려야 한다.

1. 작업을 중지하여야 하는 장소 및 일시
2. 설치 또는 보완되어야 하는 안전설비와 그 사유

주3) 대통령령 : 시행령 제92조의2(발주자 등의 작업 재개)

① 법 제59조의2제1항에 따른 발주자(이하 "발주자"라 한다) 및 허가사용자 또는 신고사용자가 법 제59조의2제5항에 따라 작업을 재개하기 위해서는 안전설비의 설치 등으로 작업이 중단된 사유가 해소되었음을 입증할 수 있는 서류를 위원회에 제출하여야 한다.

② 위원회는 제1항에 따른 증명서류를 검토한 후 법 제59조의2제2항에 따른 안전설비의 설치 또는 보완 명령이 적정하게 이행되었다고 판단되는 경우에는 발주자 및 허가사용자 또는 신고사용자에게 중지된 작업을 재개할 수 있음을 지체 없이 통지하여야 한다.

주4) 부령 : 방사선 안전관리 등의 기술기준에 관한 규칙 제57조의4(일일작업량 등 보고)

① 법 제59조의2제6항에 따라 작업 기간을 1개월 이상 발주한 발주자는 다음 각 호의 사항을 위원회에 보고하여야 한다.

1. 용역 계약 시 총 작업량 및 일일 평균 작업량
2. 허가사용자의 작업자(작업조)가 일자별로 수행한 방사선투과검사 작업시간, 작업장소, 작업량, 피검사체의 설명서 및 사용선원
3. 제1호에 따른 일일 평균 작업량을 초과한 경우 해당 사유

② 발주자는 제1호에 따른 사항은 용역 업무 개시일로부터 15일 이내에, 제2호 및 제3호에 따른 사항은 매월 경과 후 15일 이내에 방사선안전관리통합정보망을 통하여 온라인 보고하여야 한다. 다만, 위원회가 인정하는 부득이한 경우에는 서면으로 보고할 수 있다.

주5) 부령 : 방사선 안전관리 등의 기술기준에 관한 규칙 제57조의5(안전설비)

법 제59조의2제8항에 따른 안전설비에 관한 세부 기술기준은 **제27조** 및 **제33조**를 적용한다.

▶ **제27조(사용시설 및 분배시설)**

① 밀봉선원의 사용시설 및 분배시설의 구조 및 설비에 관한 기술기준은 다음 각호와 같다.

1. 주요 구조부는 내화구조로 하거나 불연재료를 사용할 것

2. 다음 각목의 1에 해당하는 방사선량이 선량한도 이하가 되도록 필요한 차폐벽이나 차폐물을 설치할 것
   가. 사람이 상시 출입하는 장소에서의 방사선량
   나. 사업소의 경계에 인접하는 구역에서의 방사선량
3. 111테라베크렐 이상의 밀봉선원을 사용 또는 분배하는 때에는 다음 각목의 시설을 갖출 것
   가. 출입구에 밀봉선원의 사용 또는 분배중임을 자동적으로 표시하는 장치를 설치할 것
   나. 밀봉선원의 사용 또는 분배여부에 따라 출입구가 개폐되는 연동장치를 할 것
   다. 내부를 상시 감시할 수 있는 장치를 할 것
   라. 사람의 출입을 제한하는 장치를 할 것
4. 시설의 경계에는 울타리 등 사람의 출입을 제한하는 시설을 하고 별표 1에 의한 표지를 부착할 것. 다만, 제2호 가목에 해당하는 방사선량이 선량한도 이하가 되도록 하는 데 필요한 차폐벽이나 차폐물이 설치되어 있는 경우에는 그러하지 아니하다.
5. 비상시 사용시설 또는 분배시설안에 들어있는 사람이 신속히 탈출할 수 있는 구조로 하고, 반입구 · 비상구 등 사람이 상시 출입하지 아니하는 출입구의 문을 외부로부터 개폐할 수 없도록 할 것

② 제1항제1호 · 제2호 · 제3호 및 제5호의 규정은 밀봉선원을 수시로 이동시켜 사용 또는 분배하는 경우에는 이를 적용하지 아니한다.

▶ **제33조(사용시설)**

① 방사선발생장치의 사용시설의 구조 및 설비에 관한 기술기준은 다음 각호와 같다.

1. 사용시설에는 다음 각목의 1에 해당하는 방사선량이 선량한도 이하가 되도록 필요한 차폐벽이나 차폐물을 설치할 것
   가. 사용시설안의 사람이 상시 출입하는 장소에서의 방사선량
   나. 사업소의 경계에 인접하는 구역에서의 방사선량
2. 방사선발생장치를 사용하는 때에는 그 사용시설의 출입구에 방사선발생장치의 사용중임을 자동적으로 표시하는 장치와 사람의 출입을 제한하는 장치를 할 것
3. 방사선발생장치를 사용하는 때에는 방사선발생장치의 사용여부에 따라 사용시설의 출입구가 개폐되는 연동장치를 할 것
4. 시설의 경계에는 울타리 기타 사람의 출입을 제한하는 시설을 할 것. 다만, 제1항제1호 가목에 해당하는 방사선량이 선량한도 이하가 되도록 하는 데 필요한 차폐벽이나 차폐물이 설치되어 있는 경우에는 그러하지 아니하다.
5. 사용시설 및 사용시설의 경계에 설치한 울타리 기타 사람의 출입을 제한하는 시설에는 별표 1에 의한 표지를 부착할 것

6. 비상시 사용시설안에 들어있는 사람이 신속히 탈출할 수 있는 구조로 하고, 반입구 · 비상구 등 사람이 상시 출입하지 아니하는 출입구의 문을 외부로부터 개폐할 수 없도록 할 것

② 제1항제1호 · 제3호 및 제6호의 규정은 방사선발생장치를 수시로 이동시켜 사용하는 경우에는 이를 적용하지 아니한다.

10. 방사선발생장치 등의 설계승인 등

제60조(방사선발생장치 등의 설계승인 등) ① 방사선발생장치 또는 방사성동위원소가 내장된 기기(이하 "방사선기기"라 한다)를 제작하려는 자 또는 외국에서 제작된 방사선기기를 수입하려는 자는 **대통령령**[1]으로 정하는 바에 따라 위원회의 승인을 받아야 한다. 이를 변경하려는 때에도 또한 같다[2]. 다만, **총리령**[3]으로 정하는 경미한 사항을 변경하려는 때에는 이를 위원회에 신고하여야 한다.

② 제1항에 따른 승인을 받으려는 자는 방사선기기의 설계자료, 안전성평가자료, 제작에 관한 품질보증계획서와 그 밖에 **총리령**[4]으로 정하는 서류를 첨부하여 위원회에 제출하여야 한다.

주1) 대통령령 : 시행령 제93조(방사선기기의 설계승인)

① 법 제60조제1항 본문의 전단에 따라 방사선발생장치 또는 방사성동위원소가 내장된 기기(이하 "방사선기기"라 한다)를 제작하거나 수입하려는 자는 **총리령**으로 정하는 바에 따라 방사선기기의 형식별로 설계의 승인(이하 이 장에서 "설계승인"이라 한다)을 받아야 한다. 다만, 설계승인을 받은 방사선기기를 반복하여 제작하거나 수입하려는 경우에는 그러하지 아니하다.

⇒ 총리령 : 시행규칙 제82조(방사선기기의 설계승인신청)

① 영 제93조제1항 본문에 따른 방사선기기의 설계승인(이하 "설계승인"이라 한다)의 신청은 별지 제74호서식에 따른다.

② 법 제60조제2항에 따른 방사선기기의 설계자료에는 다음 각 호의 사항을 적어야 한다.

1. 설계의 개요 및 설명
2. 설계도면

③ 법 제60조제2항에 따른 안전성평가자료에는 다음 각 호의 사항을 적어야 한다.

1. 방사선기기의 개요 및 제원
2. 방사선기기의 재질, 구조 및 안전성 평가
3. 방사선기기의 설치 및 운영절차
4. 방사선기기의 시험 및 유지 · 보수절차

④ 법 제60조제2항에 따른 제작에 관한 품질보증계획서에는 제4조제4항 각 호의 사항을 적어야 한다.

⑤ 법 제60조제2항에서 "총리령으로 정하는 서류"란 제작국에서 인증된 제작검사 관련 증명서 또는 제작사가 발행한 품질보증 관련 증명서를 말한다.

⑥ 법 제60조제2항에 따라 설계승인 신청을 할 때 외국에서 수입한 방사선기기에 대하여는 제4항에 따른 품질보증계획서를 제출하지 아니하며, 제5항에 따른 품질보증 관련 증명서는 외국에서 수입한 방사선기기의 경우에만 제출한다.

⑦ 영 제93조제3항에 따른 설계승인서는 별지 제75호서식과 같다.

② 설계승인에 관한 기준은 다음 각 호와 같다.

1. 방사선기기의 파손 · 마모 등에 의하여 방사선원이 쉽게 이탈되거나 방사선장해가 발생할 우려가 없을 것
2. 방사선기기의 설계 및 구조가 위원회가 정하여 고시하는 기준에 맞을 것

⇒ **고시: 제2016-22호 방사선기기의 설계승인 및 검사에 관한 기준, 제5조~제20조**(교재 p.118-122)

③ 위원회는 방사선기기의 설계가 제2항에 따른 기준에 맞는 경우에는 그 승인신청자에게 **총리령**으로 정하는 바에 따라 설계승인서를 발급하여야 한다.

⇒ **총리령 : 시행규칙 제82조(방사선기기의 설계승인신청)** ⑦ 영 제93조제3항에 따른 설계승인서는 별지 제75호서식과 같다.

⇒ **고시: 제2016-22호 방사선기기의 설계승인 및 검사에 관한 기준**

제26조(설계승인번호) 영 제93조제3항에 따른 설계승인서의 승인번호는 다음 각 호에 따른 표시를 순차적으로 나열하여 명시한다.

(예: 12번째 제작판매업체에서 승인 받은(전체로는 85번째에 해당) 방사선발생장치를 두 번째 변경하는 경우: NSSC1.12RG85.02)

1. NSSC: 설계승인 기관
2. 1~4: 설계승인 신청업체별 구분
   가. 1: 제작판매
   나. 2: 수입판매
   다. 3: 국내구입판매
   라. 4: 방사선발생장치의 연구개발 목적 사용
3. RI/RG: 방사선기기의 구분
   가. RI: 방사성동위원소를 내장한 기기
   나. RG: 방사선발생장치
4. 001~999: 방사선기기(방사선발생장치 및 밀봉선원 내장기기 별) 승인 일련번호
5. 00~99: 설계승인의 변경회수

④「의료기기법」 제6조제2항제2호에 따른 품목별 제조허가 또는 제15조제2항제2호에 따른 품목별 수입허가를 받은 방사선기기는 제2항에 따른 기준을 충족한 것으로 본다.

주2) 총리령 : 시행규칙 제83조(방사선기기의 설계변경승인)

법 제60조제1항 본문의 후단에 따라 방사선기기의 설계변경 승인을 받으려는 자는 별지 제76호서식의 신청서에 다음 각 호의 서류를 첨부하여 위원회에 제출하여야 한다.

1. 변경사항에 관한 서류
2. 승인서

⇒ **고시: 제2016-22호 방사선기기의 설계승인 및 검사에 관한 기준**

제33조(설계변경승인신청) ① 규칙 제83조에 따른 방사선기기 설계변경승인신청서의 작성기준은 다음 각 호와 같다.

1. 신청인 및 사업자분류 항목에는 설계승인 신청의 경우와 동일하게 기재한다.
2. 설계승인번호 및 승인일자 항목에는 규칙 제82조제7항에 따른 방사선기기설계승인서의 설계승인 번호와 승인일자를 각각 기재한다.
3. 설계변경사유 항목은 간단히 그 사유를 기재하되, 필요한 경우에는 별도 제출서류에 포함하여 구체적으로 기재할 수 있다.

② 변경사항에 관한 서류는 설계승인 신청 당시에 제출한 자료에서 변경된 부분에 대해서만 기재하되, 작성 방법은 설계승인 신청의 경우와 동일하다.

③ 변경사항에 관한 서류는 설계승인 신청서의 제출 서류 단위별로 분류하고, 자료 첫머리에는 변경 전후를 대비한 표를 함께 제출한다.

주3) 총리령 : 시행규칙 제84조(경미한 사항의 변경신고)

① 법 제60조제1항 단서에서 "총리령으로 정하는 경미한 사항"이란 다음 각 호의 어느 하나에 해당하는 사항을 말한다.

1. 승인을 받은 사람의 성명 및 주소(법인인 경우에는 그 명칭 및 주소와 대표자의 성명)
2. 사업소의 명칭 및 소재지
3. 방사선기기의 설계변경이 없는 단순한 형식명칭의 변경

② 법 제60조제1항 단서에 따라 변경신고를 하려는 자는 변경 후 30일 이내에 별지 제4호서식의 신고서에 다음 각 호의 서류를 첨부하여 위원회에 제출하여야 한다.

1. 변경사항을 증명하는 서류
2. 승인서

주4) 총리령 : 시행규칙 제82조(방사선기기의 설계승인신청)

② 법 제60조제2항에 따른 방사선기기의 설계자료에는 다음 각 호의 사항을 적어야 한다.

1. 설계의 개요 및 설명
2. 설계도면

⇒ **고시: 제2016-22호 방사선기기의 설계승인 및 검사에 관한 기준**

제29조(설계자료의 작성기준) ① 규칙 제82조제2항에 따른 방사선기기 설계승인신청서에 첨부되어야 하는 설계자료의 작성기준은 다음 각 호와 같다. 다만, 해당하지 않는 것이 명백한 경우에는 이를 생략할 수 있다.

1. 설계의 개요 및 설명

가. 개요

1) 설계 목적

2) 방사선 응용원리
3) 설치 및 운영현황
4) 설계표준 및 기준요건
5) 안전관련 품목 및 기능의 종류

나. 설명
1) 방사선기기 전체 관점에서의 작동원리 또는 절차 및 제한사항
2) 안전관련 품목 관점의 작동원리 또는 절차 및 제한사항

2. 설계도면
가. 도면에는 개략도, 설계도 및 사진 등을 첨부한다.
나. 방사선기기 전체와 각 안전관련 품목별로 구분하여 작성한다.
다. 실물과 대비한 축척을 명기한다.
라. 안전기능과 관련한 도면은 작동원리를 도시한다.
마. 다음 항목은 치수, 허용오차 및 제작물질을 도면상에 명시한다.
1) 선원의 위치
2) 차폐물의 위치
3) ON/OFF 및 셔터 기능표시의 위치
4) 가동 중임을 알리는 기능표시의 위치
5) 표지의 부착위치

② 제1항에도 불구하고 제작국가로부터 법 제60조에 준하는 설계승인을 받은 방사선기기를 수입하는 경우로서, 다음 각 호의 서류를 제출하는 경우에는 제1항제2호가목의 설계도 등 설계에 관한 세부사항을 설계자료에 적지 않을 수 있다.
1. 해당 방사선기기가 제작국가로부터 법 제60조에 준하는 설계승인을 받은 것을 증빙하는 서류
2. 기술유출 방지, 제작국 법령상의 제한에 따른 제작사의 자료제공 거부 등 설계에 관한 세부사항을 설계자료에 적기 어려운 구체적 사유와 이를 증빙하는 서류

③ 법 제60조제2항에 따른 안전성평가자료에는 다음 각 호의 사항을 적어야 한다.
1. 방사선기기의 개요 및 제원
2. 방사선기기의 재질, 구조 및 안전성 평가
3. 방사선기기의 설치 및 운영절차
4. 방사선기기의 시험 및 유지 · 보수절차

⇒ **고시: 제2016-22호 방사선기기의 설계승인 및 검사에 관한 기준**

제30조(안전성평가자료의 작성기준) 규칙 제82조제3항에 따른 방사선기기 설계승인신청서에 첨부되어야 하는 안전성평가자료의 작성기준은 다음 각 호와 같다. 다만, 해당하지 않는 것이 명백한 경우에는 이를 생략할 수 있다.
1. 방사선기기의 개요 및 제원
가. 개요

1) 방사선 방출량 및 방사선의 품질 또는 방향에 영향을 미치는 모든 부품 및 부속품에 대한 정보
2) 사용 환경의 조건(온도, 압력, 진동, 부식, 내화, 충격, 관통, 폭발, 침수 및 공기의 청정도 등)
3) 사용 제한사항(누설검사, 기기 관리, 기기 운영, 피폭방사선량 관리 및 교육 등)

나. 제원

1) 방사성동위원소를 내장한 기기의 제원
가) 설치형식
나) 제어기에서 제어 가능한 항목 현황
다) 내장된 방사성동위원소의 제조자
라) 핵종, 수량 및 방사능량
마) 물리적 및 화학적 상태
바) 제조용도, 제조번호 및 제조일자
사) 밀봉 내구성 시험기관 및 시험 결과
아) 누설검사 시험기관 및 시험 결과
자) 승인번호 및 등급

2) 방사선발생장치의 제원
가) 설치형식
나) 제어기에서 제어 가능한 항목 현황
다) 가속입자의 종류 및 공급방식
라) 발생 가능한 방사선
마) 목적하는 방사선
바) 고전압 유도방식
사) 최대 유도전압
아) 가속된 입자의 최대 빔 에너지(엑스선발생장치의 경우에는 관전압)
자) 가속된 입자의 최대 빔 전류(엑스선발생장치의 경우에는 관전류)
차) 빔 방출의 형태(연속형 또는 섬광형의 구분)
카) 연속가동이 가능한 경우에는 가동시간과 대비한 실제 방사선방출시간의 비율

3) 부착 표지에 대한 제원
가) 표지내용이 암호화된 경우 해독 정보
나) 방사선기기 및 선원용기 부착 표지에 대한 정보(규격, 내용, 재질 등)

2. 방사선기기의 재질, 구조 및 안전성평가

가. 재질

1) 안전관련 품목에 대한 제조물질을 기술한다.
2) 방사성동위원소 내장 기기의 경우에는 선원용기, 셔터 부위, 용접 부위 및 선원 유지 부위를 기술한다.
3) 방사선발생장치의 경우에는 가속관의 구조 부위, 셔터 부위, 표적 부위, 필터 및 콜리메타 부위를

기술한다.

4) 특정 재질의 선택 사유 및 특성을 기술한다.

나. 구조

1) 안전관련 품목의 제작 방법을 서술적으로 기술한다.

2) 선원 부위의 조립 방법을 기술한다.

3) 안전관련 품목을 포함한 주요 부품 및 부속품의 정상적인 조립 상태를 기술한다.

다. 안전성 평가

1) 평가 방법

가) 안전관련 품목에 적용하고 있는 제작기준을 기술하되, 그 기준이 법적 규정인 경우에는 해당규정을 명시한다.

나) 각 기준에 따른 시험 또는 측정의 적용방법 및 절차를 설계 과정, 부품의 구입 또는 제작 과정, 제품의 생산 또는 조립 과정으로 구분하여 서술적으로 기술하고, 선정 근거를 제시한다.

다) 불필요한 방사선의 누설, 산란 및 이차 방사선 영향을 경감하는 기능에 대한 방사선학적 입증시험 및 측정에 적용한 방법 및 절차를 기술하고, 선정 근거를 제시한다.

라) 방사선량에 관한 평가 자료로서 실제 측정결과를 제시하는 경우에는, 신뢰성 확인을 위한 정보로서의 측정 조건, 측정 방사선의 종류, 측정위치, 측정 장비의 사양, 교정의 유효성 유지 여부, 측정일자, 측정자 및 측정 방법을 제시하고, 측정 방법의 유효함을 입증하는 객관적인 자료 또는 출처를 명시하여야 한다.

마) 방사선량에 관한 평가 자료로서 계산 결과를 제시하는 경우에는 계산을 위한 전제조건 및 계산 방법과 방법론의 신뢰성확보를 위한 근거 및 결과의 해석을 기술하여야 한다.

2) 시제품의 평가결과

가) 방사선기기의 고유 안정성이 유지되고 있음을 알 수 있도록 시제품의 시험을 통하여 나타난 결과가 있는 경우에는 이를 기술한다.

나) 시험이 일반 산업기준이나 상식적인 기준을 근거로 수행하였을 경우에는 해당기준을 기술한다.

다) 시험결과를 대신하여 해당제품이나 유사제품의 실제 운영경력이나 또는 공학적인 안정성 해석결과를 제출하는 경우에는 이러한 사실을 명시하고, 설계의 적합성을 입증하는 객관적인 근거를 제시하여야 한다.

3) 방사선기기 외부 방사선량 제시

가) 방사선기기에서 방출할 수 있는 최대 방사선량을 기술한다. 이 경우 최대 방사선량은 방사성동위원소를 최대 적재하거나 방사선발생장치를 최대 가동조건으로 운전하고 있는 조건에서 평가한 값으로 한다.

나) 가)에 따른 최대 방사선량은 실측값을 기준으로 한다. 다만, 실측이 여의치 않은 경우에는 계산값을 적용할 수 있다.

다) 셔터의 개폐상태는 가능한 한 구분하여 기술한다. 이 경우 실제 설치된 경우를 가정하여 제한조건을 명시한 상태에서 기술할 수 있다.

라) 누설되는 방사선량의 평가위치는 방사선기기로부터 10센티미터(cm) 및 100센티미터(cm)의 지점으로 구분하여 기술하되, 별도로 목적하는 빔이 있는 경우에는 특정 해당위치에서 평가한 값을 포함하여야 한다.

마) 도면으로 제시하는 경우에는 도면에 가동조건을 명시한다.

4) 예상 피폭방사선량 제시

가) 정상적인 사용조건에서 종사자 또는 일반인이 받을 수 있는 연간 피폭방사선량을 평가하되, 피폭 시나리오 및 평가방법을 기술하고 평가의 적합성을 신뢰할 수 있는 객관적인 근거를 제시하여야 한다.

나) 합리적인 범위 내에서 예상 가능한 비정상적 피폭을 가정하여 평가하되, 피폭 시나리오 및 평가방법을 기술하고 평가의 적합성을 신뢰할 수 있는 객관적인 근거를 제시하여야 한다.

3. 방사선기기의 설치 및 운영절차

가. 방사선기기의 설치 및 운영을 위하여 제공되는 상세한 절차를 서술적으로 기술한다.

나. 절차서에는 허가 또는 신고사용에 따른 사용자의 법적인 의무사항을 고려한 상세한 취급제한의 내용과 근거를 포함하여야 한다.

4. 방사선기기의 시험, 유지 및 보수절차

가. 방사선기기의 시험, 유지 및 보수를 위하여 사용자에게 제공하고자 하는 상세한 절차를 서술적으로 기술한다.

나. 방사선기기가 설치된 시설에 대하여 적절한 운전상태 및 기능을 점검하는 관리가 필요한 경우에는, 설치된 방사선기기의 방사선학적인 안전성을 입증할 수 있는 현장적용이 가능한 시험의 종류 및 절차를 제시한다.

다. 의료용 방사선조사 기기의 경우에는 조사선량 재현의 안정성 기준과 조사시간 제어기능의 정확성 기준을 유지하는 방법을 기술한다.

라. 시간 경과에 따라 방사선 방출이 증가할 우려가 있는 방사선발생장치에 대해서는 방사선학적인 관점에서 내구성 및 안정성을 입증하기 위한 시험 방법, 절차 및 적용 주기를 기술하되, 해당 시험방법 및 절차를 선정한 근거를 제시하고, 입증시험 및 품질관리가 필요하지 않다고 판단한 경우에는 판단 근거를 제시한다.

④ 법 제60조제2항에 따른 제작에 관한 품질보증계획서에는 제4조제4항 각 호의 사항을 적어야 한다.

⇒ **고시: 제2016-22호 방사선기기의 설계승인 및 검사에 관한 기준**

제31조(품질보증계획서의 작성기준) 규칙 제82조제4항에 따른 방사선기기 설계승인신청서에 첨부되어야 하는 제작에 관한 품질보증계획서의 작성기준은 「방사성동위원소등의 생산에 관한 기준」(원자력안전위원회고시)을 준용한다.

⑤ 법 제60조제2항에서 "총리령으로 정하는 서류"란 제작국에서 인증된 제작검사 관련 증명서 또는 제작사가 발행한 품질보증 관련 증명서를 말한다.

⇒ **고시: 제2016-22호 방사선기기의 설계승인 및 검사에 관한 기준**

제31조(검사 및 품질보증관련 증명서) 규칙 제82조제5항에 따른 방사선기기 설계승인 신청서에 첨부되어야 하는 제작국의 검사관련 증명서 또는 품질보증관련증명서는 다음 각 호의 어느 하나와 같다.

1. 다음 각 목의 어느 하나에 해당하는 제작국에서 인증된 검사관련 증명서
  가. 제작국에서 발행된 기기검사 증명서
  나. 제작국이 검사관련 증명자료를 발행하지 않는 경우 그에 대한 제작국의 근거법령 및 조항이 기술된 자료
2. 다음 각 목의 어느 하나에 해당하는 제작사가 발행한 품질보증관련 증명서
  가. 제작사의 해당 기기에 대한 품질보증서 또는 시험검사 성적증명서
  나. 기타 제작사가 발행한 해당 기기에 대한 품질보증 자료

⑥ 법 제60조제2항에 따라 설계승인 신청을 할 때 외국에서 수입한 방사선기기에 대하여는 제4항에 따른 품질보증계획서를 제출하지 아니하며, 제5항에 따른 품질보증 관련 증명서는 외국에서 수입한 방사선기기의 경우에만 제출한다.

11. 검사 – 방사선기기

제61조(검사) ① 제60조제1항에 따라 승인을 받은 자는 제작 또는 수입한 방사선기기를 **대통령령**[1]으로 정하는 바에 따라 위원회의 검사를 받아야 한다. 다만, **대통령령**[2]으로 정하는 바에 따라 검사가 면제되는 경우에는 그러하지 아니하다.

② 허가사용자 및 신고사용자는 제1항에 따른 검사에 합격된 방사선기기를 사용하여야 한다.

주1) 대통령령 : 시행령 제94조(방사선기기의 검사)

① 법 제61조제1항 본문에 따른 검사를 받으려는 자는 **총리령**으로 정하는 바에 따라 검사신청서를 위원회에 제출하여야 한다.

⇒ 총리령 : 시행규칙 제85조(방사선기기의 검사신청)

① 영 제94조제1항에 따른 검사신청서는 별지 제77호서식과 같다.

② 제1항의 신청서에는 다음 각 호의 서류를 첨부하여야 한다.

1. 시험 · 검사시설 및 장비명세서
2. 시험 · 검사에 관한 설명서
3. 승인서

③ 위원회는 영 제94조에 따라 검사에 합격한 자에 대해서는 승인서에 검사합격내용을 적어 재발급하여야 한다.

② 제1항에 따른 검사의 기준에 관하여 필요한 사항은 **위원회가 정하여 고시**한다.

⇒ 고시: 제2016-22호 방사선기기의 설계승인 및 검사에 관한 기준

21조(검사항목) 방사선기기의 검사 분야 및 세부 검사항목은 제2장에 따른 기준을 포함하여 설계승인서에서 승인된 검사항목으로 한다.

제22조(검사기준) 방사선기기의 검사기준은 제2장에 따른 기준을 포함하여 설계승인서에서 승인된 검사기준으로 한다.

제23조(검사방법) ① 방사선기기의 검사는 방사선기기의 제작, 출하, 현장설치 등의 과정에 대하여 현장입회의 방법으로 한다.

② 검사는 방사선기기 구입 사용자가 법 제53조에 따른 조치를 완료한 후에 수행하되, 검사과정에서 방사선방출을 수반하여 검사 수행 전에 법 제56조제1항 및 영 제85조제1항에 따른 시설검사가 필요한 경우에는 시설검사 완료 후에 수행한다.

③ 검사는 검사신청자의 시설 및 장비를 이용하여 검사신청자가 수립하여 타당성을 입증하는 검사방법으로 수행한다.

제24조(검사결과 확인) 「원자력안전법 시행규칙」(이하 "규칙"이라 한다) 제85조제3항에 따른 검사합격내

용 표시는 방사선기기 설계승인서의 기기검사결과 란에 '합격'이라고 기재하며, 기기검사를 받지 않은 경우는 '검사 미필'이라고 기재한다.

③ 제1항에 따른 검사 결과 방사선기기가 제2항에 따른 검사기준에 맞는 경우에는 합격으로 한다.

주2) 대통령령 : 시행령 제95조(방사선기기의 검사면제)

① 법 제61조제1항 단서에 따라 다음 각 호의 어느 하나에 해당하는 경우에는 검사를 면제한다.

1. 제94조에 따라 검사에 합격한 방사선기기를 제93조제3항에 따른 설계승인서에 따라 반복하여 제작하는 경우
2. 제93조제4항에 해당하여 설계승인을 받은 방사선기기의 경우
3. 그 밖에 **위원회**가 정하여 고시하는 방사선기기의 경우

⇒ 고시: **제2016-22호 방사선기기의 설계승인 및 검사에 관한 기준**

제25조(방사선기기의 검사면제) ① 영 제95조제3호에서 그 밖에 위원회가 정하여 고시하는 방사선기기의 경우란 수입하는 방사선기기가 제작국 규제기관의 최종 인허가절차를 완료한 경우를 말한다. 다만, 방사선기기의 차폐 및 안전계통이 사용시설과 연동되어 조립, 설치되는 경우는 제외한다.

② 제1항에 따른 검사면제의 기준 등 검사면제에 필요한 사항은 위원회가 정하여 **고시**한다.

⇒ 고시: **제2016-22호 방사선기기의 설계승인 및 검사에 관한 기준**

제25조(방사선기기의 검사면제) ② 제1항에 따른 확인은 방사선기기 설계승인 신청자가 관련 증빙서류를 제시하는 것으로 갈음한다.

12. 준용

제62조(준용) 허가사용자 · 신고사용자 및 업무대행자의 사업 승계와 신고에 관하여는 제19조 및 제43조를 준용한다. 이 경우 "발전용원자로설치자" 또는 "핵연료주기사업자"는 "허가사용자 · 신고사용자 및 업무대행자"로 본다.

연습문제

01 **다음 중 인 · 허가 행위 중 성격이 다른 하나는?**

① 방사성동위원소등의 생산
② 방사성동위원소등의 판매
③ 방사성동위원소등의 사용
④ 방사성동위원소등의 이동사용 장소의 일시적 변경

02 **방사성동위원소등에 대한 생산허가 신청을 위해 원자력안전위원회에 제출해야 하는 첨부서류가 아닌 것은?**

① 설계승인서
② 품질보증계획서
③ 방사선안전보고서
④ 안전관리규정

03 **방사성동위원소를 생산하는 경우, 생산시설마다 갖추어야 하는 장비는?**

① 방사선측정기 2대 이상과 방사선원 운반차량 1대 이상
② 방사선측정기 및 방사능측정기 각 1대 이상과 방사선원 운반차량 1대 이상
③ 방사선측정기 및 방사능측정기 각 2대 이상과 방사선원 운반차량 1대 이상
④ 방사선측정기 2대 이상과 방사선원 운반차량 2대 이상

04 **방사선투과검사의 목적으로 방사선동위원소등을 이동사용하는 경우 갖추어야 할 장비에 대한 설명으로 틀린 것은?**

① 방사선투과검사 장비 5대 이상
② 방사선측정기: 방사선투과검사 장비 2대당 1대 이상
③ 방사선경보기: 방사선작업종사자 1명당 1개 이상
④ 직독식개인선량계: 방사선작업종사자 1명당 1개 이상

05 다음 중 방사선발생장치 판매 허가 신청을 위한 인력기준에 해당되지 않는 경우는?

① 방사선동위원소취급자일반면허 소지자 1명 이상
② 방사성취급감독자면허 소지자 1명 이상
③ 방사성동위원소취급특수면허 소지자 1명 이상
④ 방사선관리기술사 1명 이상

06 방사성동위원소등에 관한 허가 신청을 위한 구비서류인 안전성분석보고서에 담기지 않는 내용은?

① 방사성동위원소등의 개요 및 제원
② 방사성동위원소등의 재질 · 구조 및 안전성 평가
③ 방사성동위원소등의 판매에 관한 사항
④ 방사성동위원소등의 성능시험계획서

07 방사성동위원소등에 관한 허가 신청을 위한 구비서류인 안전관리규정에 담기지 않는 사항은?

① 방사성동위원소등의 구매 · 사용 및 판매에 관한 사항
② 방사선안전관리 장비의 보관 · 관리 및 교정에 관한 사항
③ 방사선장해 발생여부를 발견하기 위하여 필요한 조치에 관한 사항
④ 주변 환경에 대한 방사선 영향에 관한 사항

08 다음 중 방사성동위원소등의 이동사용과 관련하여 일시적 사용장소의 변경에 해당하지 않는 것은?

① 방사성동위원소등의 폐기를 목적으로 그 처분장소를 지정하는 것
② 방사성동위원소등을 사업소 외에서 방사선투과검사를 목적으로 이동사용하기 위하여 작업장을 개설하는 것
③ 방사선발생장치 또는 방사성동위원소가 내장된 기기를 사업소 외에서 검문 · 검색 또는 보안을 목적으로 이동사용하기 위하여 그 사용장소를 변경하는 것
④ 방사선발생장치 또는 방사성동위원소가 내장된 기기를 사업소 외에서 제품의 홍보 등을 목적으로 진열 · 전시하기 위하여 그 사용장소를 변경하는 것

09 **다음 중 경미한 사항의 변경신고 항목에 해당하지 않는 것은?**

① 허가사용자의 성명 및 주소
② 허가사용자가 사용신고대상 방사성동위원소 또는 방사선발생장치를 추가 또는 변경하는 것에 대한 사항
③ 안전관리규정의 변경에 관한 사항
④ 사용시설등의 변경을 요하는 방사성동위원소등의 수량 증가에 관한 사항

10 **다음 중 사용 등의 신고대상 용도에 해당하지 않는 것은?**

① 엑스선 형광분석용
② 엑스선 치료용
③ 가스 크라마토그래피 중 전자포획용
④ 휴대용 재료성분분석용

11 **다음은 교정용 밀봉 방사성동위원소 사용에 대한 신고 대상 수량을 기술한 것이다. ( )에 맞는 값은?**

교정용 장치에 방사성동위원소가 내장된 경우에는 방사성동위원소의 수량이 (ㄱ) 메가베크렐 이하이고, 사용 중인 경우에는 표면방사선량률이 시간당 (ㄴ) 마이크로시버트 이하이며, 사용하지 않는 경우에는 표면방사선량률이 시간당 (ㄷ) 마이크로시버트 이하일 것

	(ㄱ)	(ㄴ)	(ㄷ)		(ㄱ)	(ㄴ)	(ㄷ)
①	4	50	0.1	②	4	500	1
③	40	500	1	④	40	500	10

12 **다음 방사선발생장치 용도 중 신고대상 용도에 해당하지 않는 것은?**

① 가속이온주입용
② 수화물검색용
③ 엑스선 회절분석용
④ 고정형 폭발물 처리 및 테러방지 검사용

13 **다음은 방사선발생장치 사용 신고 용량에 대한 조항이다. (　　)에 맞는 값은?**

> 자체 차폐된 방사선발생장치로서 가속관의 최대전압이 (ㄱ) 킬로볼트 이하이고, 표면방사선량률이 시간당 (ㄴ) 마이크로시버트 이하일 것

	(ㄱ)	(ㄴ)		(ㄱ)	(ㄴ)
①	17	1	②	170	1
③	170	10	④	170	100

14 **다음 중 방사성동위원소등의 허가사용자가 방사선안전관리자로 선임할 수 없는 사람은?**

① 방사성동위원소취급자일반면허 소지자
② 방사선취급감독자면허 소지자
③ 방사선관리기술사
④ 방사성동위원소등의 취급업무에 종사한 경력 소유자

15 **다음 중 방사선안전관리자 선임신고 첨부서류가 아닌 것은?**

① 방사선안전관리자의 재직을 증명하는 서류
② 허가사용자의 경우, 면허증 사본 또는 방사선관리기술사 자격증 사본
③ 신고사용자의 경우, 면허증 사본 및 방사선안전관리자 교육 이수 증명서류
④ 방사선안전관리자의 업무분장 내용

16 **방사선안전관리자의 업무에 해당하지 않는 것은?**

① 안전관리규정 및 기술기준 준수여부 점검
② 방사선작업종사자에 대한 방사선장해방지조치
③ 안전관리규정 미준수 작업종사자에 대한 징계 결정
④ 허가사용자 및 신고사용자에 대한 방사선 안전관리에 관한 조치 권고

17 **다음 방사선안전관리자에 대한 설명으로 틀린 것은?**

① 원자력안전위원회는 해당 업무를 게을리 한 방사선안전관리자의 해임을 요구할 수 있다.
② 허가사용자 및 신고사용자는 원자력안전위원회의가 방사선안전관리자의 해임을 요구한 때에는 정당한 사유가 없으면 해당 방사선안전관리자를 30일 이내에 해임해야 한다.
③ 방사선작업종사자 및 방사선관리구역출입자는 방사선안전관리에 관한 방사선안전관리자의 조치와 권고를 따라야 한다.
④ 원자력안전위원회의 해임요구에 따라 해임된 후 1년이 지난 사람은 방사선안전관리자로서 재선임될 수 있다.

18 **다음 중 업무대행자가 대행할 수 없는 것은?**

① 방사선오염의 제거
② 방사성동위원소등 및 방사성폐기물의 수거 · 처리 및 운반
③ 방사선안전보고서 · 안전관리규정의 작성
④ 사용시설등의 설치

19 **다음 중 업무대행자가 대행할 수 없는 것은?**

① 방사선원 누설점검
② 사용시설등의 설계
③ 방사성폐기물 처분
④ 자체점검보고서의 작성업무

20 **다음은 개봉선원 생산시설 차폐에 대한 설계기준이다. (   )에 맞는 값은?**

> 1. 사용시설 등의 내부에 사람이 상시 출입하는 장소는 연간 방사선량이 (ㄱ) mSv를 초과하지 아니하여야 하고 1주당 방사선량은 (ㄴ) mSv를 초과하지 아니하여야 한다.
> 2. 사용시설 등의 경계에 인접하여 사람이 거주하는 구역은 연간 방사선량이 (ㄷ) mSv를 초과하지 아니하여야 하고 1주당 방사선량은 (ㄹ) mSv를 초과하지 아니하여야 한다.

	(ㄱ)	(ㄴ)	(ㄷ)	(ㄹ)		(ㄱ)	(ㄴ)	(ㄷ)	(ㄹ)
①	20	5	1	0.1	②	20	5	1	0.5
③	20	1	1	0.5	④	20	1	1	0.1

21 **개봉선원 생산시설의 오염검사실 설치기준에 대한 설명으로 틀린 것은?**

① 오염검사실은 사람의 출입이 적은 장소에 설치할 것
② 오염검사실 내부 벽 · 바닥 등의 표면은 평탄하고 매끄러우며 빈틈이 없을 것
③ 세정 · 탈의설비를 갖출 것
④ 오염검사를 위한 방사선측정기 및 오염제거에 필요한 장비를 갖출 것

22 **개봉선원 생산을 위한 방사선 조사시설에 반드시 설치해야 할 장치가 아닌 것은?**

① 출입구에 방사선 조사 중임을 자동적으로 표시하는 장치
② 방사선 조사 여부에 따라 출입구가 개폐되는 연동장치
③ 시설 외부를 상시 감시할 수 있는 장치
④ 사람의 출입을 제한하는 장치

23 **다음은 개봉선원 사용 및 분배시설의 구조 및 설비에 관한 기술기준이다. (　　)에 맞는 값은?**

> 1. 내화구조 및 불연재료 시설을 요하지 아니하는 한도량은 별표 5의 제2란의 해당 방사성핵종에 대하여 제3란에 규정된 수량의 (ㄱ)배
> 2. 오염검사 또는 배기설비의 설치를 요하지 아니하는 한도량은 별표 5의 제2란의 해당 방사성핵종에 대하여 제3란에 규정된 수량의 (ㄴ)배

	(ㄱ)	(ㄴ)		(ㄱ)	(ㄴ)
①	10000	10000	②	10000	1000
③	1000	1000	④	1000	100

24 **111 테라베크렐(TBq) 이상의 밀봉선원 사용 또는 분배시설이 반드시 갖추어야 하는 시설이 아닌 것은?**

① 시설 내 · 외부를 연결하는 무선통신 장치
② 밀봉선원의 사용 또는 분배여부에 따라 출입구가 개폐되는 연동장치
③ 내부를 상시 감시할 수 있는 장치
④ 사람의 출입을 제한하는 장치

25 **다음 중 방사선 구역 및 시설에 대한 방사능표지의 크기가 잘못된 경우는?**

① 방사선관리구역 - 반지름 15센티미터 이상
② 방사성동위원소의 저장실 - 반지름 10센티미터 이상
③ 오염검사실 · 처리작업실 - 반지름 10센티미터 이상
④ 방사성동위원소의 저장함 - 반지름 5센티미터 이상

26 **다음은 밀봉선원의 성능기준에 대한 설명 중 하나이다. (　　)안에 맞는 값은?**

> 3. 평가기준은 각 성능시험을 거친 후 해당 방사성핵종의 누설량이 (　　) 베크렐(Bq)을 초과하지 않아야 한다.

① 100　　② 200
③ 300　　④ 400

27 **방사선발생장치의 차폐기준에 대한 설명으로 틀린 것은?**

① 감손우라늄과 천연우라늄을 차폐 재료로 사용해서는 안 된다.
② 차폐 재료는 균일성 및 변성 등에 관한 사항은 품질이 보증된 것이어야 한다.
③ 서로 다른 종류의 차폐 재료가 연결되는 경우에는 해당부위의 차폐효과가 저하되지 않아야 한다.
④ 차폐성능의 평가는 별도의 합리적 기준이 없는 한 임의의 종사자에 의한 방사선기기 가동 시간을 연간 2000시간으로 한다.

28 **방사선기기의 연동장치 기준에 대한 설명으로 틀린 것은?**

① 연동장치는 비상안전기능을 갖추어야 하며, 다른 계통 또는 장치에 의해 영향을 받지 않아야 한다.
② 연동장치는 방사선기기를 가동하기 위한 일상적인 수단으로 이용할 수 있다.
③ 연동장치는 작동 환경을 고려하여 설계목적을 충분히 달성할 수 있는 성능을 확보하여야 한다.
④ 수시 개폐가 필요한 특정 부위는 2개 이상의 서로 독립적인 연동장치와 연동되어야 한다.

29 방사선기기의 비상정지계통 기준에 대한 설명 중 틀린 것은?

① 연동장치의 기능이 비정상인 경우에는 방사선방출이 일어나지 않아야 한다.
② 최소한 1개의 비상정지 스위치는 수동조작에 의해서만 가동하고, 이를 통한 정지기능은 모든 제어기능에 우선해야 한다.
③ 비정상적으로 방사선의 방출이 제한 또는 중단된 경우에는 중단 원인의 단순한 복구 또는 조정에 의하여 방사선방출이 재개되도록 해야 한다.
④ 작동원리상 방사선기기에 내장된 방사성동위원소 또는 선원용기의 이동이 불가피한 경우에 대비하여 탈락 · 끼임 · 훼손 및 파손 등의 사고를 예방하고 복구하는 방법을 강구해야 한다.

30 방사선기기의 방사선방출 제어장치 기준에 대한 설명으로 틀린 것은?

① 셔터나 방사선원의 위치이동을 통하여 방사선방출을 제어하는 기능이 있는 방사선기기의 경우에는 셔터의 개폐상태 또는 방사선원의 위치확인이 방사선기기의 통상적인 가동환경에서 용이하도록 해야 한다.
② 전원을 통해 방사선원 위치를 조정하는 방사선기기의 경우는 전원이 상실된 상황에서는 전원상실 시점에 있던 위치를 유지하도록 해야 한다.
③ 압축공기나 유압을 이용하여 장치를 구동하는 경우에는 이물질을 제거하기 위한 필터와 안전 보조밸브 및 비상구동 기능을 갖추어야 한다.
④ 시간 제어장치를 통해 방사선방출을 제어하는 경우에는 시간제어 가능범위와 경과시간을 확인할 수 있게 해야 한다.

31 다음은 방사선기기 경고체계 기준에 대한 설명이다. (　　)에 맞는 값은?

> 4. 방사선기기로부터 1미터 위치에서의 피폭방사선량이 시간당 (ㄱ) 시버트를 초과하는 경우에는 시각적 경고 장치와 함께 연동장치에 연동된 청각적 경고 장치를 함께 설치하여야 한다. 이 경우 청각적 경고 장치는 방사선방출 직전까지 최소한 (ㄴ)초 이상 작동되어야 한다.

	(ㄱ)	(ㄴ)		(ㄱ)	(ㄴ)
①	1	10	②	2	10
③	3	20	④	5	20

32 **다음 중 방사선발생장치에 표시해야 하는 항목이 아닌 것은?**

① 가속입자의 최대 빔에너지
② 가속입자의 최대 빔전류
③ 방사선량
④ 설계승인번호

33 **다음은 완전방호형 방사선기기 구조기준에 대한 설명이다. ( )에 맞는 값은?**

5. 방사선기기의 외부에 형성되는 방사선장에 의한 피폭방사선량이 최대가 되는 가동 조건에서 모든 접촉부위의 표면방사선량은 시간당 (ㄱ) 마이크로시버트를 초과하지 않아야 한다.
6. 방사선발생장치의 경우, 가속관의 최대전압이 (ㄴ) 킬로볼트(kV) 이하이어야 한다.

	(ㄱ)	(ㄴ)		(ㄱ)	(ㄴ)
①	1	30	②	1	50
③	2	30	④	2	50

34 **다음은 휴대개방형 방사선기기 구조기준에 대한 설명이다. ( )에 맞는 값은?**

3. 방사성동위원소가 내장된 기기의 경우, 셔터를 닫거나 방사선원을 안전위치로 이동한 후 방사선기기의 표면방사선량은 시간당 (ㄱ)밀리시버트를 초과하지 않아야 하며, 방사선기기의 표면으로부터 1미터 떨어진 위치에서의 방사선량은 시간당 (ㄴ)밀리시버트를 초과하지 않아야 한다.

	(ㄱ)	(ㄴ)		(ㄱ)	(ㄴ)
①	2	0.02	②	2	0.05
③	5	0.02	④	5	0.05

35 **다음은 어떤 유형의 방사선기기에 대한 설명인가?**

> 1. 방사선원과 피사체 또는 시료는 정상적인 사용조건에서 고유 안전성이 항상 유지되는 고정 부착된 격리 구조물로 밀폐되어, 방사선방출 중에는 신체의 일부가 격리 구조물 내에 직접 접촉할 수 없다.
> 2. 특수공구를 이용하지 않는 한 방사선기기의 분해가 가능하지 않다.

① 완전방호형　　② 캐비닛형
③ 무인격리형　　④ 휴대개방형

36 **방사성동위원소등 생산자가 기술기준에 부적합한 품목의 사용이나 설치를 방지하기 위한 관리 절차서를 작성하는데 있어 포함시키지 않아도 되는 항목은?**

① 부적합품목의 식별방안　　② 문서화
③ 격리　　④ 재활용

37 **업무대행자 등록을 위한 장비 기준으로 틀린 것은?**

① 방사선측정기 5대 이상
② 방사능측정기 1대 이상
③ 전담인력마다 방사선경보기 또는 직독식 개인선량계 1대 이상
④ 방사성물질등을 운반할 수 있는 전용차량 1대 이상(방사성동위원소등 및 방사성폐기물의 수거 · 처리 및 운반 업무 대행의 경우)

38 업무대행자가 허가사용자 및 신고사용자를 대행하여 방사선오염 제거 업무를 하고자 할 때 갖추어야 할 인력기준으로서 맞는 것은?

① 방사선관리기술사로서 방사선안전규제업무 경력이 3년 이상인 사람 1명 이상
② 방사선관리기술사로서 방사선안전관리 경력이 5년 이상인 사람 1명 이상
③ 방사성동위원소취급일반면허 소지자 1인 이상
④ 방사성동위원소취급특수면허 소지자 1인 이상

39 다음 중 방사성동위원소등의 사용시설등에 대한 검사가 면제되지 않는 경우는?

① 밀봉되지 아니한 방사성동위원소의 배출시설을 변경하는 경우
② 방사성폐기물의 저장시설을 변경하는 경우
③ 제작검사에 합격한 방사선기기를 기존 시설 변경 없이 설치하는 경우
④ 방사선발생장치의 보관시설을 설치하거나 변경하는 경우

40 방사성동위원소등의 생산 및 사용자가 기록 · 비치해야 할 다음의 방사선안전관리 항목 중 보존기간이 다른 하나는?

① 방사성동위원소등의 생산, 사용, 분배, 저장 및 폐기시설의 방사선량률
② 밀봉방사성동위원소 또는 방사선발생장치로서 방사선차폐시설이 일정한 장소의 방사선량률
③ 배기구 및 배수구에서의 방사성물질의 농도
④ 방사선관리구역에서의 방사성물질로 오염된 물체의 표면오염도

41 방사성동위원소등의 판매업자가 기록 · 비치해야 할 다음의 항목 중 보존기간이 다른 하나는?

① 방사성동위원소등의 구입 또는 판매기록
② 방사성동위원소등의 분배 · 저장 · 보관 · 처리 및 배출시설의 방사선량률
③ 수시출입자가 해당 업무에 종사하는 기간 중의 건강진단기록
④ 자체처분한 방사성폐기물의 발생원, 종류, 수량, 방사선량률, 처리방법 및 처리 일시

42 **개봉선원 생산에 관한 기술기준으로 틀린 것은?**

① 생산시설 안의 사람이 상시 출입하는 장소에서 사람이 호흡하는 공기중 방사성동위원소의 농도는 연간섭취한도를 초과하지 아니하도록 할 것
② 생산시설 안의 사람이 접촉하는 물건표면의 방사성동위원소의 오염도가 허용표면오염도를 초과하지 아니하도록 할 것
③ 생산시설 안에서는 작업복 · 신발 · 보호구 등을 착용하되, 이를 착용한 채 작업실을 나가지 아니하도록 할 것
④ 생산시설을 나갈 때에는 인체에 착용하고 있는 물건표면에 대하여 방사성동위원소에 의한 오염상태를 검사하고 그 오염을 제거할 것

43 **개봉선원 저장에 대한 기술기준으로 맞는 것은?**

① 저장함은 개봉선원 보관 중에도 운반을 할 수 있다.
② 저장시설에 개봉선원을 별도 용기 넣지 않고 저장할 수 있다.
③ 저장시설의 저장능력을 일시적으로 초과하여 개봉선원을 저장할 수 있다.
④ 방사선관리구역에는 사람의 출입을 제한하는 조치를 해야 한다.

44 **원자력안전위원회가 정한 방사선장해방지 조치를 취하여 개봉선원을 사업소 안에서 운반하는 경우 용기에 봉입하지 않아도 된다. 이를 위한 방사선장해방지 조치에 해당하지 않는 것은?**

① 정상 운반상태에서 방사성물질 등이 쉽게 비산하거나 누설되지 않도록 할 것
② 빗물 등이 쉽게 침투되지 않도록 할 것
③ 외접하는 직방체의 최소변을 10센티미터 이상이 되도록 할 것
④ 운반 전에 운반수단 및 운반경로 등에 대한 오염상황을 점검할 것

45 **다음은 개봉선원 및 그에 의하여 오염된 물질을 사업소 안에서 운반하는 경우, 운반물과 운반차량에 대한 방사선량률 제한 규정이다. (　　)에 맞는 값들은?**

> 1. 운반물 외부표면으로부터 10센티미터 떨어진 위치에서 시간당 (ㄱ) 밀리시버트
> 2. 운반차량 외부표면에서 2미터 떨어진 위치에서 시간당 (ㄴ) 밀리시버트

	(ㄱ)	(ㄴ)		(ㄱ)	(ㄴ)
①	5	0.1	②	10	0.1
③	20	0.1	④	20	1

46 **다음 밀봉선원 중 누설점검 면제 대상에 해당하지 않는 것은?**

① 베타선을 방출하는 밀봉선원으로서 3.7 MBq 이하의 것
② 알파선을 방출하는 밀봉선원으로서 방사능량이 0.37 MBq 이하의 것
③ 감마선을 방출하는 밀봉선원으로서 37 MBq 이하의 것
④ 물리적 반감기가 30일 이하의 것

47 **다음 중 밀봉선원에 대한 누설점검 방법이 아닌 것은?**

① 문지름시험　　② 건조문지름시험
③ 타격시험　　④ 가열 및 침수시험

48 **다음은 밀봉선원 누설점검 방법들에 대해 적용되는 공통의 합격기준이다. (　　)에 맞는 값은?**

> 계측결과, 해당 방사선원을 구성하고 있는 핵종의 총 방사능량이 (ㄱ)Bq을 초과하지 아니하는 경우에는 방사선원의 누설이 없는 것으로 간주한다.

① 100　　② 200
③ 300　　④ 400

49 **다음 중 원자력안전법에서 정한 의료피폭의 관리 범위에 포함되지 않는 것은?**

① 진료 목적으로 받는 개인의 피폭
② 진료 받은 임산부의 태내 배태아 또는 모유 수유하는 환자의 유아가 받는 피폭
③ 진료 환자를 간병하는 가족이나 친지가 받는 피폭
④ 방사선 진료장비를 운영하는 직원이 받는 피폭

50 **다음 중 치료용 방사선기기에 대한 선량 교정 및 평가를 하지 않아도 되는 경우는?**

① 장비를 설치하고 처음으로 사용할 때
② 처음으로 사용한 이후 6개월이 지난 때
③ 방사선원을 교체한 때
④ 1년 이상 사용을 중지한 후 다시 사용하려 할 때

51 **고정 차폐된 사용시설 이외에서 방사성동위원소등을 방사선투과검사 작업에 사용할 때 적용되는 기술기준으로서 틀린 것은?**

① 피폭방사선량이 선량한도 이하가 되도록 차폐벽이나 차폐물을 설치할 것
② 방사선관리구역의 경계에 설치한 울타리 등 사람의 출입을 제한하는 시설의 사방에 소리 및 경광동 겸용의 경고등을 설치할 것
③ 사용을 폐지한 선원은 일시적 장소에 보관할 것
④ Ir-192 0.74 TBq 이하에 상응하는 방사성동위원소만을 사용할 것

52 **방사성동위원소등을 이동사용하는 방사선투과검사 작업에 대한 기술기준으로서 틀린 것은?**

① 방사선조사장치 2대당 측정범위가 작업현장에 적합한 방사선측정기 1대 이상을 휴대하고 이상유무를 점검하여 활용할 것
② 방사선작업은 반드시 2인 이상을 1조로 편성하여 작업을 수행하고 각 개인에 대한 직무를 분담할 것
③ 감마선 조사장치를 사용하는 경우에는 콜리메터를 장착하고 사용할 것
④ 방사선작업을 종료하는 경우 방사선조사장치 등의 안전성 여부를 확인할 것

53 **다음은 방사성동위원소등을 이동사용하는 방사선투과검사 작업에 대한 기술기준 중 하나를 설명한 것이다. (   )에 맞는 값들은?**

고정 설치된 방사선차폐시설이 없는 곳에서 방사선작업을 하는 경우 외부방사선량률이 시간당(ㄱ) 마이크로시버트를 초과하는 구역에 대하여 작업장 출입을 관리하고, 시간당 (ㄴ) 마이크로시버트를 초과하는 구역에 대하여 일반인의 접근 여부를 감시할 것

	(ㄱ)	(ㄴ)		(ㄱ)	(ㄴ)
①	5	1	②	10	1
③	20	1	④	30	1

54 **방사선기기 설계승인에 대한 기준으로 틀린 것은?**

① 방사선발생장치 또는 방사성동위원소가 내장된 기기를 방사선기기라 한다.
② 방사선기기 제작 또는 수입을 하려는 자는 방사선기기 설계승인을 받아야 한다.
③ 방사선기기는 용량에 따라 설계승인을 받아야 한다.
④ 설계승인 받은 방사선기기를 반복하여 제작 또는 수입하려는 경우에는 다시 승인을 받지 않아도 된다.

55 **방사선기기 설계승인 신청을 위한 첨부서류로서 안전성평가자료에 포함되지 않아도 되는 것은?**

① 방사선기기의 개요 및 제원
② 방사선기기의 재질, 구조 및 안전성 평가
③ 방사선기기의 시험 및 유지 · 보수 절차
④ 방사선기기의 해체 및 폐기 절차

56 **방사선기기 검사신청서에 첨부해야 하는 서류가 아닌 것은?**

① 품질보증 관련 증명서
② 시험 · 검사시설 및 장비명세서
③ 시험 · 검사에 관한 설명서
④ 승인서

57 **방사선기기의 검사가 면제되는 경우가 아닌 것은?**

① 원자력안전법에 의한 검사에 합격한 방사선기기를 설계승인서에 따라 반복하여 제작하는 경우
② 의료기기법에 따라 품목별 제조허가를 받은 방사선기기의 경우
③ 수입하는 방사선기기가 제작국 규제기관의 최종 인허가절차를 완료한 경우
④ 수입 방사선기기의 차폐 및 안전계통이 사용시설과 연동되어 설치되는 경우

58 **방사선기기 설계승인을 신청하기 위해 첨부해야 하는 서류가 아닌 것은?**

① 방사선기기의 설계자료
② 방사선기기의 안전성평가자료
③ 설계에 관한 품질보증계획서
④ 수입 방사선기기의 경우, 제작국에서 인증된 제작검사 증명서

59 **원자력위원회의 승인 대상에 포함되지 않는 것은?**

① 방사선발생장치를 제작하려 할 때
② 방사선발생장치를 수입하려 할 때
③ 방사성동위원소가 내장된 기기를 제작하려 할 때
④ 방사성동위원소 생산 설비를 설치하려 할 때

60 **다음 중 방사선기기 설계승인과 관련하여 경미한 사항의 변경신고 대상이 아닌 것은?**

① 승인을 받은 사람의 성명 및 주소
② 사업소의 명칭 및 소재지
③ 방사선기기 연동장치의 변경
④ 방사선기기의 설계변경이 없는 형식 명칭의 단순한 변경

CHAPTER 05

폐기 및 운반

CONTENTS

1. 방사성폐기물관리시설등의 건설·운영 허가

제63조(방사성폐기물관리시설등의 건설 · 운영 허가) ① 방사성폐기물의 저장 · 처리 · 처분 시설 및 그 부속시설(이하 "방사성폐기물관리시설등"이라 한다)을 건설 · 운영하려는 자는 **대통령령**[1)]으로 정하는 바에 따라 위원회의 허가를 받아야 한다. 허가받은 사항을 변경하려는 때에도 또한 같다. 다만, **총리령**[2)]으로 정하는 경미한 사항을 변경하려는 때에는 이를 신고하여야 한다.

② 제1항에 따라 허가를 받으려는 자는 허가신청서에 방사선환경영향평가서, 안전성분석보고서, 안전관리규정, 설계 및 공사 방법에 관한 설명서, 건설 및 운영에 관한 품질보증계획서와 그 밖에 **총리령**[3)]으로 정하는 서류를 첨부하여 위원회에 제출하여야 한다.

③ 제1항에 따른 허가 및 변경허가의 결격사유에 관하여는 제14조를 준용한다. 이 경우 제14조제3호 중 "제17조"는 "제66조"로 본다.

주1) 대통령령 : 시행령 제96조부터 제98조까지

○ **제96조(방사성폐기물관리시설등의 건설 · 운영 허가 신청)**

법 제63조제1항 전단에 따라 방사성폐기물의 저장 · 처리 · 처분 시설 및 그 부속시설(이하 "방사성폐기물관리시설등"이라 한다)의 건설 · 운영 허가를 받으려는 자는 방사성폐기물관리시설등별로 **총리령**으로 정하는 바에 따라 허가신청서를 작성하여 위원회에 제출하여야 한다. 이 경우 방사성폐기물 처분시설의 건설 · 운영 허가를 받으려는 자는 다음 각 호의 사항을 고려하여 처분의 안전성을 평가한 후 **제99조제2항** 각 호의 범위에서 법 제64조제5호에 따른 방사성폐기물 처분시설의 폐쇄 후 관리기간을 설정하여 위원회에 제출하여야 한다.

1. 처분방식
2. 처분 깊이
3. 처분시설 설계특징
4. 처분폐기물의 종류 및 수량
5. 부지 특성
6. 주변의 사회적 특성
7. 처분시설의 폐쇄 후 관리활동

⇒ **총리령 : 시행규칙 제87조(방사성폐기물관리시설등의 건설 · 운영허가의 신청 등)**

① 영 제96조에 따른 허가신청서는 별지 제78호서식과 같다.

⇒ **대통령령 : 시행령 제99조(허가기준)**

② 법 제64조제5호에서 "대통령령으로 정하는 기간"이란 다음 각 호에 따른 방사성폐기물 처분시설의 폐쇄 후 관리기간을 말한다. 이 경우 동일 부지 안에 2개 이상의 방사성폐기물 처분시설을 운영하

려는 경우에는 그 중 가장 긴 기간이 적용되는 방사성폐기물 처분시설의 폐쇄 후 관리기간을 그 부지의 모든 방사성폐기물 처분시설에 적용한다.

1. 동굴처분을 하는 방사성폐기물 처분시설: 200년 이하
2. 동굴처분 외의 천층처분을 하는 방사성폐기물 처분시설: 300년 이하

○ **제97조(부속시설)**

법 제63조제1항 본문의 전단에 따른 부속시설은 방사선안전에 관계되는 시설로서 방사성폐기물의 인수시설 및 검사시설로 한다.

○ **제98조(변경허가 신청)**

법 제63조제1항 전단에 따라 방사성폐기물관리시설등의 건설 · 운영 허가를 받은 자(이하 "방사성폐기물관리시설등건설 · 운영자"라 한다)는 같은 항 본문의 후단에 따라 그 허가받은 사항의 변경허가를 받으려면 **총리령**으로 정하는 바에 따라 변경허가신청서를 위원회에 제출하여야 한다.

⇒ **총리령 : 시행규칙 제88조(허가의 변경)**

① 영 제98조에 따른 변경허가신청서는 별지 제80호서식과 같다.

② 제1항의 신청서에는 다음 각 호의 서류를 첨부하여야 한다.

1. 허가시선청서 첨부서류 중 변경되기 전의 것과 변경된 후의 비교표
2. 공사계획 및 방사선장해방어계획(공사를 수반하는 경우에만 첨부한다)
3. 허가증(허가증의 기재사항을 변경하려는 경우에만 첨부한다)

주2) 총리령 : 시행규칙 제89조(경미한 사항의 변경신고)

① 법 제63조제1항 단서에서 "총리령으로 정하는 경미한 사항"이란 다음 각 호의 어느 하나에 해당하는 사항을 말한다.

1. 허가를 받은 사람의 성명 및 주소(법인인 경우에는 그 명칭 · 주소 및 그 대표자의 성명)
2. 방사성폐기물관리시설등을 설치하는 사업소의 명칭
3. 방사성폐기물관리시설등의 공사일정
4. 제87조제3항에 따른 안전성분석보고서의 기재사항 중 같은 항 제1호 · 제4호 또는 제7호에 관한 사항
5. 제87조제5항에 따른 건설 및 운영에 관한 품질보증계획서의 기재사항 중 제4조제4항제2호부터 제18호까지에 관한 사항
6. 안전성분석보고서, 안전관리규정, 건설 및 운영에 관한 품질보증계획서, 방사성폐기물관리시설등의 건설 · 운영계획에 관한 서류 및 방사성폐기물관리시설등의 건설 · 운영에 관한 기술능력에 관한 설명서의 내용 중 품질보증체제의 조직이 아닌 일반조직 변경에 관한 사항
7. 오기(誤記), 누락 또는 그 밖에 이에 준하는 사유로서 그 변경 근거가 분명한 사항

② 법 제63조제1항 단서에 따라 변경신고를 하려는 자는 변경 후 20일 이내에 별지 제4호서식의 신고서에 다음 각 호의 서류를 첨부하여 위원회에 제출하여야 한다.

1. 변경사항에 관한 서류
2. 허가증

주3) 총리령 : 시행규칙 제87조(방사성폐기물관리시설등의 건설 · 운영허가의 신청등)

② 법 제63조제2항에 따른 방사선환경영향평가서에는 제4조제2항 각 호의 사항을 적어야 한다.

⇒ 총리령 : 시행규칙 제4조제2항

1. 시설 및 그 부지주변지역의 환경현황
2. 시설의 건설 및 운영으로 인하여 주변 환경에 미치는 방사선영향의 예측
3. 시설의 건설 및 운영 중 시행할 방사선환경감시계획
4. 운전 중 사고로 인하여 환경에 미치는 방사선영향
5. 영 제144조제2항에 따라 통지된 의견
6. 영 제145조제5항 후단에 따른 의견 청취 결과 또는 영 제145조제6항에 따른 공청회 개최 결과

③ 법 제63조제2항에 따른 안전성분석보고서에는 **위원회가 정하여 고시**하는 지침에 따라 다음 각 호의 사항을 적어야 한다.

1. 시설의 개요 및 현황
2. 부지특성
3. 시설의 설계 및 건설
4. 시설의 운영 및 관리
5. 부지폐쇄 및 폐쇄 후 관리
6. 안전성평가 및 사고분석
7. 방사선장해방어
8. 기술지침

⇒ 고시: 제2016-24호 중 · 저준위방사성폐기물 처분시설의 안전성분석보고서 작성지침

제3조(일반지침) 폐기물 처분시설의 안전성분석보고서(이하 "보고서"라 한다)는 다음 각 호에 따라 객관적인 자료를 근거로 하여 합리적으로 작성하여야 한다.

1. 사업의 안전성 및 타당성을 입증할 수 있는 기본 자료로써 안전성평가를 위한 충분한 자료가 조사 · 기술되어야 한다.
2. 보고서는 이미 확인된 사항을 정당화하기 위한 것으로 작성되어서는 아니 되며 안전성의 문제점 및 대책을 충분히 검토할 수 있도록 한다.
3. 처분시설의 설계, 건설, 운영 및 폐쇄후 등의 안전성을 분석 · 평가함에 있어서는 가능한 한 정량적인 방법에 의하되 객관적인 평가방법이 확립되지 아니한 경우에 있어서는 기존의 자료 또는 사례를 이용한다.

4. 자료의 조사 및 안전성평가는 가능한 한 최근에 확립된 방법 및 기술을 사용하여 실시한다.
5. 자료의 조사 및 안전성분석 · 평가에 사용된 방법 및 기술을 명시하고 인용된 자료 또는 가정은 그 출처를 분명히 한다.

제4조(세부지침) 보고서는 다음 각 호에 정하는 사항에 대하여 별표의 "중 · 저준위방사성폐기물 처분시설의 안전성분석보고서 작성요령"에 따라 작성하여야 한다.

1. 시설의 개요 및 현황

처분시설의 사업개요, 시설내용, 부지사용, 주요특성, 법적인 사항 및 일정계획 등 처분시설의 전반적인 개요를 기술한다.

2. 부지특성

산업 및 군사시설, 기상, 수문, 지질, 지진, 지질공학, 지구화학, 천연자원, 생태계 등의 부지현황과 부지안전성평가, 부지감시 및 조사계획을 기술한다.

3. 시설의 설계 및 건설

가. 처분시설의 설계, 건설, 운영에 따른 고려사항, 설계 및 건설특성, 설계기준, 건설방법 등 처분시설의 건설, 운영, 부지폐쇄 및 폐쇄 후 단계에 처분시설과 그 부속시설 전반에 대하여 안전성을 입증할 수 있도록 설계 및 건설에 관한 내용을 상세하게 기술한다.

나. 「방사선 안전관리 등의 기술기준에 관한 규칙」 제71조(천층처분시설의 구조 및 설비)와 이에 따른 원자력안전위원회고시에 기초하여 해당 처분시설의 안전을 위해 설계 및 건설에 적용한 세부내용을 기술한다.

4. 시설의 운영 및 관리

가. 시설의 안전운영을 위한 조직운영계획을 설계단계에서 폐쇄에 이르기까지 구분하여 기술한다. 폐기물의 인수, 검사, 취급, 임시저장 및 처분 등 업무수행 방법과 시설물 유지 및 부지감시 등 시설의 운영 및 관리에 대하여 기술한다.

나. 「방사선 안전관리 등의 기술기준에 관한 규칙」 제85조(천층처분시설에서의 저장 · 처리 또는 처분 및 폐쇄 후 관리)와 이에 따른 원자력안전위원회고시에 기초하여 해당 처분시설의 안전 운영을 위한 세부내용을 기술한다.

5. 처분시설 폐쇄 및 폐쇄 후 관리

가. 처분시설 폐쇄의 시점과 방법, 폐쇄 후 관리의 기간과 방법에 대하여 기술한다.

나. 「방사선 안전관리 등의 기술기준에 관한 규칙」 제85조(천층처분시설에서의 저장 · 처리 또는 처분 및 폐쇄 후 관리)와 이에 따른 원자력안전위원회고시에 기초하여 해당 처분시설의 폐쇄 및 폐쇄 후 안전을 위한 세부내용을 기술한다.

6. 안전성 평가 및 사고분석

가. 처분시설의 안전성평가를 위하여 운영기간 및 폐쇄 후에 폐기물의 처분에 따른 방사능의 누출이 정상, 비정상 및 사고조건하에서 규제요건에 적합함을 입증할 수 있도록 분석 및 평가내용을 기술한다.

나. 「원자력안전법 시행령」 제174조(환경상의 위해방지)와 관련한 원자력안전위원회고시에 기초하여

처분시설의 안전성을 평가한다.

7. 방사선장해 방어

처분시설의 정상운영 및 예상되는 사고발생시 방사선 누출량을 추적하고 종사자와 일반인에 대한 방사선 방호계획 및 피폭선량 평가방법에 대하여 기술한다.

8. 기술지침

상기의 평가 및 분석을 토대로 해당 처분시설의 운영, 폐쇄 및 제도적 관리와 관련하여 안전성을 확보하기 위해 적용할 핵심적인 기준과 해당 근거를 분별하여 제시한다.

9. 참고자료 및 인용문헌

보고서 작성에 활용한 참고자료 및 인용문헌을 기술한다.

④ 법 제63조제2항에 따른 안전관리규정에는 다음 각 호의 사항을 적어야 한다.

1. 방사성폐기물의 저장 · 처리 · 처분시설 및 부속시설(이하 "방사성폐기물관리시설등"이라 한다)의 운영 · 관리조직 및 그 기능에 관한 사항
2. 방사선안전관리자의 선임 · 권한 · 책임 및 직무수행에 관한 사항
3. 방사성폐기물관리시설등의 방사선작업종사자에 대한 안전관리교육에 관한 사항
4. 안전관리설비의 운전에 관한 사항
5. 방사성폐기물관리시설등의 안전운전에 관한 사항
6. 방사선관리구역 · 보전구역 및 제한구역에서의 출입제한 등에 관한 사항
7. 배기감시설비 및 배수감시설비에 관한 사항
8. 방사선관리구역 · 보전구역 및 제한구역에서의 다음 각 목의 사항
   가. 방사선량률
   나. 방사성물질의 농도
   다. 방사성물질에 의하여 오염된 물질의 표면오염도의 감시 및 오염제거에 관한 사항
9. 방사선측정기의 관리 및 방사선측정방법에 관한 사항
10. 방사선작업종사자 및 수시출입자에 대한 피폭방사선량의 평가 및 개인선량계의 관리에 관한 사항
11. 방사성폐기물관리시설등의 순시 및 점검과 이에 따른 조치에 관한 사항
12. 방사성폐기물관리시설등의 자체 점검에 관한 사항
13. 방사성폐기물의 운반 · 저장 및 그 밖의 취급에 관한 사항
14. 방사성폐기물의 처리에 관한 사항
15. 주변지역 등의 방사선감시에 관한 사항
16. 비상시 조치에 관한 사항
17. 방사성폐기물관리시설등에 관계되는 안전관리기록에 관한 사항
18. 그 밖에 안전관리에 필요한 사항

⑤ 법 제63조제2항에 따른 건설 및 운영에 관한 품질보증계획서에는 **제4조제4항** 각 호의 사항을 적어야 한다.

⇒ **총리령 : 시행규칙 제4조제4항**

1. 품질보증체제의 조직
2. 품질보증계획
3. 설계관리
4. 구매서류관리
5. 지시서 · 절차서 및 도면
6. 서류관리
7. 구매품목 및 용역의 관리
8. 품목의 식별 및 관리
9. 특수작업의 관리
10. 검사
11. 시험관리
12. 측정 및 시험장비의 관리
13. 취급 · 저장 및 운송
14. 검사 · 시험 및 운전의 상태
15. 부적합한 품목의 관리
16. 시정조치
17. 품질보증기록
18. 감사

⑥ 법 제63조제2항에서 "그 밖에 총리령으로 정하는 서류"란 다음 각 호의 서류를 말한다.

1. 방사성폐기물관리시설등의 건설 · 운영계획에 관한 서류
2. 방사성폐기물의 저장 · 처리 및 처분방법에 관한 서류
3. 방사성폐기물관리시설등에 저장 · 처리 또는 처분할 방사성폐기물의 종류 및 수량에 관한 서류
4. 방사성폐기물관리시설등의 건설 · 운영에 관한 기술능력에 관한 설명서
5. 영 제99조에 따른 장비 및 인력을 확보하고 있음을 증명하는 서류

2. 허가기준

제64조(허가기준) 제63조제1항에 따른 허가기준은 다음 각 호와 같다.

1. **총리령**[1])으로 정하는 방사성폐기물관리시설등의 건설 · 운영에 필요한 기술능력을 확보하고 있을 것
2. 방사성폐기물관리시설등의 위치 · 구조 · 설비 및 성능이 **위원회규칙**[2])으로 정하는 기술기준에 적합하여 방사성물질등에 따른 인체 · 물체 및 공공의 재해방지에 지장이 없을 것
3. 방사성폐기물관리시설등의 건설 · 운영 과정에서 발생되는 방사성물질등으로부터 국민의 건강 및 환경상의 위해를 방지하기 위하여 **대통령령**[3])으로 정하는 기준에 적합할 것
4. **대통령령**[4])으로 정하는 장비 및 인력을 확보하고 있을 것
5. 방사성폐기물 처분시설의 전부 또는 일부에 대한 폐쇄 후 관리계획이 300년 이하의 범위에서 **대통령령**[5])으로 정하는 기간 동안 방사성폐기물 처분시설의 안전성 확보를 위하여 **위원회규칙**[6])으로 정하는 관리 기준에 적합할 것

주1) 총리령 : 시행규칙 제97조(준용규정)

법 제63조제1항에 따른 방사성폐기물관리시설등의 건설 · 운영허가를 받은 자에 관하여는 제13조, 제14조, **제34조** 및 제38조를 준용한다.

⇒ **제34조(기술능력)**

법 제36조제1항제1호에서 "총리령으로 정하는 사업을 수행하는 데에 필요한 기술능력을 확보하고 있을 것"이란 다음 각 호의 요건을 모두 갖춘 것을 말한다.

1. **정련**[1*]사업에 필요한 조직 및 부서를 구성하고, 업무수행에 요구되는 책임과 권한이 명확히 부여되어 있을 것
2. **정련**사업 중 발생하는 안전관련사항의 검토를 위한 공학적 · 기술적 지원조직을 갖추고 있을 것
3. **정련**사업에 종사하는 사람은 그 책임과 권한에 상응하는 자격과 경험을 갖추고 있을 것
4. 안전 관련 주요 구조물 및 설비에 대한 시험 및 검사계획을 수립하고 있을 것

1* 제34조를 방사성폐기물관리사업에 준용하는 경우, 상기 1, 2, 3호의 '정련'을 '방사성폐기물관리'로 대체하는 것으로 본다.

주2) 부령 : 방사선 안전관리 등의 기술기준에 관한 규칙

○ 위치 · 구조 및 설비에 관한 기술기준

▶ 제65조(천층처분시설의 위치)

① 중 · 저준위방사성폐기물 천층처분시설(천층처분시설)의 위치는 다음 각호의 기준에 적합한 곳이어야 한다.

1. 인구밀집지역으로부터 떨어진 곳일 것
2. 기상 · 수문조건(수문조건) · 지표면 및 지질학적 상태를 고려하여 적합한 곳일 것
3. 지표수와 지하수로부터 가능한 한 멀리 떨어진 곳으로서 그 분포상태가 적합한 곳일 것
4. 지진, 생태학적 특징, 수자원의 이용 기타 제반 환경여건이 적합한 곳일 것

② 제1항의 규정에 의한 중 · 저준위방사성폐기물 천층처분시설의 위치에 관한 세부기술기준은 **원자력안전위원회가 정하여 고시**한다.

⇒ 고시 : **제2014-51호 중 · 저준위 방사성폐기물 처분시설의 위치에 관한 기술기준**

제3조(기상조건) 기상조건은 다음 각 호와 같다.

1. 처분장은 강우 및 강설 등으로 인하여 안전운영에 영향을 미치지 않는 곳이어야 한다.
2. 처분장은 태풍, 돌풍, 지진해일, 폭풍해일 등으로 인하여 안전운영에 영향을 미치지 않는 곳이어야 한다.

제4조(지표면 상태) 지표면 상태는 다음 각 호와 같다.

1. 처분장은 표면배수가 잘 되고 내부 투수가 어려운 곳이어야 한다.
2. 천층처분의 경우 처분장은 기후의 변화 또는 침식작용, 풍화작용 등의 영향으로 표토의 심한 변화나 그 우려가 없는 곳에 위치하여야 한다.

제5조(지질학적 상태) 지질학적 상태는 다음 각 호와 같다.

1. 처분장은 방사성핵종의 이동을 충분히 지연시킬 수 있는 지층 또는 균질 기반암 내에 위치하여야 한다.
2. 처분장은 풍화, 침식, 산사태 및 화산 등과 같은 지표면의 변동 등으로 인하여 폐기물 중의 방사성핵종 이동이 현저히 증가할 것으로 예측되는 지역에 위치하여서는 아니 된다.
3. 처분장은 가능한 한 방사성핵종에 대한 흡착력이 있어야 하며, 특히 장반감기의 방사성핵종 이동을 지연시키는 천연방벽이 발달한 지역이어야 한다.
4. 동굴처분의 경우 처분장의 기반암 또는 지층은 균열이 많고 석회암이 존재하는 곳이어서는 아니 된다.
5. 동굴처분의 경우 처분장은 구조적으로 동굴이 안정되고 강도가 큰 기반암에 위치하여야 한다.
6. 해저동굴처분의 경우 처분장은 저탁류에 따른 침식이나 해저사태의 위험이 없는 곳에 위치하여야 한다.

제6조(표층수) 표층수의 분포상태는 다음 각 호와 같다.

1. 처분장 인접지역의 지표면에서 지하수로 충전될 수 있는 표층수가 가능한 한 분포하지 않아야 한다.

2. 처분장과 가장 가까운 표층수와의 거리는 폐기물 중의 방사성핵종이 표층수역으로 이동하여 방사성핵종 방출에 따른 환경영향이 없을 만큼 충분히 떨어져야 한다.
3. 처분장은 홍수, 댐의 파손, 해수의 작용이나 기타 인위적인 사고로 인한 내수면의 범람시 예측수위보다 상부에 위치하여야 한다.

제7조(지하수) 지하수의 분포상태는 다음 각 호와 같다.

1. 처분장 주위의 지하수위는 단층작용, 해수작용 등의 자연현상에 따른 변동과 계절적인 변동이 크지 않아야 한다.
2. 천층처분의 경우 처분장 주위의 최고 지하수위는 처분 트랜치 하부보다 가능한 한 낮은 곳에 위치하여야 한다.
3. 처분장 주위의 지하수 유동 및 유속은 가능한 한 작아야 한다.
4. 처분장 주위의 지하수 유동 계통내에서 방사성핵종의 예상지연시간은 그 핵종이 충분히 붕괴되어 인간생활권에 영향을 미치지 않도록 길어야 한다.
5. 처분장 주위의 대수층은 지하수 유동계통상 가능한 한 다른 대수층과 연결되어 있지 않아야 한다.

제8조(지진) 지진요건은 다음 각 호와 같다.

1. 처분장은 처분시설의 안전성을 위하여 장기간에 걸쳐 역사적으로 지진 발생빈도, 규모 및 진도가 낮고, 또한 그와 같이 예상되는 지역이어야 한다.
2. 처분장은 지진의 발생에 의하여 방사성핵종의 이동속도를 증가시킬 가능성이 있는 활성단층지역이나 그와 같은 지역에 인접하여서는 아니 된다.

제9조(생태학적 특징) 생태학적 특징과 관련하여 처분장은 기타 관련법으로 지정, 보호되고 있는 생태계가 존재하지 않는 곳이어야 한다.

제10조(수자원의 이용성) 수자원의 이용조건과 관련하여 처분장은 상수원 보호구역에 위치하여서는 아니 된다.

제11조(기타 제반환경 등) 기타 제반 환경여건은 다음 각 호와 같다.

1. 처분장은 가능한 한 굴착작업 및 이에 관련된 시추사실이 없는 지역에 위치하여야 한다. 다만, 그러한 사실이 있을 경우에는 충분한 공간을 설정하여 처분장의 지형변화 가능성을 최소화할 수 있는 곳이어야 한다.
2. 처분장의 위치는 지표수 관리체계의 통합, 예상 밖의 방사성핵종 이동현상에 대한 대비, 방사성핵종의 이동현상을 측정할 수 있는 충분한 공간을 확보할 수 있는 지역이어야 한다.
3. 처분장은 군사활동으로 인하여 처분장 안전운영에 영향을 미치는 지역이거나 그로 인한 방사성핵종 이동의 증가가 예상되는 지역에 위치하여서는 아니 된다.
4. 처분장은 폐기물을 안전하게 수송하는 데에 적합한 교통조건을 갖춘 지역이거나 교통시설의 건설이 용이한 지역에 위치하여야 한다.
5. 처분장은 가능한 한 토지이용의 효율성이 낮은 지역에 위치하여야 하며 비행장이 있거나 고압전송 · 통신선 및 가스와 석유수송로 등이 지나는 장소에 위치하여서는 아니 된다.

제12조(공학적 방벽) 처분장의 위치가 제3조부터 제8조까지의 규정을 만족시키지 못할 경우에는 처

분장에 공학적 방벽의 설치를 통하여 부족한 성질이 보완될 수 있도록 이를 설계에 반영하여야 한다.

제13조(준용) 폐기물을 해저 동굴 또는 도서에 처분하고자 하는 폐기시설 등 건설 · 운영자가 제3조부터 제11조까지의 기준을 직접 적용하기 어려운 경우에는 외국의 기준을 준용할 수 있다.

▶ 제66조(심층처분시설의 위치)

① 고준위방사성폐기물 심층처분시설(심층처분시설)의 위치에 관한 기준은 다음 각호와 같다.

1. 인구밀집지역으로부터 떨어진 곳일 것
2. 해안지역에 위치한 경우에는 해수에 의한 심각한 영향을 받지 아니하는 곳일 것
3. 처분시설의 안전을 위하여 주변지역이 지질학적으로 안정된 곳일 것
4. 기후변화 등이 처분시설의 안전성에 심각한 영향을 미치지 아니하는 심부에 위치할 것
5. 지층의 암석은 방사성물질의 이동을 억제할 수 있도록 침투성 · 다공성 및 확산성이 낮을 것
6. 지하매질(지하매질)은 방사성물질의 붕괴열 등이 처분시설의 안전성에 심각한 영향을 미치지 아니하는 것일 것
7. 지표수 및 지하수로부터 멀리 떨어진 곳일 것
8. 석유 · 천연가스 등 인화성 광물질의 매장지역으로부터 멀리 떨어진 곳일 것

② 제1항의 규정에 의한 고준위방사성폐기물 심층처분시설의 위치에 관한 세부기술기준은 **원자력안전위원회가 정하여 고시**한다.

⇒ **고시 : 제2016-27호 고준위방사성폐기물 심층처분시설에 관한 일반기준**

제4조(국민건강과 환경의 보호) ① 심층처분시설로 인한 국민 건강상의 위해는 용인할 수 있을 정도로 낮아야 하며, 후세대에 예상되는 방사선영향은 현재 용인되는 수준보다 크지 않아야 한다.

② 심층처분시설로 인한 환경의 방사선영향은 무시할 만한 수준으로 낮아야 한다.

제5조(안전목표치) 심층처분시설은 폐쇄 후 방사선영향이 다음 각 호의 안전목표치를 만족하도록 설계되어야 한다.

2. 발생가능성이 낮은 확률자연현상과 인간침입 등 단일 시나리오에 따른 예상피폭선량이 대표인에 대해 연간 10밀리시버트를 초과하지 않을 것

제6조(안전성평가) 제5조에 따른 안전목표치에 대한 부합성의 평가는 다음 각 호에 기초하여야 한다.

1. 총 위험도는 위험도계수(γ), 피폭시나리오(i), 피폭시나리오가 발생할 확률(P), 대표인에 대한 연간피폭선량(D)을 고려하여 다음 계산식에 따라 산출한다.

$$총위험도 = \gamma \sum P_i D_i$$

2. 평가대상 피폭시나리오는 처분시스템의 특성을 대표하며, 총 위험도에 기여가 클 것으로 예상되는 주요 현상, 과정 및 사건을 체계적으로 분석하여 구성할 것
3. 대표인에 대한 선량은 유효선량값으로 평가하며, 선량값을 위험도로 환산하기 위해 시버트 당 0.05의 위험도계수를 적용할 것
4. 위험도는 피폭시나리오 및 시간에 따른 위험도 분포로부터 평가할 것
5. 위험도평가에 적용하는 피폭시나리오의 발생확률은 상대적 발생빈도로부터 유도하거나 정량적

인 분석기술을 사용한 최적평가기법 또는 공학적 판단으로부터 산출할 것

6. 안전성평가의 기간은 해당 처분시스템의 성능기간을 포함하되, 안전목표치에 대한 부합성을 판단하기 위한 평가기간은 심층처분시설의 폐쇄 시점으로부터 1만년으로 할 것. 다만, 예상되는 방사선영향(총 연간위험도 또는 피폭시나리오별 연간 선량 및 위험도)이 1만년 이내에 최고치에 도달하지 않는 경우에는 1만년 이후에 환경으로 방사성핵종의 누출이 현저히 증가하지 않을 것이며, 개인에게 결정론적 영향을 일으키는 방사선량이 발생하지 않을 것이라는 타당한 논거를 제시하여야 한다.
7. 안전성평가에서 처분시스템의 시간적 변화에 나타날 수 있는 불확실성을 인식하고 평가결과는 그 불확실성에 관한 정량적 정보를 포함하도록 할 것

제7조(신뢰성 구축) 제6조에 따른 안전성평가 결과가 안전목표치에 부합함에 대한 판단은 선량 및 위험도의 확률론적 분포특성에 관한 분석, 평가 불확실성의 분석, 자연유사물 및 보조안전지표를 이용한 비교평가, 심층방어 증거의 확보 등 다중의 논거에 의해 뒷받침되어야 한다.

제8조(종합안전성 구축) ① 심층처분시설의 안전성은 기초연구, 부지조사, 설계, 건설, 운영, 폐쇄 및 폐쇄 후 관리 등 해당 처분시스템의 전체 단계에 걸쳐 단계별 목적에 맞게 최신 정보를 바탕으로 단계별 안전성평가를 통해 지속적으로 구축되어야 한다.

② 심층처분시설의 부지 선정과 설계, 건설, 운영, 폐쇄 및 폐쇄 후 관리 등 처분시설 전체 단계의 제반사항은, 심층처분시스템의 특성을 파악할 수 있는 지하연구시설에서 수행한 연구결과에 바탕을 두어야 한다.

③ 처분시스템 고유의 특성을 확인하고 장기성능을 예측하기 위하여 처분시설 부지에 지하연구시설을 설치 · 운영하여야 한다.

제9조(부지) ① 심층처분시설의 부지는 해당 지역의 기상조건, 지표면의 상태, 지표수 및 지하수의 분포, 생태학적 특징 등 자연환경과 인문사회적 특성이 처분시설의 안전운영에 영향을 미치지 않는 곳이어야 한다.

② 심층처분시설의 부지는 미래에 지하자원의 탐사나 지하개발, 고고학적 발굴과 같은 굴착활동이 일어날 가능성이 낮은 곳이어야 한다.

③ 심층처분시설에 위치하는 사용후핵연료의 인수저장시설은 사용후핵연료 중간저장시설의 위치에 관한 기술기준에 적합하여야 한다.

제10조(지질학적 안정성) ① 심층처분시설의 부지는 지질학적으로 안정된 곳으로서 해당 처분시스템의 성능기간에 걸쳐 구조적인 변형이 일어날 가능성이 낮은 곳이어야 한다.

② 심층처분시설의 부지는 활동성단층지역에 속하지 않아야 하고, 역사적으로 지진 발생빈도, 규모 및 진도가 낮아야 하며 성능기간에 걸쳐 그러할 것으로 예상되는 곳이어야 한다.

③ 심층처분시설의 부지는 성능기간에 걸쳐 지각의 융기나 침강 등 지각변동과 지열에너지의 방출이 격리성능에 영향을 미칠 가능성이 낮은 곳이어야 한다.

제11조(처분시스템의 구성) ① 처분시스템은 다음 각 호의 다중 방벽과 이들이 제공하는 다중의 안전기능으로 구성되어야 한다.

1. 해당 처분환경에서 방사성핵종의 누출을 제한하는 방사성폐기물 형태 및 특성
2. 방사성폐기물에서 누출된 방사성핵종이 지하환경으로 유입되는 것과 지하수가 방사성폐기물과 접촉하는 것을 제한할 수 있는 공학적 방벽 등 설계 특징
3. 방사성핵종이 지하환경에서 이동하는 것과 생태계로 유출되는 것을 제한할 수 있는 천연방벽

② 심층처분시설의 방사성폐기물 격리성능과 처분안전성은 제1항에 따른 다중 방벽과 다중 안전기능에 의해 구성되어야 하며 단일의 방벽과 단일의 안전기능에 의존해서는 아니 된다.

③ 처분시스템은 처분된 방사성폐기물을 회수할 필요나 처분시설의 폐쇄 후 회수할 여지가 없도록 하는 방식으로 개발되어야 하며, 방사성폐기물의 회수가 처분안전성의 일환으로 고려되지 않도록 하여야 한다.

제12조(천연방벽) ① 심층처분시설의 모든 처분고는 석회암이나 이방성이 큰 불안정한 암종이 분포하지 않은 균질한 암반으로서 강도가 큰 단일의 기반암 내에 위치하여야 한다.

② 심층처분시설의 처분고는 미래에 해당 지역에서 예상되는 지표면의 변화와 기후변화에 의해 심각한 영향을 받지 않도록 하고, 미래 인간침입의 가능성과 그 영향이 제한될 수 있도록 충분한 깊이에 위치하여야 한다.

③ 심층처분시설의 천연방벽은 역학적 · 수리지질학적 · 지화학적으로 안정된 매질로서 해당 방사성폐기물에 함유된 장반감기 방사성핵종의 이동을 지연시키고 방사성물질이 생태계로 유출하는 것을 제한하는 성질을 가져야 한다.

제13조(공학적 방벽) ① 심층처분시설의 공학적 방벽은 방사성폐기물에 대하여 처분환경에서 방사성핵종의 유출을 장기간 제한할 수 있는 처분용기를 포함하여야 한다.

② 심층처분시설의 공학적 방벽은 처분환경에서 다음 각 호의 기준을 만족하여야 한다.

1. 다른 설계특징 및 천연방벽의 특성과 연계하여 처분시설 운영 중 및 폐쇄 후 방사성폐기물로 인한 붕괴열과 주변의 압력에 견딜 수 있을 것
2. 방사성폐기물의 특성과 연계하여 폐쇄 후 정상자연현상 하에서 방사성핵종이 지하수 흐름에 따라 천연방벽으로 유입하는 것을 수천 년 이상 제한할 수 있을 것

제14조(설계 일반사항) 심층처분시설의 설계는 다음 각 호의 기준에 적합하여야 한다.

1. 심층처분시설의 설계는 건설 및 운영의 안전과 폐쇄 후 처분안전성을 확보하기 위한 처분시스템 구성 전략 및 안전성 구성 전략에 기초할 것
2. 심층처분시설은 처분안전성이 처분시스템 성분들의 수동적 안전기능에 의해 확보되도록 하고, 폐쇄 후에 작동하는 능동기기에 의존하지 않도록 하며, 폐쇄 후 조치할 필요가 없도록 설계할 것
3. 심층처분시설의 설계는 지반 및 지표환경과 물리적 · 화학적으로 부합하여야 하며 시공을 통해 해당 안전기능들을 운영 중 및 폐쇄 후에 제공할 수 있을 것
4. 심층처분시설은 운영 과정에서 필요한 경우 방사성폐기물을 안전하게 회수할 수 있는 방안을 가져야 하며, 회수한 방사성폐기물을 관리할 수 있는 공간과 설비를 지상과 지하의 적절한 위치에 각각 확보할 것
5. 심층처분시설은 운영 중 방사성폐기물의 관리, 운영 종료 시 해체 및 폐쇄, 폐쇄 후 처분장 관리를

용이하게 하고 방사선안전성을 확보할 수 있도록 설계할 것

6. 심층처분시설은 운영 중 핵물질의 불법이전 및 사보타주 등에 대해 물리적방호를 확보할 수 있도록 설계할 것

제15조(구조 및 설비) ① 심층처분시설은 다음 각 호의 기능에 필요한 설비 또는 공간을 충분히 확보하여야 하며 해당 처분시스템의 특성에 알맞게 배치하여야 한다.

1. 해당 방사성폐기물의 부지 내 운반, 취급, 처리, 저장 및 처분 등 방사성폐기물관리
2. 운영 과정에서 발생하는 방사성폐기물의 처리를 비롯하여 해당 처분시설의 고유한 방사성폐기물관리
3. 전력공급, 배수, 환기, 계측 · 감시 및 제어, 화재방호, 방사선방호, 방사성유출물관리 기타 해당 처분시설에 고유한 운영단계 안전기능
4. 기기점검 및 조치, 방사선감시, 구조물감시, 부지감시, 환경감시를 비롯하여 처분시설의 건설, 운영, 폐쇄 및 폐쇄 후 단계에서 처분시스템에 대한 지속적인 감시
5. 처분시설의 폐쇄 및 폐쇄 후 관리
6. 운영 과정에서의 물리적방호

② 심층처분시설에 위치하는 사용후핵연료의 인수저장시설은 사용후핵연료 중간저장시설의 구조 및 설비에 관한 기술기준에 적합하여야 한다.

제16조(처분시설 건설) 심층처분시설은 안전성평가를 통해 확인된 해당 부지환경과 천연방벽의 안전기능을 보전하는 방식으로 건설되어야 한다.

제17조(구조물 · 계통 및 기기의 성능) ① 심층처분시설의 구조물 · 계통 및 기기는 제15조제1항 각 호에 따른 기능을 수행하여야 한다.

② 심층처분시설의 구조물 · 계통 및 기기는 다음 각 호의 성능을 나타내어야 한다.

1. 정상운영 시 방사성폐기물이 물과 직접 접촉하지 않도록 할 것
2. 전원상실, 기기고장 및 운영기간에 한 번 이상 발생할 가능성이 있는 자연현상 등에 의한 예상과도상태 또는 비정상 운영 시에도 구조적 · 기능적 건전성을 유지할 것
3. 해당지역의 지질조건, 과거 지진기록에 따른 피해정도와 지진활동의 상황 등을 기초로 설정된 설계지진에 대하여 해당 안전기능을 유지할 것
4. 지진 외의 확률자연현상과 화재 · 폭발 등 인위적 사건으로서 발생가능성과 영향의 정도를 종합적으로 고려하여 설정된 운영단계 설계기준사고에 대하여 해당 안전기능을 유지할 것

제18조(방사성폐기물 특성) ① 심층처분시설에 처분되는 고준위방사성폐기물은 다음 각 호의 기준에 적합하여야 한다.

1. 물리적 · 화학적으로 안정한 고체 형태로서 처분환경에서 방사성핵종의 누출을 장기간 제한할 수 있을 것
2. 처분환경에서 자체 붕괴열과 압력에 대해 공학적 방벽과 연계하여 제1호의 형태와 기능을 장기간 유지할 것
3. 해당 심층처분시설의 고유특성에 따라 처분에 적합할 것
4. 처분환경에서 어떠한 경우에라도 핵임계에 도달하지 않을 것

② 심층처분시설에 처분되는 고준위방사성폐기물은 출처 · 발생시점 · 처분 전 관리내용 등 이력이 분명하고 선량률 및 핵종별 재고량 등 방사선 특성과 열 특성, 방사성폐기물 형태 · 포장재 및 포장물의 물리적 · 화학적 특성을 비롯하여 관리와 안전성평가에 필요한 특성들이 충분히 규명된 것이어야 한다.

제19조(시설 운영) ① 심층처분시설은 제14조, 제15조 및 제17조에 따른 설계 및 성능에 관한 기준과 제20조부터 제23조까지의 기준에 부합하게 운영되어야 한다.

② 심층처분시설은 안전성평가를 통해 가정된 주요 폐쇄 후 안전기능들을 보전하는 방식으로 운영되어야 한다.

③ 심층처분시설 운영자는 제1항 및 제2항의 기준을 이행하는 데 필요한 절차서를 수립하여 적용하여야 한다.

제20조(제한구역 등의 설정) ① 심층처분시설 운영자는 해당 부지에 대하여 다음 각 호에서 정하는 바와 같이 제한구역을 설정하여 관리하여야 한다.

1. 제한구역은 처분시설 및 그 부속시설을 포함하는 하나의 영역으로서 해당 처분시설의 운영과 관련하여 「원자력안전법 시행령」 제174조 및 이 영에 따라 원자력안전위원회고시가 정하는 기준에 부합하는 구역으로 정할 것
2. 지상의 제한구역 경계에는 울타리 등의 방벽을 설치하고 "처분시설"이라는 글자와 "허가 없이 들어갈 수 없음"이라는 글자를 포함하는 눈에 잘 띄는 표지를 부착하여 업무상 출입 이외의 출입을 효과적으로 제한할 수 있도록 할 것
3. 지상의 제한구역 경계와 시설물 사이에는 부지감시를 비롯하여 처분시설 운영, 폐쇄 및 폐쇄 후 관리 활동을 적절히 수행할 수 있도록 완충공간을 확보할 것
4. 제한구역 안에는 사람의 거주를 금할 것

② 심층처분시설 운영자는 해당 처분시설 부지에 대하여 다음 각 호에서 정하는 바와 같이 보전구역을 설치하여 관리하여야 한다.

1. 보전구역은 해당 처분시설의 제한구역 내에서 방사성폐기물의 저장 · 처리 · 처분에 관한 설비를 포함하는 지상 또는 지하의 구역으로서 하나로 통합하여 설치하거나 둘 이상의 독립적인 구역으로 구분하여 설치할 것
2. 보전구역의 경계에는 울타리를 설치하고 "보전구역"이라는 글자와 "허가 없이 들어갈 수 없음"이라는 글자를 포함하는 눈에 잘 띄는 표지를 부착하여 방사성폐기물의 관리와 출입자에 대한 방사선방호를 효과적으로 수행할 수 있도록 할 것

③ 심층처분시설 운영자는 해당 처분시설에 대하여 방사선규칙 제3조에 따라 보전구역의 내부에 방사선관리구역을 설정하여 관리하여야 한다.

제21조(방사성폐기물관리) ① 심층처분시설의 운영자는 해당 처분시설에 고유한 안전성평가를 바탕으로 제18조에 따른 기준을 이행하기 위한 상세한 처분폐기물 특성기준을 수립하여 적용하여야 한다.

② 심층처분시설 운영자는 제1항에 따른 처분폐기물 특성기준에 따라 해당 처분시설에서 인수할 수 있는 방사성폐기물의 특성과 인수 절차 및 방법을 포함하는 방사성폐기물 인수기준을 수립하여 적용하고, 방사성폐기물의 발생자와 처분을 위탁하고자 하는 자에게 이를 사전에 제공해야 한다.

③ 심층처분시설 운영자는 해당 처분시설에 제1항에 따른 처분폐기물 특성기준을 만족하는 것으로서 처분검사를 통해 입증된 방사성폐기물만을 처분하여야 한다.

제22조(안전성평가 갱신) ① 심층처분시설 운영자는 제8조에서 정하는 처분시설 단계별 안전성평가 외에도 천재지변이나 인위적 사고 등으로 처분시설의 방사성폐기물 격리기능에 영향을 미칠 수 있는 사건이 발생하는 경우에는 최신의 가용자료를 바탕으로 해당 처분시설의 안전성을 재평가하고 필요한 경우 안전성분석보고서 등 해당 허가서류와 제19조제3항에 따른 절차서를 변경하여야 한다.

② 심층처분시설 운영자는 처분시설을 운영 및 관리하는 과정에서 얻은 경험과 자료 및 안전성평가의 결과를 바탕으로 처분시설의 안전에 관한 조건들을 운영개시일로부터 10년마다 재평가하고 필요한 경우 안전성분석보고서 등 해당 허가서류와 제19조제3항에 따른 절차서를 보완하여야 한다.

제23조(폐쇄 전 모니터링) ① 심층처분시설 운영자는 처분시설을 폐쇄하기 전에 처분고의 상태에 대한 모니터링이 필요한지 검토하고 필요한 경우 모니터링을 실시하여야 한다.

② 심층처분시설의 폐쇄 전 모니터링의 기간과 방법은 최신의 안전성평가에 기초하여야 하며 해당 안전성분석보고서에 반영하여 이행되어야 한다.

제24조(폐쇄) ① 심층처분시설 운영자는 해당 처분시설을 폐쇄하기에 앞서 폐쇄계획을 수립하고 해당 안전성분석보고서에 반영하여 이행하여야 한다.

② 제1항에 따른 폐쇄계획에는 다음 각 호의 내용이 포함되어야 한다.

1. 방사성폐기물 처분 현황과 처분고 상태 등 폐쇄를 정당화할 수 있는 근거
2. 폐쇄의 시점과 방법 및 절차
3. 폐쇄 과정에서 발생하는 방사성폐기물 및 비방사성폐기물에 대한 관리대책
4. 처분장에 대한 폐쇄 후 관리계획

③ 심층처분시설의 폐쇄는 다음 각 호의 기준에 따라 수행되어야 한다.

1. 폐쇄 후 처분장의 관리를 용이하게 하고 보수할 필요가 없도록 할 것
2. 지하 공간의 밀폐는 시설의 기밀성, 수문학적 성능, 방사성핵종의 이동지연, 부주의한 침입의 방지 및 기타 안전성평가를 통해 밝혀진 폐쇄 후 안전기능들을 확보하는 방식으로 수행할 것
3. 폐쇄 중에 부지의 오염과 방사성폐기물의 발생을 최소화할 것
4. 구조물의 철거와 부지의 잔류방사능 관리는 원자력이용시설의 해체 및 부지 재활용에 관한 기준에 적합하게 수행할 것
5. 처분시설의 폐쇄가 해당 안전성분석보고서에서의 폐쇄와 관련한 내용에 따라 이행되었음을 입증할 것

제25조(폐쇄 후 관리) ① 제24조제2항제4호에 따른 처분장에 대한 폐쇄 후 관리의 계획에는 다음 각 호의 내용이 포함되어야 한다.

1. 폐쇄된 처분시설과 처분된 방사성폐기물의 특성, 부지의 상태 등 관리대상에 대한 정량적 서술 및 기타 폐쇄의 완료와 폐쇄 후 관리의 시행을 정당화할 수 있는 근거
2. 관리기간 및 관리 조직과 책임
3. 관리항목, 항목별 범위와 내용 등을 포함한 관리의 방법과 절차
4. 관리기간 중 부지 활용 방안

② 제1항제2호에 따른 관리기간은 다음 각 호에 따라 설정되어야 한다.

1. 관리기간은 해당 처분시설의 방사성폐기물 특성, 공학적 설계특징, 부지특성, 처분시설과 관련하여 예상되는 사회적 활동, 기록 유지에 관한 역사적 경험과 전망 등을 고려하여 설정할 것
2. 관리기간 이후에는 해당 부지에 대해 더 이상의 관리활동이 필요하지 않도록 할 것

③ 심층처분시설 운영자는 해당 처분장에 대한 폐쇄 후 관리를 수행하기에 앞서 폐쇄 종료 시점에서 폐쇄의 결과를 토대로 최신의 폐쇄 후 관리계획을 수립하고 해당 안전성분석보고서에 반영하여 이행하여야 한다.

제26조(폐쇄 후 관리의 종료) 심층처분시설 운영자가 해당 처분장에 대한 폐쇄 후 관리를 종료하고자 할 때에는 다음 각 호에서 정하는 사항을 포함하는 관리종료보고서를 작성하고 해당 안전성분석보고서에 최종적으로 반영하여 이행하여야 한다.

1. 제25조제3항에 따른 관리계획의 이행완료를 포함하여 폐쇄 후 관리의 종료를 정당화할 수 있는 근거
2. 처분에 관한 기록을 영구히 보전하는 방법. 영구보존할 기록은 「원자력안전법 시행규칙」 별표 7의 영구보존 대상으로서 사용후핵연료의 연소이력등 방사성폐기물의 특성을 후세대가 재평가하는데 필요한 자료를 포함하여야 한다.
3. 처분시설의 위치에 관한 영구적 표지 방법과 부지의 활용방안 등을 포함하여 폐쇄 후 관리의 종료에 따른 조치 계획

제27조(영구표지) 제26조제3호의 영구적 표지는 처분된 방사성폐기물에 대한 후세대의 부주의한 접근을 막기 위하여 해당 방사성폐기물의 지하 존재를 알리는 조형물 형상의 경고판으로 하고, 해당 지점에 성능기간 동안 존속할 수 있도록 하여야 한다.

제28조(일반지침) ① 부지선정, 설계, 안전성평가 등 심층처분시스템의 개발을 위한 제반활동은 적절한 품질관리체계 내에서 해당 처분시스템 개발의 단계별로 포괄적인 기초연구와 고유연구를 바탕으로 해야 한다.

② 방사선환경영향평가서, 안전성분석보고서, 설계 및 공사방법에 관한 설명서 등 심층처분시설의 건설·운영허가 신청서류는 해당 부분에 제1항에 따른 연구의 내용을 충분히 반영하여야 한다.

③ 심층처분시설의 건설·운영허가 신청서류는 이미 정해진 사항을 정당화하는 방식으로 작성되어서는 아니 되며 대안들에 대한 비교평가와 문제점 및 대책을 함께 검토하는 내용을 포함하여야 한다.

④ 심층처분시설의 안전이나 건설·운영허가 신청서류의 작성에 관련이 있는 기준이 다른 분야의 기준과 상충하거나 해당 처분시스템의 특성상 적용하기 어려운 경우에는 그 근거와 대체방안을 제시하도록 한다.

제29조(안전성분석보고서) 심층처분시설에 대한 안전성분석보고서는 다음 각 호의 사항을 기술한다.

1. 시설의 개요 및 현황: 처분시설의 사업개요, 개발연혁, 시설내용, 부지사용, 주요특성, 법적 사항 및 일정계획 등
2. 부지특성

가. 지역의 인문사회적 특성, 기상·수문·지질·지진·지질공학·암반역학·지구화학·천연자원·

생태계 등 부지현황, 자연현상 및 인위적 사건과 관련한 부지안정성의 평가, 운영 전 · 운영 중 · 폐쇄 후 부지감시계획

나. 가목에 따른 기술에 포함해야 하는 사항

1) 방사선규칙 제66조 및 이 기준의 제9조부터 제12조까지의 해당 사항

2) 제3호부터 제8호까지의 기술에 필요한 정보

3) 설계과정과 안전성평가를 통해 추가로 조사 · 평가 · 계획된 내용

3. 시설의 설계 및 건설

가. 시설의 구성과 배치 등 주요 설계특징, 부지환경 · 건설 · 운영 · 폐쇄와 관련한 설계 고려사항, 설계기준 및 설계내용, 공사방법 등

나. 가목에 따른 기술에 포함해야 하는 사항

1) 방사선규칙 제68조 · 제68조의2 · 제69조 · 제70조 · 제72조 · 제74조 및 제76조부터 제83조까지와 이 기준의 제11조부터 제20조 · 제23조 · 제24조의 해당 사항

2) 제4호부터 제8호까지의 기술에 필요한 정보

3) 대안평가와 제6호의 안전성평가 및 제7호의 방사선장해방어 계획을 통해 검토된 내용

4. 시설의 운영 및 관리

가. 시설의 안전운영을 위한 조직과 운영계획을 설계에서 폐쇄에 이르기까지 구분하여 기술

나. 처분시설에서 방사성폐기물의 인수 · 검사 · 취급 · 임시저장 및 처분 등 업무수행 방법과 시설물 유지 및 부지감시 등 시설의 안전운영에 대하여 기술

다. 가목 및 나목에 따른 기술에 포함해야 하는 사항

1) 방사선규칙 제86조 및 제87조와 이 기준의 제19조부터 제24조까지의 해당 사항

2) 제6호부터 제8호까지의 기술에 필요한 정보

3) 안전성평가를 통해 검토된 내용

5. 처분시설 폐쇄 및 폐쇄 후 관리

가. 처분시설 폐쇄 및 안정화 계획, 제염 및 해체의 방안, 폐쇄 후 처분장 관리방안에 대하여 기술

나. 가목에 따른 기술에 포함해야 하는 사항

1) 제24조부터 제27조까지의 해당 사항

2) 제6호부터 제8호까지의 기술에 필요한 정보

3) 안전성평가를 통해 검토된 내용

6. 안전성평가 및 사고분석

가. 해당 처분시설의 운영 중 처분시설 종사자 및 일반인에 대한 방사선 안전성과 방사성폐기물의 처분에 따른 폐쇄 후 장기적인 안전성을 입증하는 분석 및 평가 내용

나. 제2호로부터 제5호에 제시된 시스템 기술을 바탕으로 방사선원, 방사성핵종의 누출과 이동, 방사선량을 정상, 비정상 및 사고조건 하에서의 평가 내용

다. 해당 처분시스템의 고유특성을 반영하되 운영단계에 대한 평가 · 분석과 부합성 판단에는 원자력이용시설에 일반적인 방법과 기준을 준용하고 제17조제2항의 기준을 반영

라. 폐쇄 후 안전성평가에 대하여는 제5조부터 제8조까지를 적용

7. 방사선장해방어: 제2호부터 제5호까지에 따라 제시된 사항과 제6호에 따른 평가 및 분석을 바탕으로 처분시설 운영단계 및 폐쇄 과정에서 종사자와 일반인의 방사선방호를 위한 설계특징과 방호계획을 기술하되 해당 근거와 ALARA 부합성을 함께 제시
8. 기술지침: 제2호부터 제7호까지의 기술을 토대로 해당 처분시설의 운영, 폐쇄 및 제도적 관리와 관련하여 안전성을 확보하기 위해 적용할 핵심적인 기준과 해당 근거를 분별하여 제시

▶ 제67조(사용후핵연료 중간저장시설의 위치)

① 사용후핵연료 중간저장시설의 위치에 관한 기준은 다음 각호와 같다.

1. 인구밀집지역에서 떨어진 곳일 것
2. 지진 · 지질학적 특성을 조사 · 평가한 결과 장해가 없는 곳일 것
3. 산업 · 수송 및 군사시설로 인한 인위적 사건의 영향을 평가한 결과 장해가 없는 곳일 것
4. 당해 시설로부터 방사성물질이 대기로 방출되는 경우의 확산 및 희석 특성을 조사 · 평가한 결과 주변의 대기환경에 장해가 없는 곳일 것
5. 해일 · 회오리바람 · 태풍 · 홍수 · 폭설 또는 폭우 등의 자연현상을 조사 · 평가한 결과 그것이 중대한 사고의 원인이 될 수 없는 곳일 것
6. 저수지 · 댐의 유실과 빗물 등에 의한 하천범람의 영향이 없는 곳일 것
7. 지표수 및 지하수의 수문학적 특성을 조사 · 평가한 결과 주변의 수중환경에 장해가 없는 곳일 것

② 제1항의 규정에 의한 사용후핵연료 중간저장시설의 위치에 관한 세부기술기준은 **원자력안전위원회가 정하여 고시**한다.

⇒ 고시 : 제2014-52호 사용후핵연료 중간저장시설의 위치에 관한 기술기준

제2조(인구) 사용후핵연료 중간저장시설(이하 "중간저장시설"이라 한다)은 인구밀집지역에서 떨어진 곳에 위치하여야 한다.

제3조(지질 및 지질학적 특성) 지질 및 지질학적 특성은 다음 각 호와 같다.

1. 중간저장시설을 중심으로 한 반경 8km 이내에 활동성 단층이 위치하여서는 아니 된다.
2. 중간저장시설은 역사적으로 지진발생 빈도, 규모 및 진도가 상대적으로 낮거나 또는 그와 같이 예상되는 지역에 위치하여야 한다.
3. 중간저장시설은 풍화, 침식, 침강, 융기, 풍화작용, 산사태, 액화작용 등과 같은 지각변동으로 인하여 해당 시설에 미치는 영향이 없다고 판단되는 곳에 위치하여야 한다.
4. 중간저장시설의 제반 구성물질은 가능한 한 균질기반암이어야 하며, 균질기반암이 아닌 경우에는 공학적 방법으로 해당 시설에 미치는 영향이 없다는 것을 입증하여야 한다.

제4조(인위적 사건) 인위적 사건의 조건은 다음 각 호와 같다.

1. 중간저장시설 부지는 항공기 추락과 관련하여 인접 비행장 및 항공관련정보를 조사 · 평가한 후 항공기의 추락사고에 따른 영향을 평가하여 해당 시설 및 안전운영에 영향이 없다고 판단되는 곳

이어야 한다.

2. 중간저장시설은 부지주변 산업 · 군사시설과 관련활동으로 인하여 해당 시설 및 안전운영에 미치는 영향이 없다고 판단되는 곳에 위치하여야 한다.
3. 중간저장시설은 가능한 한 가스, 석유, 폭발물 등 위험물로 인하여 해당 시설 및 안전운영에 미치는 영향이 없다고 판단되는 곳에 위치하여야 한다.

제5조(확산 및 희석) 대기확산 및 희석조건은 중간저장시설 부지를 대표할 수 있는 1개 이상의 지점에서 일정기간 기상특성을 조사, 평가하여 해당 시설로부터 방사성물질이 대기로 방출될 경우 그 확산 및 희석이 용이한 곳이어야 한다.

제6조(자연현상) 중간저장시설의 부지 및 그 주변지역에 대한 다음 각 호의 사항을 조사, 평가한 후 자연현상으로 인하여 중대사고의 발생 원인이 없다고 판단되는 곳에 위치하여야 한다.

1. 강우, 강설 및 낙뢰 등의 자연현상에 관한 과거의 발생기록 및 그로 인한 영향
2. 해일, 회오리, 바람, 쓰나미 및 태풍 등의 자연현상에 관한 과거의 발생기록 및 그로 인한 영향

제7조(하천범람) 하천범람의 영향요건은 중간저장시설이 저수위 또는 댐의 유실 및 빗물이나 기타 인위적인 사고로 인한 내수면 범람시 예상 최대홍수위보다 상부에 위치하여야 한다.

제8조(수문학적 특성) 수문학적 특성은 다음 각 호와 같다.

1. 중간저장시설 인근에는 지하 대수층으로 유입 가능한 지표수체가 가능한 한 분포하지 않아야 한다.
2. 중간저장시설 주위의 지하수위는 해수작용, 단층작용 등의 자연현상에 따른 변동과 계절적인 변동이 크지 않아야 한다.
3. 중간저장시설은 지표수 및 지하수의 수문학적 특성을 조사 · 평가하여 주변의 수리 지질학적 환경에 장해가 없는 곳에 위치하여야 한다.

▶ 제68조(환기설비)

방사성물질에 의하여 오염된 공기로부터 방사선장해를 방지할 필요가 있는 폐기시설등에는 다음 각호의 기술기준에 적합한 환기설비를 설치하여야 한다.

1. 방사선장해를 방지하기 위하여 필요한 환기능력을 가질 것
2. 방사성물질에 의하여 오염된 공기가 누설되지 않는 구조이고 역류할 우려가 없을 것
3. 배출되는 공기를 정화하는 장치를 설치한 경우에는 방사성물질에 의하여 오염된 공기의 정화 및 여과장치의 교체가 용이한 구조일 것
4. 흡기구는 방사성물질에 의하여 오염된 공기를 흡입하지 아니하도록 설치할 것

▶ 제68조의2 (화재방호설비)

① 폐기시설등에 화재방호설비를 설치할 때에는 화재 및 폭발의 가능성을 낮추고 화재와 폭발로 인한 방사성물질의 확산 및 누출의 방지 능력에 현저한 지장을 초래하지 않도록 다음 각 호의 심층방어개념을 적용하여야 한다.

1. 화재 발생의 방지를 위하여 가능한 한 비가연성 또는 내화 · 내열 재료를 사용할 것

2. 화재를 조기에 감지하고 신속하게 소화할 수 있는 소방시설을 설치할 것
3. 신속하게 진화되지 않는 화재 또는 소방시설의 고장 · 손상 또는 오동작으로 인하여 필수 기능 수행을 수행하는 구조물, 계통, 기기에 대한 화재방호 능력을 충분히 확보할 것

② 폐기시설등의 화재방호에 대한 설계가 제1항의 심층방어개념을 준수하고 있음을 보장하기 위하여 설계 초기단계에 다음과 같은 사항이 고려된 화재위험도분석을 수행하여야 한다.

1. 화재방호구역의 구분
2. 소방시설
3. 가연성물질의 종류 및 크기(방사성폐기물의 경우 해당 시설의 최대 저장능력)
4. 화재위험성의 평가
5. 설계기준화재의 범주
6. 방사성물질 확산 및 유출방지 능력

③ 제2항의 규정에 의한 폐기시설등의 화재위험도분석에 관한 세부기술기준은 **원자력안전위원회가 정하여 고시**한다.

⇒ 고시 : 제2015-11호 화재위험도분석에 관한 기술기준

▶ 제69조(방사성물질에 의한 오염의 방지)

폐기시설등으로서 사람이 빈번히 출입하는 건물 등의 내부의 벽 · 바닥 기타 방사성물질에 의하여 오염될 우려가 있는 부분중 사람이 접촉할 우려가 있는 부분의 표면은 방사성물질에 의한 오염을 제거할 수 있는 것이어야 한다.

▶ 제70조(폐기물저장설비)

① 방사성폐기물저장설비에 관한 기술기준은 다음 각호와 같다.

1. 운전시에 발생하는 방사성폐기물을 저장할 수 있는 용량일 것
2. 붕괴열 및 방사선 조사에 의하여 발생하는 열에 견디어야 하고 화학약품 등에 의하여 부식되는 경우에도 정상작동상태를 유지할 것
3. 방사성폐기물에 의한 오염이 확산되지 아니하도록 할 것

② 액체상의 방사성폐기물을 저장하는 설비가 설치되는 시설에는 그 설비의 고장 · 손괴 등에 의하여 액체상의 방사성폐기물이 시설 밖으로 누설되는 것을 방지하기 위한 둑을 설치하여야 한다.

▶ 제71조(천층처분시설의 구조 및 설비)

① 중 · 저준위방사성폐기물 천층처분시설의 구조 및 설비에 관한 기술기준은 다음 각호와 같다.

1. 주위의 지질특성과 토양의 이온교환성을 고려하여 방사성물질의 이동을 최대로 억제할 수 있도록 설계 · 건설함으로써 폐쇄시까지 그 기능이 유지되도록 할 것
2. 처분장소 주위에 물이 고일 가능성이 없도록 할 것

3. 주위의 지표수의 범람을 방지할 수 있도록 처분장소를 두껍게 복개할 것
4. 처분장소 주위에 방사성물질 감시설비를 설치할 것
5. 화재 또는 지진 등의 사고시에도 처분시설로부터 방사성물질이 누출되지 아니하도록 할 것

② 제1항의 규정에 의한 중 · 저준위방사성폐기물 천층처분시설의 구조 및 설비에 관한 세부 기술기준은 **원자력안전위원회가 정하여 고시**한다.

⇒ **고시 : 제2014-53호 중 · 저준위 방사성폐기물 천층처분시설의 구조 및 설비에 관한 기준**

제3조(일반사항) ① 중 · 저준위 방사성폐기물 천층처분시설(이하 "처분시설"이라 한다) 정상운영 시 뿐만 아니라 비정상운영시에도 구조적 · 기능적 건전성이 유지되도록 설계되어야 한다.

② 처분시설의 설계 및 건설은 실증된 공학적 관행에 기초를 두어야 하며, 새로운 설계 및 건설방법이 적용될 경우에는 타당한 근거가 제시되어 그 안전성이 입증되어야 한다.

제4조(내진설계) ① 처분시설은 지진으로 인하여 안전상 요구되는 기능이 손상되지 않도록 설계되어야 한다.

② 제1항의 설계지진은 처분부지 주변지역의 지질조건, 과거의 지진기록에 따른 피해정도와 지진활동의 상황 등을 기초로 설정하여야 한다.

제5조(지진 이외의 자연현상) 처분시설은 처분부지 주변의 과거기록, 현지조사 등을 통하여 예상되는 지진 이외의 자연현상 즉, 홍수 · 바람 · 산사태 · 침강 및 융기 등의 영향을 고려하여 안전상 요구되는 기능이 손상되지 않도록 설계되어야 한다.

제6조(배수시설) 처분시설은 운영, 폐쇄 및 폐쇄 후 관리단계에서 처분된 중 · 저준위 방사성폐기물(이하 "폐기물"이라 한다)과 지표수 또는 지하수와의 접촉이 가능한 한 최소화 되도록 설계되어야 한다.

제7조(인위적 사고) 처분시설은 항공기의 추락, 위험물의 생산 또는 취급시설이나 수송 등으로 인한 인위적 사고가 발생할 경우에도 방사성물질의 누출 위험이 최소화 되도록 설계되어야 한다.

제8조(화재 및 폭발) 처분시설은 화재나 폭발이 발생할 경우에 시설 밖으로 방사성물질이 누출될 위험이 최소화 되도록 설계되어야 한다.

제9조(환기시설) 환기시설은 정상운영 시 뿐만 아니라 비정상운영시에도 방사선작업종사자, 수시출입자 및 일반인의 안전을 보장하고 방사성물질의 확산을 방지할 수 있도록 설계되어야 한다.

제10조(복합시설) 처분시설의 주변에 다른 원자력이용시설이 위치한 경우에 이들 시설이 각각 다른 시설에 영향을 미치지 않아야 하며, 이 시설들의 동시 가동으로 방사선작업종사자, 수시출입자, 일반인 및 자연환경에 미치는 영향이 최소화 될 수 있도록 설계되어야 한다.

제11조(전원상실) 처분시설은 소외전력의 상실이 발생할 경우에도 방사성물질의 누출위험이 없도록 설계되어야 한다.

제12조(방사선감시) 처분시설은 정상운영 시 뿐만 아니라 비정상운영시에도 방사성물질을 취급 · 관리하는 모든 구역의 방사선량률이 가능한 한 낮게 유지될 수 있도록 설계되어야 하며, 방사선감시시설은 다음 각 호의 요건을 고려하여 설계되어야 한다.

1. 방사선감시시설은 배수시설의 액체와 배기시설의 기체에 함유된 방사성물질의 방사선준위를 감

시하는 계통 방사선감시계통과 처분시설 내 특정지역의 방사선준위를 감시하는 구역 방사선감시계통으로 구분하여 설치되어야 한다.

2. 방사선준위가 설정치 이상이거나 시설에 이상이 발생하는 경우에는 경보등이 켜지고 경보음이 울리도록 하여야 하며 자동 배출을 차단할 수 있는 기능을 확보하여야 한다.
3. 방사선관리구역의 방사선준위는 제어실에서 계속적으로 표시 및 기록되어 운전원이 항상 점검할 수 있도록 하여야 한다.
4. 방사선감시설비는 유지, 보수 및 교정이 용이하고 감시목적에 부합되는 위치에 설치하여야 한다.

제13조(계측 및 제어) 처분시설은 건설, 운영 및 폐쇄단계에서 방사선안전에 영향을 미칠 수 있는 주요계통 및 변수들을 감시 및 제어할 수 있도록 설계되어야 한다.

제14조(처분시설의 배치) 처분시설은 폐기물의 인수, 처리, 이송이 용이하도록 하고 정상운영 시 또는 사고 시에 방사선작업종사자, 수시출입자 및 일반인에 대한 방사선의 영향이 최소가 되도록 다음 각 호의 사항을 고려하여 배치되어야 한다.

1. 폐기물의 종류 및 방사능농도와 포장형태에 따른 구역 배치
2. 처분부지의 기상, 지형, 지질 및 수문학적 특성
3. 처분시설의 용량확장 가능성
4. 환기설비, 소화설비, 배수설비, 전기설비 등 주요 처분시설의 설치공간

제15조(건설) 처분시설의 건설요건은 다음 각 호와 같다.

1. 처분시설을 건설할 때에는 품질보증요건을 준수하여야 한다.
2. 처분시설은 가능한 한 천연방벽기능이 손상되지 않는 방법으로 건설하여야 한다.
3. 설계단계에서 가정된 천연방벽의 특성은 건설 시에 얻어진 현장 측정자료와 비교하여 그 타당성이 확인되어야 한다.
4. 건설단계와 운영단계가 중복될 경우에는 건설작업이 처분시설의 운영안전성에 나쁜 영향을 미치지 않는 방법으로 건설되어야 한다.

제16조(시험 및 검사) 처분시설에 설치되는 설비 및 기기는 안전하게 계속 사용할 수 있다는 것을 확인하기 위하여 주기적으로 시험 및 검사할 수 있도록 설계되어야 한다.

제17조(폐쇄) 처분시설은 설계 시 고려된 처분용량 또는 처분된 폐기물의 총 방사능량이 허용한계에 도달했을 경우 또는 예기치 않은 사고 등으로 처분시설의 정상적인 기능이 더 이상 유지될 수 없다고 판단될 경우에는 폐쇄할 수 있도록 설계되어야 한다.

제18조(폐쇄 후 관리) 처분시설은 폐쇄된 후에도 그 주변에 대한 환경감시를 통하여 적절한 기간 동안 처분시설의 안전성을 확인할 수 있도록 설계되어야 한다.

▶ 제72조(심층처분시설의 구조 및 설비)

① 고준위방사성폐기물 심층처분시설의 구조 및 설비에 관한 기술기준은 다음 각호와 같다.

1. 처분된 방사성폐기물로부터 발생하는 붕괴열 및 압력을 충분히 제어할 수 있도록 할 것
2. 처분된 방사성폐기물이 임계에 도달할 가능성이 없도록 할 것

② 제1항의 규정에 의한 고준위방사성폐기물 심층처분시설의 구조 및 설비에 관한 세부기술

기준은 **원자력안전위원회가 정하여 고시**한다.

⇒ **고시 : 제2016-27호 고준위방사성폐기물 심층처분시설에 관한 일반기준**(교재 p.204-212)

▶ **제73조(사용후핵연료 중간저장시설의 구조 및 설비)**

① 사용후핵연료 중간저장시설의 구조 및 설비에 관한 기술기준은 다음 각 호와 같다.

1. 사용후 핵연료를 안전하게 취급하고 저장할 수 있는 방사선 차폐능력을 유지할 것
2. 사용후 핵연료의 임계를 효율적으로 방지할 것
3. 사용후 핵연료가 붕괴열 등으로 인하여 용융되는 것을 방지할 수 있는 냉각능력을 유지할 것
4. 해일 · 회오리 바람 · 태풍 · 홍수 · 폭설 · 폭우 또는 지진 등의 자연현상에 의한 손괴로 인하여 일반인에게 방사선에 의한 장해가 발생하지 아니하도록 할 것
5. 화재 또는 폭발 등이 발생한 경우에도 안전성을 유지할 것
6. 기타 방사선 안전사고에 의한 방사성물질의 유출로 주변환경 및 일반인에 대한 방사성물질의 오염 또는 방사선피폭을 방지할 것

② 제1항의 규정에 의한 사용후핵연료 중간저장시설의 구조 및 설비에 관한 세부기술기준은 **원자력안전위원회가 정하여 고시**한다.

⇒ **고시 : 제2015-19호 사용후핵연료 중간저장시설의 구조 및 설비에 관한 세부기술기준**

제4조(설계 기본요건) 중간저장시설을 설계할 때 고려하여야 할 기본적인 요건은 다음 각 호와 같다.

1. 중간저장시설은 수명기간 동안 그 성능 및 기능을 유지할 수 있어야 하며, 가능한 한 피동형 설비를 이용하여 사용후핵연료를 안전하게 저장할 수 있도록 설계하여야 한다.
2. 중요안전설비는 고장발생가능성을 최소화하고 주기적인 시험 · 감시 · 검사 · 보수 및 교체가 가능하도록 설계하여야 한다.
3. 중간저장시설은 필요한 경우 저장된 사용후핵연료를 안전하게 회수할 수 있도록 설계하여야 한다.
4. 중간저장시설은 정상운전, 예상운전과도 및 설계기준사고 조건에서 다음 각 목이 제5조제2항에 규정된 기준치 이하로 유지될 수 있도록 설계하여야 한다.
   가. 주변 환경으로 유출되는 방사성물질의 양
   나. 방사선작업종사자 및 일반인의 피폭방사선선량
5. 제4호에 따른 정상운전, 예상운전과도 및 설계기준사고 조건에 대한 평가는 보수적으로 수행하여야 하며, 중간저장시설의 설계에 설계여유도를 반영하여야 한다.
6. 중간저장시설은 운전 중에 방사선작업종사자 및 일반인이 받게 될 예상피폭방사선량을 설계목표치 이내에서 가능한 한 합리적으로 낮게 유지할 수 있도록 설계하여야 한다.
7. 중간저장시설의 설계 및 건설은 실증된 공학적 적용사례에 기초하여야 하며 새로운 설계 및 건설방법이 적용될 경우에는 타당한 근거를 제시하고 그 안전성을 입증하여야 한다.
8. 중간저장시설의 설계에는 동일하거나 유사한 시설의 설계 · 운전 경험 및 교훈을 반영하여야 한다.

제5조(방사선 차폐 및 방호 설계) ① 중간저장시설은 방사선작업종사자 및 일반인의 직접방사선 피

폭을 저감할 수 있도록 다음 각 호의 사항을 고려하여 설계하여야 한다.

1. 사용후핵연료 저장구역에는 연소도가 최대에 도달하고 냉각기간이 최소인 사용후핵연료가 최대한 저장되어 있으며, 운반용기 취급구역에는 최대한 장전된 운반용기가 최대로 놓여 있다고 가정할 것
2. 방사선 차폐체에 관통부가 있는 경우에는 감마선장 및 중성자선장이 국부적으로 높게 형성되지 않도록 할 것
3. 핵연료 구성 재료의 중성자 방사화 및 방사화생성물의 침적에 의한 방사선학적 영향을 고려할 것

② 중간저장시설은 정상운전, 예상운전과도 및 설계기준사고에 따른 예상 방사선영향이 다음 각 호의 기준값 이하로 유지되도록 설계하여야 한다.

1. 정상운전 및 예상운전과도의 경우에 적용할 기준값: 원자력안전위원회 고시 「방사선방호 등에 관한 기준」제6조에 따른 배출관리기준 및 제16조제2항에 따른 환경상의 위해방지를 위한 선량기준값
2. 설계기준사고의 경우에 적용할 제한구역경계에서 액체 및 기체 상태의 방출물과 직접방사선 피폭에 의한 다음 각 목의 선량기준값

가. 유효선량: 50밀리시버트(mSv)

나. 수정체 등가선량: 150밀리시버트(mSv)

다. 손 · 발 및 피부 등가선량: 500밀리시버트(mSv)

제6조(취급장비) ① 중간저장시설에는 안전운영에 필요한 다음 각 호의 장비를 갖추어야 한다.

1. 사용후핵연료의 취급 · 이송에 필요한 장비
2. 손상된 사용후핵연료의 취급에 필요한 장비
3. 크레인 등 사용후핵연료 및 운반용기의 인양에 필요한 장비
4. 사용후핵연료 운반용기 및 운반에 필요한 장비
5. 그 밖에 중간저장시설의 안전한 운전을 위하여 필요한 장비

② 제1항에 따른 장비는 다음 각 호의 기준에 적합하도록 설계하여야 한다.

1. 인양물의 중량을 충분히 견디면서 안전성과 성능을 유지할 수 있을 것
2. 인양물을 취급할 때 인양물이 이탈하지 않도록 이중으로 안전을 보장하는 구조일 것
3. 장비가 의도하지 않게 풀리는 것을 방지하기 위한 안전장치를 갖출 것
4. 이동 및 인양 속도를 제한할 수 있을 것
5. 전원이 상실된 경우에도 사용후핵연료의 낙하를 방지할 수 있는 기능을 갖출 것
6. 사용후핵연료 및 다른 장비에 손상을 주지 않는 구조일 것
7. 위험하거나 부적절한 운전상태를 방지하기 위하여 연동기능 또는 물리적인 안전기능을 갖출 것

제7조(핵임계 안전) ① 중간저장시설은 미임계 상태가 항상 유지되도록 다음 각 호의 기준을 고려하여 설계하여야 한다.

1. 저장하고자 하는 핵연료집합체내 핵연료봉의 초기농축도가 다양한 경우 농축도의 다양성을 적절히 모델링하거나 최대 농축도를 적용하고, 핵연료 관련 데이터(설계, 제작, 핵자료 등)에 불확실

도를 고려하여 핵임계 안전성을 평가할 것

2. 중간저장시설에서 동시에 저장 · 취급 및 운반될 수 있는 사용후핵연료 최대 수량을 가정하여 핵임계 안전성을 평가할 것
3. 안전한 기하학적 배열 및 배치를 통해서 미임계를 유지할 것. 다만, 기하학적 배열 및 배치만으로 미임계를 유지하기 곤란한 경우에는 추가적으로 고정식 중성자흡수체를 사용하거나 연소도이득을 적용하여 미임계를 유지할 것
4. 사용후핵연료의 취급 · 운반 및 저장과 관련된 모든 설비는 각각 사용후핵연료의 핵임계 사고의 우려가 없는 구조일 것
5. 동일 부지에 여러 개의 사용후핵연료 저장설비가 있는 경우 각 저장설비는 다른 저장설비로부터 핵임계 영향을 받지 않도록 할 것

② 핵임계감시계통은 사용후핵연료의 취급 · 운반 및 저장 구역 등에 설치하여야 하며 핵임계사고가 발생한 경우에는 사람이 즉각 인지할 수 있도록 시각 및 청각 경보장치가 함께 작동하여야 한다.

제8조(붕괴열 제거) 중간저장시설은 사용후핵연료의 붕괴열을 적절하게 제거할 수 있도록 다음 각 호의 기준에 적합하도록 설계하여야 한다.

1. 열제거계통은 중간저장시설에서 인수 · 저장될 사용후핵연료 중 조사후 냉각기간이 최소인 사용후핵연료를 최대로 저장할 경우에도 발생하는 열을 충분히 제거할 수 있을 것
2. 열제거계통은 경년열화현상을 고려하여 충분한 여유도를 가진 열제거능력을 확보할 것
3. 사용후핵연료 및 중요안전설비는 중간저장시설의 설계에 고려된 기준온도를 초과하지 않을 것
4. 안전기능을 수행하는 능동형 열제거계통은 설계기준사고 조건에서 견딜 수 있을 것

제9조(기초지반 등) ① 중간저장시설의 기초지반 및 인접사면은 동적 및 정적 설계하중에 대하여 안정성을 유지할 수 있어야 한다.

② 연약지반 및 사면불안정 등으로 인해 중요안전설비의 기능에 영향을 미칠 가능성이 있는 경우에는 기초지반과 사면을 보강하는 등 적절한 조치를 하여야 한다.

제10조(외적 요인에 관한 고려) ① 중요안전설비는 다음 각 호의 영향으로 인하여 그 안전기능이 손상되지 않도록 설계하여야 한다.

1. 해일, 회오리바람, 태풍, 홍수, 폭설, 폭우 및 지진 등을 포함한 예상 가능한 자연현상 및 그로 인한 영향
2. 화재, 폭발, 진동 및 항공기 충돌 등을 포함한 예상 가능한 외부 인위적 사건 및 그로 인한 영향

② 제1항에 따른 설계에는 다음 각 호의 사항을 고려하여야 한다.

1. 중간저장시설 부지 및 인근 지역에서의 자연현상에 관한 과거 기록 중 가장 심각한 자연현상
2. 중간저장시설 부지 및 인근 지역에서 예상 가능한 외부 인위적 사건
3. 현지조사 등을 통하여 수집된 자료

제11조(화재방호) ① 중요안전설비는 화재 · 폭발 및 그로 인한 영향에 의하여 안전기능이 손상되지 않도록 다음 각 호의 요건에 따라 설계하여야 한다.

1. 중간저장시설 안의 어느 구역에서 화재가 발생하는 경우 관련 설비의 핵임계 안전, 붕괴열 제거,

방사선 차폐, 방사성물질의 격납 능력 및 구조적 건전성에 현저한 지장을 초래하지 아니할 것

2. 중간저장시설에는 가능한 한 비가연성 또는 내화 · 내열 재료를 사용하여야 하며, 화재가 발생하더라도 중요안전설비에 미치는 악영향을 최소화할 수 있도록 해당 설비의 안전 중요도에 따라 적절한 능력을 가진 화재탐지 및 소화 계통을 설치할 것
3. 소화계통의 고장 · 손상 또는 오작동 발생시에도 중요안전설비의 안전기능이 심각하게 저하되지 않도록 할 것
4. 화재발생시 대응조치로 인하여 핵임계가 유발되지 않도록 할 것
5. 중간저장시설 안에 가연성 · 폭발성 물질의 보관설비를 가능한 한 두지 않도록 할 것

② 중간저장시설에 대하여는 「방사선 안전관리 등의 기술기준에 관한 규칙」 제68조의2에 따라 화재위험도분석을 하여야 한다.

제12조(격납) ① 사용후핵연료의 피복관은 중간저장시설의 수명기간 동안 손상되지 않고 건전성을 유지할 수 있도록 열화(劣化) 현상으로부터 보호되어야 한다.

② 중간저장시설의 격납계통은 방사성물질이 비계획적으로 또는 통제되지 않은 상태에서 외부로 유출되지 않도록 다음 각 호의 기준에 적합하도록 설계하여야 한다.

1. 다중방벽을 이용하여 방사성물질의 유출을 방지할 것
2. 기체상 방사성물질의 격납을 보장하기 위하여 필요한 경우에는 환기 및 배기 계통을 갖출 것
3. 모든 격납계통에는 사용후핵연료가 안전한 저장상태로 유지되고 있음을 확인할 수 있는 감시기능을 갖출 것

제13조(방사선방호설비) 중간저장시설에는 다음 각 호의 기준에 적합한 방사선방호설비를 설치하여야 한다.

1. 방사선작업종사자가 방사선관리구역으로 출입하는 것을 관리할 수 있는 출입관리 설비를 갖출 것
2. 방사선작업종사자의 보호를 위하여 방사선준위를 낮출 필요가 있는 곳에는 차폐설비를 갖출 것
3. 정상운전, 예상운전과도 및 설계기준사고의 경우에 방사선준위 감시 및 방사성물질 유출 감시를 통해 수집된 정보를 제어실 및 그 밖에 필요로 하는 장소에 제공할 수 있는 설비를 갖출 것
4. 벽 · 바닥 및 그 밖에 방사성오염의 우려가 있는 부분의 표면은 불침투성을 확보하고 평탄하게 하여 오염 제거가 쉽도록 할 것
5. 사람이나 설비가 방사성물질로 오염된 경우 오염을 제거하기 위한 적절한 제염설비를 갖출 것
6. 오염된 공기를 환기하고 공기중 방사성물질의 농도를 제한하기 위하여 적절한 여과능력을 지닌 환기설비를 갖추고, 오염된 공기는 방사성오염이 낮은 구역으로부터 높은 구역으로 흐르게 하며, 방사성오염구역은 그 외부에 비하여 낮은 압력을 유지하여 오염물질이 누설되거나 역류되지 아니하도록 할 것

제14조(경보장치 등) ① 중간저장시설에는 다음 각 호의 경우에 작동하는 자동경보장치를 설치하여야 한다.

1. 기기의 기능상실이나 잘못된 조작 등에 의하여 중간저장시설의 운전에 현저한 지장을 미칠 우려가 발생한 때

2. 배기구 · 배수구에서의 방사성물질의 농도 또는 방사선관리구역 안의 공기중 방사성물질의 농도 또는 방사선량률이 현저하게 상승한 때

② 중간저장시설에는 정상운전, 예상운전과도 및 설계기준사고 시 안전에 중요한 주요 계통 및 기기의 작동상태를 나타내는 장치를 설치하여야 한다. 다만, 설계기준사고 시 운전을 유지할 필요가 없는 주요 계통 및 기기는 설계기준사고 시 작동상태를 나타내는 장치를 설치하지 않을 수 있다.

제15조(사용재료) 중요안전설비에 사용되는 재료는 다음 각 호의 기준에 적합하여야 한다.

1. 내화구조 또는 불연재료를 사용할 것
2. 고방사선 및 부식성물질에 강한 재료를 사용할 것
3. 표면 제염이 용이한 재료를 사용할 것
4. 사용후핵연료와 직접 접촉하는 부분의 재료는 물리 · 화학적으로 사용후핵연료에 손상을 주지 않을 것
5. 사용후핵연료 저장환경의 영향에서도 그 기능이 유지될 수 있을 것
6. 경년열화현상을 고려하여 중간저장시설의 수명기간 동안 그 기능을 유지할 수 있을 것

제16조(조명) 중간저장시설에는 구조물 · 계통 및 기기에 설치된 각종 계기류와 시험 · 감시 · 검사에 사용되는 각종 계측기의 측정 단위 및 범위를 식별할 수 있도록 충분한 밝기의 조명설비를 설치 · 운영하여야 한다.

제17조(중앙제어실) ① 중간저장시설에는 시설의 종합적인 관리 및 감시를 수행하기 위한 중앙제어실을 설치하여야 한다.

② 중앙제어실에는 다음 각 호의 장치를 설치하여야 한다.

1. 중요안전설비의 작동상태를 표시하는 장치
2. 주요 계측장치의 계측결과를 표시하고 기록하는 장치
3. 지진 감시 장치
4. 그 밖에 중간저장시설을 안전하게 운전하기 위하여 필요한 장치

제18조(비상전원) 중간저장시설에는 외부로부터의 전원공급이 정지되거나 설계기준사고가 발생하는 등의 비상시에도 운전상 안전에 필요한 장치의 기능을 유지할 수 있도록 내연기관을 원동력으로 하는 발전설비 또는 이와 동등한 기능을 가진 충분한 용량의 독립적인 비상전원을 설치하여야 한다.

제19조(기타 보조계통) 중간저장시설에는 시설을 안전하게 운영하기 위하여 필요한 기타 보조계통(공기공급계통, 용수공급계통 등을 포함한다)을 설치하여야 한다.

제20조(시험 · 감시 · 검사 및 보수) ① 중요안전설비는 수명기간 동안 운전가능성을 확보하기 위하여 시험 · 감시 · 검사 및 보수가 가능하도록 설계하여야 한다.

② 시험 · 감시 · 검사 및 보수가 요구되는 모든 구조물 · 계통 및 기기에는 안전한 시험 · 감시 · 검사 및 보수를 위한 접근성 및 공간을 확보하여야 한다.

③ 주기적인 시험 · 감시 · 검사 및 보수를 할 수 없거나 현저히 제약을 받는 기기는 예상 가능한 고장에 대처할 수 있도록 설계하여야 한다.

제21조(적용 규격 및 기준) ① 중간저장시설은 중간저장시설 관련 구조물 및 설비의 설계에 사용되

고 있는 공인된 규격 및 기준을 적용하여 설계하여야 한다. 다만 이러한 규격 및 기준이 없을 경우에는 원자력 관련 구조물 및 설비의 설계에 일반적으로 적용되고 있는 공인된 규격 및 기준을 준용할 수 있다.

② 중요안전설비는 그 안전기능의 중요도에 상응하는 안전등급 및 규격에 맞게 설계 · 제작 · 설치 · 시험 및 검사되어야 한다.

제22조(설비의 공유 제한) 중간저장시설은 중요안전설비를 다른 원자력이용시설과 공유하여서는 아니 된다. 다만, 공유하더라도 각 시설의 안전성이 저하되지 않음이 입증된 경우에는 그러하지 아니하다.

제23조(시설의 변경) 중간저장시설의 변경으로 인하여 설비의 강도나 기능이 달라질 경우에는 관련 구조물 · 계통 및 기기의 구조적 · 기능적 건전성을 확인하여야 한다.

제24조(해체의 용이성) 중간저장시설은 해체에 대비하여 다음 각 호에 적합하도록 설계하여야 한다.

1. 운전과정에서 방사성물질의 발생과 설비의 방사성오염을 최소화 할 것
2. 오염된 설비의 철거 및 제염을 용이하게 하고 방사성폐기물 발생을 최소화할 것

제25조(건식저장시설에 대한 추가기준) 건식저장방식의 중간저장시설은 제4조부터 제24조까지에서 정하는 기준 이외에 추가적으로 다음 각 호의 기준에 적합하도록 설계하여야 한다.

1. 핵임계 안전과 관련하여 다음 각 목의 기준을 적용할 것
  가. 저장시설 안으로 빗물 등 이물질이 침투하지 않도록 접합부위를 효과적으로 밀봉하고 저장시설의 외부에 배수로 또는 배수구를 설치할 것
  나. 저장시설 안에 고인 물을 필요시 외부로 배출하기 위한 배수구를 갖출 것
  다. 저장시설 구조물에 라이너(liner)가 장착되는 경우에는 라이너와 구조물 사이에 물이 고이는 것을 방지할 것
2. 붕괴열 제거와 관련하여 다음 각 목의 기준을 적용할 것
  가. 열제거계통은 자연냉각방식이어야 하며 붕괴열을 적절히 분산시킬 수 있는 능력을 갖출 것
  나. 가목에도 불구하고 자연냉각방식만으로 붕괴열제거가 곤란한 경우에는 추가적으로 충분한 신뢰성이 확보된 강제냉각방식의 열제거계통을 갖출 것
  다. 내부에 불활성기체를 주입하는 건식저장용기의 경우에는 수명기간 동안 불활성기체가 적절하게 유지될 수 있도록 할 것
3. 격납과 관련하여 다음 각 목의 기준을 적용할 것
  가. 방사성물질이 유출되지 않도록 방벽을 밀봉할 것
  나. 건식저장설비의 격납기능이 적절하게 유지되는지 감시할 것
  다. 손상된 사용후핵연료를 안전하게 취급할 수 있는 설비를 갖출 것
4. 방사선방호와 관련하여 다음 각 목의 기준을 적용할 것
  가. 사용후핵연료 취급과정에서 나타날 것으로 예상되는 스카이샤인(skyshine) 및 반사되는 방사선을 제한할 수 있는 방안을 마련할 것
  나. 격납기능 또는 차폐기능의 손상여부를 감지하기 위하여 감마선장 및 중성자선장을 감시할 수

있는 설비를 갖출 것

다. 기체상 방사성물질이 발생되거나 누적될 가능성이 있는 건식저장구역은 부압상태로 유지하고 오염된 공기에 의한 방사선장해를 방지할 필요가 있는 경우 충분한 환기설비를 설치할 것

5. 구조물 및 배치와 관련하여 다음 각 목의 기준을 적용할 것

가. 사용후핵연료를 여러 단으로 적재 하는 경우 해당 구조물은 정적하중 · 동적하중 및 지진하중 등에서도 구조적인 변형 없이 건전성을 유지할 수 있을 것

나. 정상운전, 예상운전과도 및 설계기준사고 시 사용후핵연료를 저장시설의 저장구역으로 또는 저장구역으로부터 이송하기 위한 접근성 및 공간을 확보할 것

다. 건식저장용기를 사용하는 경우에는 전도되지 않고 안정성을 유지할 수 있을 것

제26조(습식저장시설에 대한 추가기준) 습식저장방식의 중간저장시설은 제4조부터 제24조까지에서 정하는 기준이외에 추가적으로 다음 각 호의 기준에 적합하도록 설계하여야 한다.

1. 핵임계 안전과 관련하여 다음 각 목의 기준을 적용할 것

가. 습식저장시설은 가능한 한 붕산과 같은 수용성 중성자흡수재에 의존하지 않고 핵임계 안전성을 확보할 수 있을 것

나. 가목에도 불구하고 수용성 중성자흡수재로 핵임계 안전성을 확보하는 설계가 불가피한 경우에는 흡수재가 저장조 냉각수에 희석됨으로 인해 사용후핵연료의 반응도 상승을 방지할 수 있는 공학적안전설비를 갖출 것

다. 연소도이득을 고려하는 경우에는 핵연료집합체가 잘못 정치되어 반응도가 증가할 가능성을 최소화 할 것

2. 붕괴열 제거와 관련하여 다음 각 목의 기준을 적용할 것

가. 습식저장시설의 열제거계통은 정상운전, 예상운전과도 및 설계기준사고 시 중요안전설비와 사용후핵연료의 온도를 사전에 설정한 제한치 이내로 유지할 수 있을 것

나. 저장조는 냉각수를 보충 · 냉각 및 정화 할 수 있는 능력을 갖출 것

다. 저장조 냉각수의 누수를 탐지하고 적절한 수리 및 보수를 할 수 있는 설비를 갖출 것

라. 저장조의 냉각수가 넘치거나 누수되지 아니하도록 할 것

마. 저장조의 냉각수는 붕괴열제거 및 방사선차폐에 필요한 최저수위를 항상 유지할 수 있을 것

3. 방사선방호와 관련하여 다음 각 목의 기준을 적용할 것

가. 저장조에는 제2호마목에 따른 최저수위 보다 낮은 위치에 배관이나 관통부를 만들지 말 것

나. 저장조 라이너(liner) 표면의 침적물 및 슬러지를 세정하거나 제거하기 위한 방안을 마련할 것

4. 사용후핵연료의 취급과 관련하여 다음 각 목의 기준을 적용할 것

가. 저장조 냉각수의 순도를 저하시킬 수 있는 불순물(윤활유와 같은 기름성분을 포함한다)이 저장조로 유입되지 않도록 할 것

나. 냉각수 속에서 사용후핵연료 또는 다른 장비 등을 들어 올릴 때 고방사선준위가 감지되는 경우에 인양장비의 동작이 정지되는 기능을 갖출 것

다. 저장조 내에서 서로 다른 운전제한조건이 적용되는 사용후핵연료가 같은 구역에 저장되지 않도

록 할 것

라. 저장조 냉각수는 핵연료피복관, 저장조 구조물 및 처리설비를 안전하게 유지하는데 적합한 화학적 특성과 저장조 운영에 필요한 투명도를 유지할 수 있을 것

마. 저장대는 사용후핵연료를 장입하거나 인출할 때에 사용후핵연료에 손상을 주지 않도록 충분한 여유가 있어야 하며 핵연료집합체와 접촉하는 모든 표면은 거칠거나 날카로운 돌출부분이 없이 매끄러울 것

바. 사용후핵연료 각각의 저장위치 및 고유번호 식별을 위해 저장대 자체에 식별표시를 할 것. 다만, 고정식 저장대는 별도의 식별표지판을 설치하여 표시할 수 있음

사. 저장조는 다음의 기준에 적합한 수중 조명설비를 갖출 것

1) 사용후핵연료의 고유번호 식별이 가능할 것

2) 수분에 의한 부식에 강한 재료를 사용할 것

3) 저장조의 냉각수를 오염시키지 않을 것

5. 저장조의 냉각수와 접촉하는 중요안전설비의 재료는 다음 각 목의 기준을 적용할 것

가. 냉각수의 화학적 특성으로 인해 부식이나 기능저하가 일어나지 않을 것

나. 냉각수를 오염시키지 않을 것

다. 쉽게 제염할 수 있을 것

6. 사용후핵연료를 여러 단으로 적재하는 경우 사용후핵연료, 저장대 및 바스켓은 정적하중 · 동적하중 및 지진하중 등을 받아도 구조적인 변형 없이 건전성을 유지할 수 있을 것

▶ **제74조(폐기물처리설비)**

① 방사성폐기물을 처리하는 설비에 관한 기술기준은 다음 각호와 같다.

1. 제한구역 경계의 공기중 및 수중 방사성물질의 농도가 배출관리기준상의 제한값 이하가 되도록 폐기시설로부터 발생하는 방사성폐기물을 처리하는 능력을 보유하고 있을 것

2. 방사성폐기물외의 폐기물을 처리하는 시설과 구별하여 설치할 것. 다만, 방사성폐기물외의 액체상의 폐기물을 처리하는 설비로 연결하는 경우 연결된 시설을 따라 역류할 우려가 없는 때에는 그러하지 아니하다.

3. 방사성폐기물이 누설되지 않는 구조이고 화학약품 등에 의하여 현저히 부식될 우려가 없는 것일 것

4. 기체상의 방사성폐기물을 처리하는 설비는 제70조제1항제3호의 규정을 준용하는 외에 배기통의 출구외의 곳에서 기체상의 방사성폐기물을 배출하지 아니할 것

5. 액체상의 방사성폐기물을 처리하는 설비가 설치되는 시설은 다음 각목의 기준에 적합할 것

가. 시설내부는 바닥면의 경사 또는 바닥면에 만들어진 배수로의 경사에 의하여 액체상의 방사성폐기물이 배수구로 흐르는 구조이고 액체상의 방사성폐기물의 누설확대를 방지하기 위한 둑이 설치되어 있을 것

나. 시설 밖으로 통하는 출입구 또는 그 주변부위에는 액체상의 방사성폐기물이 시설밖으로 누설되는 것을 방지하기 위한 둑이 설치되어 있을 것. 다만, 시설내부의 바닥면이 인접하는 바닥면 또는 지표면보다 낮아서 시설 밖으로 누설될 우려가 없는 때에는 그러하지 아니하다.

다. 배수통의 출구 외의 곳에서 액체상의 방사성폐기물을 배출하지 아니하도록 할 것

6. 고체상의 방사성폐기물을 처리하는 설비가 설치되는 시설은 원자력안전위원회가 정하여 고시하는 바에 따라 방사성폐기물을 처분에 적합한 형태로 고형화 또는 안정화하거나, 처분안전성이 입증된 용기에 장입할 수 있는 능력이 있을 것

② 제1항의 규정에 의한 방사성폐기물 처리설비의 구조 및 설비에 관한 세부기술기준은 **원자력안전위원회가 정하여 고시**한다.

⇒ 고시 : **제2014-62호 방사성폐기물 처리설비의 구조 및 설비에 관한 기술기준**

제3조(방사성물질의 환경방출관리) ① 정상운전 및 예상운전과도시 기체 및 액체상태의 방출물을 적절하게 제어할 수 있어야 하며, 부지 환경조건을 고려하여 필요시 방사성물질의 방출을 억제할 수 있는 충분한 수용능력을 확보하여야 한다.

② 폐기시설 제한구역 경계의 공기중 및 수중 방사성물질의 농도가 배출관리기준상의 제한값 이하가 되도록 방사성폐기물을 처리할 수 있어야 한다.

③ 액체 또는 기체 방사성폐기물은 건설 · 운영허가시 결정된 배기구 또는 배수구외의 곳에서 환경으로 배출되지 않아야 한다.

④ 방사성폐기물처리설비의 운전상태 및 배출방사능 감시를 위하여 적절한 시료채취장치 및 감시설비를 설치하여야 한다.

제4조(방사성물질에 의한 오염 및 역류방지) 방사성폐기물을 처리하는 설비는 방사성물질을 취급하지 않은 설비와 구별하여 설치함으로써, 방사성물질의 역류로 인한 오염가능성이 없어야 한다.

제5조(화재 및 폭발방지) 방사성폐기물 처리설비는 화재 및 폭발을 방지할 수 있도록 설계되어야 한다.

제6조(내진설계기준) 방사성폐기물의 처리를 위한 기기, 설비 및 구조물은 이들에 작용하는 지진력의 손괴로부터 일반인에게 방사선장해가 미치지 아니하도록 설계되어야 한다.

제7조(설계 최적화) 방사성폐기물의 처리를 위한 구조물, 설비 및 기기는, 운전 및 보수 작업자의 방사선피폭을 합리적으로 달성 가능한 낮게 유지하기 위하여, 누설을 제어하고 접근 · 운전 · 검사 · 시험 및 유지 · 보수가 용이하도록 설계하여야 한다.

제8조(누설방지기준) 액체폐기물 처리설비가 설치되는 시설은 다음 각 호의 기준을 만족하여야 한다.

1. 시설내부는 바닥면의 경사 또는 바닥면에 만들어진 배수로의 경사에 의하여 액체상의 방사성폐기물이 배수구로 흐르는 구조이어야 하며, 액체폐기물의 누설확대를 방지하기 위한 둑을 설치하여야 한다.

2. 시설 밖으로 통하는 출입구 또는 그 주변부위에는 액체상의 방사성폐기물이 시설 밖으로 누설되는 것을 방지하기 위한 둑을 설치하여야 한다. 다만, 시설내부의 바닥면이 인접하는 바닥면 또는

지표면보다 낮아서 시설 밖으로 누설될 우려가 없는 때에는 그러하지 아니하다.

제9조(액체폐기물 저장탱크의 설계기준) ① 액체 상태의 방사성물질을 함유하는 모든 탱크는 통제되지 않은 방사성물질의 배출을 방지할 수 있도록 설계되어야 한다.

② 액체폐기물 저장탱크는 다음 각 호에 따라 설계되어야 한다.

1. 모든 탱크에는 액체의 수위를 감시할 수 있는 설비가 제공되어야 한다.
2. 설정된 고수위조건은 해당 지역 및 제어실에 경보를 발생시켜야 한다.
3. 모든 탱크의 넘침, 배수 및 시료채취배관은 액체폐기물처리계통으로 이송되어야 한다.
4. 건물 내에 설치된 탱크에는 액체폐기물처리계통으로 이송되는 바닥배수관과 함께 "턱" 또는 "돌출 문턱"을 설치해야 한다.
5. 방사성물질이 감시되지 않는 채로 비방사성계통 또는 지역 덕트로 누설되지 않도록 설계하여야 한다.
6. 옥외 탱크에는 탱크의 넘침이 발생하는 경우 유출을 방지할 수 있는 둑 또는 저류지가 설치되어야 하며, 수집된 액체를 시료채취하고 이를 액체방사성폐기물처리계통으로 이송할 수 있는 수단이 마련되어야 한다. 방사성물질을 취급할 수 있고 액체폐기물계통으로 이송할 수 있는 중간 섬프 또는 배수탱크에 의한 저류기능도 허용할 수 있다.

제10조(처분안전성 확보) 고체폐기물 처리설비는 방사성폐기물을 처분에 적합한 형태로 고형화 또는 안정화하거나 처분안전성이 입증된 용기에 넣을 수 있는 기능을 갖추어야 한다. 다만, 다른 시설에서 해당 폐기물을 이와 같은 방법으로 처리할 경우에는 그러하지 아니하다.

제11조(설계, 재질 및 시험 등) ① 처리설비는 적절한 산업기술기준에 따라 설계, 제작, 용접 및 시험되어야 한다.

② 처리설비의 재질은 정상운전 및 예상운전과도시 설비의 운전조건 및 예상되는 화학적 · 물리적 · 방사선 환경조건에 견딜 수 있어야 한다.

③ 압력보유 기기 및 밀봉기능이 요구되는 기기에 대해서는 가능한 한 용접공법을 적용하여야 한다.

④ 방사성물질을 취급하는 주요 배관은 막힘, 누적 및 역류현상 등이 발생하지 않도록 설계하여야 한다.

⑤ 주요 기기 및 배관은 사용하기 전에 수압시험 또는 공기압 시험을 통해 누설이 없음을 확인하여야 한다.

○ **성능에 관한 기술기준**

▶ **제76조(구조물 · 계통 및 기기)**

방사성폐기물 폐기시설등의 구조물 · 계통 및 기기의 성능은 원자력안전위원회가 정하여 고시하는 바에 따라 정상작동상태를 유지할 수 있어야 한다.

▶ **제77조(환기 및 배기)**

환기 및 배기계통의 성능은 정상시뿐만 아니라 사고가 발생한 경우에도 방사선작업종사자 및 공중의 안전을 확보할 수 있어야 한다.

▶ **제78조(화재방호 운영)**

① 폐기시설 등의 화재방호를 위해서는 다음 각목의 사항이 포함된 화재방호 운영절차를 마련해야 한다.

1. 운전 및 소화활동을 위한 화재발생 구역에 대한 상세한 사전 소방대책
2. 화재 발생시 외부 소방대와의 협력체계 등이 포함된 비상대응절차
3. 적용된 기술기준에 따라 소방시설을 포함한 화재방호계통에 대한 시험 · 검사 및 유지관리 절차

② 폐기시설등의 설계변경이나 운전방법의 변동으로 인하여 제68조의2제2항의 규정에 의한 화재위험도 분석결과에 영향을 미칠 수 있는 경우 화재위험도분석에 반영하여야 한다.

③ 폐기시설등의 건설 · 운영허가를 받은 날부터 매 10년이 되는 날을 평가기준일로 하여 화재위험도분석의 적합성을 평가하여야 한다.

▶ **제79조(감시 및 제어)**

폐기시설등의 안전계통 및 기기는 사고가 발생한 경우에도 항상 감시가 가능하고 제어할 수 있어야 한다.

▶ **제80조(비상용 전원장치)**

비상용 전원장치는 발전소 외부로부터의 전원이 차단된 경우에도 폐기시설등의 안전계통 및 기기가 그 성능을 유지하도록 작동할 수 있어야 한다.

▶ **제81조(배수)**

배수시설은 지표수나 지하수 유입을 최대한 억제하여야 하며, 폐기시설등이 홍수 또는 하천 범람 등의 자연재해로부터 영향을 받지 아니하도록 할 수 있어야 한다.

▶ **제82조(방사선 관리)**

출입장소 기타 방사선 관리를 특별히 필요로 하는 장소의 방사선량률과 그 장소의 공기중 방사성물질의 농도는 원자력안전위원회가 정하여 고시하는 제한값 이하로 유지될 수 있어야 한다.

▶ **제83조(방사성물질의 취급 및 처리능력)**

방사성폐기물의 저장 · 처리 및 처분능력은 법 제63조의 규정에 의한 안전성분석보고서 등 허가신청서의 첨부서류에 기재된 능력 이상이어야 한다.

주3) 대통령령 : 시행령 제174조(환경상의 위해방지)

법 제11조제3호, 제12조제5항제2호, 제21조제1항제3호, 제36조제1항제3호, 제46조제3호 및 **제64조제3호**에 따라 국민의 건강 및 환경상의 위해를 방지하기 위한 기준은 다음 각 호와 같다.

1. 시설에서 배출되는 액체 및 기체 상태의 방사성물질의 농도가 **위원회가 정하는 기준**에 맞을 것

⇒ **고시: 제2016-16호 방사선방호 등에 관한 기준**

제16조(환경상의 위해방지) 제16조제1항

① 영 제174조제1호에서 "원자력안전위원회가 정하는 기준"이란 기체 및 액체상태의 방사성물질의 제한구역 경계에서의 농도로서 **별표 3**의 제1란의 해당 방사성핵종에 대한 제5란 및 제8란에서 정하는 농도로 한다.

⇒ **[별표 3] 방사성물질의 연간섭취한도, 유도공기중농도, 및 배출관리기준(교재 p.43)**

2. 그 밖에 방사선 위해 방지를 위하여 **위원회가 정하는 기준**에 맞을 것

⇒ **고시: 제2016-16호 방사선방호 등에 관한 기준**

제16조(환경상의 위해방지) 제16조제2항

② 영 제174조제2호에서 "그 밖에 방사선 위해 방지를 위하여 원자력안전위원회가 정하는 기준"이란 다음 각 호와 같다.

1. 해당 시설의 설계에 적용할 기준

가. 기체상태의 방출물에 의한 제한구역 경계에서의 연간선량

1) 감마선에 의한 공기의 흡수선량 : 0.1밀리그레이

2) 베타선에 의한 공기의 흡수선량 : 0.2밀리그레이

3) 외부피폭에 의한 유효선량 : 0.05밀리시버트

4) 외부피폭에 의한 피부등가선량 : 0.15밀리시버트

5) 입자상 방사성물질, 3H, 14C 및 방사성옥소에 의한 인체 장기 등가선량 : 0.15밀리시버트

나. 액체상태의 방출물에 의한 제한구역 경계에서의 연간 선량

1) 유효선량 : 0.03밀리시버트

2) 인체 장기 등가선량 : 0.1밀리시버트

2. 동일부지 내에 다수의 원자력관계시설을 운영하는 경우에 적용할 기준

가. 제한구역 경계에서의 연간 선량

1) 유효선량 : 0.25밀리시버트

2) 갑상선 등가선량 : 0.75밀리시버트

주4) 대통령령 : 시행령 제99조(허가기준)

① 법 제64조제4호에서 "대통령령으로 정하는 장비 및 인력"이란 다음 각 호의 장비 및 인력을 말한다.

1. 장비

가. 방사선측정기 3대 이상

나. 방사능측정기 3대 이상

다. 방사성폐기물 취급 및 운반 장비 1대 이상

2. 인력

법 제84조제2항제7호에 따른 방사선취급감독자면허 소지자 또는 방사선관리기술사 1명 이상

주5) 대통령령 : 시행령 제99조(허가기준)

② 법 제64조제5호에서 "대통령령으로 정하는 기간"이란 다음 각 호에 따른 방사성폐기물 처분시설의 폐쇄 후 관리기간을 말한다. 이 경우 동일 부지 안에 2개 이상의 방사성폐기물 처분시설을 운영하려는 경우에는 그 중 가장 긴 기간이 적용되는 방사성폐기물 처분시설의 폐쇄 후 관리기간을 그 부지의 모든 방사성폐기물 처분시설에 적용한다.

1. 동굴처분을 하는 방사성폐기물 처분시설: 200년 이하
2. 동굴처분 외의 천층처분을 하는 방사성폐기물 처분시설: 300년 이하

주6) 부령 : 방사선 안전관리 등의 기술기준에 관한 규칙

▶ **제84조(적용범위)** 법 제64조제5호 및 법 제68조제1항제2호의 규정에 의한 방사성폐기물 처분시설의 폐쇄 후 관리에 관한 기술기준과 방사성폐기물의 저장 · 처리 또는 처분에 관한 기술기준에 관하여는 제85조 내지 제88조의 규정을 적용한다.

▶ **제85조(천층처분시설에서의 저장 · 처리 또는 처분 및 폐쇄 후 관리)** ① 중 · 저준위방사성폐기물 천층처분시설에서의 저장 · 처리 또는 처분에 관한 기술기준은 다음 각호와 같다.

1. 방사성폐기물은 방사선장해를 방지하기 위하여 적절한 용기에 넣거나 고형화할 것
2. 방사성폐기물의 방사능농도 및 수량이 방사성물질의 종류에 따라 원자력안전위원회가 정하여 고시하는 세부기술기준의 한도를 초과하지 아니할 것
3. 방사성폐기물에는 눈에 띄기 쉬운 표면에 **별표 1**에 의한 방사능 표지를 부착하고, 방사성폐기물에 관한 기록과 대조할 수 있도록 정리번호를 표시할 것

   ⇒ [별표 1] 각종 표지 및 방사능표지 참조(교재 p.33-34)
4. 위치와 경계를 표시하고 보전구역을 설치하여 그 경계선에 별표 1에 의한 방사능표지를 설치할 것

   ⇒ [별표 1] 각종 표지 및 방사능표지 참조(교재 p.33-34)
5. 방사선작업종사자 및 수시출입자의 피폭방사선량이 선량한도를 초과하지 아니하도록 할 것
6. 시설을 폐쇄하는 경우에는 필요한 안전조치를 할 것

② 중 · 저준위방사성폐기물 천층처분시설의 폐쇄 후 관리에 관한 기술기준은 다음 각 호와 같다.

1. 폐쇄 후 관리의 방법은 다음 각 목의 활동을 포함 할 것

가. 부지에 대한 방사선환경조사
나. 부지특성에 대한 관찰과 지표구조물의 유지 · 보수
다. 부지 안으로 일반인의 접근 제한
라. 처분에 관한 기록의 비치 및 보존

마. 그 밖에 해당 처분시설의 특성에 따라 폐쇄 후 관리를 위해 필요한 사항

2. 폐쇄 후 관리기간 이후에는 관리활동 없이 처분안전성을 확보할 수 있을 것

③ 제1항의 규정에 의한 중 · 저준위방사성폐기물 천층처분시설에서의 저장 · 처리 또는 처분에 관한 세부기술기준과 제2항의 규정에 의한 중 · 저준위방사성폐기물 천층처분시설의 폐쇄 후 관리에 관한 세부기술기준은 **원자력안전위원회가 정하여 고시**한다.

⇒ 고시: 제2016-26호 중 · 저준위 방사성폐기물 처분시설 운영 등에 관한 기술기준

제4조(일반사항) ① 운영자는 이 기준에 따른 이행계획을 해당 처분시설에 대한 방사선환경영향평가서, 안전성분석보고서, 안전관리규정, 품질보증계획서 등 관련 허가신청서류의 해당 부분에 적절히 제시하여야 한다.

② 운영자는 이 기준의 이행을 위한 세부적인 절차서를 수립하고 해당 처분시설에 대한 사용전 검사, 처분검사, 정기검사 등을 통해 규제기관의 검토 및 승인을 받아 적용하여야 한다.

제5조(안전성평가의 갱신) ① 운영자는 이 기준에서 별도로 정하는 경우 외에도 지진, 홍수 등의 천재지변이나 사고 등으로 처분시설의 방사성폐기물 격리기능에 영향을 미칠 수 있는 사건이 발생하는 경우에는 최신의 가용자료를 바탕으로 해당 처분시설의 안전성을 재평가하고 필요시 제4조제1항의 안전성분석보고서 등 관련 허가신청서류와 제4조제2항의 세부절차서를 변경하여야 한다.

② 운영자는 처분시설을 운영 및 관리하는 과정에서 얻은 경험과 자료 및 안전성평가의 결과를 바탕으로 처분시설의 안전성에 관한 조건들을 수시로 재평가하고 필요시 보완하여야 한다.

제6조(조직 및 기능) ① 운영자는 처분시설의 운영에 책임이 있으며 처분시설의 원활한 운영을 위한 조직을 설치하고 권한과 임무를 명확히 하여야 한다.

② 운영자는 종사자가 처분시설의 운영에 관한 세부절차서의 내용 및 원리를 숙지할 수 있도록 종사자에 대한 종합적인 교육 계획을 수립하여 시행하여야 한다.

③ 운영자는 이 기준의 이행에 필요한 방사선/능 측정 및 분석 시스템, 방사성폐기물 처리시스템, 환경감시 시스템을 갖추어야 한다.

제7조(구역 설정 및 출입자 관리) ① 운영자는 처분시설 부지에 대하여 다음 각 호에서 정하는 바와 같이 제한구역을 설치하여 관리하여야 한다.

1. 제한구역은 처분시설 및 그 부속시설을 내포하는 하나의 영역으로서 이 영역의 밖에서는 해당 처분시설과 관련하여 「원자력안전법 시행령」(이하 "영"이라 한다) 제174조 및 이 영에 따라 **원자력안전위원회고시가 정하는 세부기술기준**에 부합하는 구역으로 정한다.

   ⇒ 고시: 제2016-16호 방사선방호 등에 관한 기준 제16조(환경상의 위해방지)(교재 p.228)

2. 지상의 처분고 경계선(처분고가 지하에 설치되는 경우 또는 지표상의 처분고가 폐쇄 후 토양 등의 덮개로 덮이는 경우에는 지하 처분고의 위치를 알 수 있도록 지상에 그 경계선을 표시하도록 한다) 및 부속시설들과 제한구역 경계선 사이에는 환경감시를 비롯하여 처분시설 운영, 폐쇄 및 폐쇄 후 관리 활동을 적절히 수행할 수 있도록 완충공간을 확보하도록 한다.

3. 제한구역의 경계에는 울타리 또는 표지를 설치하는 등의 방법에 의하여 업무상 출입 이외의 출입을 효과적으로 제한할 수 있도록 한다.

4. 제한구역 안에는 사람의 거주를 금한다.

② 운영자는 처분시설 부지에 대하여 다음 각 호에서 정하는 바와 같이 보전구역을 설치하여 관리하여야 한다.

1. 보전구역은 제한구역 내부의 영역으로서 해당 처분장에서 방사성폐기물을 저장, 처리, 처분하는 구역으로 정한다.(하나의 영역으로 통합하여 설치하거나 둘 이상의 독립적인 영역으로 구분하여 설치할 수 있음)
2. 보전구역의 경계에는 울타리를 설치하고 "보전구역"이라는 글자와 "허가 없이 들어감을 금함"이라는 글자를 포함하는 눈에 잘 띄는 표지를 부착하여 방사성폐기물의 관리와 출입자에 대한 방사선방호를 효과적으로 수행할 수 있도록 한다.

③ 운영자는 처분시설에 대하여 「방사선 안전관리 등의 기술기준에 관한 규칙」 제3조에 따라 방사선관리구역을 설정하여 관리하여야 한다.

④ 운영자는 방사선관리구역 이외의 구역이라도 방사성폐기물의 관리와 관련하여 필요한 경우에는 임시 방사선관리구역으로 설정하여 방사선관리구역에 준하는 관리를 하여야 한다..

제8조(적용범위) 처분시설의 운영을 시작한 시점부터 처분시설의 폐쇄를 완료하는 시점까지 처분시설 운영 단계에서 처분시설의 관리에 관한 사항은 제9조부터 제19조까지의 규정을 적용한다.

제9조(구조물 · 계통 및 기기의 성능) 운영자는 처분시설의 안전과 폐기물의 격리에 중요한 구조물 · 계통 및 기기들에 대하여 처분시설의 구조 및 설비에 관한 원자력안전위원회고시와 처분시설의 안전성분석보고서에 제시된 설계성능을 유지하여야 한다.

제10조(주기점검) ① 운영자는 처분시설의 각 구조물 · 계통 및 기기들이 안전성분석보고서에 명시된 성능과 부합하는지 확인하기 위하여 적절한 주기로 점검하여야 한다.

② 처분시설에 대한 주기점검은 항상 주요 안전기기설비의 성능 및 상태와 처분시설의 주변환경에 미치는 영향을 충분히 고려하여 수행하여야 한다.

③ 운영자는 다음 각 호의 구조물 · 계통 및 기기에 대하여 주기점검을 실시하여야 한다.

1. 방사성폐기물 취급 설비
2. 감시 및 제어 설비
3. 배수설비 및 배기설비
4. 비상용 전원장치
5. 방사선방호설비
6. 화재방호설비
7. 기타 처분시설 안전에 중요한 설비

④ 운영자는 주기점검의 결과를 취합하여 이상 유무를 판단한 후 이상이 있는 경우에는 이를 즉시 조치하여야 한다.

제11조(정기점검) ① 운영자는 처분시설의 유지 관리에 필요한 정기점검계획을 수립하여 시행하여야 한다.

② 제1항의 정기점검계획은 다음 사항들을 포함하여야 한다.

1. 안전설비 설정치 확인검사
2. 감시 및 제어 설비의 교정 및 기능 시험
3. 방사성폐기물 관리계통의 성능 확인
4. 배수설비 및 환기설비의 성능 확인
5. 기타 처분시설의 안전과 방사성폐기물의 격리에 중요한 구조물 · 계통 및 기기의 성능 확인

③ 제1항의 정기점검계획에 따른 검사는 안전성분석보고서에 명기된 해당 처분시설의 안전특성을 감안하여 실시하여야 한다.

제12조(배출감시) ① 운영자는 처분시설 부지에서 제한구역 외부로 배출되는 방사성물질의 농도가 방사성물질 배출 농도기준을 초과하지 않도록 배기 및 배수 중의 방사성물질의 농도를 감시하여야 한다.

② 배기 및 배수 감시설비는 설정치를 초과할 경우 경보발령 및 방출밸브의 자동차단 작동이 이루어질 수 있도록 하여야 한다.

③ 배기 및 배수 감시설비는 지정된 주기로 점검 및 보정을 실시하여 항상 최적의 상태를 유지할 수 있어야 한다.

제13조(방사선방호) ① 운영자는 영 제131조부터 135조까지의 규정과 「원자력안전법 시행규칙」(이하 "규칙"이라 한다) 제120조부터 제122조까지의 규정 및 이와 관련한 원자력안전위원회고시에 따라 방사선작업종사자 및 수시출입자, 기타 처분시설에 일시적으로 출입하는 모든 인원에 대하여 각 대상에 알맞은 방사선방호를 수행하여야 한다.

② 작업자가 상시 출입하는 장소 및 방사선관리가 필요한 장소의 방사선량률과 표면오염도 및 공기중 방사성물질의 농도는 해당 외부방사선량률 한도와 허용표면오염도 및 유도공기중농도를 각각 초과하지 않도록 하여야 하며 초과할 경우에는 별도 관리구역으로 설정한다.

③ 운영자는 주기적으로 처분시설내의 방사선량률, 표면오염도 및 공기중 방사성물질의 농도를 측정하고 그 측정결과가 제2항의 조건을 만족함을 확인하여야 한다.

④ 제3항의 측정결과가 제2항의 조건을 초과하는 경우 이러한 구역에서 작업하는 자는 적절한 방호용품을 착용하여야 한다.

제14조(오염의 방지 및 조치) ① 운영자는 처분시설 부지에서 폐기물에 의한 방사능 오염과 제염에 따른 폐기물의 발생을 합리적으로 달성 가능한 한 최소화하기 위하여 폐기물관리 공정을 최적화하여야 하며, 오염이 발생하는 경우에는 확산되지 않도록 제염, 오염확대방지 및 차폐 등의 필요한 조치를 하여야 한다.

② 운영자는 처분시설에서 사용한 장비를 외부로 반출하기 위한 방사능오염제한치를 설정하여 운용하여야 하며, 처분시설 내에서만 사용하는 장비에 대하여는 주기적으로 그 오염도를 측정 및 관리하여야 한다.

제15조(보수 및 개조) ① 처분시설의 방사성폐기물 격리 성능을 비롯하여 방사선안전성에 이상이 있다고 판단하는 경우, 운영자는 필요한 보수작업을 실시하여 처분시설을 정상상태로 유지시켜야 한다.

② 처분시설의 안전성에 영향을 미칠 수 있는 보수 및 개조 행위에 대하여는 사전에 제4조에 언급된 허가신청서류와 관련 절차서의 개정 또는 보완 등 필요한 조치를 하여야 한다.

제16조(부지 및 환경 감시) ① 운영자는 처분시설의 운영이 환경에 미치는 영향을 판단하기 위하여 처분시설 운영 중에 원자력이용시설 주변 방사선환경조사 및 방사선환경영향평가에 관한 원자력안전위원회고시에 따라 처분시설 주변의 환경을 감시하여야 한다.

② 운영자는 해당 처분시설에 대한 부지특성보고서 또는 안전성분석보고서에 제시한 운영 중 부지 감시 및 조사계획에 따라 주요 부지특성들을 주기적으로 감시하여야 한다.

제17조(비상대책) ① 운영자는 영 제136조 및 제110조의 규정을 포함하여 처분장에서 발생할 수 있는 방사선 비상 및 지진, 화재, 풍수해 등 천재지변의 가상사고를 비롯한 비상 상황에 대처할 수 있도록 비상대책을 수립하고 필요시 이행하여야 한다.

② 운영자는 제1항과 관련하여 적절한 비상대응능력을 확보하기 위해 주기적으로 훈련을 실시하여야 한다.

제18조(물리적 방호) 운영자는 처분 안전성을 저해하는 허가되지 않은 모든 인위적 행위를 방지하기 위해 다음 각 호에서 정하는 바에 따라 합리적인 조치를 취하여야 한다.

1. 허가되지 않은 인원의 부지 및 시설 출입을 통제하고 시설물을 보호하기 위한 물리적 방호 프로그램을 수립하여 시행하여야 한다.
2. 보안이 필요한 구역을 설정하고 이러한 구역에 대하여는 테러나 불법 침입을 방지하기 위한 방호벽, 감시 및 침입 탐지 시스템과 보조 보안장치 등 물리적 방호장치를 강구하도록 한다.
3. 보안조치의 수준은 해당 처분시설과 폐기물에 대하여 예상되는 손상의 정도를 반영하도록 한다.

제19조(기록과 보고) 운영자는 처분시설의 운영과 관련하여 다음 각 호에 따라 해당 사항들을 기록 · 비치 또는 보고하여야 한다.

1. 방사성폐기물의 저장 · 처리 · 처분과 관련한 기록과 비치에 관한 사항은 규칙 제145조 및 규칙 별표 7의 규정을 준수한다.
2. 방사선안전과 관련한 정기보고 사항과 보고기한에 관하여는 규칙 제127조 및 규칙 별표 5의 규정을 준수한다.
3. 처분시설의 사고 · 고장 발생시의 보고에 관하여는 원자력안전위원회고시 「원자력이용시설의 사고 · 고장 발생시 보고 · 공개 규정」을 준수한다.

제20조(적용범위) 처분시설에서 폐기물의 관리에 관한 사항은 제21조부터 제27조까지의 규정을 적용한다.

제21조(처분폐기물 특성기준) ① 처분시설에 처분되는 모든 폐기물은 처분에 따른 장기적인 방사선위해를 방지하기 위해 방사성핵종의 누출을 억제할 수 있도록 적절한 용기에 넣거나 고형화한 후에 적절한 용기로 포장하여야 한다.

② 운영자는 제1항의 요건을 이행하기 위하여 규칙 제96조와 폐기물 인도에 관한 원자력안전위원회고시에 해당 처분시설 고유의 특성을 반영한 상세한 처분폐기물 특성기준을 수립하여 폐기물 처분 업무에 적용하여야 한다.

제22조(폐기물 인수) ① 운영자는 해당 처분시설에서 인수할 수 있는 폐기물의 특성과 폐기물 인수절차에 관한 세부적인 지침(이하 "인수기준"이라 한다)을 수립하여 사전에 폐기물 발생자 또는 폐기물 처분을 위탁하고자 하는 자(이하 "폐기물발생자"라 한다)에게 제공하여야 한다.

② 추가적인 처리 없이 직접 처분을 목적으로 폐기물을 인수하는 경우, 제1항의 인수기준은 다음 각 호의 사항을 포함하여야 한다.

1. 해당 처분시설에서 처분을 위해 인수할 수 있는 폐기물의 특성과 관련하여, 제21조제2항의 처분폐기물 특성기준
2. 폐기물발생자가 해당 폐기물이 제1호의 기준에 적합함을 입증하는 데 적용하여야 할 방법과 운영자가 그 부합성을 확인하는 데 적용할 방법
3. 처분시설에서 폐기물을 인수하는 절차
4. 폐기물발생자가 운영자에게 폐기물을 인도할 때 제출하여야 할 서류
5. 제1호의 기준을 만족하지 못하는 폐기물에 대한 운영자의 조치 계획

③ 운영자는 제2항의 기준에 따라 처분시설에 인도되는 모든 폐기물에 대해 인수검사를 실시하여 해당 인수기준을 만족하는지를 확인하여야 하며, 인수기준에 부합하지 않은 폐기물은 격리 · 보관하고 제2항제5호의 조치계획에 따라 조치를 취하여야 한다.

④ 운영자가 폐기물발생자로부터 폐기물을 인수한 후 처분장에서 추가적인 처리를 통해 제21조제2항의 처분폐기물 특성기준을 만족시키고자 하는 경우, 제1항의 인수기준은 인수할 수 있는 폐기물의 특성기준과 인수절차를 포함하여야 한다.

제23조(폐기물의 운반 및 취급) ① 처분시설에서 폐기물을 운반할 때에는 원자력안전위원회고시 「방사성물질등의 포장 및 운반에 관한 규정」을 만족하여야 한다.

② 처분시설에서 폐기물을 하역할 때에는 포장물 외부표면의 오염 및 방사선량률을 측정하여야 하며, 오염된 것으로 판정되면 포장물의 표면을 제염하거나 덧포장을 하여야 한다.

③ 운반이나 하역 과정에서 손상된 포장물의 취급을 위해 적절한 환기설비와 방사선차폐 기능을 갖춘 공간을 마련하여야 하며, 손상된 포장물의 취급을 위한 절차를 수립하여야 한다.

④ 폐기물을 취급하는 장비는 포장물의 중량, 크기 및 방사선량률에 따라 적합하게 선정하여야 하며 양호한 운전상태로 유지 · 관리하여야 하고, 정기적인 점검을 통하여 오염여부를 확인하여야 하며, 오염이 발생한 경우에는 제염하여야 한다.

제24조(폐기물의 표지) ① 포장물에는 눈에 띄기 쉬운 표면에 「방사선 안전관리 등의 기술기준에 관한 규칙」의 별표 1에 의한 방사능표지를 부착하고 표지 위에는 "방사성폐기물"의 글자를, 표지 아래에는 운영자, 폐기물 수량, 방사능농도, 정리번호 및 기타 해당 포장물에 관한 주요 정보를 기입하여야 한다.

② 제1항의 정리번호는 원자력안전위원회고시「중 · 저준위 방사성폐기물 인도규정」의 "방사성폐기물 인수의뢰 신청서"에 제시된 포장물의 일련번호와 대응하여 해당 폐기물에 관한 기록과 대조할 수 있는 것이어야 하며, 재포장 또는 덧포장 등에 의해 포장물의 내용물 또는 외형이 바뀌는 경우에도 해당 폐기물의 정보를 추적할 수 있도록 하여야 한다.

제25조(폐기물 저장 · 처리) ① 운영자는 폐기물발생자로부터 인수한 폐기물을 원자력안전위원회 고시 「중 · 저준위 방사성폐기물 인도규정」의 "방사성폐기물 인수의뢰 신청서"에 제시된 종류 및 특성별로 그리고 처분될 처분고별로 분류하여 저장하여야 한다.

② 처분시설을 운영하는 과정에서 발생하는 폐기물의 저장에 대하여도 제1항의 기준을 적용하도록 한다.

③ 운영자는 처분시설 운영시 발생되는 폐기물의 저장 또는 처리와 관련하여 「방사선 안전관리 등의 기술기준에 관한 규칙」제87조의 규정을 준수하여야 한다.

제26조(폐기물 처분) ① 운영자는 폐기물을 제25조제1항에 따라 그 종류 및 특성에 맞는 처분고에 분리하여 처분하여야 한다.

② 운영자는 폐기물을 처분고에 정치하기에 앞서 다음 각 호의 사항을 이행하여야 한다.

1. 처분고의 폐기물 격리 성능에 이상이 없는지를 확인한다.
2. 처분될 포장물의 정리번호와 그 내용이 정확하며 제21조에 따른 처분폐기물 특성기준의 관점에서 유효한지를 확인한다.
3. 처분될 포장물에 외관상 이상이 없는지를 확인한다.

③ 포장물을 처분고에 정치할 때에는 다음 각 호의 사항을 준수하여야 한다.

1. 포장물의 건전성을 저해하지 않도록 정치한다.
2. 정치된 포장물 사이에 남은 공간을 뒷채움재로 채우는 것이 용이하도록 한다.
3. 처분고 폐쇄 시 포장물 주변의 빈 공간은 폐기물로부터 방사성물질의 확산을 제한할 수 있도록 점토 등의 뒷채움재로 적절하게 채우도록 한다.

제27조(품질보증) ① 운영자는 제4조제1항에 언급된 처분시설 설계 · 건설 및 운영에 관한 품질보증계획서(「방사선 안전관리 등의 기술기준에 관한 규칙」제88조)와는 별도로 해당 기준의 제21조부터 제26조까지의 규정에 따라 폐기물의 관리에 관한 품질보증계획을 수립하여 운용하여야 한다.

② 제1항의 품질보증계획은 다음 각 호에 따라 수립되어야 한다.

1. 품질보증계획은 그 구성 요소 및 활동들이 처분시설의 안전성에 미치는 잠재적인 효과를 적절히 감안하여 수립되어야 하며, 처분시설의 안전 운영에 중요한 활동들은 처분시설의 운영 및 폐쇄 후 단계에 대한 체계적인 안전성평가의 결과를 토대로 분별되어야 한다.
2. 품질보증계획은 처분시설 운영 중 폐기물 특성 및 운영 절차의 변경 관리에 각별히 유의하여 이러한 변경이 처분에 관한 안전요건들의 충족을 입증하기 위한 관리절차를 포함하여야 한다.
3. 운영자의 품질보증계획은 용인할 수 있는 폐기물 특성에 대한 적절한 수준의 보증을 제공하도록 폐기물 발생자의 품질보증계획과 폐기물 발생자가 제공하는 정보의 품질을 확인할 수 있는 방법과 절차를 갖추어야 한다.
4. 품질보증계획은 해당 처분시설의 장기적인 안전성에 중요한 정보의 수집과 보전을 규정하여야 한다.

제28조(적용범위) 처분시설을 부분적으로 또는 전체적으로 폐쇄할 때 수행하여야 할 안전조치에 대하여는 제29조부터 제34조까지의 규정을 적용한다.

제29조(일반사항) 처분시설의 폐쇄는 다음 각 호의 기준을 만족하여야 한다.

1. 폐쇄는 폐쇄 후 처분장의 사후 관리를 용이하게 하고 계속적인 보수의 필요성이 최소화 되도록 수행되어야 한다.
2. 폐쇄는 사후 환경감시 및 조사가 용이하도록 수행되어야 한다.
3. 폐쇄는 사전에 허가된 폐쇄계획에 따라 수행되어야 한다.

제30조(폐쇄방법) 운영자는 다음 사항에 의거 처분시설을 폐쇄하여야 한다.

1. 운영자는 폐쇄시 처분시설이 안전성분석보고서에 기술된 내용을 만족하도록 완성되었음을 입증해야 한다.
2. 처분시설의 최종적인 덮개, 밀폐나 뒷채움은 시설의 기밀성, 필요한 수문학적 성능, 방사성 핵종의 지연, 보수의 최소화 및 부주의한 침입의 방지 등을 보장할 수 있도록 허가된 계획에 따라 시공하여야 한다.
3. 최종 덮개는 해당 부지의 특성에 따라 지질학적 · 기상학적 및 생태학적 조건들을 고려하여 설계 및 시공하여야 한다.
4. 폐쇄 중에 유출수의 오염을 방지하기 위하여 침출수 수집계통과 하수도망을 분리 설치해야 한다.
5. 동굴처분이 아닌 천층처분의 경우, 덮개의 모양이나 외형은 침식작용에 의하여 가능한 한 영향을 받지 않도록 해야 하며 주변 자연경관과 조화되도록 해야 한다.
6. 동굴처분의 경우, 방사성핵종의 이동을 막기 위한 배수공, 갱도 및 시추공 등의 뒷채움과 밀폐작업은 이들 공동에 적합한 설계방법이나 재료를 선택하여 수행됨을 입증해야 한다.

제31조(계통 및 설비의 철거) 운영기간 중 사용된 계통 및 설비의 철거는 다음과 같이 수행하여야 한다.

1. 해당 철거가 처분시설의 안전성에 영향을 주지 않아야 한다.
2. 지하수 또는 침출수가 처분시설의 공학적 또는 자연적 방벽들을 우회하여 배관, 하수계통 및 배수설비 등을 통하여 흐르지 않도록 해야 한다.
3. 건물이나 장치를 철거하는 과정에서 발생하는 폐기물에 대한 관리대책이 마련되어야 한다.

제32조(구조물 · 계통 및 기기의 유지) 운영자는 해당 처분시설에서 폐쇄 후에 존속하는 시설물에 대하여는 다음 각 호의 조치를 취하여야 한다.

1. 해당 처분시설에 대한 안전성분석보고서에 따라 처분시설의 폐쇄 후에도 폐기물의 격리와 부주의한 침입의 방지를 위해 존속해야 하는 구조물 · 계통 및 기기들을 철거하여서는 아니 된다.
2. 다른 시설물의 철거가 제1호에 언급된 구조물 · 계통 및 기기들의 건전성에 영향을 주지 않아야 한다.
3. 안전성분석보고서에 제시된 기간에 걸친 예상 성능을 폐쇄 작업 완료 시점에서 최종 확인하여야 한다.

제33조(침입 방지) 먼 장래에 굴착, 지하 처분고의 지표면 노출 등이 발생하는 경우에 처분 폐기물에 대한 사람의 부주의한 접근을 막기 위하여 운영자는 처분시설 폐쇄 시 처분고의 내 · 외부 및 처분고와 지표면 사이 등 적절한 위치에 해당 처분시설과 폐기물의 존재를 알리는 경고판을 설치하여

야 한다.

제34조(안전성 재평가) 운영자는 처분시설 폐쇄 전에 다음 사항을 재평가하여 처분시설의 안전성을 입증하여야 한다.

1. 성능평가기간에 대한 설비, 부지 및 주변지역에 대한 현황
2. 처분된 폐기물의 총량, 운영기간 중 발생하여 처분의 안전성에 영향을 줄 수 있는 사고들의 기록, 처분이 인간과 주변환경에 줄 수 있는 방사선학적 및 비방사선학적 영향 등

제35조(적용범위) 처분시설 폐쇄 후 관리에 관한 기술기준에 관하여는 제36조부터 제41조까지의 규정을 적용한다.

제36조(관리계획) ① 운영자는 폐쇄 후 관리 업무를 수행하기 위한 계획(이하 "관리계획"이라 한다)을 수립하여 폐쇄 후 관리를 수행하기 1년 전에 원자력안전위원회에 제출하여야 한다.

② 제1항에 따른 관리계획은 다음 각 호에서 정하는 사항을 포함하여야 한다.

1. 관리기간
2. 관리의 조직과 책임
3. 처분된 폐기물, 처분시설 및 부지의 특성(폐쇄 후 관리의 관점에서 정량적으로 서술한다)
4. 관리방법 (관리항목, 항목별 관리요령 등을 기술한다)
5. 관리업무에 대한 품질보증계획

③ 운영자가 제1항의 관리계획을 변경하고자 할 경우에는 변경사유서와 변경된 관리계획을 변경 시행 전년도 6월까지 원자력안전위원회에 제출하여야 한다.

제37조(관리기간) 폐쇄 후 관리기간은 다음 각 호에서 정하는 바에 따라 설정되어야 한다.

1. 관리기간은 해당 처분시설의 폐기물 특성, 공학적 설계, 부지 특성, 처분시설과 관련하여 예상되는 사회적 활동, 기록 및 유지에 관한 역사적인 경험 등을 고려하여 설정되어야 한다.
2. 관리기간 이후에는 더 이상의 관리활동이 필요 없어야 하고 적절한 방법에 의한 위험도 또는 선량 계산의 결과가 해당 처분시설에 대한 성능목표치를 만족시켜야 한다.

제38조(관리방법) 폐쇄 후 관리방법은 다음 각 호에서 정하는 바에 따라야 한다.

1. 관리방법은 합리적으로 처분시설의 폐쇄성능을 확인하여 방사선방호의 요건을 만족함을 입증할 수 있도록 하는 것이어야 한다.
2. 관리방법은 별표를 기준으로 하되 해당 처분시설에 대한 체계적인 안전성평가의 결과 또는 해당 처분시설 및 부지의 특성에 따라 조정할 수 있다. 부지감시에 관한 사항은 해당 처분시설에 대한 부지특성보고서 또는 안전성분석보고서에 제시된 폐쇄 후 부지감시계획과 부합하도록 한다.
3. 시료채취, 기기분석, 안전성평가, 관리결과의 평가 등 별표에 제시되지 않은 사항에 대하여는 공인된 방법을 사용하되, 별도의 방법을 사용하고자 할 때에는 그에 대한 타당성을 입증하여야 한다.

제39조(이행) 제36조에 따른 관리계획은 처분시설 폐쇄 직후부터 이행하는 것을 원칙으로 한다.

제40조(기록과 보고) 처분시설의 폐쇄 후 관리와 관련한 기록 및 보고에 대하여는 제19조의 기준을

준용한다. 이 경우 처분시설의 "운영"은 "폐쇄 후 관리"로 본다.

제41조(관리의 종료) ① 운영자가 해당 처분시설에 대한 폐쇄 후 관리를 종료하고자 할 때에는 다음 각 호에서 정하는 사항을 포함하는 관리종료보고서를 작성하여 원자력안전위원회에 제출하여야 한다.

1. 관리의 종료를 정당화할 수 있는 근거자료
2. 관리의 종료에 따른 조치 계획(기록의 영구적 보관 방법, 처분시설의 위치에 관한 영구적 표지 방법을 포함한다)

② 원자력안전위원회는 제1항에 의한 관리종료보고서가 적절하지 않다고 판단될 때에는 관리업무의 지속, 관리종료보고서의 수정 또는 보완을 명할 수 있다.

▶ **제86조(심층처분시설에서의 저장 · 처리 또는 처분)** ① 고준위방사성폐기물 및 사용후핵연료의 심층처분장소에서의 저장 · 처리 또는 처분에 관한 기술기준은 다음 각호와 같다.

1. 처분장소 주위에 보전구역을 설치하고 제한구역의 설치에 관하여도 반드시 검토할 것
2. 방사성폐기물에는 눈에 띄기 쉬운 표면에 별표 1에 의한 방사능 표지를 부착하고, 방사성폐기물에 관한 기록과 대조할 수 있도록 정리번호를 표시할 것
3. 방사선작업종사자 및 수시출입자의 피폭방사선량이 선량한도를 초과하지 아니하도록 할 것

② 제1항의 규정에 의한 고준위방사성폐기물 및 사용후핵연료의 심층처분시설에서의 저장 · 처리 또는 처분에 관한 세부기술기준은 **원자력안전위원회가 정하여 고시**한다.

⇒ 고시: **제2016-27호 고준위방사성폐기물 심층처분시설에 관한 일반기준**(교재 p.204-212)

▶ **제87조(처분시설안에서의 저장 · 처리)** 폐기시설등의 운영시 발생되는 방사성폐기물의 저장 · 처리에 관한 기술기준은 다음 각호와 같다.

1. 처리 · 저장작업은 방사선장해방어에 관한 지식과 경험을 갖춘 자의 감독하에 하도록 하고, 저장 및 처리에 종사하는 자에게는 작업복 · 장갑 등 필요한 방호장구를 착용시킬 것
2. 처리 · 저장작업에 종사하는 자외의 자가 폐기시설에 출입하는 경우에는 감독자의 지시를 따르도록 할 것
3. 기체상의 방사성폐기물은 여과, 시간의 경과에 의한 방사능의 감쇠 또는 다량의 공기에 의한 희석 등의 방법으로 배기중의 방사성물질의 농도를 저하시킨 후 이를 배기시설에 의하여 배출할 것. 이 경우 배기구에서 배기중의 방사성물질의 농도를 감시함으로써 제한구역 경계에서의 공기중 방사성물질의 농도가 배출관리기준의 제한값을 초과하지 아니하도록 하여야 한다.
4. 액체상의 방사성폐기물은 다음 각호의 1에 의한 방법에 따라 배출 · 저장할 것
   가. 배수시설에 의하여 배출할 것
   나. 방사선장해방지의 효과를 가진 저장조에 저장할 것
   다. 용기에 넣은 후 고형화하여 방사선장해방지의 효과를 가진 저장시설에 저장할 것
   라. 방사선장해방지를 위하여 **원자력안전위원회가 정하여 고시**하는 바에 따라 소각시설에서

소각할 것

⇒ **고시: 제2017-6호 중 · 저준위 방사성폐기물 소각기준**

제4조(소각설비의 설계기준) 소각시설은 다음 각 호의 설비로 구성되며, 구조상 안전성을 갖도록 설계하여야 한다.

1. 전처리설비(전처리가 필요한 경우)
2. 소각로설비
3. 배기가스 처리설비
4. 배출수 수집설비(자체처리할 때에는 처리설비 포함)
5. 소각재 수집설비(자체처리할 때에는 처리설비 포함)
6. 공정 및 배기가스 감시설비
7. 시설 환기설비
8. 기타 부대시설

제5조(전처리설비) 전처리설비의 기준은 다음 각 호와 같다.

1. 소각로 설비에서 소각이 적절히 이루어지도록 부적합한 물질을 제거하여야 하며 필요할 경우에는 파쇄, 압축 등의 방법으로 전처리하여야 한다.
2. 방사성폐기물의 크기 및 단위무게와 방사능 농도가 제시되어야 하며, 이에 적합하도록 전처리하여야 한다.

제6조(소각로 설비) 소각로 설비의 기준은 다음 각 호와 같다.

1. 화재 및 폭발을 방지할 수 있는 능력을 갖추어야 한다.
2. 소각설비 내부의 압력은 운전 중에 부압을 유지하여야 하며, 방사성물질의 외부확산을 방지할 수 있도록 배기가스 처리설비에 연결하여야 한다.

제7조(배기가스 처리설비) ① 배기가스 처리설비의 기준은 다음 각 호와 같다.

1. 소각로에서 발생되는 배기가스를 적절히 처리하여 대기로 방출되는 기체의 방사능 농도는 제한구역 경계 밖에서 1주당 평균할 때 원자력안전위원회고시 「방사선방호등에 관한 기준」을 만족하여야 한다.
2. 소각로에서 발생되는 배기가스를 적절히 처리하여 대기로 방출되는 기체로 인한 시설주변의 주민피폭선량은 1년간에 걸쳐 평균할 때 원자력안전위원회고시 「방사선방호등에 관한 기준」을 만족하여야 한다.
3. 소각로에서 발생되는 배기가스를 적절히 처리하여 대기로 방출되는 기체는 「대기환경보전법 시행규칙」 제15조, 「악취방지법 시행규칙」 제8조제1항 및 「잔류성유기오염물질관리법 시행규칙」 제7조에 따른 배출허용기준을 만족하여야 한다.
4. 배기가스 처리설비는 기밀구조를 갖춤으로써 배기팬 전단까지 부압을 유지하여야 한다.

② 제1항제3호에도 불구하고 소각시설의 처리능력이 제1항제3호에 따른 배출허용기준을 그대로 적용하기 어려운 경우에는 제1항제3호에 따른 배출허용기준 중 해당 시설의 처리능력에 근접한 처리능력의 배출허용기준을 적용한다.

제8조(배출수 처리설비) 배출수 처리설비의 기준은 다음 각 호와 같다.

1. 소각로에서 발생되는 배출수를 적절히 처리하여 환경으로 방출되는 액체의 방사능 농도는 제한구역 경계 밖에서 1주당 평균할 때 원자력안전위원회고시 「방사선방호등에 관한 기준」을 만족하여야 한다.
2. 소각로에서 발생되는 배출수를 적절히 처리하여 환경으로 방출되는 액체로 인한 시설주변의 주민피폭선량은 1년간에 걸쳐 평균할 때 원자력안전위원회고시 「방사선방호등에 관한 기준」을 만족하여야 한다.

제9조(소각재 처리설비) 소각재 처리설비의 기준은 다음 각 호와 같다.

1. 소각재 처리설비의 내부압력은 부압을 유지하여야 하며, 소각재의 외부확산을 방지할 수 있도록 환기설비를 갖추어야 한다.
2. 소각재는 회분식 또는 연속식으로 제거하도록 하며 작업자의 피폭을 최소화 하도록 원격조정 또는 차폐설비를 갖추어야 한다.
3. 소각재를 처리하지 않고 드럼에 포장할 경우에는 원자력안전위원회고시 「방사성물질등의 포장 및 운반에 관한 규정」을 만족하여야 한다.

제10조(공정 및 배기가스 감시설비) 공정 및 배기가스 감시설비의 기술기준은 다음 각 호와 같다.

1. 소각공정 안전에 영향을 미치는 주요 운전인자는 적절한 방법으로 감시, 경보기록 및 이에 따른 안전조치 방법이 확립되어야 한다.
2. 연돌을 통하여 대기로 방출되는 배기가스 중 유해가스나 방사성물질은 연속적으로 감시되어야 하며 경보 및 기록기능을 갖추어야 한다.

제11조 삭제

제12조(폐기물 인수) 소각시설 운영자는 소각설비의 처리능력에 적합한 폐기물을 인수하기 위하여 폐기물의 특성 및 포장상태를 폐기물 인수기준으로 정하여야 한다.

제13조(소각처리기준) 방사성폐기물을 소각로에서 소각 처리할 경우에는 다음 각 호의 기술기준을 만족하여야 한다.

1. 소각방법은 과잉공기 소각, 제어공기 소각, 열분해, 고온용융 소각, 유동층 소각 등의 방법으로 한다.
2. 발생된 소각재의 강열감량 기준치는 고체폐기물의 경우 5퍼센트 이하, 폐액의 경우에는 10퍼센트 이하로 한다.

제14조(운전상 기준) 소각시설 운영자는 다음 각 호를 포함한 운영지침서를 마련하여 그 지침서에 따라 운영하여야 한다.

1. 소각운전 절차, 조직 및 책임자, 비상시 대책 등에 관한 절차서를 갖추어야 한다.
2. 폐기물 및 2차 폐기물의 취급 및 운전상 감시된 각종기록을 유지하여야 한다.
3. 비정상 운전시 및 비상시 조치사항 등에 관한 절차서를 갖추어야 한다.
4. 비정상 운전시 및 비상시 경보, 기록, 안전조치에 대해서는 별표에 따라 조치하여야 한다.
5. 작업자의 피폭방사선량이 원자력안전위원회고시 「방사선방호등에 관한 기준」에서 정하는 선량

한도를 초과하지 않도록 하여야 한다.

5. 제4호 가목의 방법으로 배출하는 경우에는 배수시설에 있어서 여과, 증발, 이온교환수지 등에 의한 흡착, 시간의 경과에 의한 방사능의 감쇠 또는 다량의 물에 의한 희석 등의 방법에 의하여 배수중의 방사성물질의 농도를 감소시킬 것. 이 경우 배수구에서 배수중의 방사성물질의 농도를 감시함으로써 제한구역경계에서의 수중방사성물질의 농도가 **원자력안전위원회가 정하여 고시**하는 배출관리기준상의 제한값을 초과하지 아니하도록 하여야 한다.
   ⇒ **고시: 제2016-16호 방사선방호 등에 관한 기준 제6조(배출관리기준)**(교재 p.42-43)
6. 제4호 나목의 방법으로 저장하는 경우 그 저장된 방사성폐기물의 붕괴열 등에 의하여 현저히 과열될 우려가 있는 경우에는 냉각을 위하여 필요한 조치를 할 것
7. 제4호 다목의 방법중 용기에 넣어 저장하는 경우 방사성폐기물을 넣은 용기는 다음 각목의 기준에 적합할 것
   가. 물이 침투하지 아니하고, 부식에 견디며, 방사성폐기물이 누설되지 아니하는 구조일 것
   나. 균열 또는 파손될 우려가 없을 것
   다. 용기의 덮개는 쉽게 열리지 아니할 것
8. 제4호 다목의 방법중 고형화하여 저장하는 경우에는 고형화한 방사성폐기물의 확산 또는 누설을 방지할 수 있을 것
9. 제4호 다목의 방법중 방사성폐기물을 방사선장해방지의 효과를 가진 저장시설에 저장하는 경우에는 다음 각목의 기준에 따를 것
   가. 방사성폐기물을 용기에 넣어 저장하는 경우 당해 용기가 균열 또는 파손될 우려가 있는 때에는 그 방사성폐기물의 전부를 흡수할 수 있는 재료로 당해 용기를 포장하거나 수용할 수 있는 밑받이를 당해 용기에 설치하여 오염의 확대를 방지할 것
   나. 저장된 방사성폐기물의 붕괴열 등에 의하여 현저히 과열될 우려가 있는 경우에는 냉각을 위하여 필요한 조치를 할 것
   다. 방사성폐기물을 넣은 용기나 고형화한 방사성폐기물에는 별표 1의 규정에 의한 방사성폐기물임을 나타내는 표지를 붙이고, 당해 방사성폐기물에 관하여 법 제80조의 규정에 의하여 기록된 내용과 대조할 수 있도록 하는 정리번호를 **원자력안전위원회가 정하여 고시**하는 세부기술기준에 따라 표시할 것
   ⇒ **고시: 제2015-4호 중 · 저준위 방사성폐기물 인도규정**
   제5조(포장물 표지) 각 포장물의 외부에는 해당 폐기물의 특성을 분별할 수 있도록 고유번호, 분류 및 종류, 발생 일자, 발생 장소, 표면방사선량률 등의 주요 정보를 분명하게 표시하여야 한다.
10. 고체상의 방사성폐기물은 다음 각목의 1에 의한 방법에 따라 폐기할 것
   가. 방사선장해방지를 위하여 **원자력안전위원회가 정하여 고시**하는 바에 따라 소각시설에서 소각할 것

⇒ **고시: 제2017-6호 중 · 저준위 방사성폐기물 소각기준**(교재 p.239-241)

나. 용기에 넣거나 고형화하여 방사선장해방지의 효과를 가진 저장시설에 저장할 것

다. 나목의 방법으로 저장하기가 곤란한 대형기계 등의 방사성폐기물 또는 시간의 경과에 의한 방사능의 감쇠를 필요로 하는 방사성폐기물에 대하여는 방사선장해방지의 효과를 가진 저장시설에 저장할 것

11. 제10호 나목의 방법중 방사성폐기물을 용기에 넣어 저장하는 경우에는 제7호 및 제9호(가목의 경우를 제외한다)의 예에 따를 것

12. 제10호 나목의 방법중 방사성폐기물을 고형화하여 저장하는 경우에는 제8호 및 제9호(가목의 경우를 제외한다)의 예에 따를 것

13. 제10호 다목의 방법에 의하여 저장하는 경우에는 제9호 나목 및 라목의 예에 따를 것

▶ **제88조(품질보증)** ①「원자로시설 등의 기술기준에 관한 규칙」 제68조 내지 제85조의 규정은 폐기시설등의 설계 · 건설 및 운영에 관한 품질보증에 관하여 이를 준용한다.

② 제1항에 따른 품질보증에 관하여 필요한 세부적인 사항은 원자력안전위원회가 정하여 고시한다.

⇒ **고시: 제2014-55호 방사성폐기물 폐기시설 품질보증기준**

제4조(세부기준) 세부사항별 기준은 별표와 같다.

[별표] 방사성폐기물 폐기시설 품질보증기준(제4조 관련)

1. 조직
 가. 사업자는 품질보증계획의 수립 및 이행에 대한 책임이 있으며 품질보증계획의 수립 및 이행에 관한 업무의 일부 또는 전부를 타인(계약자, 대리인 등을 말한다)에게 위임한 경우에도 또한 같다.
 나. 사업자는 품질에 영향을 주는 업무를 수행하는 요원 및 조직의 권한과 임무를 명확하게 문서로 작성하여야 한다.
 다. 품질보증기능을 수행하는 요원 및 조직은 품질문제의 식별, 해결방안의 제시 또는 권고 및 이행확인 등의 업무를 수행하기에 충분한 권한과 조직상의 독립이 보장되어야 한다.
 라. 품질보증기능을 수행하는 요원과 조직은 안전성 관련문제에 대하여 비용과 공정에 구애받지 않고 판단할 수 있는 위치의 경영층에 직접 보고하여야 한다.
 마. 품질보증계획의 효과적인 이행을 확인하는 책임을 부여받은 자는 조직의 구조에 관계없이 이러한 기능을 수행하는 필요한 어떤 위치의 경영층과도 직접 접촉할 수 있어야 한다.
2. 품질보증계획
 가. 사업자는 품질보증계획을 기본방침, 절차서 또는 지시서등으로 문서화하여 사업 수행일전에 적합하도록 조기에 작성하고 전 사업기간동안 이에 따라 이행하여야 한다.
 나. 사업자는 품질보증계획의 적용대상이 되는 구조물, 계통, 기기 및 부품을 구분하고 품질보증계획에 참여하는 개인 및 조직의 기능을 명시하여야 한다.
 다. 품질보증계획 적용대상으로 분류된 구조물, 계통 기기의 품질에 영향을 주는 업무는 각 대상에 요구되는 기능과 성능상의 중요도에 따라 관리되도록 하여야 한다.
 라. 품질보증계획에는 대상업무, 구조물, 계통 또는 기기에 요구되는 품질을 획득하기 위해 필요한 특수한 관리, 공정, 시험장비, 공구 및 숙련도의 필요성과 검사 및 시험에 의한 품질확인의 필용성이 고려되어야 한다.
 마. 사업자는 구조물, 계통 및 기기의 복잡성 및 용도와 관련되는 다음 고려사항을 근거로 하여 품질보증계획의 요건과 절차서를 수립하여야 한다.
  1) 품목의 오동작 또는 고장이 안전에 미치는 영향.
  2) 품목의 설계 및 제작의 복잡성 또는 고유성.
  3) 공정 및 장비에 대한 특수한 관리 및 품질감독의 필요성.
  4) 검사 또는 시험에 따른 기능상의 만족도가 입증될 수 있는 정도.
  5) 품목의 품질이력 및 표준화 정도.
 바. 품질에 영향을 주는 업무는 다음의 요건하에서 수행될 수 있도록 하여야 한다.
  1) 적절한 장비의 사용.
  2) 청결상태 등 업무수행을 위한 적절한 환경조성.
  3) 모든 선행요건이 만족된 상태.
 사. 품질보증계획에는 품질에 영향을 주는 업무를 수행하는 요원에 대한 적절한 숙련도 달성 및 유지를 위하여 필요한 교육훈련에 관한 사항이 포함되어야 한다.
 아. 사업자와 품질보증계획에 참여하는 다른 조직의 경영층은 정기적으로 각 담당 부분에 대하여 품질보증계획의 현황과 적합성을 검토하여야 한다.
3. 설계관리
 가. 설계관리계획은 설계시작 전에 문서화하며 모든 설계관리가 계획에 따라 이행될 수 있도록 하여야 한다.
 나. 설계관리계획에는 다음 사항이 이행될 수 있도록 그 방안이 강구되어야 한다.
  1) 구조물, 계통, 기기 및 부품에 대한 규제요건과 설계기준을 시방서, 도면, 절차서 및 지시서에 정확히 명시.
  2) 명시된 요건과 기준에 위배된 사항에 대한 관리.
  3) 대체계산법이나 간이계산법 또는 적절한 시험을 이용한 설계적합성의 확인 또는 점검.
  4) 안전에 중요한 구조물, 계통 기기의 기능에 필수적인 자재, 부품, 장비 및 공정에 대한 적합성 검토.
  5) 설계참여조직 내부 또는 조직간의 설계공유영역에 대한 식별 및 관리와 조직간의 업무조성.
 다. 설계의 적합성에 대한 확인자는 원 설계담당자 이외의 제3자로서 원 설계자와 동등한 기술능력을 가진 자이어야 하며 설계점검은 기술능력이 낮은 자도 가능하나 확인자와 점검자가 동일인이어서는 안 된다.

라. 사업자는 다음과 같은 사항을 포함한 점검항목을 고려하여 설계의 적합성을 입증 또는 확인하여야 한다.
  1) 임계물리, 방사선, 차폐, 응력, 열, 유체 및 사고 등의 분석.
  2) 재료의 적합성.
  3) 가동 중 검사, 보수 및 수리를 위한 접근성.
  4) 제염을 용이하게 하는 특성.
  5) 검사 및 시험에 대한 판정기준의 서술.
마. 특정한 설계특성의 적합성을 확인하는데 있어서 시험계획을 이용하는 경우에는 가장 불리한 조건하에서 실시되는 시제품 또는 시료에 대한 실증시험을 시험계획에 포함시켜야 한다.
바. 현장 설계변경을 포함한 설계변경을 원 설계에 적용된 것과 동일 수준의 설계관리를 해야 하며, 사업자가 다른 담당조직을 지정하지 않는 한, 원 설계를 수행한 조직에 의해 승인되어야 한다.
사. 부지특성 결정을 위한 과학적인 조사에는 다음 사항이 포함되어야 한다.
  1) 자료의 용도에 대한 문서화 및 자료를 사용할 때의 적합성 평가 및 정당성에 대한 문서화 방안.
  2) 각 적용단계에서 사용된 개념적 또는 수학적 모델에 대한 과학적인 조사의 적합성에 대한 보증방안
  3) 생산자료의 품질평가방안.
  4) 조사에 사용되는 장비의 사용범위, 정확도 및 정밀도 명시.
  5) 과학적인 조사는 국가공인표준이 있는 경우에는 이에 따라 수행되어야 한다.
  6) 만일 표준으로부터의 이탈이나 특정한 절차서의 수립이 적절하다고 여겨진 경우에는 변경내용이나 새로운 방법이 추적이나 검증이 가능하도록 충분히 상세하게 문서화되고 이에 대한 평가, 정당성의 입증 및 승인이 되어야 한다.
  7) 이 기준에 의한 품질보증계획을 적용하여 수집되지 않은 자료는 부지특성의 결정자료로 사용되기 전에 그 적합성이 평가되어야 한다.
아. 인가 · 허가 신청에 필요한 자료를 계산, 개발 또는 설계분석을 위하여 사용된 컴퓨터 소프트웨어는 확인 · 인증 및 문서화되어야 하며, 소프트웨어의 변경은 체계적인 평가 · 조정 및 승인을 거쳐야 하고 변동상태가 관리되어야 한다.
4. 구매문서관리
가. 자재, 기기 및 용역의 품질보증을 위한 규제요건, 설계자료 및 기타요건들이 구매 문서에 포함되고 구매문서의 작성, 검토, 승인, 관리, 배포 및 변경을 위한 방안을 수립하여야 한다.
나. 구매문서의 적합성에 대해서는 자격을 갖춘 자가 다음 사항을 검토하여야 한다.
  1) 기술된 품질요건의 적합성.
  2) 검사 및 관리의 용이성.
  3) 판정기준의 적절성.
  4) 품질보증계획의 요건에 따른 구매문서의 적성, 검토 및 승인 여부.
다. 사업자는 필요시 구매문서에 자재, 기기 또는 용역을 공급하는 계약자 또는 하도급계약자들에게 이 기준에 맞는 품질보증계획의 제출을 요구하여야 한다.
라. 구매문서에는 공급자에 따라 보관, 관리 및 유지되어야 할 기록과 물품이 사용되거나 설치되기 전에 구매자에게 인도되어야 할 사항이 명시되어야 한다.
마. 구매문서에는 검사 및 감사를 위해 구매자측에서 공급자의 시설을 출입하고 기록을 열람할 수 있는 권한에 대한 사항이 포함되어야 한다.
5. 지시서, 절차서 및 도면
가. 사업자는 품질에 영향을 미치는 업무들이 지시서, 절차서 또는 도면으로 사전에 작성되어 수행되도록 하여야 한다.
나. 사업자는 지시서, 절차서 및 도면의 작성, 검토, 승인 및 관리에 관한 제반 절차를 수립하여야 한다.
다. 지시서, 절차서 또는 도면에는 중요한 작업이 만족스럽게 성취되었음을 확인하기 위한 적절한 정량적 또는 정성적 허용기준이 포함되어야 한다.
6. 문서관리
가. 부지특성조사, 설계, 건설, 운영, 폐쇄 및 유지보수의 요건이 명시된 문서는 지시 내용이 해당업무의 수행을 담당하는 요원들에게 정확히 전달되고 이행되도록 보증하기 위하여 승인, 발행, 배포 및 폐기의 전 과정이 관리되어야 한다.

나. 문서나 그 변경분은 발간되기 전에 그 내용이 적합하며 품질요건이 적절히 기술되어 있음을 보증하기 위해 절차에 따라 관리되어야 한다.
다. 문서의 변경은 다른 조직에게 책임과 권한을 위임하는 경우를 제외하고는 원본을 검토, 승인한 동일조직에 의해서 승인되도록 하여야 한다.
라. 승인된 변경사항은 해당업무가 수행되기 전에 지시서, 절차서, 도면 및 기타 문서에 반영되어야 한다.
마. 폐기되거나 교체된 문서들은 부주의한 사용을 방지할 수 있도록 관리되어야 한다.
바. 문서들은 해당업무가 수행될 장소에 업무를 시작하기 전까지 비치되어야 한다.
사. 지시서, 절차서, 시방서, 도면 및 구매문서의 최신 개정번호를 식별하기 위한 종합목록 또는 사용하는 수단이 마련되어야 하고, 이 목록은 폐기된 문서의 사용이 방지될 수 있도록 지정된 담당자에게 배포되어야 한다.

7. 구매자재, 기기 및 용역의 관리
가. 사업자는 자재, 기기 및 용역을 구매(하도급계약자를 통한 구매를 포함한다)하는 경우에 구매자재, 기기 및 용역이 구매문서와 일치하는지를 확인하기 위한 방안을 수립하여야 하며, 그 방안에는 다음 사항을 포함한다.
1) 공급자 평가 및 선정.
2) 공급자가 제출한 품질보증문서의 검토 및 평가.
3) 공급자에 대한 검사.
4) 물품 인도시의 검사.
나. 사업자는 자재나 기기가 설치 또는 사용되기 전에 이들이 구매요건에 일치함을 입증하는 문서를 시설 내에 비치하고 이를 시설의 수명기간동안 보존하여야 하며, 문서내용은 구매된 자재 및 기기에 부과된 특정한 요건들이 만족됨을 입증할 수 있도록 하여야 한다.
다. 사업자나 사업자로부터 위임받은 자는 제품 또는 용역의 중요도, 복잡성 및 규모를 고려하여 적절한 주기로 계약자 및 하도급계약자의 품질관리 이행상태를 평가하여야 한다.

8. 자재, 부품 및 기기의 식별 및 관리
가. 조사 또는 시험을 위해 수집된 모든 설계기준 관련재료, 시설의 건설과 운영에 관련되는 모든 자재는 식별 및 관리되어야 한다.
나. 사업자는 자재, 부품, 기기, 시추코아 및 현장과 시험실용 시료의 식별과 관리방안을 수립하여야 한다. 이 방안은 필요한 식별이 품목상에 직접 또는 품목의 추적이 가능한 기록상에 유지됨을 보증하여야 한다.
다. 지질 및 환경자료 식별 및 관리방안은 채취시간과 정확한 위치가 식별되고, 이러한 식별이 수집에서부터 운반, 시료분할 및 분석에 이르기까지 유지될 수 있도록 하여야 한다.
라. 자재, 부품 및 기기의 식별 · 관리방안은 경우에 따라 제강번호, 부품번호, 일련번호 또는 다른 적절한 방법으로 품목상에나 품목의 추적이 가능한 기록상에 제작, 조립, 설치 및 사용과정에서 식별이 되도록 보증하여야 한다. 이 식별 및 관리방안은 부적합하거나 결함이 있는 자재, 부품 및 기기의 사용을 방지할 수 있도록 수립되어야 한다.

9. 공정의 관리
가. 품목이나 용역의 품질에 영향을 미치는 공정은 지시서, 절차서, 도면, 점검표 또는 기타 적절한 방법으로 관리되어야 한다.
나. 품질을 관리하거나 확인하는 공정은 자격이 부여된 자에 의해 절차서에 따라 수행되어야 한다.
다. 용접, 열처리, 비파괴 검사 등의 특수공정에 관련되는 절차서, 기기, 작업요원의 자격에 대한 인증기록은 문서로 작성하여 관리되어야 한다.

10. 검사
가. 품질에 영향을 미치는 업무가 관련 지시서, 절차서 및 도면과 일치함을 확인하기 위한 검사계획이 사전에 수립되고 계획에 의한 검사가 이루어져야 하며, 이러한 확인 및 검사는 해당 업무를 수행하지 않은 제3자에 의하여 실시되어야 한다.
나. 자재나 제품의 검사, 측정 및 시험은 매 작업단계 완료시마다 적절히 수행되어야 한다.
다. 공정이 완료된 자재 또는 제품과 같이 검사가 불가능하거나 어려운 경우에는 작업방법, 장비 또는 작업자를 감시하는 등 간접적인 방법으로 검사를 할 수 있으며, 한 가지 방법만으로는 미흡한 경우 검사와 공정감시의 두 가지를 모두 적용하여야 한다.

라. 검사 정지점이 필요한 경우에는 이들 문서에 적절히 명시 하여야 한다.

11. 시험관리

가. 사업자는 구조물, 계통 및 기기가 가동 중에 만족스럽게 기능을 수행할 것임을 입증하는데 필요한 모든 시험이 명시되고 모든 시험은 해당요건 및 허용한계를 명시한 시험절차서에 따라 수행되도록 시험계획을 수립하여야 한다.

나. 시험계획에는 시설의 구조물, 계통 및 기기가 설치되기 전이 입증시험과 운영단계에서의 가동 전 시험이 적절히 포함되어야 한다.

다. 시험은 절차서에 따라 계획되고 이행되어야 하며 그 결과는 문서로 작성하여 평가한 후, 품질보증기록으로 유지하여야 한다.

라. 시험 절차서에는 모든 선행요건의 충족, 적합한 시험기기의 확보 · 사용 및 적합한 환경조건하에서 시험수행을 보증하기 위한 방안이 포함되어야 한다.

12. 측정 및 시험기기의 관리

가. 시설의 부지특성 조사, 설계, 건설, 운영 및 폐쇄 후 감시의 전 과정에서 미치는 모든 계측작업은 주어진 주기마다 검정 · 교정이 실시되고 관리되고 있는 기구, 공구, 계기 또는 기타의 기기만을 사용하여 수행되어야 한다.

나. 검정 · 교정의 비교표준은 국가공인표준으로 그 정확도를 측정할 수 있어야 되며 국가공인표준이 없는 경우에는 검정 · 교정에 대한 근거를 문서화하는 방안이 수립되어야 한다.

13. 취급, 저장 및 출하

가. 습도조건, 온도조건 등 특별한 보호환경이 필요한 특수품목인 경우에는 특정조건을 명시하고 적절한 조치를 취하여야 한다.

나. 시료, 자재, 기기 및 조립품의 세정, 취급, 포장, 보호, 저장 및 출하는 손상, 망실 또는 환경조건에 의한 변질을 막기 위하여 설계 및 시방서상의 요건에 따라 자격이 부여된 요원에 의하여 절차서에 따라 수행되어야 한다.

다. 시료의 취급, 저장 및 출하 과정에서 다수 조직이 관련되는 경우에는 업무영역과 보관책임을 해당 절차서에 기술해야 한다.

라. 시료의 취급, 운송 또는 인계에 따라 한 조직으로부터 다른 조직으로 책임이 이관될 경우에는 시료의 식별이 확인되고 건전성이 유지되어야 한다.

마. 저장 중 시료의 특성, 건전성 및 식별을 유지하기 위한 방안이 마련되어야 한다. 이 방안은 계획된 저장기간 및 조건에 부합해야 하며, 시료가 저장기간 중에 예상 최대수명이 될 경우에 취해야 할 조치에 관한 사항을 포함하여야 한다.

바. 시료는 오염이나 혼동을 예방하도록 관리되어야 한다.

14. 검사, 시험 및 운전상태

가. 시료, 구조물, 계통 및 기기의 검사 및 시험상태가 식별 되어야 한다.

나. 각인, 꼬리표, 표지, 작업카드 또는 기타 적절한 방법으로 각 품목에 대하여 수행된 검사 및 시험의 상태를 표시하는 방안이 마련되어야 하며, 필요한 검사 및 시험이 부주의하게 누락되는 것을 방지하기 위한 방안이 마련되어야 한다.

다. 시설의 구조물, 계통 및 기기의 부주의한 운전을 방지하기 위하여 운전상태를 나타내는 방안이 수립되어야 하며, 운전상태의 변경시에는 원래의 검토, 승인과 동일한 관리가 이루어져야 한다.

15. 부적격 자재, 부품 및 기기

가. 사업자는 요건에 일치하지 않는 자재, 부품 및 기기의 부주의한 사용이나 설치를 방지하기 위한 관리방안을 수립하여야 한다.

나. 이 방안에는 품질보증조직에 의한 시정조치의 이행 · 확인 절차를 포함한 식별 및 문서화 절차와 함께 격리, 처리 및 관련조직에 대한 통보 등의 조치가 포함되어야 한다.

다. 부적격 품목은 절차서에 따라 검토되고 그 결과 허용, 불합격, 수리 또는 재작업 등으로 분리되어 필요한 조치가 이루어져야 한다.

16. 시정조치

가. 사업자는 고장, 작동불량, 결함, 이탈, 결함자재와 장비, 및 부적격 사항과 같은 품질을 저해하는 상태가 즉시 식별되고 시정될 수 있는 방안을 수립하여야 한다.

나. 품질을 저해하는 심각한 상태의 경우에는 그 원인을 규명하고, 품질을 저해하는 상태가 재발되지 않도록 시정조치가 취해짐을 보증하여야 한다.
다. 시정조치한 사항은 문서화되어 적기에 적절한 위치의 경영층에 보고되어야 한다.
17. 품질보증기록
가. 품질보증기록은 품질에 영향을 미치는 업무가 적절히 수행되었다는 증거를 제공하며, 최소한 다음과 같은 내용이 포함되어야 한다.
1) 부지조사 및 부지특성 관련기록.
2) 설계기록.
3) 검토, 검사, 시험, 감사, 감독 및 재료의 분석과정과 결과에 관한 기록.
4) 작업자, 절차서 및 장비의 인증자료.
5) 인 · 허가 신청서에 포함된 각종 방사선 피폭경로에 대한 평가와 이들 경로에 대하여 분석한 선량에 관한 자료
나. 검사 및 시험기록에는 최소한 검사자 또는 자료의 기록자, 방법, 결과, 합격여부판정 및 지적된 결함사항에 대한 조치내용이 명시되어야 한다.
다. 기록은 식별 및 검색이 가능하여야 한다.
라. 사업자는 관련 규제요건에 따라 보존기간, 보존장소 및 책임사항과 같은 기록보존에 관한요건을 수립하여야 한다.
18. 감사, 감독 및 경영관리
가. 품질보증계획의 각 부분에 대한 준수여부를 확인하고 품질보증계획의 효율성을 판단하기 위하여, 계획적이고 주기적인 감사 및 감독이 종합적이고 체계적으로 운영되어야 한다.
나. 감사는 절차서 또는 점검표를 사용하여 피감사분야의 업무에 직접적인 책임이 없는 자로서 적절히 훈련된 요원에 의하여 수행되어야 한다.
다. 검사결과는 문서화되어 피감사부서의 업무에 책임이 있는 경영층에 의하여 검토되어야 한다.
라. 경영관리에는 감사계획에 대한 문서화, 검토기록관리, 감사주기 및 결함분야에 대한 시정조치, 감독, 검사 등이 포함되어야 한다.

제5조(세부지침) ① 한국원자력안전기술원장은 이 기준의 효율적 운영을 위하여 필요하다고 인정할 때에는 품질보증에 관한 세부요건이나 지침을 정하여 이를 사업자에게 지침으로 제시할 수 있다.
② 사업자는 품질보증업무를 수행함에 있어서 한국원자력안전기술원장이 지침으로 제시한 제1항의 세부요건이나 지침을 해당 업무에 반영하도록 노력하여야 한다.

3. 검사 – 방사성폐기물관리시설등

제65조(검사) ① 제63조제1항에 따라 방사성폐기물관리시설등의 건설 · 운영 허가를 받은 자(이하 "방사성폐기물관리시설등건설 · 운영자"라 한다)는 방사성폐기물관리시설등의 설치 · 운영, 방사성폐기물의 저장 · 처리 · 처분, 특정핵물질의 계량관리에 관한 사항을 **대통령령**[1]으로 정하는 바에 따라 위원회의 검사를 받아야 한다.

② 위원회는 제1항에 따른 검사결과 다음 각 호의 어느 하나에 해당하면 방사성폐기물관리시설등건설 · 운영자에게 그 시정 또는 보완을 명할 수 있다.

1. 제64조에 따른 허가기준 및 제68조제1항에 따른 기술기준에 미달될 때
2. 제63조제2항에 따른 허가신청서의 첨부서류에 기재된 내용과 일치하지 아니하거나 제69조에 따라 준용되는 제15조에 따른 계량관리규정에 위반될 때

주1) 대통령령 : 시행령 제101조부터 제104조까지

○ **제101조(사용 전 검사)**

① 방사성폐기물관리시설등 건설 · 운영자는 법 제65조제1항에 따라 방사성폐기물관리시설등의 공사 및 성능에 관하여 위원회의 검사를 받아야 한다.

② 제1항에 따른 검사 결과 방사성폐기물관리시설등이 다음 각 호의 기준에 맞는 경우에는 합격으로 한다.

1. 해당 공사가 법 제63조에 따른 허가 내용에 따라 이루어진 경우
2. 방사성폐기물관리시설등의 구조 · 설비 및 성능이 **위원회규칙**으로 정하는 기술기준에 맞는 경우

⇒ **부령 : 방사선 안전관리 등의 기술기준에 관한 규칙**

☞ 법 제64조(허가기준 등)의 주2) 참조(교재 p.202-227)

③ 제1항에 따라 검사를 받으려는 자는 총리령으로 정하는 바에 따라 검사신청서를 위원회에 제출하여야 한다.

⇒ **총리령 : 시행규칙 제90조(사용 전 검사의 신청 등)**

① 영 제101조에 따른 사용 전 검사를 받으려는 자는 별지 제81호서식의 신청서에 검사받으려는 시설의 개요와 공사일정을 적은 서류를 첨부하여 위원회에 제출하여야 한다.

② 제1항의 신청서는 영 제102조 각 호의 시기마다 검사받으려는 날의 30일 전까지 제출하여야 한다.

③ 위원회는 영 제101조에 따른 사용 전 검사를 받은 자에 대하여 합격 여부를 통지하여야 한다.

○ **제102조(사용 전 검사의 시기)**

제101조제1항에 따라 사용 전 검사를 하는 경우 검사대상별 검사시기는 다음 각 호와 같다.

1. 토목 또는 건축구조물에 대해서는 공사를 착공하였을 때 및 공정별로 강도를 확인할 수 있거나 누설에 관계되는 시험이 가능하게 되었을 때
2. 방사선차폐 · 기밀 · 수밀 또는 내부식이 요구되는 재료 · 부품에 대해서는 기밀시험 · 수밀시험 · 강도시험 · 화학시험 또는 비파괴검사가 가능하게 되었을 때
3. 방사선관리설비 · 환기설비 · 폐기물처리설비 또는 계측제어설비에 대해서는 그 성능시험이 가능하게 되었을 때
4. 공사계획에 따른 모든 공사가 끝났을 때

○ **제103조(정기검사)**

① 방사성폐기물관리시설등 건설 · 운영자는 법 제65조제1항에 따라 방사성폐기물관리시설등의 설치 · 운영 및 방사성폐기물의 저장 · 처리 · 처분에 관하여 총리령으로 정하는 바에 따라 정기적으로 위원회의 검사를 받아야 한다.

⇒ **총리령 : 시행규칙 제92조(정기검사의 시기)**

영 제103조제1항에 따른 정기검사는 1년마다 실시한다.

② 제1항에 따른 정기검사를 받으려는 자는 그 신청서에 **총리령**으로 정하는 서류를 첨부하여 위원회에 제출하여야 한다.

⇒ **총리령 : 시행규칙 제91조(정기검사의 신청등)**

① 영 제103조에 따른 정기검사를 받으려는 자는 별지 제82호서식의 신청서에 다음 각 호의 사항을 적은 서류를 첨부하여 위원회에 제출하여야 한다.

1. 검사받으려는 시설의 개요
2. 정기검사 수검계획서

② 제1항에 따른 신청서는 검사받으려는 날의 30일 전까지 제출하여야 한다.

③ 위원회는 제103조에 따른 정기검사를 받은 자에 대하여 합격 여부를 통지하여야 한다.

③ 제1항에 따른 검사 결과 방사성폐기물관리시설등이 다음 각 호의 기준에 맞는 경우에는 합격으로 한다.

1. 구조 · 설비 및 성능이 법 제64조제2호 및 법 제68조제1항제1호에 따른 기술기준에 맞는 경우
2. 방사성폐기물의 저장 · 처리 및 처분이 법 제68조제1항제2호에 따른 기술기준에 맞는 경우

○ **제104조(처분검사)**

① 법 제65조에 따라 방사성폐기물관리시설등건설 · 운영자는 방사성폐기물을 처분하려면 위

원회가 정하는 바에 따라 처분검사를 받아야 한다.

⇒ 고시: **제2014-65호 중저준위 방사성폐기물 처분검사에 관한 규정**

② 제1항에 따라 처분검사를 받으려는 자는 그 신청서에 총리령으로 정하는 서류를 첨부하여 위원회에 제출하여야 한다.

⇒ **총리령 : 시행규칙 제93조(처분검사신청)**

① 영 제104조제2항에 따른 신청서는 별지 제83호서식과 같다.

② 제1항에 따른 신청서는 처분작업 개시 1개월 전까지 제출하여야 한다.

③ 위원회는 영 제104조에 따른 처분검사를 받은 자에 대하여 합격 여부를 통지하여야 한다.

③ 제1항에 따른 검사 결과 방사성폐기물의 처분이 법 제68조제1항제2호의 기술기준에 맞는 경우에는 합격으로 한다.

4. 방사성폐기물관리시설등의 건설·운영 허가의 취소 등

제66조(방사성폐기물관리시설등의 건설 · 운영 허가의 취소 등) ① 위원회는 방사성폐기물관리시설등 건설 · 운영자가 다음 각 호의 어느 하나에 해당하면 그 허가를 취소하거나 1년 이내의 기간을 정하여 그 사업의 정지를 명할 수 있다. 다만, 제1호 또는 제4호에 해당하는 때에는 그 허가를 취소하여야 한다.

1. 거짓이나 그 밖의 부정한 방법으로 허가를 받은 때
2. 정당한 사유 없이 **대통령령**[1]으로 정하는 기간 안에 그 허가받은 사업을 개시하지 아니하거나 1년 이상 계속하여 그 사업을 중단한 때
3. 제63조제1항 후단에 따라 허가받아야 할 사항을 허가받지 아니하고 변경한 때
4. 제63조제3항에 따라 준용되는 제14조제1호 · 제2호 및 제4호 중 어느 하나에 해당하게 된 때. 다만, 법인의 임원이 그 사유에 해당하게 된 경우 3개월 이내에 그 임원을 바꾼 때에는 그러하지 아니하다.
5. 제64조의 허가기준에 미달하게 된 때
6. 제69조에 따라 준용되는 제15조제1항을 위반한 때
7. 제65조제2항 · 제68조제2항 · 제92조제2항 또는 제98조제1항 · 제3항에 따른 명령을 위반한 때
8. 제68조제3항, 제89조제5항, 제94조, 제96조 또는 제106조제1항을 위반한 때
9. 제99조의 허가조건을 위반한 때

② 제1항에 따른 사업정지에 관하여는 제17조제2항부터 제4항까지의 규정을 준용한다.

주1) 대통령령 : 시행령 제105조(사업개시기간)

법 제66조제1항제2호에서 “대통령령으로 정하는 기간”이란 그 허가를 받은 날부터 2년을 말한다.

5. 기록과 비치

제67조(기록과 비치) 방사성폐기물관리시설등 건설 · 운영자는 **총리령**[1]으로 정하는 바에 따라 방사성폐기물의 저장 · 처리 또는 처분에 관한 사항 등을 기록하여 이를 방사성폐기물관리시설등에 비치하여야 한다.

주1) 총리령 : 시행규칙 제145조(기록과 비치)

법 제18조 · 제25조 · 제39조 · 제49조 · 제52조제4항 · 제58조 · 제67조 · 제82조, 영 제131조제3항 및 제132조제2항에 따라 기록 · 비치하여야 할 사항은 **별표 7**과 같다. 다만, 기록하여야 할 사항 중 측정이 필요한 경우로서 직접 측정하기가 곤란한 때에는 해당 사항을 간접적으로 추정하여 그 내용을 기록하되, 추정치임을 부기하여야 한다.

⇒ **별표 7 기록 · 비치하여야 할 사항(145조 관련)**

10. 폐기시설등의 건설 · 운영허가를 받은 자

기록사항	기록시기	보존기간
가. 방사성폐기물기록		
1) 인수한 방사성폐기물의 종류 및 수량	인수한 때마다	영구
2) 방사성폐기물의 인수일시 및 인수장소	인수한 때마다	영구
3) 처리시설에서 처리한 방사성폐기물의 종류 · 수량 및 처리방법 · 일시	처리한 때마다	영구
4) 처분시설에 영구처분한 방사성폐기물의 종류 · 수량 · 처분방법 · 처분위치 및 총방사능 농도	영구처분한 때마다	영구
5) 자체처분한 방사성폐기물의 발생원 · 종류 · 수량 · 방사선량률 · 처분방법 및 처리일시	자체처분한 때마다	5년

기록사항	기록시기	보존기간
나. 방사선안전관리의 기록		
1) 방사성폐기물저장시설, 처리시설, 처분시설 등의 방사선량률	측정한 때마다	10년
2) 방사성폐기물의 배기구 및 배수구에서의 방사성물질의 3개월간의 평균농도	매분기 1회	10년
3) 방사선관리구역 및 제한구역에서의 외부방사선량과 공기 중 및 수중의 방사성물질의 1주일간의 평균농도와 방사성물질로 오염된 물체표면의 오염도	매주 1회	10년
4) 매년 1월 1일을 기준으로 한 각 3개월간의 방사선작업종사자의 피폭방사선량	매분기 1회	폐기시설등의 건설 · 운영을 폐지할 때까지
5) 매년 1월 1일을 기준으로 한 각 3개월간의 수시출입자의 피폭방사선량	매분기 1회	5년
6) 방사선작업종사자가 해당 업무에 종사하기 이전의 건강진단기록 및 방사선피폭경력	해당 업무에 종사하기 시작한 때	폐기시설등의 건설 · 운영을 폐지할 때까지
7) 수시출입자가 해당 업무에 종사하기 이전의 건강진단기록	해당 업무에 종사하기 시작한 때	5년
8) 방사선작업종사자가 해당 업무에 종사하는 기간 중의 건강진단기록	건강진단을 한 때마다	폐기시설등의 건설 · 운영을 폐지할 때까지
9) 수시출입자가 해당 업무에 종사하는 기간 중의 건강진단기록	건강진단을 한 때마다	5년
다. 폐기시설등의 검사기록		
1) 영 제101조에 따른 사용전 검사의 결과	검사한 때마다	10년
2) 영 제103조에 따른 정기검사의 결과	검사한 때마다	5년
3) 영 제104조에 따른 처분검사의 결과	검사한 때마다	5년
라. 운영유지관리의 기록 안전관리규정에 따른 재해방지를 위하여 특히 관리를 필요로 하는 기기의 순시 · 점검 · 보수결과 및 그 담당자의 성명	매일 1회 및 보수한 때마다	· 순시 · 점검: 1년 · 보수: 폐기시설등의 건설 · 운영을 폐지할 때까지
마. 폐기시설등의 사고기록		
1) 사고발생 및 복구일시	사고발생 및 복구한 때마다	폐기시설등의 건설 · 운영을 폐지할 때까지
2) 사고의 상황 및 그 조치 내용	수시	폐기시설등의 건설 · 운영을 폐지할 때까지
3) 사고의 원인	사고가 발생한 때마다	폐기시설등의 건설 · 운영을 폐지할 때까지
4) 사고 후 조치 내용	조치한 때마다	폐기시설등의 건설 · 운영을 폐지할 때까지

기록사항	기록시기	보존기간
바. 환경감시		
1) 시료채취 장소 및 일시	시료채취한 때마다	폐기시설등의 건설 · 운영을 폐지할 때까지
2) 시료분석 방법 및 결과	시료분석한 때마다	폐기시설등의 건설 · 운영을 폐지할 때까지
3) 환경방사선 측정방법 및 결과	측정한 때마다	폐기시설등의 건설 · 운영을 폐지할 때까지
사. 기상기록		
1) 풍향 및 풍속	연속적으로	10년
2) 대기안정도	연속적으로	10년

6. 기준준수의무 등

제68조(기준준수의무 등) ① 방사성폐기물관리시설등건설 · 운영자는 다음 사항에 관하여 위원회규칙1)으로 정하는 기술기준을 준수하여야 한다.

1. 방사성폐기물관리시설등의 위치 · 구조 · 설비 및 성능
2. 방사성폐기물의 저장 · 처리 또는 처분

② 위원회는 방사성폐기물관리시설등의 위치 · 구조 · 설비 및 성능과 방사성폐기물의 저장 · 처리 또는 처분이 제1항에 따른 기술기준에 적합하지 아니하다고 인정하면 방사성폐기물관리시설등건설 · 운영자에게 해당 시설의 수리 · 개선 · 이전 또는 업무의 정지, 취급방법의 변경과 그 밖의 안전에 필요한 조치를 명할 수 있다.

③ 방사성폐기물관리시설등건설 · 운영자 및 그 종업원은 제63조제2항에 따른 안전관리규정을 준수하여야 한다.

주1) 위원회규칙 : 방사선 안전관리 등의 기술기준에 관한 규칙

【제68조제1항제1호 관련】

○ **부령 : 방사선 안전관리 등의 기술기준에 관한 규칙**

☞ 법 제64조(허가기준 등)의 주2) 참조(교재 p.202-228)

【제68조제1항제2호 관련】

○ **부령 : 방사선 안전관리 등의 기술기준에 관한 규칙**

▶ **제85조(천층처분시설에서의 저장 · 처리 또는 처분 및 폐쇄 후 관리)**(교재 p.229-238)

▶ **제86조(심층처분시설에서의 저장 · 처리 또는 처분)**(교재 p.238)

▶ **제87조(처분시설안에서의 저장 · 처리)**(교재 p.238-242)

▶ **제88조(품질보증)**(교재 p.242-247)

7. 준용

제69조(준용) 방사성폐기물관리시설등건설 · 운영자에게는 제10조제3항부터 제6항까지, 제15조, 제19조 및 제43조를 준용한다. 이 경우 "발전용원자로설치자" 또는 "핵연료주기사업자"는 "방사성폐기물관리시설등건설 · 운영자"로 본다.

8. 방사성폐기물의 처분제한

제70조(방사성폐기물의 처분제한) ① 누구든지 방사성폐기물을 해양에 투기(投棄)하는 방법으로 처분할 수 없다.

② 방사성폐기물관리시설등건설 · 운영자가 아닌 자는 **총리령**[1]으로 정하는 종류 및 수량의 방사성폐기물을 땅속에 천층(淺層)처분(동굴처분을 포함한다) 또는 심층(深層)처분 등의 방법으로 처분할 수 없다.

③ 제2항에 따른 방사성폐기물 외의 방사성폐기물의 처분은 **대통령령**[2]으로 정하는 방법 및 절차에 적합하게 하여야 한다.

④ 제2항에 따른 방사성폐기물의 처분을 방사성폐기물관리시설등건설 · 운영자에게 위탁하려는 자는 **총리령**[3]으로 정하는 인도(引渡)기준에 적합하게 하여야 한다.

주1) 총리령 : 시행규칙 제94조(방사성폐기물의 처분제한)

법 제70조제2항에서 "총리령으로 정하는 종류 및 수량의 방사성폐기물"이란 개인에 대한 연간 피폭방사선량이 10마이크로시버트 이상이거나 집단에 대한 총피폭방사선량이 1맨 · 시버트 이상이 되는 것으로서 **위원회가 정하는 핵종별 농도** 이상인 방사성폐기물을 말한다.

⇒ 고시: 제2014-3호 방사성폐기물 분류 및 자체처분 기준에 관한 규정

제3조(방사성폐기물 분류)

① 「원자력안전법 시행규칙」제94조에서 "위원회가 정하는 핵종별 농도"라 함은 **별표 1**의 핵종별 농도를 말한다.

⇒ [별표 1] 방사성핵종별 자체처분 허용농도(교재 p.57-58)

주2) 대통령령 : 제107조(방사성폐기물 자체처분의 절차 및 방법)

① 법 제71조에 따른 원자력관계사업자(이하 "원자력관계사업자"라 한다)는 법 제70조제3항에 따라 다음 각 호의 어느 하나에 해당하는 방사성폐기물로서 핵종별 농도가 **위원회가 정하는 값** 미만이 된 것으로 위원회로부터 확인을 받은 방사성폐기물을 소각, 매립 또는 재활용 등의 방법으로 처분(이하 "자체처분"이라 한다)할 수 있다.

1. 원자력관계사업자가 발생시킨 방사성폐기물
2. 원자력관계사업자(방사성폐기물관리시설등건설 · 운영자는 제외한다)로부터 처분을 위탁받아 관리하고 있는 방사성폐기물

⇒ 고시: 제2014-3호 방사성폐기물 분류 및 자체처분 기준에 관한 규정

제6조(자체처분 허용기준)

① 자체처분 허용농도 미만인 방사성폐기물은 자체처분 할 수 있다.

② 자체처분 허용선량을 만족하는 것이 입증된 방사성폐기물은 자체처분할 수 있다.

③ 영 제107조제3항제2호에서 "위원회가 정하여 고시하는 자체처분 허용기준"이라 함은 다음 각 호와 같다.

1. 제9조 및 제10조에 따른 기준을 만족시킬 것
2. 제11조에 따른 절차가 수립되어 있을 것
3. 자체처분 방법 및 절차 등이 위원회로부터 적합한 것으로 판정된 검토결과를 통지받은 자체처분 계획서의 내용과 변경이 없을 것
4. 자체처분 되는 방사성폐기물의 총량이 연간 1톤(또는 이에 상당하는 부피)을 초과하지 않을 것

제9조(자체처분 대상 폐기물의 관리) ① 자체처분사업자는 자체처분 하고자 하는 방사성폐기물(이하 "자체처분 대상 폐기물"이라 한다)을 별도로 구분하여 분리 · 저장하여야 하며, 다른 폐기물이 혼입되지 아니하도록 하여야 한다.

② 자체처분사업자가 자체처분 허용농도 또는 자체처분 허용선량을 만족함을 자체적으로 확인한 방사성폐기물 중에서 「방사선안전관리 등의 기술기준에 관한 규칙」 **제3조제2항제4호**에 따른 방사선관리구역 반출기준을 만족하는 폐기물은 강우 또는 바람 등에 의한 오염의 확산가능성이 없는 사업소 내의 방사선관리구역 외부의 저장장소에 임시로 저장할 수 있다.

⇒ 제3조(방사선관리구역)

② 외부방사선량률 등이 제1항의 규정에 의한 값을 초과할 우려가 있는 곳에 대하여는 사람의 출입을 관리하고 출입자에 대한 방사선의 장해를 방지하기 위하여 다음 각호의 조치를 하여야 한다.

4. 방사선관리구역으로부터 사람이 퇴거하거나 물품을 반출하는 경우에는 인체 및 의복 · 신발 등 인체에 착용하고 있는 물품과 반출하는 물품(그 물품이 용기에 들어있거나 포장한 경우에는 그 용기 또는 포장)표면의 방사성물질의 오염도가 허용표면오염도의 10분의 1을 초과하지 아니하도록 할 것

③ 자체처분 대상 폐기물은 취급 · 저장 또는 운반 과정에서 방사성물질등이 주변으로 전이되거나 확산되지 않도록 관리하여야 한다.

④ 매립 또는 소각할 예정인 자체처분 대상 폐기물은 가능한 한 부주의하게 재활용되지 않도록 관리하여야 한다.

⑤ 자체처분 대상 폐기물이 용기에 들어 있거나 포장한 경우에는 그 용기 또는 포장재 중에서 자체처분 후 회수되지 않을 용기 또는 포장재는 자체처분 대상 폐기물에 준하여 관리하여야 한다.

⑥ 자체처분으로 인하여 부수적으로 폐기물이 발생될 경우, 이 부수적인 폐기물의 관리방안을 사전에 마련하여야 한다.

제10조(방사선 및 방사능의 측정 · 평가 기준) ① 자체처분 대상 폐기물의 방사선 및 방사능은 교정을 통하여 신뢰성이 확보된 측정기를 이용하여 측정하여야 한다.

② 자체처분 대상 폐기물의 표면방사선량률은 부득이한 경우를 제외하고 자연방사선준위를 확인할 수 있는 지역에서 폐기물의 표면으로부터 10 cm의 거리에서 측정하여야 한다.

③ 방사성핵종별 방사능 농도를 측정하기 전에 **별표 1**에 규정된 방사성핵종별로 자체처분 허용농도보다 충분히 낮은 수준으로 검출목표치를 수립하여야 하며, 실제 최소검출가능농도는 검출목표치 이하여야 한다.

⇒ [별표 1] 방사성핵종별 자체처분 허용농도(교재 p.57-58)

④ 자체처분 대상 폐기물에 존재하는 모든 방사성핵종의 종류를 알고 있을 때에는 이론적 방법을 적용하여 핵종별 방사능 농도를 평가할 수 있다. 이 경우 핵종별 방사능 농도가 과소평가 되지 않도록 하여야 한다.

제11조(자체처분절차서) 자체처분사업자는 다음 각 호의 사항을 포함한 방사성폐기물 자체처분 절차서를 마련하여, 그 절차서에 따라 자체처분에 관한 제반업무를 수행하여야 한다.

1. 자체처분 정책 및 전략
  가. 자체처분 원칙
  나. 자체처분이 정당화되는 근거
  다. 자체처분 폐기물의 수량 및 방사능 최소화 전략
  라. 자체처분 업무를 수행하는 조직, 책임 및 권한
2. 자체처분하고자 하는 폐기물의 특성과 관리방안
  가. 폐기물의 발생장소, 발생과정 및 예상 발생량
  나. 폐기물의 종류 및 형태
  다. 폐기물에 함유될 수 있는 방사성핵종의 종류
  라. 폐기물의 선별, 수거, 분리 및 저장방법
  마. 핵종별 및 폐기물별 자체보관기간 및 자체보관기간의 평가방법(적용 가능한 경우에 한함)
  바. 폐기물의 표면오염 관리방안
3. 자체처분 관련 기준을 만족함을 입증하는 방법
  가. 방사능 측정방법(대표시료 채취방법을 포함한다) 또는 방사능 평가방법(평가의 타당성에 대한 논거)
  나. 방사선 측정방법

다. 기타 이 규정의 제반 규정을 만족함을 입증하는 방법

4. 자체처분 방법 및 사전 조치

가. 자체처분 방법

나. 자체처분 전 조치사항

다. 자체처분으로 인하여 부수적으로 폐기물이 발생될 경우, 이 부수적인 폐기물의 관리방법

5. 기록 및 관리

가. 기록의 종류 및 작성양식

나. 기록의 보존방법 및 보존기간

② 제1항에 따라 자체처분을 하려는 원자력관계사업자는 방사성폐기물을 자체처분할 때마다 **총리령**으로 정하는 바에 따라 자체처분계획서에 관계 서류를 첨부하여 위원회에 제출하여야 한다. 이를 변경하려는 경우에도 또한 같다.

⇒ **총리령 : 시행령 제95조(자체처분 신고)**

① 영 제107조제2항에 따른 자체처분계획서는 별지 제84호서식과 같다.

② 제1항의 계획서에는 위원회가 정하여 고시하는 지침에 따라 작성된 방사성폐기물 자체처분의 절차 및 방법에 관한 서류를 첨부하여야 한다.

③ 제2항 전단에도 불구하고 다음 각 호의 기준을 모두 만족하는 방사성폐기물을 자체처분하려는 원자력관계사업자는 제2항에 따른 자체처분계획서를 5년마다 위원회에 제출할 수 있다.

1. 반감기(半減期)가 5일 미만인 단일 핵종만을 포함할 것

2. **위원회가 정하여 고시**하는 자체처분 허용기준에 적합할 것

⇒ **고시: 제2014-3호 방사성폐기물 분류 및 자체처분 기준에 관한 규정 제6조**(교재 p.257-259)

④ 위원회는 제2항 또는 제3항에 따라 제출된 자체처분계획서가 위원회가 정하여 고시하는 자체처분의 방법 및 절차에 적합한지에 대하여 검토하고, 그 결과를 원자력관계사업자에게 통지하여야 한다.

⑤ 제4항에 따라 자체처분계획서가 적합한 것으로 통지받은 원자력관계사업자는 해당 방사성폐기물을 자체처분할 수 있다.

⑥ 제5항에 따라 자체처분을 한 자는 자체처분에 관한 기록을 자체처분일부터 5년간 보존하여야 한다.

주3) 총리령 : 시행규칙 제96조(방사성폐기물의 인도)

① 법 제70조제4항에 따른 방사성폐기물의 인도기준은 다음 각 호와 같다.

1. 방사성폐기물은 종류 및 방사능 농도에 따라 분류하고, 처분장의 처분요건에 적합하도록 할 것

2. 방사성폐기물은 처분 후의 안전성을 확보하기 위하여 고체 형태로 할 것

3. 포장물은 운반 및 취급 시 파손되지 아니하도록 구조적 건전성을 유지할 것

4. 포장내의 유리수(遊離水)는 최소화하고 고화체가 함유하고 있는 핵종의 침출률이 적절히 제한되도록 할 것
5. 방사성폐기물은 폭발 · 인화 및 유해성 물질 등에 따른 위험성이 제거되도록 할 것
6. 포장물 외부에 방사성폐기물에 대한 주요 정보를 알아보기 쉽게 표시할 것

② 제1항에 따른 방사성폐기물의 인도방법 · 절차 및 그 밖의 필요한 사항은 **위원회가 정하여 고시한다.**

⇒ **고시: 제2015-4호 중 · 저준위 방사성폐기물 인도규정**

제4조(폐기물 인수의뢰신청) 위탁자는 별지 서식에 따라 포장물별로 다음 각 호의 자료를 첨부하여 폐기시설운영자에게 폐기물 인수의뢰신청을 하여야 한다.

1. 고유번호
2. 폐기물의 발생지점, 발생시점, 포장일자 및 기타 이력
3. 폐기물의 분류 및 종류, 처리 방법, 주요 물리적 · 화학적 · 생물학적 특성 및 특성평가방법
4. 총 방사능량, 주요 방사성핵종별 농도 및 측정/평가 일자
5. 최대 표면방사선량률 및 측정일자
6. 용기의 종류, 포장형태, 중량, 주요 안정성 특성 및 특성평가방법 등
7. 취급 · 저장 · 처분 등에 관한 유의사항

제5조(포장물 표지) 각 포장물의 외부에는 해당 폐기물의 특성을 분별할 수 있도록 고유번호, 분류 및 종류, 발생 일자, 발생 장소, 표면방사선량률 등의 주요 정보를 분명하게 표시하여야 한다.

제6조(방사능 농도 등의 제한) 위탁자가 폐기시설운영자에게 인도하는 폐기물의 방사능 농도는 포장물 단위로 다음 각호의 기준을 충족하여야 한다.

1. 「원자력안전법 시행령」 제2조제1호 에 따라 원자력안전위원회가 정하는 중 · 저준위 방사성폐기물에 해당할 것
2. 원자력안전위원회 고시 「중 · 저준위 방사성폐기물 처분시설 운영등에 관한 기술기준」에 따른 방사성폐기물 인수기준의 방사성핵종별 농도를 만족할 것

제7조(임계안전) 폐기물 내에 포함되어 있는 핵분열성물질의 농도는 임계안전이 유지될 수 있도록 충분히 낮아야 한다.

제8조(핵종 규명) ① 폐기물에 포함되어 있는 전체 방사능량의 95% 이상을 구성하는 방사성핵종을 규명하여야 하며, 다음 방사성핵종에 대하여는 그 농도가 규명되어야 한다.

1. H-3, C-14, Fe-55, Co-58, Co-60, Ni-59, Ni-63, Sr-90, Nb-94, Tc-99, I-129, Cs-137, Ce-144, 전알파

② 폐기물에 포함되어 있는 방사성핵종의 규명은 다음 각 호의 방법에 따른다.

1. 원자력안전위원회 고시 「방사성폐기물 분류 및 자체처분 기준에 관한 규정」에 따라 중준위, 저준위, 극저준위로 분류할 수 있도록 방사성핵종별 농도를 평가하여야 한다.
2. 방사선 계측 등에 의한 직접 측정방법의 경우, 해당 계측시스템은 제1항에서 정한 핵종(단, Fe-55, Co-58, Ce-144은 제외한다)에 대하여는 원자력안전위원회 고시 「방사성폐기물 분류 및 자체처분

기준에 관한 규정」이 정하는 저준위방사성폐기물 방사능농도제한치의 1% 수준을 평가할 수 있는 능력을 보유하여야 하며, 기타 핵종에 대하여는 이에 준하는 측정 성능을 갖추어야 한다.

3. 척도인자 등 간접 평가방법의 경우, 예측의 정확도를 제시하여야 하고, 핵종 농도가 과소평가 되지 않도록 척도인자의 값을 보수적으로 설정해야 한다. 척도인자의 확인주기는 2년에 1회 이상이어야 하며, 폐기물 조성에 변화를 줄 수 있는 요인이 발생한 경우에는 그때마다 실시하여야 한다.
4. 물질수지 등을 이용한 이론적 평가방법의 경우, 예측의 정확도를 제시하여야 하고, 핵종 농도가 과소평가 되지 않도록 하여야 한다.

제9조(표면오염) 포장물의 외부표면은 가능한 한 더러운 물질, 수분, 기타 제거성 표면오염이 없어야 하며, 표면의 방사능오염은 원자력안전위원회고시「방사성물질등의 포장 및 운반에 관한 규정」에 부합하여야 한다.

제10조(폐기물의 형태) 폐기물의 형태는 다음 각 호에 적합하여야 한다.

1. 폐기물은 취급 시와 처분 후 안전성을 확보할 수 있도록 고체 형태이어야 한다.
2. 폐기물은 물리적 · 화학적으로 안정하여야 하며 유동성이 없어야 한다.

제11조(고형화의 조건) 고형화 폐기물은 다음 각 호의 조건을 만족하여야 한다.

1. 유동성이 있는 폐기물을 고형화 하는 경우에는 고형화 폐기물은 균질하게 고형화 되어야 한다.
2. 고형화 폐기물은 함유하고 있는 방사성핵종의 침출이 처분 환경에서 제한될 수 있도록 적절한 방법으로 고형화 처리 및 포장되어야 한다.
3. 고형화 폐기물은 취급시 예상되는 상황과 처분시 예상되는 압력 및 온도 변화에서 그 구조적 건전성을 유지할 수 있도록 충분한 기계적 강도를 가져야 하며, 물과 접촉하는 환경에서 그 형체를 유지할 수 있어야 한다.

제12조(포장물의 조건) 포장물은 다음 각 호에 적합하여야 한다.

1. 모든 폐기물은 비가연성 용기로 포장되어야 하며, 포장용기는 육안 검사 시 이상이 없어야 한다.
2. 포장물은 처분 시 예상되는 상황에서 구조적 건전성을 유지할 수 있어야 하며 포장물 내에 기체 발생으로 내부 압력이 증가하는 경우에도 견딜 수 있어야 한다.

제13조(유리수) 포장물 내의 유리수는 최대한 제한되어야 하며, 폐기물 부피의 0.5%를 초과해서는 안 된다. 다만, 고건전성용기를 사용하는 경우에는 폐기물 부피의 1% 이상 초과해서는 안 된다.

제14조(부식) 부식성물질을 포함하는 폐기물은 부식성이 완화되어야 하며, 부식에 견딜 수 있도록 포장되어야 한다.

제15조(폭발성물질 등) ① 폭발성 · 인화성 · 발화성 물질 등을 포함한 폐기물은 적합하게 처리하여 이로 인한 위험성이 제거되어야 한다.

② 폐기물은 방사분해, 생물학적 및 화학적 반응에 의한 가스, 증기 및 액체를 발생시켜 포장물의 건전성이나 처분시설의 성능을 저하시켜서는 안 되며, 폐기물을 취급할 때 작업자의 안전을 저해하여서는 안 된다.

제16조(유해성 물질) 유해성 물질 등은 다음 각 호에 만족하여야 한다.

1. 유독성이나 부패성 및 전염성 물질이 포함된 폐기물은 이러한 위험성이 제거되어야 한다.

2. 킬레이트제 등을 포함하는 폐기물은 처리과정 중에 그 특성이 제거되거나 0.1% 이상 함유된 폐기물은 명시되어야 하며 처분시설 요건에 부합되도록 제한되어야 한다.

제17조(협의 등) 기타 이 규정에서 정하지 않은 폐기물의 인도 및 요건 등에 대하여는 폐기시설운영자와 위탁자간에 협의에 의하여 정하는 바에 따르며, 폐기시설운영자는 처분시설의 위치, 처분방법, 폐기물의 종류 등에 따라 폐기물의 처분요건에 관련된 세부사항을 추가적으로 정할 수 있다.

제18조(적합성 확인) 폐기시설운영자는 처분되는 폐기물이 제6조부터 제17조까지의 규정에서 정하는 기준에 적합함을 보장하기 위한 계획을 수립하여 운영하여야 한다.

9. 운반신고

제71조(운반신고) ① 발전용원자로설치자 · 발전용원자로운영자 · 연구용원자로등설치자 · 연구용원자로등운영자 · 핵연료주기사업자 · 핵연료물질사용자 · 핵원료물질사용자 · 허가사용자 · 신고사용자 · 업무대행자 및 방사성폐기물관리시설등건설 · 운영자(이하 "원자력관계사업자"라 한다)가 **총리령**[1]으로 정하는 수량의 방사성물질등을 해당 사업소 밖의 장소나 외국으로부터 국내의 해당 사업소로 운반하려는 때에는 **대통령령**[2]으로 정하는 바에 따라 위원회에 신고하여야 한다.

② **총리령**[3]으로 정하는 수량의 방사성물질등을 실은 선박이나 항공기를 대한민국의 항구 또는 공항에 입항시키거나 대한민국의 영해를 경유하려는 자(선박의 경우만 해당한다)는 **대통령령**[4]으로 정하는 바에 따라 미리 위원회에 신고하여야 한다. 신고한 사항을 변경하려는 때에도 또한 같다.

주1) 총리령 : 시행규칙 제98조(운반신고)

① 법 제71조제1항에서 "총리령으로 정하는 수량의 방사성물질등"이란 다음 각 호의 어느 하나에 해당하는 방사성물질등을 말한다.

1. B(U)형 운반물
2. B(M)형 운반물
3. C형 운반물
4. 핵분열성물질 운반물
5. 방사성물질에 의하여 오염된 대형기계장치로서 운반용기로 포장하기에 부적합한 것

주2) 대통령령 : 시행령 제108조(운반신고)

① 법 제71조제1항에 따라 방사성물질등의 운반신고를 하려는 원자력관계사업자는 운반할 때마다 그 신고서에 **총리령**[a]으로 정하는 서류를 첨부하여 위원회에 제출하여야 한다. 다만, 법 제53조제1항 본문에 따라 방사성동위원소등의 생산 · 판매 · 사용 또는 이동사용의 허가를 받은 자의 경우에는 **총리령**[b]으로 정하는 기간을 단위로 하여 해당 신고서를 제출할 수 있다.

⇒ **총리령**[a)b)] **: 시행규칙 제98조(운반신고)**

② 영 제108조제1항에 따른 신고서는 별지 제85호서식과 같다.

③ 제2항의 신고서에는 다음 각 호의 서류를 첨부하여야 한다. 다만, 제3호부터 제6호까지의 서류 중 종전의 운반신고 시 제출한 것으로서 1년이 지나지 아니한 것은 첨부하지 아니할 수 있다.

1. 방사성물질 운반명세서

2. 운반할 방사성물질등에 관한 설명서
3. 포장 및 운반 점검기록부 양식
4. 방사성물질등의 포장 또는 운반을 위한 용기(이하 "운반용기"라 한다) 및 특수형방사성물질의 설계 승인서
5. 운반 절차서
6. 비상대응계획서

④ 영 제108조제1항 단서에서 "총리령으로 정하는 기간"이란 1년을 말한다.

② 위원회는 제1항에 따라 신고를 받은 경우 그 신고된 내용에 미비사항이 있거나 신고를 받은 방사성물질등의 운반이 인체 · 물체 및 공공의 안전을 해칠 우려가 있다고 인정할 때에는 이를 시정하거나 보완하게 할 수 있다.

③ 제1항에 따라 신고한 자가 그 신고한 사항을 변경하려면 미리 위원회에 변경신고서를 제출하여야 한다.

④ 제1항에 따른 신고는 운반을 개시하려는 날의 5일 전까지 하여야 한다.

주3) 총리령 : 시행규칙 제99조(외국선박 등의 운반신고)

① 법 제71조제2항에서 "총리령으로 정하는 수량의 방사성물질등"이란 다음 각 호의 방사성물질등을 말한다.

1. B(M)형 운반물
2. B(U)형 운반물로서 위원회가 정하여 고시하는 수량을 초과하는 운반물
3. C형 운반물로서 위원회가 정하여 고시하는 수량을 초과하는 운반물
4. 그 밖에 위원회가 정하여 고시하는 방사성물질등

주4) 대통령령 : 시행령 제109조(외국선박 등의 운반신고)

① 법 제71조제2항에 따라 방사성물질등을 적재한 선박이나 항공기를 대한민국의 항구 또는 공항에 입항시키거나 대한민국 영해를 경유하려는 자는 방사성물질등을 적재하여 운항을 개시하려는 날의 7일 전까지 **총리령**으로 정하는 서류를 첨부하여 위원회에 신고하여야 한다.

⇒ **총리령 : 시행규칙 제99조(외국선박 등의 운반신고)**

② 영 제109조제1항에서 "총리령으로 정하는 서류"란 다음 각 호의 사항이 기재된 서류를 말한다.

1. 관련 증명서번호 및 표시를 포함하여 운반물의 확인이 가능한 정보
2. 운송일, 도착예정일 및 예정경로를 포함한 운반정보
3. 방사성물질 또는 방사성 핵종의 명칭
4. 방사성물질 또는 방사성 핵종의 물리적 및 화학적 형태에 대한 정보
5. 특수형방사성물질 또는 저분산성방사성물질의 해당여부
6. 운반물에 포함된 베크렐 단위의 최대 방사능량. 다만, 핵분열성물질의 경우에는 그램 단위로 표기할

수 있다.

② 위원회는 제1항에 따라 그 신고된 내용에 미비사항이 있거나 신고를 받은 방사성물질등의 운반이 인체 · 물체 및 공공의 안전을 해칠 우려가 있다고 인정할 때에는 이를 시정하거나 보완하게 할 수 있다.

③ 제1항에 따라 신고한 자가 그 신고사항을 변경하려면 그 변경하려는 사항을 위원회에 미리 신고하여야 한다.

10. 포장 및 운반에 관한 기술기준

제72조(포장 및 운반에 관한 기술기준) 방사성물질등을 철도 · 도로 · 선박 또는 항공기 등에 의하여 운반하거나 국내 또는 국제 우편으로 우송하는 경우에는 **위원회규칙**[1]으로 정하는 포장 및 운반에 관한 기술기준에 적합하도록 하여야 한다.

주1) 부령 : 방사선 안전관리 등의 기술기준에 관한 규칙

○ **방사성물질등의 운반을 위한 운반물 및 운반용기의 기술기준: 제90조부터 제94조까지**

▶ **제90조(운반물의 종류)**

운반하기 위하여 제시된 방사성물질등과 그 포장(이하 "운반물"이라 한다)의 종류는 방사성물질등의 종류와 그 한도량에 따라 다음 각호와 같이 분류한다.

1. L형 운반물
2. IP형 운반물(IP형 운반물은 IP-1형 운반물, IP-2형 운반물 또는 IP-3형 운반물로 구분한다)
3. A형 운반물
4. B형 운반물{B형 운반물은 B(U)형 운반물 또는 B(M)형 운반물로 구분한다}
5. C형 운반물
6. 핵분열성물질운반물

▶ **제91조(운반물별 방사성물질의 한도량)**

① L형 운반물의 방사성물질등과 그 한도량은 다음 각호와 같다.

1. 천연우라늄 · 감손우라늄 또는 천연토륨으로 제조된 물품인 경우로서 우라늄 또는 토륨의 외부표면이 금속 기타 견고한 물질로 된 비활성외장물로 싸여 있는 경우에는 한도량에 제한이 없음
2. 천연우라늄 · 감손우라늄 또는 천연토륨으로 제조된 물품 이외의 방사성물질인 경우에는 그 한도량이 다음 각목의 값을 초과하지 아니하도록 할 것
   가. 당해 방사성물질이 봉입되어 있거나 시계 · 전자기기 등 다른 제품의 구성부품으로 되어 있는 경우에는 각 품목 및 운반물에 대하여 별표 3의 2란 및 3란에 의한 값
   나. 당해 방사성물질이 봉입되어 있지 아니하거나 다른 제품의 구성부품으로 되어 있지 아니한 경우에는 별표 3의 4란에 의한 값
3. **원자력안전위원회가 정하여 고시**하는 핵분열성물질의 면제수량 또는 그 비율에 해당하는 물질

   ⇒ 고시: **제2014-50호 방사성물질등의 포장 및 운반에 관한 규정**

제35조(핵분열성물질 면제기준) 핵분열성물질이 다음 각 호의 어느 하나에 적합한 경우 핵분열성물질의 요건뿐만 아니라 제29부터 제34조까지의 규정에 따르는 핵분열성물질 운반용기 및 운반물로 운반되는 요건으로부터 면제된다. 다만, 화물당 하나 형태의 면제로 제한된다.

1. 다음 각 목의 어느 하나에 해당하는 것으로서 화물당 질량제한치가 다음 식을 만족시키는 운반물. 다만, 베릴륨 또는 중수소는 핵분열성물질 질량의 0.1퍼센트를 초과하지 않아야 한다.

$$\frac{\text{우라늄235의 질량}(g)}{X} + \frac{\text{기타핵분열성물질의 질량}(g)}{Y} < 1$$

여기에서 X 및 Y는 다음 표에서 정의된 질량제한치이다.

핵분열성 물질	평균 수소밀도가 물의 것과 같거나 그 이하인 물질과 혼합된 핵분열성 물질의 질량(g)	평균 수소밀도가 물의 것보다 큰 물질과 혼합된 핵분열성물질의 질량(g)
우라늄-235(X)	400	290
기타 핵분열성 물질(Y)	250	180

가. 핵분열성물질이 15그램 이하인 운반물. 포장되지 않은 물질에 대한 이 수량제한치는 운반수단으로 운반되는 화물에 적용함

나. 수소에 대한 핵분열성 핵종의 질량비가 5퍼센트 미만인 균질 수소용액 또는 혼합물 형태의 운반물

다. 임의의 체적 10리터에 핵분열성 물질이 5그램 이하인 운반물

2. 질량으로 최대 1퍼센트의 우라늄-235로 농축된 우라늄을 포함하고 있으며 플루토늄 및 우라늄233의 총량이 우라늄-235 질량의 1퍼센트를 초과하지 않은 운반물. 다만, 핵분열성물질은 해당 물질 전반에 걸쳐서 본질적으로 균일하게 분포되어 있으며, 또한 우라늄-235가 금속·산화물 또는 탄화물 형태인 경우에는 운반물 안에서 격자배열을 이루어서는 안 된다.
3. 질량으로 최대 2퍼센트의 우라늄-235로 농축된 질산우라늄염 용액으로서 플루토늄 및 우라늄-233의 총량이 우라늄 질량의 0.002퍼센트를 초과하지 않고 질소와 우라늄의 원자비(N/U)가 최소 2이상인 운반물
4. 플루토늄 총량이 1kg를 초과하지 않으며, 플루토늄-239·플루토늄-241 또는 이들 핵종의 혼합량이 질량의 20퍼센트를 초과하지 않는 운반물

② IP형 운반물의 방사성물질등과 그 한도량은 다음 각호와 같다.

1. 운반물의 방사성물질이 저준위 비방사능물질인 경우 저준위 비방사능물질이 차폐되지 아니한 상태에서 당해 운반물로부터 3미터 지점의 방사선량률이 시간당 10밀리시버트를 초과하지 아니하도록 할 것
2. 운반물의 방사성물질이 표면오염물체인 경우 표면오염물체가 차폐되지 아니한 상태에서 당해 운반물로부터 3미터 지점의 방사선량률이 시간당 10밀리시버트를 초과하지 아니하

도록 할 것

3. 비가연성 고체상태인 제2종 저준위 비방사능물질 또는 제3종 저준위 비방사능물질이 내장된 운반물을 항공운반하는 경우 그 방사능은 특수형방사성물질 이외의 물질에 적용하는 A값(이하 'A2'라 한다.)의 3천배를 초과하지 아니하도록 할 것
4. 운반물의 방사성물질의 수량은 별표 4에서 규정하는 지정된 운반수단에 대한 방사능 제한값을 초과하지 아니하도록 할 것

☞ 참고: IP 운반물에 대한 국제원자력기구(IAEA) 관련 규정 내용

운반물 유형	운반 내용물
IP-1 운반물	o 다음의 저준위비방사능물질과 표면오염물체 운반 - 고체 제1종 저준위비방사능물질 - 액체 제1종 저준위비방사능물질(전용운반) - 제1종 표면오염물체 o 방사성내용물의 종류 - 우라늄과 토륨의 광물 및 정광 - 20% 이하로 농축된 우라늄 - 극저준위 방사성폐기물 - 유지보수용 기기 등
IP-2 운반물	o 다음의 저준위비방사능물질과 표면오염물체 운반 - 액체 제1종 저준위비방사능물질(전용운반이 아닌 경우) - 고체 제2종 저준위비방사능물질 - 액체 또는 기체 저준위비방사능물질(전용운반) - 제3종 저준위비방사능물질(전용운반) - 제2종 표면오염물체 o 방사성내용물의 종류 - 고체 · 액체 저준위방사성폐기물 - 이온교환수지 - 유지보수 기기 및 원자력시설 해체폐기물 - 신연료
o IP-3 운반물	o 다음의 저준위비방사능물질과 표면오염물체 운반 - 액체 및 기체 제2종 저준위비방사능물질(전용운반이 아닌 경우) - 제3종 저준위비방사능물질(전용운반이 아닌 경우) o 방사성내용물의 종류 - IP-2 운반물의 방사성내용물과 같음

출처: Safe Transport of Radioactive Material, 4th Ed. IAEA

③ A형 운반물의 방사성물질등과 그 한도량은 다음 각호와 같다.

1. 종류 및 방사능을 명확히 알고 있는 단일 방사성 핵종인 경우에는 그 한도량이 다음 각목의 값을 초과하지 아니하도록 할 것

가. 특수형방사성물질 : 특수형방사성물질에 적용하는 A값(이하 'A_1'이라 한다.)

나. 특수형방사성물질 이외의 방사성물질 : A_2

2. 종류와 각각의 방사능을 알고 있는 혼합 방사성 핵종의 경우에는 각 핵종별 A_1과 A_2에 대한 비의 합계가 1을 초과하지 아니하도록 할 것

④ B형 운반물의 방사성물질등과 그 한도량은 다음 각호와 같다.

1. 해당 설계승인서에서 규정하는 제한값을 초과하지 아니하도록 할 것
2. 항공기에 의하여 운반하는 경우 제1호의 기준 및 다음 각목에 의한 값을 초과하지 아니하도록 할 것

가. 저분산성방사성물질의 경우에는 해당 설계승인서에서 규정하는 값

나. 특수형방사성물질의 경우에는 A_1의 3천배 또는 A_2의 10만배중에서 낮은 값

다. 가목 및 나목 이외의 경우에는 A_2의 3천배

⑤ C형 운반물의 방사성물질등과 그 한도량은 제4항제2호 나목 및 다목에서 규정한 방사성물질등과 그 한도량을 초과하는 것으로서 당해 운반물을 항공기에 의하여 운반하는 경우 해당 설계승인서에서 규정하는 제한값을 초과하지 아니하여야 한다.

⑥ 핵분열성물질운반물은 핵분열성물질이 포함된 운반물로서 그 한도량은 다음 각호와 같다.

1. 육불화우라늄(UF6)이 들어있지 아니한 핵분열성물질운반물의 경우에는 설계승인서에서 규정하는 제한값을 초과하지 아니하도록 할 것
2. 육불화우라늄이 들어있는 핵분열성물질운반물의 방사성물질 한도량은 다음 각목의 기준에 적합하도록 할 것

가. 제1호에서 규정하는 제한값을 초과하지 아니할 것

나. 운반물의 육불화우라늄은 사용장소 주변의 최대온도를 감안하여 포화상태에 이르지 아니하도록 할 것

다. 육불화우라늄은 고체상태를 유지하고 내부압력은 주위압력보다 낮게 유지할 것

▶ **제92조(운반용기의 종류)**

① 운반용기의 종류는 운반하고자 하는 운반물의 종류에 따라 구분하되, 제90조의 규정에 의한 운반물의 종류별로 각각 다음과 같이 구분한다.

1. L형 운반용기
2. IP형 운반용기(IP-1형 운반용기, IP-2형 운반용기 및 IP-3형 운반용기로 구분한다)
3. A형 운반용기
4. B형 운반용기{B(U)형 운반용기 및 B(M)형 운반용기로 구분한다}
5. C형 운반용기
6. 핵분열성물질운반용기

② 제1항의 규정에 의한 각 운반용기의 기술기준은 원자력안전위원회가 정하여 고시한다.

⇒ **고시: 제2014-50호 방사성물질등의 포장 및 운반에 관한 규정**

제22조(운반용기의 일반기준) ① 방사성물질을 운반하는 모든 운반용기의 기술기준은 다음 각 호

와 같다.

1. 중량 · 부피 및 형상과 관련하여 취급 및 운반이 용이하고 안전할 것
2. 운반 도중에 운반수단의 안에서 안전이 유지될 수 있을 것
3. 외부표면은 가능한 한 돌출부위가 없으며 쉽게 제염될 수 있을 것
4. 외부표면은 가능한 한 물을 흡수하거나 이를 함유하지 않을 것
5. 운반용기의 구성부품은 아니지만 운반할 때에 추가되는 장치 등으로 인하여 운반용기의 안전성이 감소되지 않을 것
6. 정상적인 운반조건에서 야기될 수 있는 가속 · 진동 또는 공진 등의 영향에 견딜 수 있어야 하며, 특히 너트 · 볼트 및 기타 안전장치들은 반복해서 사용한 후에도 느슨해지거나 풀어지지 않을 것
7. 방사선조사에 따른 영향을 고려하여 운반용기의 재질 및 부품 또는 구조는 상호간 및 방사성내용물에 물리적 및 화학적으로 적합할 것
8. 방사성내용물이 누출될 수 있는 모든 밸브는 허가 받지 않는 한 조작할 수 없을 것
9. 통상적인 운반조건에서 발생할 수 있는 주변온도 및 압력에 견딜 수 있을 것
10. 방사성물질 이외의 다른 위험물질이 함유된 방사성물질을 운반하는 경우에는 다른 위험물질의 성질까지 고려하여 안전성을 유지할 수 있을 것
11. 운반용기의 형태는 운반물의 하중이 10킬로그램 이상 50킬로그램 이하인 경우에는 손으로 취급하기 용이한 형태를 갖추어야 하고, 50킬로그램을 초과하는 경우에는 기계적인 취급이 용이한 형태를 갖출 것
12. 운반용기의 인양장치가 운반용기의 일부분으로 되어있는 경우에는 다음 각 목의 기준에 적합할 것

 가. 인양장치는 포장재료의 항복강도를 초과하지 않고 운반물 중량의 3배에 상당하는 하중을 지탱할 수 있을 것

 나. 운반용기의 덮개에 설치되어 있는 인양장치는 덮개재료의 항복강도를 초과하는 응력이 생기지 않고 덮개 및 그 부착물 중량의 3배를 지탱할 수 있을 것

 다. 인양장치가 운반물의 중량초과로 인하여 파손되더라도 이로 인하여 운반용기의 차폐 또는 격납특성이 저하되지 않을 것

13. 운반용기의 결속장치가 운반용기의 일부분으로 되어있는 경우에는 다음 각 목의 기준에 적합할 것

 가. 결속장치는 다음에서 정하는 크기의 힘이 운반물의 무게중심에 작용할 때 포장재료의 항복강도를 초과하는 응력이 생기지 않는 상태에서 이를 지탱할 수 있을 것

  1) 운반물 중량의 2배에 상당하는 연직분력

  2) 운반물 중량의 10배에 상당하는 운반수단의 이동방향의 수평분력

  3) 운반물 중량의 5배에 상당하는 운반수단의 이동방향과 수직방향의 수평분력

 나. 결속장치가 운반물의 중량초과로 인하여 파손되더라도 이로 인하여 운반물의 차폐 또는 격납

특성이 저하되지 않을 것

14. 운반이 가능한 최대수량이 들어 있을 때 운반용기 외부표면에서의 방사선량률은 시간당 2밀리시버트를 초과하지 않고 전용운반의 경우에는 시간당 10밀리시버트를 초과하지 않을 것
15. 운반이 가능한 최대수량이 들어 있을 때 운반지수는 10을 초과하지 않고 핵임계 안전지수는 50을 초과하지 않을 것. 다만, 전용운반의 경우에는 그러하지 않다

② 항공으로 운반하는 운반용기의 경우에는 제1항에 따른 기준 이외에 추가적으로 다음 각 호의 기준에 적합하여야 한다.

1. 운반용기의 접촉 가능한 표면온도는 일광효과를 고려하지 않은 섭씨 38도의 주변온도의 환경에서 섭씨 50도를 초과하지 않을 것
2. 섭씨 -40도부터 섭씨 55도까지의 범위에 달하는 온도에 노출되는 경우에도 격납계통의 건전성이 손상되지 않을 것
3. 운반용기의 격납계통은 5킬로파스칼(kPa)까지의 계기압력 감소의 경우에도 방사성물질이 누출되지 않고 건전성을 유지할 것

제23조(L형 운반용기의 기술기준) L형 운반용기의 기술기준은 다음 각 호와 같다.

1. 제22조에 따른 운반용기의 일반기준에 적합할 것. 다만, 제14호를 제외한다.
2. 운반가능한 방사성내용물의 최대수량은 다음표의 제한값 이하일 것

내용물의 물리적 상태	기구 또는 품목		방사성물질
	품목 제한값	운반물 제한값	운반물 제한값
1란	2란	3란	4란
고체: 특수형방사성물질 특수형 이외의 것	$10^{-2}A_1$ $10^{-2}A_2$	A_1 A_2	$10^{-3}A_1$ $10^{-3}A_2$
액체	$10-3A_2$	$10-1A_2$	$10-4A_2$
기체: 삼중수소 특수형방사성물질 특수형 이외의 것	$2\times10^{-2}A_2$ $10^{-3}A_1$ $10^{-3}A_2$	$2\times10-1A_2$ $10-2A_1$ $10-2A_2$	$2\times10^{-2}A_2$ $10^{-3}A_1$ $10^{-3}A_2$

3. 제2호에 따른 최대수량의 방사성내용물이 들어 있을 때 운반용기 외부표면에서의 방사선량률은 시간당 5마이크로시버트를 초과하지 않을 것

제24조(IP형 운반용기의 기술기준) ① IP-1형 운반용기의 기술기준은 다음 각 호와 같다.

1. 제22조에 따른 운반용기의 일반기준에 적합할 것
2. 외부의 최소 길이는 10센티미터 이상일 것
3. 운반가능한 방사성내용물의 최대수량은 다음 각 목의 어느 하나에 해당하는 제한 값 이하일 것

가. 방사성내용물이 저준위비방사능물질인 경우 저준위비방사능물질이 차폐되지 않은 상태에서 3미터 지점에서 방사선량률이 시간당 10밀리시버트에 해당하는 방사능

나. 방사성내용물이 표면오염물체인 경우 표면오염물체가 차폐되지 않은 상태에서 3미터 지점에

서 방사선량률이 시간당 10밀리시버트에 해당하는 방사능

② IP-2형 운반용기의 기술기준은 다음 각 호와 같다.

1. 제1항에 따른 IP-1형 운반용기의 기준에 적합할 것
2. 제45조제1항제2호 및 제3호에 따른 낙하시험 및 적층시험을 거친 후에 다음 각 목의 기준에 적합할 것
   가. 방사성내용물의 유실 또는 분산이 없을 것
   나. 외부표면에서의 방사선량률이 20퍼센트 이상 증가할 수 있는 차폐능력의 상실이 없을 것

③ IP-3형 운반용기의 기술기준은 다음 각 호와 같다.

1. 1항에 따른 IP-1형 운반용기의 기준에 적합할 것
2. 제25조제1항 제3호부터 제14호까지의 규정에 따른 기준에 적합할 것

④ 제2항의 규정에 불구하고 다음 각 호의 기준에 적합한 경우에 IP-2형 운반용기로 사용할 수 있다.

1. 제1항에 따른 IP-1형 운반용기의 기준에 적합할 것
2. 국제연합 위험물질 운반규정인 "Recommendations on the Trans -port of Dangerous Goods"의 포장에 관한 일반권고에서 규정한 기준이나 또는 이 기준과 동등한 다른 기준에 적합할 것
3. 국제연합 포장그룹 Ⅰ 또는 Ⅱ에서 규정하는 시험을 거친 후에 제2항제2호가목 및 나목에 따른 기준에 적합할 것

⑤ 탱크컨테이너가 다음 각 호의 기준에 적합한 경우 제2항 및 제3항의 규정에도 불구하고 이를 IP-2형 또는 IP-3형 운반용기로 사용할 수 있다.

1. 제1항에 따른 IP-1형 운반용기의 기준에 적합할 것
2. 국제연합 위험물질 운반규정인 "Recommendations on the Tran -sport of Dangerous Goods"의 다중모드 탱크운반에 관한 권고에서 규정한 기준이나 또는 이 기준과 동등한 다른 기준에 적합하여야 하며, 265킬로파스칼(kPa)의 계기압력에 견딜 수 있을 것
3. 추가적으로 설치되는 차폐체가 통상적인 취급 및 운반조건에서 발생되는 정적 및 동적 응력에 견딜 수 있으며, 탱크컨테이너 외부표면에서의 방사선량률이 20퍼센트 이상 증가할 수 있는 차폐능력의 상실이 없을 것

⑥ 탱크컨테이너 이외의 탱크가 제5항에 따른 기준과 동등한 기준에 적합한 경우에는 제2항 및 제3항의 규정에도 불구하고 방사선규칙 별표 9에 따른 액체 및 기체상태의 제1종 및 제2종 저준위비방사능물질을 운반하는 IP-2형 또는 IP-3형 운반용기로 사용할 수 있다.

⑦ 화물컨테이너가 다음 각 호의 기준에 적합한 경우에는 제2항 및 제3항의 규정에도 불구하고 IP-2형 또는 IP-3형 운반용기로 사용할 수 있다.

1. 제1항의 IP-1형 운반용기의 기준
2. 방사성내용물은 고체상태일 것
3. 문서번호 ISO 1496/1 "Series 1 Freight Containers - Specification and Testing - Part 1:

General Cargo Containers"에서 제원 및 등급을 제외한 모든 기준에 적합하여야 하며, 이 문서에 규정된 시험과 통상적인 운반조건에서 발생하는 가속도 조건에서 제2항제2호가목 및 나목에 따른 기준에 적합할 것

⑧ 금속제의 중형 화물컨테이너가 다음 각 호의 기준에 적합한 경우에는 제2항 및 제3항의 규정에도 불구하고 IP-2형 또는 IP-3형 운반용기로 사용할 수 있다.

1. 제1항의 IP-1형 운반용기의 기준
2. 국제연합 위험물질 운반규정인 "Recommendations on the Transport of Dangerous Goods"의 기준 중에서 다음 각 목의 기준

가. 중형 화물컨테이너(IBC)에 관한 기준

나. 포장그룹 I 또는 II에 대하여 이 권고에서 규정한 시험에 따르되 최대한 손상이 발생되는 방향으로 낙하시험을 거친 후에 제2항제2호가목 및 나목에 따른 기준에 적합할 것

제25조(A형 운반용기의 기술기준) ① A형 운반용기의 기술기준은 다음 각 호와 같다.

1. 제22조에 따른 모든 운반용기의 일반기준
2. 외부의 최소 길이는 10센티미터 이상일 것
3. 외부는 쉽게 파손되지 않고, 인위적으로 개봉하지 않는 한 운반용기가 개봉되지 않도록 밀봉기능을 갖출 것
4. 결속용 부착물은 정상운반조건 및 운반사고조건에서 부착물에 작용하는 하중으로 인하여 운반용기의 능력을 손상시키지 않을 것
5. 운반용기의 구성품은 섭씨 -40도부터 섭씨 70도까지의 범위에 해당하는 온도의 환경에서 손상되지 않을 것
6. 운반용기 안에서 발생할 수 있는 압력으로 인하여 운반용기가 개봉될 수 없도록 강력한 조임장치로 안전하고 견고하게 밀봉하는 격납계통을 갖출 것
7. 특수형방사성물질은 격납계통의 구성품으로 고려할 것
8. 격납계통이 운반용기와 분리된 별개의 단위로 이루어진 경우에, 격납계통을 독립적인 강력한 조임장치로 운반용기와 안전하고 견고하게 고정할 수 있을 것
9. 격납계통 구성품은 액체 및 기타 취약물질의 방사화학적 분해 및 화학반응 또는 방사분해에 의한 가스의 발생에 적절히 대처할 수 있을 것
10. 격납계통은 주위압력이 60킬로파스칼의 계기압력까지 감소되어도 방사성내용물을 유지할 수 있을 것
11. 압력방출밸브 이외의 모든 밸브는 밸브로부터 누출되는 누출물을 보유하기 위한 장치를 갖출 것
12. 격납계통의 부분으로 지정된 운반용기의 구성품을 둘러싸고 있는 방사선 차폐체는 차폐체로부터 구성품이 이탈하는 것을 방지할 수 있을 것. 이 경우 방사선 차폐체와 내부의 구성품이 각각 분리된 별개단위로 이루어져 있는 경우에 방사선 차폐체는 독립적인 강력한 조임장치로 운반용기의 구조물에 안전하고 견고하게 고정하여야 한다.
13. 제45조에 따른 정상운반조건의 시험을 거친 후에 제24조제2항제2호가목 및 나목에 따른 기준

에 적합할 것

14. 액체상태의 방사성물질을 운반하기 위한 운반용기는 방사성내용물의 온도변화 · 동적효과 및 만충 동역학 등을 수용할 수 있는 여분의 공간이 충분할 것

15. 운반가능한 방사성내용물의 최대수량은 A1 또는 A2 값을 초과하지 않을 것

② 운반하는 방사성물질이 액체상태인 경우 제1항 이외에 추가적으로 다음 각 호의 기준에 적합하여야 한다.

1. 제46조에 따른 A형 운반용기의 추가시험을 거친 후에 제24조제2항제2호가목 및 나목에 따른 기준에 적합할 것

2. 다음 각 목의 어느 하나의 기준에 적합할 것

가. 액체상태의 방사성내용물 체적의 2배를 흡수할 수 있는 충분한 흡수재를 갖출 것. 이 경우, 흡수재는 누출이 발생할 경우 액체와 용이하게 접촉하도록 최적의 장소에 위치하여야 한다.

나. 1차 내부 및 2차 외부의 격납으로 이루어진 격납계통을 갖출 것. 이 경우, 1차 내부격납에서 누설이 발생하면 2차 외부격납 안에서 액체 내용물을 확실히 유지할 수 있어야 한다.

③ 운반하는 방사성물질이 기체상태인 경우 제1항 이외에 추가적으로 제46조에 따른 A형 운반용기의 추가시험을 거친 후에 방사성내용물의 유실 또는 분산이 없어야 한다. 다만, 삼중수소 또는 불활성가스의 경우에는 그러하지 않다.

제26조(BU)형 운반용기의 기술기준) B(U)형 운반용기의 기술기준은 다음 각 호와 같다.

1. 제22조에 따른 모든 운반용기의 일반기준

2. 제25조제1항 제2호부터 제14호까지의 규정에 따른 기준. 다만, 제13호가목의 기준은 제외한다.

3. 다음 표와 같은 일광조건과 섭씨 38도의 주변온도의 환경에서 운반하면서 1주일간 방치할 경우에 다음 각 목의 열적 영향을 고려하여 제45조에 따른 시험에 입증되는 바와 같이 격납 및 방사선차폐의 기능에 영향이 없을 것

표면의 형태 및 위치	1일당 12시간의 일광량(W/m³)
수평으로 운반되는 편평한 면 - 기저부 - 기타 표면	 없음 800
수평으로 운반되지 않는 편평한 면 - 각 표면	 200
곡면	400

가. 방사성내용물의 배열 · 기하학적 형태 또는 물리적 상태를 변화시키거나, 방사성물질이 연료 피복재와 같은 캔 또는 용기 안에 들어있는 경우에 캔 · 용기 또는 방사성물질의 변형 또는 ~~용융~~

나. 방사선 차폐재료의 열팽창 · 균열 또는 ~~용융~~

다. 수증기와 결합한 부식의 가속

4. 제22조제2항제1호에 따른 항공운반이외에 전용운반을 하지 않는 한 운반용기의 접촉 가능한 표면온도는 섭씨 38도의 주변온도의 환경에서 섭씨 50도를 초과하지 않을 것

5. 열차폐물을 포함하고 있는 운반용기는 제47조제1항제2호에 따른 열시험의 요건을 만족시키기 위하여 다음 각 목에서 정하는 시험에서 열차폐물이 유효하게 지속되어야 하며, 운반용기 외부의 열차폐물은 벗김 · 잘림 · 마모 또는 거친 취급에 의하여 효과가 감소되지 않을 것
가. 제45조에 따른 정상운반조건에 대한 입증시험
나. 제47조제1항제1호에 따른 기계적 시험 중 가목 및 나목이나 나목 및 다목의 시험
6. 다음 각 목에서 정한 시험을 거친 후에 해당 기준에 적합할 것
가. 제45조제1항에 따 정상운반조건에 대한 입증시험을 거친 후에 방사성내용물의 유실이 시간당 A2 값의 1백만 분의 1을 초과하지 않을 것
나. 중량이 500킬로그램 이하이고 외부제원을 기준한 전체밀도가 세제곱센티미터당 1,000킬로그램 보다 작으며 특수형방사성물질이 아닌 것으로 A2 값의 1,000배 보다 큰 방사성내용물을 운반하는 운반용기인 경우에는 제47조제1항제1호나목 및 다목, 제1항제2호 및 제3호에 따른 시험을 거치고, 그 외의 모든 운반용기의 경우에는 제47조제1항제1호가목 및 나목, 제1항제2호 및 제3호에 따른 시험을 거친 후에 다음의 기준에 적합할 것
1) 외부표면으로부터 1미터 지점에서 방사선량률이 시간당 10밀리시버트를 초과하지 않을 것
2) 일주일 동안 유실되는 방사성내용물의 축적량이 Kr-85에 대하여 A2 값의 10배, 그 외의 방사성핵종에 대하여 A2 값을 초과하지 않을 것
7. 방사능량이 A2 값의 10만배 이상인 방사성내용물을 운반하는 운반용기는 제48조에 따른 강화된 침수시험에서 격납계통이 파손되지 않을 것
8. 방사성물질 누출 제한치의 준수여부에 대한 평가에서 필터 및 기계적 냉각계통을 고려하지 않을 것
9. 제45조 및 제47조에 따른 시험조건에서 방사성물질이 누출될 수 있는 압력배출장치를 격납계통에 포함시키지 않을 것
10. 최대정상운전압력의 상태에서 제45조 및 제47조에 따른 시험을 거친 후에 격납계통의 변형률의 정도가 운반용기의 요건에 적합하지 않은 영향을 미치는 값에 도달되지 않을 것
11. 최대정상운전압력은 700킬로파스칼의 계기압력을 초과하지 않을 것
12. 제22조제2항제1호에 따른 항공운반이외에 운반용기의 접촉 가능한 표면에서의 최대온도는 섭씨 38도의 주변온도의 환경에서 일광이 없는 경우에 섭씨 85도를 초과하지 않을 것. 다만, 최대온도가 섭씨 50도를 초과하는 경우에는 전용운반을 하여야 하며, 주변사람을 보호하기 위한 보호막이나 보호장치는 해당시험에 관계없이 사용할 수 있다.
13. 저분산성방사성물질을 운반하는 운반용기는 포장의 일부 또는 내부 구성품 이외에 저분산성방사성물질에 추가되는 것의 특성으로 인하여 저분산성방사성물질의 성능이 저하되지 않을 것
14. 섭씨 -40도부터 섭씨 38도까지의 주변온도의 환경에서 건전성이 유지될 것

제27조(B(M)형 운반용기의 기술기준) B(M)형 운반용기의 기술기준은 다음 각 호와 같다.
1. 제26조에 따른 기준에 적합할 것. 다만, 제25조제1항제5호에 따른 기준과 제26조제3호에 따른 섭씨 38도 주변온도 및 별표의 일광조건과 제26조제7호부터 제14호까지의 규정에 따른 기준이

특정국가간 관계당국의 승인에 따라 별도의 기준으로 대체되는 경우에는 이를 적용할 수 있다.

2. 관계당국에서 인정하는 경우에만 B(M)형 운반용기에 대한 간헐적인 통풍을 실시할 것

제28조(C형 운반용기의 기술기준) C형 운반용기는 다량의 방사성내용물을 항공으로 운반하는 경우에 적용되는 운반용기로서 기술기준은 다음 각 호와 같다.

1. 제22조에 따른 운반용기의 일반기준에 적합할 것(단, 제1항제1호 · 제2호는 제외한다.)
2. 제25조제1항제2호부터 제14호까지의 규정에 따른 기준에 적합할 것(단, 제13호가목의 기준은 제외한다)
3. 제26조제3호 및 제4호에 따른 기준에 적합할 것
4. 제26조제8호부터 제14호까지의 규정에 따른 기준에 적합할 것
5. 다음 각 목과 같은 초기조건의 정상상태에서 제26조제6호나목 및 제10호에 따른 시험의 평가기준에 적합할 것

가. 0.33와트(W(m · K))의 열전도도

나. 열적 절연이 완전한 상태일 것

다. 최대 정상운전압력 상태일 것

라. 섭씨 38도 주변온도일 것

6. 운반용기의 최대정상운전압력 상태에서 다음 각 목에서 정하는 기준에 적합할 것

가. 제45조에 따른 시험을 거친 후에 방사성내용물의 유실이 A2 값의 1백만분의 1을 초과하지 않을 것

나. 제51조에 따른 시험순서에 따라 시험을 거친 후에 다음의 기준에 적합할 것

1) 외부표면으로부터 1미터 지점에서 방사선량률이 시간당 10밀리시버트를 초과하지 않을 것

2) 일주일 동안 유실되는 방사성내용물의 축적량이 Kr-85에 대하여 A2 값의 10배, 그 외의 방사성핵종에 대하여 A2 값을 초과하지 않을 것

7. 제48조에 따른 강화된 침수시험에서 격납계통이 파손되지 않을 것
8. 운반가능한 방사성내용물의 최대수량은 다음 각 목의 어느 하나의 제한값을 초과하는 것일 것

가. 특수형방사성물질의 경우에는 별표 1의 A1 값의 3,000배 또는 A2 값의 10만배 중에서 더 작은 방사능

나. 그 외의 방사성물질인 경우에는 A2 값의 3,000배

제29조(핵분열성물질 운반용기의 기술기준) ① 핵분열성물질을 운반하는 운반용기의 기술기준은 다음 각 호와 같다.

1. 외부의 최소 길이는 10센티미터 이상일 것
2. 핵분열성물질의 방사성특성 및 방사능에 따라 제19조부터 제28조까지의 규정에 따른 기술기준 중 해당 방사성물질 및 운반용기의 기준에 적합할 것
3. 제45조에 따른 시험을 거친 후에 10세제곱센티미터의 입방체의 유입을 방지할 수 있을 것
4. 관계당국에서 별도의 범위를 지정하지 않는 한 섭씨 -40도 내지 섭씨 38도의 주변온도의 환경에서 건전성이 유지될 것

5. 다음 각 목의 가능성을 고려하여 정상운반조건 및 운반사고조건에서 미임계상태를 유지할 것.
 가. 운반용기 내부로 물의 침투 또는 외부로의 누수
 나. 운반용기 내부에 설치된 중성자 흡수재 또는 감속재 효력의 상실
 다. 운반용기 내부에서의 방사성내용물의 재배열 또는 운반용기로부터의 유실로 인한 방사성내용물의 재배열
 라. 운반용기 내부 또는 운반용기 사이의 공간축소
 마. 운반용기의 물에 의한 침수 또는 눈에 의한 매몰
 바. 온도변화

② 제1항제5호의 미임계상태 여부의 평가는 제35조에 따라 면제되지 않는 한 제31조부터 제34조까지의 규정을 적용한다.

제30조(육불화우라늄 운반용기의 기술기준) ① 육불화우라늄을 운반하는 운반용기의 기술기준은 다음 각 호와 같다.

1. 문서번호 ISO7195 "Packaging of Uranium Hexafluoride (UF6) for Transport"에서 정하는 기준에 적합할 것
2. 핵분열성물질의 방사성특성 및 방사능에 따라 제22조부터 제29조까지의 규정에 따른 기술기준 중 해당 방사성물질 및 운반용기의 기준에 적합할 것
3. 0.1킬로그램 이상의 육불화우라늄을 운반하는 운반용기는 다음 각 목의 기준에 적합할 것
 가. 제50조에 따른 시험 및 제1호에 따른 문서번호 ISO7195의 시험을 거친 후에 누출이 없고 허용응력을 초과하지 않을 것
 나. 제45조제1항제2호에 따른 낙하시험에서 육불화우라늄의 손실 및 분산이 없을 것
 다. 제47조제1항제2호에 따른 열시험에서 격납계통의 파손이 없을 것
 라. 압력배출장치를 장착하지 않을 것

② 제1항제3호에도 불구하고 다음 각 호의 경우에 대하여 관계당국의 승인을 받는 경우 0.1킬로그램 이상의 육불화우라늄을 함유하고 있는 운반용기를 운반할 수 있다.

1. 제1항의 기준 이외의 기준에 따라 설계하는 경우. 다만, 이 경우에도 가능한 한 제1항제3호에 따른 기준에 적합할 것
2. 제50조에 따른 2.76메가파스칼 미만의 시험압력에서 누설 및 허용응력에 견디도록 설계되는 경우. 다만, 최저 시험압력인 1.38메가파스칼 이상의 압력에 견디도록 설계되어 있을 것
3. 9,000킬로그램 이상의 육불화우라늄을 운반하는 운반용기로서 제1항제3호다목에 따른 기준에 만족하지 않는 경우

제31조(핵분열성물질 내용물) 제32조부터 제34조까지의 규정에 따른 미임계 평가에서 적용하는 핵분열성물질 내용물은 다음 각 호와 같다.

1. 물리적 또는 화학적 형태 · 동위원소의 구성비 · 질량 또는 농도 · 감속비 또는 밀도, 또는 기하학적 구성이 불명확한 경우에, 미지의 각 매개변수는 확인된 범위 안에서 최대의 중성자 증배가 발생한다고 가정할 것

2. 조사된 핵연료는 다음 각 목의 어느 하나에 적합한 동위원소의 구성에 기초할 것
 가. 조사이력동안 최대의 중성자증배
 나. 중성자증배에 관한 보수적인 산정. 이 경우, 운반에 앞서 동위원소 구성의 보수성을 확인하여야 한다.

제32조(단일 운반물의 미임계 평가) 단일 운반물에 대한 미임계 평가는 다음 각 호와 같다.

1. 격납계통을 포함하여 운반물 안의 모든 빈 공간 또는 외부로 물이 침투하거나 누설된다고 가정하여야 한다. 다만, 물의 침투 또는 누설을 방지하는 다음 각 목의 어느 하나와 같은 별도의 특성을 갖춘 경우에는 그러하지 않다.
 가. 운반용기가 다중의 물 방벽을 갖추고 있으되, 이들 방벽이 제34조제2호에 따른 시험을 거친 후에도 수밀성을 유지하며, 운반용기의 제작 · 정비 · 수리시에 높은 수준의 품질관리가 시행되고, 운반전에 운반물의 밀봉을 입증하는 시험을 하는 경우
 나. 육불화우라늄만 들어있는 운반물에 대하여는 다음에 적합한 경우
  1) 제34조제2호에 따른 시험을 거친 후에 운반용기의 밸브와 원래 부착점 이외의 어떠한 다른 구성품 간에 물리적 접촉이 없으며, 추가적으로 제47조제1항제2호에 따른 시험을 거친 후 밸브의 기밀성을 유지할 것
  2) 운반용기의 제작 · 정비 · 수리시에 높은 수준의 품질관리가 시행되고, 운반 전에 운반물의 밀봉을 입증하는 시험을 할 것
2. 격납계통은 최소한 20센티미터의 물 또는 추가적으로 운반물의 주위 물질에 의하여 제공될 수 있는 보다 큰 반사에 의하여 근접적으로 반사된다고 가정하여야 한다. 다만, 제34조제2호에 따른 시험에서 격납계통이 운반용기 내부에서 그 상태가 유지되는 것이 입증되는 경우에는 제3호 다목에 따른 시험에서 운반물의 근접반사는 최소한 20센티미터의 물로 가정할 수 있다.
3. 운반물은 다음 각 목의 상황에서 최대의 중성자 증배를 발생시키는 조건 · 제1호 및 제2호의 조건에서 미임계 상태이어야 한다.
 가. 사고가 없는 통상적인 운반조건
 나. 제33조제2호에 따른 시험
 다. 제34조제2호에 따른 시험
4. 항공으로 운반하는 운반물은 다음 각 목에 적합하여야 한다.
 가. 운반물은 내부로의 물의 침투는 없으나 최소 20센티미터의 물에 의한 반사가 발생된다고 가정하여 제51조에 따른 시험조건에서 미임계일 것
 나. 제51조에 이어 제49조제3호에 따른 시험에서 운반물 내부의 빈 공간으로 또는 외부로 물의 누설이 방지되지 않는 한, 제1호에 따른 특성은 허용하지 않을 것

제33조(정상운반조건에서 운반물의 배열) 정상운반조건에서의 운반물의 배열은 다음 각 호와 같이 최대의 중성자 증배를 발생시키는 배열 및 조건에서 임의의 숫자 N의 5배의 경우에도 미임계 상태인 숫자 N을 산출하여야 한다.

1. 운반물 사이에 아무 것도 없으며, 운반물의 각 면은 20센티미터 이상의 물에 의하여 근접 반사

되는 배열일 것

2. 운반물은 제45조에 따른 시험을 거친 후에 평가 또는 입증된 상태에 있을 것

제34조(운반사고조건에서 운반물의 배열) 운반사고조건에서의 운반물의 배열은 다음 각 호와 같이 최대의 중성자 증배를 발생시키는 배열 및 조건에서 임의의 숫자 N의 2배의 경우에도 미임계 상태인 숫자 N을 산출하여야 한다.

1. 운반물 사이에는 수소원자에 의한 감속이 발생하며, 운반물의 각 면은 20센티미터 이상의 물에 의하여 반사되는 배열일 것
2. 제45조에 따른 시험을 거친 후에 다음 각 목의 어느 하나 중에서 더 제한적인 것
   가. 제47조제1항제1호나목에 따른 시험 및 500킬로그램 이하의 질량을 가지고 외부제원을 기준으로 세제곱미터당 1,000킬로그램 이하의 전체 밀도를 가진 운반물에 대하여는 제47조제1항제1호다목에 따른 시험 또는 그 외의 운반물에 대하여는 제47조제1항제1호가목에 따른 시험, 그리고 이후에 제47조제1항제2호에 따른 시험 및 제49조에 따른 시험
   나. 제47조제1항제3호에 따른 시험
3. 제2호에 따른 시험을 거친 격납계통에서 핵분열성물질의 일부가 누출되는 경우에 핵분열성물질은 배열된 각 운반물로부터 누출된다고 간주하여야 하며, 모든 핵분열성물질은 20센티미터 이상의 물에 의한 근접반사로서 최대의 중성자증배를 발생시키는 배열일 것

제35조(핵분열성물질 면제기준) 핵분열성물질이 다음 각 호의 어느 하나에 적합한 경우 핵분열성물질의 요건뿐만 아니라 제29부터 제34조까지의 규정에 따르는 핵분열성물질 운반용기 및 운반물로 운반되는 요건으로부터 면제된다. 다만, 화물당 하나 형태의 면제로 제한된다.

1. 다음 각 목의 어느 하나에 해당하는 것으로서 화물당 질량제한치가 다음 식을 만족시키는 운반물. 다만, 베릴륨 또는 중수소는 핵분열성물질 질량의 0.1퍼센트를 초과하지 않아야 한다.

$$\frac{\text{우라늄235의 질량}(g)}{X} + \frac{\text{기타핵분열성물질의 질량}(g)}{Y} < 1$$

여기에서 X 및 Y는 다음 표에서 정의된 질량제한치이다.

핵분열성 물질	평균 수소밀도가 물의 것과 같거나 그 이하인 물질과 혼합된 핵분열성 물질의 질량(g)	평균 수소밀도가 물의 것보다 큰 물질과 혼합된 핵분열성물질의 질량(g)
우라늄-235(X)	400	290
기타 핵분열성 물질(Y)	250	180

   가. 핵분열성물질이 15그램 이하인 운반물. 포장되지 않은 물질에 대한 이 수량제한치는 운반수단으로 운반되는 화물에 적용함
   나. 수소에 대한 핵분열성 핵종의 질량비가 5퍼센트 미만인 균질 수소용액 또는 혼합물 형태의 운반물
   다. 임의의 체적 10리터에 핵분열성 물질이 5그램 이하인 운반물

2. 질량으로 최대 1퍼센트의 우라늄-235로 농축된 우라늄을 포함하고 있으며 플루토늄 및 우라늄233의 총량이 우라늄-235 질량의 1퍼센트를 초과하지 않은 운반물. 다만, 핵분열성물질은 해당 물질 전반에 걸쳐서 본질적으로 균일하게 분포되어 있으며, 또한 우라늄-235가 금속 · 산화물 또는 탄화물 형태인 경우에는 운반물 안에서 격자배열을 이루어서는 안 된다.
3. 질량으로 최대 2퍼센트의 우라늄-235로 농축된 질산우라늄염 용액으로서 플루토늄 및 우라늄-233의 총량이 우라늄 질량의 0.002퍼센트를 초과하지 않고 질소와 우라늄의 원자비(N/U)가 최소 2이상인 운반물
4. 플루토늄 총량이 1kg를 초과하지 않으며, 플루토늄-239 · 플루토늄-241 또는 이들 핵종의 혼합량이 질량의 20퍼센트를 초과하지 않는 운반물

제36조(표시) 운반용기의 외부에는 다음 각 호의 사항을 읽기 쉽고 내구성이 있도록 표시하여야 한다.
1. 운반용기의 모델 및 고유일련번호(다만, L형 운반물은 제외한다.)
2. 다음 각 목과 같이 표시한 운반용기의 종류
   가. L형 운반용기: "L형 운반용기"
   나. IP-1형 · IP-2형 또는 IP-3형 운반용기: "IP-1형 운반용기" · "IP-2형 운반용기" 또는 "IP-3형 운반용기"
   다. A형 · B(U)형 · B(M)형 또는 C형 운반용기: "A형 운반용기" · "B(U)형 운반용기" · "B(M)형 운반용기" 또는 "C형 운반용기"
3. 방사선규칙 별표6에 따른 해당 방사성운반물에 대한 국제연합번호
4. 설계승인 받은 경우에는 해당 설계승인번호
5. 운반물의 총 중량이 50킬로그램을 초과하는 경우에는 총 중량
6. 양각 · 각인하거나 또는 열과 물에 견딜 수 있도록 표시한 다음의 삼엽표지

기본 삼엽표시

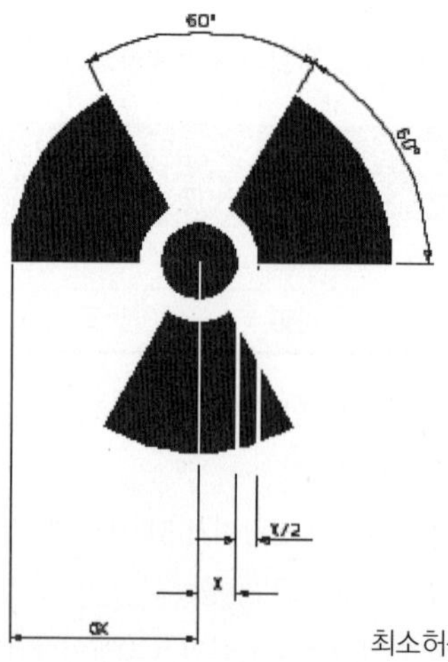

최소허용 X 치수 : 4밀리미터

▶ **제93조(저준위 비방사능물질 및 표면오염물체의 구분)**

① 저준위 비방사능물질은 제1종 저준위 비방사능물질, 제2종 저준위 비방사능물질 및 제3종 저준위 비방사능물질로 구분한다.

② 표면오염물체는 제1종 표면오염물체 및 제2종 표면오염물체로 구분한다.

③ 제1항 및 제2항의 규정에 의한 저준위 비방사능물질 및 표면오염물체의 구분기준은 **원자력안전위원회가 정하여 고시**한다.

⇒ **고시: 제2014-50호 방사성물질등의 포장 및 운반에 관한 규정**

제5조(저준위비방사능물질) ① 방사선규칙 제93조제3항에 따른 저준위 비방사능물질은 본질적으로 제한된 비방사능을 함유한 방사성물질을 말하며, 구분기준은 다음 각 호의 어느 하나와 같다.

1. 제1종 저준위 비방사능물질의 기준은 다음 각 목의 어느 하나와 같다.
 가. 우라늄, 토륨 광석 및 이들 광석의 농축물, 그리고 기타 천연적으로 존재하는 방사성 핵종을 사용하기 위하여 처리 또는 취급하는 광석
 나. 조사(照射)되지 않은 고체상태의 천연우라늄 · 감손우라늄 · 천연토륨 또는 이들의 고체 또는 액체상태의 합성물이나 혼합물
 다. A_2 값이 제한되지 않는 핵분열성물질이외의 방사성물질. 다만, 제35조에 따른 핵분열성물질 면제기준에 해당되지 않는 핵분열성물질은 제외한다.
 라. 방사능이 균일하게 분포되어 있으며 평균 비방사능이 별표 1 및 별표 2에 규정된 면제물질에 대한 방사능 농도의 30배를 초과하지 않는 방사성물질. 다만, 제35조에 따른 핵분열성물질 면제기준에 해당되지 않는 핵분열성물질은 제외한다.
2. 제2종 저준위 비방사능물질의 기준은 다음 각 목의 어느 하나와 같다.
 가. 삼중수소의 농도가 리터당 0.8테라베크렐 이하의 물
 나. 방사능이 균일하게 분포되어 있으며 평균 비방사능이 고체 및 기체에 대해서는 그램당 A_2 값의 1만분의 1을, 액체에 대해서는 그램당 A_2 값의 10만분의 1을 초과하지 않는 물질
3. 제3종 저준위 비방사능물질의 기준은 분말이외의 고화 폐기물 또는 방사화된 물질 등과 같은 고체상태의 것으로서 다음 각 목의 어느 하나와 같다.
 가. 방사성물질이 고체 또는 고화물의 집합체에 균일하게 분포되어 있거나 콘크리트 · 역청 또는 세라믹 등과 같은 고체압축 결합매개체에 균일하게 분포되어 있을 것
 나. 고체의 평균 비방사능이 그램당 A_2 값의 2,000분의 1배를 초과하지 않을 것
 다. 제19조에 따른 기준에 적합할 것

② 제1항에 따른 평균 비방사능을 결정할 때에 저준위 비방사능물질을 둘러싸고 있는 외부 차폐체를 포함한 운반용기는 고려하지 않는다.

제6조(표면오염물체) ① 방사선규칙 제93조제3항에 따른 표면오염물체는 자체적으로는 방사성물질이 아니나 그 표면상에 방사성물질이 분포되어 있는 고체상태의 물체를 말하며, 구분기준은 다음 각 호의 어느 하나와 같다.

1. 제1종 표면오염물체의 기준은 다음 각 목의 어느 하나와 같다.

가. 접촉이 가능한 표면적에 대한 제거성 표면오염도는 다음에서 정하는 기준을 초과하지 않을 것
1) 베타 · 감마방출체 및 저독성 알파방출체의 경우 제곱센티미터당 4베크렐
2) 기타 알파방출체의 경우 제곱센티미터당 0.4베크렐
나. 접촉이 가능한 표면적에 대한 고착성 표면오염도는 다음에서 정하는 기준을 초과하지 않을 것
1) 베타 · 감마방출체 및 저독성 알파방출체의 경우 제곱센티미터당 40킬로베크렐
2) 기타 알파방출체의 경우 제곱센티미터당 4킬로베크렐
다. 접촉하기 어려운 표면적에 대한 제거성 표면오염도와 고착성 표면오염도의 합계는 다음에서 정하는 기준을 초과하지 않을 것
1) 베타 · 감마방출체 및 저독성 알파방출체인 경우 제곱센티미터당 40킬로 베크렐
2) 기타 알파방출체인 경우 제곱센티미터당 4킬로베크렐

2. 제2종 표면오염물체의 기준은 제1호에 따른 제한치를 초과하는 것으로서 다음 각 목의 어느 하나와 같다.
가. 접촉이 가능한 표면적에 대한 제거성 표면오염도는 다음에서 정하는 기준을 초과하지 않을 것
1) 베타 · 감마방출체 및 저독성 알파방출체인 경우 제곱센티미터당 400베크렐
2) 기타 알파방출체인 경우 제곱센티미터당 40베크렐
나. 접촉이 가능한 표면적에 대한 고착성 표면오염도는 다음에서 정하는 기준을 초과하지 않을 것
1) 베타 · 감마방출체 및 저독성 알파방출체인 경우 제곱센티미터당 800킬로베크렐
2) 기타 알파 방출체인 경우 제곱센티미터당 80킬로베크렐
다. 접촉하기 어려운 표면적에 대한 제거성 표면오염도와 고착성 표면오염도의 합계는 다음에서 정하는 기준을 초과하지 않을 것
1) 베타 · 감마방출체 및 저독성 알파방출체인 경우 제곱센티미터당 800킬로베크렐
2) 기타 모든 알파 방출체인 경우 제곱센티미터당 80킬로베크렐

② 제1항 각 호의 제거성 표면오염도 및 고착성 표면오염도에 대한 평가는 300제곱센티미터 이상의 표면적에 대하여 수행하여야 한다. 다만, 전체 표면적이 300제곱센티미터 미만의 경우에는 그 전체 표면적으로 한다.

▶ 제94조(특별조치승인)

① 원자력안전위원회가 제90조 내지 제93조의 규정에 의하여 운반하는 것이 매우 곤란한 경우로서 안전을 위하여 필요한 조치가 되어 있고 안전에 지장이 없다고 인정하는 때에는 제90조 내지 제93조의 규정에 불구하고 특별운반을 승인할 수 있다.

② 원자력안전위원회가 제1항의 경우 안전을 위하여 필요한 조치를 명할 수 있다.

○ 방사성물질등의 포장 및 운반에 관한 기술기준: 제96조부터 제119조까지

▶ 제96조(포장)

① 운반물은 최초로 운반하기 전에 다음 각호의 기준에 적합하도록 하여야 한다.

1. 운반물의 격납계통이 해당 압력하에서 그 정상작동상태를 유지하기 위하여 승인된 설계기준에 적합할 것
2. B(U)형운반물 · B(M)형운반물 · C형 운반물 및 핵분열성물질운반물을 운반하는 경우 그 차폐 · 격납 및 열전달 특성이 승인된 설계기준에 적합할 것
3. 중성자 흡수물질이 운반물의 구성요소로 포함되어 있는 경우 핵분열성물질의 임계를 방지하기 위하여 중성자 흡수물질의 존재와 분포를 확인할 것

② 운반물은 매 운반전에 다음 각호의 기준에 적합하도록 하여야 한다.

1. 원자력안전위원회가 정하여 고시하는 인양장치의 기준을 만족시키지 아니하는 부착물은 이를 제거하거나 인양하는데 사용할 수 없도록 할 것
2. B(U)형 운반물 · B(M)형 운반물 · C형 운반물의 경우 다음 각목의 기준에 적합할 것
  가. 해당 설계승인서에 명시된 모든 기준을 만족시키고 있을 것
  나. 온도 및 압력이 평형상태를 유지할 것
  다. 방사성물질이 누설될 가능성이 있는 격납계통의 모든 밀봉장치 · 밸브 및 개구부는 방사성물질이 누출되지 아니하도록 적절하게 밀봉되었는지를 검사 또는 시험할 것
3. 핵분열성물질 및 특수형방사성물질 운반물의 경우 해당 설계승인서에 명시된 기준에 적합할 것
4. 중성자에 의하여 조사된 핵분열성물질운반물의 경우 방사성물질에 대한 동위원소별 함유량을 확인하고 운반물의 밀봉을 입증하는 시험을 실시할 것
5. 운반물의 방사성물질이 저분산성방사성물질인 경우 해당 설계승인서에 명시된 기준에 적합할 것

▶ **제97조(방사성물질외의 물품)**

방사성물질외의 물품의 포장 · 운반에 관한 기술기준은 다음 각호와 같다.

1. 운반물은 당해 방사성물질등의 이용을 위하여 필요한 물품외의 것과 함께 포장 또는 운반하지 아니할 것. 다만, 운반물과 상호작용하여 운반물의 안전성을 저해할 우려가 없는 경우에는 그러하지 아니하다.
2. 방사성물질등의 운반에 사용되는 탱크 및 화물컨테이너는 그 내부 및 외부표면 300제곱센티미터 이상에 대하여 측정한 제거성오염의 평균값이 베타 · 감마방출체 또는 저독성알파방출체의 경우 제곱센티미터당 0.4베크렐 이하, 그 외의 모든 알파방출체의 경우 제곱센티미터당 0.04베크렐 이하로 제염되지 아니하는 한 이를 다른 물품과 함께 보관 또는 운반하지 말 것

▶ **제98조(위험물질 혼재의 제한 등)**

① 운반물은 다음 각호의 1에 정하는 물건 또는 물질과 혼재하여서는 아니된다.

1. 화약류

2. 고압가스
3. 휘발유 · 알코올 · 이황화탄소 기타 인화성 물질로서 인화점이 섭씨 50도 이하인 것
4. 염산 · 황산 · 질산 기타 강산류로서 산의 함유량이 체적의 10퍼센트를 초과하는 것
5. 제1호 내지 제4호에 의한 것외에 운반물의 안전한 운반에 지장을 초래할 우려가 있는 물건 또는 물질

② 방사성 또는 핵분열성 이외에 폭발성 · 인화성 · 자연발화성 · 화학적독성 또는부식성 등 운반물내의 방사성물질에 대한 기타의 위험성도 고려하여야 한다.

▶ **제99조(방사선량률)**

운반물 또는 덧포장의 최대 방사선량률은 다음 각호의 1에 의한 제한값을 초과하지 아니하여야 한다.

1. 외부표면에서는 시간당 2밀리시버트. 다만, 전용운반인 경우에는 시간당 10밀리시버트로 한다.
2. 외부표면으로부터 1미터 떨어진 지점에서는 시간당 0.1밀리시버트. 다만, 전용운반인 경우를 제외한다.

▶ **제100조(표면오염도)**

운반물의 외부표면과 덧포장 · 화물컨테이너 및 탱크의 내 · 외부표면의 제거성 표면오염도는 임의의 표면 300제곱센티미터 이상에 대하여 측정한 평균값이 베타 · 감마방출체 및 저독성 알파방출체는 제곱센티미터당 4베크렐, 그외의 모든 알파방출체는 제곱센티미터당 0.4베크렐을 초과하지 아니하여야 한다.

▶ **제101조(오염 및 누출 관리)**

① 운반물이 손상 또는 누출되었거나 손상 또는 누출이 우려되는 경우 운반물에의 접근을 제한하여야 하며, 가능한한 신속하게 운반물의 오염정도 및 방사선량률을 평가하여야 한다. 이 경우 평가대상은 운반물, 운반수단 및 인근의 적재 · 하역구역 등 운반에 관련된 모든 사항을 포함하여야 한다.

② 운반물이 손상 또는 누출된 경우 사람 · 재산 및 환경의 보호를 위한 조치를 하여야 한다.

③ 방사성물질이 손상 또는 누설된 운반물은 적절한 장소로 이동하여 수리 및 제염을 한 후 운반하여야 한다.

④ 방사성물질등의 운반을 위하여 일상적으로 사용하는 운반수단 및 장비는 오염상태를 주기적으로 점검하여야 한다.

⑤ 방사성물질등의 운반과정에 있어서 제100조의 규정에 의한 제한값 이상으로 오염되었거나 표면에서의 방사선량률이 시간당 5마이크로시버트를 초과하는 운반수단 · 장비 및 관련부속물은 가능한한 신속하게 제염하여야 한다.

⑥ 제거성 표면오염도가 제100조의 규정에 의한 제한값을 초과하거나 제염후 표면의 고착성

오염으로 인한 방사선량률이 시간당 5마이크로시버트를 초과하는 운반수단 · 장비 또는 관련부속물은 이를 재사용하여서는 아니된다.

⑦ 전용으로 방사성물질등을 운반하는 경우 덧포장 · 화물컨테이너 · 탱크 및 운반수단의 내부표면에 대하여는 제5항 및 제100조의 규정을 적용하지 아니한다.

▶ **제102조(운반지수 및 핵임계안전지수)**

① 운반물 및 덧포장의 운반지수 및 핵임계안전지수는 다음 각호와 같다. 다만, 전용으로 운반하는 경우를 제외한다.

1. 운반지수는 10을 초과하지 아니할 것
2. 핵임계안전지수는 50을 초과하지 아니할 것

② 제1항의 규정에 의한 운반지수 및 핵임계안전지수의 산출방법은 **원자력안전위원회가 정하여 고시**한다.

⇒ 고시: **제2014-50호 방사성물질등의 포장 및 운반에 관한 규정 제10조(운반지수의 산출)** (교재 p.49-50)

▶ **제103조(핵임계 방지)**

핵분열성물질운반물의 경우에는 포장 · 적재 또는 운반과정 중에 핵임계에 도달하지 아니하도록 조치를 하여야 한다.

▶ **제104조(운반물의 등급)**

운반물 및 덧포장은 **별표 5**에 규정된 조건과 다음 각호의 기준에 따라 제1종 백색운반물, 제2종 황색운반물, 제3종 황색운반물로 구분하여 등급을 분류하여야 한다.

1. 운반물 또는 덧포장의 분류등급은 운반지수 및 표면방사선량률을 고려하여 결정할 것
2. 운반지수와 표면방사선량률의 조건 중에서 어느 하나가 다른 하나보다 더 높은 등급에 해당하는 경우에는 더 높은 등급으로 분류할 것

[별표 5] 운반물 및 덧포장의 등급 분류기준(제104조관련)

조건		등급분류
운반지수	외부표면 임의점에서의 최대 방사선량률	
0	0. 005mSv/h 이하	제1종 백색운반물
0 초과 1 이하	0. 005mSv/h 초과 0.5mSv/h 이하	제2종 황색운반물
1 초과 10 이하	0. 5mSv/h 초과 2mSv/h 이하	제3종 황색운반물
10 이상	2mSv/h 초과 10mSv/h 이하	제3종 황색운반물

주 1. 이 경우는 반드시 전용으로 운반할 것

▶ **제105조(표시)**

① 운반물의 표시에 관한 기술기준은 다음 각호와 같다.

1. 포장의 외부에 읽기 쉽고 내구성이 있게 송하인 또는 수하인의 확인표시를 할 것
2. 방사성물질을 운반하는 경우 **별표 6**에 의하여 국제연합번호 및 해당운반명을 운반용기의 외부에 읽기 쉽고 내구성이 있게 표시할 것

[별표 6] 방사성운반물의 국제연합기준 표시(제105조제1항제2호관련)

국제연합번호	운반명 및 설명[주1)]
L형운반물	
UN2908	**방사성물질, L형운반물 - 빈 운반용기**
UN2909	**방사성물질, L형운반물 - 천연우라늄, 감손우라늄** 또는 **천연토륨으로 제조한 물품**
UN2910	**방사성물질, L형운반물 - 물질제한량**
UN2911	**방사성물질, L형운반물 - 기구** 또는 **품목**
저준위비방사능물질	
UN2912	**방사성물질, 저준위비방사능(LSA-I)**, 비핵분열성 또는 핵분열성 면제[주2)]
UN3321	**방사성물질, 저준위비방사능(LSA-II)**, 비핵분열성 또는 핵분열성 면제[주2)]
UN3322	**방사성물질, 저준위비방사능(LSA-III)**, 비핵분열성 또는 핵분열성 면제[주2)]
UN3324	**방사성물질, 저준위비방사능(LSA-II), 핵분열성**
UN3325	**방사성물질, 저준위비방사능(LSA-III), 핵분열성**
표면오염물체	
UN2913	**방사성물질, 표면오염물체**(SCO-I 또는 SCO-II), 비핵분열성 또는 핵분열성 면제[주2)]
UN3326	**방사성물질, 표면오염물체**(SCO-I 또는 SCO-II), **핵분열성**
A형운반물	
UN2915	**방사성물질, A형운반물**, 비특수형, 비핵분열성 또는 핵분열성 면제[주2)]
UN3327	**방사성물질, A형운반물, 핵분열성**, 비특수형
UN3332	**방사성물질, A형운반물, 특수형**, 비핵분열성 또는 핵분열성 면제[주2)]
UN3333	**방사성물질, A형운반물, 핵분열성**
B(U)형운반물	
UN2916	**방사성물질, B(U)형운반물**, 비핵분열성 또는 핵분열성 면제[주2)]
UN3328	**방사성물질, B(U)형운반물, 핵분열성**
B(M)형운반물	
UN2917	**방사성물질, B(M)형운반물**, 비핵분열성 또는 핵분열성 면제[주2)]
UN3329	**방사성물질, B(M)형운반물, 핵분열성**
C형운반물	
UN3323	**방사성물질, C형운반물**, 비핵분열성 또는 핵분열성 면제[주2)]
UN3330	**방사성물질, C형운반물, 핵분열성**

국제연합번호	운반명 및 설명[주1)]
특별조치승인운반물	
UN2919	**방사성물질, 특별조치승인운반물**, 비핵분열성 또는 핵분열성 면제[주2)]
UN3331	**방사성물질, 특별조치승인운반물, 핵분열성**
육불화우라늄 - 부차적 위험으로 부식성(국제연합 Class 8)도 함께 적용	
UN2977	**방사성물질, 육불화우라늄, 핵분열성**
UN2978	**방사성물질, 육불화우라늄**, 비핵분열성 또는 핵분열성 면제[주2)]

주1) '운반명'은 '운반명 및 설명'열의 굵은 글자이며, 작은 글자인 "또는"으로 구분하는 UN2909, UN2911, UN2913, UJ3326의 경우 관련된 운반명만을 사용하여야 한다.
주2) '핵분열성 면제'는 제91조제1항제3호에 해당함

② 운반물의 총 중량이 50킬로그램을 초과하는 경우에는 총 중량을 운반용기의 외부에 읽기 쉽고 내구성이 있게 표시하여야 한다.

▶ 제106조(표지)

① 운반물 · 덧포장 및 화물컨테이너의 표지에 관한 기술기준은 다음 각호와 같다.

1. 제104조의 규정에 의하여 등급이 분류된 운반물에는 다음 각목에 의한 해당 표지를 부착할 것
   가. 제1종 백색운반물은 **별표 2**에 의한 부표 2의 제1종 백색 운반표지
   나. 제2종 황색운반물은 **별표 2**에 의한 부표 3의 제2종 황색 운반표지
   다. 제3종 황색운반물은 **별표 2**에 의한 부표 4의 제3종 황색 운반표지
2. 방사성물질과 관련이 없는 표지는 제거하거나 덮어씌울 것

[별표 2] 포장 및 운반관계 표지(제39조·제106조 및 제125조관련)

구분	표지사항	방사능표지의 형태 및 크기	표지를 붙일 장소
1. 제1종 백색운반물	부표 1에 의한 표지의 아래에 한글로 "방사성물질"이란 글자를, 그 아래에 방사성내용물의 명칭, 방사능의 양을, 그 아래에 위험물질 종류를 나타내는 기호 "7"을 기재한다.	방사능표지는 부표 2와 같은 형태로 하고, 가로세로를 각 100밀리미터 이상으로 한다.	운반물의 표면으로서 서로 반대방향인 2곳
2. 제2종 황색운반물	부표 1에 의한 표지의 아래에 한글로 "방사성물질"이란 글자를, 그 아래에 방사성내용물의 명칭, 방사능의 양 및 운반지수를, 그 아래에 위험물질 종류를 나타내는 기호 "7"을 기재한다.	방사능표지는 부표 3과 같은 형태로 하고, 가로세로를 각 100밀리미터 이상으로 한다.	운반물의 표면으로서 서로 반대방향인 2곳
3. 제3종 황색운반물	부표1에 의한 표지의 아래에 한글로 "방사성물질"이란 글자를, 그 아래에 방사성내용물의 명칭, 방사능의 양 및 운반지수를, 그 아래에 위험물질 종류를 나타내는 기호 "7"을 기재한다.	방사능표지는 부표 4와 같은 형태로 하고, 가로세로를 각 100밀리미터 이상으로 한다.	운반물의 표면으로서 서로 반대 방향인 2곳

구분	표지사항	방사능표지의 형태 및 크기	표지를 붙일 장소
4. 핵분열성물질을 함유한 포장물	"핵분열성물질"이란 글자아래에 핵임계안전지수를, 그 아래에 위험물질 종류를 나타내는 기호 "7"을 기재한다.	표지는 부표 5와 같은 형태로 하고, 가로세로를 각 100밀리미터 이상으로 한다.	운반물의 표면으로서 서로 반대 방향인 2곳
5. 방사성운반물이 들어 있는 화물컨테이너 또는 탱크	부표 1에 의한 표지의 아래에 한글로 "방사성물질"이란 글자를, 그 아래에 위험물질 종류를 나타내는 기호 "7"을 기재한다.	방사능표지는 부표6과 같은 형태로 하고, 가로세로를 각 250밀리미터 이상으로 한다.	컨테이너 또는 탱크의 4측면
6. 도로 및 철도로 방사성물질을 운반하는 차량	부표 1에 의한 표지의 아래에 한글로" 방사성물질"이란 글자를, 그 아래에 위험물질 종류를 나타내는 기호 "7"을 기재한다.	방사능표지는 부표 6과 같은 형태로 하고, 가로세로를 각 250밀리미터 이상으로 한다.	차량의 양측면 및 전후면
7. 단일 국제연합번호의 방사성물질을 전용운반하는 도로 및 철도 차량	운반되는 방사성물질에 따라 별표 7의 해당국제연합번호를 65밀리미터 이상의 크기로 기재한다.	표지는 부표 7과 같은 형태로 하고, 가로 300밀리미터 세로 120밀리미터 이상으로 한다.	차량의 양측면

참고: 위의 표지는 그 붙일 대상물의 크기 등 상황에 따라 그 크기를 조절할 수 있다.

[부표 1] 방사능표지의 규격

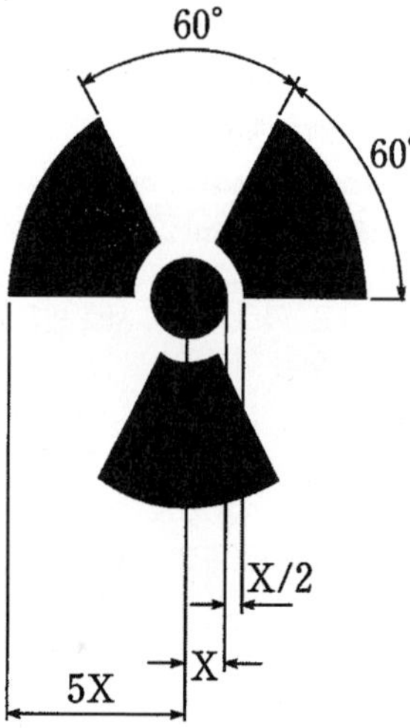

[부표 2] 제1종 백색운반표지

[부표 3] 제2종 황색운반표지

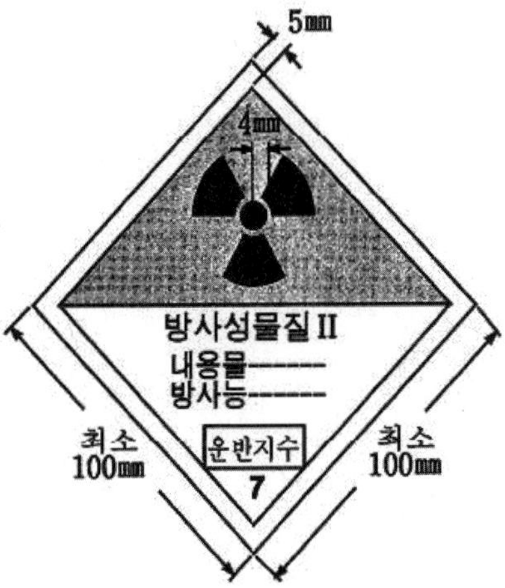

[부표 4] 제3종 황색운반표지

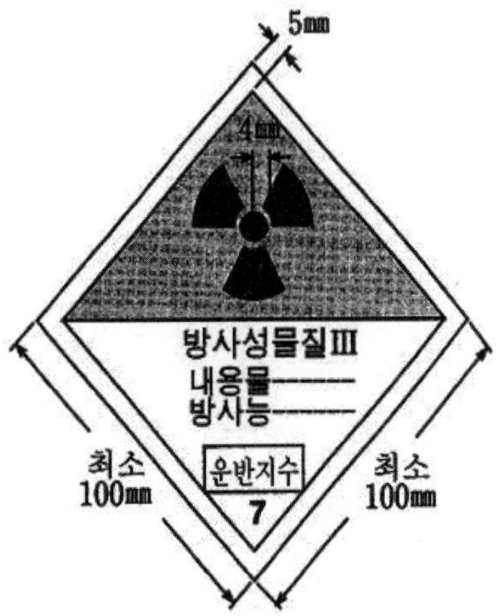

[부표 5] 핵임계안전운반표지

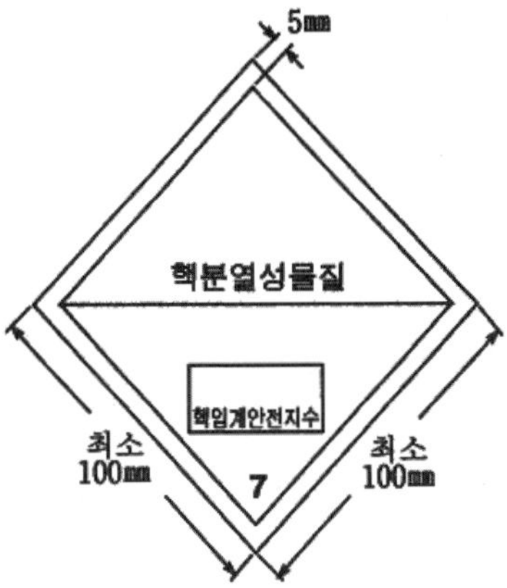

[부표 6] 차량용운반표지

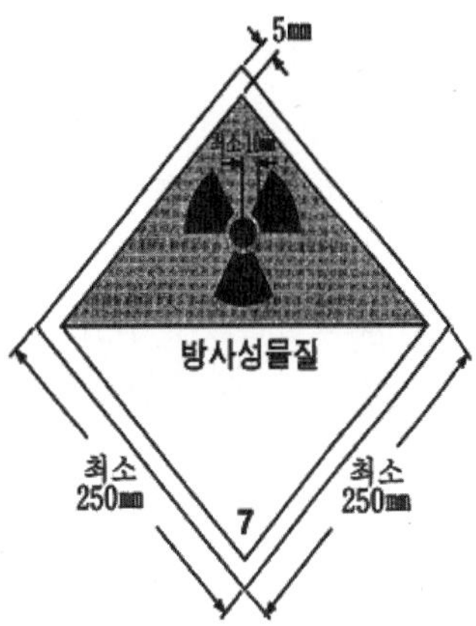

[부표 7] 국제연합번호(UN No.)운반표지

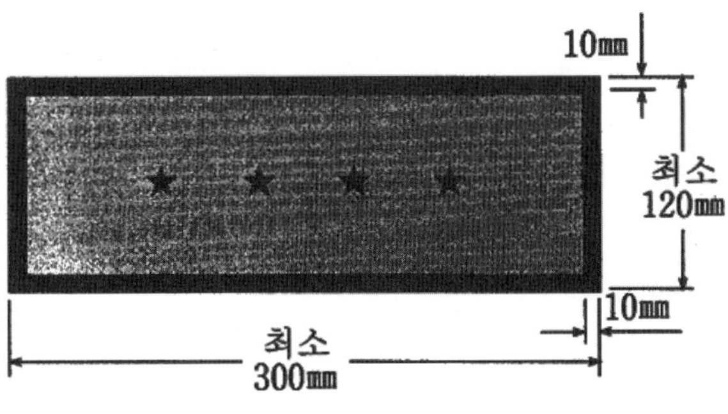

② 핵분열성물질을 함유한 운반물 · 덧포장 및 화물컨테이너는 **별표 2**에 의한 부표 5의 핵임계안전 운반표지를 부착하여야 한다.

⇒ **[별표 2] 포장 및 운반관계 표지(제39조 · 제106조 및 제125조관련)**(교재 p.287-289)

③ 제1항 및 제2항의 규정에 의한 표지는 다음 각호에 의한 방법으로 부착하여야 한다.

1. 제1항제1호의 표지는 운반물 또는 덧포장의 경우에는 외부의 양 측면에, 화물컨테이너 또는 탱크의 경우에는 4면에 각각 부착할 것
2. 제2항의 핵임계안전 운반표지는 제1호의 방법에 따라 부착한 표지근처에 부착할 것
3. 제105조의 규정에 의한 표시와 겹치지 아니하게 부착할 것

④ 화물컨테이너 및 탱크에는 다음 각호의 방법에 따라 차량용 운반표지를 부착하여야 한다. 다만, L형 운반물의 경우에는 그러하지 아니하다.

1. **별표 2**에 의한 부표 6의 차량용 운반표지를 화물컨테이너 또는 탱크의 양 측벽 및 양 끝벽에 수직방향으로 각 면에 1개씩 4개를 부착할 것. 다만, 제1항 및 제2항의 규정에 의한 해당 운반표지를 별표 2에 의한 부표 6의 최소크기 이상으로 확대하여 부착하는 경우에는 그러하지 아니하다.

⇒ **[별표 2] 포장 및 운반관계 표지(제39조 · 제106조 및 제125조관련)**(교재 p.287-289)

2. 방사성물질과 관계없는 표지는 제거하거나 덮어 씌울 것

⑤ 제98조에서 규정하고 있는 위험물질과 혼재한 경우에는 당해 위험물질의 위험성을 나타내는 표지를 부착하여야 한다.

▶ **제107조(운반물의 격리)**

① 방사성물질등이 들어있는 운반물 · 덧포장 및 화물컨테이너는 운반중에 일반인의 거주장소 또는 제98조에서 규정하고 있는 위험물질로부터 이를 격리시켜야 한다.

② 제2종 황색운반물 또는 제3종 황색운반물은 일반인이 빈번히 출입하는 구역으로 이를 반입하여서는 아니된다.

▶ **제108조(적재한도)**

① 표면으로부터의 평균 열방출률이 제곱미터당 15와트를 초과하는 운반물 또는 덧포장은 이를 다른 화물과 함께 운반하여서는 아니된다.

② 운반물 · 덧포장 및 화물컨테이너의 적재는 다음 각호에 따라야 한다.

1. 단일 운반수단에 적재할 수 있는 운반물 · 덧포장 또는 화물컨테이너의 수량은 운반지수 합계가 **별표 7**에 의한 운반지수 제한값을 초과하지 아니하도록 할 것. 다만, 제1종 저준위비방사능물질의 운반물 또는 전용으로 운반되는 운반물의 경우에는 그러하지 아니하다.

[별표 7] 전용상태가 아닌 화물컨테이너 및 운반수단에 대한 운반지수 제한값

(제108조제2항제1호관련)

화물컨테이너 또는 운반수단의 형태	화물컨테이너 또는 운반수단에 대한 운반지수의 합계에 대한 제한값
화물컨테이너	50
차량	50
항공기 : 여객 화물	50 200
내륙수로용 선박	50
해상용 선박 (1) 선창, 방수격실, 지정갑판구역 : 운반물, 덧포장, 화물컨테이너 (2) 선박 전체 : 운반물, 덧포장, 화물컨테이너	 50(대형화물컨테이너[2]의 경우 200) 200

주 1. 제125조제3항의 규정에 의하여 전용으로 운반하는 운반물 또는 덧포장은 이를 차량에 적재한 상태로 선박을 이용하여 운반할 수 있다.
2. 화물컨테이너 중 외부의 길이가 1.5미터 이상이고 내부의 부피가 3세제곱미터를 초과하는 것을 말한다.

2. 운반에서의 방사선량률은 다음 각목의 기준을 초과하지 아니할 것
 가. 운반수단의 외부표면은 시간당 2밀리시버트
 나. 운반수단의 외부표면으로부터 2미터 거리에서는 시간당 0.1밀리시버트
 다. 사람이 승차하는 위치에서는 시간당 0.02밀리시버트
3. 운반수단 및 화물컨테이너의 핵임계안전지수 합계가 별표 8에 의한 핵임계안전지수의 제한값을 초과하지 아니할 것

[별표 8] 핵임계안전지수 제한값(제108조제2항 및 제109조제2항관련)

형태	핵임계안전지수 제한값	
	전용상태	전용상태가 아닌 것
화물컨테이너	100	50
차량	100	50
항공기 : 여객 화물	해당없음 100	50 50
내륙수로용 선박	100	50
해상용 선박[1] (1) 선창, 격실, 지정갑판구역 : 포장물, 덧포장, 화물컨테이너 (2) 선박 전체 : 포장물, 덧포장, 화물컨테이너	 100 200 (대형화물컨테이너인 경우 제한값 없음)	 50 200 (대형화물컨테이너인 경우 제한값 없음)

주 1. 제125조제3항의 규정에 의하여 전용으로 운반하는 운반물 또는 덧포장은 이를 차량에 적재한 상태로 선박을 이용하여 운반할 수 있다.
2. 화물컨테이너 중 외부의 길이가 1.5미터 이상이고 내부의 부피가 3세제곱미터를 초과하는 것을 말한다.

③ 운반지수가 10을 초과하거나 핵임계안전지수가 50을 초과하는 운반물 또는 덧포장은 전용으로 운반하여야 한다.

▶ **제109조(핵분열성물질운반물의 격리)**

① 운반중 저장구역에 저장을 하는 핵분열성물질이 들어있는 운반물 · 덧포장 또는 화물컨테이너의 수량은 해당운반물 · 덧포장 또는 화물컨테이너의 집합체의 핵임계안전지수 합계가 50을 초과하지 아니하도록 하여야 한다. 이 경우 핵분열성물질이 들어있는 운반물 · 덧포장 또는 화물컨테이너의 집합체는 다른 핵분열성물질이 들어있는 운반물 · 덧포장 또는 화물컨테이너의 집합체와 6미터 이상의 거리를 유지하도록 하여야 한다.

② 별표 8에 의하여 핵임계안전지수 합계가 50을 초과하는 경우에는 다른 핵분열성물질이 들어있는 운반물 · 덧포장 · 화물컨테이너의 집합체 또는 방사성물질을 운반하는 운반수단과의 거리가 6미터 이상이 되도록 저장하여야 한다.

⇒ **[별표 8] 핵임계안전지수 제한값(제108조제2항 및 제109조제2항관련)(교재 p.291)**

▶ **제110조(통관절차)**

운반물의 방사성물질에 대한 검사를 포함한 통관절차는 방사선 피폭을 관리할 수 있는 적절한 수단이 구비되어 있고 운반책임자가 입회한 장소에서 이루어져야 한다. 통관 과정에서 개봉된 운반물은 수하인에게 전달되기 전에 원래의 상태로 복원되어야 한다.

▶ **제111조(배달불가능 운반물)**

운반책임자는 운반물을 배달할 수 없는 경우, 당해 운반물을 안전한 장소에 저장한 후 지체없이 원자력안전위원회에게 보고하고 그 처리에 대한 지시를 받아야 한다.

▶ **제112조(운반차량)**

방사성물질등의 운반에 사용되는 차량에 관한 기술기준은 다음 각호와 같다.

1. 운반물을 운반하기에 적합한 차량일 것
2. 차량에 견고히 묶어두기가 곤란한 소형운반물은 운반중 이동 · 전도 및 전락을 방지하기 위한 운반함을 갖출 것. 이 경우 운반함은 차량에 견고히 고정되어 있어야 한다.
3. 차량의 고장 또는 화재 등에 대비하여 예비타이어 또는 소화기 등 필요한 장비를 갖출 것

▶ **제113조(운반책임자 등)**

B(U)형 운반물 · B(M)형 운반물 · C형 운반물 · 핵분열성물질운반물 또는 방사성물질에 의하여 오염된 대형기계장치로서 운반용기로 포장하기에는 부적합한 것을 운반하고자 하는 경우 운반시 사고로부터 방사선장해를 방지하기 위한 기술기준은 다음 각호와 같다.

1. 운반은 항상 2인 이상이 할 것
2. 운반시 운반책임자를 지정하고 동행하게 하여 사고 및 방사선장해방지를 위하여 필요한 감독을 하게 할 것
3. 운반사고시 신속한 응급조치 및 관계기관 신고를 위한 방사성측정기 · 보호구 및 통신장

비를 휴대할 것

4. 운전자에 대하여 필요한 안전교육을 실시할 것
5. 운전자 및 운반책임자는 출발전 차량에 대한 안전점검을 실시할 것
6. 제2호의 운반책임자는 다음 각목의 1에 해당하는 자중에서 지정할 것
 가. 핵분열성물질을 운반하는 경우에는 지식과 경험을 가진 방사선안전관리전담조직의 책임자 또는 방사선안전관리자
 나. 기타의 경우에는 해당기관의 방사성동위원소 취급에 관한 면허를 소지한 자

▶ **제114조(국외반출 운반물)**

국외로 반출하는 운반물은 운반물이 경유하거나 도착하는 국가의 관계규정에 적합하여야 한다.

▶ **제115조(L형 운반물)**

L형 운반물은 제96조 내지 제113조의 규정에 불구하고 다음 각호의 포장기준에 적합하여야 한다.

1. 운반물의 외부표면에서 방사선량률이 시간당 5마이크로시버트를 초과하지 아니할 것
2. 운반물 외부표면의 제거성 표면오염도는 임의의 표면 300제곱센티미터 이상에 대하여 측정한 평균값이 다음 각목에 의한 제한값을 초과하지 아니할 것
 가. 베타 · 감마방출체 및 저독성 알파방출체는 제곱센티미터당 4베크렐
 나. 가목을 제외한 모든 알파방출체는 제곱센티미터당 0.4베크렐
3. 방사성물질 또는 핵분열성물질 이외에 폭발성 · 인화성 · 자연발화성 · 화학적독성 또는 부식성 등 운반물내의 방사성물질에 대한 기타의 위험성을 고려할 것
4. 제105조의 규정에 의한 표시를 할 것

▶ **제116조(저준위 비방사능물질의 운반)**

① 저준위 비방사능물질은 별표 9에 의한 요건에 따라 IP형 운반물로 운반할 수 있다.

② 저준위 비방사능물질을 IP형 운반물로 운반하는 내륙수송용 선박 또는 다른 운반수단의 단일 선창 또는 격실에서의 총 방사능은 **별표 4**에 의한 제한값을 초과하여서는 아니된다.

[별표 4] IP형 운반물에 대한 선박 운반수단의 방사능 제한값

(제91조제2항·제116조제2항 및 제117조제2항관련)

물질의 특성	해양	내수로
제1종 저준위 비방사능물질	제한값 없음	제한값 없음
제2종 및 제3종 저준위 비방사능물질 (비가연성 고체)	제한값 없음	$100A_2$
제2종 및 제3종 저준위 비방사능물질 (가연성 고체, 액체 및 기체)	$100A_2$	$10A_2$
표면오염물체	$100A_2$	$10A_2$

▶ **제117조(표면오염물체의 운반)**

① 표면오염물체는 별표 9에 의한 기준에 따라 IP형 운반물로 운반할 수 있다.

② 표면오염물체를 IP형 운반물로 운반하는 내륙수송용 선박 또는 다른 운반수단의 단일 선창 또는 격실에서의 총 방사능은 **별표 4**에 의한 제한값을 초과하여서는 아니된다.

[별표 4] IP형 운반물에 대한 선박 운반수단의 방사능 제한값

(제91조제2항·제116조제2항 및 제117조제2항관련)

물질의 특성	해양	내수로
제1종 저준위 비방사능물질	제한값 없음	제한값 없음
제2종 및 제3종 저준위 비방사능물질 (비가연성 고체)	제한값 없음	$100A_2$
제2종 및 제3종 저준위 비방사능물질 (가연성 고체, 액체 및 기체)	$100A_2$	$10A_2$
표면오염물체	$100A_2$	$10A_2$

▶ **제118조(L형 운반물의 운반)**

① 방사성물질이 봉입되어 있거나 제품의 구성부품으로 되어 있는 경우 **별표 3**의 2란 및 3란에 명시된 품목 제한값 및 운반물 제한값을 초과하지 아니하는 방사능을 가진 방사성물질의 운반에 관한 기술기준은 다음 각호와 같다.

1. 포장되지 아니한 기구 또는 물품의 외부표면의 임의의 지점으로부터 10센티미터 거리에서의 방사선량률이 시간당 0.1밀리시버트를 초과하지 아니할 것
2. 각 기구 또는 물품에 "방사성물질"이라는 표지를 부착할 것. 다만, 방사성 형광시계 문자판 또는 장치는 그러하지 아니하다.
3. 활성물질은 비활성 구성품으로 완전히 밀봉되어 있을 것

② 제1항에서 정하는 것 이외의 형태로서 **별표 3**의 4란에 명시된 제한값을 초과하지 아니하는 방사능을 가진 방사성물질의 운반에 관한 기술기준은 다음 각호와 같다.

1. 운반과정에서 방사성물질을 보전할 수 있을 것
2. 운반물을 개봉할 경우 방사성물질의 존재를 알 수 있도록 눈에 띄기 쉬운 방법으로 내부표면에 "방사성물질"이라는 표지를 부착할 것

③ 방사성물질이 조사되지 아니한 천연우라늄 · 감손우라늄 또는 천연토륨의 제조물품으로서 우라늄 또는 토륨의 외부표면이 금속이나 기타 견고한 물질로 만들어진 비활성 외장물질로 둘러싸여 있는 경우에는 L형 운반용기로 운반할 수 있다.

④ 제101조의 규정에 의한 오염 및 누출관리 기준에 적합하여야 한다.

[별표 3] L형 운반물의 방사능 제한값(제91조제1항·제118조 및 제128조관련)

내용물의 물리적 상태	기구 또는 품목		방사성물질
	품목 제한값	운반물 제한값	운반물 제한값
1란	2란	3란	4란
고체 : 특수형방사성물질 특수형 이외의 것	$10^{-2}A_1$ $10^{-2}A_2$	A_1 A_2	$10^{-3}A_1$ $10^{-3}A_2$
액체	$10^{-3}A_2$	$10^{-1}A_2$	$10^{-4}A_2$
기체 : 삼중수소 특수형방사성물질 특수형 이외의 것	$2\times10^{-2}A_2$ $10^{-3}A_1$ $10^{-3}A_2$	$2\times10^{-1}A_2$ $10^{-2}A_1$ $10^{-2}A_2$	$2\times10^{-2}A_2$ $10^{-3}A_1$ $10^{-3}A_2$

▶ **제119조(빈 운반용기 운반)**

방사성물질이 들어 있었던 빈 운반용기는 다음 각호의 기준에 적합한 경우 L형 운반물로 분류하여 운반할 수 있다.

1. 운반용기가 양호하게 유지된 상태이고 안전하게 밀폐되어 있을 것
2. 운반용기 내부의 제거성 표면오염도가 제100조의 규정에 의한 값의 100배를 초과하지 아니할 것
3. 제106조에서 규정하고 있는 표지를 보이지 아니하게 하거나 제거할 것

11. 피폭관리 등

제73조(피폭관리 등) 원자력관계사업자는 방사성물질등의 운반에 관계하는 작업자에게 방사선 피폭의 점검과 안전교육을 실시하여야 한다.

12. 사고의 조치 등

제74조(사고의 조치 등) ① 원자력관계사업자 또는 원자력관계사업자로부터 방사성물질등의 운반을 위탁받은 자는 방사성물질등의 운반 또는 포장 중에 발생할 수 있는 사고에 대비하여 **총리령**[1]으로 정하는 바에 따라 비상대응계획을 수립ㆍ시행하여야 한다.

② 원자력관계사업자 또는 원자력관계사업자로부터 방사성물질등의 운반을 위탁받은 자는 방사성물질등의 운반 또는 포장 중 방사성물질등의 누설ㆍ화재와 그 밖의 사고가 발생한 때에는 **대통령령**[2]으로 정하는 바에 따라 필요한 안전조치를 취하고 지체 없이 이를 위원회에 보고하여야 한다.

주1) 총리령 : 시행규칙 제100조(비상대응계획)

① 법 제71조에 따른 원자력관계사업자(이하 "원자력관계사업자"라 한다) 또는 원자력관계사업자로부터 방사성물질등의 운반을 위탁받은 자는 제98조제1항 각 호의 방사성물질등을 운반하는 때에는 법 제74조제1항에 따른 비상대응계획을 수립하여야 한다.

② 제1항에 따른 비상대응계획에는 다음 각 호의 사항이 포함되어야 한다.

1. 비상대응 조직과 그 권한 및 임무
2. 사고보고절차
3. 사고유형에 따른 조치계획

주2) 대통령령 : 시행령 제110조(사고 시의 조치 등)

① 법 제74조제2항에서 "방사성물질등의 누설ㆍ화재와 그 밖의 사고가 발생한 때"란 다음 각 호의 어느 하나에 해당하는 때를 말한다.

1. 방사성물질등의 누설 또는 일탈 등으로 환경오염이 우려되거나 방사선작업종사자의 안전이 위협받게 되었을 때
2. 차량 또는 방사성물질등의 화재로 인하여 방사성물질등의 누설이 우려될 때
3. 방사선작업종사자 및 수시출입자가 선량한도 이상의 피폭되었을 때
4. 외국으로부터 반입된 포장물이 법과 이 영에 따른 운반기준에 맞지 아니하였을 때
5. 방사성물질등을 도난당하거나 분실하였을 때
6. 방사성물질등이 누출되어 인근주민의 긴급대피가 필요할 때

② 원자력관계사업자나 방사성물질등의 운반을 위탁받은 자가 제1항에 따른 사고가 발생한 경우에 하여야 할 안전조치에 대해서는 **제136조**를 준용한다.

⇒ 대통령령 : 시행령 제136조(장해방어조치 및 보고)

① 법 제92조제1항에 따라 원자력관계사업자가 하여야 할 안전조치는 다음 각 호와 같다.

1. 지진 · 화재 · 홍수 · 태풍 및 유해가스 누출 등의 재해로 인하여 원자력이용시설의 안전성이 위협을 받고 있거나 방사선작업종사자가 안전운영과 관련된 직무를 수행하는 데에 위협을 받을 경우에는 그 원인을 제거하고 피해 확대 방지를 위한 조치를 하여야 한다.
2. 원자력이용시설 등의 고장 등이 발생하여 원자력이용시설의 안전성이 위협을 받을 경우에는 고장 등의 원인을 제거하여 정상상태로 복구하여야 한다. 다만, 정상복구가 불가능할 경우에는 고장 등의 확대 방지를 위한 조치를 하여야 한다.
3. 방사성물질이 비정상적으로 누설되어 시설경계(제한구역경계가 설정되어 있는 경우에는 제한구역경계를 말한다)에서 공기 중 및 수중 농도가 위원회가 정하는 배출관리기준에 따른 제한값을 초과하거나 방사선작업종사자 또는 수시출입자가 선량한도를 초과하여 피폭된 경우에는 다음 각 목의 조치를 하여야 한다.

가. 원자력이용시설 및 제한구역 내부에 있는 사람 또는 부근에 있는 사람에 대한 피난경고

나. 방사선장해를 받은 사람 또는 받을 우려가 있는 사람에 대한 구출 · 피난 등의 긴급조치

다. 방사성물질등에 의하여 오염이 발생한 경우 오염 확대의 방지 및 오염 제거

라. 방사성물질등을 다른 장소에 옮길 여유가 있을 경우에는 안전한 장소로의 이전과 그 장소 주위에 위원회규칙으로 정하는 표지 설치 및 관계자 외의 출입 또는 접근의 금지

마. 방사선긴급작업을 하는 경우에는 적절한 보호용구의 사용 및 방사선피폭시간 단축 등으로 긴급작업에 종사하는 사람에 대한 위원회가 정하는 기준 이상의 방사선피폭의 방지

② 원자력관계사업자가 제1항의 안전조치를 한 때에는 위원회가 정하는 바에 따라 다음 각 호의 사항을 위원회에 보고하여야 한다.

1. 법 제92조제1항의 상황이 발생한 일시 및 장소와 그 원인
2. 발생하였거나 발생할 우려가 있는 방사선장해의 상황
3. 안전조치의 내용 및 계획

③ 위원회는 제1항제3호나목에 따른 긴급조치를 하는 방사선응급의료구호 관련자에게 위원회가 정하여 고시하는 바에 따라 방사선응급구호에 대한 전문교육을 실시할 수 있다.

③ 원자력관계사업자나 방사성물질등의 운반을 위탁받은 자는 제1항제5호 또는 제6호의 사고가 발생한 경우에는 그 지역을 관할하는 경찰관서에 즉시 신고하여야 한다.

13. 포장 및 운반 검사

제75조(포장 및 운반 검사) ① 원자력관계사업자 및 그로부터 방사성물질등의 포장 또는 운반을 위탁받은 자는 제72조에 따른 기술기준의 준수에 관하여 **대통령령**[1]으로 정하는 바에 따라 위원회의 검사를 받아야 한다.

② 위원회는 제1항에 따른 검사결과 제72조에 따른 기술기준에 미달되면 그 시정 또는 보완을 명할 수 있다.

주1) 대통령령 : 영 제111조(포장 및 운반 검사)

① 원자력관계사업자 및 그로부터 방사성물질등의 포장 또는 운반을 위탁받은 자로서 **총리령**[a] 으로 정하는 자는 **총리령**[b]으로 정하는 바에 따라 정기적으로 법 제75조제1항에 따른 검사를 받아야 한다.

⇒ 총리령[a)b)] **: 시행규칙 제101조(포장 · 운반검사)**

① 영 제111조제1항에서 "총리령으로 정하는 자"란 다음 각 호의 자를 말한다.

1. 발전용원자로운영자
2. 법 제32조에 따른 연구용원자로등설치자(이하 "연구용원자로등설치자"라 한다)
3. 법 제37조제1항에 따른 핵연료주기사업자(이하 "핵연료주기사업자"라 한다)
4. 법 제65조제1항에 따른 방사성폐기물관리시설등건설 · 운영자(이하 "방사성폐기물관리시설등건설 운영자"라 한다) 또는 방사성동위원소등의 이동사용을 전문으로 하는 자
5. 방사성동위원소 생산 및 판매업자

② 영 제111조제1항에 따른 검사의 주기는 다음 각 호와 같다.

1. 제1항제1호부터 제4호까지의 자: 매 1년
2. 제1항제5호의 자

가. 밀봉된 방사성동위원소의 연간 생산 · 판매량이 370테라베크렐 이상인 경우: 매 1년

나. 밀봉된 방사성동위원소 외의 방사성동위원소(이하 "밀봉되지 아니한 방사성동위원소"라 한다)의 연간 생산 · 판매량이 37테라베크렐 이상인 경우: 매 1년

다. 밀봉된 방사성동위원소의 연간 생산 · 판매량이 370테라베크렐 미만인 경우: 매 3년

라. 밀봉되지 아니한 방사성동위원소의 연간 생산 · 판매량이 37테라베크렐 미만인 경우: 매 3년

② 원자력관계사업자 및 그로부터 방사성물질등의 포장 또는 운반을 위탁받은 자는 **총리령**으로 정하는 방사성물질등을 포장 또는 운반할 때마다 그 포장 또는 운반에 관하여 법 제75조 제1항에 따른 검사를 받아야 한다.

⇒ 총리령 : 시행규칙 제101조(포장 · 운반검사)

③ 영 제111조제2항에서 "총리령으로 정하는 방사성물질등"이란 다음 각 호의 구분에 따른 방사성물질등을 말한다.

1. 제1항 각 호의 자가 포장 또는 운반하는 경우

가. 사용후핵연료

나. 위원회가 정하여 고시하는 바에 따라 특별운반이 승인된 방사성물질등

다. 운반하려는 방사성물질등의 방사능량이 위원회가 정하여 고시하는 A값의 30배를 초과하는 방사성물질등

라. 1.6세제곱미터 이상의 중 · 저준위방사성폐기물

2. 제1호에 해당하는 자 외의 자가 포장 또는 운반하는 경우

가. 제98조제1항제1호 또는 제2호에 해당하는 운반물

나. 제1호나목에 해당하는 방사성물질등

③ 제1항 또는 제2항에 따른 포장 또는 운반 검사의 방법 · 절차 등에 관하여 필요한 사항은 **위원회가 정하여 고시**한다.

⇒ 고시: 제2014-50호 방사성물질등의 포장 및 운반에 관한 규정

제14조(포장 및 운반검사)

영 제111조제3항에 따른 포장 또는 운반검사의 방법 및 절차 등에 관하여 필요한 사항은 다음 각 호와 같다.

1. 사업소외 운반과 사업소 내 운반의 구분은 다음 각 목의 기준을 적용할 것

가. 원자력관계사업자의 허가를 받았거나 신고한 사업소의 관리하에 있는 사업소의 경계 안에서의 운반은 사업소 내 운반으로 하며, 사업소 경계의 밖에서의 운반은 사업소 외 운반으로 할 것

나. 동일부지 내에 복수의 운영허가를 받은 발전용원자로가 있는 경우 각 발전사업소 별로 구분하여 각 발전사업소 간 운반은 사업소 외 운반으로 할 것

다. 사업목적상 지방에 사업소(출장소를 포함한다. 이하 같다)를 설치한 비파괴검사용역업자가 지방의 사업소에 방사성동위원소 저장시설을 설치하고 일시적 사용장소까지 선원을 운반하여 작업하는 경우, 각 사업소 경계의 밖에서 일시적 사용장소 또는 다른 사업소까지의 운반은 사업소외 운반으로 할 것

2. 동일부지 내 발전용원자로 운영허가자간의 방사성물질등의 운반의 경우 일정기간 동안 동일한 운반이 반복적으로 행해질 때에는 최초의 운반에 대하여만 운반검사를 하고, 그 이후의 동일한 반복적인 운반에 대하여는 발전용원자로 운영허가자의 자체운반검사에 의하여 운반하도록 하되 운반종료 후 15일 이내에 자체운반검사 보고서를 제출토록 하여 서면검사의 방법으로 운반검사를 할 수 있다.

3. 원자력관계사업자가 지방에 사업소를 두고 사업소를 중심으로 일시적 사용장소까지의 운반을 하는 경우의 운반정기검사는 주요 운반사업소를 대상으로 할 수 있다.

4. 운반정기검사의 경우 판매허가 · 핵주기사업허가 · 이동사용허가 · 연구용원자로 운영허가 및 발전용원자로 운영허가 중에서 2 이상의 허가를 소지하고 있는 사업소에 대해서는 검사주기가 가장 짧은 주기를 기준을 적용하여 검사할 수 있다.

④ 제1항 또는 제2항에 따른 포장 또는 운반 검사를 받으려는 자는 **총리령**으로 정하는 바에 따라 검사신청서를 위원회에 제출하여야 한다. 다만, 위원회가 해당 연도의 정기검사계획을 수립하여 해당 사업자에게 통보한 경우에는 그러하지 아니하다.

⇒ 총리령 : 시행규칙 제101조(포장 · 운반검사)

④ 영 제111조제4항 본문에 따른 검사신청서는 별지 제87호서식과 같다.

⑤ 다음 각 호의 요건을 모두 갖춘 원자력관계사업자가 **총리령**[a]으로 정하는 검사대상에 대하여 **총리령**[b]으로 정하는 바에 따라 자체점검을 하고, 자체점검 결과에 대하여 위원회의 서면심사를 받아 합격한 경우에는 자체점검으로 제1항에 따른 정기검사를 갈음한다. 다만, 최초의 정기검사에 대해서는 그러하지 아니하다.

1. 생산 또는 판매하는 방사성동위원소의 양이 **총리령**[c]으로 정하는 기준량 미만일 것
2. 직전 정기검사에서 시정 또는 보완명령을 받지 아니하였을 것
3. 정기검사 해당 연도의 1월 1일부터 기산하여 최근 3년간 법 제98조제1항에 따른 보고(법 제75조제1항에 따른 검사와 관련된 보고에 한정한다)가 누락되지 아니하였을 것
4. 정기검사 해당 연도의 1월 1일부터 기산하여 최근 5년간 법 제97조에 따른 방사선발생장치 또는 방사성물질등에 관한 도난 · 분실 · 화재, 그 밖의 사고가 발생하지 아니하였을 것

⇒ 총리령[a] **: 시행규칙 제101조(포장 · 운반검사) 제1항**(교재 p.298)

⇒ 총리령[b] **: 시행규칙 제103조(포장 · 운반에 대한 서면심사 등)**

② 영 제111조제5항에 따라 서면심사를 신청하려는 원자력관계사업자는 별지 제88호 서식의 신청서에 자체점검결과를 첨부하여 위원회에 제출하여야 한다.

⇒ 총리령[c] **: 시행규칙 제102조(포장 · 운반검사의 서면심사 대상)**

영 제111조제5항제1호에서 "총리령으로 정하는 기준량"이란 다음 각 호의 구분에 따른 양을 말한다.

1. 밀봉된 방사성동위원소의 연간 생산 · 판매량: 370테라베크렐
2. 밀봉되지 아니한 방사성동위원소의 연간 생산 · 판매량: 37테라베크렐

⑥ 제1항 및 제2항에 따른 검사 결과 또는 제5항에 따른 자체점검 결과에 대한 서면심사 결과 포장 또는 운반이 법 제71조에 따른 운반신고의 내용과 법 제72조에 따른 기술기준에 맞는 경우에는 합격으로 한다.

⑦ 위원회는 제5항에 따라 제출된 자체점검 결과에 대한 서면심사 결과 불합격한 검사대상에 대해서는 제1항에 따른 검사를 하여야 한다.

14. 운반용기의 설계승인

제76조(운반용기의 설계승인) ① 원자력관계사업자가 **총리령**[1]으로 정하는 수량의 방사성물질등의 포장 또는 운반을 위한 용기(이하 "운반용기"라 한다)를 제작하려는 때 또는 외국에서 제작된 운반용기를 수입하려는 때에는 **대통령령**[2]으로 정하는 설계기준에 따라 위원회의 승인을 받아야 한다. 이를 변경하려는 때에도 또한 같다. 다만, **총리령**[3]으로 정하는 경미한 사항을 변경하려는 때에는 이를 위원회에 신고하여야 한다.

② 제1항의 승인을 받으려는 자는 승인신청서에 운반용기의 설계자료, 제작에 관한 품질보증계획서, 안전성분석보고서와 그 밖에 **총리령**[4]으로 정하는 서류를 첨부하여 위원회에 제출하여야 한다.

주1) 총리령 : 시행규칙 제104조(운반용기의 설계승인 대상)

법 제76조제1항 본문의 전단에서 "총리령으로 정하는 수량의 방사성물질등의 포장 또는 운반을 위한 용기"란 다음 각 호의 어느 하나의 운반물에 적용하는 용기를 말한다.

1. B(U)형 운반물
2. B(M)형 운반물
3. C형 운반물
4. 핵분열성물질 운반물

주2) 대통령령 : 시행령 제112조(운반용기의 설계승인)

① 법 제76조제1항 본문의 전단에 따라 방사성물질등의 포장 또는 운반을 위한 용기(이하 "운반용기"라 한다)를 제작 또는 수입하려는 원자력관계사업자는 **총리령**으로 정하는 바에 따라 운반용기의 형식별로 설계의 승인(이하 이 장에서 "설계승인"이라 한다)을 받아야 한다. 다만, 설계승인을 받은 운반용기를 반복하여 제작하려는 경우에는 그러하지 아니하다.

⇒ **총리령 : 시행규칙 제104조(운반용기의 설계승인 대상)**(교재 p.301)

② 법 제76조제1항 본문의 전단에서 "대통령령으로 정하는 설계기준"이란 다음 각 호의 기준을 말한다.

1. 운반용기의 파손 · 마모 등에 의하여 방사선원 또는 그 오염물이 쉽게 누설되거나 방사선장해가 발생할 우려가 없을 것
2. 운반용기의 설계 · 재료 및 구조가 **위원회가 정하여 고시**하는 기준에 맞을 것

⇒ **고시 : 제2014-50호 방사성물질등의 포장 및 운반에 관한 규정**

제16조(운반용기등의 설계 · 재료 및 구조) 영 제112조제2항제2호에 따른 운반용기 등의 설계 · 재료 및 구조에 관한 기준은 제52조부터 제58조까지의 규정을 적용한다.

제52조(특수형방사성물질 설계승인) 특수형방사성물질의 설계 · 재료 및 구조 등 승인 기준은 제20조에 따른 기준에 적합하여야 한다.

제53조(B(U)형 운반용기 설계승인) B(U)형 운반용기의 설계 · 재료 및 구조 등 승인 기준은 제26조에 따른 기준에 적합하여야 한다.

제54조(B(M)형 운반용기 설계승인) B(M)형 운반용기의 설계 · 재료 및 구조 등 승인 기준은 제27조에 따른 기준에 적합하여야 한다.

제55조(C형 운반용기) C형 운반용기의 설계 · 재료 및 구조 등 승인 기준은 제28조에 따른 기준에 적합하여야 한다.

제56조(핵분열성물질 운반용기 설계승인) 핵분열성물질 운반용기의 설계 · 재료 및 구조 등 승인 기준은 제29조에 따른 기준에 적합하여야 한다.

제57조(육불화우라늄 운반용기 설계승인) ① 육불화우라늄 0.1킬로그램 이상을 운반하는 운반용기의 설계 · 재료 및 구조 등 승인 기준은 제30조에 따른 기준에 적합하여야 한다.

② 제1항에도 불구하고 제30조제2항에 따른 기준에 해당하는 경우에는 관계당국의 승인을 받아 운반할 수 있다.

제58조(외국승인 운반용기등) 외국에서 승인 받은 특수형방사성물질 또는 운반용기가 IAEA운반규정의 적용요건에 적합하여 외국 설계발원국가 관계당국의 설계승인을 받은 경우에는 제52조부터 제57조까지의 규정에 따른 해당 기준을 만족하는 것으로 간주할 수 있다.

③ 위원회는 운반용기의 설계가 제2항에 따른 기준에 맞는 경우에는 그 승인신청자에게 **총리령**으로 정하는 바에 따라 설계승인서를 발급하여야 한다.

⇒ 총리령 : 시행규칙 제106조(설계승인서 발급)

① 영 제112조제3항에 따른 설계승인서는 별지 제91호서식과 같다.

② 제1항의 설계승인서 발급 등에 관하여 필요한 사항은 위원회가 정하여 고시한다.

주3) 총리령 : 시행규칙 제107조(경미한 사항의 변경신고)

① 법 제76조제1항 단서에서 "총리령으로 정하는 경미한 사항"이란 다음 각 호의 어느 하나에 해당하는 사항을 말한다.

1. 승인을 받은 자의 성명 및 주소(법인인 경우에는 그 명칭 및 주소와 대표자의 성명)
2. 사업소의 명칭 및 소재지

② 법 제76조제1항 단서에 따라 변경신고를 하려는 자는 변경 후 30일 이내에 별지 제4호서식의 신고서에 다음 각 호의 서류를 첨부하여 위원회에 제출하여야 한다.

1. 변경사항을 증명하는 서류
2. 설계승인서

주4) 총리령 : 시행규칙 제105조(설계승인신청)

① 법 제76조제2항에 따른 승인신청서는 별지 제89호서식과 같다.

② 법 제76조제2항에 따른 제작에 관한 품질보증계획서는 제108조에 따른 제작검사 신청 시에 제출할 수 있다.

③ 법 제76조제2항에 따른 안전성분석보고서에는 다음 각 호의 사항을 적어야 한다.

1. 운반용기의 개요 및 제원
2. 운반용기의 재질 · 구조 · 열 · 격납 · 차폐 및 핵임계의 평가결과
3. 운반용기의 조작 및 운영절차
4. 운반용기의 시험 및 유지 · 보수절차

④ 법 제76조제2항에서 "총리령으로 정하는 서류"란 성능시험계획서를 말한다.

⑤ 법 제76조제2항에 따른 첨부서류의 작성기준 및 그 밖에 필요한 사항은 위원회가 정하여 고시한다.

⑥ 외국에서 설계승인을 받은 운반용기의 경우에는 법 제76조제2항에 따른 첨부서류 대신 해당 국가의 설계승인서를 승인신청서에 첨부하여 제출할 수 있다.

⑦ 법 제76조제1항 본문의 후단에 따라 설계변경승인을 받으려는 자는 별지 제90호서식의 신청서에 변경사항에 관한 서류를 첨부하여 위원회에 제출하여야 한다.

15. 검사

제77조(검사) ① 원자력관계사업자는 제76조제1항에 따라 승인을 받아 제작 · 수입된 운반용기 및 사용 중인 운반용기를 **대통령령**[1]으로 정하는 바에 따라 위원회의 검사를 받아야 한다. 다만, **대통령령**[2]으로 정하는 바에 따라 검사가 면제되는 경우에는 그러하지 아니하다.
② 원자력관계사업자는 제1항에 따른 검사에 합격된 운반용기를 사용하여야 한다.

주1) 대통령령 : 시행령 제113조(운반용기의 검사)

① 법 제77조제1항 본문에 따라 원자력관계사업자는 설계승인을 받아 운반용기를 제작하거나 외국에서 제작된 운반용기를 수입한 경우에는 제작검사를 받아야 한다.

⇒ **총리령 : 시행규칙 제108조(운반용기의 제작검사)**

① 영 제113조제1항에 따라 운반용기의 제작검사를 받으려는 자는 별지 제92호서식의 신청서에 다음 각 호의 서류를 첨부하여 위원회에 제출하여야 한다.

1. 품질보증계획서(제105조제2항에 따라 설계승인 신청시 제출하지 아니한 경우에만 해당한다)
2. 제작방법에 관한 설명서
3. 제작설비 명세서
4. 시험방법 · 검사방법에 관한 설명서
5. 시험 · 검사시설 또는 검사기기 명세서

② 위원회는 영 제113조에 따른 제작검사를 받은 자에 대하여 합격 여부를 통지하여야 한다.

③ 영 제113조제4항에 따른 운반용기의 제작검사에 관한 검사기준은 다음 각 호와 같다.

1. 영 제112조제1항에 따라 설계승인을 받은 당시의 설계 · 재료 및 구조내용과 일치할 것
2. 운반용기의 형식별 검사항목 및 방법 등이 **위원회가 정하여 고시**하는 기준에 적합할 것

⇒ **고시 : 제2014-61호 방사성물질 운반용기의 제작검사 및 사용검사에 관한 규정**

제5조(제작검사 항목) ① 운반용기의 제작검사 항목은 다음 각 호와 같다.

1. 구조 및 주요기능 부품에 대한 재료검사
2. 주요 기능부위에 대한 용접검사 및 비파괴검사
3. 성능검사

가. 내부와 외부의 외형검사

나. 인양장치의 하중검사

다. 수압 또는 공기압을 이용한 최대정상운전압력검사

라. 격납경계에 대한 누설검사

마. 방사선차폐 성능검사

바. 열전달 성능검사. 다만, 방사성내용물로부터 발생되는 열이 없는 경우에는 제외한다.

4. 품질보증검사

② 제1항의 규정에도 불구하고 설계승인서에서 운반용기의 설계특성을 고려하여 별도의 제작검사항목이 승인된 경우에는 해당 검사항목을 적용할 수 있다.

③ 제1항의 제작검사 항목 중 해당 운반용기의 사용목적이나 그 원리 또는 설계의 특성상 해당 운반용기에 그대로 적용하기가 적합하지 아니하거나 적용하지 아니하더라도 안전에 지장이 없는 경우에는 일부 규정을 적용하지 아니할 수 있다.

제6조(제작검사 기준) 운반용기 제작검사의 기준은 설계승인서에서 승인된 검사기준으로 한다.

제7조(외국제작 운반용기) 외국 해당 관계당국으로부터 설계승인을 받아 제작한 운반용기의 경우 제4조 및 제6조의 규정에도 불구하고 해당 관계당국의 설계승인서에서 승인된 제작검사항목 및 검사기준을 적용할 수 있다.

② 운반용기를 계속적으로 사용하려는 원자력관계사업자는 법 제77조제1항 본문에 따라 다음 각 호에 대하여 5년마다 사용검사(이하 "사용검사"라 한다)를 받아야 한다. 이 경우 사용검사의 시기 등에 대하여 필요한 사항은 위원회가 정하여 고시한다.

1. B(U)형 운반용기, B(M)형 운반용기, C형 운반용기
2. 핵분열성물질 운반용기

⇒ 고시 : **제2014-61호 방사성물질 운반용기의 제작검사 및 사용검사에 관한 규정**

제9조(사용검사의 대상 및 시기)

① 운반용기 사용검사의 대상은 다음 각 호와 같다.

1. B(U)형 운반용기 · B(M)형 운반용기 · C형 운반용기
2. 핵분열성물질 운반용기

② 운반용기에 대한 사용검사의 시기는 제작검사에 합격한 이후 5년마다로 한다.

③ 제2항의 규정에도 불구하고 해당 운반용기를 사용하지 아니하는 경우 사용검사를 받지 아니할 수 있다. 다만, 제작검사 또는 사용검사를 받은 지 5년을 초과한 운반용기를 다시 사용하고자 하는 경우 사용검사를 받은 이후에 사용하여야 한다.

제10조(사용검사 항목)

① B(U)형 · B(M)형 · C형 운반용기 중에서 방사선비파괴검사를 위한 방사선조사기 겸용으로 사용하는 용기에 대한 사용검사 항목은 다음 각 호와 같다.

1. 내부와 외부에 대한 외형 육안검사
2. 인양장치의 하중검사(방사성내용물을 포함한 운반용기의 총 중량이 50kg 이하인 경우에는 제외한다)
3. 방사선차폐 성능검사
4. 감손우라늄이 방사선 차폐체로 사용된 방사선조사기의 경우 S-튜브의 건전성에 대한 검사
5. 방사선조사기의 방사선원 고정장치 또는 잠금장치에 대한 건전성 검사
6. 제13조제1항에 따른 유지 및 보수 적합성 검사

② 핵분열성물질 운반용기 중에서 사용전 핵연료집합체를 운반하는 용기에 대한 사용검사 항목은

다음 각 호와 같다.

1. 제1항에 따른 검사항목
2. 주요 용접부위에 대한 비파괴검사(방사성내용물을 포함한 운반용기의 총 중량이 50kg 이하인 경우에는 제외한다)

③ B(U)형 · B(M)형 · C형 또는 핵분열성물질 운반용기 중에서 제1항 및 제2항 이외의 운반용기에 대한 사용검사 항목은 다음 각 호와 같다.

1. 제2항에 따른 검사항목
2. 수압 또는 공기압을 이용한 최대정상운전압력검사
3. 격납계통에 대한 누설검사
4. 열전달 성능검사. 다만, 방사성내용물로부터 발생되는 열이 없는 경우에는 제외한다.

④ 제1항부터 제3항까지의 규정에 따른 사용검사 항목 중 해당 운반용기의 사용목적이나 그 원리 또는 설계의 특성상 해당 운반용기에 그대로 적용하기가 적합하지 아니하거나 적용하지 아니하더라도 안전에 지장이 없는 경우에는 일부 규정을 적용하지 아니할 수 있다.

제11조(사용검사 기준)

① 제10조제1항제1호에 따른 내부와 외부에 대한 외형 육안검사의 기준은 다음 각 호와 같다.

1. 운반용기(운반용기의 지지대 및 설치대 포함) 본체에 균열 · 변형 또는 손상이 없을 것
2. 밸브 · 플러그 · 보강판 · 보강링 또는 스커트 등이 운반용기에 부착된 경우에 이들의 균열 · 변형 또는 손상이 없고 성능이 정상일 것
3. 운반용기에 선원을 내장하는 바스켓 · 장착대 또는 안내튜브 등이 설치된 경우에는 이들의 균열 · 변형 또는 손상이 없을 것
4. 운반용기에 선원을 고정하거나 잠그는 장치가 설치된 경우 이들의 기능이 정상적으로 유지될 것
5. 운반용기에 충격완충체가 부착되는 경우 충격완충체는 균열 · 변형 또는 손상이 없을 것
6. 운반용기에 부착된 명판은 읽기 쉽고 내구성이 있으며 견고하게 부착되어 있을 것

② 제10조제1항제2호에 따른 인양장치 또는 결속장치의 하중검사의 기준은 다음 각 호와 같다.

1. 인양장치 또는 결속장치에 방사성내용물을 포함한 운반용기 총 중량의 1.5배의 하중을 적용시킨 상태에서 10분 이상 유지할 것
2. 제1호의 시험을 실시한 후에 인양장치 및 결속장치 등 하중 작용부위에 대한 육안검사를 실시하여 변형이나 손상이 발생되지 아니하고 비파괴검사를 실시하여 결함이 발견되지 아니할 것

③ 제10조제1항제3호에 따른 방사선차폐 성능검사의 기준은 다음 각 호와 같다.

1. 제작검사 당시의 검사방법과 동일한 기준 또는 이와 동등한 검사기준을 적용하여 실시할 것
2. 제1호의 검사에서 제작검사 당시의 차폐성능이 유지될 것

④ 제10조제1항제4호에 따른 S-튜브의 건전성에 대한 검사 기준은 다음 각 호와 같다.

1. 방사선조사기의 "S-튜브"에 대하여 문지름 시험을 실시할 것
2. 문지름 시험 시료에 포함된 제거성 감손우라늄의 양을 분석할 것. 이때, 시료에 대한 분석은 감손우라늄 오염물질 200 Bq을 분별할 수 있는 성능의 장비와 방법을 사용할 것

3. 제2호의 분석결과 감손우라늄의 양이 200 Bq 미만일 것
4. 제2호의 분석결과 제3호의 제한치를 초과한 경우 해당 방사선조사기의 사용을 즉시 중단하고, "S-튜브"가 관통된 것으로 최종 판정되는 경우 불합격으로 할 것

⑤ 제10조제1항제5호에 따른 유지 및 보수 이행의 적합성 검사 기준은 설계승인신청시 제출된 문서와 해당 설계승인서에 따른다.

⑥ 제10조제2항제2호에 따른 주요 용접부위에 대한 비파괴검사의 기준은 다음 각 호와 같다.

1. 운반용기(운반용기의 지지대 및 설치대 포함) 제작검사 당시의 검사방법과 동일한 기준 또는 이와 동등한 기준을 적용하여 실시할 것. 다만, 운반용기의 형태가 제작검사 당시의 검사방법을 적용할 수 없는 때에는 그와 동등한 검사방법이나 또는 승인을 받은 다른 검사방법을 적용할 수 있다.
2. 제1호의 검사에서 결함이 발견되지 아니할 것.

⑦ 제10조제3항제2호에 따른 최대정상운전압력검사의 기준은 다음 각 호와 같다.

1. 운반용기 설계시에 적용한 최대정상운전압력검사의 1.5배의 압력을 가한 후 10분 이상 동안 유지할 것
2. 제1호의 시험에서 압력저하가 발생하지 아니할 것

⑧ 제10조제3항제3호에 따른 격납계통에 대한 누설검사의 기준은 다음 각 호와 같다.

1. 제작검사 당시의 검사방법과 동일한 기준 또는 이와 동등한 검사기준을 적용하여 실시할 것
2. 제1호의 검사에서 누설이 발생하지 아니할 것

⑨ 제10조제3항제4호에 따른 열전달 성능검사의 기준은 다음 각 호와 같다.

1. 제작검사 당시의 검사방법과 동일한 기준 또는 이와 동등한 검사기준을 적용하여 실시할 것
2. 제1호의 검사에서 제작검사 당시의 열전달 성능이 유지될 것

제12조(외국제작 운반용기)

외국 해당 관계당국으로부터 설계승인을 받아 제작한 운반용기의 경우 제10조부터 제11조까지의 규정에도 불구하고 해당 관계당국의 설계승인서에서 승인된 사용검사항목 및 검사기준을 적용할 수 있다.

제13조(유지 및 보수)

① 운반용기에 대한 유지 및 보수는 해당 운반용기의 설계승인서에서 승인된 유지 · 보수 절차에 따라 수행하여야 한다.

② 제1항에 따른 유지 및 보수를 한 경우에는 운반용기마다 유지 및 보수 이력기록부에 이를 기록하여 유지하여야 한다.

제14조(자체 사용검사 대상)

① 「원자력안전법 시행령」(이하 "영"이라 한다) 제113조제3항에 따른 자체점검보고서를 제출하여 원자력안전위원회의 서면심사를 받아 사용검사에 갈음할 수 있는 용기는 다음 각 호와 같다.

1. B(U)형 또는 B(M)형 운반용기 중에서 방사선비파괴 검사용 방사선조사기 겸용으로 사용하는 운반용기

2. 핵분열성물질 운반용기 중에서 사용전 핵연료집합체를 운반하는 운반용기
3. 육불화우라늄 운반용기(실린더) 등을 보호하기 위한 외부 보호용기

③ 사용검사를 받으려는 자가 **총리령**으로 정하는 바에 따라 자체점검보고서를 제출하여 위원회의 서면심사를 받은 경우에는 해당 자체점검보고서의 제출로 제2항에 따른 사용검사를 갈음한다.

⇒ **총리령 : 시행규칙 제109조(운반용기의 사용검사)**

① 영 제113조제2항에 따라 운반용기의 사용검사를 받으려는 자는 별지 제93호서식의 신청서에 다음 각 호의 서류를 첨부하여 위원회에 제출하여야 한다.

1. 운반용기의 보수명세서(보수한 경우에 한한다)
2. 운반용기 자체점검보고서 및 점검절차서(영 제113조제3항에 따른 서면심사를 받으려는 경우에만 해당한다)

④ 제1항제2호의 자체점검보고서에는 제3항 각 호의 검사기준에 적합함을 입증하는 서류를 첨부하여야 한다.

④ 제1항 및 제2항에 따른 제작검사 및 사용검사의 검사기준과 제3항에 따른 자체점검보고서의 서면심사기준 등에 관하여 필요한 사항은 **총리령**으로 정한다.

⇒ **총리령 : 시행규칙 제109조(운반용기의 사용검사)**

③ 영 제113조제4항에 따른 운반용기의 사용검사에 관한 검사기준은 다음 각 호와 같다.

1. 제작검사 합격 당시의 성능을 유지하고 있을 것
2. 운반용기의 형식별 검사항목 및 방법 등이 **위원회가 정하여 고시**하는 기준에 적합할 것

⇒ **고시 : 제2014-61호 방사성물질 운반용기의 제작검사 및 사용검사에 관한 규정 제9조부터 제14조**(교재 p.305-308)

⑤ 영 제113조제4항에 따른 자체점검보고서의 서면심사기준은 다음 각 호와 같다.

1. 제3항 각 호의 기준에 적합할 것
2. 제3항제2호의 검사항목별 검사절차가 적합할 것

⑤ 제1항부터 제3항까지의 규정에 따른 제작검사 · 사용검사 및 서면심사 결과 운반용기가 제4항에 따른 검사기준 및 서면심사기준에 맞는 경우에는 합격으로 한다.

주2) 대통령령 : 시행령 제114조(운반용기의 검사 면제)

① 법 제77조제1항 단서에 따른 제작검사 또는 사용검사가 면제되는 경우는 다음 각 호와 같다.

1. 외국에서 제작된 운반용기에 대하여 총리령으로 정하는 설계승인 및 제작검사 합격 관련서류를 제출하여 위원회의 서면심사를 받아 합격한 경우

⇒ **총리령 : 시행규칙 제110조(검사면제의 신청)**

① 영 제114조제1항제1호에서 "총리령으로 정하는 설계승인 및 제작검사 합격 관련서류"란 해당 국가의 설계승인서 및 제108조제1항 각 호의 서류에 갈음하는 제작검사 합격을 입증하는 해당

국가의 서류를 말한다.

2. 외국에서 사용검사를 받은 운반용기에 대하여 **총리령**으로 정하는 사용검사 합격 관련 서류를 제출하여 위원회의 서면심사를 받아 이에 합격한 경우

⇒ 총리령 : 시행규칙 제110조(검사면제의 신청)

② 영 제114조제1항제2호에서 "총리령으로 정하는 사용검사 합격 관련 서류"란 제109조제1항 각 호의 서류에 갈음하는 사용검사 합격을 입증하는 해당 국가의 서류를 말한다.

② 제1항에 따른 제작검사 또는 사용검사의 면제에 필요한 사항은 **총리령**으로 정한다.

⇒ 총리령 : 시행규칙 제110조(검사면제의 신청)

③ 영 제114조에 따라 운반용기의 제작검사 또는 사용검사를 면제받으려는 자는 별지 제94호서식의 신청서에 각각 제1항 또는 제2항에 따른 서류를 첨부하여 위원회에 제출하여야 한다.

④ 영 제114조제1항 각 호에 따른 서면심사의 기준에 관하여 필요한 사항은 위원회가 정하여 고시한다.

⇒ 고시 : 제2014-61호 방사성물질 운반용기의 제작검사 및 사용검사에 관한 규정

제16조(제작검사 면제)

① 규칙 제110조제1항에 따른 제작검사 합격을 입증하는 해당 국가의 서류는 다음 각 호와 같다.

1. 외국 해당국가 규제기관에서 발급한 제작검사합격증명서 또는 이와 동등한 증명서
2. 외국 제작업체의 운반용기 제작 및 검사 기록이 포함된 제작검사보고서 또는 이와 동등한 서류

② 제작검사를 면제하는 기준은 다음 각 호와 같다.

1. 외국 관계당국으로부터 발급 받은 설계승인서가 적합한 것일 것
2. 운반용기의 구조 및 재료가 설계 승인된 도면과 일치할 것
3. 설계승인서에서 승인된 성능검사 및 시험기준에 적합할 것
4. 품질보증규정에 따라 제작되었을 것

③ 제2항 각 호의 사항을 입증하는 방법으로서 제1항제1호의 서류에 제2항 각 호의 사항이 포함되어 있다는 것이 명시되어 있는 경우에는 이를 인정할 수 있다.

제17조(사용검사 면제)

① 규칙 제110조제2항에 따른 사용검사 합격을 입증하는 해당 국가의 서류는 다음 각 호와 같다.

1. 외국 해당국가 규제기관에서 발급한 사용검사합격증명서 또는 이와 동등한 증명서
2. 외국 검사업체의 운반용기 보수내용 및 사용검사 기록이 포함된 사용검사보고서 또는 이와 동등한 서류

② 사용검사를 면제하는 기준은 다음 각 호와 같다.

1. 운반용기 보수내용이 설계 승인된 보수내용과 일치할 것
2. 설계승인서에서 승인된 사용검사항목 및 기준에 적합할 것
3. 품질보증규정에 따라 보수 및 사용검사가 되었을 것

③ 제2항 각 호의 사항을 입증하는 방법으로서 제1항제1호의 서류에 제2항 각 호의 사항이 포함되어 있다는 것이 명시되어 있는 경우에는 이를 인정할 수 있다.

연습문제

01 **다음 중 원자력안전법에서 정한 방사성폐기물관리시설에 포함되지 않는 것은?**

① 방사성폐기물 저장시설
② 방사성폐기물 처리시설
③ 방사성폐기물 운반시설
④ 방사성폐기물 처분시설

02 **다음 중 원자력안전법에서 정한 방사성폐기물관리시설의 부속시설에 해당하는 것은?**

① 방사성폐기물 저장시설
② 방사성폐기물 처리시설
③ 방사성폐기물 처분시설
④ 방사성폐기물 인수 및 검사시설

03 **다음 중 방사성폐기물관리시설등의 건설 · 운영허가와 관련한 경미한 변경사항에 해당하지 않는 것은?**

① 허가를 받은 사람의 성명 및 주소
② 방사성폐기물관리시설등의 공사일정
③ 방사성폐기물관리시설등을 설치하는 사업소의 명칭
④ 방사성폐기물관리시설 기술지침

04 **다음 중 방사성폐기물관리시설등의 건설 · 운영 허가 신청을 위한 첨부서류인 방사선환경영향평가서에 포함될 사항이 아닌 것은?**

① 시설 및 그 부지주변지역의 환경현황
② 시설의 건설 및 운영으로 인하여 주변 환경에 미치는 방사선영향의 예측
③ 운전 중 사고로 인하여 환경에 미치는 방사선영향
④ 시설의 폐쇄로 인하여 주변 환경에 미치는 방사선영향의 예측

05 **다음 중 방사성폐기물관리시설등의 안전관리규정에 포함될 사항이 아닌 것은?**

① 방사성폐기물관리시설등의 운영 · 관리조직 및 그 기능에 관한 사항
② 방사선안전관리자의 선임 · 권한 · 책임 및 직무수행에 관한 사항
③ 방사선폐기물관리설등의 수시출입자에 대한 안전관리교육에 관한 사항
④ 방사선관리구역 · 보전구역 및 제한구역에서의 출입제한 등에 관한 사항

06 **다음 고준위방사성폐기물 심층처분시설 위치에 관한 기술기준으로 틀린 것은?**

① 인구밀집지역으로부터 떨어진 곳일 것
② 처분시설의 안전을 위하여 주변지역이 지질학적으로 안정된 곳일 것
③ 지층의 암석은 방사성물질의 이동을 억제할 수 있도록 침투성 · 다공성 및 확산성이 높을 것
④ 지표수 및 지하수로부터 멀리 떨어진 곳일 것

07 **다음 중 방사성폐기물관리설등의 환기설비에 대한 기술기준으로 틀린 것은?**

① 방사선장해를 방지하기 위하여 필요한 환기능력을 가질 것
② 방사성물질에 의하여 오염된 공기가 누설되지 않는 구조이고 역류할 우려가 없을 것
③ 배출되는 공기를 정화하는 장치를 설치한 경우에는 방사성물질에 의하여 오염된 공기의 정화 및 여과장치의 교체가 용이한 구조일 것
④ 흡기구는 방사성물질에 의하여 오염된 공기를 흡입하도록 설치할 것

08 **다음 중 방사성폐기물관리설등의 폐기물처리설비에 대한 기술기준으로 틀린 것은?**

① 제한구역 경계의 공기중 및 수중 방사성물질의 농도가 배출관리기준상의 제한값 이하가 되도록 폐기시설로부터 발생하는 방사성폐기물을 처리하는 능력을 보유하고 있을 것
② 방사성폐기물외의 폐기물을 처리하는 시설과 함께 설치할 것
③ 방사성폐기물이 누설되지 않는 구조이고 화학약품 등에 의하여 현저히 부식될 우려가 없는 것일 것
④ 기체상의 방사성폐기물을 처리하는 설비는 규정에서 허용하는 외에 배기통의 출구외의 곳에서 기체상의 방사성폐기물을 배출하지 아니할 것

09 **다음은 방사성폐기물관리시설등의 건설 · 운영 과정에서 발생하는 방사성물질등에 의한 그 밖에 방사선 위해 방지를 위한 기준의 일부이다. (　　)에 맞는 값들은?**

> 1. 해당 시설의 설계에 적용할 기준
>   나. 액체상태의 방출물에 의한 제한구역 경계에서의 연간 선량
>   1) 유효선량 : (ㄱ)밀리시버트
>   2) 인체 장기 등가선량 : (ㄴ)밀리시버트

	(ㄱ)	(ㄴ)		(ㄱ)	(ㄴ)
①	0.01	0.1	②	0.03	0.1
③	0.05	0.3	④	0.1	0.3

10 **다음은 방사성폐기물관리시설등의 건설 · 운영허가를 위한 장비기준이다. (　　)에 맞는 값들은?**

> 1. 장비
>   가. 방사선측정기 (ㄱ)대 이상
>   나. 방사능측정기 (ㄴ)대 이상
>   다. 방사성폐기물 취급 및 운반 장비 (ㄷ)대 이상

	(ㄱ)	(ㄴ)	(ㄷ)		(ㄱ)	(ㄴ)	(ㄷ)
①	1	1	1	②	1	1	3
③	3	3	1	④	3	3	3

11 **방사성폐기물관리시설등에 대한 사용 전 감사를 받을 필요가 없는 경우는?**

① 토목 또는 건축구조물 공사를 착공하였을 때
② 방사선차폐 · 기밀 · 수밀 또는 내부식이 요구되는 재료 · 부품에 대한 기밀시험 · 수밀시험 · 강도시험 · 화학시험 또는 비파괴검사가 가능하게 되었을 때
③ 방사선관리설비 · 환기설비 · 폐기물처리설비 또는 제어계측설비를 설치하였을 때
④ 공사계획에 따른 모든 공사가 끝났을 때

12 **다음은 방사성폐기물 처분시설의 폐쇄 후 관리기간이다. ( )에 맞는 값은?**

> 1. 동굴처분을 하는 방사성폐기물 처분시설: (ㄱ)년 이하
> 2. 동굴처분 외의 천층처분을 하는 방사성폐기물 처분시설: (ㄴ)년 이하

	(ㄱ)	(ㄴ)		(ㄱ)	(ㄴ)
①	100	200	②	200	300
③	300	300	④	300	400

13 **다음은 중 · 저준위 방사성폐기물 천층처분시설에서의 저장 · 처리 또는 처분에 관한 기술기준이다. 틀린 것은?**

① 방사성폐기물은 방사선장해 방지를 위해 적절한 용기에 넣거나 고형화할 것
② 방사성폐기물의 방사능농도 및 수량은 방사성물질의 종류에 따라 원자력안전위원회가 정하여 고시하는 세부기술기준의 한도를 초과하지 않을 것
③ 방사성폐기물에는 눈에 띄기 쉬운 표면에 규정에 의한 방사능 표지를 부착하고 방사성폐기물에 관한 기록과 대조할 수 있도록 정리번호를 표시할 것
④ 위치와 경계를 표시하고 제한구역을 설치하여 그 경계선에 규정에 의한 방사능 표지를 설치할 것

14 **다음 중 천층처분시설 폐쇄 후 관리 방법으로 포함되지 않는 것은?**

① 부지에 대한 방사선환경조사
② 부지 지하 특성에 대한 관찰과 지하구조물의 유지 · 보수
③ 부지 안으로 일반인의 접근 제한
④ 처분에 관한 기록의 비치 및 보존

15 **액체상의 방사성폐기물을 용기에 넣어 고형화한 후 저장하는 경우, 해당 용기에 대한 기술기준으로 틀린 것은?**

① 물이 침투하지 아니할 것
② 균열 또는 파손될 우려가 없을 것
③ 용기의 덮개는 쉽게 열릴 것
④ 부식에 잘 견딜 것

16 **방사성폐기물관리시설등에 대한 정기검사 주기는?**

① 6개월
② 1년
③ 1년6월
④ 2년

17 **다음은 방사성폐기물관리시설등 건설 · 운영자만이 천층 또는 심층처분할 수 있는 방사성폐기물에 대한 기준이다. (   )에 맞는 값은?**

> 법70조제2항에서 "총리령으로 정하는 종류 및 수량의 방사성폐기물"이란 개인에 대한 연간 피폭방사선량이 (ㄱ)마이크로시버트 이상이거나 집단에 대한 총피폭방사선량이 (ㄴ) 맨 · 시버트 이상이 되는 것으로서 위원회가 정하는 핵종별 농도 이상인 방사성폐기물을 말한다.

	(ㄱ)	(ㄴ)
①	10	0.1
②	10	1
③	50	1
④	100	1

18 **다음 중 방사성폐기물 자체처분 방법이 아닌 것은?**

① 소각
② 매립
③ 표층처분
④ 재활용

19 **방사성폐기물을 자체처분한 자가 자체처분 기록을 보존해야 하는 기간은?**

① 자체처분일로부터 1년
② 자체처분일로부터 3년
③ 자체처분일로부터 5년
④ 자체처분일로부터 10년

20 **방사성폐기물 자체처분에 대한 설명으로 틀린 것은?**

① 자체처분 허용농도 미만인 방사성폐기물은 자체처분할 수 있다.
② 자체처분 하려는 자는 방사성폐기물을 자체처분할 때마다 처분계획서에 관계서류를 첨부하여 원자력안전위원회에 제출해야 한다.
③ 반감기가 10일 미만인 단일 핵종만을 포함하고 자체처분 허용기준에 적합한 방사성폐기물에 대해서는 자체처분계획서를 5년마다 제출할 수 있다.
④ 자체처분에 관한 사항을 변경하려할 때도 처분계획서에 관계서류를 첨부하여 원자력안전위원회에 제출해야 한다.

21 **자체처분 대상 폐기물의 표면방사선량률은 폐기물의 표면으로부터 몇 cm 떨어진 거리에서 측정해야 하는가?**

① 1
② 3
③ 5
④ 10

22 **방사성폐기물의 인도기준으로서 틀린 것은?**

① 방사성폐기물은 종류 및 방사성핵종 반감기에 따라 분류할 것
② 방사성폐기물은 처분 후의 안전성을 확보하기 위하여 고체 형태로 할 것
③ 포장물은 운반 및 취급 시 파손되지 아니하도록 구조적 건전성을 유지할 것
④ 포장물 외부에 방사성폐기물에 대한 주요 정보를 알아보기 쉽게 표시할 것

23 **다음 중 해당 사업소 밖의 장소로 운반하려 할 때 운반신고를 해야 하는 대상이 아닌 것은?**

① C형 운반물
② B(U)형 운반물
③ A형 운반물
④ 핵분열성물질 운반물

24 **방사성동위원소등의 생산 · 판매 · 사용 또는 이동사용의 허가를 받은 자가 일정 기간을 단위로 운반신고를 할 수 있다. 이 기간은?**

① 1년
② 2년
③ 3년
④ 5년

25 **다음 중 방사성물질등의 운반신고를 할 때 첨부서류가 아닌 것은?**

① 포장물 설계승인서
② 운반할 방사성물질등에 관한 설명서
③ 포장 및 운반점검기록부 양식
④ 운반절차서

26 **방사성물질등을 적재한 선박이나 항공기가 우리나라 항구나 공항에 입항하려할 때, 원자력안전위원회에 운반신고를 언제까지 해야 하는가?**

① 방사성물질등을 적재하여 운항을 개시하려는 날의 3일 전까지
② 방사성물질등을 적재하여 운항을 개시하려는 날의 5일 전까지
③ 방사성물질등을 적재하여 운항을 개시하려는 날의 7일 전까지
④ 방사성물질등을 적재하여 운항을 개시하려는 날의 10일 전까지

27 **다음 중 원자력안전법에서 정의하는 운반물에 대한 설명으로 맞는 것은?**

① 방사성물질등만 해당한다.
② 포장만 해당한다.
③ 방사성물질등과 그 포장을 포함한다.
④ 방사성물질등과 그 포장 그리고 운반수단을 포함한다.

28 **다음은 어떤 운반물에 대한 설명인가?**

천연우라늄 · 감손우라늄 또는 천연토륨으로 제조된 물품인 경우로서 우라늄 또는 토륨의 외부표면이 금속 또는 기타 견고한 물질로 된 비활성외장물로 싸여 있으며 한도량에 제한이 없음

① L형 운반물
② IP-1형 운반물
③ IP-2형 운반물
④ A형 운반물

29 **다음은 핵분열성물질 운반요건으로부터 면제 여부를 결정하는 핵분열성물질 질량제한치이다. ( )에 맞는 값들은?**

핵분열성 물질	평균 수소밀도가 물의 것과 같거나 그 이하인 물질과 혼합된 핵분열성 물질의 질량(g)	평균 수소밀도가 물의 것보다 큰 물질과 혼합된 핵분열성물질의 질량(g)
우라늄-235(X)	(ㄱ)	(ㄴ)
기타 핵분열성 물질(Y)	(ㄷ)	(ㄹ)

	(ㄱ)	(ㄴ)	(ㄷ)	(ㄹ)
①	400	350	300	200
②	400	300	250	200
③	400	250	250	180
④	400	270	200	150

30 **다음은 IP형 운반물의 방사성물질등과 그 한도량에 대한 기준 중 하나이다. ( )에 맞는 값은?**

> 1. 운반물의 방사성물질이 저준위 비방사능물질인 경우 저준위 비방사능물질이 차폐되지 아니한 상태에서 당해 운반물로부터 (ㄱ)미터 지점의 방사선량률이 시간당 (ㄴ) 밀리시버트를 초과하지 아니하도록 할 것.

	(ㄱ)	(ㄴ)		(ㄱ)	(ㄴ)
①	1	10	②	2	10
③	3	10	④	5	10

31 **A형 운반물에 대한 방사성물질등의 한도량으로서, 특수형방사성물질에 적용하는 값을 무엇이라 하는가?**

① A_1　② A_2

③ B　④ C

32 **다음 육불화우라늄(UF6)이 들어있는 핵분열성물질운반물에 대한 방사성물질 한도량에 대한 설명으로 틀린 것은?**

① 설계승인서에서 규정하는 제한값을 초과하지 아니하도록 할 것

② 운반물의 육불화우라늄은 사용 장소 주변의 최대온도를 감안하여 포화상태에 이르지 아니하도록 할 것

③ 육불화우라늄은 고체상태를 유지할 것

④ 육불화우라늄 운반용기의 내부압력은 주위압력보다 높게 유지할 것

33 **다음은 제2종 저준위 비방사능물질의 기준이다. (   )에 맞는 값은?**

가. 삼중수소의 농도가 리터당 (ㄱ)테라베크렐(TBq) 이하의 물
나. 방사능이 균일하게 분포되어 있으며 평균 비방사능이 고체 및 기체에 대해서는 그램당 A_2 값의 (ㄴ)을, 액체에 대해서는 그램당 A_2 값의 (ㄷ)을 초과하지 않는 물질

	(ㄱ)	(ㄴ)	(ㄷ)		(ㄱ)	(ㄴ)	(ㄷ)
①	0.5	1/10000	1/100000	②	0.7	1/10000	1/100000
③	0.8	1/10000	1/100000	④	1.0	1/10000	1/100000

34 **다음은 제1종 표면오염물체에 대한 일부 기준이다. (   )에 맞는 값은?**

가. 접촉이 가능한 표면적에 대한 제거성 표면오염도는 다음에서 정하는 기준을 초과하지 않을 것
 1) 베타 · 감마방출체 및 저독성 알파방출체의 경우 제곱센티미터당 (ㄱ) 베크렐
 2) 기타 알파방출체의 경우 제곱센티미터당 (ㄴ) 베크렐
나. 접촉이 가능한 표면적에 대한 고착성 표면오염도는 다음에서 정하는 기준을 초과하지 않을 것
 1) 베타 · 감마방출체 및 저독성 알파방출체의 경우 제곱센티미터당 (ㄷ) 킬로베크렐
 2) 기타 알파방출체의 경우 제곱센티미터당 (ㄹ) 킬로베크렐

	(ㄱ)	(ㄴ)	(ㄷ)	(ㄹ)		(ㄱ)	(ㄴ)	(ㄷ)	(ㄹ)
①	1	0.1	10	1	②	2	0.2	20	2
③	3	0.3	30	3	④	4	0.4	40	4

35 **표면오염물체를 구분하기 위한 제거성 표면오염도 및 고착성 표면오염도에 대한 평가는 (   ) 제곱센티미터 이상의 표면적에 대해 수행하여야 한다. 다만 전체 표면적이 (   ) 제곱센티미터 미만인 경우에는 그 전체 표면적으로 한다. (   )에 맞는 값은?**

① 100 ② 200
③ 300 ④ 400

36 **다음 운반물의 포장에 관한 기술기준으로서 틀린 것은?**

① 운반물의 격납계통이 해당 압력 하에서 그 정상작동상태를 유지하기 위하여 승인된 설계기준에 적합할 것
② B(U)형운반물 · B(M)형운반물 · C형운반물 및 핵분열성물질운반물을 운반하는 경우 그 차폐 · 격납 및 열전달 특성이 승인된 설계기준에 적합할 것
③ 중성자 흡수물질이 운반물의 구성요소로 포함되어 있는 경우 핵분열성물질의 임계를 방지하기 위하여 중성자 흡수물질의 존재와 분포를 확인할 것
④ 인양장치의 기준을 만족시키지 아니하는 부착물은 보수하여 사용할 것

37 **다음 중 방사성물질 운반물에 혼재해서는 안 되는 물질이 아닌 것은?**

① 화약류 ② 고압가스
③ 인화점이 섭씨 100도 이상인 것 ④ 산의 함유량이 체적의 10%를 초과하는 것

38 **다음은 운반물 또는 덧포장의 최대 방사선량률에 대한 최댓값이다. ( )에 맞는 값은?**

1. 외부 표면에서는 시간당 (ㄱ) 밀리시버트. 다만 전용운반인 경우에는 시간당 (ㄴ) 밀리시버트
2. 외부표면으로부터 1미터 떨어진 지점에서는 시간당 (ㄷ) 밀리시버트. 다만 전용운반인 경우를 제외한다.

	(ㄱ)	(ㄴ)	(ㄷ)		(ㄱ)	(ㄴ)	(ㄷ)
①	1	5	0.1	②	1	10	0.1
③	2	5	0.1	④	2	10	0.1

39 **다음은 운반물 또는 덧포장 · 화물컨테이너 및 탱크의 표면오염도에 대한 제한치다. (   )에 맞는 값은?**

> 운반물의 외부표면과 덧포장 · 화물컨테이너 및 탱크의 내 · 외부 표면의 제거성 표면오염도는 임의의 표면 (ㄱ) cm^2 이상에 대하여 측정한 평균값이 베타 · 감마방출체 및 저독성 알파방출체는 cm^2 당 (ㄴ) 베크렐, 그 외의 모든 알파방출체는 cm^2 당 (ㄷ) 베크렐을 초과하지 아니하여야 한다.

	(ㄱ)	(ㄴ)	(ㄷ)		(ㄱ)	(ㄴ)	(ㄷ)
①	100	2	0.2	②	200	3	0.3
③	300	4	0.4	④	400	5	0.5

40 **방사성물질등의 운반과정에 있어서 표면오염도 규정에 의한 제한값 이상으로 오염되었거나 표면에서의 방사선량률이 시간당 (   ) 마이크로시버트를 초과하는 운반수단 · 장비 및 관련 부속물은 가능한 신속하게 제염하여야 한다. (   )에 맞는 값은?**

① 5
② 7
③ 9
④ 10

41 **다음은 전용운반을 제외한 운반에 적용하는 운반물 및 덧포장에 대한 운반지수와 핵임계안전지수에 대한 규정이다. (   )에 맞는 값은?**

> 1. 운반지수는 (ㄱ)을 초과하지 아니할 것
> 2. 핵임계안전지수는 (ㄴ)을 초과하지 아니할 것

	(ㄱ)	(ㄴ)		(ㄱ)	(ㄴ)
①	5	25	②	10	50
③	15	75	④	20	100

42 **다음은 어떤 운반물에 대한 운반지수와 외부표면 임의의 지점에서의 최대방사선량률이다. 이 운반물은 몇 종 운반물인가?**

1. 운반지수: 0.5
2. 최대방사선량률 : 1.8 mSv/hr

① 제1종 백색운반물
② 제1종 황색운반물
③ 제2종 황색운반물
④ 제3종 황색운반물

43 **운발물의 총 중량이 (　　) 킬로그램을 초과하는 경우에는 총 중량을 운반용기의 외부에 읽기 쉽고 내구성이 있게 표시하여야 한다. (　　)에 맞는 값은?**

① 20
② 30
③ 50
④ 100

44 **제3종 황색운반물의 운반표지에 기재하는 표지사항이 아닌 것은?**

① 방사성물질이란 글자
② 방사성내용물의 명칭
③ 핵임계안전지수
④ 기호 "7"

45 **화물컨테이너 또는 탱크에 차량용 운반표지를 부쳐야 하는 개수는?**

① 2
② 4
③ 5
④ 6

46 표면으로부터 평균 열방출률이 제곱미터(m^2)당 (　　)와트를 초과하는 운반물 또는 덧포장을 이를 다른 화물과 함께 운반해서는 안 된다. (　　)에 맞는 값은?

① 5　　② 10
③ 15　　④ 20

47 다음은 전용상태가 아닌 화물컨테이너 및 운반수단 형태와 이에 대한 운반지수 합계에 대한 제한치를 짝지은 것이다. 틀린 것은?

① 화물컨테이너 - 50　　② 항공기(여객) - 200
③ 차량 - 50　　④ 내륙수로용 선박 - 50

48 운반물 · 덧포장 및 화물컨테이너는 운반 중 다음의 방사선량률을 초과하지 않도록 적재를 하여야 한다. (　　)에 맞는 값은?

가. 운반수단의 외부표면은 시간당 (ㄱ) 밀리시버트
나. 운반수단의 외부표면으로부터 2미터 거리에서는 시간당 (ㄴ) 밀리시버트
다. 사람이 승차하는 위치에서는 시간당 (ㄷ) 밀리시버트

	(ㄱ)	(ㄴ)	(ㄷ)		(ㄱ)	(ㄴ)	(ㄷ)
①	1	0.1	0.01	②	1	0.1	0.02
③	2	0.1	0.01	④	2	0.1	0.02

49 핵임계안전지수 합계가 50을 초과하는 경우, 다른 핵분열성물질이 들어있는 운반물 · 덧포장 · 화물컨테이너의 집합체 또는 방사성물질을 운반하는 수단과의 거리를 (　　)미터 이상이 되도록 저장하여야 한다. (　　)에 맞는 값은?

① 2　　② 4
③ 6　　④ 8

50 **B(U)형 · B(M)형 · C형 운반물 등을 운반하는 경우, 운반시 사고로부터 방사선장해를 방지하기 위한 기술기준으로서 틀린 것은?**

① 운반은 항상 3인 이상이 할 것

② 운반시 운반책임자를 지정하고 동행하게 하여 사고 및 방사선장해방지를 위해 필요한 감독을 하게 할 것

③ 운전자에 대하여 필요한 안전교육을 할 것

④ 운전자 및 운반책임자는 출반전 차량에 대한 안전점검을 실시할 것

51 **다음 L형 운반물 포장기준에 대한 설명이다. (　　)에 맞는 값은?**

1. 운반물의 외부표면에서 방사선량률이 시간당 (ㄱ) μSv를 초과하지 아니할 것
2. 운반물 외부표면의 제거성 표면오염도는 임의의 표면 300 ㎠ 이상에 대하여 측정한 평균값이 다음 각목에 의한 제한값을 초과하지 아니할 것
   가. 베타 · 감마방출체 및 저독성 알파방출체는 ㎠당 (ㄴ) 베크렐
   나. 가목을 제외한 모든 알파방출체는 ㎠당 (ㄷ) 베크렐

	(ㄱ)	(ㄴ)	(ㄷ)		(ㄱ)	(ㄴ)	(ㄷ)
①	13	40	4	②	3	4	0.4
③	5	40	4	④	5	4	0.4

52 **방사성물질등의 운반 또는 포장 중에 발생할 수 있는 사고에 대비한 비상대응계획에 반드시 포함되어야 할 사항이 아닌 것은?**

① 비상대응조직과 그 권한 및 임무　　② 사고 보고절차

③ 사고 대응경험 공유 절차　　④ 사고유형에 따른 조치계획

53 **원자력관계사업자 또는 그들로부터 방사성물질등의 운반을 위탁받은 자가 필요한 안전조치를 취하고 지체 없이 원자력안전위원회에 보고해야 하는 사고에 해당하지 않는 경우는?**

① 방사성물질등의 누설 또는 일탈 등으로 환경오염이 우려되거나 방사선작업종사자의 안전이 위협받게 되었을 때
② 차량 또는 방사성물질등의 화재로 인하여 방사성물질등의 누설이 우려될 때
③ 방사선작업종사자 및 수시출입자가 선량한도의 1/2 이상 피폭되었을 때
④ 외국으로부터 반입된 포장물이 국내 운반기준에 맞지 아니하였을 때

54 **방사성물질등을 운반하는 도중 방사성물질이 비정상적으로 누설되어 시설경계에서 공기 중 및 수중 농도가 배출관리기준에 따른 제한치를 초과하였을 때 취해야 하는 조치에 해당하지 않는 것은?**

① 원자력이용시설 및 제한구역 내부에 있는 사람 또는 부근에 있는 사람에 대한 피난 경고
② 방사선장해를 받은 사람 또는 받을 우려가 있는 사람에 대한 구출 · 피난 등의 긴급조치
③ 방사성물질등에 의하여 오염이 발생한 경우 오염 확대의 방지 및 오염 제거
④ 방사성물질등을 사고발생 장소에 그대로 두고 그 주위에 표지 설치 및 관계자 외의 출입 또는 접근 금지

55 **원자력관계사업자 또는 방사성물질등의 운반을 위탁받은 자가 방사성물질등을 운반하는 도중 사고가 발생했을 때 그 지역을 관할하는 경찰관서에 즉시 신고해야 하는 경우에 해당하는 때는?**

① 방사성물질등의 누설 또는 일탈 등으로 환경오염이 우려될 때
② 차량 또는 방사성물질등의 화재로 인하여 방사성물질등의 누설이 우려될 때
③ 외국으로부터 반입된 포장물이 운반기준에 맞지 아니하였을 때
④ 방사성물질등이 누출되어 인근주민의 긴급대피가 필요할 때

56 **다음 중 방사성물질등의 포장 및 운반검사 대상에 포함되지 않는 사업자는?**

① 방사성동위원소 이용자
② 발전용원자로운영자
③ 연구용원자로등설치자
④ 방사성동위원소등의 이동사용을 전문으로 하는 자

57 **밀봉된 방사성동위원소의 연간 생산 · 판매량이 370테라베크렐 미만인 경우, 포장 · 운반 검사의 주기는?**

① 1년 ② 2년
③ 3년 ④ 5년

58 **다음 중 방사성물질등을 포장 또는 운반할 때마다 그 포장 또는 운반에 관하여 검사를 받아야 하는 경우가 아닌 것은?**

① 사용후핵연료를 운반하는 경우
② 특별운반이 승인된 방사성물질등을 운반하는 경우
③ 방사능량이 A값의 30배를 초과하는 방사성물질등을 운반하는 경우
④ 1.5㎥ 이하의 중 · 저준위방사성폐기물을 운반하는 경우

59 **다음 중 사업소 내외 운반 규정에 대한 설명으로 틀린 것은?**

① 원자력관계사업자가 허가를 받은 사업소의 관리하에 있는 사업소의 경계 안에서의 운반은 사업소 내 운반으로 본다.

② 동일부지 내에 복수의 운영허가를 받은 발전용원자로가 있는 경우, 각 발전사업소간 운반은 사업소 내 운반으로 본다.

③ 사업목적상 지방에 있는 사업소를 설치한 비파괴검사용역업자가 지방의 사업소에 방사성동위원소 저장시설을 설치하고 일시적 사용장소까지 선원을 운반하는 것은 사업소외 운반으로 본다.

④ 일정기간 동안 동일부지 내 발전용원자로 운영허가자간 방사성물질등의 반복적인 운반이 행해질 때는 최초의 운반에 대하여만 운반검사를 하고 그 이후의 동일한 반복적 운반에 대하여는 자체운반검사를 하게 할 수 있다.

60 **다음은 포장 및 운반검사를 자체점검으로 정기검사를 갈음할 수 있는 대상에 대한 설명이다. ( ) 에 맞는 값은?**

1. 밀봉된 방사성동위원소의 연간 생산 · 판매량: (ㄱ) 테라베크렐
2. 밀봉되지 아니한 방사성동위원소의 연간 생산 · 판매량: (ㄴ) 테라베크렐

	(ㄱ)	(ㄴ)		(ㄱ)	(ㄴ)
①	17	17	②	270	27
③	370	37	④	470	47

61 **원자력관계사업자가 원자력안전위원회로부터 운반용기의 형식별로 승인을 받기 위해 승인신청서와 함께 제출해야 하는 서류가 아닌 것은?**

① 운반용기 설계자료
② 설계에 관한 품질보증계획서
③ 안전성분석보고서
④ 성능시험계획서

62 **다음 중 운반용기의 제작 또는 수입할 때 원자력안전위원회로부터 운반용기 설계승인을 받아야 되는 운반물에 포함되지 않는 것은?**

① A형 운반물
② B(U)형 운반물
③ B(M)형 운반물
④ 핵분열성물질 운반물

63 **방사성물질등 운반용기 설계승인 신청을 위한 안전성분석보고서에 포함되지 않는 사항은?**

① 운반용기의 개요 및 제원
② 운반용기의 조작 및 운영절차
③ 운반용기의 시험 및 유지 · 보수절차
④ 운반용기의 설계조직 구성 및 운영

64 **방사성물질등 운반용기 제작검사 신청시 제출해야 하는 서류가 아닌 것은?**

① 운반용기 재질에 관한 성능시험 결과서
② 제작방법에 관한 설명서
③ 제작설비 명세서
④ 시험 · 검사시설 또는 검사기기 명세서

65 **원자력관계사업자가 운반용기를 계속 사용하려고 할 때, 해당 운반용기에 대한 사용검사를 받아야 하는 주기는?**

① 7년
② 5년
③ 3년
④ 1년

66 운반용기 사용검사의 대상이 아닌 것은?

① A형 운반용기
② B(M)형 운반용기
③ C형 운반용기
④ 핵분열성물질 운반용기

67 다음 중 방사선비파괴검사 운반용기에 대한 사용검사 항목이 아닌 것은?

① 내부와 외부에 대한 외형 육안검사
② 인양장치의 하중검사
③ 열전달 성능검사
④ 방사선차폐 성능검사

68 다음 중 핵분열성 운반용기 중에서 사용전 핵연료집합체를 운반하는 용기에 대해 주요 용접부위에 대한 비파괴검사를 하지 않아도 되는 운반용기의 중량 기준은?

① 20 kg
② 30 kg
③ 50 kg
④ 100 kg

69 다음 중 방사선조사기겸용 운반용기 및 사용전핵연료집합체 운반용기 이외의 B(U) · B(M) · C형 또는 핵분열성물질 운반용기에 대한 사용검사 항목이 아닌 것은?

① 수압 또는 공기압을 이용한 최대정상운전압력검사
② 격납계통에 대한 누설검사
③ 열전달 성능검사
④ 주요 용접부위에 대한 표본 파괴검사

70 **다음은 B(U) · B(M) · C형 운반용기 중 방사선조시기겸용 운반용기의 인양장치 하중검사에 대한 기준 중 일부이다. ( )에 맞는 값은?**

> 1. 인양장치 또는 결속장치에 방사성내용물을 포함한 운반용기 총 중량의 (ㄱ)배의 하중을 적용시킨 상태에서 (ㄴ)분 이상 유지할 것

	(ㄱ)	(ㄴ)		(ㄱ)	(ㄴ)
①	1	5	②	1.5	10
③	2	20	④	3	30

CHAPTER 06

방사선피폭선량의 판독 등

CONTENTS

1. 판독업무자의 등록

제78조(판독업무자의 등록) ① 신체의 외부에서 피폭하는 방사선량의 판독에 관한 업무를 하려는 자는 위원회에 등록하여야 한다.

② 제1항에 따라 등록한 자(이하 "판독업무자"라 한다)가 등록한 사항을 변경하려는 경우에는 이를 위원회에 신고하여야 한다.

③ 제1항에 따라 등록을 하려는 자는 그 신청서에 판독에 관한 품질보증계획서와 그 밖에 **총리령**[1]으로 정하는 서류를 첨부하여 위원회에 제출하여야 한다.

④ 제1항에 따라 등록을 하려는 자에게는 제14조를 준용한다. 이 경우 제14조제3호 중 "제17조에 따라 허가가 취소된"은 "제81조에 따라 등록이 취소된"으로, 같은 조 제4호 중 "임원 중에"는 "대표자가"로 본다.

주1) 총리령 : 시행규칙 제111조(판독업무자의 등록신청)

① 법 제78조제1항에 따라 피폭방사선량의 판독업무를 등록하려는 자는 사업소별로 별지 제95호서식에 따른 신청서를 위원회에 제출하여야 한다.

② 법 제78조제3항에 따른 품질보증계획서에는 **위원회가 정하여 고시**하는 지침에 따라 다음 각 호의 사항을 적어야 한다.

1. 품질보증체계
2. 판독취급관리자
3. 시설 및 장비
4. 판독방법 및 절차

⇒ **고시 : 제2014-68호 외부피폭선량 판독에 관한 품질보증계획서 작성 기준**

[별지] 품질보증계획서 작성 세부지침(제2조 관련)

1. 일반 사항

가. 품질보증계획서는 합리적이고 체계적인 내부품질체제를 확립하며 원자력안전위원회에 판독에 관한 업무를 등록한 자(이하 " 판독업무자"라 한다)가 자체품질체제 개발지침으로 활용될 수 있도록 작성되어야 한다.

나. 품질보증계획서에는 실제로 운영되고 있는 품질체제의 요소와 운영방법이 기술되어야 하며, 동 기술내용은 일상적으로 이행되어야 한다.

다. 품질보증계획서에는 문서의 위치, 개정시기, 처리절차를 명시하고 각 쪽별로 작성 관리하여야 하며, 이를 위하여 각 쪽별로 제정 또는 개정된 번호와 일자 및 쪽수를 기재하여야 한다.

2. 작성구분 및 세부기준

품질보증계획서는 판독업무자의 품질체제 전반을 파악할 수 있고 일상적 업무에 적용이 용이하도록 다음 각 목과 같이 구분하여 작성하여야 한다.

가. 품질매뉴얼

1) 품질매뉴얼은 구체적인 사항까지 상세하게 기술할 필요는 없으나, 품질방침 및 품질체제의 기본적인 사항에 대해서는 간단 명료하면서도 관련된 내용이 누락되지 아니하도록 기술하여야 한다.

2) 품질매뉴얼의 구성 및 주요내용은 **별표**와 같다.

[별표] 표준 품질매뉴얼의 구성 및 주요내용

목차	주요 기술 내용
품질 방침	품질확보를 위한 경영자의 의지 및 정책 등
제1장 총 론	목적, 적용범위, 용어정의
제2장 판독기관안내	일반개요, 업무분야, 기구 및 조직, 소재지, 업무분장, 소유권 및 기밀 정보
제3장 품질보증체계 및 판독취급관리자	품질보증 운영, 품질보증 위원회, 품질 매뉴얼, 품질관리체제의 감사, 숙련도 시험 및 기관간 비교시험, 품질관리체계 검토
제4장 직 원	직원의 임무 및 관련서류, 개인인사기록, 관리와 감독, 권한위임, 신규직원 채용, 훈련, 직원평가
제5장 시설 및 장비	설비목록, 설비의 사용, 유지관리, 검 · 교정, 장비구매, 소모품구매
제6장 판독작업환경	환경조건, 유지관리
제7장 판독방법 및 절차	관련서류의 목록, 판독절차, 비표준화 방법, 서류의 갱신, 문서보안, 표본추출
제8장 판독업무의 관리	의뢰자와의 접촉, 접수관리, 판독작업 수행, 표본추출작업, 판독결과의 확인 및 보고서, 시료 및 근거자료의 보관, 시료의 폐기, 보관관리, 외부의뢰, 안전관리
제9장 판독결과보고서	판독결과보고서, 보고서의 내용 및 변경
제10장 의뢰자의 불만처리	판독업무자의 책임, 의뢰자의 불만 및 정정

나. 절차서

1) 절차서는 각 기능별 단위활동의 절차를 기술한 문서로서, 몇 개의 부문 또는 그룹에서 조직적으로 분담하여 수행하는 활동의 흐름, 역할, 권한, 책임, 정보의 흐름 및 상호관계 등에 관하여 기술하여야 한다.

2) 절차서에는 다음과 같은 사항이 포함되어야 한다. 다만, 판독업무자의 특성상 해당되지 아니하는 사항에 대해서는 그러하지 아니하다.

가) 기기관리

나) 판독업무처리

다) 물품관리

라) 구매관리

마) 품질참고치 또는 참고대상물 관리

바) 품질관리

사) 문서관리

아) 안전관리

자) 품질보증위원회 운영

차) 의뢰자 불만처리

카) 교육훈련

타) 내부 품질감사 절차

파) 예비용 판독기 가동

하) 소프트웨어 관리

다. 지시서

1) 구체적인 업무에 관한 지시문서로서 기록서식, 보고서식, 작업지시서 등을 통칭한다.

2) 지시서에는 다음과 같은 사항이 포함되어야 한다. 다만, 판독업무자의 특성상 해당되지 아니하는 사항에 대해서는 그러하지 아니하다.

가) 기기관리

나) 판독방법

다) 안전관리

라) 문서관리

마) 품질관리

바) 교육훈련

사) 의뢰자 불만처리

아) 내부 품질감사

③ 법 제78조제3항에서 "그 밖에 총리령으로 정하는 서류"란 다음 각 호의 서류를 말한다.

1. 피폭방사선량의 판독에 필요한 장비 및 인력의 확보 등에 관한 제113조에 따른 기술적 능력을 입증하는 서류
2. 장비의 성능을 입증하는 서류 및 성능시험 계획서
3. 판독시설의 목록

④ 법 제78조제3항에 따라 등록신청서를 제출받은 위원회는「전자정부법」제36조제1항에 따른 행정정보의 공동이용을 통하여 신청인의 사업자등록증을 확인하여야 한다. 다만, 신청인이 확인에 동의하지 아니하는 경우에는 사업자등록증 사본을 첨부하게 하여야 한다.

⑤ 위원회는 법 제78조제1항에 따른 판독업무의 등록을 한 자(이하 "판독업무자"라 한다)에 대하여 별지 제96호서식에 따른 등록증을 발급하여야 한다.

2. 등록기준

제79조(등록기준) 제78조제1항에 따른 등록기준은 다음 각 호와 같다.
1. **총리령**[1]으로 정하는 판독시설의 설치 · 운영에 필요한 기술적 능력을 가지고 있을 것
2. 제78조제3항에 따른 품질보증계획서의 내용이 **총리령**[2]으로 정하는 기준에 적합할 것

주1) 총리령 : 시행규칙 제113조(등록기준)

① 법 제79조제1호에서 "총리령으로 정하는 판독시설의 설치 · 운영에 필요한 기술적 능력을 가지고 있을 것"이란 다음 각 호의 능력을 모두 갖추는 것을 말한다.

1. **별표 2**의 기술인력 · 시설 및 취급기준에 적합할 것

[별표 2] 기술인력·시설기준 및 취급기준(제113조제1항 관련)

구분	기준
1. 기술인력	가. 판독취급관리자: 방사선취급감독자면허 또는 방사선관리기술사 자격 소지자 또는 4년제 대학 졸업자 이상으로서 물리학, 화학공학, 전기 · 전자공학, 방사선학 또는 방사선방호와 관련된 분야를 전공하고 동일분야 판독업무 실무경력이 2년 이상인 사람 1명 나. 판독업무종사자: 개인선량계의 취급 종류별로 전문대학 이상의 졸업자로서 물리학, 전기 · 전자공학, 화학공학, 화학, 방사선학 또는 방사선방호와 관련된 분야의 전공자 또는 판독관련 업무경력이 1년 이상인 자 2인 이상
2. 시설기준	가. 개인선량계 측정결과의 재현성이 보장되는 자동 측정시설 나. 「국가표준기본법」에 따른 교정시설. 다만, 「국가표준기본법」 제3조제17호에 따른 소급성(遡及性)을 유지할 수 있을 경우에는 교정시설을 갖추지 않을 수 있다. 다. 개인선량계(재사용이 가능한 것만 해당한다)의 기록선량을 초기화할 수 있는 자동 열처리(annealing) 시설 라. 측정의 연속성을 유지할 수 있는 무정전 전원시설 마. 상대습도 65% 이하, 온도 20±5℃를 유지할 수 있는 판독시설 바. 화학약품이나 자연방사선에 따른 영향이 적고 개인선량계 제조회사가 권고한 습도 및 온도를 유지할 수 있는 선량계 보관시설
3. 취급기준	가. 판독의 안정성을 보장하기 위하여 개인선량계와 판독시스템의 상태 변화를 항상 확인하여야 한다. 나. 개인선량계의 측정방식 또는 측정부위에 대한 재현성과 균질성이 항상 보장되어야 한다. 다. 판독기를 사용하기 전에 품질관리용 선량계 또는 제작사가 제시하는 기준장치를 이용하여 판독기의 안정성 및 재현성을 확인하여야 한다. 라. 판독시스템에 대한 교정은 6개월 이내로 하고, 「국가표준기본법」 제3조제17호에 따른 소급성(遡及性)을 유지하여야 한다. 마. 개인선량계의 판독주기는 판독시스템의 특성에 따라 매월 또는 매분기를 유지하여야 하고 개인선량계는 수거 후 30일 이내에 판독을 완료하여야 한다. 바. 판독시스템은 기준 조사(照射)된 품질관리용 선량계에 대한 판독정도(判讀精度)가 95퍼센트(%) 신뢰도에서 ±10퍼센트(%) 범위 이내여야 한다. 사. 판독 결과의 신뢰성과 정확성을 유지하기 위하여 유효성이 증명된 선량평가 프로그램을 사용하여야 하며, 선량평가 프로그램은 방사선의 종류를 평가할 수 있어야 한다.

구분	기준
3. 취급기준	아. 개인선량계 및 판독시스템은 국제기준(ANSI, IEC, ISO) 및 한국산업규격에서 정한 기준과 판독기 제조사에서 권고하는 절차와 기준을 준수하여야 한다. 자. 기록준위 이하의 피폭방사선량은 "기록준위 이하"로 표기하여 관리하여야 한다. 차. 판독기 및 개인선량계는 제114조제1항에 따른 성능검사에 합격한 것을 사용하여야 한다.

비고: 이 표에서 "기록준위"란 방사선작업종사자에 대한 피폭방사선량을 관리하기 위한 최소값으로서 원자력안전위원회가 정하는 값을 말한다.

2. 판독시설 및 장비가 「국가표준기본법」 제3조제17호에 따른 소급성(遡及性)을 유지할 수 있을 것
3. 개인선량계 패용기간 동안 자연적으로 증가 또는 감소하는 피폭선량의 영향에 대한 평가를 할 수 있을 것
4. 피폭방사선량을 **위원회가 정하여 고시**하는 심부선량과 표층선량으로 구분하여 판독할 수 있을 것

⇒ 고시 : **제2016-19호 판독업무 등록기준 및 검사에 관한 규정 제3조(심부선량 및 표층선량)**(교재 p.37)

5. 판독시스템의 최저측정준위를 0.1밀리시버트 이하로 유지할 수 있을 것
6. 피폭방사선량의 기록에 대한 보안을 유지할 수 있을 것

주2) 총리령 : 시행규칙 제113조(등록기준)

② 법 제79조제2호에서 "제78조제3항에 따른 품질보증계획서의 내용이 총리령으로 정하는 기준에 적합할 것"이란 품질보증계획서의 내용이 제111조제2항에 따라 **위원회가 정하여 고시**한 지침에 적합하게 작성된 것을 말한다.

⇒ 고시 : **제2014-68호 외부피폭선량 판독에 관한 품질보증계획서 작성 기준**(교재 p.333-335)

3. 검사

제80조(검사) ① 판독업무자는 판독업무 등을 **대통령령**[1]으로 정하는 바에 따라 위원회의 검사를 받아야 한다.

② 위원회는 제1항에 따른 검사결과 판독업무자가 제79조에 따른 등록기준에 미달되면 그 시정 또는 보완을 명할 수 있다.

주1) 대통령령 : 시행령 제115조(판독검사)

① 법 제78조제1항에 따라 판독에 관한 업무를 등록한 자(이하 "판독업무자"라 한다)는 법 제80조제1항에 따라 판독시설의 설치 · 운영 및 판독 성능에 대하여 **총리령**으로 정하는 바에 따라 위원회의 검사를 받아야 한다.

⇒ **총리령 : 시행규칙 제114조(판독검사의 신청)**

① 영 제115조제1항에 따른 판독성능검사의 범주 및 합격기준은 별표 3과 같다. 이 경우 성능검사는 **별표 3**의 성능검사 범주별로 실시하여야 한다.

[별표 3] 판독성능검사의 범주 및 합격기준(제114조제1항 관련)

성능검사범주	조사범위	성능합격기준					
		Hp(10)			Hp(0.07)		
		L	|B|	S	L	|B|	S
Ⅰ. 고선량, 저에너지 광자 M150	0.1-2Sv	0.3	-	-	-	-	-
Ⅱ. 고선량, 고에너지 광자 ^{137}Cs의 γ선	0.1-1Sv	0.3	-	-	-	-	-
Ⅲ. 저에너지 광자[1] M30, M60, M100, M150, H150	0.3-100mSv	0.5	0.35	0.35	0.5	0.35	0.35
Ⅳ. 고에너지 광자 ^{137}Cs의 γ선	0.3-100mSv	0.5	0.35	0.35	-	-	-
Ⅴ. 베타, $^{90}Sr/^{90}Y$, ^{204}Tl	1.5-100mSv	-	-	-	0.5	0.35	0.35
Ⅵ. 광자 혼합 방사선장 Ⅲ 및 Ⅳ항의 혼합	0.5-50mSv	0.5	0.35	0.35	0.5	0.35	0.35
Ⅶ. 베타-광자 혼합 방사선장 Ⅳ 및 Ⅴ항의 혼합	2-50mSv	0.5	0.35	0.35	0.5	0.35	0.35
Ⅷ. 중성자 - 광자 혼합 방사선장[2]	1.5-50mSv	0.5	0.35	0.35	-	-	-

주)
1. M30, M60, M100, M150, H150 및 ^{137}Cs의 특성 및 선량환산인자는 부표와 같음
2. 두께 0.051cm Cd에 둘러싸인 반경 15cm 구형의 D_2O에 의하여 감속된 ^{252}Cf 핵분열 중성자와 ^{137}Cs의 γ선과의 혼합 방사선장

[부표] 광자에 대한 특성 및 선량환산인자[1)]

방사선원							선량환산인자[2)]	
선원 코드	부가필터(mm)[3)]			반가층(HVL)[4)] (mm Al)	균질계수[4)] (1st HVL/ 2nd HVL)	평균 에너지 (keV)	$C_{k,d}$	$C_{k,s}$
	Al	Cu	Sn					
M30	0.5			0.36	0.64	20	0.42	1.02
M60	1.51			1.68	0.68	34	1.00	1.21
M100	5.0			5.03	0.73	51	1.52	1.49
M150	5.0	0.25		10.25	0.89	70	1.78	1.64
H150	4.0	4.0	1.51	17.0	1.0	117	1.71	1.62
^{137}Cs						662	1.21	1.21

1. ANSI N13.11-1993 Revised(1995)에 제시된 값이며, X-선에 대하여는 1R=0.876rad(공기커마), ^{137}Cs에 대하여는 1R=0.878rad(공기커마)을 적용한다.
2. 선량환산인자($C_{k,d}$, $C_{k,s}$)의 단위는 Sv/Gy(혹은 rem/rad)이며, Hp(10)=Ck,d× Ka, Hs(0.07)=$C_{k,s}$×K_a이다(K_a는 공기커마).
3. M30 X-선은 1mm Be, 그 외의 X-선은 3mm Be의 내장필터를 포함한다.
4. 다른 종류의 X-선 발생장치를 사용하는 경우, 반가층은 5% 이내, 균질계수는 10% 이내로 유지되어야 한다.

⇒ **고시 : 제2016-19호 판독업무 등록기준 및 검사에 관한 규정**

제5조(성능검사 신청 및 절차) 「원자력안전법 시행령」(이하 "영"이라 한다) 제115조제1항에 따른 판독성능검사(이하 "성능검사"라 한다)의 절차는 다음 각 호와 같다.

1. 판독업무자는 품질보증계획서의 심사와 판독시설 및 장비 등에 대한 검사에 합격한 후 성능검사를 신청하여야 한다.
2. 판독업무자는 별지 제1호서식에 따라 작성된 신청서와 제3호에 따른 성능검사용 선량계를 검사개시 1개월전까지 한국원자력안전기술원장에게 제출하여야 한다.
3. 선량계는 판독업무자가 종사자등에게 지급하여 사용하고 있는 선량계 중에서 무작위로 선정한 것을 배지케이스에 넣어 제출하여야 한다.
4. 성능검사 소요기간은 3개월로 한다.
5. 선량계는 선량계 모델 및 범주별로 제출하고, 범주별로 15개씩 제출하되 예비용 선량계 40개를 추가로 제출하여야 한다.
6. 선량계에 대한 기준조사는 한국원자력안전기술원의 "선량계 기준조사 지침서"에 따른다.
7. 기준조사된 선량계는 15일 이내에 판독업무자에게 판독을 위하여 반송하고, 범주 Ⅰ, Ⅱ 및 Ⅷ과 관련된 선량계에는 범주를 표시하여야 한다.
8. 판독업무자는 기준조사된 선량계를 반송받은 날부터 15일 이내에 판독결과를 별지 제2호서식 및 별지 제2호의2서식에 따라 한국원자력안전기술원장에게 제출하여야 한다.
9. 한국원자력안전기술원장은 판독업무자가 제출한 판독결과를 기준조사 자료와 비교하여 분석한 후, 그 결과를 원자력안전위원회에 제출하고 판독업무자에 대하여는 검사성적서를 발급하여야 한다.

② 제1항에 따른 검사는 판독업무를 개시하기 전에 실시하는 검사와 매년 정기적으로 실시하는 검사로 구분한다.

③ 제1항에 따른 검사를 받으려는 자는 검사신청서에 **총리령**으로 정하는 서류를 첨부하여 위원회에 제출하여야 한다. 다만, 위원회가 매년 정기적으로 실시하는 검사에 관하여 해당 연도 검사계획을 수립하여 판독업무자에게 통보한 경우에는 검사신청서를 제출하지 아니할 수 있다.

⇒ 총리령 : 시행규칙 제114조(판독검사의 신청)

② 영 제115조제3항에 따른 검사신청서는 판독업무 개시전의 검사인 경우에는 별지 제98호서식과 같고, 정기검사인 경우에는 별지 제99호서식과 같다.

③ 영 제115조제3항 본문에서 "총리령"으로 정하는 서류"란 다음 각 호의 구분에 따른 서류를 말한다.

1. 판독업무 개시 전 검사 신청의 경우: 다음 각 목의 서류. 다만, 판독업무자 등록신청 시 제출한 서류는 제출하지 아니할 수 있다.
   가. 판독시설 등의 목록과 개요
   나. 판독시설 등에 관한 도면(상세단면도를 포함한다)
   다. 보유장비 및 그 성능에 관한 자료
   라. 보유인력에 관한 자료
2. 정기검사 신청의 경우: 다음 각 목의 서류
   가. 검사받으려는 시설의 개요
   나. 수검계획서

④ 제1항에 따른 검사의 기준 · 방법 및 절차 등에 관하여 필요한 사항은 **위원회가 정하여 고시**한다.

⇒ 고시 : 제2016-19호 판독업무 등록기준 및 검사에 관한 규정

제6조(성능기준 등의 적용)

① 영 제115조제4항 및 규칙 제114조제1항에 따른 판독성능검사의 범주 및 합격기준은 다음 각 호와 같이 적용한다.

1. 성능검사는 규칙 별표 3과 같이 8개의 범주로 구분하여 실시하며, **규칙 별표 3**의 범주 모두 또는 별표 1의 범주를 적용한다.
2. 각 범주별 성능검사 결과 범주 I 및 II에 대해서는 허용준위값이 0.3이하인 경우에 합격으로 하며, 나머지 범주에 대해서는 허용준위값이 0.5이하인 경우에 합격으로 한다. 또한, 각 범주에서의 |B| 값과 S값이 각각 0.35이하인 경우에 합격으로 한다.
3. 성능검사 결과 다음 각 목의 어느 하나에 해당하는 경우에는 불합격으로 한다.
   가. 성능검사 결과 2개 이상의 범주에서 제2호의 규정에 의한 합격기준을 만족시키지 못하는 경우
   나. 성능검사 결과 1개 범주에서 제2호의 규정에 의한 합격기준을 만족시키지 못하고 1차에 한하여 실시된 재 성능검사 결과에서도 어느 1개의 범주에서 합격기준을 만족시키지 못하는 경우

② 성능검사의 주기는 다음 각 호와 같다.

1. 판독업무 신규등록 이후에는 규칙 별표 3의 모든 범주에 대해서 2년 주기로 실시한다.
2. 정기검사 및 시설을 변경할 때에는 규칙 별표 3의 범주 중에서 임의의 3개의 범주에 대하여 제6조의 규정에 따라 2년 주기로 1회에 1개월간 실시한다.

⑤ 제1항에 따른 검사 결과 제4항의 기준에 맞는 경우에는 합격으로 한다.

4. 판독업무자 등록의 취소 등

제81조(판독업무자 등록의 취소 등) ① 위원회는 판독업무자가 다음 각 호의 어느 하나에 해당하면 그 등록을 취소하거나 1년 이내의 기간을 정하여 그 업무의 정지를 명할 수 있다. 다만, 제1호 또는 제5호에 해당하는 때에는 그 등록을 취소하여야 한다.

1. 거짓이나 그 밖의 부정한 방법으로 등록을 한 때
2. 정당한 사유 없이 **대통령령**[1]으로 정하는 기간 안에 그 등록한 업무를 개시하지 아니하거나 1년 이상 계속하여 중단한 때
3. 제78조제2항에 따라 신고를 하지 아니하고 등록한 사항을 변경한 때
4. 제79조에 따른 등록기준에 미달하게 된 때
5. 제78조제4항에서 준용하는 제14조제1호 · 제2호 및 제4호 중 어느 하나에 해당하게 된 때. 다만, 법인의 대표자가 그 사유에 해당하게 된 경우 3개월 이내에 그 대표자를 바꾸어 선임한 때에는 그러하지 아니하다.
6. 제80조제2항 또는 제98조제1항 및 제3항에 따른 명령을 위반한 때

② 제1항에 따른 업무의 정지를 명하여야 하는 경우에는 제57조제2항부터 제4항까지의 규정을 준용한다.

주1) 대통령령 : 시행령 제116조(사업개시기간)

법 제81조제1항제2호에서 "대통령령으로 정하는 기간"이란 그 등록을 한 날부터 1년을 말한다.

5. 기록과 비치

제82조(기록과 비치) 판독업무자는 **총리령**[1]으로 정하는 바에 따라 판독시설 및 판독업무에 관한 사항 등을 기록하여 이를 공장 또는 사업소마다 비치하여야 한다.

주1) 총리령 : 시행규칙 제145조(기록과 비치)

법 제18조 · 제25조 · 제39조 · 제49조 · 제52조제4항 · 제58조 · 제67조 · 제82조, 영 제131조제3항 및 제132조제2항에 따라 기록 · 비치하여야 할 사항은 **별표 7**과 같다. 다만, 기록하여야 할 사항 중 측정이 필요한 경우로서 직접 측정하기가 곤란한 때에는 해당 사항을 간접적으로 추정하여 그 내용을 기록하되, 추정치임을 부기하여야 한다.

⇒ 별표 7 기록 · 비치하여야 할 사항(145조 관련)

11. 판독업무자

기록사항	기록시기	보존기간
가. 피폭방사선량 평가 관련 자료 1) 다음의 구분에 따른 피폭방사선량 판독의 기초자료 가) 재사용이 가능한 개인선량계의 경우: 소자별 반응 및 스펙트럼 등의 기초 자료 나) 재사용이 불가능한 개인선량계의 경우: 피폭 이미지가 영구 기록된 해당개인선량계	평가한 때마다	판독업무등록을 폐지할 때까지
2) 개인피폭 방사선량 측정결과	평가한 때마다	판독업무등록을 폐지할 때까지
나. 판독장비의 검사 및 교정기록	검사 및 교정한 때마다	5년
다. 영 제115조에 따른 판독검사 결과	검사한 때마다	5년

6. 준용

제83조(준용) 판독업무자의 사업 승계와 신고에 관하여는 제19조 및 제43조를 준용한다. 이 경우 "발전용원자로설치자" 또는 "핵연료주기사업자"는 "판독업무자"로 본다.

01 **판독업무자로서 영업을 하기 전에 원자력안전위원회에 해야 하는 행정행위는?**

① 허가를 받는다.
② 승인을 받는다.
③ 신고를 한다.
④ 등록을 한다.

02 **판독업무자가 원자력안전위원회에 제출해야 하는 품질보증계획서에 포함되는 사항이 아닌 것은?**

① 품질보증체계
② 방사선작업종사자
③ 시설 및 장비
④ 판독방법 및 절차

03 **판독업무자가 원자력안전위원회에 등록을 신청할 때 첨부 서류가 아닌 것은?**

① 품질보증계획서
② 피폭방사선량 판독에 필요한 장비 및 인력 확보 등에 관한 기술적 능력을 입증하는 서류
③ 교정장비의 목록
④ 장비의 성능을 입증하는 서류 및 성능시험 계획서

04 **판독업무자 등록기준 중 기술적 능력에 대한 기준으로 맞지 않는 것은?**

① 원자력안전법에서 정한 기술인력 · 시설 및 취급기준에 적합할 것
② 판독시설 및 장비가 국가표준기본법에 따른 소급성을 유지할 수 있을 것
③ 피폭방사선량을 원자력안전위원회가 정한 심부선량과 표층선량을 구분하여 판독할 수 있을 것
④ 판독시스템의 최저측정준위를 0.5밀리시버트 이하로 유지할 수 있을 것

05 **판독성능검사 범주 'Ⅰ. 고선량, 저에너지 광자 M150'의 조사범위는?**

① 0.1-1Sv ② 0.1-2Sv
③ 0.3-100mSv ④ 1.5-100mSv

06 **다음 판독성능검사 신청 및 절차에 대한 설명으로 틀린 것은?**

① 판독업무자는 품질보증계획서의 심사와 판독시설 및 장비 등에 대한 검사에 합격하기 전에 성능검사를 신청해야 한다.
② 선량계는 판독업무자가 종사자 등에게 지급하여 사용하고 있는 선량계 중에서 무작위로 선정한 것을 배지케이스에 넣어 제출해야 한다.
③ 성능검사 소요기간은 3개월로 한다.
④ 선량계는 선량계 모델 및 범주별로 제출하고, 범주별로 15개씩 제출하되 예비용 선량계는 40개를 추가로 제출해야 한다.

07 **다음 중 판독업무 개시 전 검사 신청 시 제출하는 서류가 아닌 것은?**

① 판독시설 등의 목록과 개요
② 수검계획서
③ 판독시설 등에 관한 도면(상세단면도 포함)
④ 보유인력에 관한 자료

08 다음은 판독성능검사 각 범주별 합격기준이다. (   )에 맞는 값은?

> 각 범주별 성능검사 결과 범주 Ⅰ 및 Ⅱ에 대해서는 허용준위값이 (ㄱ) 이하인 경우에 합격으로 하며, 나머지 범주에 대하여는 허용준위값이 (ㄴ) 이하인 경우에 합격으로 한다. 또한 각 범주에서의 ∣B∣ 값과 S 값이 각각 (ㄷ) 이하인 경우에 합격으로 한다.

	(ㄱ)	(ㄴ)	(ㄷ)		(ㄱ)	(ㄴ)	(ㄷ)
①	0.3	0.3	0.15	②	0.2	0.4	0.25
③	0.3	0.5	0.35	④	0.4	0.6	0.45

09 판독업무 신규 등록 이후 판독성능검사의 주기는?

① 1년
② 2년
③ 3년
④ 5년

10 판독업무자로 등록한 후 정당한 사유 없이 일정 기간 동안 그 등록한 업무를 개시하지 아니할 때 판독업무자 등록이 취소된다. 그 기간은 얼마인가?

① 1년
② 2년
③ 3년
④ 5년

CHAPTER 07

면허 및 시험

CONTENTS

1. 면허 등

제84조(면허 등) ① 원자로의 운전이나 핵연료물질 · 방사성동위원소등의 취급은 **대통령령**[1]으로 정하는 바에 따라 위원회의 면허를 받은 사람이나 「국가기술자격법」에 따른 방사선관리기술사가 아니면 이를 할 수 없다. 다만, 제106조제1항에 따른 교육 및 훈련을 받은 사람이 제2항 각 호(제2호는 제외한다)의 면허를 받은 사람 또는 「국가기술자격법」에 따른 방사선관리기술사의 지시 · 감독하에 이를 운전하거나 취급하는 경우에는 그러하지 아니하다.

② 제1항의 면허는 다음과 같이 구분한다.

1. 원자로조종감독자면허
2. 원자로조종사면허
3. 핵연료물질취급감독자면허
4. 핵연료물질취급자면허
5. 방사성동위원소취급자일반면허
6. 방사성동위원소취급자특수면허
7. 방사선취급감독자면허

주1) 대통령령 : 시행령 제117조(면허의 효력)~제120조(시험과목)

○ **제117조(면허의 효력)**

법 제84조제2항 각 호의 면허를 취득한 사람 중 같은 항 제1호 및 제2호의 면허를 취득한 사람은 원자로의 운전업무에, 같은 항 제3호 및 제4호의 면허를 취득한 사람은 핵연료물질의 취급업무에, 같은 항 제5호부터 제7호까지의 규정에 따른 면허를 취득한 사람과 방사선관리기술사는 방사성동위원소등의 취급업무에 각각 종사할 수 있다.

○ **제118조(응시자격)**

① 법 제84조제2항에 따른 면허 시험 응시자격은 학력과 경력(교육훈련을 포함한다)으로 구분한다.

② 제1항에 따른 학력 및 경력은 **별표 5**와 같다.

[별표 5] 면허 종류별 면허시험 응시자격(제118조제2항 관련)

면허의 종류	면허시험의 응시자격
1. 원자로조종감독자면허	가. 이공계 4년제 대학 졸업자 또는 이와 동등 이상의 학력이 있다고 교육부장관이 인정하는 사람이나 「국가기술자격법」에 따른 기사 이상의 자격을 가진 사람으로서 원자로조종에 관한 실무에 3년(원자력공학 또는 원자핵공학을 전공한 사람의 경우에는 2년) 이상 종사한 사람 나. 원자로조종사면허를 받은 후 원자로조종에 관한 실무에 2년 이상 종사한 사람 다. 외국에서 동일 기종에 관한 원자로조종감독자면허를 받았거나 이에 준하는 자격을 가진 사람
2. 원자로조종사면허	가. 이공계 4년제 대학 졸업자 또는 이와 동등 이상의 학력이 있다고 교육부장관이 인정하는 사람이나 「국가기술자격법」에 따른 기사 이상의 자격을 가진 사람으로서 원자로조종에 관한 실무에 1년(원자력공학 또는 원자핵공학을 전공한 사람의 경우에는 6개월) 이상 종사한 사람 나. 이공계 전문대학 2년 이상 수료자 또는 이와 동등 이상의 학력이 있다고 교육부장관이 인정하는 사람이나 「국가기술자격법」에 따른 산업기사 이상의 자격을 가진 사람으로서 원자로조종에 관한 실무에 2년(원자력공학 또는 원자핵공학을 전공한 사람의 경우에는 1년 6개월) 이상 종사한 사람 다. 고등학교 졸업자 또는 이와 동등 이상의 학력이 있다고 교육부장관이 인정하는 사람이나 「국가기술자격법」에 따른 기능사 이상의 자격을 가진 사람으로서 원자로조종에 관한 실무에 3년 이상 종사한 사람 라. 외국에서 동일 기종에 관한 원자로조종사면허를 받았거나 이에 준하는 자격을 가진 사람
3. 핵연료물질취급감독자면허	가. 이공계 4년제 대학 졸업자 또는 이와 동등 이상의 학력이 있다고 교육부장관이 인정하는 사람이나 「국가기술자격법」에 따른 기사 이상의 자격을 가진 사람으로서 핵물질 및 핵연료의 취급에 관한 실무에 2년(원자력공학 또는 원자핵공학을 전공한 사람의 경우에는 1년) 이상 종사한 사람 나. 핵연료물질취급자면허를 받은 후 핵물질 및 핵연료의 취급에 관한 실무에 2년 이상 종사한 사람 다. 외국에서 핵연료물질취급감독자면허를 받았거나 이에 준하는 자격을 가진 사람
4. 핵연료물질취급자면허	가. 이공계 4년제 대학 졸업자 또는 이와 동등 이상의 학력이 있다고 교육부장관이 인정하는 사람이나 「국가기술자격법」에 따른 기사 이상의 자격을 가진 사람 나. 이공계 전문대학 2년 이상 수료자 또는 이와 동등 이상의 학력이 있다고 교육부장관이 인정하는 사람이나 「국가기술자격법」에 따른 산업기사 이상의 자격을 가진 사람으로서 핵물질 및 핵연료의 취급에 관한 실무에 1년(원자력공학 또는 원자핵공학을 전공한 사람의 경우에는 6개월) 이상 종사한 사람 다. 고등학교 졸업자 또는 이와 동등 이상의 학력이 있다고 교육부장관이 인정하는 사람이나 「국가기술자격법」에 따른 기능사 이상의 자격을 가진 사람으로서 핵물질 및 핵연료의 취급에 관한 실무에 2년 이상 종사한 사람 라. 외국에서 핵연료물질취급자면허를 받았거나 이에 준하는 자격을 가진 사람
5. 방사성동위원소취급자일반면허	가. 이공계 전문대학 2년 이상 수료자 또는 이와 동등 이상의 학력이 있다고 교육부장관이 인정하는 사람이나 「국가기술자격법」에 따른 산업기사 이상의 자격을 가진 사람으로서 방사성동위원소등의 취급에 관한 실무에 1년 이상 종사한 사람 나. 고등학교 졸업자 또는 이와 동등 이상의 학력이 있다고 교육부장관이 인정하는 사람이나 「국가기술자격법」에 따른 기능사 이상의 자격을 가진 사람으로서 방사성동위원소등의 취급에 관한 실무에 2년 이상 종사한 사람 다. 외국에서 방사성동위원소취급자일반면허를 받았거나 이에 준하는 자격을 가진 사람으로서 위원회가 인정하는 사람

면허의 종류	면허시험의 응시자격
6. 방사성동위원소취급자특수면허	가. 의사 또는 치과의사의 면허를 가진 사람으로서 다음의 어느 하나에 해당하는 사람 1) 방사성동위원소등을 의학적으로 인체에 사용하는 실무에 1년 이상 종사한 사람 2) 방사선취급감독자면허를 가진 사람 나. 외국에서 방사성동위원소취급자특수면허를 받았거나 이에 준하는 자격을 가진 사람으로서 위원회가 인정하는 사람
7. 방사선취급감독자면허	가. 이공계 4년제 대학 졸업자 또는 이와 동등 이상의 학력이 있다고 교육부장관이 인정하는 사람이나 「국가기술자격법」에 따른 기사 이상의 자격을 가진 사람으로서 방사선장해 방어에 관한 실무에 2년 이상 종사한 사람 나. 방사성동위원소취급자일반면허를 받은 후 방사선장해 방어에 관한 실무에 2년 이상 종사한 사람 다. 방사성동위원소취급자특수면허를 가진 사람 라. 외국에서 방사선취급감독자면허를 받았거나 이에 준하는 자격을 가진 사람으로서 위원회가 인정하는 사람

③ 제1항 및 제2항에 따른 경력의 내용 및 산출방법은 **위원회가 정하여 고시**한다.

⇒ **고시 : 제2014-71호 원자력관계 면허시험 시행에 따른 경력(교육훈련 포함)의 내용 및 산출방법 등에 관한 규정**

○ **제119조(시험방법)**

① 법 제87조제1항 및 제4항에 따른 법 제84조제2항제1호 및 제2호의 면허에 관한 시험은 위원회가 정하는 원자로의 종류, 노형, 용량급 및 핵증기공급계통의 공급사별로 실시하며, 필기시험 및 실기시험으로 구분하여 실시하되, 실기시험은 필기시험에 합격한 사람 또는 필기시험을 면제받은 사람이 아니면 응시할 수 없다.

② 법 제84조제2항제3호부터 제7호까지의 규정에 따른 면허에 관한 시험은 필기시험으로 실시한다.

○ **제120조(시험과목)**

법 제84조제2항에 따른 면허의 종류별 시험과목은 **별표 6**과 같다.

[별표 6] 면허의 종류별 시험과목(제120조 관련)

<table>
<tr><th>면허의 종류</th><th>시험방법</th><th>시험과목</th></tr>
<tr><td rowspan="2">1. 원자로조종감독자 면허</td><td>가. 필기 시험</td><td>원자로의 종류와 노형, 용량급 및 핵증기공급계통의 공급사별로 다음의 사항에 관하여 해당 원자로의 조종감독자로서 그 직무수행에 필요한 전문적 지식과 그 응용능력을 검정한다.
1) 원자로이론
2) 원자로시설의 구조, 재료 및 설계
3) 원자로의 운전제어
4) 핵연료물질 등의 취급 및 관리
5) 방사선 안전관리
6) 원자력 관계 법령</td></tr>
<tr><td>나. 실기 시험</td><td>원자로의 종류와 노형, 용량급 및 핵증기공급계통의 공급사의 구분에 따라 다음 사항에 관하여 해당 원자로 모의제어반에서 해당 원자로의 조종감독자로서 필요한 실무능력을 검정한다. 다만, 모의제어반이 설치되지 않은 원자로는 해당발전소 주제어실에서 검정을 실시한다.
1) 원자로의 예비운전 · 시운전의 절차 및 그 운전조작
2) 지시신호의 판별 및 그 대책
3) 계측시설의 이용 및 그 판독방법
4) 원자로시설의 동 특성(動 特性) 및 운전
5) 방사능감시시설의 기능 및 사용법
6) 방사선장해 방어
7) 비상시의 대책</td></tr>
<tr><td rowspan="2">2. 원자로조종사면허</td><td>가. 필기 시험</td><td>원자로의 종류와 노형, 용량급 및 핵증기공급계통의 공급사별로 다음의 사항에 관하여 해당 원자로의 조종사로서 그 직무수행에 필요한 일반적 지식과 그 응용능력을 검정한다.
1) 원자로이론
2) 원자로시설의 구조
3) 원자로의 운전제어
4) 방사선 안전관리
5) 원자력 관계 법령(핵연료주기시설과 핵물질사용 관계 법령은 제외한다)</td></tr>
<tr><td>나. 실기 시험</td><td>원자로의 종류와 노형, 용량급 및 핵증기공급계통의 공급사의 구분에 따라 다음 사항에 관하여 해당 원자로 모의제어반에서 원자로의 조종사로서 필요한 실무능력을 검정한다. 다만, 모의제어반이 설치되지 않은 원자로는 해당발전소 주제어실에서 검정을 실시한다.
1) 원자로의 예비운전 · 시운전의 절차 및 그 운전조작
2) 지시신호의 판별 및 그 대책
3) 계측시설의 이용 및 그 판독방법
4) 원자로시설의 동 특성 및 운전
5) 방사능감시시설의 기능 및 사용법
6) 방사선장해 방어
7) 비상시의 대책</td></tr>
</table>

면허의 종류	시험방법	시험과목
3. 핵연료물질취급감독자면허	필기시험	핵연료물질의 취급감독자로서 그 직무수행에 필요한 전문적 지식과 기술에 관하여 다음의 사항을 검정한다. 가. 핵연료물질의 화학적 성질 및 물리적 성질 나. 핵연료물질의 취급기술 다. 방사선 측정 및 방사선장해 방지에 관한 기술 라. 원자력 관계 법령(원자로의 관리 등 관계 법령은 제외한다)
4. 핵연료물질취급자면허	필기시험	핵연료물질의 취급자로서 그 직무수행에 필요한 일반적 지식과 기술에 관하여 다음의 사항을 검정한다. 가. 핵연료물질의 화학적 · 물리적 성질에 대한 기초지식 나. 핵연료물질의 취급기술에 관한 기초지식 다. 방사선측정 및 방사선장해 방어에 관한 기초지식 라. 원자력 관계 법령(원자로의 관리 등 관계 법령은 제외한다)
5. 방사성동위원소취급자일반면허	필기시험	방사성동위원소의 취급자로서 그 직무수행에 필요한 일반적 지식과 기술에 관하여 다음의 사항을 검정한다. 가. 원자력기초이론 나. 방사성동위원소 및 방사선의 취급기술에 관한 기초지식 다. 방사선장해 방어에 관한 기초지식 라. 원자력 관계 법령(법 및 방사선장해 방어 관계 법령에 한정한다)
6. 방사성동위원소취급자특수면허	필기시험	방사성동위원소의 인체에 대한 취급자로서 그 직무수행에 필요한 전문적 지식과 기술에 관하여 다음의 사항을 검정한다. 가. 방사선에 의한 장해 및 그 방어 나. 의학 또는 치의학에 관한 과목 중 수험자가 선택하는 1과목에 대한 방사성동위원소 및 방사선에 관한 사항 다. 방사성동위원소등을 의학적으로 인체에 사용하는 기술 라. 원자력 관계 법령(법 및 방사선장해 방어 관계 법령에 한정한다)
7. 방사선취급감독자면허	필기시험	방사선의 취급감독자로서 그 직무수행에 필요한 전문적 지식과 기술에 관하여 다음의 사항을 검정한다. 가. 방사선에 의한 장해 및 그 방어 나. 원자력이론(물리학 · 화학 · 생물학 분야 중 방사선에 관한 것에 한정한다) 다. 방사성동위원소 및 방사선의 취급기술 및 측정기술 라. 원자력 관계 법령(법 및 방사선장해 방어 관계 법령에 한정한다)

2. 결격사유

제85조(결격사유) 다음 각 호의 어느 하나에 해당하는 사람은 제84조에 따른 면허를 받을 수 없다.

1. 18세 미만의 사람
2. 피성년후견인 · 피한정후견인
3. 이 법을 위반하여 금고 이상의 형의 선고를 받고 그 형의 집행이 종료되거나 집행을 받지 아니하기로 확정된 후 2년이 경과되지 아니한 사람이나 형의 집행유예를 선고받고 그 집행유예기간 중에 있는 사람
4. 제86조에 따라 면허가 취소된 후 2년이 경과되지 아니한 사람
5. 원자로 및 관계시설의 건설 및 개수 · 보수에 관한 업무, 원자로 및 관계시설의 재료 · 부품 등의 납품 · 검수에 관한 업무를 수행하는 자가 업무와 관련하여 「형법」 제129조 · 제130조 · 제132조 및 제133조의 죄를 범하여 금고 이상의 형의 선고를 받고 그 형의 집행이 종료되거나 집행을 받지 아니하기로 확정된 후 5년이 경과되지 아니한 사람이나 형의 집행유예를 선고받고 그 집행유예기간 중에 있는 사람

3. 면허의 취소 등

제86조(면허의 취소 등) ① 위원회는 제84조에 따른 면허를 받은 사람이 다음 각 호의 어느 하나에 해당하면 그 면허를 취소하거나 3년 이내의 기간을 정하여 그 면허를 정지할 수 있다. 다만, 제1호 또는 제2호에 해당하는 경우에는 그 면허를 취소하여야 한다.

1. 거짓이나 그 밖의 부정한 방법으로 면허를 받은 때
2. 제85조제1호부터 제3호까지 및 제5호 중 어느 하나에 해당하게 된 때
3. 제88조제2항을 위반한 때
4. 제106조제2항을 위반한 때

② 제1항에 따른 면허의 취소 또는 정지의 기준은 **총리령**[1]으로 정한다.

주1) 총리령 : 시행규칙 제117조(면허의 취소 등)

법 제86조제2항에 따른 면허의 취소 또는 정지의 기준은 **별표 4**와 같다.

[별표 4] 면허의 취소 또는 정지의 기준(제117조 관련)

1. 면허취소 가. 거짓이나 그 밖의 부정한 방법으로 취득한 경우 나. 법 제85조제1호부터 제3호까지의 어느 하나에 해당하게 된 경우 다. 면허를 2회 이상 다른 사람에게 빌려준 경우 라. 면허정지처분기간 종료 후 3년 이내에 정지처분에 해당하는 행위를 한 경우 마. 면허정지처분을 받고도 같은 기간 내에 면허증을 사용한 경우
2. 면허정지 3년 면허를 1회 6개월 이상 다른 사람에게 빌려준 경우
3. 면허정지 2년 면허를 1회 3개월 이상 6개월 미만 다른 사람에게 빌려준 경우
4. 면허정지 1년 면허를 1회 3개월 미만 다른 사람에게 빌려준 경우
5. 3년의 범위 내에서 보수교육을 이수할 때까지 면허정지 정당한 사유 없이 법 제106조제2항을 위반하여 보수교육을 받지 않은 경우

4. 면허시험

제87조(면허시험) ① 제84조에 따른 면허를 받으려는 사람은 위원회가 시행하는 면허시험에 합격하여야 한다.

② 위원회는 제84조제2항 각 호의 어느 하나에 해당하는 면허를 받은 사람 또는 외국에서 이에 준하는 면허를 받은 사람이 같은 조 제1항에 따른 면허를 받으려는 때에는 **대통령령**[1]으로 정하는 바에 따라 제1항에 따른 면허시험의 전부 또는 일부를 면제할 수 있다.

③ 제1항에 따른 면허시험에 응시한 사람이 그 시험에 관하여 부정한 행위를 한 경우에는 해당 시험을 무효로 하고, 그 시험의 응시 일부터 3년간 그 면허시험의 응시자격을 정지한다.

④ 제1항에 따른 면허시험의 응시자격 · 시험과목 · 시험방법과 그 밖에 필요한 사항은 **대통령령**[2]으로 정한다.

주1) 대통령령 : 시행령 제121조(시험 등의 면제)

① 법 제87조제2항에 따라 면제되는 필기시험의 범위는 다음과 같다.

1. 법 제84조제2항제1호의 면허를 받은 사람으로서 원자로의 종류는 동일하나 노형, 용량급 또는 핵증기공급계통의 공급사 중 하나 이상이 다른 원자로조종감독자 면허시험에 응시하는 사람은 **별표 6** 제1호가목의 시험과목 중 2) 원자로시설의 구조, 재료 및 설계 및 3) 원자로의 운전제어를 제외한 과목을 면제한다.
2. 법 제84조제2항제2호의 면허를 받은 사람으로서 원자로의 종류는 동일하나 노형, 용량급 또는 핵증기공급계통의 공급사 중 하나 이상이 다른 원자로조종사 면허시험에 응시하는 사람은 **별표 6** 제2호가목의 시험과목 중 2) 원자로시설의 구조 및 3) 원자로의 운전제어를 제외한 과목을 면제한다.
3. 법 제84조제2항제1호 및 제2호에 따른 면허시험의 필기시험에 합격하고, 실기시험에 불합격한 사람으로서 원자로의 종류, 노형, 용량급 및 핵증기공급계통의 공급사가 동일한 원자로조종감독자 또는 원자로조종사 면허시험에 응시하는 사람은 다음 회의 시험에 한정하여 필기시험을 면제한다.

② 의사 또는 치과의사의 면허와 법 제84조제2항제7호의 면허를 받은 사람이 같은 항 제6호의 면허시험에 응시할 때에는 **별표 6** 제6호의 방사성동위원소취급자특수면허 시험과목 중 가목, 나목 및 라목을 면제한다.

③ 외국에서 이 영에 따른 면허와 동등 이상의 것으로 위원회가 인정하는 면허를 받은 경우에는 **별표 6**의 시험과목 중 원자력 관계 법령을 제외한 과목을 면제한다.

⇒ **[별표 6] 면허의 종류별 시험과목(제120조 관련)**(교재 p.352-353)

주2) 대통령령

○ **시행령 제119조(시험방법)**

① 법 제87조제1항 및 제4항에 따른 법 제84조제2항제1호 및 제2호의 면허에 관한 시험은 위원회가 정하는 원자로의 종류, 노형, 용량급 및 핵증기공급계통의 공급사별로 실시하며, 필기시험 및 실기시험으로 구분하여 실시하되, 실기시험은 필기시험에 합격한 사람 또는 필기시험을 면제받은 사람이 아니면 응시할 수 없다.

② 법 제84조제2항제3호부터 제7호까지의 규정에 따른 면허에 관한 시험은 필기시험으로 실시한다.

○ **시행령 제120조(시험과목)**

제84조제2항에 따른 면허의 종류별 시험과목은 **별표 6**과 같다.

⇒ **[별표 6] 면허의 종류별 시험과목(제120조 관련)**(교재 p.352-353)

○ **시행령 제122조(시험 시행)**

① 위원회는 면허시험을 특별한 사유가 없으면 매년 1회 이상 실시하여야 한다.

② 제1항에 따라 면허시험을 실시하는 경우에는 그 시험의 시행 일시 및 장소를 시험 실시 90일 전까지 공고하여야 한다.

○ **시행령 제123조(합격기준)**

① 필기시험의 합격기준은 과목마다 100점을 만점으로 하여 매 과목 40점 이상, 전과목 평균 60점 이상으로 한다.

② 실기시험의 합격기준은 100점을 만점으로 하여 60점 이상으로 한다.

○ **시행령 제124조(면허시험의 응시)**

법 제87조제1항에 따라 면허시험에 응시하려는 사람은 다음의 사항을 적은 응시원서에 총리령으로 정하는 서류를 첨부하여 위원회에 제출하여야 한다.

1. 성명 · 주민등록번호 및 주소
2. 응시하는 면허의 종류
3. 응시자격에 관한 사항
4. 시험 면제에 관한 사항

⇒ **총리령 : 시행규칙 제116조(응시신청)**

① 영 제124조에 따른 응시원서는 별지 제100호서식과 같다.

② 영 제124조 각 호 외의 부분 중 "총리령으로 정하는 서류"란 다음 각 호의 서류를 말한다.

1. 사진(최근 3개월 이내에 촬영한 탈모 상반신의 반명함판, 3센티미터×4센티미터) 1매
2. 시험면제에 필요한 증명서류(영 제121조에 따라 면허시험의 일부를 면제받으려는 경우에만 해당한다)

③ 법 제87조에 따른 면허시험 중 법 제84조제2항제1호 및 제2호의 면허에 관한 필기시험에 합격한 자는 면허시험 합격발표일부터 20일 이내에 흉곽엑스선사진검진을 포함한 건강진단서 또는 신체

검사서를 위원회에 제출하여야 한다.

④ 제3항의 건강진단서 또는 신체검사서는 종합병원에서 발급한 것으로 제한하며, 위원회가 원자로의 안전을 위하여 특별히 필요하다고 인정하여 요구하는 경우에는 해당 검사항목을 추가하여야 한다.

○ **제125조(합격 통지 등)**

위원회는 법 제87조제4항에 따라 면허시험의 합격자 명단을 시험실시기관의 게시판에 공고하고 합격자에게는 개별 통지한다.

5. 면허증

제88조(면허증) ① 위원회는 제87조에 따른 면허시험에 합격한 사람에게 **총리령**[1]으로 정하는 바에 따라 면허증을 교부하여야 한다.

② 제1항에 따라 면허증을 교부받은 사람은 이를 다른 사람에게 대여하거나 부당하게 행사하여서는 아니 된다.

주1) 총리령 :

○ **시행규칙 제118조(면허증의 발급신청 등)**

① 법 제87조제1항에 따른 면허시험에 합격한 사람은 합격발표일부터 20일 이내에 영 제118조에 따른 응시자격을 증명하는 서류(면허시험의 일부를 면제받기 위하여 제116조제2항에 따라 제출한 서류는 제외)를 위원회에 제출하여야 한다.

② 제1항의 응시자격 심사결과 적합하다고 인정받은 사람은 면허시험 합격발표일부터 60일 이내에 별지 제101호서식의 신청서에 사진(최근 3개월 이내에 촬영한 탈모 상반신의 증명사진, 2.5센티미터×3센티미터)을 첨부하여 위원회에 제출하여야 한다.

③ 영 별표 7 제5호에 따른 면허시험실시업무 수탁기관의 장은 필요한 경우 면허시험 합격자가 법 제85조에 따른 결격사유에 해당하는지를 확인하기 위하여 관계기관에 신원확인을 의뢰할 수 있다.

④ 위원회는 제2항에 따른 면허증 발급신청을 받은 때에는 법 제84조제2항제1호 및 제2호의 면허시험에 합격한 자에게는 별지 제102호서식에 따른 면허수첩을, 법 제84조제2항제3호부터 제7호까지의 면허시험에 합격한 자에게는 별지 제103호서식에 따른 면허수첩을 각각 발급하여야 한다.

○ **제119조(면허증의 재발급신청)**

① 영 제126조 각 호 외의 부분에 따른 재발급신청서는 별지 제104호서식과 같다.

② 제1항의 신청서에는 다음 각 호의 서류를 첨부하여야 한다.

1. 면허증(분실한 경우에는 사유서)
2. 사진(최근 3개월 이내에 촬영한 탈모 상반신 증명사진, 2.5센티미터×3센티미터) 1매
3. 변경사항을 확인할 수 있는 서류(기재사항이 변경된 경우에만 해당한다)

연습문제

01 **다음 중 원자력안전법에서 지정한 동일 업무를 수행할 수 없는 사람은?**

① 핵연료물질취급자면허 소지자
② 방사성동위원소취급자일반면허 소지자
③ 방사선취급감독자면허 소지자
④ 방사선관리기술사

02 **다음 중 방사성동위원소취급자일반면허 시험과목이 아닌 것은?**

① 원자력기초이론
② 방사성동위원소 및 방사선의 취급기술 및 측정기술
③ 방사선에 의한 장해 및 방어
④ 원자력 관계 법령

03 **다음 중 시험방법이 다른 면허는?**

① 방사성동위원소취급자일반면허
② 방사성동위원소취급자특수면허
③ 원자로조종사면허
④ 방사선취급감독자면허

04 **다음 중 방사선취급감독자면허에 응시할 수 없는 사람은?**

① 이공계 4년제 대학 졸업자로서 방사선장해 방어에 관한 실무에 2년 이상 종사한 사람
② 방사성동위원소취급자특수면허를 가진 사람
③ 국가기술자격법에 따른 기사 이상의 자격을 가진 사람으로서 방사선장해 방어에 관한 실무에 2년 이상 종사한 사람
④ 방사성동위원소등을 의학적으로 인체에 사용하는 실무에 1년 이상 종사한 사람

05 **다음 중 방사성동위원소등의 취급에 관한 면허를 받을 수 없는 사람은?**

① 18세 미만의 사람
② 원자력안전법을 위반하여 금고 이상의 형의 선고를 받고 그 형의 집행이 종료된 지 2년이 경과한 사람
③ 원자력안전법에 따라 면허가 취소된 지 2년이 경과한 사람
④ 원자로 및 관계시설의 개수 · 보수에 관한 업무를 수행하는 자가 업무와 관련하여 형법의 죄를 범하여 금고 이상의 형을 선고를 받고 그 형의 집행이 종료된 지 5년이 경과한 사람

06 **다음 중 면허취소 대상이 아닌 경우는?**

① 거짓이나 그 밖의 부정한 방법으로 취득한 경우
② 면허를 1회 이상 다른 사람에게 빌려준 경우
③ 면허정지처분기간 종료 후 3년 이내에 정지처분에 해당하는 행위를 한 경우
④ 면허정지처분을 받고도 같은 기간 내에 면허증을 사용한 경우

07 **면허를 1회 3개월 이상 6개월 미만 다른 사람에게 빌려준 경우, 면허정지 기간은?**

① 5년
② 3년
③ 2년
④ 1년

08 **방사성동위원소등의 면허시험에 응시한 사람이 그 시험에 관하여 부정한 행위를 한 경우, 그 면허시험의 응시자격이 박탈되는 기간은?**

① 그 시험의 응시 일부터 1년간
② 그 시험의 응시 일부터 2년간
③ 그 시험의 응시 일부터 3년간
④ 그 시험의 응시 일부터 5년간

09 **방사성동위원소취급자특수면허 시험과목 중 일부를 면제받을 수 없는 사람은?**

① 의사
② 치과의사
③ 방사선취급감독자면허
④ 방사선관리기술사

10 **다음은 방사성동위원소등 면허 필기시험의 합격기준이다. ( )에 맞는 값은?**

필기시험의 합격기준은 과목마다 100점을 만점으로 하여 매 과목 (ㄱ) 이상, 전과목 평균 (ㄴ) 이상으로 한다.

	(ㄱ)	(ㄴ)		(ㄱ)	(ㄴ)
①	30	50	②	40	60
③	40	70	④	50	80

CHAPTER 08

규제 · 감독

CONTENTS

1. 제한구역의 설정

제89조(제한구역의 설정) ① 국가가 원자로 및 관계시설, 핵연료주기시설 또는 방사성폐기물관리시설등을 설치하는 때에는 방사선에 따른 인체 · 물체 및 공공의 재해를 방어하기 위하여 일정 범위의 제한구역을 설정할 수 있다.

② 제1항에 따른 제한구역에서는 일반인의 출입이나 거주의 제한을 명할 수 있다.

③ 제1항에 따른 제한구역의 설정범위와 제2항에 따른 출입이나 거주의 제한에 필요한 사항은 **대통령령**[1]으로 정한다.

④ 제2항에 따른 제한으로 인하여 발생한 손실은 정당한 보상을 하여야 한다. 이 경우 그 지급에 필요한 사항은 **대통령령**[2]으로 정한다.

⑤ 국가 외의 원자로 및 관계시설, 핵연료주기시설 또는 방사성폐기물관리시설등을 설치 · 운영하려는 자는 일정 범위의 부지를 **대통령령**[3]으로 정하는 바에 따라 확보하여 그 범위에서 제1항에 따른 제한구역을 설정하고 그 제한구역에는 일반인의 출입이나 거주를 제한하여야 한다.

주1) 대통령령 : 제129조(제한구역의 설정범위 등)

① 법 제89조제3항에 따른 제한구역의 설정범위는 지형 및 그 밖의 자연조건을 고려하여 위원회가 관계 기관의 장과 협의한 후 설정한다. 다만, 열출력 10메가와트 이하인 연구용등 원자로시설에 대해서는 제한구역을 설정하지 아니할 수 있다.

주2) 대통령령 : 未지정

주3) 대통령령 : 제129조(제한구역의 설정범위 등)

② 법 제89조제5항에 따른 부지확보는 소유권 취득 또는 지상권 설정의 방법으로 하여야 한다. 다만, 국유 · 공유의 도로, 철도, 도랑, 하천, 해양, 임야 및 공원에 대해서는 원자로 및 관계시설, 핵연료주기시설 또는 방사성폐기물관리시설등을 설치 · 운영하려는 자가 일반인의 출입 및 통행에 대한 통제를 할 수 있는 경우로서, 위원회가 관련 시설의 안전운영에 지장이 없다고 인정하는 경우에는 부지가 확보된 것으로 본다.

2. 위해시설 설치제한

제90조(위해시설 설치제한) ① 제10조 · 제20조 · 제35조 또는 제63조에 따른 허가를 받아 원자로 및 관계시설, 핵연료주기시설 또는 방사성폐기물관리시설등이 건설 또는 운영되고 있는 부지로부터 **대통령령**[1]으로 정하는 범위에 해당 시설의 운영에 위해가 되는 시설의 설치를 허가 · 인가 또는 승인하려는 관계 행정기관의 장은 위원회와 미리 협의하여야 한다.

② 제1항에 따라 관계 행정기관의 장이 위원회와 협의하여야 하는 대상시설은 **대통령령**[2]으로 정한다.

주1) · 주2) 대통령령 : 제130조(위해시설 설치제한의 범위 및 대상시설)

① 법 제90조제1항에서 "대통령령으로 정하는 범위"란 원자로 및 관계시설, 핵연료주기시설 또는 방사성폐기물관리시설등의 중심으로부터 반경 8킬로미터까지의 범위를 말한다. 다만, 제2항제1호의 시설의 경우에는 16킬로미터까지의 범위를 말한다.

② 법 제90조제2항에 따라 관계 행정기관의 장이 그 시설의 설치를 허가 · 인가 또는 승인하려는 경우 위원회와 협의하여야 하는 대상시설은 다음 각 호와 같다.

1. 「항공법」 제2조제7호에 따른 공항
2. 「군사기지 및 군사시설 보호법」에 따른 군사시설 중 포사격장 및 미사일기지(「국방 · 군사시설 사업에 관한 법률」 제2조제2호가목에 따른 사업으로 설치되는 것에 한정한다)
3. 「하천법」 제2조제3호에 따른 하천시설 중 댐 및 하구둑
4. 그 밖에 폭발, 진동, 유독성 물질 배출 등으로 인하여 원자로 및 관계시설, 핵연료주기시설 또는 방사성폐기물관리시설등의 안전에 중대한 지장을 줄 우려가 있다고 인정되는 시설로서 위원회가 관계 행정기관의 장과 협의하여 고시하는 시설

3. 방사선장해방지조치

제91조(방사선장해방지조치) ① 원자력관계사업자는 방사선장해를 방지하기 위하여 **대통령령**[1]으로 정하는 바에 따라 다음 각 호의 조치를 하여야 한다.

1. 방사선량 및 방사성오염의 측정
2. 건강진단
3. 피폭관리
4. 방사성물질의 방출량 및 피폭방사선량을 가능한 한 합리적으로 낮게 유지하기 위하여 필요한 조치

② 원자력관계사업자는 방사선작업종사자 및 **대통령령**[2]으로 정하는 수시출입자의 피폭방사선량이 **대통령령**[3]으로 정하는 선량한도를 초과하지 아니하도록 필요한 조치를 하여야 한다.

③ 원자력관계사업자는 방사선장해를 받은 사람 또는 방사선장해를 받은 것으로 보이는 사람에게 원자력이용시설에의 출입제한과 그 밖의 보건상 필요한 조치를 하여야 한다.

주1) 대통령령 :

○ **시행령 제131조(측정)**

① 원자력관계사업자(신고사용자는 제외한다. 이하 이 조, 제132조, 제133조, 제148조, 제148조의2 및 제148조의3에서 같다)는 법 제91조제1항제1호에 따라 **총리령**으로 정하는 방사선장해의 우려가 있는 장소에 대한 방사선량 및 방사성물질등에 의한 오염상황을 측정하여야 한다.

⇒ **총리령 : 시행규칙 제120조(측정장소 및 측정대상)**

① 영 제131조제1항에서 "총리령으로 정하는 방사선장해우려가 있는 장소"란 다음 각 호의 장소를 말한다.

1. 방사선량의 경우

가. 사용 · 분배 · 저장 및 폐기시설

나. 고정된 방사선차폐시설 안에 있는 밀봉된 방사성동위원소 또는 방사선발생장치

다. 방사성폐기물의 저장 · 처리 및 처분시설

라. 방사선관리구역

마. 비정상적으로 방사성물질이 누출된 장소

2. 방사성물질등에 따른 오염상황의 경우

가. 방사선관리구역에 있어서 공기 중의 방사성물질농도와 오염되거나 오염의 우려가 있는 물체의 표면

나. 방사선관리구역으로부터 반출하는 물품의 표면

다. 배기구 또는 배수구

라. 비정상적으로 방사성물질이 누출된 장소

② 법 제91조제1항제1호에 따라 원자력관계사업자는 **총리령**으로 정하는 바에 따라 원자력이용시설에 출입하는 사람의 피폭방사선량 및 방사성물질에 의한 오염상황을 측정하여야 한다.

⇒ **총리령 : 시행규칙 제120조(측정장소 및 측정대상)**

② 영 제131조제2항에 따른 피폭방사선량 및 방사성물질등에 따른 오염상황의 측정대상은 다음 각 호와 같다.

1. 피폭방사선량의 경우

가. 방사선작업종사자

나. 수시출입자

다. 방사선관리시설에 일시적으로 출입하는 자로서 선량한도를 초과하여 피폭될 우려가 있는 자

2. 방사성물질에 따른 오염상황의 경우

가. 방사선작업종사자의 손 · 발 · 작업복 · 보호구 그 밖에 오염의 우려가 있는 부위의 표면

나. 수시출입자의 손 · 발 · 작업복 · 보호구 그 밖에 오염의 우려가 있는 부위의 표면

③ 제1항 및 제2항에 따른 측정장소 및 측정대상에 대한 측정방법은 다음 각 호와 같다.

1. 방사선량 및 오염상황은 방사선측정에 가장 적합한 장소에서 측정할 것

2. 방사선에 따른 인체내부의 피폭은 공기 중 또는 음료수 중의 방사성물질의 농도 및 양을 측정하거나 필요한 정밀검사를 통하여 산출할 것

③ 원자력관계사업자는 제1항 및 제2항의 측정 결과에 관하여 기록의 작성, 보존, 그 밖의 **총리령**으로 정하는 조치를 하여야 한다.

⇒ **총리령 : 시행규칙 제145조(기록과 비치)**(교재 p.139-140, 252-254, 342)

○ 시행령 제132조(건강진단)

① 법 제91조제1항제2호에 따라 원자력관계사업자는 총리령으로 정하는 바에 따라 원자력이용시설의 방사선작업종사자에 대하여 건강진단을 실시하여야 한다.

⇒ **총리령 : 시행규칙 제121조(건강진단)**

① 영 제132조제1항에 따라 실시하는 건강진단에서는 다음 각 호의 사항을 검사하여야 한다.

1. 직업력 및 노출력

2. 방사선 취급과 관련된 병력

3. 임상검사 및 진찰

가. 임상검사: 말초혈액 중의 백혈구 수, 혈소판 수 및 혈색소의 양

나. 진찰: 눈, 피부, 신경계 및 조혈기계 등의 증상

4. 말초혈액도말검사와 세극등현미경검사(제1호부터 제3호까지의 규정에 따른 검사 결과 건강수준의 평가가 곤란하거나 질병이 의심되는 경우에만 해당한다)

② 영 제132조제1항에 따른 건강진단의 실시시기는 다음 각 호와 같다.

1. 최초 방사선작업에 종사하기 전
2. 방사선작업에 종사 중인 자에 대하여는 매년. 다만, 전년도 건강진단 이후 12개월간의 피폭방사선량이 **영 별표 1**에 따른 일반인에 대한 선량한도를 초과하지 아니한 경우에는 그 해의 제1항제1호 및 제2호의 사항에 대한 검사는 생략할 수 있다.
3. **영 별표 1**에 따른 방사선작업종사자에 대한 피폭방사선량이 선량한도를 초과한 때

⇒ **대통령령 : 시행령 별표 1 선량한도(제2조제4호관련)**(교재 p.40)

② 원자력관계사업자는 제1항의 건강진단의 결과에 관하여 기록의 작성 · 보존 그 밖에 **총리령**으로 정하는 조치를 하여야 한다.

⇒ **총리령 : 시행규칙 제145조(기록과 비치)**(교재 p.139-140, 252-254, 342)

○ **시행령 제133조(피폭관리)**

① 원자력관계사업자는 법 제91조제1항제3호 및 같은 조 제2항에 따라 방사선작업종사자 및 수시출입자의 개인피폭선량이 선량한도를 초과하지 아니하도록 총리령으로 정하는 바에 따라 피폭선량 평가 및 피폭관리를 하여야 한다.

⇒ **총리령 : 시행규칙 제122조(피폭방사선량 평가 및 관리)**

원자력관계사업자는 영 제133조제1항에 따라 방사선작업종사자 및 수시출입자에 대하여 다음 각 호에 따라 피폭방사선량을 평가하고 관리하여야 한다.

1. 방사선작업종사자가 방사선관리구역에 출입하는 때에는 방사선작업종사자의 피폭방사선량을 평가하기 위하여 위원회가 정하는 개인선량계를 착용하도록 할 것
2. 수시출입자가 방사선관리구역에 출입하는 때에는 수시출입자의 피폭방사선량을 평가하기 위하여 위원회가 정하는 개인선량계를 착용하도록 할 것
3. 제1호에 따라 방사선작업종사자가 착용하는 개인선량계는 위원회가 정하는 기간마다 교체하여 판독하도록 할 것
4. 제3호에 따른 개인선량계의 판독은 판독업무자가 수행하도록 할 것
5. 방사선작업종사자 또는 수시출입자 중 영 제2조제15호에 따른 판독특이자가 발생한 때에는 위원회가 정하여 고시하는 바에 따라 필요한 조치를 할 것

② 법 제91조제2항에서 "대통령령으로 정하는 수시출입자"란 제2조제8호에 따른 수시출입자를, "대통령령으로 정하는 선량한도"란 제2조제4호에 따른 선량한도를 각각 말한다.

○ **시행령 제134조(피폭저감화 조치)**

원자력관계사업자는 법 제91조제1항제4호에 따라 원자력이용시설의 정상운전 및 비정상상태(사고의 경우는 제외한다)에서 원자력이용시설에 종사하는 방사선작업종사자 및 수시출입자와 시설 주변 주민의 방사선피폭을 최소화하기 위하여 위원회가 정하는 바에 따라 다음 각 호

의 조치를 하여야 한다.

1. 방사선 작업 특성에 부합하는 방호조치
2. 방사선차폐 및 시설의 적절한 배치
3. 선량 저감에 효과적인 재료 및 기기의 사용
4. 적절한 작업공간의 확보

주2) 대통령령 : 시행령 제2조(정의)

8. "수시출입자"란 방사선관리구역에 청소, 시설관리 등의 업무상 출입하는 사람(방문, 견학 등을 위하여 일시적으로 출입하는 사람은 제외한다)으로서 방사선작업종사자 외의 사람을 말한다.

주3) 대통령령 : 시행령 제2조(정의)

4. "선량한도"(線量限度)란 외부에 피폭하는 방사선량과 내부에 피폭하는 방사선량을 합한 피폭방사선량(被曝放射線量)의 상한값으로서 그 값은 **별표 1**과 같다.

⇒ **대통령령 : 시행령 별표 1 선량한도(제2조제4호관련)**(교재 p.40)

주4) 대통령령 : 시행령 제135조(방사선장해를 받은 사람 등에 대한 조치)

법 제91조제3항에 따라 원자력관계사업자가 하여야 할 조치는 다음 각 호와 같다.

1. 방사선작업종사자 또는 수시출입자가 방사선장해를 받았거나 받은 것으로 보이는 경우에는 지체 없이 의사의 진단 등 필요한 보건상의 조치를 하고, 그 방사선장해의 정도에 따라 방사선관리구역 출입시간의 단축, 출입금지 또는 방사선피폭 우려가 적은 업무로의 전환 등 필요한 조치를 하여야 한다.
2. 방사선관리구역에 일시적으로 출입하는 사람이 방사선장해를 받았거나 받은 것으로 보이는 경우에는 지체 없이 의사의 진단 등 필요한 보건상의 조치를 하여야 한다.

4. 장해방어조치 및 보고

> **제92조(장해방어조치 및 보고)** ① 원자력관계사업자는 다음 각 호의 어느 하나에 해당하면 **대통령령**[1]으로 정하는 바에 따라 안전조치를 하고 그 사실을 지체 없이 위원회에 보고하여야 한다.
>
> 1. 지진 · 화재와 그 밖의 재해에 따라 원자력이용시설이나 방사성물질등에 위험이 발생하거나 발생할 염려가 있을 때
> 2. 원자력이용시설의 고장 등이 발생한 때
> 3. 방사선장해가 발생한 때
>
> ② 위원회는 제1항에 따라 보고를 받은 때에는 해당 원자력관계사업자에게 원자력이용시설의 사용정지, 방사성물질등의 이전 · 오염의 제거와 그 밖의 방사선장해를 방지하기 위하여 필요한 조치를 명할 수 있다.

주1) 대통령령 : 시행령 제136조(장해방어조치 및 보고)

① 법 제92조제1항에 따라 원자력관계사업자가 하여야 할 안전조치는 다음 각 호와 같다.

1. 지진 · 화재 · 홍수 · 태풍 및 유해가스 누출 등의 재해로 인하여 원자력이용시설의 안전성이 위협을 받고 있거나 방사선작업종사자가 안전운영과 관련된 직무를 수행하는 데에 위협을 받을 경우에는 그 원인을 제거하고 피해 확대 방지를 위한 조치를 하여야 한다.
2. 원자력이용시설 등의 고장 등이 발생하여 원자력이용시설의 안전성이 위협을 받을 경우에는 고장 등의 원인을 제거하여 정상상태로 복구하여야 한다. 다만, 정상복구가 불가능할 경우에는 고장 등의 확대 방지를 위한 조치를 하여야 한다.
3. 방사성물질이 비정상적으로 누설되어 시설경계(제한구역경계가 설정되어 있는 경우에는 제한구역경계를 말한다)에서 공기 중 및 수중 농도가 **위원회가 정하는 배출관리기준**에 따른 제한값을 초과하거나 방사선작업종사자 또는 수시출입자가 선량한도를 초과하여 피폭된 경우에는 다음 각 목의 조치를 하여야 한다.

   ⇒ 고시 제2016-16호 방사선방호 등에 관한 기준 제6조(배출관리기준)(교재 p.42-43)

   가. 원자력이용시설 및 제한구역 내부에 있는 사람 또는 부근에 있는 사람에 대한 피난경고
   나. 방사선장해를 받은 사람 또는 받을 우려가 있는 사람에 대한 구출 · 피난 등의 긴급조치
   다. 방사성물질등에 의하여 오염이 발생한 경우 오염 확대의 방지 및 오염 제거
   라. 방사성물질등을 다른 장소에 옮길 여유가 있을 경우에는 안전한 장소로의 이전과 그 장소 주위에 **위원회규칙**으로 정하는 표지 설치 및 관계자 외의 출입 또는 접근의 금지

⇒ **부령 : 방사선 안전관리 등의 기술기준에 관한 규칙 [별표 1] 각종 표지 및 방사능 표지**(교재 p.33-34)

마. 방사선긴급작업을 하는 경우에는 적절한 보호용구의 사용 및 방사선피폭시간 단축 등으로 긴급작업에 종사하는 사람에 대한 위원회가 정하는 기준 이상의 방사선피폭의 방지

⇒ 고시: **제2016-16호 제14조(방사선 긴급작업시 선량제한)**

① 영 제2조제4호의 규정에도 불구하고 영 제136조제1항제3호마목에 따른 긴급작업에 종사하는 자나 사고의 진압 등 피해의 확대를 방지하기 위하여 불가피한 작업에 참여하는 자에 대하여는 유효선량은 0.5 Sv, 피부의 등가선량은 5 Sv까지 허용할 수 있다. 다만, 인명의 구조를 목적으로 하는 긴급작업에 대해서는 이를 적용하지 아니한다.

② 제1항의 작업으로 인한 피폭선량은 개인피폭방사선량에 합산하지 아니할 수 있다.

② 원자력관계사업자가 제1항의 안전조치를 한 때에는 위원회가 정하는 바에 따라 다음 각 호의 사항을 위원회에 보고하여야 한다.

1. 법 제92조제1항의 상황이 발생한 일시 및 장소와 그 원인
2. 발생하였거나 발생할 우려가 있는 방사선장해의 상황
3. 안전조치의 내용 및 계획

③ 위원회는 제1항제3호나목에 따른 긴급조치를 하는 방사선응급의료구호 관련자에게 위원회가 정하여 고시하는 바에 따라 방사선응급구호에 대한 전문교육을 실시할 수 있다.

5. 해체계획서의 주기적 갱신

제92조의2(해체계획서의 주기적 갱신) 발전용원자로운영자, 연구용원자로등운영자 및 핵연료주기시설의 운영자는 해당 원자로 및 관계시설과 핵연료주기시설의 해체계획서를 **총리령**[1]으로 정하는 바에 따라 주기적으로 갱신하여 위원회에 보고하여야 한다.

주1) 총리령 : 시행규칙 제122조의2(해체계획서의 주기적 갱신)

법 제92조의2에 따른 해체계획서의 주기적 갱신은 허가를 받은 날부터 10년마다 실시하여야 한다.

6. 핵물질 등의 수용·양도

제93조(핵물질 등의 수용 · 양도) ① 정부는 따로 법률에서 정하는 바에 따라 핵물질 또는 방사성동위원소등의 생산자 · 소지자 또는 관리자로부터 해당 핵물질 또는 방사성동위원소등에 관한 권리를 수용하거나 위원회가 지정하는 자에게 그 권리를 양도하게 할 수 있다.
② 제1항에 따라 권리를 수용하거나 양도하게 한 때에는 정당한 보상을 하여야 한다.

7. 방사성물질등 또는 방사선발생장치의 소지 및 양도·양수 제한

제94조(방사성물질등 또는 방사선발생장치의 소지 및 양도 · 양수 제한) 다음 각 호의 어느 하나에 해당하는 경우 외에는 방사성물질등 또는 방사선발생장치를 소지하거나 양도 · 양수할 수 없다. 다만, 국제약속에 따라 국가가 핵물질을 양도 · 양수하거나 국가로부터 양수하는 경우에는 그러하지 아니하다.

1. 원자력관계사업자가 이 법에 따라 허가 또는 지정을 받거나 신고를 한 범위에서 방사성물질등 또는 방사선발생장치를 양수 · 소지하거나 다른 원자력관계사업자에게 양도하는 경우
2. 제17조 · 제24조 · 제32조 · 제38조 · 제48조 · 제57조 및 제66조에 따라 허가 또는 지정이 취소된 원자력관계사업자가 그 허가 또는 지정이 취소되었거나 사용이 금지된 때에 소지하고 있던 방사성물질등 또는 방사선발생장치를 **총리령**[1]으로 정하는 바에 따라 소지하거나 다른 원자력관계사업자에게 양도하는 경우
3. 해당 사업 또는 업무를 폐지한 원자력관계사업자가 그 사업 또는 업무를 폐지한 때에 소지하고 있던 방사성물질등 또는 방사선발생장치를 **총리령**[2]으로 정하는 바에 따라 소지하거나 다른 원자력관계사업자에게 양도하는 경우
4. 원자력관계사업자로부터 방사성물질등 또는 방사선발생장치의 운반을 위탁받은 자가 그 위탁받은 방사성물질등 또는 방사선발생장치를 소지하는 경우
5. 원자력관계사업자의 종업원이 그 직무상 방사성물질등 또는 방사선발생장치를 소지하는 경우
6. 원자력관계사업자가 사망하여 그 상속인이 방사성물질등 또는 방사선발생장치를 소지하는 경우. 다만, 해당 상속인이 제14조제1호부터 제3호까지 중 어느 하나에 해당하는 경우는 제외한다.

주1) · 주2) 총리령 : 시행규칙 제123조 및 제124조

○ **제123조(방사성물질등 또는 방사선발생장치의 양도 · 양수의 기간 등)**

① 법 제94조제2호 및 제3호에 따른 방사성물질등 또는 방사선발생장치의 양도 및 양수는 각각 양도 및 양수의 사유가 되는 사실이 발생한 날부터 30일 이내에 하여야 한다.

② 법 제94조제1호부터 제3호까지에 따라 방사성물질등 또는 방사선발생장치를 양도 · 양수한 때에는 지체 없이 별지 제105호서식에 따른 양도 · 양수신고서를 위원회에 제출하여야 한다.

③ 제2항의 신고서에는 다음 각 호의 서류를 첨부하여야 한다.

1. 설계승인서 등 관련 증빙서류 사본
2. 방사성동위원소의 누설점검기록 사본

○ **제124조(방사성물질등 또는 방사선발생장치의 소지)**

법 제94조제2호 및 제3호에 따른 방사성물질등 또는 방사선발생장치의 소지는 각각 그 사유가 발생한 날부터 30일 이내인 경우로 한정된다.

8. 허가 등의 취소 또는 사업폐지 등에 따른 조치

제95조(허가 등의 취소 또는 사업폐지 등에 따른 조치) ① 이 법에 따라 허가 또는 지정이 취소(사용금지를 포함한다)되거나 사업 또는 사용을 폐지한 원자력관계사업자는 **대통령령**[1]으로 정하는 바에 따라 방사성물질등 또는 방사선발생장치의 양도 · 보관 · 배출 · 저장 · 처리 · 처분 · 오염제거 · 기록인도와 그 밖의 방사선장해방어를 위하여 필요한 조치를 하고, 그 조치한 날부터 30일 이내에 이를 위원회에 신고하여야 한다.

② 위원회는 원자력관계사업자가 제1항에 따른 조치를 하지 아니하거나 그러한 조치에도 불구하고 방사성물질등 또는 방사선발생장치로부터 지역 주민 또는 주변 환경을 보호하기 위하여 필요하다고 인정하는 경우에는 방사성물질등 또는 방사선발생장치의 수거 및 오염된 시설의 해체 등 필요한 조치를 할 수 있다.

③ 위원회는 제2항에 따른 조치에 소요되는 비용을 해당 원자력관계사업자에게 부담하게 할 수 있다.

주1) 대통령령 : 시행령 제137조(허가 등의 취소 또는 사업폐지 등에 따른 조치)

① 법 제95조제1항에 따른 허가 취소 등의 경우에 원자력관계사업자가 하여야 할 조치는 다음 각 호와 같다.

1. 원자력관계사업자가 소유하고 있는 방사성물질 또는 방사선발생장치를 다른 원자력관계사업자에게 양도하여야 한다.
2. 방사성물질에 의한 오염은 제거하여야 한다.
3. 방사성물질에 의하여 오염된 물질은 방사성폐기물관리시설등건설 · 운영자에게 양도하여야 한다.
4. **총리령**으로 정하는 기록은 위원회가 지정하는 기관에 인도하여야 한다.

⇒ 총리령 : 시행규칙 제125조(허가등의 취소 또는 사업의 폐지 등에 따른 조치)

영 제137조제1항제4호에서 "총리령으로 정하는 기록"이란 다음 각 호의 기록을 말한다.

1. 방사성물질등에 따른 오염상황의 측정기록
2. 방사선작업종사자의 건강진단 기록

② 법 제95조제1항에 따른 허가 또는 지정이 취소되거나 사업 또는 사용을 폐지(사망 또는 해산으로 인한 폐지를 포함한다)한 원자력관계사업자는 **총리령**으로 정하는 바에 따라 그 신고서를 위원회에 제출하여야 한다.

⇒ 총리령 : 시행규칙 제126조(허가취소 등에 따른 신고)

① 영 제137조제2항에 따른 신고서는 별지 제106호서식과 같다.

② 제1항의 신고서에는 다음 각 호의 서류를 첨부하여야 한다.

1. 방사선발생장치 또는 방사성물질등에 관한 조치사항에 관한 서류
2. 방사선작업종사자의 건강진단기록 등의 인도에 관한 서류
3. 허가증 또는 신고확인증(분실한 경우에는 그 사유서)

9. 원자력이용시설의 취급제한, 도난 등의 신고

제96조(원자력이용시설의 취급제한) 누구든지 18세 미만인 사람으로 하여금 원자력이용시설이나 방사성물질등을 취급하게 하여서는 아니된다. 다만, 교육훈련 등의 목적으로 위원회가 인정하면 그러하지 아니하다.

제97조(도난 등의 신고) 원자력관계사업자는 그가 소지하는 방사선발생장치 또는 방사성물질등에 관하여 도난 · 분실 · 화재, 그 밖의 사고가 발생된 경우 지체 없이 그 사실을 위원회에 신고하여야 한다.

10. 보고·검사 등

제98조(보고 · 검사 등) ① 위원회는 이 법의 시행을 위하여 필요하다고 인정하면 원자력관계사업자 · 판독업무자와 원자로 및 관계시설의 건설 또는 운영에 참여하는 사업자와 국제규제물자를 취급하거나 관련 연구를 수행하는 자로서 **대통령령**[1]으로 정하는 자에게 그 업무에 관한 보고 또는 서류의 제출 및 제출된 서류의 보완을 명할 수 있다.

② 위원회는 제1항에 따라 보고받은 내용 및 제출된 서류의 현장 확인을 위하여 필요한 경우, 원자력이용시설의 안전을 위하여 특히 필요하다고 인정하는 경우 또는 이 법에 따른 각종 검사를 수행하기 위하여 필요하면 소속 공무원으로 하여금 그 사업소 · 공장 · 선박 · 연구시설 또는 부지 등에 출입하여 장부 · 서류 · 시설과 그 밖의 필요한 물건을 검사하게 하거나 관계인에게 질문하게 할 수 있으며, 시험을 위하여 필요한 최소량의 시료를 수거하게 할 수 있다.

③ 위원회는 제2항에 따라 검사 등을 실시한 결과 이 법과 국제약속을 위반한 사항이 있으면 그 시정 또는 보완을 명할 수 있다.

④ 국제약속에 따라 국제원자력기구가 지정하는 자 또는 국제규제물자공급 당사국 정부가 지정하는 자는 위원회가 지정하는 소속 공무원의 감독하에 국제약속으로 정한 범위에서 국제규제물자를 취급하거나 관련 연구를 수행하는 자의 사업소 · 공장 · 선박 · 연구시설 및 부지 등에 출입하여 장부 · 서류 · 시설과 그 밖의 필요한 물건을 검사하고, 관계인에게 질문하거나 시험을 위하여 필요한 최소량의 시료를 수거할 수 있다.

⑤ 국제원자력기구가 지정하는 자는 위원회가 지정하는 소속 공무원의 감독하에 국제약속으로 정한 범위에서 국제규제물자의 이동을 감시하기 위한 설비를 설치하거나 봉인을 할 수 있다.

⑥ 위원회는 **대통령령**[2]으로 정하는 바에 따라 국제규제물자의 이동을 확인하거나 정보를 관리하기 위하여 필요한 조치를 할 수 있다.

⑦ 제2항 및 제4항부터 제6항까지의 규정에 따라 검사하거나 국제규제물자의 이동을 감시 · 확인하기 위하여 직무를 수행하는 자는 그 권한을 나타내는 증표를 관계인에게 내보여야 한다.

주1) 대통령령 : 제138조(보고 및 서류 제출의 대상자)

법 제98조제1항에서 따른 "대통령령으로 정하는 자"란 다음 각 호의 자를 말한다.

1. 법 제2조제17호에 따른 국제규제물자 중 위원회가 정하는 물자를 취급하는 자
2. 위원회가 정하는 핵연료주기 관련 공정이나 계통개발에 관련된 연구개발활동을 수행하는 자

주2) 대통령령 : 제141조(감시장치 설치 등)

법 제98조제6항에 따라 위원회는 국제규제물자의 이동을 감시하기 위하여 필요한 장치를 발전용원자로운영자의 관계시설에 설치하거나 그 밖에 필요한 자료의 제출을 요구할 수 있다. 다만, 국제원자력기구가 국제규제물자의 이동을 감시하기 위하여 감시장비를 설치한 경우에는 이를 설치하지 아니할 수 있다.

01 다음 중 원자로 및 관계시설등을 설치하는 때에 방사선에 따른 인체 · 물체 및 공공의 재해를 방지하기 위해 설정하는 일정 범위의 구역을 무엇이라 하는가?

① 보전구역 ② 제한구역
③ 방사선관리구역 ④ 저인구지대

02 다음 중 제한구역을 설정하지 않아도 되는 시설은?

① 열출력 1,000메가와트 원자로 및 관계시설
② 핵연료주기시설
③ 방사성폐기물관리시설
④ 열출력 5메가와트 연구용원자로시설

03 원자로 및 관계시설등의 운영에 위해가 될 수 있는 시설의 설치제한 범위는?

① 원자로 및 관계시설등의 중심으로부터 반경 3킬로미터까지
② 원자로 및 관계시설등의 중심으로부터 반경 5킬로미터까지
③ 원자로 및 관계시설등의 중심으로부터 반경 8킬로미터까지
④ 원자로 및 관계시설등의 중심으로부터 반경 10킬로미터까지

04 원자로 및 관계시설등의 부지에 설치가 제한되는 위해시설에 해당하지 않는 것은?

① 버스터미널 ② 포사격장
③ 댐 및 하구둑 ④ 공항

05 **방사선장해 방지를 위해 원자력관계사업자가 취해야 하는 조치가 아닌 것은?**

① 방사선량 및 방사성오염 측정 ② 건강진단
③ 피폭관리 ④ 자체판독

06 **다음 중 총리령으로 정하는 방사선장해우려가 있는 장소로서 방사선량 측정 장소에 해당하지 않는 것은?**

① 방사성폐기물 저장시설 ② 방사성폐기물 처리시설
③ 방사성폐기물 처분시설 ④ 방사성폐기물 운반시설

07 **다음 중 총리령으로 정하는 방사선장해우려가 있는 장소로서 방사성물질등에 따른 오염상황을 측정해야 하는 장소에 해당하지 않는 것은?**

① 방사선관리구역으로부터 반출되는 물품의 표면
② 배기구 또는 배수구
③ 방사선발생장치
④ 비정상적으로 방사성물질이 누출된 장소

08 **다음 중 원자력관계사업자가 피폭방사선량을 측정해야 하는 대상이 아닌 사람은?**

① 방사선작업종사자
② 원자력이용시설 인근 건설작업자
③ 수시출입자
④ 선량한도 초과 피폭 우려가 있는 일시출입자

09 **다음 중 방사선작업종사 건강진단을 위한 말초혈액 임상검사 항목이 아닌 것은?**

① 백혈구 수 ② 적혈구 수
③ 혈소판 수 ④ 혈색소 양

10 **수시출입자 및 운반종사자에 대한 연간 유효선량한도는?**

① 1 ② 3
③ 6 ④ 15

11 **다음 중 방사선작업종사자에 대한 전년도 건강진단 이후 12개월간의 피폭방사선량이 어떠할 때 건강진단을 실시하지 않아도 되는가?**

① 6 mSv 이하 ② 5 mSv 이하
③ 3 mSv 이하 ④ 1 mSv 이하

12 **원자력이용시설의 정상운전 및 비정상상태에서 방사선작업종사자와 시설 주변 주민의 방사선피폭 최소화를 위해 취해야 하는 피폭저감화 조치가 아닌 것은?**

① 선량 저감에 효과적인 재료 및 기기의 사용
② 방사선차폐 및 시설의 적절한 배치
③ 방사선작업에 공통 적용 가능한 방호조치
④ 적절한 작업공간의 확보

13 **방사선작업종사자가 방사선장해를 받은 것으로 보이는 경우 원자력관계사업자가 취해야 하는 조치가 아닌 것은?**

① 의사의 진단
② 방사선관리구역 출입시간 단축 또는 출입금지
③ 방사선피폭 우려가 적은 업무로의 전환
④ 방사선작업종사자 지정 해제

14 **원자력관계사업자가 행해야 하는 장해방어조치로서 틀린 것은?**

① 지진 · 화재 · 홍수 · 태풍 등의 재해로 인하여 원자력이용시설의 안전성이 위협을 받고 있을 때에는 그 원인을 제거하고 피해 확대 방지를 위한 조치를 해야 한다.
② 원자력이용시설 등의 고장 등이 발생하여 원자력이용시설의 안전성이 위협을 받고 있을 때에는 원인을 제거하여 정상상태로 복구하여야 한다.
③ 원자력이용시설 등의 고장 등이 발생하여 원자력이용시설의 정상복구가 불가능할 경우에는 운전원과 종사자들은 신속히 대피하여야 한다.
④ 방사성물질이 비정상적으로 누설되어 시설경계에서 공기 중 농도가 배출관리기준에 따른 제한값을 초과하는 경우, 원자력이용시설 및 제한구역 내부에 있는 사람 또는 부근에 있는 사람에 대해 피난경고를 해야 한다.

15 **다음 중 긴급작업에 종사하는 자나 사고의 진압 등 피해 확대 방지를 위하여 불가피한 작업에 참여하는 자에 대한 허용 유효선량은?**

① 0.5 Sv　　② 0.3 Sv
③ 0.2 Sv　　④ 0.1 Sv

16 **다음 중 원자로 및 관계시설등의 해체계획서 갱신 주기는?**

① 3년　　② 5년
③ 10년　　④ 20년

17 **다음 중 원자력관계사업자 그 허가 또는 지정이 취소되었을 때, 소지하고 있던 방사성물질등을 며칠 이내에 다른 원자력관계사업자에게 양도해야 하는가?**

① 10일 ② 15일
③ 20일 ④ 30일

18 **다음 중 허가 취소 등의 경우에 원자력관계사업자가 해야 할 조치가 아닌 것은?**

① 다른 원자력관계사업자에게 방사성물질 또는 방사성발생장치를 양도한다.
② 방사성물질에 의한 오염지역을 다른 원자력관계사업자에게 통보한다.
③ 방사성물질에 의하여 오염된 물질은 방사성폐기물관리시설등건설 · 운영자에게 양도한다.
④ 방사선작업종사자의 건강진단 기록과 방사성물질등에 따른 오염상황 측정기록은 원자력안전위원회가 지정하는 기관에 인도한다.

19 **다음 중 허가취소 등에 따른 신고 첨부서류가 아닌 것은?**

① 방사선발생장치 또는 방사성물질등에 관한 조치사항에 관한 서류
② 방사선작업종사자의 건강진단기록 등의 인도에 관한 서류
③ 허가증 또는 신고확인증
④ 방사선발생장치 또는 방사성물질등 자체점검에 관한 서류

20 **교육훈련 등의 목적 이외에 원자력이용시설이나 방사성물질 취급을 할 수 없는 사람은?**

① 18세 미만인 사람 ② 19세 미만인 사람
③ 20세 미만인 사람 ④ 25세 미만인 사람

CHAPTER 09

보칙

CONTENTS

1. 허가 또는 지정 조건

제99조(허가 또는 지정 조건) ① 이 법에 따른 허가 또는 지정에는 안전성확보의 이행을 위하여 필요한 조건을 붙일 수 있다.

② 제1항의 조건은 이 법의 시행을 위하여 필요한 최소한의 것이어야 하며, 허가 또는 지정받은 자에게 부당한 의무를 지우는 것이어서는 아니 된다.

2. 특정기술주제보고서의 승인

제100조(특정기술주제보고서의 승인) ① 위원회는 원자로 및 관계시설을 설치·운영하려는 자 또는 원자로 및 관계시설의 건설·운영에 참여하는 자가 **총리령**[1]으로 정하는 특정기술주제보고서의 승인을 신청하는 경우에는 이를 승인할 수 있다.

② 제10조제2항·제20조제2항·제30조제2항·제30조의2제2항에 따른 허가신청서류에 기재할 사항 중 제1항에 따라 미리 승인을 받은 사항은 기재하지 아니할 수 있다.

주1) 총리령 : 시행규칙 제131조(특정기술주제보고서의 승인신청 등)

① 법 제100조제1항에서 "총리령으로 정하는 특정기술주제보고서"란 다음 각 호의 사항이 포함된 보고서를 말한다.

1. 원자로시설의 부지선정·설계·제작·건설·가동전시험·시운전·운전 및 해체에 관련된 기술적 사항에 대한 방법론과 관련 전산코드
2. 동일한 목적으로 반복 적용될 수 있는 안전성에 관련된 사항
3. 원자로시설관련 허가신청서의 첨부서류 작성시에 기초가 되는 사항

② 법 제100조제1항에 따라 특정기술주제보고서의 승인을 받으려는 자는 별지 제109호서식의 신청서에 특정기술주제보고서를 첨부하여 위원회에 제출하여야 한다.

③ 법 제100조제1항에 따른 특정기술주제보고서의 기재내용 및 순서는 다음 각 호와 같다.

1. 개요 및 결론을 기술한 초록
2. 목적·적용범위 및 제한사항을 기술한 서론
3. 주제에 대한 설명을 기술한 본문
4. 인용된 참고문헌의 목록
5. 시험결과, 전산코드 프로그램설명, 상세한 해석 및 유도과정에 관한 자료의 목록

3. 청문 및 종업원에 대한 보호

제101조(청문) 위원회는 다음 각 호의 어느 하나에 해당하는 처분을 하려는 경우에는 청문을 실시하여야 한다.

1. 제17조제1항 · 제24조제1항 · 제32조 · 제48조 · 제57조제1항 · 제66조제1항 또는 제81조에 따른 허가 또는 등록의 취소
2. 제38조제1항에 따른 허가 또는 지정의 취소
3. 제86조에 따른 면허의 취소

제102조(종업원에 대한 보호) 원자력관계사업자 또는 판독업무자는 그가 사용하는 종업원이 다음 각 호의 어느 하나에 해당하는 행위를 한 것을 이유로 해고하거나 불이익을 주어서는 아니 된다.

1. 제20조제2항 또는 제30조의2제2항에 따른 운영기술지침서, 제35조제3항 · 제45조제2항 · 제53조제3항 또는 제63조제2항에 따른 안전관리규정 및 제78조제3항에 따른 판독에 관한 품질보증계획서를 준수하기 위한 행위
2. 원자력관계사업자 또는 판독업무자가 제1호에 따른 운영기술지침서 · 안전관리규정 및 판독에 관한 품질보증계획서를 위반하였거나 위반할 우려가 있는 경우에 이를 위원회 또는 위원회의 권한을 위임받거나 위탁받은 기관의 장에게 알려주는 행위
3. 제16조(제34조에서 준용하는 경우를 포함한다) · 제22조(제34조에서 준용하는 경우를 포함한다) · 제37조 · 제47조 · 제56조 · 제61조 · 제65조 · 제77조 · 제80조 · 제98조에 따른 검사 또는 조사에 응하기 위하여 증언을 하거나 증거를 제출하는 행위
4. 제53조의2제1항제1호부터 제4호까지의 방사선안전관리자의 업무행위 또는 방사선안전관리자가 같은 조 제5항에 따라 방사선안전관리에 관하여 조치 · 권고하거나 제59조의2제7항에 따라 안전관리에 필요한 조치나 협력을 요청하는 행위

4. 주민의 의견수렴

제103조(주민의 의견수렴) ① 다음 각 호의 어느 하나에 해당하는 자(이하 이 조에서 "신청자"라 한다)는 제10조제2항 · 제5항, 제20조제2항 또는 제63조제2항에 따른 방사선환경영향평가서를 작성할 때 제3항에 따른 방사선환경영향평가서 초안을 공람하게 하거나 공청회 등을 개최하여 위원회가 정하는 범위의 주민의 의견을 수렴하고 이를 방사선환경영향평가서의 내용에 포함시켜야 한다. 이 경우 주민의견수렴 대상지역을 관할하는 지방자치단체의 장 또는 **대통령령**[1]으로 정하는 범위의 주민의 요구가 있으면 공청회 등을 개최하여야 한다.

1. 제10조제1항 또는 제3항에 따라 허가 또는 승인을 받으려는 자
2. 발전용원자로 및 관계시설의 설계수명기간이 만료된 후에 그 시설을 계속하여 운전하기 위하여 제20조제1항 후단에 따른 변경허가를 받으려는 자
3. 제63조제1항에 따라 방사성폐기물 처분시설 또는 사용후핵연료 저장시설의 건설 · 운영 허가를 받으려는 자

② 제28조제1항에 따라 승인을 받으려는 자가 제28조제2항에 규정한 해체계획서를 작성할 때 제3항에 따른 해체계획서 초안을 공람하게 하거나 공청회 등을 개최하여 위원회가 정하는 범위의 주민의 의견을 수렴하고 이를 해체계획서의 내용에 포함시켜야 한다. 이 경우 주민의견수렴 대상지역을 관할하는 지방자치단체의 장 또는 **대통령령**[1]으로 정하는 범위의 주민의 요구가 있으면 공청회 등을 개최하여야 한다.

③ 신청자 또는 제28조제1항에 따라 승인을 받으려는 자는 제1항 또는 제2항에 따라 주민의 의견을 수렴하려면 **총리령**[2]으로 정하는 바에 따라 미리 방사선환경영향평가서 초안 또는 해체계획서 초안을 작성하여야 한다.

④ 제1항, 제2항 및 제3항에 따른 주민의견수렴의 방법 · 절차와 그 밖에 필요한 사항은 **대통령령**[1]으로 정한다.

⑤ 신청자 또는 제28조제1항에 따라 승인을 받으려는 자는 **대통령령**[2]으로 정하는 바에 따라 제1항 및 제2항에 따른 주민의 의견수렴에 드는 비용을 부담하여야 한다.

주1) 대통령령1) : 시행령 제143조, 제144조, 제145조

○ 제143조(방사선환경영향평가서 또는 해체계획서 초안의 제출 및 공고 · 공람 등)

① 사업자는 법 제103조제1항, 제2항 및 제4항에 따라 주민의 의견을 수렴하려는 경우에는 법 제103조제3항에 따른 방사선환경영향평가서 초안(이하 "평가서초안"이라 한다) 또는 해체계획서 초안(이하 "해체계획서초안"이라 한다)을 다음 각 호의 행정기관의 장에게 제출하여야 한다.

1. 위원회 위원장
2. 위원회가 정하는 범위의 지역(이하 "의견수렴대상지역"이라 한다)을 관할하는 특별자치도지사 · 시장 · 군수 또는 구청장(자치구의 구청장을 말한다. 이하 같다). 다만, 의견수렴대상지역이 둘 이상의 특별자치도 · 시 · 군 또는 구의 행정구역에 걸쳐 있을 때에는 의견수렴대상지역의 면적이 가장 많이 포함되는 지역을 관할하는 특별자치도지사 · 시장 · 군수 또는 구청장
3. 제2호에 따른 특별자치도지사 · 시장 · 군수 또는 구청장 외의 특별자치도지사 · 시장 · 군수 또는 구청장으로서 의견수렴대상지역을 관할하는 특별자치도지사 · 시장 · 군수 또는 구청장
4. 그 밖에 대상사업 시행과 관련이 있는 행정기관의 장

② 제1항제2호에 따른 특별자치도지사 · 시장 · 군수 또는 구청장(이하 "주관시장 · 군수 · 구청장"이라 한다)은 특별한 사유가 없으면 제1항에 따라 평가서초안 또는 해체계획서초안이 접수된 날부터 10일 이내에 사업개요 · 공람기간 · 공람장소 등을 1개 이상의 중앙일간신문 및 지방일간신문에 각각 1회 이상 공고하고, 평가서초안 또는 해체계획서초안을 60일을 초과하지 아니하는 범위에서 20일 이상 의견수렴대상지역의 주민 등에게 공람하여야 한다.

③ 주관시장 · 군수 · 구청장은 제2항에 따른 공고를 하려는 경우에는 미리 제1항제3호에 따른 특별자치도지사 · 시장 · 군수 또는 구청장(이하 "관계시장 · 군수 · 구청장"이라 한다)의 의견을 들어 그 내용을 결정하되, 공고 내용 중 공람장소의 경우에는 관계시장 · 군수 · 구청장의 관할지역 안의 장소가 하나 이상 포함되도록 하여야 한다.

④ 주관시장 · 군수 · 구청장은 제2항에 따른 공고를 하는 경우 공청회 개최 여부에 관한 주민의견 제출의 시기 및 방법 등을 함께 공고하여야 한다.

○ **제144조(평가서초안 또는 해체계획서초안에 대한 의견 제출 등)**

① 제143조제1항제1호 · 제3호 및 제4호에 따른 행정기관의 장은 평가서초안 또는 해체계획서초안이 접수된 날부터 30일 이내에 주관시장 · 군수 · 구청장에게, 주민은 공람기간 만료일부터 7일 이내에 주관시장 · 군수 · 구청장 또는 관계시장 · 군수 · 구청장에게 다음 각 호의 의견을 통보하거나 제출할 수 있다. 이 경우 주민의 의견을 제출받은 관계시장 · 군수 · 구청장은 그 내용을 공람기간이 끝난 후 10일 이내에 주관시장 · 군수 · 구청장에게 통보하여야 한다.

1. 평가서초안이 접수된 경우: 해당 사업의 시행으로 인하여 예상되는 방사선환경영향 및 그 감소 방안 등에 관한 의견(의견제출자가 주민인 경우에는 공청회 개최 여부에 관한 의견을 포함한다)

2. 해체계획서초안이 접수된 경우: 해체로 인하여 예상되는 방사선영향 및 그 감소 방안 등에 관한 의견(의견제출자가 주민인 경우에는 공청회 개최 여부에 관한 의견을 포함한다)

② 주관시장 · 군수 · 구청장은 제1항에 따라 통보받거나 제출받은 의견과 공청회 개최 여부를 공람기간이 끝난 후 14일 이내에 사업자에게 통지하여야 한다. 이 경우 주관시장 · 군수 · 구청장은 평가서초안 또는 해체계획서초안의 내용에 대한 의견이 있는 경우에는 그 의견을 함께 통지할 수 있다.

○ **제145조(공청회 개최 등)**

① 법 제103조제1항 후단 또는 같은 조 제2항 후단에 따라 다음 각 호 중 어느 하나에 해당하는 경우에는 공청회를 개최하여야 한다.

1. 제144조제1항에 따라 공청회 개최가 필요하다는 의견을 제출한 주민이 30명 이상인 경우
2. 제144조제1항에 따라 공청회 개최가 필요하다는 의견을 제출한 주민이 5명 이상 30명 미만인 경우로서 평가서초안 또는 해체계획서초안에 대한 의견을 제출한 주민 총수의 100분의 50 이상인 경우

② 제144조제2항에 따라 주관시장 · 군수 · 구청장으로부터 제1항 각 호 중 어느 하나의 요건에 해당되어 공청회 개최 통지를 받은 사업자는 사업개요, 공청회의 일시 및 장소 등을 공청회 개최 예정일 14일 전까지 1개 이상의 중앙일간신문 및 지방일간신문에 각각 1회 이상 공고하여야 한다. 이 경우 공청회 일시 및 장소 등에 관하여 미리 주관시장 · 군수 · 구청장과 협의하여야 한다.

③ 공청회에 출석하여 의견을 진술하려는 주민은 공청회 개최 예정일 5일 전까지 진술신청서를 사업자 또는 주관시장 · 군수 · 구청장에게 제출하여야 한다. 이 경우 진술신청서를 접수한 주관시장 · 군수 · 구청장은 그 사실을 사업자에게 즉시 통지하여야 한다.

④ 사업자는 주관시장 · 군수 · 구청장과 협의하여 제3항에 따라 제출된 신청서의 진술내용 중 비슷한 내용에 대해서는 일괄하여 공청회에서 진술하도록 대표자를 선정하여 의견을 진술하게 하거나 주민이 추천한 전문가로 하여금 의견을 진술하게 하여야 한다.

⑤ 사업자는 제2항에 따라 공고한 공청회가 사업자가 책임질 수 없는 사유로 2회에 걸쳐 개최되지 못하거나 개최는 되었으나 정상적으로 진행되지 못한 경우에는 공청회를 생략할 수 있다. 이 경우 사업자는 공청회를 생략하게 된 사유와 공청회에서 의견을 제출하려는 자의 의견 제출 시기 및 방법 등에 관한 사항을 제2항을 준용하여 공고하고, 다른 방법으로 주민의 의견을 듣도록 노력하여야 한다.

⑥ 사업자는 공청회가 끝난 후 7일 이내에 총리령으로 정하는 바에 따라 공청회 개최 결과를 주관시장 · 군수 · 구청장 또는 관계시장 · 군수 · 구청장에게 통지하여야 한다.

⑦ 사업자는 제1항 각 호의 공청회 개최 요건에 해당되지 아니하는 경우에도 사업시행으로 인

한 방사선환경영향 또는 해체로 인한 방사선영향에 관하여 전문가 및 주민의 의견을 수렴할 필요가 있는 경우에는 법 제103조제1항 전단 또는 같은 조 제2항 전단에 따른 공청회를 제143조제2항에 따른 공람기간이 끝난 후 주관시장 · 군수 · 구청장과 협의하여 개최할 수 있다. 이 경우 그 공청회는 법 제103조제1항 후단 또는 같은 조 제2항 후단에 따라 개최한 공청회로 보되, 개최방법 및 절차 등에 관하여는 제2항부터 제4항까지 및 제6항을 각각 준용한다.

주2) 총리령 : 시행령 제132조, 제132조의2

○ **제132조(방사선환경영향평가서초안의 작성 등)**

① 법 제103조제3항에 따른 방사선환경영향평가서 초안(이하 "평가서초안"이라 한다)에는 다음 각 호의 사항을 적어야 한다.

1. 사업의 개요
2. 방사선환경영향을 평가하기 위한 시설 및 그 부지 주변지역의 환경현황
3. 시설의 건설 및 운영으로 인하여 주변환경에 미치는 방사선영향의 예측
4. 시설의 건설 및 운영 중 시행할 방사선환경감시계획
5. 운전 중 사고로 인하여 환경에 미치는 방사선영향

② 제1항에 따른 사항 외의 평가서초안의 기재사항과 그 작성방법 등에 관하여 필요한 사항은 위원회가 정하여 고시한다.

⇒ **고시 : 제2016-04호 원자력이용시설 방사선환경영향평가서 작성 등에 관한 규정**

○ **제132조의2(해체계획서초안의 작성 등)**

법 제103조제3항에 따른 해체계획서초안에는 제4조제5항 각 호의 사항을 적어야 한다.

⇒ **시행규칙 제4조제5항**

⑤ 법 제10조제2항에 따른 원자로시설의 해체계획서에는 위원회가 정하여 고시하는 바에 따라 다음 각 호의 사항을 적어야 한다.

1. 원자로시설의 해체를 위한 조직, 인력, 비용 및 재원
2. 원자로시설의 해체 전략 및 일정
3. 해체를 용이하게 하기 위하여 설계 시 반영한 사항 및 건설 · 운영 시 조치하도록 한 사항
4. 방사선으로부터 재해를 방지하기 위한 조치
5. 방사성물질등에 따른 오염의 제거 방법
6. 방사성폐기물의 처리 · 저장 · 처분 방법
7. 방사성물질등이 환경에 미치는 영향의 평가 및 대책
8. 그 밖에 원자로시설의 해체에 따른 재해를 방지하기 위하여 위원회가 정하는 사항

주2) 대통령령 : 시행령 제146조(비용부담)

① 법 제103조제5항에 따라 신청자는 다음 각 호의 비용을 부담하여야 한다.

1. 제143조제2항 및 제145조제2항에 따른 신문 공고 비용
2. 주민 의견을 수렴하기 위한 공청회 등의 개최에 드는 비용

② 주관시장 · 군수 · 구청장은 제1항에 따라 드는 비용의 구체적인 내용에 관하여 미리 사업자와 협의하여야 한다.

5. 정보공개의무

제103조의2(정보공개의무) ① 위원회는 공공의 안전을 도모하기 위하여 원자력이용시설에 대한 건설허가 및 운영허가 관련 심사결과와 원자력안전관리에 관한 검사결과 등 대통령령1)으로 정하는 정보를 적극적으로 공개하여야 한다. 다만, 국가의 중대한 이익을 현저히 해칠 우려가 있는 경우 공개하지 아니할 수 있다.
② 제1항에 따른 정보공개의 방법, 절차 등에 필요한 사항은 **대통령령**[1]으로 정한다.

주1) 대통령령 : 시행령 제146조의2

① 법 제103조의2제1항 본문에서 "원자력이용시설에 대한 건설허가 및 운영허가 관련 심사결과와 원자력안전관리에 관한 검사결과 등 대통령령으로 정하는 정보"란 다음 각 호의 정보를 말한다.

1. 법 제10조제2항에 따라 발전용원자로 및 관계시설의 건설허가 신청 시 제출하는 서류
2. 법 제20조제2항에 따라 발전용원자로 및 관계시설의 운영허가 신청 시 제출하는 서류
3. 법 제23조제1항 및 이 영 제36조제4항에 따라 계속운전을 하려는 경우 제출하는 주기적 안전성 평가보고서 및 이 영 제37조제2항 각 호의 평가에 관한 사항
4. 제20조 및 제33조제3항에 따른 원자로시설의 건설허가 및 운영허가 관련 심사보고서
5. 제27조에 따른 원자로시설의 공사 및 성능에 관한 사용 전 검사결과
6. 제31조의2에 따라 공급자 및 성능검사기관에 대하여 실시한 검사결과
7. 제35조제1항에 따른 원자로시설의 성능에 관한 정기검사결과
8. 그 밖에 원자력안전에 관한 사항으로서 **위원회가 적극적인 공개가 필요한 것으로 정하여 고시**하는 정보

② 위원회는 법 제103조의2제1항에 따라 이 조 제1항에 따른 정보를 공개할 때 해당 정보에 「공공기관의 정보공개에 관한 법률」 제9조제1항 각 호의 어느 하나에 해당하는 정보가 포함되어

있는 경우에는 같은 법 제14조에 따라 해당 부분은 제외하고 공개하여야 한다.

③ 위원회는 제1항 각 호의 정보를 위원회의 홈페이지에 게시하는 방법으로 공개하여야 한다.

④ 제1항부터 제3항까지의 규정에 따른 정보공개의 방법 및 시기 등에 관하여는 위원회가 정하여 고시한다.

⇒ **고시 제2016-8호 원자력안전정보의 적극적인 정보공개에 관한 규정**

제3조(정보공개 대상 및 방법) ① 영 제146조의2제1항제8호에 따른 그 밖에 위원회가 정하여 고시하는 정보공개 대상은 별표1과 같다.

[별표1] 기타 정보공개 대상(제3조제1항 관련)

근거 및 대상	대상 정보
원자력안전법 제92조에 따른 사고조치	원전 사고 · 고장 사건조사보고서
원자력안전법 시행령 제39조제1항에 따른 계속운전 심사	계속운전에 관한 심사보고서
원자력안전법 시행령 제147조에 따른 전국환경방사능 감시	전국 환경방사능 조사보고서
	원자력이용시설주변환경조사 및 평가보고서
	해양방사능 조사보고서

② 영 제146조의2제1항에 따른 적극적인 정보공개 대상이 되는 정보의 생산자는 위원회에 서류 제출시 해당정보를 공개하기 위하여 공공기관 정보공개법 제9조제1항 각 호의 어느 하나에 해당하는 부분과 공개 가능한 부분이 혼합되어 있는 경우 비공개 대상 부분을 음영처리하여 제출할 수 있다.

제4조(정보공개 시기) ① 정보공개 대상별 정보공개 시기는 별표 2와 같다.

[별표2] 정보공개 시기(제4조1항 관련)

공개대상정보	시기
건설허가 신청서류	원자력안전위원회가 사업자로부터 서류적합성 검토 결과를 반영한 서류를 접수한 날로부터 10일 이내
운영허가 신청서류	원자력안전위원회가 사업자로부터 서류적합성 검토 결과를 반영한 서류를 접수한 날로부터 10일 이내
건설허가심사보고서	원자력안전위원회가 보고서를 접수한 날로부터 10일 이내
사용전검사보고서	원자력안전위원회가 보고서를 접수한 날로부터 10일 이내
공급자등검사보고서	원자력안전위원회가 보고서를 접수한 날로부터 10일 이내
운영허가심사보고서	원자력안전위원회가 보고서를 접수한 날로부터 10일 이내
정기검사보고서	원자력안전위원회가 보고서를 접수한 날로부터 10일 이내
계속운전 신청서류	원자력안전위원회가 사업자로부터 서류적합성 검토 결과를 반영한 서류를 접수한 날로부터 10일 이내
계속운전심사보고서	원자력안전위원회가 보고서를 접수한 날로부터 10일 이내
원전 사고 · 고장 사건조사보고서	원자력안전위원회가 보고서를 접수한 날로부터 10일 이내

공개대상정보	시기
전국 환경방사능 조사보고서	원자력안전위원회가 보고서를 접수한 날로부터 10일 이내
원자력이용시설주변환경조사 및 평가보고서	원자력안전위원회가 보고서를 접수한 날로부터 10일 이내
해양방사능 조사보고서	원자력안전위원회가 보고서를 접수한 날로부터 10일 이내

② 영 제146조의2제1항 및 제3조제1항에 따른 공개대상 정보는 원자력안전정보공개센터 포털을 통하여 공개한다.

③ 다음 각 호의 사유로 제1항에 따른 기간 내 정보공개가 불가능한 경우 정보공개 시기를 연장할 수 있다.

1. 방대한 양의 개별 기록물들이 포함되어 있는 경우
2. 자료 공개 시 원자력안전위원회 외에 다른 기관과 관련된 정보로 인하여 해당 기관과 협의가 필요할 경우

④ 제3항에 따라 정보공개 시기를 연장할 경우에는 정보공개 연장 사유와 예상 공개 일자를 원자력안전정보공개센터 포털에 공지하여야 한다.

제5조(원자력안전정보공개센터의 설치 및 운영) ① 원자력안전위원회는 정보공개 의무를 이행하기 위하여 원자력안전정보공개센터(이하 "정보공개센터" 라 한다.)를 설치하여 운영할 수 있다.

② 제1항에 따라 설치된 정보공개센터는 다음 각 호의 업무를 수행한다.

1. 적극적 정보공개를 위한 정책 및 기준수립 지원
2. 원자력안전정보의 수집 및 공개
3. 공개 정보의 품질관리 및 현행화
4. 정보공개센터 포털 구축 및 운영
5. 공개된 정보에 대한 질의 답변 등

6. 환경보전

제104조(환경보전) ① 다음 각 호의 어느 하나에 해당하는 시설의 설치자 및 운영자는 **총리령**[1]으로 정하는 바에 따라 방사선환경조사 및 방사선환경영향평가를 실시하여 이를 위원회에 보고하여야 한다.

1. 발전용원자로
2. 열 출력 100킬로와트 이상의 연구용원자로
3. 핵연료주기시설
4. 사용후핵연료 중간저장시설
5. 방사성폐기물 처분시설

② 위원회는 제1항에 따른 방사선환경조사 및 방사선환경영향평가의 결과를 확인하기 위하여 필요하면 방사선환경조사를 실시할 수 있다.

③ 위원회는 제1항에 따른 보고결과 또는 제2항에 따른 방사선환경조사의 실시결과 그 주변 환경에 나쁜 영향을 미칠 우려가 있다고 인정하면 제1항에 따른 시설의 설치자 및 운영자에게 환경보전에 필요한 조치를 명할 수 있다.

주1) 총리령 : 시행규칙 제136조(방사선환경조사 및 평가)

① 법 제104조제1항에 따른 방사선환경조사 및 방사선환경영향평가는 다음 각 호의 기준에 따라 수행하여야 한다.

1. 방사선환경조사는 사전에 방사선환경조사계획을 수립하여 수행할 것
2. 방사선환경조사에 관한 품질관리계획을 수립하여 주기적으로 방사선환경조사수행결과에 대한 검증을 수행할 것
3. 시설의 운영으로 인한 영향을 평가할 수 있도록 충분한 공간적, 시간적 범위를 정하여 방사선환경을 조사할 것
4. 방사선환경조사결과를 바탕으로 시설의 운영에 따른 방사선환경영향을 평가할 것

② 제1항에 따른 방사선환경조사 및 방사선환경영향평가 수행에 필요한 세부사항은 **위원회가 정하여 고시**한다.

⇒ 고시 : **제2014-12호 원자력이용시설 주변의 방사선환경조사 및 방사선환경영향평가에 관한 규정**

제4조(환경조사계획) ① 사업자는 「원자력안전법 시행규칙」 제136조제1항1호에 따라 환경조사를 수행하기 위한 계획서를 수립하여 환경조사 시행 1년 전까지 원자력안전위원회에 제출하여야 한다.

② 제1항에 따른 환경조사계획서는 다음 각 호에서 정하는 바에 따라 작성하여야 한다.

1. 환경조사 및 환경영향평가를 수행할 조직과 책임에 대하여 기술한다.

2. 해당시설 및 부지의 특성을 환경조사의 관점에서 개략적으로 기술한다.
3. 환경조사 항목과 내용을 구체적으로 기술하되, 환경조사 결과의 이용 목적과 대비하여 기술한다.
4. 방사선과 방사능을 측정하기 위한 측정기기의 종류 및 그 특성, 측정방법 및 절차 등을 기술한다.
5. 방사능측정을 위한 시료채취, 전처리, 분석, 측정결과의 신뢰성 검증 등의 방법을 간략히 기술하고, 조사항목의 검출목표치를 설정하여 기술한다.
6. 환경조사 결과의 통계처리와 평가, 기록유지에 대하여 기술한다.
7. 환경영향평가 방법을 기술한다.
8. 환경조사에 대한 품질관리계획을 기술한다.

③ 제1항에 따른 환경조사계획서는 매 3년이 넘지 않는 기간마다 재검토하고, 환경조사계획서의 내용을 변경하고자 할 때에는 변경사유서와 변경할 환경조사계획서를 환경조사 시행 6개월 전까지 원자력안전위원회에 제출하여야 한다. 다만, 경미한 변경의 경우에는 우선 시행 후 보고할 수 있다.

④ 원자력안전위원회는 제1항 또는 제3항에 따라 제출된 환경조사계획서의 내용이 해당시설에 의한 환경영향을 평가하기에 불충분하다고 판단할 때에는 사업자에게 환경조사계획서의 수정 또는 보완을 명할 수 있다.

제5조(품질관리) 「원자력안전법 시행규칙」 제136조제1항제2호에 따른 품질관리는 다음 각 호에 대한 계획을 수립하여 연 1회 이상 환경조사 결과에 대한 검증을 수행하여야 한다.

1. 시료채취 및 운반
2. 시료전처리
3. 방사선측정 및 방사능분석
4. 조사결과의 해석 및 통계처리
5. 조사결과 보고

제6조(환경조사 요령) 「원자력안전법 시행규칙」 제136조제1항제3호에 따른 환경조사는 다음 각 호에 따른다.

1. 조사항목, 조사주기 및 조사지점은 별표 1의 "환경방사선/능 조사요령"에 따르되, 해당시설 및 부지의 특성에 따라 조정할 수 있다.
2. 환경조사의 착수시기는 해당시설의 운영으로 인한 환경의 영향을 평가하는데 기준이 되는 기초 환경조사자료를 충분히 확보할 수 있는 시점으로 하되, 최소한 해당시설을 운영하기 2년 전으로 한다.
3. 환경조사의 종결시기는 해당시설을 폐쇄한 후의 환경조사 결과를 평가하여 환경영향이 없을 것으로 판단되는 시점으로 하여야 한다.
4. 환경조사를 위한 시료의 채취, 전처리, 분석 및 측정은 별표 2의 "환경방사능 분석을 위한 검출하한치"를 만족할 수 있는 방법과 기술에 따라 수행하여야 하며, 조사대상 핵종별 및 시료별 각각의 절차를 기술한 절차서를 작성하여 이에 따라 수행하여야 한다.

제7조(환경영향평가) 「원자력안전법 시행규칙」 제136조제1항제4호에 따른 환경영향평가는 다음 각 호에 따라 수행하여야 한다.

1. 해당시설로부터 방출된 방사성물질 또는 방사선에 의하여 주민이 받는 피폭방사선량을 계산하고 기준치와 비교 · 평가한다. 이 경우 주민피폭방사선량 계산프로그램은 부지특성과 주변 환경인자들을 반영하여야 하며, 평가모델의 신뢰성이 확보되어야 한다.
2. 환경조사 결과를 근거로 해당시설 주변환경에 있어서 장기적인 방사성물질의 축적경향과 변동을 평가하고, 해당시설로부터 예기치 않은 방사성물질의 방출에 의한 단기적 변동을 평가한다.
3. 사람이 섭취가능한 환경시료에 대한 조사결과를 근거로 그 시료를 섭취할 경우의 피폭방사선량을 평가한다.

제8조(환경조사자료의 처리) ① 조사지점별로 환경조사항목마다 평균치와 평상시 변동범위(최소치~최대치)를 설정한다.

② 제1항의 평균치와 평상시 변동범위는 해당시설의 가동전 환경조사 결과 또는 정상 운영중인 해당시설 주변에서 최소한 최근 3년 이상 수행한 환경조사 결과로 설정한다. 이 경우 비정상적인 원인에 의한 환경조사결과는 제외한다.

③ 환경조사결과는 적절한 접두어를 붙여 국제표준단위를 사용하여 간결하게 기록한다.

④ 환경조사결과는 측정 및 분석의 정도를 가늠할 수 있도록 유효숫자 자리 수를 고려하여 표기하고 조사대상 항목별로 일관성을 유지하여야 한다.

⑤ 방사성핵종이 검출되지 않는 경우에는 최소검출가능농도를 명기하고 그 미만이라고 표시하되, 환경조사결과의 평균치 산출시에는 최소검출가능농도를 사용한다.

⑥ 모든 조사결과가 최소검출가능농도 미만인 경우에는 제1항의 평균치는 표시하지 않으며, 평상시 변동범위는 최소검출가능농도 중에서 가장 낮은 값을 명기하고 그 미만이라고 표시한다.

제9조(기록유지) ① 환경조사 및 환경영향평가 결과는 해당시설에 대한 환경조사 업무가 종결될 때까지 보존하여야 한다.

② 환경조사결과의 재평가가 필요할 경우에 대비하여 환경조사 순서의 역순으로 검토가 가능하도록 시료채취, 전처리, 측정 · 분석이 이루어진 모든 조건을 조사항목별로 상세히 기록하여 5년 이상 보존하여야 한다.

③ 측정 · 분석이 완료된 환경시료는 재평가가 필요할 경우를 대비하여 시료별로 기간을 정하여 보관하여야 한다.

제10조(보고) 「원자력안전법」 제104조제1항에 따른 사업자의 환경조사 및 환경영향평가 결과 보고는 다음 각 호에 따른다.

1. 환경조사 결과에서 다음 각 목에 해당하는 사항을 발견한 경우에는 발견 후 1주일 이내에 별지 서식에 따라 보고하여야 한다.
   가. 고정지점에서 연속측정 중인 공간감마선량률의 1시간 평균치가 최근 3년 이상 자료(그 이하의 경우에는 확보된 자료만)의 평균치보다 10 μR/h를 초과한 경우
   나. 조사계획에 의한 시료채취지점에서의 방사능분석결과가 최근 3년 이상 자료(그 이하의 경우에는 확보된 자료만)의 평균치의 5배를 초과한 경우
   다. 최근 3년 동안 최소검출가능농도 미만으로 계측된 환경 시료에서 인공방사성 핵종이 검출된 경우

2. 전반기에 수행한 환경조사 결과는 해당연도 9월 30일까지 보고서로 작성하여 제출한다.
3. 매년의 환경조사 및 환경영향평가를 수행한 종합적 결과는 다음 해 3월 31일까지 보고서로 작성하여 제출하고, 그 보고서를 사업자의 인터넷 홈페이지에 게재할 수 있다.

제11조(복합시설 부지에 대한 적용) ① 동일한 부지에 둘 이상의 해당시설이 있을 경우에 통합 환경조사 및 환경영향평가를 위한 하나의 환경조사계획을 수립하여 운영할 수 있다.

② 제1항을 적용함에 있어서 사업자가 서로 다른 경우에는 사업자 간의 협의하에 통합 환경조사계획을 수립 · 운영할 수 있다.

7. 전국 환경방사능 감시

제105조(전국 환경방사능 감시) ① 위원회는 국내외 방사능 비상사태를 조기에 탐지하여 방사선으로부터 국민의 건강을 보호하고 환경을 보전하기 위하여 **대통령령**[1]으로 정하는 바에 따라 국토 전역에 대하여 환경상의 방사선 및 방사능을 감시하고 그 결과를 평가하여야 한다.

② 위원회는 제1항에 따른 업무를 체계적으로 수행하기 위하여 중앙방사능측정소 및 지방방사능측정소를 설치 · 운영할 수 있다.

③ 제2항에 따른 측정소의 설치 · 운영에 필요한 사항은 **총리령**[2]으로 정한다.

주1) 대통령령 : 시행령 제147조(전국 환경방사능 감시)

위원회는 법 제105조제1항에 따라 국토 전역에 대한 환경상의 방사선 및 방사능을 감시 · 평가하기 위하여 다음 각 호의 업무를 수행한다.

1. 전국토 환경방사능의 조사 · 평가
2. 해양 환경방사능의 조사 · 평가
3. 전국토 환경방사선 자동감시망의 운영

주2) 총리령 : 시행규칙 제137조(방사능측정소의 설치 · 운영)

① 법 제105조제2항에 따른 중앙방사능측정소는 법 제111조제1항제13호에 따라 환경상의 방사선 및 방사능 감시 · 평가를 위탁받은 기관(이하 "권한수탁기관"이라 한다)에 설치하며, 지방방사능측정소는 위원회가 필요에 따라 설치 · 폐쇄한다.

② 제1항에 따른 중앙방사능측정소 및 지방방사능측정소에는 권한수탁기관의 장이 임명하는 측정소장을 두며, 그 운영에 관한 세부적인 사항은 권한수탁기관의 장이 정한다.

8. 교육훈련

제106조(교육훈련) ① 원자력관계사업자는 방사선작업종사자와 방사선 관리 구역에 출입하는 사람에게 **대통령령**[1]으로 정하는 바에 따라 원자력이용에 따르는 안전성 확보 및 방사선장해방지에 필요한 교육 및 훈련을 실시하여야 한다.

② 제84조에 따라 면허를 받은 사람은 **대통령령**[2]으로 정하는 바에 따라 위원회가 실시하는 보수교육을 받아야 한다.

③ 원자력관계사업자 및 원자력 관련 연구를 수행하는 사람 중 **대통령령**[3]으로 정하는 사람은 총리령으로 정하는 바에 따라 원자력통제에 관한 교육을 받아야 한다.

주1) 대통령령 : 시행령 제148조, 제148조의3

○ **제148조(방사선작업종사자 교육)**

① 원자력관계사업자는 법 제106조제1항에 따라 방사선작업종사자에 대해서는 신규교육과 정기교육을 실시하여야 한다. 이 경우 신규교육은 작업 종사 전에 실시하여야 한다.

② 제1항에 따른 교육은 기본교육과 직장교육으로 구분하여 실시한다. 이 경우 직장교육은 방사선안전관리자 외의 방사선작업종사자를 대상으로 한다.

③ 제2항에 따른 기본교육은 총리령으로 정하는 기관 중에서 위원회가 지정하여 고시하는 기관(이하 "기본교육기관"이라 한다)에서 받도록 하여야 하며, 직장교육은 해당 원자력관계사업자가 자체적으로 실시하되 위원회가 지정하여 고시하는 기관에 위탁하여 실시할 수 있다.

④ 제1항 및 제2항에 따른 교육의 과정 및 시간 등은 총리령으로 정한다.

⑤ 제149조제1항에 따른 보수교육을 받은 자는 제1항에 따른 해당 연도의 정기교육을 받은 것으로 본다.

○ **제148조의3(방사선관리구역 출입자 교육)**

원자력관계사업자는 법 제106조제1항에 따라 방사선관리구역에 출입하는 사람에 대해서는 출입할 때마다 방사선장해방지 등에 대하여 안전수칙을 알려주는 등 필요한 교육을 실시하여야 한다. 다만, 제148조에 따른 교육을 받은 방사선작업종사자는 제외할 수 있다.

주2) 대통령령 : 시행령 제149조(보수교육)

① 법 제84조제2항제1호 및 제2호에 따른 면허 중 발전용원자로 또는 열출력 10메가와트 이

상의 연구용원자로의 운전에 관련된 면허를 받은 사람과 법 제84조제2항제3호부터 제7호까지의 규정에 따른 면허를 받은 사람으로서 핵연료물질 또는 방사성동위원소등의 취급업무에 종사하는 사람은 총리령으로 정하는 바에 따라 3년(면허취득일 또는 직전의 보수교육을 받은 날부터 기산하여 3년이 되는 날이 속하는 해의 1월 1일부터 12월 31일까지를 말한다)마다 법 제106조제2항에 따른 보수교육(補修敎育)을 받아야 한다.

② 삭제

③ 삭제

④ 원자력관계사업자는 종업원 중 법 제84조제2항에 따른 면허를 받은 사람에 대하여 제1항에 따른 보수교육을 받는 데에 필요한 편의를 제공하여야 하며, 이를 이유로 임금을 줄이거나 그 밖의 불이익처분을 하여서는 아니 된다.

⑤ 위원회는 제1항에 따른 보수교육과정수료자에 대하여 그 면허수첩에 교육이수 사실을 확인해 주어야 한다.

주3) 대통령령 : 시행령 제150조(원자력통제 교육대상자)

법 제106조제3항에서 "대통령령으로 정하는 사람"이란 다음 각 호의 어느 하나에 해당하는 사람을 말한다.

1. 다음 각 목의 어느 하나에 해당하는 원자력관계사업자의 종업원으로서 특정핵물질의 계량관리 업무를 수행하는 사람
   가. 발전용원자로설치자
   나. 발전용원자로운영자
   다. 연구용원자로등설치자 및 연구용원자로등운영자
   라. 핵연료주기사업자
   마. 핵연료물질사용자
2. 위원회가 정하는 핵연료주기 관련 공정이나 계통개발에 관련된 연구개발과제의 연구책임자

9. 수출입의 절차

제107조(수출입의 절차) 원자로 및 관계시설, 핵물질, 방사성동위원소등의 수출입절차는 **위원회가 산업통상자원부장관과 협의하여 정하는 바**[1]에 따른다.

주1) 대통령령 : 시행령 제151조(수출입의 절차)

① 원자로 및 관계시설, 핵물질, 방사성동위원소등의 수출입을 하려는 자 중 국제규제물자 또는 이와 관련된 기술을 수출입하려는 자는 법 제107조에 따라 원자력 관련 국제조약, 협정, 협약 및 의정서 등에서 규정하고 있는 절차 및 의무사항을 지켜야 한다.

② 제1항의 절차 및 의무사항의 이행에 필요한 사항은 위원회가 산업통상자원부장관과 협의하여 별도로 정할 수 있다.

10. 국제협력

제107조의2(국제협력) ① 위원회는 원자력안전 및 핵안보의 증진을 위하여 국제기구, 외국정부 또는 그 밖의 기관과의 국제협력을 촉진하기 위한 시책을 마련하고 추진할 수 있다.

② 정부는 제1항에 따른 국제협력에 관한 시책을 효율적으로 추진하기 위하여 이를 전문적으로 지원할 기관을 지정하고 그 지원업무 수행에 필요한 경비의 전부 또는 일부를 출연하거나 보조할 수 있다.

③ 제2항에 따른 전문기관의 지정과 지원 등 국제협력 촉진에 필요한 사항은 **대통령령**[1]으로 정한다.

주1) 대통령령 : 시행령 제151조의2(국제협력 전문기관의 지정 등)

① 위원회는 다음 각 호의 기관 또는 단체 중에서 원자력안전 및 핵안보에 관한 국제협력에 전문성이 있는 기관 또는 단체를 법 제107조의2제2항에 따라 국제협력에 관한 시책을 전문적으로 지원할 기관(이하 "전문기관"이라 한다)으로 지정할 수 있다.

1. 국공립 연구기관
2. 「특정연구기관 육성법」 제2조에 따른 특정연구기관
3. 「민법」 제32조에 따라 설립된 비영리법인

4. 그 밖에 국제협력사업의 사업과제를 수행하는데 적합하다고 위원회가 인정하는 기관 또는 단체

② 위원회가 전문기관과 협약을 체결하여 그 업무 수행에 필요한 경비를 지원하는 경우 협약의 체결방법, 협약에 포함될 내용 등에 관하여는 「국가연구개발사업의 관리 등에 관한 규정」에서 정하는 바에 따른다.

11. 비밀누설금지, 원자력안전 관계 공무원에 대한 수당 및 보상

제108조(비밀누설금지) 이 법에 따른 직무에 종사하거나 종사하였던 위원회의 위원 및 「원자력안전위원회의 설치 및 운영에 관한 법률」 제15조에 따른 전문위원회의 위원 또는 공무원은 그 직무상 알게 된 원자력에 관한 비밀을 누설하거나 이 법의 시행을 위한 목적 이외에 이를 이용하여서는 아니 된다.

제109조(원자력안전 관계 공무원에 대한 수당) 원자력안전에 종사하는 공무원은 「국가공무원법」에 따른 보수와 그 밖의 수당 외에 **대통령령**[1]으로 정하는 바에 따라 연구수당 · 위험근무수당 또는 보건수당을 받을 수 있다.

제110조(보상) 원자력이용과 이에 따른 안전관리 중에 방사선에 의하여 신체 또는 재산에 피해를 입은 자는 **대통령령**[2]으로 정하는 바에 따라 정당한 보상을 받는다.

주1) 대통령령 : 공무원수당 등에 관한 규정 제13조(위험근무수당)

주2) 대통령령 : 시행령 제152조(보상)

법 제110조에 따라 원자력이용과 이에 따른 안전관리 중에 방사선에 의하여 신체 또는 재산에 피해를 입은 자에 대해서는 다음 각 호의 구분에 따라 보상하여야 한다.

1. 원자력관계사업자와 그 종업원이 업무상 입은 손해에 대해서는 원자력관계사업자가 정하여 위원회가 인가한 보상기준에 따른다.
2. 공무원이 원자력 관계 업무를 수행하는 과정에서 입은 손해에 대해서는 「공무원연금법」으로 정하는 바에 따른다.
3. 제1호 및 제2호 외의 자에 대해서는 「원자력손해배상법」으로 정하는 바에 따른다.

12. 포상금의 지급

제110조의2(포상금의 지급) ① 위원회는 이 법의 위반행위를 신고 또는 제보하고 이를 입증할 수 있는 증거자료를 제출함으로써 원자력안전에 기여한 자에 대하여 예산의 범위에서 포상금을 지급할 수 있다.
② 제1항에 따른 포상금 지급의 기준 · 절차 등에 관하여 필요한 사항은 **대통령령**[1]으로 정한다.

주1) 대통령령 : 시행령 제152조의2(포상금의 지급)

① 법 제110조의2제1항에 따른 포상금은 법 위반행위의 중대성 및 원자력안전 증진에 대한 기여도 등을 고려하여 1명당 연간(1월 1일부터 12월 31일까지를 말한다) 10억원을 한도로 위원회가 정하여 고시한다.

② 포상금의 지급에 관한 사항을 심의하기 위하여 위원회에 포상금 심의위원회를 둘 수 있다.

③ 다음 각 호의 어느 하나에 해당하는 경우에는 포상금 지급액을 감액하거나 지급하지 아니할 수 있다.

1. 이미 신고 · 제보가 이루어진 사항에 대하여 신고 · 제보한 경우
2. 신고 · 제보받은 사항이 인터넷이나 그 밖의 언론 매체를 통하여 공개된 내용이거나 이미 조사 또는 수사 중이거나 재판 중인 경우
3. 다른 법령이나 규정에 따라 신고 · 제보하여 포상금이나 보상금을 지급받았거나 지급절차가 진행 중인 경우
4. 신고 · 제보자가 신고 · 제보한 법 위반사항과 직접 관련되었거나 법에 따른 신고 · 보고 의무자가 의무사항을 신고 · 제보한 경우
5. 그 밖에 포상금 심의위원회에서 포상금 지급액을 감액하거나 지급하지 아니하는 것이 타당하다고 의결하는 경우

④ 제1항부터 제3항까지에서 규정한 사항 외에 포상금의 지급에 관하여 필요한 사항은 위원회가 정하여 고시한다.

13. 책임의 감면 등

제110조의3(책임의 감면 등) ① 이 법의 위반행위를 신고함으로써 그와 관련된 자신의 범죄가 발견된 경우 그 신고자에 대하여 형을 감경 또는 면제할 수 있다.

② 제1항은 공공기관의 징계처분에 관하여 이를 준용한다.

③ 이 법의 위반행위를 신고한 경우에는 다른 법령, 단체협약 또는 취업규칙 등의 관련 규정에도 불구하고 직무상 비밀준수의무를 위반하지 아니한 것으로 본다.

14. 권한의 위탁

제111조(권한의 위탁) ① 이 법에 따른 위원회의 권한 중 다음 각 호의 권한을 **대통령령**[1]으로 정하는 바에 따라 제5조제2항에 따라 설립된 기관, 통제기술원, 안전재단, 그 밖의 관계 전문기관 또는 다른 행정기관에 위탁할 수 있다.

1. 제10조제1항 전단 및 후단, 제12조제1항 전단 및 후단, 제20조제1항 전단 및 후단, 제30조제1항 전단 및 후단, 제35조제1항 전단 및 후단, 같은 조 제2항 전단, 제45조제1항 전단 및 후단, 제53조제1항 전단 및 후단, 제63조제1항 전단 및 후단에 따른 인가 · 허가 및 지정에 관련된 안전성 심사
2. 제10조제3항(제69조에서 준용하는 경우를 포함한다), 제15조제1항 전단 및 후단(제29조 · 제34조 · 제44조 · 제51조 및 제69조에서 준용하는 경우를 포함한다), 제28조제1항 전단 및 후단(제34조에서 준용하는 경우를 포함한다), 제35조제2항 후단, 제42조제1항 전단 및 후단, 제60조제1항 전단 및 후단, 제76조제1항 전단 및 후단, 제100조제1항에 따른 승인에 관련된 안전성 심사
3. 제11조제2호 및 제4호(제30조제3항에서 준용하는 경우를 포함한다), 제21조제2호 및 제4호(제30조2제3항에서 준용하는 경우를 포함한다), 제36조제3호, 제46조제3호, 제50조제1항, 제52조제2항, 제55조제1항제1호 및 제3호, 제59조제1항, 제64조제2호, 제68조제1항, 제72조 및 제79조제2호에 따른 기준(기술기준을 포함한다)의 연구 · 개발
4. 제16조제1항(제34조에서 준용하는 경우를 포함한다), 제22조제1항(제34조에서 준용하는 경우를 포함한다), 제28조제3항 후단 · 제6항(제34조 및 제44조에서 준용하는 경우를 포함한다), 제37조제1항, 제47조제1항, 제56조제1항 본문, 제61조제1항 본문, 제65조제1항, 제75조제1항, 제77조제1항 본문 및 제80조제1항에 따른 검사 및 확인 · 점검

5. 제87조에 따른 면허시험
6. 제98조제6항에 따른 국제규제물자에 관한 정보의 관리
7. 제82조 및 제98조제1항에 따라 판독업무자가 판독한 방사선작업종사자의 피폭에 관한 기록 및 보고의 관리
8. 제10조제1항 단서, 제15조제1항 단서(제29조 · 제34조 · 제44조 · 제51조 및 제69조에서 준용하는 경우를 포함한다), 제15조의2(제29조 및 제34조에서 준용하는 경우를 포함한다), 제20조제1항 단서, 제28조제1항 단서(제34조에서 준용하는 경우를 포함한다), 제30조제1항 단서, 제30조의2제1항 단서, 제33조, 제35조제1항 단서 및 제2항 단서, 제42조제1항 단서, 제43조(제51조 · 제62조 · 제69조 및 제83조에서 준용하는 경우를 포함한다), 제45조제1항 단서, 제52조제1항, 제53조제1항 단서 및 같은 조 제2항, 제53조의2제1항 및 제3항, 제54조제2항, 제60조제1항 단서, 제63조제1항 단서, 제71조, 제76조제1항 단서, 제78조제2항 및 제95조제1항에 따른 신고의 접수
9. 제106조제2항에 따른 보수교육의 실시 및 같은 조 제3항에 따른 원자력통제에 관한 교육의 실시
10. 제88조제1항에 따른 면허증의 교부, 제93조에 따른 핵물질 등의 수용 · 양도, 제98조제1항 및 제104조제1항에 따른 보고, 제107조에 따른 수출입과 관련된 업무
11. 제1호부터 제8호까지에 따른 위탁업무의 수행에 필요한 범위에서 제98조제1항에 따른 서류의 제출 · 보완 요구
12. 제54조제1항 및 제78조제1항에 따른 등록에 관련된 안전성 심사
13. 제104조제2항에 따른 방사선환경조사 및 제105조제1항에 따른 환경상의 방사선 및 방사능 감시 · 평가
14. 제23조제1항(제34조제1항에서 준용하는 경우를 포함한다)에 따른 주기적 안전성평가에 관련된 안전성 심사
15. 그 밖에 **대통령령**[2]으로 정하는 업무

② 위원회는 필요하다고 인정하면 제1항에 따라 권한을 위탁받은 기관에 보조금을 지급할 수 있다.

③ 삭제

④ 삭제

⑤ 제1항에 따라 권한을 위탁받은 기관의 장은 대통령령3)으로 정하는 바에 따라 위탁받은 권한의 효율적인 수행을 위한 수탁업무처리규정을 정하여 위원회의 승인을 받아야 한다. 이를 변경하려는 때에도 또한 같다.

⑥ 삭제

주1) 대통령령 : 시행령 제153조(수탁기관의 구분 등)

① 위원회가 법 제111조제1항에 따라 그 권한을 위탁할 수 있는 기관은 다음과 같다.

1. 「한국원자력안전기술원법」에 따라 설립된 한국원자력안전기술원(이하 "한국원자력안전기술원"이라 한다)
2. 「과학기술분야 정부출연연구기관 등의 설립 · 운영 및 육성에 관한 법률」에 따라 설립된 한국원자력연구원(이하 "한국원자력연구원"이라 한다)
3. 법 제6조에 따라 설립된 한국원자력통제기술원(이하 "한국원자력통제기술원"이라 한다)
4. 삭제
5. 다음 각 목의 어느 하나에 해당하는 기관으로서 위원회가 지정하는 기관
   가. 행정기관
   나. 국공립연구기관
   다. 「특정연구기관 육성법」 제2조에 따른 특정연구기관
   라. 「비파괴검사기술의 진흥 및 관리에 관한 법률」 제18조에 따라 설립된 비파괴검사협회
   마. 「방사선 및 방사성동위원소 이용진흥법」 제14조에 따라 설립된 협회
   바. 「민법」 제32조에 따라 설립된 비영리법인 중 관계 전문기관
6. 그 밖에 연구개발사업의 기획 · 관리 및 평가업무를 수행하기 위하여 위원회가 지정하는 전문기관

② 제1항제5호가목에 따라 위원회가 지정한 행정기관에 대해서는 제159조부터 제163조까지, 제165조 및 제166조를 적용하지 아니한다.

주2) 대통령령 : 시행령 제154조(위탁할 수 있는 업무)

① 법 제111조제1항제15호에서 "대통령령으로 정하는 업무"란 다음 각 호의 업무를 말한다.

1. 법 제9조제1항에 따른 원자력안전연구개발사업계획의 수립과 관련된 기술동향의 조사 · 분석 및 기술수요의 예측
2. 법 제9조제1항에 따른 연도별 연구개발과제의 선정과 관련된 연구개발과제의 접수 · 검토 및 평가에 관한 사항
3. 법 제9조제1항에 따른 원자력안전연구개발사업의 실시와 관련된 연구개발과제의 협약체결 · 진도관리 · 결과평가 및 사후관리에 관한 사항
4. 법 제9조제2항에 따른 원자력안전연구개발사업을 실시하는 데에 드는 비용의 운용에 관한 사항

4의2. 법 제30조의2제1항 전단 및 후단에 따른 연구용원자로 및 관계시설의 운영허가에 관련된 안전성 심사

4의3. 법 제59조의2제6항에 따른 일일작업량 보고에 관한 업무

5. 법 제70조제2항에 따른 방사성폐기물 외의 방사성폐기물의 처분에 관한 안전관리 업무
6. 법 제74조에 따른 운반 또는 포장 중 발생한 사고의 조치에 관한 업무
7. 법 제90조에 따른 위해시설 설치에 관한 안전성 검토 업무
8. 법 제98조제1항에 따른 원자력관계사업자(신고사용자는 제외한다) 또는 그로부터 방사성물질등을 위탁받아 운반하는 자의 방사성물질등 운반물 현황 보고에 관한 업무
9. 법 제98조제2항 및 제4항에 따른 검사 및 시료 수거에 관한 업무
10. 법 제98조제6항에 따른 국제규제물자의 이동을 확인하기 위한 장치의 설치
11. 법 제107조에 따른 수출입과 관련된 업무
12. 법 제111조제1항제3호에 따른 기준 외에 법 및 이 영에 따른 업무수행을 위하여 필요한 기준의 연구 · 개발
13. 법 제111조의2제1항에 따른 원자력안전관리부담금(이하 "부담금"이라 한다)의 부과 · 징수에 관한 업무
14. 제148조의2제4항에 따른 교육계획의 접수

② 제153조제1항제1호에 따라 한국원자력안전기술원에 위탁하는 업무는 **별표 7**과 같다.

⇒ **[별표 7] 한국원자력안전기술원에 위탁하는 업무(제154조제2항 관련)**

1. 법 제111조제1항제1호에 따른 인가 · 허가 또는 지정에 관한 안전성 심사 중 다음 각 목에 관한 사항
  가. 법 제10조제1항 전단 및 후단에 따른 발전용원자로 및 관계시설의 건설허가에 관련된 안전성 심사
  나. 법 제12조제1항 전단 및 후단에 따른 표준설계인가에 관련된 안전성 심사
  다. 법 제20조제1항 전단 및 후단에 따른 발전용원자로 및 관계시설의 운영허가에 관련된 안전성 심사
  라. 법 제30조제1항 전단 및 후단에 따른 연구용원자로 및 관계시설의 건설 허가에 관련된 안전성 심사
  마. 법 제35조제1항 전단 및 후단, 같은 조 제2항 전단에 따른 핵연료주기사업의 허가 또는 지정과 관련된 안전성 심사
  바. 법 제45조제1항 전단 및 후단에 따른 핵연료물질의 사용 또는 소지의 허가에 관련된 안전성 심사
  사. 법 제53조제1항 전단 및 후단에 따른 방사성동위원소등의 생산 · 판매 · 사용 또는 이동사용의 허가에 관련된 안전성 심사
  아. 법 제63조제1항 전단 및 후단에 따른 폐기시설등의 건설 · 운영허가에 관련된 안전성 심사
2. 법 제111조제1항제2호에 따른 승인에 관한 안전성 심사 중 다음 각 목에 관한 사항
  가. 법 제10조제3항(법 제69조에서 준용하는 경우를 포함한다)에 따른 부지에 관한 사전 승인에 관련된 안전성 심사
  나. 법 제28조제1항 전단 및 후단(법 제34조에서 준용하는 경우를 포함한다)에 따른 발전용원자로 및 관계시설의 해체 승인에 관련된 안전성 심사
  다. 법 제35조제2항 후단에 따른 사용후핵연료처리사업의 변경승인에 관련된 안전성 심사
  라. 법 제42조제1항 전단 및 후단에 따른 핵연료주기시설의 해체승인에 관련된 안전성 심사
  마. 법 제60조제1항 전단 및 후단에 따른 방사선기기의 설계승인에 관련된 안전성 심사
  바. 법 제76조제1항 전단 및 후단에 따른 방사성물질등의 포장 또는 운반을 위한 용기의 설계승인에 관련된 안전성 심사
  사. 법 제100조제1항에 따른 특정기술주제보고서의 승인에 관련된 안전성 심사
3. 법 제111조제1항제3호에 따른 기준(기술기준을 포함한다)의 연구 · 개발에 관한 사항

4. 법 제111조제1항제4호에 따른 검사 및 확인 · 점검 중 다음 각 목에 관한 사항
   가. 법 제16조제1항(법 제34조에서 준용하는 경우를 포함한다)에 따른 발전용원자로 및 관계시설의 건설에 관한 검사
   나. 법 제22조제1항(법 제34조에서 준용하는 경우를 포함한다)에 따른 발전용원자로 및 관계시설의 운영에 관한 검사
   다. 법 제28조제3항(법 제34조에서 준용하는 경우를 포함한다)에 따른 발전용원자로 및 관계시설의 해체상황의 확인 · 점검
   라. 법 제37조제1항에 따른 핵연료주기시설의 설치 · 운영에 관한 검사
   마. 법 제42조제3항에 따른 핵연료주기시설의 해체상황의 확인 · 점검
   바. 법 제47조제1항에 따른 핵연료물질의 사용 또는 소지에 관한 검사
   사. 법 제56조제1항 본문에 따른 방사성동위원소등의 생산 · 판매 · 사용 · 이동사용 또는 대행업무에 관한 검사(군사적 목적의 방사성동위원소등의 사용 · 이동사용에 관한 검사는 제외한다)
   아. 법 제61조제1항 본문에 따른 방사선기기에 관한 검사
   자. 법 제65조제1항에 따른 폐기시설 등의 설치 · 운영 및 방사성폐기물의 저장 · 처리 · 처분에 관한 검사
   차. 법 제75조제1항에 따른 방사성물질등의 포장 또는 운반에 관한 검사(군사적 목적의 방사성물질등의 포장 또는 운반에 관한 검사는 제외한다)
   카. 법 제77조제1항 본문에 따라 제작 · 수입된 운반용기 또는 사용 중인 운반용기 등에 관한 검사
   타. 법 제80조제1항에 따른 판독업무 등에 관한 검사
5. 법 제111조제1항제5호에 따른 법 제87조의 면허시험의 실시
6. 법 제111조제1항제7호에 따른 법 제82조 및 제98조제1항에 따라 판독업무자가 판독한 방사선작업종사자의 피폭에 관한 기록 및 보고의 관리
7. 법 제111조제1항제8호에 따른 신고의 접수와 조치 중 다음 각 목에 관한 사항
   가. 법 제10조제1항 단서, 제20조제1항 단서, 제28조제1항 단서(법 제34조에서 준용하는 경우를 포함한다), 제30조제1항 단서, 제30조의2제1항 단서, 제35조제1항 단서 및 제2항 단서, 제42조제1항 단서, 제45조제1항 단서, 제53조제1항 단서, 제60조제1항 단서, 제63조제1항 단서, 제76조제1항 단서에 따른 경미한 사항의 변경신고
   나. 법 제15조의2에 따른 신고 및 법 제33조에 따른 사업의 중단 · 폐지 등의 신고
   다. 법 제43조(법 제51조, 제62조, 제69조 및 제83조에서 준용하는 경우를 포함한다)에 따른 사업개시 등의 신고
   라. 법 제52조제1항에 따른 핵원료물질의 사용신고 및 그 변경신고
   마. 법 제53조제1항 단서에 따른 일시적인 사용 장소의 변경신고
   바. 법 제53조제2항에 따른 방사성동위원소등의 사용 또는 이동사용의 신고 및 그 변경신고
   사. 법 제53조의2제1항 및 제3항에 따른 방사선안전관리자의 선임 · 변경 및 해임 신고
   아. 법 제54조제2항에 따른 업무대행자의 등록변경신고
   자. 법 제71조에 따른 방사성물질등의 운반신고
   차. 법 제78조제2항에 따른 판독업무자의 등록사항 변경신고
   카. 법 제95조제1항에 따른 허가 또는 지정이 취소되거나 사업 또는 사용을 폐지한 원자력관계사업자의 방사성물질등 또는 방사선발생장치의 양도 · 보관 · 배출 · 저장 · 처리 · 처분 · 오염제거 · 기록인도와 그 밖의 방사선장해 방어 조치

7의2. 법 제111조제1항제9호의 업무 중 법 제106조제2항에 따른 보수교육(법 제84조제2항제1호 및 제2호의 면허 소지자에 대한 보수교육으로 한정한다)의 실시

8. 법 제111조제1항제10호에 관한 업무 중 다음 각 목에 관한 사항
   가. 법 제88조제1항에 따른 면허증 신청의 접수 · 심사 및 면허증 교부
   나. 법 제93조에 따른 핵물질 등의 수용 · 양도 관련 업무
   다. 법 제98조제1항 및 제104조제1항에 따른 보고

9. 법 제111조제1항제12호에 따른 등록에 관련된 안전성 심사에 관한 사항
10. 법 제111조제1항제13호에 따른 방사선환경조사, 환경상의 방사선 및 방사능 감시 · 평가에 관한 사항
11. 법 제111조제1항제14호에 따른 주기적 안전성 평가에 관련된 안전성 심사에 관한 사항
12. 법 제111조제1항제15호에 관한 업무 중 다음 각 목에 관한 사항
  가. 법 제30조의2제1항 전단 및 후단에 따른 연구용원자로 및 관계시설의 운영허가에 관련된 안전성 심사
  나. 법 제59조의2제6항에 따른 일일작업량 보고에 관한 업무
  다. 법 제70조제3항에 따라 위원회규칙으로 정하는 종류 및 수량 외의 방사성폐기물의 자체처분에 관한 안전관리 업무
  라. 법 제74조에 따른 운반 중 발생한 사고의 조치에 관한 업무
  마. 법 제90조에 따른 위해시설 설치에 관한 안전성 검토 업무
  바. 법 제98조제1항에 따른 원자력관계사업자(신고사용자는 제외한다) 또는 그로부터 방사성물질등을 위탁받아 운반하는 자의 방사성물질등의 운반물 현황에 대한 보고에 관한 업무
  사. 법 제98조제2항에 따른 검사 및 시료 수거를 위한 인력 및 기술의 지원. 다만, 별표 9 제6호가목에 따른 업무는 제외한다.
  아. 법 제111조제1항제3호에 따른 기준 외에 법 및 이 영에 따른 업무 수행을 위하여 필요한 기준(기술기준을 포함한다)의 연구 · 개발

③ 제153조제1항제2호에 따라 한국원자력연구원에 위탁하는 업무는 **별표 8**과 같다.

⇒ **[별표 8]**

한국원자력연구원에 위탁하는 업무(제154조제3항 관련)

법 제111조제1항제9호에 따른 법 제106조제2항에 따른 보수교육의 실시 중 법 제84조제2항제3호부터 제7호까지의 규정에 따른 면허 소지자로서 핵연료물질 또는 방사성동위원소등의 취급업무에 종사하는 사람에 대한 보수교육의 실시

④ 제153조제1항제3호에 따라 한국원자력통제기술원에 위탁하는 업무는 **별표 9**와 같다.

⇒ **[별표 9]**

한국원자력통제기술원에 위탁하는 업무(제154조제4항 관련)

1. 법 제111조제1항제2호에 따른 심사 중 다음 각 목의 사항
  가. 법 제15조에 따른 발전용원자로설치자의 계량관리규정에 관한 심사
  나. 법 제29조에서 준용하는 법 제15조에 따른 발전용 원자로운영자의 계량관리규정에 관한 심사
  다. 법 제34조에서 준용하는 법 제15조에 따른 연구용원자로등설치자의 계량관리규정에 관한 심사
  라. 법 제44조에서 준용하는 법 제15조에 따른 핵연료주기사업자의 계량관리규정에 관한 심사
  마. 법 제51조에서 준용하는 법 제15조에 따른 핵연료물질사용자의 계량관리규정에 관한 심사
  바. 법 제69조에서 준용하는 법 제15조에 따른 폐기시설등건설 · 운영자의 계량관리규정에 관한 심사
2. 법 제111조제1항제4호에 따른 검사 중 다음 각 목의 사항
  가. 법 제16조제1항에 따른 발전용원자로설치자의 특정핵물질의 계량관리에 관한 검사
  나. 법 제22조제1항에 따른 발전용원자로운영자의 특정핵물질의 계량관리에 관한 검사
  다. 법 제34조에서 준용하는 법 제16조제1항 및 제22조제1항에 따른 연구용원자로등설치자의 특정핵물질의 계량관리에 관한 검사

라. 법 제37조제1항에 따른 핵연료주기사업자의 특정핵물질의 계량관리에 관한 검사
마. 법 제47조제1항에 따른 핵연료물질사용자의 특정핵물질의 계량관리에 관한 검사
바. 법 제65조제1항에 따른 폐기시설등건설 · 운영자의 특정핵물질의 계량관리에 관한 검사
3. 법 제111조제1항제6호에 따른 법 제98조제6항의 국제규제물자에 관한 정보 관리
4. 법 제111조제1항제9호에 따른 업무 중 법 제106조제3항의 원자력통제에 관한 교육
5. 법 제111조제1항제10호에 따른 업무 중 다음 각 목의 사항
가. 법 제98조제1항에 따른 보고 관련 업무에 관한 사항 중 국제규제물자와 그 관련연구 업무에 대한 보고 및 서류 제출 관련 업무
나. 법 제107조에 따른 수출입과 관련된 업무에 관한 인력 및 기술 지원. 다만, 별표 10 제6호마목에 따른 업무는 제외한다.
6. 법 제111조제1항제15호에 따른 업무 중 다음 각 목에 관한 사항
가. 법 제98조제2항(국제규제물자를 취급하거나 이에 관련된 연구를 수행하는 자에 대한 것으로 한정한다) 및 제4항에 따른 검사 및 시료 수거를 위한 인력 및 기술 지원
나. 법 제98조제6항에 따른 국제규제물자의 이동을 확인하기 위한 장치의 설치

⑤ 삭제
⑥ 제153조제1항제5호 및 제6호에 따라 위원회가 지정하는 행정기관, 국공립연구기관, 특정연구기관, 비파괴검사협회, 협회 또는 관계 전문기관 등에 위탁할 수 있는 업무는 **별표 10**과 같다.

⇒ [별표 10] 위원회가 지정하는 행정기관, 국공립 연구기관, 특정연구기관, 비파괴검사협회, 협회 또는 관계 전문기관 등에 위탁할 수 있는 업무(제154조제6항 관련)

1. 법 제111조제1항제3호에 따른 기준(기술기준을 포함한다)의 연구 · 개발에 관한 사항
2. 법 제111조제1항제4호에 따른 검사 중 다음 각 목의 사항
가. 법 제56조에 따른 방사성동위원소등의 군사적 목적의 사용 또는 이동사용에 관한 검사
나. 법 제75조에 따른 방사성물질등의 군사적 목적의 포장 또는 운반에 관한 검사
3. 법 제111조제1항제9호에 따른 법 제106조제2항의 보수교육의 실시 중 법 제84조제2항제3호부터 제7호까지의 규정에 따른 면허 소지자로서 핵연료물질 또는 방사성동위원소등의 취급업무에 종사하는 사람에 대한 보수교육의 실시

주3) 대통령령 : 시행령 제155조(수탁업무처리규정의 승인 등)

① 법 제111조제1항에 따라 권한을 위탁받은 기관(이하 "수탁기관"이라 한다)은 다음 각 호의 사항을 적은 수탁업무처리규정을 정하여 위원회의 승인을 받아야 한다. 이를 변경하려는 경우에도 또한 같다.
1. 취급하는 수탁업무의 종류
2. 수탁업무를 처리하는 시간 및 휴일에 관한 사항
3. 수탁업무를 처리하는 장소에 관한 사항
4. 수탁업무 취급자의 선임 · 해임 및 배치에 관한 사항
5. 수탁업무 취급방법에 관한 사항

6. 수탁업무 처리결과의 표시 및 방법에 관한 사항
7. 삭제
8. 수탁업무에 관한 기록의 보존에 관한 사항
9. 그 밖에 수탁업무 처리에 관하여 필요한 사항

② 제1항 후단에 따라 수탁업무처리규정을 변경하려는 경우에는 다음 각 호의 사항을 적은 변경신청서를 위원회에 제출하여야 한다.

1. 변경하려는 사항
2. 변경하려는 일시
3. 변경의 이유

15. 원자력안전관리부담금 등

제111조의2(원자력안전관리부담금 등) ① 위원회는 제111조제1항 각 호의 업무를 원활하게 수행하기 위하여 이 법에 따른 허가 · 지정 · 승인 · 등록 또는 교육훈련을 신청한 자, 해당 원자력관계사업자 또는 판독업무자(이하 "원자력관계사업자등"이라 한다)에게 원자력안전관리부담금(이하 "부담금"이라 한다)을 부과 · 징수할 수 있다.

② 부담금의 규모, 산정기준은 원자력관계사업자등이 발생시키는 원자력안전관리 수요, 관련 시설의 방호 및 방사능 방재 수요를 고려하여 **대통령령**[1]으로 정한다.

③ 그 밖에 부담금의 납부방법 및 납부시기 등에 관한 사항은 **대통령령**[2]으로 정한다.

④ 위원회는 부담금 규모, 산정기준, 납부방법 및 납부시기 등에 관하여 필요한 사항을 변경하고자 할 때에는 관계 중앙행정기관의 장과 협의하여야 한다.

주1) 대통령령 : 시행령 156조(부담금 산정기준 등)

① 법 제111조의2제1항에 따른 원자력관계사업자등(이하 "원자력관계사업자등"이라 한다)에게 부과하는 부담금의 산정기준은 **별표 10의2**와 같다.

⇒ **[별표 10의2]**

부담금의 산정기준(제156조제1항 관련)

1. 부담금 산정기준

업무별 전년도 업무량 × 기준단가

2. 업무별 전년도 업무량

수탁기관이 전년도를 기준으로 해당 업무에 투입한 인원에 근무일수를 곱한 값

3. 기준단가

가. 다음 1)부터 7)까지의 어느 하나에 해당하는 부담금징수대상자: 다음 표의 구분에 따른 비목의 단가를 더한 값

1) 제17조에 따라 건설허가신청서를 제출한 자
2) 제48조 또는 제53조제1항에 따라 허가신청서를 제출한 자
3) 제96조에 따라 허가신청서를 제출한 자
4) 발전용원자로설치자
5) 발전용원자로운영자
6) 핵연료주기사업자
7) 방사성폐기물관리시설등건설 · 운영자

비목	세부내용	단가
1. 직접인건비	수탁기관이 수탁업무의 수행을 위해 투입한 인력에 지급한 인건비	「공공기관의 운영에 관한 법률」 제11조에 따라 공시하는 임원 및 운영인력 현황과 인건비 집행 현황에 따른 직원 1명의 근무일 하루당 평균 보수액
2. 직접경비	수탁기관이 수탁업무에 직접 사용한 경비	직접인건비의 84.9%에 해당하는 금액
3. 각종 경비	직접경비 외에 수탁기관이 수탁업무에 사용한 경비	직접인건비의 54.73%에 해당하는 금액

나. 가목 외의 부담금징수대상자: 가목 표의 직접인건비 단가 범위에서 위원회가 정하여 고시하는 값

② 제1항에도 불구하고 다음 각 호의 업무에 대한 부담금의 금액은 **별표 10의3**과 같다.

⇒ **[별표 10의3]**

부담금 부과금액(제156조제2항 관련)

1. 법 제98조제1항에 따라 판단업무자가 판독한 방사선작업종사자의 피폭에 관한 기록 및 보고의 관리에 관한 업무에 대한 부담금: 1년간 1명당 2만원

2. 법 제106조제2항에 따른 보수교육의 실시에 관한 업무에 대한 부담금

면허		부담금
가. 원자로조종사면허	1) 공통과정	19만3천원
	2) 전문과정	10만7천원
	3) 실습과정	12만8천원
나. 원자로조종감독자면허	1) 공통과정	19만3천원
	2) 전문과정	10만7천원
	3) 실습과정	12만8천원
다. 핵연료물질취급자면허		7만원
라. 핵연료물질취급감독자면허		7만원
마. 방사성동위원소취급자일반면허		7만원
바. 방사성동위원소취급자특수면허		7만원
사. 방사선취급감독자면허		7만원

3. 법 제107조에 따른 수출입과 관련된 업무에 대한 부담금

구분	종류	부담금
가. 수출입신고 요건 확인	1) 개봉된 방사성동위원소	가) 수입가격의 1달러당 3.0원
		나) 수출가격의 1달러당 1.8원
	2) 밀봉된 방사성동위원소 또는 밀봉된 방사성동위원소가 내장된 기기	가) 수입가격의 1달러당 2.5원
		나) 수출가격의 1달러당 2.0원
	3) 방사선발생장치 또는 방사선발생장치를 구성하는 부분품	수입가격 또는 수출가격의 1달러당 1.8원
나. 수출입신고요건 확인 면제	1) 방사성동위원소	수입가격 또는 수출가격의 1달러당 3.0원
	2) 방사선발생장치	수입가격 또는 수출가격의 1달러당 2.0원

비고
1. 환율은 매분기 첫째 날 외환은행 외국환율 최초 고시 매매기준율에 따라 적용한다.
2. 수출품목 중 수입 당시 부담금이 부과된 품목이 포함되어 있는 경우 해당 품목의 수출과 관련된 업무에 대한 부담금은 수출가격에서 수입가격을 뺀 금액을 수출가격으로 하여 산정한다.
3. 부담금은 신고 건당 200만원 이하로 한다.

1. 법 제98조제1항에 따라 판독업무자가 판독한 방사선작업종사자의 피폭에 관한 기록 및 보고의 관리에 관한 업무
2. 법 제106조제2항에 따른 보수교육의 실시에 관한 업무
3. 법 제107조에 따른 수출입과 관련된 업무

③ 위원회는 제1항에 따라 산정한 해당 연도 부담금의 규모를 그 산출내용을 명시하여 다음 연도 1월 31일까지 고시하여야 한다.

④ 위원회는 제1항에 따른 부담금의 산정기준을 변경하려는 경우에는 미리 산업통상자원부장관과 협의하여야 한다.

주2) 대통령령 : 시행령 제156조의2(부담금의 납부방법 및 납부시기 등)

① 위원회는 부담금을 징수하려면 그 금액과 함께 산출내용, 납부기한 및 납부장소를 명시하여 원자력관계사업자등에게 고지하여야 한다.

② 원자력관계사업자등은 다음 각 호의 어느 하나의 방법을 선택하여 해당 기한까지 부담금을 납부하여야 한다.

1. 12회 균등 분할 납부: 다음 연도 매월 말일까지
2. 4회 균등 분할 납부: 다음 연도 1월 31일, 4월 30일, 7월 31일 및 10월 31일까지

③ 제2항에도 불구하고 다음 각 호에 해당하는 업무에 대한 부담금은 해당 호에서 정한 시기에 납부하여야 한다.

1. 법 제53조제1항 전단 및 후단에 따른 허가 및 변경허가에 관련된 안전성 심사와 같은 조

제1항 단서에 따른 변경신고 및 같은 조 제2항에 따른 신고의 접수 업무에 대한 부담금: 허가 신청 시 또는 신고 시

2. 제156조제2항제1호에 따른 업무에 대한 부담금: 다음 연도 4월 30일까지
3. 제156조제2항제2호에 따른 업무에 대한 부담금: 다음 각 목의 어느 하나 중에 원자력관계사업자등이 선택한 시기
   가. 교육 신청 시
   나. 보수교육 실시 연도 6월 30일까지(교육시작일이 7월 1일 이후인 경우에는 해당 연도 12월 31일까지)
4. 제156조제2항제3호에 따른 업무에 대한 부담금: 수출입 신고 시. 다만, 전년도 기준 수출입 신고 건수가 월평균 5회 이상인 경우에는 월별로 합산하여 다음 달 5일까지 한 번에 납부할 수 있다.

④ 부담금은 현금, 신용카드 또는 직불카드 등으로 납부할 수 있다.

⑤ 위원회는 원자력관계사업자등이 납부한 부담금이 해당 업무의 변경 · 취소 등의 사유로 금액 차이가 발생한 경우에는 위원회가 정하여 고시하는 바에 따라 부담금을 정산하여 추가로 징수하거나 환급하여야 한다.

16. 강제징수

제111조의3(강제징수) ① 위원회는 원자력관계사업자등이 부담금을 납부기한 내에 납부하지 아니한 경우에는 납부기한 경과 후 7일 이내에 부담금의 납부를 독촉하여야 한다.

② 부담금 및 체납된 부담금을 납부기한 내에 납부하지 아니한 경우에는 「국세징수법」 제21조를 준용하여 가산금을 징수한다.

③ 제1항에 따라 독촉장을 발부한 때에는 10일 이상 60일 이내의 납부기한을 주어야 한다.

④ 제1항에 따라 독촉장을 받은 자가 그 기한 내에 부담금 및 제2항에 따른 가산금을 납부하지 아니한 때에는 위원회는 국세체납처분의 예에 따라 이를 징수할 수 있다.

17. 원자력기금 내 원자력안전규제계정의 재원 및 용도

제111조의4(원자력기금 내 원자력안전규제계정의 재원 및 용도) ①「원자력 진흥법」 제17조제2항에 따른 원자력안전규제계정의 재원은 다음 각 호와 같다.

1. 제111조의2제1항에 따른 부담금 및 제111조의3제2항에 따른 가산금
2. 「원자력시설 등의 방호 및 방사능 방재 대책법」 제45조제2항에 따라 징수하는 비용
3. 이 법 및 「원자력시설 등의 방호 및 방사능 방재 대책법」에 따라 징수하는 과징금 및 과태료
4. 「원자력손해배상 보상계약에 관한 법률」 제7조에 따른 보상료
5. 정부의 출연금
6. 정부가 아닌 자의 출연금 및 기부금
7. 일반회계로부터의 전입금
8. 원자력안전규제계정의 운용으로 생기는 수익금
9. 「공공자금관리기금법」에 따른 공공자금관리기금으로부터의 예수금(豫受金)
10. 「원자력 진흥법」 제17조제3항에 따른 차입금
11. 그 밖에 대통령령으로 정하는 수익금

② 원자력안전규제계정은 다음 각 호의 어느 하나에 해당하는 용도에 사용한다.

1. 원자력이용시설에 대한 안전관리
2. 방사선 및 방사성 물질로부터의 위해를 예방하기 위한 안전관리
3. 원자력통제
4. 원자력이용시설의 방호 및 방사능 방재
5. 제1호부터 제4호까지에 필요한 시설, 기자재, 장비 및 정보시스템의 구축 · 운영
6. 제1호부터 제4호까지에 필요한 기준, 절차, 지침 등을 마련하기 위한 원자력안전연구개발
7. 제1호부터 제4호까지와 관련한 인력의 양성 및 교육 훈련
8. 제1호부터 제4호까지와 관련한 국제협력
9. 「원자력 손해배상법」 제9조에 따른 보상
10. 제5조에 따른 원자력안전전문기관 및 제6조에 따른 통제기술원의 기관운영에 필요한 기본경비
11. 「공공자금관리기금법」에 따른 공공자금관리기금으로부터의 예수금 및 「원자력 진흥법」 제17조제3항에 따른 차입금에 대한 원리금 상환
12. 그 밖에 대통령령으로 정하는 원자력이용시설에 대한 안전관리, 방사선 및 방사성 물질로부터의 위해를 예방하기 위한 안전관리, 원자력통제 및 원자력시설 등의 방호 및 방사

능 방재 관련 업무
③ 위원회는 제2항 각 호의 어느 하나의 사업을 수행하는 기관 또는 단체에 그 소요비용을 출연 또는 보조할 수 있다.

18. 수수료

제112조(수수료) 이 법에 따라 허가 · 지정 · 승인 · 면허 · 등록 · 검사를 신청하는 자는 **총리령**[1]으로 정하는 바에 따라 수수료를 납부하여야 한다. 다만, 위원회는 국가, 지방자치단체, 「초 · 중등교육법」 및 「고등교육법」에 따른 학교, 그 밖에 다른 법령에 따라 설립된 학교와 이 법 또는 다른 법률에 따라 정부가 출연금을 지급하는 기관으로서 **대통령령**[2]으로 정하는 기관에는 수수료의 납부를 면제할 수 있다.

주1) 총리령 : 시행규칙 제146조(수수료)

① 법 제112조 본문에 따라 납부하여야 하는 수수료는 수입인지 또는 정보통신망을 이용한 전자화폐 · 전자결제 등의 방법으로 납부하며, 그 금액은 별표 8과 같다. 다만, 위원회가 그 권한을 위탁한 경우의 납부방법은 수탁기관이 정한다.
② 위원회는 법 제87조제1항에 따라 면허시험에 응시한 자가 다음 각 호의 어느 하나에 해당하는 경우에는 이미 납부한 응시수수료를 환급하여 줄 수 있다.
1. 응시수수료를 과오납한 경우
2. 접수마감일부터 10일 이내에 취소하는 경우
3. 시험시행기관의 귀책사유로 시험에 응하지 못한 경우

주2) 대통령령 : 시행령 제176조(수수료)

법 제112조 단서에서 "대통령령으로 정하는 기관"이란 한국원자력안전기술원, 한국원자력연구원 및 한국원자력통제기술원을 말한다.

연습문제

01 **다음 중 특정기술주제보고서에 담길 수 <u>없는</u> 내용은?**

① 원자로시설의 해체에 관련된 기술적 사항에 대한 방법론
② 원자로 관계시설의 품질보증체계에 대한 방법론
③ 동일한 목적으로 반복 적용될 수 있는 안전성에 관련된 사항
④ 원자로시설관련 허가시청서의 첨부서류 작성시에 기초가 되는 사항

02 **방사선환경영향평가서를 작성할 때 주민의견수렴을 하지 <u>않아도</u> 되는 경우는?**

① 발전용원자로 및 관계시설의 건설허가를 받으려 할 때
② 발전용원자로 및 관계시설을 계속운전하기 위해 변경허가를 받으려 할 때
③ 사용후핵연료 저장시설 부지 지정을 받으려 할 때
④ 방사성폐기물처분시설의 건설 · 운영허가를 받으려 할 때

03 **주민 의견 수렴을 위해 원자로 및 관계시설 해체계획서 초안이 의견수렴대상지역 행정기관에 제출됐을 때, 그 행정기관의 장은 며칠 이내에 그 접수 사실을 공고해야 하는가?**

① 3일 이내　② 5일 이내
③ 7일 이내　④ 10일 이내

04 **주민 의견수렴 대상지역의 행정기관 장은 원자로 및 관계시설의 해체계획서 초안을 얼마 동안 주민에게 공람을 해야 하는가?**

① 10일 이상 30일 이내　② 20일 이상 40일 이내
③ 30일 이상 50일 이내　④ 30일 이상 60일 이내

05 **다음 중 주민의견 수렴을 위한 공청회를 개최해야 하는 경우?**

① 공청회 개최가 필요하다는 의견을 제출한 주민이 5명 이상인 경우
② 공청회 개최가 필요하다는 의견을 제출한 주민이 10명 이상인 경우
③ 공청회 개최가 필요하다는 의견을 제출한 주민이 20명 이상인 경우
④ 공청회 개최가 필요하다는 의견을 제출한 주민이 30명 이상인 경우

06 **의견수렴대상지역 주관시장 · 군수 · 구청장은 사업자에게 언제까지 공청회 개최 여부를 공람기간 이 끝난 후 며칠 이내에 통보해야 하는가?**

① 5일 이내
② 7일 이내
③ 10일 이내
④ 14일 이내

07 **다음 중 방사선환경영형평가서 초안에 포함되지 않는 내용은?**

① 방사선환경영향을 평가하기 위한 시설 및 그 부지 주변지역의 환경 현황
② 시설 폐쇄 후 시행할 방사선환경감시계획
③ 시설의 건설 및 운영으로 인하여 주변 환경에 미치는 방사선영향의 예측
④ 운전 중 사고로 인하여 환경에 미치는 방사선영향

08 **다음 중 방사선환경조사 및 방사선환경영향평가 대상이 아닌 시설은?**

① 열출력 10킬로와트 연구용원자로
② 핵연료주기시설
③ 사용후핵연료 중간저장시설
④ 방사성폐기물 처분시설

09 **다음 중 방사선환경조사 및 방사선환경영평가에 대한 설명으로 틀린 것은?**

① 방사선환경조사는 사전에 방사선환경조사계획을 수립하여 시행해야 한다.
② 방사선환경조사에 관한 품질관리계획을 수립하여 주기적을 방사선환경조사 수행결과에 대한 검증을 수행해야 한다.
③ 시설의 운영에 영향을 미치지 않도록 공간적, 시간적 범위를 제한하여 방사선환경을 조사해야 한다.
④ 방사선환경조사결과를 바탕으로 시설의 운영에 따른 방사선환경영향을 평가해야 한다.

10 **원자력안전위원회가 국민 건강 보호 및 환경 보전을 위해 국토 전역에 대하여 환경상의 방사선 및 방사능 감시 · 평가를 위해 수행하는 업무가 아닌 것은?**

① 전국토 환경방사능의 조사 · 평가
② 해양 환경방사능의 조사 · 평가
③ 전국토 해양 환경방사능 자동감시망의 운영
④ 전국토 환경방사선 자동감시망의 운영

11 **다음 중 방사선작업종사자에게 시행하는 교육에 대한 설명으로 틀린 것은?**

① 방사선작업종사자에 대해서는 신규교육과 정기교육을 실시하여야 한다.
② 신규교육은 작업 종사 전에 실시해야 한다.
③ 방사선작업종사자 교육은 기본교육과 직장교육으로 구분하여 실시한다.
④ 직장교육은 방사선안전관리자를 대상으로 한다.

12 **다음 중 방사선관리구역에 출입자 교육에 대한 설명으로 틀린 것은?**

① 방사선관리구역 출입자에 대해서는 출입할 때마다 교육을 해야 한다.
② 방사선관리구역 출입자 교육은 출입하기 1주일 전에 하며, 1년간 유효하다.
③ 교육에서는 방사선장해방지 등 안전수칙을 알려준다.
④ 법정교육을 이수한 방사선작업종사자에 대해서는 교육을 하지 않을 수 있다.

13 **방사성동위원소취급 면허를 받은 사람 중 방사성동위원소등의 취급업무에 종사하는 사람이 보수 교육을 받아야 하는 주기는?**

① 1년 마다
② 2년 마다
③ 3년 마다
④ 3년 마다

14 **다음 중 원자력통제 교육대상자에 해당되지 않는 사람은?**

① 발전용원자로설치자의 종업원으로서 특정핵물질 계량업무 수행자
② 연구용원자로설치자의 종업원으로서 특정핵물질 계량업무 수행자
③ 핵연료주기 관련 공정이나 계통개발에 관련된 연구개발과제 참여 연구원
④ 핵연료주기사업자의 종업원으로서 특정핵물질 계량업무 수행자

15 **다음 중 원자력 관계 업무를 수행하는 과정에서 일반인이 방사선에 의해 신체 또는 재산에 피해를 입은 경우, 이 손해에 대한 보상은 어떤 법률에 의해 받는가?**

① 원자력안전법
② 산업안전보건법
③ 원자력관계사업자가 정하여 원자력안전위원회가 인가한 보상기준
④ 원자력손해보상법

CHAPTER 10

벌칙

제113조(벌칙) ① 원자로를 파괴하여 사람의 생명 · 신체 또는 재산을 해치거나 그 밖에 공공의 안전을 문란하게 한 사람은 사형 · 무기 또는 3년 이상의 유기징역에 처한다.
② 전쟁 · 천재지변 또는 이에 준하는 비상사태에서 제1항의 죄를 범한 사람은 사형 또는 무기징역에 처한다.
③ 제1항 및 제2항의 미수범은 처벌한다.
④ 제1항 또는 제2항의 죄를 범할 목적으로 예비 · 음모 또는 선동한 자는 3년 이상의 유기징역에 처한다.

제114조(벌칙) ① 방사성물질등과 원자로 및 관계시설, 핵연료주기시설, 방사선발생장치를 부당하게 조작하여 사람의 생명 또는 신체에 위험을 가한 사람은 1년 이상 10년 이하의 징역에 처한다.
② 제1항의 죄를 범하여 사람을 사망하게 한 사람은 3년 이상의 유기징역에 처한다.

제115조(벌칙) 제108조[1]를 위반한 사람은 10년 이하의 징역에 처한다.

주1) 법 : 제108조(비밀누설금지)
이 법에 따른 직무에 종사하거나 종사하였던 위원회의 위원 및 「원자력안전위원회의 설치 및 운영에 관한 법률」 제15조에 따른 전문위원회의 위원 또는 공무원은 그 직무상 알게 된 원자력에 관한 비밀을 누설하거나 이 법의 시행을 위한 목적 이외에 이를 이용하여서는 아니 된다.

제116조(벌칙)
다음 각 호의 어느 하나에 해당하는 자는 3년 이하의 징역 또는 3천만원 이하의 벌금에 처하거나 이를 병과(竝科)할 수 있다.
1. 제10조제1항 전단 · 제20조제1항 전단 · 제30조제1항 전단 · 제30조의2제1항 전단 · 제35조제1항 전단 및 제2항 전단 · 제45조제1항 전단 · 제53조제1항 전단 · 제54조제1항 · 제63조제1항 전단 또는 제78조제1항을 위반하여 허가 · 등록 또는 지정을 받지 아니하고 사용 · 소지 · 사업 등 각 해당 조에 규정된 행위를 한 자
2. 제27조(제34조에서 준용하는 경우를 포함한다) · 제41조 · 제50조제2항 · 제68조제2항 또는 제92조제2항에 따른 명령을 위반한 자
3. 제17조제1항 · 제24조제1항 · 제32조 · 제38조제1항 · 제48조 · 제57조제1항 · 제59조의2제3항 · 제66조제1항 또는 제81조제1항에 따른 사업 또는 업무의 정지명령을 위반하여 사업 또는 업무를 계속한 자

※ 제116조제1호 관련 조항

○ 제10조제1항 전단

제10조(건설허가) ① 발전용원자로 및 관계시설을 건설하려는 자는 대통령령으로 정하는 바에 따라 위원회의 허가를 받아야 한다. 허가받은 사항을 변경하려는 때에도 또한 같다. 다만, 총리령으로 정하는 경미한 사항을 변경하려는 때에는 이를 신고하여야 한다.

○ 제20조제1항 전단

제20조(운영허가) ① 발전용원자로 및 관계시설을 운영하려는 자는 대통령령으로 정하는 바에 따라 위원회의 허가를 받아야 한다. 허가받은 사항을 변경하려는 때에도 또한 같다. 다만, 총리령으로 정하는 경미한 사항을 변경하려는 때에는 이를 신고하여야 한다.

○ 제30조제1항 전단

제30조(연구용원자로 등의 건설허가) ① 연구용 또는 교육용의 원자로 및 관계시설을 건설하려는 자는 그 종류별로 대통령령으로 정하는 바에 따라 위원회의 허가를 받아야 한다. 허가받은 사항을 변경하려는 때에도 또한 같다. 다만, 총리령으로 정하는 경미한 사항을 변경하려는 때에는 이를 신고하여야 한다.

○ 제30조의2제1항 전단

제30조의2(연구용원자로 등의 운영허가) ① 연구용 또는 교육용 원자로 및 관계시설을 운영하려는 자는 그 종류별로 대통령령으로 정하는 바에 따라 위원회의 허가를 받아야 한다. 허가받은 사항을 변경하려는 때에도 또한 같다. 다만, 총리령으로 정하는 경미한 사항을 변경하려는 때에는 이를 신고하여야 한다.

○ 제35조제1항 전단

제35조(핵연료주기사업의 허가 등) ① 핵원료물질 또는 핵연료물질의 정련사업 또는 가공사업(변환사업을 포함한다)을 하려는 자는 대통령령으로 정하는 바에 따라 위원회의 허가를 받아야 한다. 허가받은 사항을 변경하려는 때에도 또한 같다. 다만, 총리령으로 정하는 경미한 사항의 변경은 이를 신고하여야 한다.

○ 제35조제2항 전단

제35조(핵연료주기사업의 허가 등) ② 사용후핵연료처리사업을 하려는 자는 대통령령으로 정하는 바에 따라 주무부장관의 지정을 받아야 하며, 주무부장관은 지정 시 위원회와 협의하여야 한다. 지정받은 사항을 변경하려는 때에는 주무부장관의 승인을 받아야 한다. 다만, 총리령으로 정하는 경미한 사항의 변경은 이를 신고하여야 한다.

○ 제45조제1항 전단

제45조(핵연료물질의 사용 등 허가) ① 다음 각 호의 어느 하나에 해당하는 경우를 제외하고 핵연료물질을 사용 또는 소지하려는 자는 대통령령으로 정하는 바에 따라 위원회의 허가를 받아야 한다. 허가받은 사항을 변경하려는 때에도 또한 같다. 다만, 총리령으로 정하는 경미한 사항을 변경하려는 때에는 이를 신고하여야 한다.

1. 발전용원자로설치자 · 발전용원자로운영자 또는 연구용원자로등설치자 · 연구용원자로등운영자가 핵연료물질을 그 허가받은 사업에 사용하는 경우
2. 핵연료주기사업자가 핵연료물질을 그 허가 또는 지정받은 사업에 사용하는 경우
3. 대통령령으로 정하는 종류 및 수량의 핵연료물질을 사용하는 경우

○ 제53조제1항 전단

제53조(방사성동위원소 · 방사선발생장치 사용 등의 허가 등) ① 방사성동위원소 또는 방사선발생장치(이하 "방사성동위원소등"이라 한다)를 생산 · 판매 · 사용(소지 · 취급을 포함한다. 이하 같다) 또는 이동사용하려는 자는 대통령령으로 정하는 바에 따라 위원회의 허가를 받아야 한다. 허가받은 사항을 변경하려는 때에도 또한 같다. 다만, 총리령으로 정하는 일시적인 사용 장소의 변경과 그 밖의 경미한 사항을 변경하려는 때에는 이를 신고하여야 한다.

○ 제54조제1항

제54조(업무대행자의 등록) ① 허가사용자 및 신고사용자를 대행하여 다음 각 호의 어느 하나의 업무를 하려는 자는 위원회에 등록하여야 한다.

1. 방사선오염의 제거
2. 방사성동위원소등 및 방사성폐기물의 수거 · 처리 및 운반
3. 방사선안전보고서 · 안전관리규정의 작성
4. 사용시설등의 설치에 대한 감리
5. 방사선안전관리

6. 그 밖에 총리령으로 정하는 방사선의 안전관리 및 장해방지 관련 업무

○ 제63조제1항 전단

제63조(방사성폐기물관리시설등의 건설 · 운영 허가) ① 방사성폐기물의 저장 · 처리 · 처분 시설 및 그 부속시설(이하 "방사성폐기물관리시설등"이라 한다)을 건설 · 운영하려는 자는 대통령령으로 정하는 바에 따라 위원회의 허가를 받아야 한다. 허가받은 사항을 변경하려는 때에도 또한 같다. 다만, 총리령으로 정하는 경미한 사항을 변경하려는 때에는 이를 신고하여야 한다.

○ 제78조제1항

제78조(판독업무자의 등록) ① 신체의 외부에서 피폭하는 방사선량의 판독에 관한 업무를 하려는 자는 위원회에 등록하여야 한다.

※ 제116조제2호 관련 조항

○ 제27조

제27조(발전용원자로 및 관계시설의 사용정지 등의 조치) 위원회는 발전용원자로 및 관계시설의 성능이 제21조제2호에 따른 기술기준에 적합하지 아니하다고 인정하거나 제26조제1항에 따른 조치가 부족하다고 인정하면 해당 발전용원자로운영자에게 발전용원자로 및 관계시설의 사용정지, 개조, 수리, 이전, 운영방법의 지정 또는 제20조제2항의 운영기술지침서의 변경이나 오염제거와 그 밖의 안전을 위하여 필요한 조치를 명할 수 있다.

○ 제41조

제41조(핵연료주기시설의 사용정지 등의 조치) 위원회는 제40조에 따른 안전조치가 부족하다고 인정하면 핵연료주기사업자에게 그 시설의 사용정지 · 개조 · 수리 · 이전이나 이전방법의 지정과 그 밖의 안전을 위하여 필요한 조치를 명할 수 있다.

○ 제50조제2항

제50조(기준준수의무 등) ② 위원회는 해당 사업소 안에서의 핵연료물질 또는 그에 따라 오염된 물질의 사용 · 분배 · 저장 · 운반 · 보관 · 처리 또는 배출이 제1항에 따른 기술기준에 적합하지 아니하다고 인정하면 핵연료물질사용자에게 해당 시설의 수리 · 개선 · 이전 또는 사용의 정지, 취급방법의 변경과 그 밖의 안전에 필요한 조치를 명할 수 있다.

○ 제68조제2항

제68조(기준준수의무 등) ② 위원회는 방사성폐기물관리시설등의 위치 · 구조 · 설비 및 성능과 방사성폐기물의 저장 · 처리 또는 처분이 제1항에 따른 기술기준에 적합하지 아니하다고 인정하면 방사성폐기물관리시설등건설 · 운영자에게 해당 시설의 수리 · 개선 · 이전 또는 업무의 정지, 취급방법의 변경과 그 밖의 안전에 필요한 조치를 명할 수 있다.

○ 제92조제2항

제92조(장해방어조치 및 보고) ② 위원회는 제1항에 따라 보고를 받은 때에는 해당 원자력관계사

업자에게 원자력이용시설의 사용정지, 방사성물질등의 이전 · 오염의 제거와 그 밖의 방사선장해를 방지하기 위하여 필요한 조치를 명할 수 있다.

※ 제116조제3호 관련 조항

○ 제17조제1항

제17조(건설허가의 취소 등) ① 위원회는 발전용원자로설치자가 다음 각 호의 어느 하나에 해당하면 그 허가를 취소하거나 1년 이내의 기간을 정하여 그 건설공사의 정지를 명할 수 있다. 다만, 제1호 또는 제5호에 해당하는 때에는 그 허가를 취소하여야 한다.

1. 거짓이나 그 밖의 부정한 방법으로 허가를 받은 때
2. 정당한 사유 없이 대통령령으로 정하는 기간 안에 그 허가받은 건설공사를 개시하지 아니하거나 1년 이상 계속하여 그 공사를 중단한 때
3. 제10조제1항 후단에 따라 허가받아야 할 사항을 허가받지 아니하고 변경한 때
4. 제11조의 허가기준에 미달하게 된 때
5. 제14조제1호 · 제2호 및 제4호 중 어느 하나에 해당하게 된 때. 다만, 법인의 임원이 그 사유에 해당하게 된 경우 3개월 이내에 그 임원을 바꾼 때에는 그러하지 아니하다.
6. 제16조제2항 또는 제98조제1항 및 제3항에 따른 명령을 위반한 때
7. 제15조제1항 · 제94조 또는 제96조를 위반한 때
8. 제99조의 허가조건을 위반한 때

○ 제24조제1항

제24조(운영허가의 취소 등) ① 위원회는 발전용원자로운영자가 다음 각 호의 어느 하나에 해당하면 그 허가를 취소하거나, 1년 이내의 기간을 정하여 그 운영의 정지를 명할 수 있다. 다만, 제1호 또는 제4호에 해당하는 때에는 그 허가를 취소하여야 한다.

1. 거짓이나 그 밖의 부정한 방법으로 허가를 받은 때
2. 정당한 사유 없이 대통령령으로 정하는 기간 안에 그 허가받은 운영을 개시하지 아니하거나 1년 이상 계속하여 그 운영을 중단한 때
3. 제20조제1항 후단에 따라 허가받아야 할 사항을 허가받지 아니하고 변경한 때
4. 제20조제3항에 따라 준용되는 제14조제1호 · 제2호 및 제4호 중 어느 하나에 해당하게 된 때. 다만, 법인의 임원이 그 사유에 해당하게 된 경우 3개월 이내에 그 임원을 바꾼 때에는 그러하지 아니하다.
5. 제21조의 허가기준에 미달하게 된 때
6. 제22조제2항 · 제23조제2항 · 제27조 · 제92조제2항 또는 제98조제1항 및 제3항에 따른 명령을 위반한 때
7. 제29조에 따라 준용되는 제15조제1항을 위반한 때

8. 제26조 · 제70조 · 제89조제5항 · 제94조 · 제96조 또는 제106조제1항을 위반한 때
9. 제99조의 허가조건을 위반한 때

○ 제32조

제32조(건설허가 · 운영허가의 취소 등) ①위원회는 제30조제1항에 따라 허가를 받은 자(이하 "연구용원자로등설치자"라 한다) 및 제30조의2제1항에 따라 허가를 받은 자(이하 "연구용원자로등운영자"라 한다)가 다음 각 호의 어느 하나에 해당하면 그 허가를 취소하거나 1년 이내의 기간을 정하여 사업의 정지를 명할 수 있다. 다만, 제1호 또는 제4호에 해당하는 때에는 그 허가를 취소하여야 한다.

1. 거짓이나 그 밖의 부정한 방법으로 허가를 받은 때
2. 정당한 사유 없이 대통령령으로 정하는 기간 안에 그 허가받은 사업을 개시하지 아니하거나 1년 이상 계속하여 그 사업을 중단한 때
3. 제30조제3항 · 제30조의2제3항에 따라 준용되는 제11조 및 제21조의 허가기준에 미달하게 된 때
4. 제30조제3항 · 제30조의2제3항에 따라 준용되는 제14조제1호 · 제2호 및 제4호 중 어느 하나에 해당하게 된 때. 다만, 법인의 임원이 그 사유에 해당하게 된 경우 3개월 이내에 그 임원을 바꾼 때에는 그러하지 아니하다.
5. 제30조제1항 후단 · 제30조의2제1항 후단에 따라 허가받아야 할 사항을 허가받지 아니하고 변경한 때
6. 제34조에 따라 준용되는 제15조제1항 또는 제26조를 위반한 때
7. 제34조에 따라 준용되는 제16조제2항 · 제22조제2항 또는 제27조에 따른 명령을 위반한 때
8. 제31조제3항 · 제92조제2항 또는 제98조제1항 및 제3항에 따른 명령을 위반한 때
9. 제70조 · 제89조제5항 · 제94조 · 제96조 또는 제106조제1항을 위반한 때
10. 제99조의 허가조건을 위반한 때
11. 제34조제1항에 따라 준용되는 제23조제2항에 따른 명령을 위반한 때

② 제1항에 따라 그 사업의 정지를 명하여야 할 경우에는 제17조제2항부터 제4항까지의 규정을 준용한다.

○ 제38조제1항

제38조(허가 등의 취소 등) ① 핵연료주기사업자가 다음 각 호의 어느 하나에 해당하면 위원회는 그 허가를, 주무부장관은 그 지정을 각각 취소하거나 1년 이내의 기간을 정하여 사업의 정지를 명할 수 있다. 다만, 제1호 또는 제4호에 해당하는 때에는 그 허가 또는 지정을 취소하여야 한다.

1. 거짓이나 그 밖의 부정한 방법으로 허가 또는 지정을 받은 때
2. 정당한 사유 없이 대통령령으로 정하는 기간 안에 그 허가 또는 지정받은 사업을 개시하지 아니하거나 1년 이상 계속하여 그 사업을 중단한 때

3. 제35조제1항 후단 또는 제2항 후단에 따라 허가 또는 승인받아야 할 사항을 허가 또는 승인받지 아니하고 변경한 때
4. 제35조제5항에 따라 준용되는 제14조제1호 · 제2호 및 제4호 중 어느 하나에 해당하게 된 때. 다만, 법인의 임원이 그 사유에 해당하게 된 경우 3개월 이내에 그 임원을 바꾼 때에는 그러하지 아니하다.
5. 제36조의 허가 또는 지정 기준에 미달하게 된 때
6. 제37조제2항 · 제41조 · 제92조제2항 또는 제98조제1항 및 제3항에 따른 명령을 위반한 때
7. 제40조제1항 · 제2항, 제70조, 제89조제5항, 제94조, 제96조 또는 제106조제1항을 위반한 때
8. 제44조에 따라 준용되는 제15조제1항을 위반한 때
9. 제99조의 허가 또는 지정 조건을 위반한 때

○ 제48조

제48조(사용 또는 소지 허가의 취소 등) ①위원회는 핵연료물질사용자가 다음 각 호의 어느 하나에 해당하면 그 허가를 취소하거나 1년 이내의 기간을 정하여 업무의 정지를 명할 수 있다. 다만, 제1호 또는 제3호에 해당하는 때에는 그 허가를 취소하여야 한다.

1. 거짓이나 그 밖의 부정한 방법으로 허가를 받은 때
2. 제45조제1항 후단에 따라 허가받아야 할 사항을 허가받지 아니하고 변경한 때
3. 제45조제3항에 따라 준용되는 제14조제1호 · 제2호 및 제4호 중 어느 하나에 해당하게 된 때. 다만, 법인의 임원이 그 사유에 해당하게 된 경우 3개월 이내에 그 임원을 바꾼 때에는 그러하지 아니하다.
4. 제46조의 허가기준에 미달하게 된 때
5. 제50조제3항 또는 제51조에 따라 준용되는 제15조제1항을 위반한 때
6. 제47조제2항 · 제50조제2항 · 제92조제2항 또는 제98조제1항 및 제3항에 따른 명령을 위반한 때
7. 제70조 · 제94조 · 제96조 또는 제106조제1항을 위반한 때
8. 제99조의 허가조건을 위반한 때

② 위원회는 제1항에 따라 업무의 정지를 명하여야 할 경우에 그 업무의 정지를 갈음하여 5억원 이하의 과징금을 부과할 수 있다.

③ 제1항에 따른 업무의 정지 처분기준과 제2항에 따른 과징금의 부과기준은 대통령령으로 정한다.

④ 위원회는 제2항에 따른 과징금을 내야 할 자가 납부기한까지 과징금을 내지 아니하면 국세체납처분의 예에 따라 이를 징수하거나 제2항에 따른 과징금 부과처분을 취소하고 제1항에 따른 업무정지처분을 하여야 한다.

○ 제57조제1항

제57조(생산 · 판매 · 사용 또는 이동사용 허가 등의 취소 등) ① 위원회는 허가사용자 · 신고사용자 또는 업무대행자가 다음 각 호의 어느 하나에 해당하면 그 허가 · 등록의 취소 또는 1년 이내의 기간을 정하여 그 업무를 정지하거나 사용금지(신고사용자만 해당한다)를 명할 수 있다. 다만, 제1호 또는 제4호에 해당하는 때에는 그 허가 또는 등록을 취소하여야 한다.

1. 거짓이나 그 밖의 부정한 방법으로 허가를 받았거나 신고 또는 등록한 때
2. 정당한 사유 없이 대통령령으로 정하는 기간 안에 그 허가받은 사용 또는 사업을 개시하지 아니하거나 1년 이상 계속하여 중단한 때
3. 제53조제1항 후단, 제2항 후단 또는 제54조제2항에 따라 변경허가 또는 변경신고를 하지 아니하고 허가받은 사항이나 신고 또는 등록한 사항을 변경한 때
4. 제53조제4항 및 제54조제4항에서 준용하는 제14조제1호 · 제2호 및 제4호 중 어느 하나에 해당하게 된 때. 다만, 법인의 대표자가 그 사유에 해당하게 된 경우 3개월 이내에 그 대표자를 바꾸어 선임한 때에는 그러하지 아니하다.
5. 제55조의 허가 또는 등록 기준에 미달하게 된 때
6. 제56조제2항, 제59조제2항, 제92조제2항 또는 제98조제1항 및 제3항에 따른 명령을 위반한 때
7. 제59조제3항 · 제70조 · 제94조 · 제96조 또는 제106조제1항을 위반한 때
8. 제99조의 허가조건을 위반한 때

○ 제59조의2제3항

제59조의2(발주자의 안전조치 의무) ③ 제2항에 따라 위원회가 발주자에게 안전설비의 설치 또는 보완을 명하였음에도 발주자가 이를 이행하지 아니하여 방사선작업종사자의 안전이 위협받을 경우 위원회는 위원회규칙으로 정하는 바에 따라 방사선투과검사 작업의 중지를 명할 수 있다.

○ 제66조제1항

제66조(방사성폐기물관리시설등의 건설 · 운영 허가의 취소 등) ① 위원회는 방사성폐기물관리시설등건설 · 운영자가 다음 각 호의 어느 하나에 해당하면 그 허가를 취소하거나 1년 이내의 기간을 정하여 그 사업의 정지를 명할 수 있다. 다만, 제1호 또는 제4호에 해당하는 때에는 그 허가를 취소하여야 한다.

1. 거짓이나 그 밖의 부정한 방법으로 허가를 받은 때
2. 정당한 사유 없이 대통령령으로 정하는 기간 안에 그 허가받은 사업을 개시하지 아니하거나 1년 이상 계속하여 그 사업을 중단한 때
3. 제63조제1항 후단에 따라 허가받아야 할 사항을 허가받지 아니하고 변경한 때
4. 제63조제3항에 따라 준용되는 제14조제1호 · 제2호 및 제4호 중 어느 하나에 해당하게 된 때. 다만, 법인의 임원이 그 사유에 해당하게 된 경우 3개월 이내에 그 임원을 바꾼 때에는

그러하지 아니하다.

5. 제64조의 허가기준에 미달하게 된 때
6. 제69조에 따라 준용되는 제15조제1항을 위반한 때
7. 제65조제2항 · 제68조제2항 · 제92조제2항 또는 제98조제1항 · 제3항에 따른 명령을 위반한 때
8. 제68조제3항, 제89조제5항, 제94조, 제96조 또는 제106조제1항을 위반한 때
9. 제99조의 허가조건을 위반한 때

○ 제81조제1항

제81조(판독업무자 등록의 취소 등) ① 위원회는 판독업무자가 다음 각 호의 어느 하나에 해당하면 그 등록을 취소하거나 1년 이내의 기간을 정하여 그 업무의 정지를 명할 수 있다. 다만, 제1호 또는 제5호에 해당하는 때에는 그 등록을 취소하여야 한다.

1. 거짓이나 그 밖의 부정한 방법으로 등록을 한 때
2. 정당한 사유 없이 대통령령으로 정하는 기간 안에 그 등록한 업무를 개시하지 아니하거나 1년 이상 계속하여 중단한 때
3. 제78조제2항에 따라 신고를 하지 아니하고 등록한 사항을 변경한 때
4. 제79조에 따른 등록기준에 미달하게 된 때
5. 제78조제4항에서 준용하는 제14조제1호 · 제2호 및 제4호 중 어느 하나에 해당하게 된 때. 다만, 법인의 대표자가 그 사유에 해당하게 된 경우 3개월 이내에 그 대표자를 바꾸어 선임한 때에는 그러하지 아니하다.
6. 제80조제2항 또는 제98조제1항 및 제3항에 따른 명령을 위반한 때

제117조(벌칙)

다음 각 호의 어느 하나에 해당하는 자는 1년 이하의 징역 또는 1천만원 이하의 벌금에 처하거나 이를 병과할 수 있다.

1. 제10조제1항 후단 · 제20조제1항 후단 · 제30조제1항 후단 · 제30조의2제1항 후단 · 제35조제1항 후단 및 제2항 후단 · 제45조제1항 후단 · 제53조제1항 후단 또는 제63조제1항 후단을 위반하여 변경허가를 받지 아니하고 허가받은 사항을 변경하거나 승인을 받지 아니하고 지정받은 사항을 변경한 자
2. 제10조제4항(제69조에서 준용하는 경우를 포함한다) · 제15조제1항 전단(제29조 · 제34조 · 제44조 · 제51조 및 제69조에서 준용하는 경우를 포함한다) · 제28조제1항 전단(제34조에서 준용하는 경우를 포함한다) · 제42조제1항 전단 · 제60조제1항 전단 · 제76조제1항 전단 또는 제111조제5항 전단을 위반하여 승인을 받지 아니한 자
3. 제16조제1항(제34조에서 준용하는 경우를 포함한다) · 제22조제1항(제34조에서 준용하는 경우를 포함한다) · 제37조제1항 · 제47조제1항 · 제56조제1항 · 제65조제1항 · 제75조제1항 · 제77조제1항 또는 제80조제1항을 위반하여 검사받아야 할 사항을 검사받지 아니하거나 제98조제2항 및 제4항에 따른 검사를 거부 · 방해 또는 기피하거나 거짓의 진술을 한 자
4. 제89조제2항에 따른 제한명령을 위반하여 출입하거나 거주한 자 또는 같은 조 제5항을 위반한 자
5. 제31조제3항 · 제52조제3항 · 제59조제2항 · 제59조의2제2항 또는 제98조제1항 및 제3항에 따른 명령을 위반한 자
6. 제70조제1항 및 제2항 · 제77조제2항 · 제84조제1항 본문 · 제94조 · 제96조 또는 제97조를 위반한 자
7. 제15조의3(제29조 및 제34조에서 준용하는 경우를 포함한다) · 제15조의4제2항 · 제74조제2항 · 제92조제1항 · 제92조의2 · 제98조제1항 또는 제104조제1항을 위반하여 보고를 하지 아니하거나 거짓의 보고를 한 자

※ 제117조제1호 관련 조항

○ 제10조제1항 후단

제10조(건설허가) ① 발전용원자로 및 관계시설을 건설하려는 자는 대통령령으로 정하는 바에 따라 위원회의 허가를 받아야 한다. <u>허가받은 사항을 변경하려는 때에도 또한 같다.</u> 다만, 총리령으로 정하는 경미한 사항을 변경하려는 때에는 이를 신고하여야 한다.

○ 제20조제1항 후단

제20조(운영허가) ① 발전용원자로 및 관계시설을 운영하려는 자는 대통령령으로 정하는 바에 따

라 위원회의 허가를 받아야 한다. 허가받은 사항을 변경하려는 때에도 또한 같다. 다만, 총리령으로 정하는 경미한 사항을 변경하려는 때에는 이를 신고하여야 한다.

○ 제30조제1항 후단

제30조(연구용원자로 등의 건설허가) ① 연구용 또는 교육용의 원자로 및 관계시설을 건설하려는 자는 그 종류별로 대통령령으로 정하는 바에 따라 위원회의 허가를 받아야 한다. 허가받은 사항을 변경하려는 때에도 또한 같다. 다만, 총리령으로 정하는 경미한 사항을 변경하려는 때에는 이를 신고하여야 한다.

○ 제30조의2제1항 후단

제30조의2(연구용원자로 등의 운영허가) ① 연구용 또는 교육용 원자로 및 관계시설을 운영하려는 자는 그 종류별로 대통령령으로 정하는 바에 따라 위원회의 허가를 받아야 한다. 허가받은 사항을 변경하려는 때에도 또한 같다. 다만, 총리령으로 정하는 경미한 사항을 변경하려는 때에는 이를 신고하여야 한다.

○ 제35조제1항 후단

제35조(핵연료주기사업의 허가 등) ① 핵원료물질 또는 핵연료물질의 정련사업 또는 가공사업(변환사업을 포함한다)을 하려는 자는 대통령령으로 정하는 바에 따라 위원회의 허가를 받아야 한다. 허가받은 사항을 변경하려는 때에도 또한 같다. 다만, 총리령으로 정하는 경미한 사항의 변경은 이를 신고하여야 한다.

○ 제35조제2항 후단

제35조(핵연료주기사업의 허가 등) ② 사용후핵연료처리사업을 하려는 자는 대통령령으로 정하는 바에 따라 주무부장관의 지정을 받아야 하며, 주무부장관은 지정 시 위원회와 협의하여야 한다. 지정받은 사항을 변경하려는 때에는 주무부장관의 승인을 받아야 한다. 다만, 총리령으로 정하는 경미한 사항의 변경은 이를 신고하여야 한다.

○ 제45조제1항 후단

제45조(핵연료물질의 사용 등 허가) ① 다음 각 호의 어느 하나에 해당하는 경우를 제외하고 핵연료물질을 사용 또는 소지하려는 자는 대통령령으로 정하는 바에 따라 위원회의 허가를 받아야 한다. 허가받은 사항을 변경하려는 때에도 또한 같다. 다만, 총리령으로 정하는 경미한 사항을 변경하려는 때에는 이를 신고하여야 한다.

1. 발전용원자로설치자 · 발전용원자로운영자 또는 연구용원자로등설치자 · 연구용원자로등운영자가 핵연료물질을 그 허가받은 사업에 사용하는 경우
2. 핵연료주기사업자가 핵연료물질을 그 허가 또는 지정받은 사업에 사용하는 경우
3. 대통령령으로 정하는 종류 및 수량의 핵연료물질을 사용하는 경우

○ 제53조제1항 후단

제53조(방사성동위원소 · 방사선발생장치 사용 등의 허가 등) ① 방사성동위원소 또는 방사선발생장

치(이하 "방사성동위원소등"이라 한다)를 생산 · 판매 · 사용(소지 · 취급을 포함한다. 이하 같다) 또는 이동사용하려는 자는 대통령령으로 정하는 바에 따라 위원회의 허가를 받아야 한다. 허가받은 사항을 변경하려는 때에도 또한 같다. 다만, 총리령으로 정하는 일시적인 사용 장소의 변경과 그 밖의 경미한 사항을 변경하려는 때에는 이를 신고하여야 한다.

○ 제63조제1항 후단

제63조(방사성폐기물관리시설등의 건설 · 운영 허가) ① 방사성폐기물의 저장 · 처리 · 처분 시설 및 그 부속시설(이하 "방사성폐기물관리시설등"이라 한다)을 건설 · 운영하려는 자는 대통령령으로 정하는 바에 따라 위원회의 허가를 받아야 한다. 허가받은 사항을 변경하려는 때에도 또한 같다. 다만, 총리령으로 정하는 경미한 사항을 변경하려는 때에는 이를 신고하여야 한다.

※ 제117조제2호 관련 조항

○ 제10조제4항

제10조(건설허가) ④ 제3항에 따라 부지에 관한 승인을 받은 자는 총리령으로 정하는 범위에서 공사를 할 수 있다.

○ 제15조제1항 전단

제15조(계량관리규정) ① 제10조제1항에 따라 허가를 받은 자(이하 "발전용원자로설치자"라 한다)는 대통령령으로 정하는 바에 따라 국제규제물자 중 핵물질(이하 "특정핵물질"이라 한다)의 계량관리규정을 정하여 특정핵물질의 사용개시 전에 위원회의 승인을 받아야 한다. 이를 변경하려는 때에도 또한 같다. 다만, 총리령으로 정하는 경미한 사항을 변경하려는 때에는 이를 신고하여야 한다.

○ 제28조제1항 전단

제28조(발전용원자로 및 관계시설의 해체) ① 발전용원자로운영자가 발전용원자로 및 관계시설을 해체하려는 때에는 대통령령으로 정하는 바에 따라 위원회의 승인을 받아야 한다. 승인받은 사항을 변경하려는 때에도 또한 같다. 다만, 총리령으로 정하는 경미한 사항을 변경하려는 때에는 이를 위원회에 신고하여야 한다.

○ 제42조제1항 전단

제42조(핵연료주기시설의 해체) ① 핵연료주기사업자가 핵연료주기시설을 해체하려는 때에는 대통령령으로 정하는 바에 따라 위원회의 승인을 받아야 한다. 승인받은 사항을 변경하려는 때에도 또한 같다. 다만, 총리령으로 정하는 경미한 사항을 변경하려는 때에는 이를 위원회에 신고하여야 한다.

○ 제60조제1항 전단

제60조(방사선발생장치 등의 설계승인 등) ① 방사선발생장치 또는 방사성동위원소가 내장된 기기(이하 "방사선기기"라 한다)를 제작하려는 자 또는 외국에서 제작된 방사선기기를 수입하려는

자는 대통령령으로 정하는 바에 따라 위원회의 승인을 받아야 한다. 이를 변경하려는 때에도 또한 같다. 다만, 총리령으로 정하는 경미한 사항을 변경하려는 때에는 이를 위원회에 신고하여야 한다.

○ 제76조제1항 전단

제76조(운반용기의 설계승인) ① 원자력관계사업자가 총리령으로 정하는 수량의 방사성물질등의 포장 또는 운반을 위한 용기(이하 "운반용기"라 한다)를 제작하려는 때 또는 외국에서 제작된 운반용기를 수입하려는 때에는 대통령령으로 정하는 설계기준에 따라 위원회의 승인을 받아야 한다. 이를 변경하려는 때에도 또한 같다. 다만, 총리령으로 정하는 경미한 사항을 변경하려는 때에는 이를 위원회에 신고하여야 한다.

○ 제111조제5항 전단

제111조(권한의 위탁) ⑤ 제1항에 따라 권한을 위탁받은 기관의 장은 대통령령으로 정하는 바에 따라 위탁받은 권한의 효율적인 수행을 위한 수탁업무처리규정을 정하여 위원회의 승인을 받아야 한다. 이를 변경하려는 때에도 또한 같다.

※ 제117조제3호 관련 조항

○ 제16조제1항

제16조(검사) ① 발전용원자로설치자, 공급자 및 성능검증기관은 발전용원자로 및 관계시설의 건설, 특정핵물질의 계량관리에 관한 사항을 대통령령으로 정하는 바에 따라 위원회의 검사를 받아야 한다.

○ 제22조제1항

제22조(검사) ① 제20조제1항에 따라 허가를 받은 자(이하 "발전용원자로운영자"라 한다), 공급자 및 성능검증기관은 발전용원자로 및 관계시설의 운영, 특정핵물질의 계량관리에 관한 사항을 대통령령으로 정하는 바에 따라 위원회의 검사를 받아야 한다.

○ 제37조제1항

제37조(검사) ① 제35조제1항 및 제2항에 따라 허가 또는 지정을 받은 자(이하 "핵연료주기사업자"라 한다)는 핵연료주기시설의 설치 및 운영, 특정핵물질의 계량관리에 관한 사항을 대통령령으로 정하는 바에 따라 위원회의 검사를 받아야 한다.

○ 제47조제1항

제47조(검사) ① 제45조제1항에 따라 허가를 받은 자(이하 "핵연료물질사용자"라 한다)는 핵연료물질의 사용 또는 소지, 특정핵물질의 계량관리에 관한 사항을 대통령령으로 정하는 바에 따라 위원회의 검사를 받아야 한다.

○ 제56조제1항

제56조(검사) ① 허가사용자 및 업무대행자는 방사성동위원소등의 생산 · 판매 · 사용 · 이동사용

또는 대행업무를 대통령령으로 정하는 바에 따라 위원회의 검사를 받아야 한다. 다만, 대통령령으로 정하는 바에 따라 검사가 면제되는 경우에는 그러하지 아니하다.

○ 제65조제1항

제65조(검사) ① 제63조제1항에 따라 방사성폐기물관리시설등의 건설 · 운영 허가를 받은 자(이하 "방사성폐기물관리시설등건설 · 운영자"라 한다)는 방사성폐기물관리시설등의 설치 · 운영, 방사성폐기물의 저장 · 처리 · 처분, 특정핵물질의 계량관리에 관한 사항을 대통령령으로 정하는 바에 따라 위원회의 검사를 받아야 한다.

○ 제75조제1항

제75조(포장 및 운반 검사) ① 원자력관계사업자 및 그로부터 방사성물질등의 포장 또는 운반을 위탁받은 자는 제72조에 따른 기술기준의 준수에 관하여 대통령령으로 정하는 바에 따라 위원회의 검사를 받아야 한다.

○ 제77조제1항

제77조(검사) ① 원자력관계사업자는 제76조제1항에 따라 승인을 받아 제작 · 수입된 운반용기 및 사용 중인 운반용기를 대통령령으로 정하는 바에 따라 위원회의 검사를 받아야 한다. 다만, 대통령령으로 정하는 바에 따라 검사가 면제되는 경우에는 그러하지 아니하다.

○ 제80조제1항

제80조(검사) ① 판독업무자는 판독업무 등을 대통령령으로 정하는 바에 따라 위원회의 검사를 받아야 한다.

○ 제98조제2항

제98조(보고 · 검사 등) ② 위원회는 제1항에 따라 보고받은 내용 및 제출된 서류의 현장 확인을 위하여 필요한 경우, 원자력이용시설의 안전을 위하여 특히 필요하다고 인정하는 경우 또는 이 법에 따른 각종 검사를 수행하기 위하여 필요하면 소속 공무원으로 하여금 그 사업소 · 공장 · 선박 · 연구시설 또는 부지 등에 출입하여 장부 · 서류 · 시설과 그 밖의 필요한 물건을 검사하게 하거나 관계인에게 질문하게 할 수 있으며, 시험을 위하여 필요한 최소량의 시료를 수거하게 할 수 있다.

○ 제98조제4항

제98조(보고 · 검사 등) ④ 국제약속에 따라 국제원자력기구가 지정하는 자 또는 국제규제물자 공급 당사국 정부가 지정하는 자는 위원회가 지정하는 소속 공무원의 감독하에 국제약속으로 정한 범위에서 국제규제물자를 취급하거나 관련 연구를 수행하는 자의 사업소 · 공장 · 선박 · 연구시설 및 부지 등에 출입하여 장부 · 서류 · 시설과 그 밖의 필요한 물건을 검사하고, 관계인에게 질문하거나 시험을 위하여 필요한 최소량의 시료를 수거할 수 있다.

※ 제117조제4호 관련 조항

○ 제89조제2항

제89조(제한구역의 설정) ② 제1항에 따른 제한구역에서는 일반인의 출입이나 거주의 제한을 명할 수 있다.

○ 제89조제5항

제89조(제한구역의 설정) ⑤ 국가 외의 원자로 및 관계시설, 핵연료주기시설 또는 방사성폐기물관리시설등을 설치 · 운영하려는 자는 일정 범위의 부지를 대통령령으로 정하는 바에 따라 확보하여 그 범위에서 제1항에 따른 제한구역을 설정하고 그 제한구역에는 일반인의 출입이나 거주를 제한하여야 한다.

※ 제117조제5호 관련 조항

○ 제31조제3항

제31조(외국원자력선의 입항 · 출항 신고 등) ③ 해양수산부장관은 제2항의 통지를 받으면 그 통지된 내용에 따라 외국원자력선운항자에게 원자로 또는 방사성물질등에 따른 재해를 방지하는 데에 필요한 조치를 할 것을 명하고, 지방항만사무소장에게 해당 원자력선의 운항에 필요한 규제를 할 것을 지시하여야 한다.

○ 제52조제3항

제52조(핵원료물질의 사용신고 등) ③ 위원회는 핵원료물질의 사용이 제2항에 따른 기술기준에 적합하지 아니하면 해당 핵원료물질사용자에게 그 기준에 적합하도록 시정 또는 보완을 명할 수 있다.

○ 제59조제2항

제59조(기준준수의무 등) ② 위원회는 사업소 안에서의 방사성동위원소 또는 그에 따라 오염된 물질이나 방사선발생장치의 생산시설 또는 사용시설등의 위치 · 구조 및 설비, 사업소 안에서의 생산 · 사용 · 분배 · 저장 · 운반 · 처리 및 배출과 방사성동위원소등의 이동사용이나 판매가 제1항에 따른 기술기준에 적합하지 아니하다고 인정하면 허가사용자 및 신고사용자에게 해당 시설의 수리 · 개선 · 이전 또는 생산 · 사용의 정지, 취급방법의 변경과 그 밖의 안전에 필요한 조치를 명할 수 있다.

○ 제59조의2제2항

제59조의2(발주자의 안전조치 의무) ② 위원회는 발주자에게 다음 각 호의 안전설비의 설치 또는 보완을 명할 수 있다.

1. 제91조에 따른 방사선장해방지조치에 적합한 전용작업장
2. 방사선방호를 위한 차폐시설 또는 차폐물

○ 제98조제1항

제98조(보고 · 검사 등) ① 위원회는 이 법의 시행을 위하여 필요하다고 인정하면 원자력관계사업자 · 판독업무자와 원자로 및 관계시설의 건설 또는 운영에 참여하는 사업자와 국제규제물자를 취급하거나 관련 연구를 수행하는 자로서 대통령령으로 정하는 자에게 그 업무에 관한 보고 또는 서류의 제출 및 제출된 서류의 보완을 명할 수 있다.

○ 제98조제3항

제98조(보고 · 검사 등) ③ 위원회는 제2항에 따라 검사 등을 실시한 결과 이 법과 국제약속을 위반한 사항이 있으면 그 시정 또는 보완을 명할 수 있다.

※ 제117조제6호 관련 조항

○ 제70조제1항

제70조(방사성폐기물의 처분제한) ① 누구든지 방사성폐기물을 해양에 투기(投棄)하는 방법으로 처분할 수 없다.

○ 제70조제2항

제70조(방사성폐기물의 처분제한) ② 방사성폐기물관리시설등건설 · 운영자가 아닌 자는 총리령으로 정하는 종류 및 수량의 방사성폐기물을 땅속에 천층(淺層)처분(동굴처분을 포함한다) 또는 심층(深層)처분 등의 방법으로 처분할 수 없다.

○ 제77조제2항

제77조(검사) ② 원자력관계사업자는 제1항에 따른 검사에 합격된 운반용기를 사용하여야 한다.

○ 제94조

제94조(방사성물질등 또는 방사선발생장치의 소지 및 양도 · 양수 제한) 다음 각 호의 어느 하나에 해당하는 경우 외에는 방사성물질등 또는 방사선발생장치를 소지하거나 양도 · 양수할 수 없다. 다만, 국제약속에 따라 국가가 핵물질을 양도 · 양수하거나 국가로부터 양수하는 경우에는 그러하지 아니하다.

1. 원자력관계사업자가 이 법에 따라 허가 또는 지정을 받거나 신고를 한 범위에서 방사성물질등 또는 방사선발생장치를 양수 · 소지하거나 다른 원자력관계사업자에게 양도하는 경우
2. 제17조 · 제24조 · 제32조 · 제38조 · 제48조 · 제57조 및 제66조에 따라 허가 또는 지정이 취소된 원자력관계사업자가 그 허가 또는 지정이 취소되었거나 사용이 금지된 때에 소지하고 있던 방사성물질등 또는 방사선발생장치를 총리령으로 정하는 바에 따라 소지하거나 다른 원자력관계사업자에게 양도하는 경우
3. 해당 사업 또는 업무를 폐지한 원자력관계사업자가 그 사업 또는 업무를 폐지한 때에 소지하고 있던 방사성물질등 또는 방사선발생장치를 총리령으로 정하는 바에 따라 소지하거나 다른 원자력관계사업자에게 양도하는 경우

4. 원자력관계사업자로부터 방사성물질등 또는 방사선발생장치의 운반을 위탁받은 자가 그 위탁받은 방사성물질등 또는 방사선발생장치를 소지하는 경우
5. 원자력관계사업자의 종업원이 그 직무상 방사성물질등 또는 방사선발생장치를 소지하는 경우
6. 원자력관계사업자가 사망하여 그 상속인이 방사성물질등 또는 방사선발생장치를 소지하는 경우. 다만, 해당 상속인이 제14조제1호부터 제3호까지 중 어느 하나에 해당하는 경우는 제외한다.

○ 제96조

제96조(원자력이용시설의 취급제한) 누구든지 18세 미만인 사람으로 하여금 원자력이용시설이나 방사성물질등을 취급하게 하여서는 아니 된다. 다만, 교육훈련 등의 목적으로 위원회가 인정하면 그러하지 아니하다.

○ 제97조

제97조(도난 등의 신고) 원자력관계사업자는 그가 소지하는 방사선발생장치 또는 방사성물질등에 관하여 도난 · 분실 · 화재, 그 밖의 사고가 발생된 경우 지체 없이 그 사실을 위원회에 신고하여야 한다.

※ 제117조제7호 관련 조항

○ 제15조의3

제15조의3(부적합사항 보고) 다음 각 호의 어느 하나에 해당하는 자는 안전관련설비에서 제11조 및 제21조의 허가기준에 적합하지 아니한 사항을 발견하면 위원회가 정하여 고시하는 바에 따라 위원회에 보고하여야 한다.

1. 제10조제2항에 따라 허가신청서를 제출한 자
2. 발전용원자로설치자
3. 제15조의2에 따른 안전관련설비의 설계자 · 제작자(이하 "공급자"라 한다)
4. 제15조의2에 따른 안전관련설비의 성능검증을 수행하는 자(이하 "성능검증기관"이라 한다)

○ 제15조의4제2항

제15조의4(성능검증관리기관 지정 등) ② 성능검증관리기관은 성능검증기관의 운영현황 등을 조사하여 위원회에 보고하여야 한다.

○ 제74조제2항

제74조(사고의 조치 등) ② 원자력관계사업자 또는 원자력관계사업자로부터 방사성물질등의 운반을 위탁받은 자는 방사성물질등의 운반 또는 포장 중 방사성물질등의 누설 · 화재와 그 밖의 사고가 발생한 때에는 대통령령으로 정하는 바에 따라 필요한 안전조치를 취하고 지체 없이 이를 위원회에 보고하여야 한다.

○ 제92조제1항

제92조(장해방어조치 및 보고) ① 원자력관계사업자는 다음 각 호의 어느 하나에 해당하면 대통령령으로 정하는 바에 따라 안전조치를 하고 그 사실을 지체 없이 위원회에 보고하여야 한다.

1. 지진 · 화재와 그 밖의 재해에 따라 원자력이용시설이나 방사성물질등에 위험이 발생하거나 발생할 염려가 있을 때
2. 원자력이용시설의 고장 등이 발생한 때
3. 방사선장해가 발생한 때

○ 제92조의2

제92조의2(해체계획서의 주기적 갱신) 발전용원자로운영자, 연구용원자로등운영자 및 핵연료주기시설의 운영자는 해당 원자로 및 관계시설과 핵연료주기시설의 해체계획서를 총리령으로 정하는 바에 따라 주기적으로 갱신하여 위원회에 보고하여야 한다.

○ 제98조제1항

제98조(보고 · 검사 등) ① 위원회는 이 법의 시행을 위하여 필요하다고 인정하면 원자력관계사업자 · 판독업무자와 원자로 및 관계시설의 건설 또는 운영에 참여하는 사업자와 국제규제물자를 취급하거나 관련 연구를 수행하는 자로서 대통령령으로 정하는 자에게 그 업무에 관한 보고 또는 서류의 제출 및 제출된 서류의 보완을 명할 수 있다.

○ 제104조제1항

제104조(환경보전) ① 다음 각 호의 어느 하나에 해당하는 시설의 설치자 및 운영자는 총리령으로 정하는 바에 따라 방사선환경조사 및 방사선환경영향평가를 실시하여 이를 위원회에 보고하여야 한다.

1. 발전용원자로
2. 열 출력 100킬로와트 이상의 연구용원자로
3. 핵연료주기시설
4. 사용후핵연료 중간저장시설
5. 방사성폐기물 처분시설

제118조(벌칙)

다음 각 호의 어느 하나에 해당하는 자는 300만원 이하의 벌금에 처한다.

1. 제15조의4제3항 · 제16조제2항(제34조에서 준용하는 경우를 포함한다) · 제22조제2항(제34조에서 준용하는 경우를 포함한다) · 제23조제2항(제34조제1항에서 준용하는 경우를 포함한다) · 제28조제7항(제34조 및 제44조에서 준용하는 경우를 포함한다) · 제37조제2항 · 제47조제2항 · 제56조제2항 · 제65조제2항 · 제75조제2항 또는 제104조제3항에 따른 명령을 위반한 자
2. 제23조제1항(제34조제1항에서 준용하는 경우를 포함한다) · 제26조(제34조에서 준용하는 경우를 포함한다) · 제40조제1항 · 제88조제2항 또는 제102조를 위반한 자
3. 제15조제1항 후단(제29조 · 제34조 · 제44조 · 제51조 및 제69조에서 준용하는 경우를 포함한다) 또는 제28조제1항 후단(제34조에서 준용하는 경우를 포함한다)을 위반하여 변경승인을 받지 아니하고 승인받은 사항을 변경한 자
4. 제99조제1항의 허가 또는 지정 조건을 위반한 자
5. 제59조의2제6항을 위반하여 보고를 하지 아니하거나 거짓으로 보고한 자

※ 제118조제1호 관련 조항

○ 제15조의4제3항

제15조의4(성능검증관리기관 지정 등) ③ 위원회는 성능검증관리기관의 운영실태를 조사할 수 있으며, 조사 결과 필요하다고 인정되면 시정을 명령할 수 있고, 성능검증관리기관이 다음 각 호의 어느 하나에 해당하는 경우에는 그 지정을 취소할 수 있다. 다만, 제1호에 해당하면 그 지정을 취소하여야 한다.

1. 거짓이나 그 밖의 부정한 방법으로 지정을 받았을 때
2. 대통령령으로 정하는 지정기준에 미달하게 된 경우
3. 시정명령에 따르지 아니한 경우

○ 제16조제2항

제16조(검사) ② 위원회는 제1항에 따른 검사결과 다음 각 호의 어느 하나에 해당하면 발전용원자로설치자, 공급자 및 성능검증기관에게 그 시정 또는 보완을 명할 수 있다.

1. 제11조에 따른 허가기준에 미달될 때
2. 제10조제2항에 따른 허가신청서의 첨부서류에 기재된 내용과 일치하지 아니하거나 제15조에 따른 계량관리규정에 위반될 때

○ 제22조제2항

제22조(검사) ② 위원회는 제1항에 따른 검사결과 다음 각 호의 어느 하나에 해당하면 발전용원자로운영자, 공급자 및 성능검증기관에게 그 시정 또는 보완을 명할 수 있다.

1. 제21조에 따른 허가기준에 미달되거나 제26조제1항에 따른 조치가 부족할 때
2. 제20조제2항에 따른 허가신청서의 첨부서류에 기재된 내용과 일치하지 아니하거나 제29조에서 준용하는 제15조에 따른 계량관리규정에 위반될 때

○ 제23조제2항

제23조(주기적 안전성평가) ② 위원회는 제1항에 따른 주기적 안전성평가결과 또는 그에 따른 안전조치가 부족하다고 인정하면 발전용원자로운영자에게 그 시정 또는 보완을 명할 수 있다.

○ 제28조제7항

제28조(발전용원자로 및 관계시설의 해체) ⑦ 위원회는 제3항에 따른 확인 · 점검 결과 또는 제6항에 따른 검사 결과 발전용원자로운영자가 해체계획서에 따라 이행하지 아니하거나 제5항에 따른 해체완료보고서에 기재된 내용과 일치하지 아니하면 그 시정 또는 보완을 명할 수 있다.

○ 제37조제2항

제37조(검사) ② 위원회는 제1항에 따른 검사결과 다음 각 호의 어느 하나에 해당하면 핵연료주기사업자에게 그 시정 또는 보완을 명할 수 있다.

1. 제36조에 따른 허가 또는 지정 기준에 미달하거나 제40조제1항에 따른 안전조치가 부족할 때
2. 제35조제3항에 따른 허가 또는 지정 신청서의 첨부서류에 기재된 내용과 일치하지 아니하거나 제44조에서 준용하는 제15조에 따른 계량관리규정에 위반될 때

○ 제47조제2항

제47조(검사) ② 위원회는 제1항에 따른 검사결과 다음 각 호의 어느 하나에 해당하면 핵연료물질사용자에게 그 시정 또는 보완을 명할 수 있다.

1. 제46조에 따른 허가기준 및 제50조제1항에 따른 기술기준에 미달될 때
2. 제45조제2항에 따른 허가신청서의 첨부서류에 기재된 내용과 일치하지 아니하거나 제51조에서 준용하는 제15조에 따른 계량관리규정에 위반될 때

○ 제56조제2항

제56조(검사) ② 위원회는 제1항에 따른 검사결과 다음 각 호의 어느 하나에 해당하면 허가사용자 또는 업무대행자에게 그 시정 또는 보완을 명할 수 있다.

1. 제55조제1항에 따른 허가기준 또는 제55조제2항에 따른 등록기준에 미달될 때
2. 제53조제3항에 따른 안전관리규정 또는 제54조제3항에 따른 업무대행규정을 위반하였을 때

○ 제65조제2항

제65조(검사) ② 위원회는 제1항에 따른 검사결과 다음 각 호의 어느 하나에 해당하면 방사성폐기물관리시설등건설 · 운영자에게 그 시정 또는 보완을 명할 수 있다.

○ 제75조제2항

제75조(포장 및 운반 검사) ② 위원회는 제1항에 따른 검사결과 제72조에 따른 기술기준에 미달되면 그 시정 또는 보완을 명할 수 있다.

○ 제104조제3항

제104조(환경보전) ③ 위원회는 제1항에 따른 보고결과 또는 제2항에 따른 방사선환경조사의 실시결과 그 주변 환경에 나쁜 영향을 미칠 우려가 있다고 인정하면 제1항에 따른 시설의 설치자 및 운영자에게 환경보전에 필요한 조치를 명할 수 있다.

※ 제118조제2호 관련 조항

○ 제23조제1항

제23조(주기적 안전성평가) ① 발전용원자로운영자는 대통령령으로 정하는 바에 따라 발전용원자로 및 관계시설의 안전성을 주기적으로 평가하고, 그 결과를 위원회에 제출하여야 한다. 다만, 제21조제2항에 따라 변경허가를 받고 영구정지한 발전용원자로 및 관계시설의 주기적 안정성평가에 필요한 사항은 대통령령으로 정한다.

○ 제40조제1항

제40조(운영에 관한 안전조치 등) ① 핵연료주기사업자가 그 시설을 운영할 때에는 인체 · 물체 및 공공의 안전을 위하여 대통령령으로 정하는 바에 따라 안전조치를 하여야 한다.

○ 제88조제2항

제88조(면허증) ② 제1항에 따라 면허증을 교부받은 사람은 이를 다른 사람에게 대여하거나 부당하게 행사하여서는 아니 된다.

○ 제102조

제102조(종업원에 대한 보호) 원자력관계사업자 또는 판독업무자는 그가 사용하는 종업원이 다음 각 호의 어느 하나에 해당하는 행위를 한 것을 이유로 해고하거나 불이익을 주어서는 아니 된다. <개정 2014.5.21.>

1. 제20조제2항 또는 제30조의2제2항에 따른 운영기술지침서, 제35조제3항 · 제45조제2항 · 제53조제3항 또는 제63조제2항에 따른 안전관리규정 및 제78조제3항에 따른 판독에 관한 품질보증계획서를 준수하기 위한 행위
2. 원자력관계사업자 또는 판독업무자가 제1호에 따른 운영기술지침서 · 안전관리규정 및 판독에 관한 품질보증계획서를 위반하였거나 위반할 우려가 있는 경우에 이를 위원회 또는 위원회의 권한을 위임받거나 위탁받은 기관의 장에게 알려주는 행위
3. 제16조(제34조에서 준용하는 경우를 포함한다) · 제22조(제34조에서 준용하는 경우를 포함한다) · 제37조 · 제47조 · 제56조 · 제61조 · 제65조 · 제77조 · 제80조 · 제98조에 따른 검사 또는 조사에 응하기 위하여 증언을 하거나 증거를 제출하는 행위

4. 제53조의2제1항제1호부터 제4호까지의 방사선안전관리자의 업무행위 또는 방사선안전관리자가 같은 조 제5항에 따라 방사선안전관리에 관하여 조치 · 권고하거나 제59조의2제7항에 따라 안전관리에 필요한 조치나 협력을 요청하는 행위

※ **제118조제3호 관련 조항**

○ 제15조제1항 후단

제15조(계량관리규정) ① 제10조제1항에 따라 허가를 받은 자(이하 "발전용원자로설치자"라 한다)는 대통령령으로 정하는 바에 따라 국제규제물자 중 핵물질(이하 "특정핵물질"이라 한다)의 계량관리규정을 정하여 특정핵물질의 사용개시 전에 위원회의 승인을 받아야 한다. 이를 변경하려는 때에도 또한 같다. 다만, 총리령으로 정하는 경미한 사항을 변경하려는 때에는 이를 신고하여야 한다.

○ 제28조제1항 후단

제28조(발전용원자로 및 관계시설의 해체) ① 발전용원자로운영자가 발전용원자로 및 관계시설을 해체하려는 때에는 대통령령으로 정하는 바에 따라 위원회의 승인을 받아야 한다. 승인받은 사항을 변경하려는 때에도 또한 같다. 다만, 총리령으로 정하는 경미한 사항을 변경하려는 때에는 이를 위원회에 신고하여야 한다.

※ **제118조제4호 관련 조항**

○ 제99조제1항

제99조(허가 또는 지정 조건) ① 이 법에 따른 허가 또는 지정에는 안전성확보의 이행을 위하여 필요한 조건을 붙일 수 있다.

※ **제118조제5호 관련 조항**

○ 제59조의2제6항

제59조의2(발주자의 안전조치 의무) ⑥ 발주자는 안전한 작업환경 조성을 위하여 방사선작업종사자의 실제 일일작업량을 위원회에 보고하여야 한다. 이 경우 보고 대상 · 방법 및 절차 등에 필요한 사항은 위원회규칙으로 정한다.

제119조(과태료)

① 다음 각 호의 어느 하나에 해당하는 자에게는 3천만원 이하의 과태료를 부과한다.

1. 제10조제1항 단서 · 제15조제1항 단서(제29조 · 제34조 · 제44조 · 제51조 및 제69조에서 준용하는 경우를 포함한다) · 제15조의2(제29조 및 제34조에서 준용하는 경우를 포함한다) · 제20조제1항 단서 · 제28조제1항 단서(제34조에서 준용하는 경우를 포함한다) · 제30조제1항 단서 · 제30조의2제1항 단서 · 제31조제1항 · 제33조 · 제35조제1항 단서 및 제2항 단서 · 제42조제1항 단서 · 제43조(제51조 · 제62조 · 제69조 및 제83조에서 준용하는 경우를 포함한다) · 제45조제1항 단서 · 제52조제1항 · 제53조제1항 단서 및 제2항 · 제53조의2제1항 및 제3항 · 제54조제2항 · 제60조제1항 단서 · 제63조제1항 단서 · 제71조 · 제76조제1항 단서 · 제78조제2항 또는 제95조제1항을 위반하여 신고를 하지 아니하거나 거짓의 신고를 한 자
2. 제40조제2항 · 제50조제1항 및 제3항 · 제52조제2항 · 제53조의2제4항 및 제5항 · 제59조제1항 및 제3항 · 제59조의2제7항 · 제61조 · 제68조제1항 및 제3항 · 제70조제3항 및 제4항 · 제72조 · 제73조 · 제74조제1항 · 제91조 또는 제106조제1항을 위반한 자
3. 제18조(제34조에서 준용하는 경우를 포함한다) · 제25조(제34조에서 준용하는 경우를 포함한다) · 제39조 · 제49조 · 제52조제4항 · 제58조 · 제67조 또는 제82조를 위반하여 기록하지 아니하거나 거짓으로 기록한 자
4. 제80조제2항에 따른 명령을 위반한 자
5. 제28조제1항 후단(제34조에서 준용하는 경우를 포함한다) · 제42조제1항 후단 · 제60조제1항 후단 · 제76조제1항 후단 또는 제111조제5항 후단을 위반하여 변경승인을 받지 아니하고 승인받은 사항을 변경한 자
6. 제15조의2에 따른 성능검증과 관련된 서류를 위조 · 조작한 자
7. 제106조제3항을 위반하여 교육을 받지 아니한 자

② 제1항에 따른 과태료는 **대통령령**[1]으로 정하는 바에 따라 위원회가 부과 · 징수한다.

※ 제119조제1호 관련 조항

○ 제10조제1항 단서

제10조(건설허가) ① 발전용원자로 및 관계시설을 건설하려는 자는 대통령령으로 정하는 바에 따라 위원회의 허가를 받아야 한다. 허가받은 사항을 변경하려는 때에도 또한 같다. <u>다만, 총리령으로 정하는 경미한 사항을 변경하려는 때에는 이를 신고하여야 한다.</u>

○ 제15조제1항 단서

제15조(계량관리규정) ① 제10조제1항에 따라 허가를 받은 자(이하 “발전용원자로설치자”라 한다)는 대통령령으로 정하는 바에 따라 국제규제물자 중 핵물질(이하 “특정핵물질”이라 한다)의 계량관리규정을 정하여 특정핵물질의 사용개시 전에 위원회의 승인을 받아야 한다. 이를 변경하려는 때에도 또한 같다. <u>다만, 총리령으로 정하는 경미한 사항을 변경하려는 때에는 이를 신고하여야 한다.</u>

○ 제15조의2

제15조의2(안전관련설비 계약 신고) 제10조제2항에 따라 허가신청서를 제출한 자 또는 발전용원자로설치자가 안전관련설비에 대하여 다음 각 호의 어느 하나에 해당하는 계약(도급을 받는 자의 하도급거래를 포함한다)을 체결한 때에는 계약을 체결한 날부터 30일 이내에 총리령으로 정하는 바에 따라 위원회에 신고하여야 한다. 신고한 사항을 변경하려는 때에도 또한 같다.

1. 안전관련설비의 설계에 관한 사항(건설과 관련된 설계를 포함한다)
2. 안전관련설비의 제작에 관한 사항
3. 안전관련설비의 성능검증에 관한 사항

○ 제20조제1항 단서

제20조(운영허가) ① 발전용원자로 및 관계시설을 운영하려는 자는 대통령령으로 정하는 바에 따라 위원회의 허가를 받아야 한다. 허가받은 사항을 변경하려는 때에도 또한 같다. <u>다만, 총리령으로 정하는 경미한 사항을 변경하려는 때에는 이를 신고하여야 한다.</u>

○ 제28조제1항 단서

제28조(발전용원자로 및 관계시설의 해체) ① 발전용원자로운영자가 발전용원자로 및 관계시설을 해체하려는 때에는 대통령령으로 정하는 바에 따라 위원회의 승인을 받아야 한다. 승인받은 사항을 변경하려는 때에도 또한 같다. <u>다만, 총리령으로 정하는 경미한 사항을 변경하려는 때에는 이를 위원회에 신고하여야 한다.</u>

○ 제30조제1항 단서

제30조(연구용원자로 등의 건설허가) ① 연구용 또는 교육용의 원자로 및 관계시설을 건설하려는 자는 그 종류별로 대통령령으로 정하는 바에 따라 위원회의 허가를 받아야 한다. 허가받은 사항을 변경하려는 때에도 또한 같다. <u>다만, 총리령으로 정하는 경미한 사항을 변경하려는 때에는 이를 신고하여야 한다.</u>

○ 제30조의2제1항 단서

제30조의2(연구용원자로 등의 운영허가) ① 연구용 또는 교육용 원자로 및 관계시설을 운영하려는 자는 그 종류별로 대통령령으로 정하는 바에 따라 위원회의 허가를 받아야 한다. 허가받은 사항을 변경하려는 때에도 또한 같다. <u>다만, 총리령으로 정하는 경미한 사항을 변경하려는 때에는 이를 신고하여야 한다.</u>

○ 제33조

제33조(사업의 중단 · 폐지 등의 신고) 연구용원자로등설치자 및 연구용원자로등운영자가 그 사업의 전부 또는 일부를 중단 또는 폐지하거나 중단한 사업을 재개한 때에는 그 중단 · 폐지 또는 재개한 날부터 30일 이내에 이를 위원회에 신고하여야 한다.

○ 제35조제1항 단서

제35조(핵연료주기사업의 허가 등) ① 핵원료물질 또는 핵연료물질의 정련사업 또는 가공사업(변환사업을 포함한다)을 하려는 자는 대통령령으로 정하는 바에 따라 위원회의 허가를 받아야 한다. 허가받은 사항을 변경하려는 때에도 또한 같다. <u>다만, 총리령으로 정하는 경미한 사항의 변경은 이를 신고하여야 한다.</u>

○ 제35조제2항

제35조(핵연료주기사업의 허가 등) ② 사용후핵연료처리사업을 하려는 자는 대통령령으로 정하는 바에 따라 주무부장관의 지정을 받아야 하며, 주무부장관은 지정 시 위원회와 협의하여야 한다. 지정받은 사항을 변경하려는 때에는 주무부장관의 승인을 받아야 한다. 다만, 총리령으로 정하는 경미한 사항의 변경은 이를 신고하여야 한다.

○ 제53조의2제1항

제53조의2(방사선안전관리자) ① 허가사용자 및 신고사용자는 방사선 안전관리에 관한 다음 각 호의 업무를 수행하기 위하여 대통령령으로 정하는 바에 따라 방사선안전관리자를 선임하여 방사성동위원소등의 사용개시 전에 이를 위원회에 신고하여야 한다. 신고한 사항을 변경하려는 때에도 또한 같다.

1. 제53조제3항의 안전관리규정 및 제59조제1항의 기술기준의 준수여부 점검
2. 방사선작업종사자 또는 방사선관리구역에 출입하는 자에 대한 제91조에 따른 방사선장해방지조치
3. 허가사용자 및 신고사용자에 대한 방사선 안전관리에 관한 조치 권고
4. 그 밖에 방사선 안전관리를 위하여 필요한 조치

○ 제53조의2제3항

제53조의2(방사선안전관리자) ③ 허가사용자 및 신고사용자는 제2항에 따른 해임요구를 받은 때에는 정당한 사유가 없으면 해당 방사선안전관리자를 지체 없이 해임하고 새로운 방사선안전관리자를 선임하되, 해임한 날부터 30일 이내에 위원회에 선임신고 및 해임신고를 하여야 한다.

○ 제54조제2항

제54조(업무대행자의 등록) ② 제1항에 따라 등록한 자(이하 "업무대행자"라 한다)가 등록한 사항을 변경하려면 이를 위원회에 신고하여야 한다.

○ 제60조제1항 단서

제60조(방사선발생장치 등의 설계승인 등) ① 방사선발생장치 또는 방사성동위원소가 내장된 기기

(이하 "방사선기기"라 한다)를 제작하려는 자 또는 외국에서 제작된 방사선기기를 수입하려는 자는 대통령령으로 정하는 바에 따라 위원회의 승인을 받아야 한다. 이를 변경하려는 때에도 또한 같다. <u>다만, 총리령으로 정하는 경미한 사항을 변경하려는 때에는 이를 위원회에 신고하여야 한다.</u>

○ 제63조제1항 단서

제63조(방사성폐기물관리시설등의 건설 · 운영 허가) ① 방사성폐기물의 저장 · 처리 · 처분 시설 및 그 부속시설(이하 "방사성폐기물관리시설등"이라 한다)을 건설 · 운영하려는 자는 대통령령으로 정하는 바에 따라 위원회의 허가를 받아야 한다. 허가받은 사항을 변경하려는 때에도 또한 같다. <u>다만, 총리령으로 정하는 경미한 사항을 변경하려는 때에는 이를 신고하여야 한다.</u>

○ 제71조

제71조(운반신고) ① 발전용원자로설치자 · 발전용원자로운영자 · 연구용원자로등설치자 · 연구용원자로등운영자 · 핵연료주기사업자 · 핵연료물질사용자 · 핵원료물질사용자 · 허가사용자 · 신고사용자 · 업무대행자 및 방사성폐기물관리시설등건설 · 운영자(이하 "원자력관계사업자"라 한다)가 총리령으로 정하는 수량의 방사성물질등을 해당 사업소 밖의 장소나 외국으로부터 국내의 해당 사업소로 운반하려는 때에는 대통령령으로 정하는 바에 따라 위원회에 신고하여야 한다.

② 총리령으로 정하는 수량의 방사성물질등을 실은 선박이나 항공기를 대한민국의 항구 또는 공항에 입항시키거나 대한민국의 영해를 경유하려는 자(선박의 경우만 해당한다)는 대통령령으로 정하는 바에 따라 미리 위원회에 신고하여야 한다. 신고한 사항을 변경하려는 때에도 또한 같다.

○ 제76조제1항 단서

제76조(운반용기의 설계승인) ① 원자력관계사업자가 총리령으로 정하는 수량의 방사성물질등의 포장 또는 운반을 위한 용기(이하 "운반용기"라 한다)를 제작하려는 때 또는 외국에서 제작된 운반용기를 수입하려는 때에는 대통령령으로 정하는 설계기준에 따라 위원회의 승인을 받아야 한다. 이를 변경하려는 때에도 또한 같다. <u>다만, 총리령으로 정하는 경미한 사항을 변경하려는 때에는 이를 위원회에 신고하여야 한다.</u>

○ 제78조제2항

제78조(판독업무자의 등록) ② 제1항에 따라 등록한 자(이하 "판독업무자"라 한다)가 등록한 사항을 변경하려는 경우에는 이를 위원회에 신고하여야 한다.

○ 제95조제1항

제95조(허가 등의 취소 또는 사업폐지 등에 따른 조치) ① 이 법에 따라 허가 또는 지정이 취소(사용금지를 포함한다)되거나 사업 또는 사용을 폐지한 원자력관계사업자는 대통령령으로 정하는 바에 따라 방사성물질등 또는 방사선발생장치의 양도 · 보관 · 배출 · 저장 · 처리 · 처분 · 오염제

거 · 기록인도와 그 밖의 방사선장해방어를 위하여 필요한 조치를 하고, 그 조치한 날부터 30일 이내에 이를 위원회에 신고하여야 한다.

※ 제119조제2호 관련 조항

○ 제40조제2항

제40조(운영에 관한 안전조치 등) ② 핵연료주기사업자 및 그 종업원은 제35조제3항에 따른 안전관리규정을 준수하여야 한다.

○ 제50조제1항 및 제3항

제50조(기준준수의무 등) ① 핵연료물질사용자는 다음 사항에 관하여 위원회규칙으로 정하는 기술기준을 준수하여야 한다.

1. 핵연료물질 또는 그에 따라 오염된 물질의 사업소 안에서의 사용 · 분배 · 저장 · 운반 · 보관 · 처리 및 배출
2. 핵연료물질 또는 그에 따라 오염된 물질의 사용시설 등

○ 제50조제3항

제50조(기준준수의무 등) ③ 핵연료물질사용자 및 그 종업원은 제45조제2항에 따른 안전관리규정을 준수하여야 한다.

○ 제52조제2항

제52조(핵원료물질의 사용신고 등) ② 제1항에 따라 신고한 자(이하 “핵원료물질사용자”라 한다)는 위원회규칙으로 정하는 기술기준에 따라 핵원료물질을 사용하여야 한다.

○ 제53조의2제4항

제53조의2(방사선안전관리자) ④ 허가사용자 및 신고사용자는 제3항에 따라 해임된 후 1년이 지나지 아니한 사람을 방사선안전관리자로 선임하여서는 아니 된다.

○ 제53조의2제5항

제53조의2(방사선안전관리자) ⑤ 허가사용자, 신고사용자, 방사선작업종사자 및 방사선관리구역 출입자는 방사선 안전관리에 관한 방사선안전관리자의 조치와 권고에 따라야 한다.

○ 제59조제1항

제59조(기준준수의무 등) ① 허가사용자 및 신고사용자는 다음 사항에 관하여 위원회규칙으로 정하는 기술기준을 준수하여야 한다.

1. 방사성동위원소 또는 그에 따라 오염된 물질이나 방사선발생장치의 생산시설 · 사용시설등의 위치 · 구조 및 설비
2. 방사성동위원소 또는 그에 따라 오염된 물질이나 방사선발생장치의 사업소 안에서의 생산 · 사용 · 분배 · 저장 · 운반 · 보관 · 처리 및 배출
3. 방사성동위원소등의 이동사용 및 판매

○ 제59조제3항

제59조(기준준수의무 등) ③ 허가사용자 및 그 종업원은 제53조제3항에 따른 안전관리규정을 준수하여야 하며, 업무대행자와 그 종업원은 제54조제3항에 따른 업무대행규정을 준수하여야 한다.

○ 제59조의2제7항

제59조의2(발주자의 안전조치 의무) ⑦ 방사성동위원소등을 이동사용하여 방사선투과검사를 실시할 때 방사선안전관리자가 안전한 방사선투과검사의 수행을 위하여 발주자에게 필요한 조치나 협력을 요청할 경우 발주자는 이에 따라야 한다.

○ 제61조

제61조(검사) ① 제60조제1항에 따라 승인을 받은 자는 제작 또는 수입한 방사선기기를 대통령령으로 정하는 바에 따라 위원회의 검사를 받아야 한다. 다만, 대통령령으로 정하는 바에 따라 검사가 면제되는 경우에는 그러하지 아니하다.

② 허가사용자 및 신고사용자는 제1항에 따른 검사에 합격된 방사선기기를 사용하여야 한다.

○ 제68조제1항

제68조(기준준수의무 등) ① 방사성폐기물관리시설등건설 · 운영자는 다음 사항에 관하여 위원회규칙으로 정하는 기술기준을 준수하여야 한다.

1. 방사성폐기물관리시설등의 위치 · 구조 · 설비 및 성능
2. 방사성폐기물의 저장 · 처리 또는 처분

○ 제68조제3항

제68조(기준준수의무 등) ③ 방사성폐기물관리시설등건설 · 운영자 및 그 종업원은 제63조제2항에 따른 안전관리규정을 준수하여야 한다.

○ 제70조제3항

제70조(방사성폐기물의 처분제한) ③ 제2항에 따른 방사성폐기물 외의 방사성폐기물의 처분은 대통령령으로 정하는 방법 및 절차에 적합하게 하여야 한다.

○ 제70조제4항

제70조(방사성폐기물의 처분제한) ④ 제2항에 따른 방사성폐기물의 처분을 방사성폐기물관리시설등건설 · 운영자에게 위탁하려는 자는 총리령으로 정하는 인도(引渡)기준에 적합하게 하여야 한다.

○ 제72조

제72조(포장 및 운반에 관한 기술기준) 방사성물질등을 철도 · 도로 · 선박 또는 항공기 등에 의하여 운반하거나 국내 또는 국제 우편으로 우송하는 경우에는 위원회규칙으로 정하는 포장 및 운반에 관한 기술기준에 적합하도록 하여야 한다.

○ 제73조

제73조(피폭관리 등) 원자력관계사업자는 방사성물질등의 운반에 관계하는 작업자에게 방사선피

폭의 점검과 안전교육을 실시하여야 한다.

○ 제74조제1항

제74조(사고의 조치 등) ① 원자력관계사업자 또는 원자력관계사업자로부터 방사성물질등의 운반을 위탁받은 자는 방사성물질등의 운반 또는 포장 중에 발생할 수 있는 사고에 대비하여 총리령으로 정하는 바에 따라 비상대응계획을 수립 · 시행하여야 한다.

○ 제91조

제91조(방사선장해방지조치) ① 원자력관계사업자는 방사선장해를 방지하기 위하여 대통령령으로 정하는 바에 따라 다음 각 호의 조치를 하여야 한다.

1. 방사선량 및 방사성오염의 측정
2. 건강진단
3. 피폭관리
4. 방사성물질의 방출량 및 피폭방사선량을 가능한 한 합리적으로 낮게 유지하기 위하여 필요한 조치

② 원자력관계사업자는 방사선작업종사자 및 대통령령으로 정하는 수시출입자의 피폭방사선량이 대통령령으로 정하는 선량한도를 초과하지 아니하도록 필요한 조치를 하여야 한다.

③ 원자력관계사업자는 방사선장해를 받은 사람 또는 방사선장해를 받은 것으로 보이는 사람에게 원자력이용시설에의 출입제한과 그 밖의 보건상 필요한 조치를 하여야 한다.

○ 제106조제1항

제106조(교육훈련) ① 원자력관계사업자는 방사선작업종사자와 방사선 관리 구역에 출입하는 사람에게 대통령령으로 정하는 바에 따라 원자력이용에 따르는 안전성 확보 및 방사선장해방지에 필요한 교육 및 훈련을 실시하여야 한다.

※ 제119조제3호 관련 조항

○ 제18조

제18조(기록과 비치) 발전용원자로설치자는 발전용원자로 및 관계시설의 건설에 관한 사항을 총리령으로 정하는 바에 따라 기록하여 이를 그 공사장 또는 사업소마다 갖추어 두어야 한다.

○ 제25조

제25조(기록과 비치) 발전용원자로운영자는 발전용원자로 및 관계시설의 운영에 관한 사항을 총리령으로 정하는 바에 따라 기록하여 이를 그 공장 또는 사업소마다 비치하여야 한다.

○ 제39조

제39조(기록과 비치) 핵연료주기사업자는 총리령으로 정하는 바에 따라 핵연료주기시설의 건설 및 운영에 관한 사항을 기록하여 이를 공장 또는 사업소마다 비치하여야 한다.

○ 제49조

제49조(기록과 비치) 핵연료물질사용자는 핵연료물질의 사용 또는 소지에 관한 사항을 총리령으로 정하는 바에 따라 기록하여 이를 그 공장 또는 사업소마다 비치하여야 한다.

○ 제52조제4항

제52조(핵원료물질의 사용신고 등) ④ 핵원료물질사용자는 핵원료물질의 사용에 관한 사항을 총리령으로 정하는 바에 따라 기록하여 이를 공장 또는 사업소마다 비치하여야 한다.

○ 제58조

제58조(기록과 비치) 허가사용자 · 신고사용자 및 업무대행자는 총리령으로 정하는 바에 따라 방사성동위원소등의 생산 · 사용 · 이동사용 · 분배 · 저장 · 운반 · 보관 · 처리 · 배출 · 판매 또는 업무대행 등에 관한 사항을 기록하여 이를 공장 또는 사업소마다 비치하여야 한다.

○ 제67조

제67조(기록과 비치) 방사성폐기물관리시설등건설 · 운영자는 총리령으로 정하는 바에 따라 방사성폐기물의 저장 · 처리 또는 처분에 관한 사항 등을 기록하여 이를 방사성폐기물관리시설등에 비치하여야 한다.

○ 제82조

제82조(기록과 비치) 판독업무자는 총리령으로 정하는 바에 따라 판독시설 및 판독업무에 관한 사항 등을 기록하여 이를 공장 또는 사업소마다 비치하여야 한다.

※ 제119조제4호 관련 조항

○ 제80조제2항

제80조(검사) ② 위원회는 제1항에 따른 검사결과 판독업무자가 제79조에 따른 등록기준에 미달되면 그 시정 또는 보완을 명할 수 있다.

※ 제119조제5호 관련 조항

○ 제28조제1항 후단

제28조(발전용원자로 및 관계시설의 해체) ① 발전용원자로운영자가 발전용원자로 및 관계시설을 해체하려는 때에는 대통령령으로 정하는 바에 따라 위원회의 승인을 받아야 한다. <u>승인받은 사항을 변경하려는 때에도 또한 같다.</u> 다만, 총리령으로 정하는 경미한 사항을 변경하려는 때에는 이를 위원회에 신고하여야 한다.

○ 제42조제1항 후단

제42조(핵연료주기시설의 해체) ① 핵연료주기사업자가 핵연료주기시설을 해체하려는 때에는 대통령령으로 정하는 바에 따라 위원회의 승인을 받아야 한다. <u>승인받은 사항을 변경하려는 때에도 또한 같다.</u> 다만, 총리령으로 정하는 경미한 사항을 변경하려는 때에는 이를 위원회에 신고

하여야 한다.

○ 제60조제1항 후단

제60조(방사선발생장치 등의 설계승인 등) ① 방사선발생장치 또는 방사성동위원소가 내장된 기기(이하 "방사선기기"라 한다)를 제작하려는 자 또는 외국에서 제작된 방사선기기를 수입하려는 자는 대통령령으로 정하는 바에 따라 위원회의 승인을 받아야 한다. 이를 변경하려는 때에도 또한 같다. 다만, 총리령으로 정하는 경미한 사항을 변경하려는 때에는 이를 위원회에 신고하여야 한다.

○ 제76조제1항 후단

제76조(운반용기의 설계승인) ① 원자력관계사업자가 총리령으로 정하는 수량의 방사성물질등의 포장 또는 운반을 위한 용기(이하 "운반용기"라 한다)를 제작하려는 때 또는 외국에서 제작된 운반용기를 수입하려는 때에는 대통령령으로 정하는 설계기준에 따라 위원회의 승인을 받아야 한다. 이를 변경하려는 때에도 또한 같다. 다만, 총리령으로 정하는 경미한 사항을 변경하려는 때에는 이를 위원회에 신고하여야 한다.

○ 제111조제5항 후단

제111조(권한의 위탁) ⑤ 제1항에 따라 권한을 위탁받은 기관의 장은 대통령령으로 정하는 바에 따라 위탁받은 권한의 효율적인 수행을 위한 수탁업무처리규정을 정하여 위원회의 승인을 받아야 한다. 이를 변경하려는 때에도 또한 같다.

※ 제119조제6호 관련 조항

○ 제15조의2

제15조의2(안전관련설비 계약 신고) 제10조제2항에 따라 허가신청서를 제출한 자 또는 발전용원자로설치자가 안전관련설비에 대하여 다음 각 호의 어느 하나에 해당하는 계약(도급을 받는 자의 하도급거래를 포함한다)을 체결한 때에는 계약을 체결한 날부터 30일 이내에 총리령으로 정하는 바에 따라 위원회에 신고하여야 한다. 신고한 사항을 변경하려는 때에도 또한 같다.

1. 안전관련설비의 설계에 관한 사항(건설과 관련된 설계를 포함한다)
2. 안전관련설비의 제작에 관한 사항
3. 안전관련설비의 성능검증에 관한 사항

※ 제119조제7호 관련 조항

○ 제106조제3항

제106조(교육훈련) ③ 원자력관계사업자 및 원자력 관련 연구를 수행하는 사람 중 대통령령으로 정하는 사람은 총리령으로 정하는 바에 따라 원자력통제에 관한 교육을 받아야 한다.

주1) 대통령령 : 시행령 제178조(과태료 부과기준 등)

법 제119조제2항에 따른 과태료의 부과기준은 별표 12와 같다.

[별표 12] 과태료 부과기준(제177조 관련)

1. 일반기준

가. 위반행위의 횟수에 따른 과태료의 부과기준은 최근 2년간 같은 위반행위로 과태료를 부과받은 경우에 적용한다. 이 경우 위반횟수는 위반행위에 대하여 과태료를 부과처분한 날과 그 처분 후에 다시 같은 위반행위를 하여 적발된 날을 각각 기준으로 하여 계산한다.

나. 위원회는 다음의 어느 하나에 해당하는 경우에는 제2호에 따른 과태료 금액의 2분의 1 범위에서 그 금액을 감경할 수 있다. 다만, 과태료를 체납하고 있는 위반행위자의 경우에는 그러하지 아니하다.

1) 위반행위자가 「질서위반행위규제법 시행령」 제2조의2제1항 각 호의 어느 하나에 해당하는 경우

2) 위반행위가 사소한 부주의나 오류로 인한 것으로 인정되는 경우

3) 위반행위자가 법 위반상태를 시정하거나 해소하기 위한 노력을 한 것으로 인정되는 경우

4) 그 밖에 위반행위의 정도, 위반행위의 동기와 그 결과 등을 고려하여 감경할 필요가 있다고 인정되는 경우

다. 위원회는 다음의 어느 하나에 해당하는 경우에는 제2호에 따른 과태료 금액의 2분의 1 범위에서 그 금액을 가중할 수 있다. 다만, 이 경우에도 법 제119조제1항에 따른 과태료 금액의 상한을 넘을 수 없다.

1) 위반의 내용 · 정도가 중대하여 공중에 미치는 피해가 크다고 인정되는 경우

2) 해당 위반행위보다 중대한 위반행위를 은폐 · 조작하기 위하여 위반행위가 발생한 경우

3) 법 위반상태의 기간이 6개월 이상인 경우

4) 그 밖에 위반행위의 정도, 위반행위의 동기와 그 결과 등을 고려하여 가중할 필요가 있다고 인정되는 경우

2. 개별기준

(단위: 만원)

위반행위	근거 법조문	과태료 금액		
		1차 위반	2차 위반	3차 이상 위반
1. 법 제10조제1항 단서를 위반하여 신고를 하지 않거나 거짓으로 신고한 경우	법 제119조제1항제1호	500	1,000	2,000
2. 법 제15조제1항 단서를 위반하여 신고를 하지 않거나 거짓으로 신고한 경우	법 제119조제1항제1호	300	450	900
3. 법 제15조의2를 위반하여 신고를 하지 않거나 거짓으로 신고한 경우	법 제119조제1항제1호	600	1,200	3,000
4. 법 제15조의2에 따른 성능검증과 관련된 서류를 위조 · 조작한 경우	법 제119조제1항제6호	600	1,200	3,000
5. 법 제18조를 위반하여 기록하지 않거나 거짓으로 기록한 경우	법 제119조제1항제3호	400	800	1,600
6. 법 제20조제1항 단서를 위반하여 신고를 하지 않거나 거짓으로 신고한 경우	법 제119조제1항제1호	500	1,000	2,000
7. 법 제25조를 위반하여 기록하지 않거나 거짓으로 기록한 경우	법 제119조제1항제3호	400	800	1,600

위반행위	근거 법조문	과태료 금액		
		1차 위반	2차 위반	3차 이상 위반
8. 법 제28조제1항 후단을 위반하여 변경승인을 받지 않고 승인받은 사항을 변경한 경우	법 제119조제1항제5호	500	1,000	2,000
9. 법 제28조제1항 단서를 위반하여 신고를 하지 않거나 거짓으로 신고한 경우	법 제119조제1항제1호	500	1,000	2,000
10. 법 제29조에 따라 준용되는 제15조제1항 단서를 위반하여 신고를 하지 않거나 거짓으로 신고한 경우	법 제119조제1항제1호	300	450	900
11. 법 제29조에 따라 준용되는 제15조의2를 위반하여 신고를 하지 않거나 거짓으로 신고한 경우	법 제119조제1항제1호	600	1,200	3,000
12. 법 제30조제1항 단서를 위반하여 신고를 하지 않거나 거짓으로 신고한 경우	법 119조제1항제1호	500	1,000	2,000
13. 법 제30조의2제1항 단서를 위반하여 신고를 하지 않거나 거짓으로 신고한 경우	법 제119조제1항제1호	600	1,200	3,000
14. 법 제31조제1항을 위반하여 신고를 하지 않거나 거짓으로 신고한 경우	법 제119조제1항제1호	500	1,000	2,000
15. 법 제33조를 위반하여 신고를 하지 않거나 거짓으로 신고한 경우	법 제119조제1항제1호	500	1,000	2,000
16. 법 제34조에 따라 준용되는 제15조제1항 단서를 위반하여 신고를 하지 않거나 거짓으로 신고한 경우	법 제119조제1항제1호	300	450	900
17. 법 제34조에 따라 준용되는 제15조의2를 위반하여 신고를 하지 않거나 거짓으로 신고한 경우	법 제119조제1항제1호	600	1,200	3,000
18. 법 제34조에 따라 준용되는 제18조를 위반하여 기록하지 않거나 거짓으로 기록한 경우	법 제119조제1항제3호	400	800	1,600
19. 법 제34조에 따라 준용되는 제25조를 위반하여 기록하지 않거나 거짓으로 기록한 경우	법 제119조제1항제3호	400	800	1,600
20. 법 제34조에 따라 준용되는 제28조제1항 후단을 위반하여 변경승인을 받지 않고 승인받은 사항을 변경한 경우	법 제119조제1항제5호	500	1,000	2,000
21. 법 제34조에 따라 준용되는 제28조제1항 단서를 위반하여 신고를 하지 않거나 거짓으로 신고한 경우	법 제119조제1항제1호	500	1,000	2,000
22. 법 제35조제1항 단서 또는 제2항 단서를 위반하여 신고를 하지 않거나 거짓으로 신고한 경우	법 제119조제1항제1호	500	1,000	2,000
23. 법 제39조를 위반하여 기록하지 않거나 거짓으로 기록한 경우	법 제119조제1항제3호	400	800	1,600
24. 법 제40조제2항을 위반한 경우	법 제119조제1항제2호	400	800	1,600

위반행위	근거 법조문	과태료 금액		
		1차 위반	2차 위반	3차 이상 위반
25. 법 제42조제1항 후단을 위반하여 변경승인을 받지 않고 승인받은 사항을 변경한 경우	법 제119조제1항제5호	400	800	1,600
26. 법 제42조제1항 단서를 위반하여 신고를 하지 않거나 거짓으로 신고한 경우	법 제119조제1항제1호	400	800	1,600
27. 법 제43조를 위반하여 신고를 하지 않거나 거짓으로 신고한 경우	법 제119조제1항제1호	200	300	600
28. 법 제44조에 따라 준용되는 제15조제1항 단서를 위반하여 신고를 하지 않거나 거짓으로 신고한 경우	법 제119조제1항제1호	300	450	900
29. 법 제45조제1항 단서를 위반하여 신고를 하지 않거나 거짓으로 신고한 경우	법 제119조제1항제1호	200	300	600
30. 법 제49조를 위반하여 기록하지 않거나 거짓으로 기록한 경우	법 제119조제1항제3호	200	300	600
31. 법 제50조제1항 또는 제3항을 위반한 경우	법 제119조제1항제2호	200	300	600
32. 법 제51조에 따라 준용되는 제15조제1항 단서를 위반하여 신고를 하지 않거나 거짓으로 신고한 경우	법 제119조제1항제1호	300	450	900
33. 법 제51조에 따라 준용되는 제43조를 위반하여 신고를 하지 않거나 거짓으로 신고한 경우	법 제119조제1항제1호	200	300	600
34. 법 제52조제1항을 위반하여 신고를 하지 않거나 거짓으로 신고한 경우	법 제119조제1항제1호	300	450	900
35. 법 제52조제2항을 위반한 경우	법 제119조제1항제2호	200	300	600
36. 법 제52조제4항을 위반하여 기록하지 않거나 거짓으로 기록한 경우	법 제119조제1항제3호	200	300	600
37. 법 제53조제1항 단서 또는 제2항을 위반하여 신고를 하지 않거나 거짓으로 신고한 경우	법 제119조제1항제1호	300	450	900
38. 법 제53조의2제1항을 위반하여 신고를 하지 않거나 거짓으로 신고한 경우	법 제119조제1항제1호	300	450	900
39. 법 제53조의2제3항을 위반하여 신고를 하지 않거나 거짓으로 신고한 경우	법 제119조제1항제1호	200	300	600
40. 법 제53조의2제4항을 위반한 경우	법 제119조제1항제2호	200	300	600
41. 법 제53조의2제5항을 위반한 경우	법 제119조제1항제2호	200	300	600
42. 법 제54조제2항을 위반하여 신고를 하지 않거나 거짓으로 신고한 경우	법 제119조제1항제1호	200	300	600
43. 법 제58조를 위반하여 기록하지 않거나 거짓으로 기록한 경우	법 제119조제1항제3호	200	300	600

위반행위	근거 법조문	과태료 금액		
		1차 위반	2차 위반	3차 이상 위반
44. 법 제59조제1항 또는 제3항을 위반한 경우	법 제119조제1항제2호	300	450	900
45. 법 제59조의2제7항을 위반한 경우	법 제119조제1항제2호	400	800	1,600
46. 법 제60조제1항 후단을 위반하여 변경승인을 받지 않고 승인받은 사항을 변경한 경우	법 제119조제1항제5호	300	450	900
47. 법 제60조제1항 단서를 위반하여 신고를 하지 않거나 거짓으로 신고한 경우	법 제119조제1항제2호	200	300	600
48. 법 제61조를 위반한 경우	법 제119조제1항제2호	300	450	900
49. 법 제62조에 따라 준용되는 제43조를 위반하여 신고를 하지 않거나 거짓으로 신고한 경우	법 제119조제1항제2호	200	300	600
50. 법 제63조제1항 단서를 위반하여 신고를 하지 않거나 거짓으로 신고한 경우	법 제119조제1항제2호	300	450	900
51. 법 제67조를 위반하여 기록하지 않거나 거짓으로 기록한 경우	법 제119조제1항제3호	300	450	900
52. 법 제68조제1항 또는 제3항을 위반한 경우	법 제119조제1항제2호	300	450	900
53. 법 제69조에 따라 준용되는 제15조제1항 단서를 위반하여 신고를 하지 않거나 거짓으로 신고한 경우	법 제119조제1항제1호	300	450	900
54. 법 제69조에 따라 준용되는 제43조를 위반하여 신고를 하지 않거나 거짓으로 신고한 경우	법 제119조제1항제1호	200	300	600
55. 법 제70조제3항 또는 제4항을 위반한 경우	법 제119조제1항제2호	300	450	900
56. 법 제71조를 위반하여 신고를 하지 않거나 거짓으로 신고한 경우	법 제119조제1항제1호	300	450	900
57. 법 제72조를 위반한 경우	법 제119조제1항제2호	300	450	900
58. 법 제73조를 위반한 경우	법 제119조제1항제2호	200	300	600
59. 법 제74조제1항을 위반한 경우	법 제119조제1항제2호	300	450	900
60. 법 제76조제1항 후단을 위반하여 변경승인을 받지 않고 승인받은 사항을 변경한 경우	법 제119조제1항제5호	300	450	900
61. 법 제76조제1항 단서를 위반하여 신고를 하지 않거나 거짓으로 신고한 경우	법 제119조제1항제1호	200	300	600
62. 법 제78조제2항을 위반하여 신고를 하지 않거나 거짓으로 신고한 경우	법 제119조제1항제1호	300	450	900
63. 법 제80조제2항에 따른 명령을 위반한 경우	법 제119조제1항제4호	300	450	900
64. 법 제82조를 위반하여 기록하지 않거나 거짓으로 기록한 경우	법 제119조제1항제3호	200	300	600

위반행위	근거 법조문	과태료 금액		
		1차 위반	2차 위반	3차 이상 위반
65. 법 제83조에 따라 준용되는 제43조를 위반하여 신고를 하지 않거나 거짓으로 신고한 경우	법 제119조제1항제1호	200	300	600
66. 법 제91조를 위반한 경우	법 제119조제1항제2호	400	800	1,600
67. 법 제95조제1항을 위반하여 신고를 하지 않거나 거짓으로 신고한 경우	법 제119조제1항제1호	300	450	900
68. 법 제106조제1항을 위반한 경우	법 제119조제1항제2호	200	300	600
69. 법 제106조제3항을 위반하여 교육을 받지 않은 경우	법 제119조제1항제7호	200	300	600
70. 법 제111조제5항 후단을 위반하여 변경승인을 받지 않고 승인받은 사항을 변경한 경우	법 제119조제1항제5호	200	300	600

제120조(양벌규정)

① 법인의 대표자나 법인 또는 개인의 대리인, 사용인, 그 밖의 종업원이 그 법인 또는 개인의 업무에 관하여 제113조부터 제115조까지의 어느 하나에 해당하는 위반행위를 하면 그 행위자를 벌하는 외에 그 법인 또는 개인을 1억원 이하의 벌금에 처한다. 다만, 법인 또는 개인이 그 위반행위를 방지하기 위하여 해당 업무에 관하여 상당한 주의와 감독을 게을리하지 아니한 경우에는 그러하지 아니하다.

② 법인의 대표자나 법인 또는 개인의 대리인, 사용인, 그 밖의 종업원이 그 법인 또는 개인의 업무에 관하여 제116조부터 제118조까지의 어느 하나에 해당하는 위반행위를 하면 그 행위자를 벌하는 외에 그 법인 또는 개인에게도 해당 조문의 벌금형을 과(科)한다. 다만, 법인 또는 개인이 그 위반행위를 방지하기 위하여 해당 업무에 관하여 상당한 주의와 감독을 게을리하지 아니한 경우에는 그러하지 아니하다.

제121조(벌칙적용에서의 공무원 의제)

다음 각 호의 어느 하나에 해당하는 자는 「형법」과 그 밖의 법률에 따른 벌칙의 적용에 있어서는 이를 공무원으로 본다.

1. 성능검증기관에서 성능검증업무를 하는 자
2. 성능검증관리기관에서 성능검증관리업무에 종사하는 자
3. 제111조에 따라 위탁한 업무에 종사하는 기관 또는 관계 전문기관의 임원 및 직원

01 공무원이 그 직무상 알게 된 원자력에 관한 비밀을 누설한 경우 처해지는 벌칙은?

① 1년 이상의 유기징역 ② 3년 이하의 유기징역
③ 3년 이상의 유기징역 ④ 10년 이하의 징역

02 다음 중 벌칙의 수위가 다른 경우는?

① 발전용원자로를 건설하려는 자가 위원회의 허가를 받지 않은 경우
② 사용후핵연료처리사업을 하려는 자가 주무부장관의 지정을 받지 않은 경우
③ 업무대행자가 위원회에 등록하지 않은 경우
④ 핵연료주기사업을 하려는 자가 허가받은 사항의 변경을 허가받지 않고 한 경우

03 다음 중 벌금의 금액이 다른 경우는?

① 성능검증관리기관이 위원회의 시정 명령을 따르지 않을 때
② 발전용원자로운영자가 위원회의 주기적안전성평가 시정명령을 따르지 않을 때
③ 연구용원자로등운영자가 중단한 사업을 재개하고 30일 이내에 위원회에 신고하지 않았을 때
④ 운반사업자가 위원회의 운반검사결과 시정명령을 따르지 않을 때

04 다음 중 과태료를 감경할 수 없는 경우는?

① 위반행위자가 사소한 부주의나 오류로 인한 것으로 인정되는 경우
② 위반행위지가 법 위반상태를 시정하거나 해소하기 위한 노력을 한 것으로 인정되는 경우
③ 위반행위의 정도, 위반행위의 동기와 그 결과 등을 고려할 때 감경할 필요가 있다고 인정되는 경우
④ 위반행위자가 장애인복지법 제2조에 따른 제4급 장애인인 경우

05 **법 위반상태의 기간이 (　　)개월 이상인 경우, 과태료 금액의 2분의 1 범위에서 그 금액을 가중할 수 있다. (　　)에 맞는 값은?**

① 1　　② 3

③ 6　　④ 12

Ⅰ. 원자력안전위원회

1	2	3	4	5	6	7	8	9	10
④	②	③	③	①	④	②	③	④	①

Ⅱ. 원자력안전법

1	2	3	4
②	③	③	③

Ⅲ. 용어

1	2	3	4	5	6	7	8	9	10
②	③	②	①	②	④	③	④	①	④
11	12	13	14	15	16	17	18	19	20
③	④	①	②	③	②	①	④	③	④
21	22	23	24	25	26	27	28	29	30
②	④	④	④	③	①	③	②	④	①
31	32	33	34	35	36	37	38	39	40
①	③	②	④	③	①	④	④	②	①
41	42	43	44	45	46	47	48	49	50
③	④	②	③	③	④	③	①	②	④
51	52	53	54	55	56	57	58	59	60
②	④	③	②	④	①	②	③	③	②
61	62	63	64	65	66	67	68	69	70
③	④	③	②	②	④	①	③	②	③
71	72	73	74	75					
④	③	④	②	①					

Ⅳ. 방사성동위원소 및 방사선발생장치

1	2	3	4	5	6	7	8	9	10
④	①	③	②	③	③	④	①	④	②
11	12	13	14	15	16	17	18	19	20
③	④	③	④	③	③	②	④	③	④
21	22	23	24	25	26	27	28	29	30
①	③	④	①	④	②	①	②	③	②
31	32	33	34	35	36	37	38	39	40
④	③	②	①	①	④	②	②	①	①
41	42	43	44	45	46	47	48	49	50
②	①	④	④	②	③	③	②	④	②
51	52	53	54	55	56	57	58	59	60
③	①	②	③	④	①	④	③	④	③

Ⅴ. 폐기 및 운반

1	2	3	4	5	6	7	8	9	10
③	④	④	④	③	③	④	②	②	③
11	12	13	14	15	16	17	18	19	20
③	②	④	②	③	②	④	③	③	③
21	22	23	24	25	26	27	28	29	30
④	①	③	①	①	③	③	①	③	③
31	32	33	34	35	36	37	38	39	40
①	④	③	④	③	④	③	④	③	①
41	42	43	44	45	46	47	48	49	50
②	④	③	③	②	③	②	④	③	①
51	52	53	54	55	56	57	58	59	60
④	③	③	④	④	①	③	④	②	③
61	62	63	64	65	66	67	68	69	70
②	①	④	①	②	④	③	③	④	②

Ⅵ. 방사선피폭선량의 판독 등

1	2	3	4	5	6	7	8	9	10
④	②	③	④	②	①	②	③	②	①

Ⅶ. 면허 및 시험

1	2	3	4	5	6	7	8	9	10
①	②	③	④	①	②	③	③	④	②

Ⅷ. 규제·감독

1	2	3	4	5	6	7	8	9	10
②	④	③	①	④	④	③	②	②	③
11	12	13	14	15	16	17	18	19	20
④	③	④	③	①	③	④	②	④	①

Ⅸ. 보칙

1	2	3	4	5	6	7	8	9	10
②	③	④	④	④	④	②	①	③	③
11	12	13	14	15					
④	②	③	③	④					

Ⅹ. 벌칙

1	2	3	4	5
④	④	③	④	③

부록

CONTENTS

원자력안전위원회의 설치 및 운영에 관한 법률

제1장 총칙

제1조(목적) 이 법은 원자력안전위원회를 설치하여 원자력의 생산과 이용에 따른 방사선재해로부터 국민을 보호하고, 공공의 안전과 환경보전에 이바지함을 목적으로 한다.

제2조(운영원칙) 원자력안전위원회는 독립성 및 공정성을 유지하며, 원자력의 연구 · 개발 · 생산 · 이용(이하 "원자력이용"이라 한다)에 따른 안전관리(이하 "원자력안전관리"라 한다)에 필요한 대책을 마련하고 이행에 노력하여야 한다.

제2장 원자력안전위원회의 설치 등

제3조(위원회의 설치) ① 원자력안전에 관한 업무를 수행하기 위하여 국무총리 소속으로 원자력안전위원회(이하 "위원회"라 한다)를 둔다.

② 위원회는 「정부조직법」 제2조에 따른 중앙행정기관으로 본다. 다만, 다음 각 호의 사항은 「정부조직법」 제18조를 적용하지 아니한다.

1. 제12조제5호에 따른 원자력이용자의 허가 · 재허가 · 인가 · 승인 · 등록 및 취소 등에 관한 사항
2. 「한국원자력안전기술원법」 제9조제4항 및 제11조제2항에 따른 한국원자력안전기술원의 임원 선임 및 원장 임명에 관한 사항
3. 「원자력안전법」 제6조제5항에 따른 한국원자력통제기술원 임원 승인에 관한 사항
4. 그 밖에 원자력안전관리의 독립성 보장을 위하여 필요한 사항으로서 대통령령으로 정하는 사항

제4조(위원회의 구성 등) ① 위원회는 위원장을 포함하여 9명의 위원으로 구성하며, 위원장 및 위원 1명은 상임위원으로 한다.

② 위원장은 정무직으로 한다.

③ 상임위원은 「정부조직법」 제10조에도 불구하고 정부위원이 된다.

제5조(위원의 임명 · 위촉 등) ① 위원은 원자력안전에 관한 식견과 경험이 풍부한 사람 중에서 임명하거나 위촉하되, 원자력 · 환경 · 보건의료 · 과학기술 · 공공안전 · 법률 · 인문사회 등 원자력안전에 이바지할 수 있는 관련 분야 인사가 고루 포함되어야 한다. ② 위원장은 국무총리의 제청으로 대통령이 임명하고, 상임위원인 위원을 포함한 4명의 위원은 위원장이 제청하여 대통령이 임명 또는 위촉하며, 나머지 4명의 위원은 국회에서 추천하여 대통령이 임명 또는 위촉한다.

③ 위원의 임명 또는 위촉, 그 밖의 위원회의 구성 등에 필요한 사항은 대통령령으로 정한다.

제6조(위원장) ① 위원장은 위원회를 대표하고, 위원회의 회의를 주재하며, 소관 사무를 총괄한다.

② 위원장은 필요한 경우에는 국무회의에 출석하여 발언할 수 있으며, 그 소관 사무에 관하여 국무총리에게 의안의 제출을 건의할 수 있다.

③ 위원장은 국회에 출석하여 위원회의 소관 사무에 관하여 의견을 진술할 수 있으며, 국회의 요

구가 있을 때에는 출석하여 보고하거나 답변하여야 한다.

④ 위원장이 부득이한 사유로 직무를 수행할 수 없을 때에는 상임위원인 위원이 그 직무를 대행하고, 상임위원이 모두 부득이한 사유로 직무를 수행할 수 없을 때에는 위원회가 미리 정한 위원이 위원장의 직무를 대행한다.

⑤ 국회는 위원장이 그 직무를 집행함에 있어 헌법이나 법률을 위반한 때에는 탄핵의 소추를 의결할 수 있다.

제7조(위원의 임기) 위원의 임기는 3년으로 하되, 1회에 한하여 연임할 수 있다.

제8조(신분보장 등) ① 위원은 다음 각 호의 어느 하나에 해당하는 경우를 제외하고는 그 의사에 반하여 면직되지 아니한다.

1. 장기간 심신장애로 인하여 직무를 수행할 수 없게 된 경우
2. 제10조의 결격사유에 해당하는 경우
3. 이 법 또는 그 밖의 다른 법률에 따른 직무상의 의무를 위반한 경우
4. 이 법 또는 그 밖의 다른 법률에 따른 위원회의 소관 직무와 관련하여 부당한 이득을 취한 경우

② 위원은 직무를 집행함에 있어 부당한 지시나 간섭을 받지 아니한다.

제9조(겸직금지 등) ① 상임위원은 공무 외의 영리를 목적으로 하는 업무에 종사하지 못하며 다른 직무를 겸할 수 없다.

② 위원은 정치활동에 관여할 수 없다.

③ 제1항에 따른 영리를 목적으로 하는 업무의 한계에 관하여 필요한 사항은 대통령령으로 정한다.

제10조(결격사유) ① 다음 각 호의 어느 하나에 해당하는 사람은 위원이 될 수 없다.

1. 「국가공무원법」 제33조 각 호의 어느 하나에 해당하는 사람
2. 탄핵결정에 따라 파면된 사람
3. 「정당법」 제22조에 따른 당원
4. 최근 3년 이내 원자력이용자, 원자력이용자단체의 장 또는 그 종업원으로서 근무하였거나 근무하고 있는 사람
5. 최근 3년 이내 원자력이용자 또는 원자력이용자단체로부터 연구개발과제를 수탁하는 등 원자력이용자 또는 원자력이용자단체가 수행하는 사업에 관여하였거나 관여하고 있는 사람

② 위원이 제1항 각 호의 어느 하나에 해당하게 되는 때에는 그 직에서 당연 퇴직한다.

제3장 위원회의 소관 사무

제11조(위원회의 소관 사무) ① 위원회의 소관 사무는 다음 각 호로 한다.

1. 원자력안전관리에 관한 사항
2. 원자력안전관리에 따른 연구 · 개발에 관한 사항
3. 그 밖에 이 법 또는 다른 법률에서 위원회의 사무로 정한 사항

② 제1항에 따른 위원회의 소관 사무에 관한 세부적인 사항은 대통령령으로 정한다.

제12조(위원회의 심의 · 의결 사항) 위원회는 소관 사무 중 다음 각 호의 사항을 심의 · 의결한다.

1. 원자력안전관리에 관한 사항의 종합 · 조정
2. 「원자력안전법」 제3조에 따른 원자력안전종합계획의 수립에 관한 사항
3. 핵물질 및 원자로의 규제에 관한 사항
4. 원자력이용에 따른 방사선피폭으로 인한 장해의 방어에 관한 사항
5. 원자력이용자의 허가 · 재허가 · 인가 · 승인 · 등록 및 취소 등에 관한 사항
6. 원자력이용자의 금지행위에 대한 조치 및 과징금 부과에 관한 사항
7. 원자력안전관리에 따른 경비의 추정 및 배분계획에 관한 사항
8. 원자력안전관리에 따른 조사 · 시험 · 연구 · 개발에 관한 사항
9. 원자력안전관리에 따른 연구자 · 기술자의 양성 및 훈련에 관한 사항
10. 방사성폐기물의 안전관리에 관한 사항
11. 방사선재해대책에 관한 사항
12. 원자력안전 관련 국제협력에 관한 사항
13. 위원회의 예산 편성 및 집행에 관한 사항
14. 소관 법령 및 위원회규칙의 제정 · 개정 및 폐지에 관한 사항
15. 이 법 또는 다른 법률에 따라 위원회의 심의 · 의결 사항으로 정한 사항

제4장 위원회의 운영

제13조(회의) ① 위원회의 회의는 2명 이상의 위원의 요구가 있는 때에 위원장이 소집한다. 다만, 위원장은 단독으로 회의를 소집할 수 있다.

② 위원회의 회의는 재적위원 과반수의 찬성으로 의결한다.

③ 위원은 의안을 제의할 수 있다.

④ 위원회의 회의는 공개한다. 다만, 다음 각 호의 어느 하나에 해당하는 경우에는 위원회의 의결로 공개하지 아니할 수 있다.

1. 국가안전보장을 해칠 우려가 있는 경우
2. 다른 법령에 따라 비밀로 분류되거나 공개가 제한된 내용이 포함되어 있는 경우
3. 개인 · 법인 및 단체의 명예를 훼손하거나 정당한 이익을 해칠 우려가 있다고 인정되는 경우
4. 감독 · 감사 · 인사관리 등에 관한 사항으로 공개하면 공정한 업무수행에 현저한 지장을 초래할 우려가 있는 경우

⑤ 삭제

⑥ 위원회의 회의 운영과 관련하여 그 밖에 필요한 사항은 위원회규칙으로 정한다.

제13조의2(회의록의 작성 등) ① 위원회는 회의록 및 녹음기록을 작성 · 보존하여야 한다.

② 회의록은 속기방법으로 작성한다.

③ 회의록은 회의 종료 후 긴급한 회의가 소집되는 등 특별한 사유가 없으면 다음 회의일까지 공표한다.

④ 회의록 및 녹음기록의 내용은 삭제할 수 없으며, 발언을 통하여 자구정정 또는 취소의 발언을 한 경우에는 그 발언을 회의록에 기재한다.

⑤ 회의록 및 녹음기록의 작성 · 보존과 관련하여 그 밖에 필요한 사항은 위원회규칙으로 정한다.

제13조의3(회의의 방청 등) ① 위원회의 회의를 방청하고자 하는 사람은 위원장의 허가를 받아 방청할 수 있다.

② 위원장은 질서를 유지하기 위하여 필요한 때에는 방청인의 퇴장을 명할 수 있다.

제14조(위원의 제척 · 기피 · 회피) ① 위원이 다음 각 호의 어느 하나에 해당하는 경우에는 그 직무집행에서 제척된다.

1. 위원 또는 그 배우자나 배우자이었던 사람이 해당 사안의 당사자가 되거나 해당 사안에 관하여 공동권리자 또는 의무자의 관계에 있는 경우
2. 위원이 해당 사안의 당사자와 친족관계에 있거나 있었던 경우
3. 위원이 해당 사안에 관하여 증언이나 감정을 한 경우
4. 위원이 해당 사안에 관하여 당사자의 대리인으로서 관여하거나 관여하였던 경우
5. 위원이 해당 사안의 대상이 된 처분 또는 부작위에 관여한 경우

② 위원회는 직권 또는 당사자의 신청에 의하여 제척의 결정을 한다.

③ 위원에게 심의 · 의결의 공정을 기대하기 어려운 사정이 있는 경우 당사자는 기피신청을 할 수 있고, 위원회는 의결로 이를 결정한다.

④ 위원이 제1항 또는 제3항의 사유가 있는 경우에는 해당 사안에 대하여 회피할 수 있다.

제15조(전문위원회의 설치) ① 위원회는 그 소관 사무의 실무적인 자문이나 심의 · 의결 사항에 관한 사전검토 또는 위원회로부터 위임받은 사무를 효율적으로 수행하기 위하여 필요하면 위원회 소속으로 전문위원회를 둘 수 있다.

② 제1항에 따른 전문위원회의 구성 및 운영 등에 관하여 필요한 사항은 대통령령으로 정한다.

제16조(연차보고서) ① 위원회는 매 회계연도 종료일 이후 3개월 이내에 해당 회계연도의 위원회 업무수행에 관한 보고서를 국회에 제출하여야 한다.

② 위원회는 제1항의 보고서를 공표한다. 다만, 공표하는 것이 적절하지 아니한 상당한 이유가 있는 경우에는 위원회의 의결로 공표하지 아니할 수 있다.

제17조(사무처) ① 위원회의 사무를 처리하기 위하여 위원회에 사무처를 둔다.

② 사무처에 사무처장 1명과 필요한 직원을 두되, 사무처장은 상임위원인 위원이 겸임한다.

③ 그 밖에 사무처의 조직 및 운영 등에 필요한 사항은 대통령령으로 정한다.

제18조(청렴의무) 제15조에 따른 전문위원회의 위원은 이 법에 따라 심의 또는 규제를 받는 원자력

관련 사업에 종사하는 사람으로부터 금품이나 그 밖의 이익을 제공받아서는 아니 된다.

제19조(벌칙) 제18조를 위반한 사람은 10년 이하의 징역에 처한다.

부칙

제1조(시행일) 이 법은 공포 후 3개월이 경과한 날부터 시행한다.

제2조(회의록의 공표에 관한 적용례) 제13조의2제3항의 개정규정에 따른 회의록의 공표는 이 법 시행 후 최초로 개최되는 위원회의 회의부터 적용한다.

원자력안전법

제1장 총칙

제1조(목적) 이 법은 원자력의 연구 · 개발 · 생산 · 이용 등에 따른 안전관리에 관한 사항을 규정하여 방사선에 의한 재해의 방지와 공공의 안전을 도모함을 목적으로 한다.

제2조(정의) 이 법에서 사용하는 용어의 뜻은 다음과 같다.

1. "원자력"이란 원자핵 변화의 과정에 있어서 원자핵으로부터 방출되는 모든 종류의 에너지를 말한다.
2. "핵물질"이란 핵연료물질 및 핵원료물질을 말한다.
3. "핵연료물질"이란 우라늄 · 토륨 등 원자력을 발생할 수 있는 물질로서 대통령령으로 정하는 것을 말한다.
4. "핵원료물질"이란 우라늄광 · 토륨광과 그 밖의 핵연료물질의 원료가 되는 물질로서 대통령령으로 정하는 것을 말한다.
5. "방사성물질"이란 핵연료물질 · 사용후핵연료 · 방사성동위원소 및 원자핵분열생성물(原子核分裂生成物)을 말한다.
6. "방사성동위원소"란 방사선을 방출하는 동위원소와 그 화합물 중 대통령령으로 정하는 것을 말한다.
7. "방사선"이란 전자파 또는 입자선 중 직접 또는 간접으로 공기를 전리(電離)하는 능력을 가진 것으로서 대통령령으로 정하는 것을 말한다.
8. "원자로"란 핵연료물질을 연료로 사용하는 장치를 말한다. 다만, 대통령령으로 정하는 것은 제외한다.
9. "방사선발생장치"란 하전입자(荷電粒子)를 가속시켜 방사선을 발생시키는 장치로서 대통령령으로 정하는 것을 말한다.
10. "관계시설"이란 원자로의 안전에 관계되는 시설로서 대통령령으로 정하는 것을 말한다.
11. "정련"(精鍊)이란 핵원료물질에 포함된 우라늄 또는 토륨의 비율을 높이기 위하여 물리적 · 화학적 방법으로 핵원료물질을 처리하는 것을 말한다.
12. "변환"이란 핵연료물질을 화학적 방법으로 처리하여 가공에 적합한 형태로 만드는 것을 말한다.
13. "가공"이란 핵연료물질을 물리적 · 화학적 방법으로 처리하여 원자로의 연료로서 사용할 수 있는 형태로 만드는 것을 말한다.
14. "사용후핵연료처리"란 원자로의 연료로서 사용된 핵연료물질 또는 그 밖의 방법으로 원자핵분열을 시킨 핵연료물질을 연구 또는 시험을 목적으로 취급하거나, 물리적 · 화학적 방법으로 처리하여 핵연료물질과 그 밖의 물질로 분리하는 것을 말한다.
15. "핵연료주기사업"이란 정련 · 변환 · 가공 또는 사용후핵연료처리 사업을 말한다.

16. “방사선관리구역”이란 외부의 방사선량율(放射線量率), 공기 중의 방사성물질의 농도 또는 방사성물질에 따라 오염된 물질의 표면의 오염도가 원자력안전위원회규칙으로 정하는 값을 초과할 우려가 있는 곳으로서 방사선의 안전관리를 위하여 사람의 출입을 관리하고 출입자에 대하여 방사선의 장해(障害)를 방지하기 위한 조치가 필요한 구역을 말한다.
17. “국제규제물자”란 원자력의 연구 · 개발 및 이용에 관한 조약과 그 밖의 국제약속(이하 “국제약속”이라 한다)에 따라 보장조치의 적용대상이 되는 물자로서 총리령으로 정하는 것을 말한다.
18. “방사성폐기물”이란 방사성물질 또는 그에 따라 오염된 물질(이하 “방사성물질등”이라 한다)로서 폐기의 대상이 되는 물질(제35조제4항에 따라 폐기하기로 결정한 사용후핵연료를 포함한다)을 말한다.
19. “피폭방사선량”(被曝放射線量)이란 사람의 신체의 외부 또는 내부에 피폭하는 방사선량을 말한다. 다만, 진료를 위하여 피폭하는 방사선량과 인위적으로 증가시키지 아니하는 자연방사선량은 제외한다. 이 경우 방사선량의 종류 및 적용기준은 원자력안전위원회가 정하여 고시한다.
20. “원자력이용시설”이란 원자력의 연구 · 개발 · 생산 · 이용(이하 “원자력이용”이라 한다)과 관련된 시설로서 대통령령으로 정하는 것을 말한다.
21. “방사선작업종사자”란 원자력이용시설의 운전 · 이용 또는 보전이나 방사성물질등의 사용 · 취급 · 저장 · 보관 · 처리 · 배출 · 처분 · 운반과 그 밖의 관리 또는 오염제거 등 방사선에 피폭하거나 그 염려가 있는 업무에 종사하는 자를 말한다.
22. “안전관련설비”란 원자로 및 관계시설 중에서 원자력안전위원회규칙으로 정하는 안전에 중요한 구조물 · 계통 및 기기로서 원자력안전위원회규칙으로 정하는 바에 따라 안전등급이 부여된 설비를 말한다.
23. “방사선투과검사”란 「비파괴검사기술의 진흥 및 관리에 관한 법률」 제2조에 따른 비파괴검사 중 방사선을 이용한 비파괴검사를 말한다.
24. “해체”란 제20조제1항에 따라 허가를 받은 자, 제30조의2제1항에 따라 허가를 받은 자, 제35조제1항 및 제2항에 따라 허가 또는 지정을 받은 자가 이 법에 따라 허가 또는 지정을 받은 시설의 운영을 영구적으로 정지(이하 “영구정지”라 한다)한 후, 해당 시설과 부지를 철거하거나 방사성오염을 제거함으로써 이 법의 적용대상에서 배제하기 위한 모든 활동을 말한다.

24의2. “폐쇄”란 제63조에 따라 방사성폐기물 처분시설의 건설 · 운영 허가를 받은 자가 방사성폐기물을 처분하는 활동을 완결하고 장기 안전성을 확보하기 위하여 실시하는 관리적 · 기술적 조치(방사성폐기물 처분시설 지하 공간의 뒷채움, 덮개 설치 등을 포함한다)를 말한다.

25. “사고관리”란 원자로시설에 사고가 발생하였을 때 사고가 확대되는 것을 방지하고 사고의 영향을 완화하며 안전한 상태로 회복하기 위하여 취하는 제반조치를 말하며, 원자력안전위원

회에서 정하는 설계기준을 초과하여 노심의 현저한 손상을 초래하는 사고(이하 "중대사고"라 한다)에 대한 관리를 포함한다.

제2조의2(원자력안전관리의 기본원칙) 원자력의 연구 · 개발 · 생산 · 이용 등에 따른 안전관리(이하 "원자력안전관리"라 한다)는 다음 각 호의 원칙에 따라 추진하여야 한다.

1. 「원자력안전협약」 등 국제규범에 따른 원칙을 준수할 것
2. 방사선장해로부터 국민안전과 환경을 보호하는 데에 기여할 것
3. 과학기술의 발전수준을 반영하여 안전기준을 설정할 것

제2장 원자력안전종합계획의 수립·시행 등

제3조(원자력안전종합계획의 수립) ① 「원자력안전위원회의 설치 및 운영에 관한 법률」 제3조에 따른 원자력안전위원회(이하 "위원회"라 한다)는 원자력이용에 따른 안전관리(이하 "원자력안전관리"라 한다)를 위하여 5년마다 원자력안전종합계획(이하 "종합계획"이라 한다)을 수립하여야 한다.

② 종합계획에는 다음 각 호의 사항이 포함되어야 한다.

1. 원자력안전관리에 관한 현황과 전망에 관한 사항
2. 원자력안전관리에 관한 정책목표와 기본방향에 관한 사항
3. 부문별 과제 및 그 추진에 관한 사항
4. 소요재원의 투자계획 및 조달에 관한 사항
5. 그 밖에 원자력안전관리를 위하여 필요한 사항

③ 위원회는 종합계획을 수립하려면 미리 관계 부처의 장과 협의하여야 한다. 수립된 종합계획을 변경하려는 때에도 또한 같다.

④ 종합계획의 수립 및 변경은 위원회의 심의 · 의결을 거쳐 확정한다. 다만, 대통령령으로 정하는 경미한 사항의 변경은 그러하지 아니하다.

⑤ 위원회는 종합계획의 수립을 위하여 필요하다고 인정하면 관계 기관의 장에게 종합계획의 수립에 필요한 자료의 제출을 요구할 수 있다.

제4조(종합계획의 시행) ① 위원회는 제3조제4항에 따라 확정된 종합계획을 관계 부처의 장에게 통보하여야 하며, 위원회와 관계 부처의 장은 종합계획에 따라 소관 사항에 대하여 5년마다 부문별 시행계획을 수립하고, 부문별 시행계획에 따라 연도별 세부사업추진계획을 수립 · 시행하여야 한다.

② 위원회와 관계 부처의 장은 제1항에 따른 부문별 시행계획을 수립하는 때에는 필요하면 다른 관계 부처의 장과 협의를 거쳐 부문별 시행계획을 확정하고, 관계 부처의 장은 확정된 부문별 시행계획을 위원회에 통보하여야 한다.

제5조(원자력안전전문기관) ① 위원회의 감독하에 원자력안전관리에 관한 사항을 전문적으로 수행하기 위하여 원자력안전전문기관을 둘 수 있다.

② 제1항에 따른 원자력안전전문기관의 설치 · 운영에 관한 사항은 따로 법률로 정한다.

제6조(한국원자력통제기술원의 설립) ① 원자력 관련 시설 및 핵물질 등에 관한 안전조치와 수출입통제 등(이하 "원자력통제"라 한다)의 업무를 효율적으로 추진하기 위하여 한국원자력통제기술원(이하 "통제기술원"이라 한다)을 설립한다.

② 통제기술원은 법인으로 한다.

③ 통제기술원은 그 주된 사무소가 있는 곳에서 설립등기를 함으로써 성립한다.

④ 통제기술원은 그 정관을 변경하고자 할 때에는 위원회의 인가를 받아야 한다.

⑤ 통제기술원에 임원으로서 이사장과 원장 각 1명을 포함한 11명 이내의 이사와 감사 1명을 두며, 임원은 정관으로 정하는 바에 따라 이사회에서 선임하되, 위원회의 승인을 받아야 한다.

⑥ 통제기술원의 중요 사항을 심의 · 의결하기 위하여 통제기술원에 이사회를 둔다.

⑦ 원장은 통제기술원을 대표하고, 통제기술원의 업무를 총괄하며, 소속 직원을 지휘 · 감독한다.

⑧ 정부는 예산의 범위에서 통제기술원의 설립 및 운영에 필요한 경비를 출연할 수 있다.

⑨ 통제기술원에 관하여 이 법에서 정하는 것을 제외하고는 「민법」 중 재단법인에 관한 규정을 준용한다.

제7조(통제기술원의 사업) 통제기술원은 다음 각 호의 사업을 수행한다.

1. 제111조제1항에 따라 위원회로부터 위탁받은 원자력 관련 시설 · 장비 · 기술 · 연구개발활동 및 핵물질에 관한 안전조치 관련 업무
2. 제111조제1항에 따라 위원회로부터 위탁받은 핵물질 등 국제규제물자에 관한 수출입통제 관련 업무
3. 「원자력시설 등의 방호 및 방사능 방재 대책법」 제45조제1항에 따라 위원회로부터 위탁받은 물리적방호 관련 업무
4. 원자력통제에 관한 연구 및 기술개발
5. 원자력통제에 관한 국제협력 지원
6. 원자력통제에 관한 교육
7. 그 밖에 원자력통제 업무의 수행을 위하여 필요한 사항

제7조의2(한국원자력안전재단의 설립) ① 원자력 및 방사선 안전기반 조성 활동을 효율적으로 지원하기 위하여 한국원자력안전재단(이하 "안전재단"이라 한다)을 설립한다.

② 안전재단은 다음 각 호의 사업을 수행한다.

1. 위원회의 원자력안전 정책수립 지원을 위한 기초자료 조사 · 연구
2. 제8조제1항에 따른 실태조사
3. 제9조제1항에 따른 원자력안전연구개발사업의 기획, 관리 및 평가
4. 제106조에 따른 방사선작업종사자에 대한 교육 및 훈련
5. 제107조의2에 따른 국제협력 지원

6. 이 법 또는 다른 법령에 따라 위탁받은 업무 및 그 밖에 위원회에서 필요하다고 인정하는 사업

③ 안전재단은 법인으로 한다.

④ 안전재단은 그 주된 사무소가 있는 곳에서 설립등기를 함으로써 성립한다.

⑤ 안전재단이 정관을 제정하거나 변경하고자 하는 때에는 위원회의 인가를 받아야 한다.

⑥ 안전재단의 중요 사항을 심의 · 의결하기 위하여 안전재단에 이사회를 둔다.

⑦ 안전재단에 임원으로서 이사장 1명을 포함한 11명 이내의 이사와 감사 1명을 두며 임원은 정관으로 정하는 바에 따라 이사회에서 선임하되, 위원회의 승인을 받아야 한다.

⑧ 위원회는 예산의 범위에서 안전재단의 운영에 필요한 경비를 출연할 수 있다.

⑨ 안전재단에 관하여 이 법에 정하는 것을 제외하고는 「민법」 중 재단법인에 관한 규정을 준용한다.

제8조(실태조사) ① 위원회는 원자력안전정책을 효율적으로 추진하기 위하여 원자력안전에 관한 실태조사를 실시하여야 한다. 이 경우 위원회는 대통령령으로 정하는 기관 또는 단체로 하여금 실태조사를 실시하게 할 수 있다.

② 위원회는 제1항에 따른 실태조사를 위하여 필요하다고 인정하면 원자력 관련 기업 · 교육기관 · 연구기관과 그 밖의 원자력 관련 기관에게 자료의 제출이나 의견의 진술 등을 요구할 수 있다.

제9조(원자력안전연구개발사업의 추진 등) ① 위원회는 제4조제1항에 따라 수립된 부문별 시행계획에 따라 원자력안전연구개발사업계획을 수립하고, 이를 효율적으로 추진하기 위하여 매년 연구개발과제를 선정하여 다음 각 호의 기관 또는 단체와 협약을 맺어 연구개발하게 할 수 있다.

1. 제5조에 따라 설립된 기관
2. 통제기술원
3. 「기초연구진흥 및 기술개발지원에 관한 법률」 제14조제1항 각 호의 기관 또는 단체

② 제1항에 따른 원자력안전연구개발사업을 실시하는 데에 드는 비용은 다음 각 호의 재원으로 충당한다.

1. 정부의 출연금
2. 「원자력 진흥법」 제17조제2항에 따른 원자력기금의 원자력안전규제계정
3. 원자력안전연구개발사업의 실시과정에서 발생한 잔액과 그 밖의 수입금

③ 제1항에 따른 원자력안전연구개발사업의 실시와 제2항에 따른 비용의 운용에 필요한 사항은 대통령령으로 정한다.

제3장 원자로 및 관계시설의 건설·운영

제1절 발전용원자로 및 관계시설의 건설

제10조(건설허가) ① 발전용원자로 및 관계시설을 건설하려는 자는 대통령령으로 정하는 바에 따라

위원회의 허가를 받아야 한다. 허가받은 사항을 변경하려는 때에도 또한 같다. 다만, 총리령으로 정하는 경미한 사항을 변경하려는 때에는 이를 신고하여야 한다.

② 제1항에 따른 허가를 받으려는 자는 허가신청서에 방사선환경영향평가서, 예비안전성 분석보고서, 건설에 관한 품질보증계획서, 발전용원자로 및 관계시설의 해체계획서와 그 밖에 총리령으로 정하는 서류를 첨부하여 위원회에 제출하여야 한다.

③ 위원회는 발전용원자로 및 관계시설을 건설하려는 자가 건설허가신청 전에 부지에 관한 사전승인을 신청하면 이를 검토한 후에 승인할 수 있다.

④ 제3항에 따라 부지에 관한 승인을 받은 자는 총리령으로 정하는 범위에서 공사를 할 수 있다.

⑤ 제3항에 따른 부지승인을 받으려는 자는 승인신청서에 방사선환경영향평가서 · 부지조사보고서와 그 밖에 총리령으로 정하는 서류를 첨부하여 위원회에 제출하여야 한다.

⑥ 발전용원자로 및 관계시설을 건설하려는 자가 제3항에 따라 부지에 관한 승인을 받아 「건축법」 제2조제1항제2호에 따른 건축물을 건축하려는 경우에는 같은 법 제11조제3항에 따른 설계도서를 관계 행정기관의 장에게 제출한 때에 같은 법 제11조에 따른 건축허가를 받은 것으로 본다.

제11조(허가기준) 제10조제1항의 허가기준은 다음과 같다.

1. 총리령으로 정하는 발전용원자로 및 관계시설의 건설에 필요한 기술능력을 확보하고 있을 것
2. 발전용원자로 및 관계시설의 위치 · 구조 및 설비가 원자력안전위원회규칙(이하 "위원회규칙"이라 한다)으로 정하는 기술기준에 적합하여 방사성물질등에 따른 인체 · 물체 및 공공의 재해방지에 지장이 없을 것
3. 발전용원자로 및 관계시설의 건설로 인하여 발생되는 방사성물질등으로부터 국민의 건강 및 환경상의 위해를 방지하기 위하여 대통령령으로 정하는 기준에 적합할 것
4. 제10조제2항에 따른 품질보증계획서의 내용이 위원회규칙으로 정하는 기준에 적합할 것
5. 제10조제2항에 따른 해체계획서의 내용이 위원회규칙으로 정하는 기준에 적합할 것

제12조(표준설계인가) ① 같은 설계의 발전용원자로 및 관계시설을 반복적으로 건설하려는 자는 그 설계(이하 "표준설계"라 한다)에 관하여 대통령령으로 정하는 바에 따라 위원회의 인가를 받을 수 있다. 인가받은 사항을 변경하려는 때에도 또한 같다. 다만, 총리령으로 정하는 경미한 사항을 변경하려는 때에는 이를 신고하여야 한다.

② 제1항에 따른 인가를 받으려는 자는 인가신청서에 표준설계기술서와 그 밖에 총리령으로 정하는 서류를 첨부하여 위원회에 제출하여야 한다.

③ 제1항에 따른 인가의 유효기간은 10년으로 하되, 위원회는 유효기간 중이라도 설계의 안전성에 중대한 영향이 있다고 인정하면 표준설계인가를 받은 자에게 인가받은 사항에 대한 시정 또는 보완을 명할 수 있다.

④ 제3항에도 불구하고 표준설계인가의 유효기간 안에 있는 표준설계를 적용하여 원자로 및 관

계시설의 건설허가를 신청한 경우에는 그 원자로 및 관계시설이 그 운영허가일까지 표준설계인가가 유효한 것으로 본다.

⑤ 제1항에 따른 인가의 기준은 다음과 같다.

1. 발전용원자로 및 관계시설의 위치 · 구조 · 설비 및 성능이 위원회규칙으로 정하는 기술기준에 적합하여 방사성물질등에 따른 인체 · 물체 및 공공의 재해방지에 지장이 없을 것
2. 발전용원자로 및 관계시설의 건설 및 운영으로 인하여 발생되는 방사성물질등으로부터 국민의 건강 및 환경상의 위해를 방지하기 위하여 대통령령으로 정하는 기준에 적합할 것

⑥ 위원회는 새로운 기술의 지속적 반영이 필요한 사항 등 대통령령으로 정하는 사항을 표준설계에서 제외할 수 있다.

⑦ 제1항에 따른 인가를 받은 때에는 제10조제2항 · 제20조제2항에 따른 허가신청서류에 기재할 사항 중 제1항에 따라 미리 인가를 받은 사항은 기재하지 아니할 수 있다.

⑧ 제1항에 따른 표준설계의 인가 또는 변경인가에 관하여는 제14조의 규정을 준용한다. 이 경우 제14조 각 호 외의 부분 중 "제10조제1항의 허가를"은 "제12조제1항의 인가를"로, 제14조제3호 중 "제17조에 따라 허가가 취소된 후"는 "제13조에 따라 인가가 취소된 후"로 본다.

제13조(표준설계인가의 취소) 위원회는 제12조제1항에 따라 인가를 받은 자가 다음 각 호의 어느 하나에 해당하면 그 인가를 취소할 수 있다. 다만, 제1호 또는 제4호에 해당하는 때에는 그 인가를 취소하여야 한다.

1. 거짓이나 그 밖의 부정한 방법으로 인가를 받은 때
2. 제12조제1항 후단에 따라 인가를 받아야 할 사항을 인가받지 아니하고 변경한 때
3. 제12조제3항에 따른 명령을 위반한 때
4. 제12조제8항에 따라 준용되는 제14조제1호 · 제2호 및 제4호 중 어느 하나에 해당하게 된 때. 다만, 법인의 임원이 그 사유에 해당하게 된 경우 3개월 이내에 그 임원을 바꾼 때에는 그러하지 아니하다.

제14조(결격사유) 다음 각 호의 어느 하나에 해당하는 자는 제10조제1항의 허가를 받을 수 없다.

1. 피성년후견인 · 피한정후견인 또는 파산선고를 받은 자로서 복권되지 아니한 자
2. 이 법을 위반하여 금고 이상의 형의 선고를 받고 그 형의 집행이 종료되거나 집행을 받지 아니하기로 확정된 후 2년이 경과되지 아니한 자나 형의 집행유예를 선고받고 그 집행유예기간 중에 있는 자
3. 제17조에 따라 허가가 취소된 후 2년이 경과되지 아니한 자
4. 임원 중에 제1호부터 제3호까지 중 어느 하나에 해당하는 사람이 있는 법인

제15조(계량관리규정) ① 제10조제1항에 따라 허가를 받은 자(이하 "발전용원자로설치자"라 한다)는 대통령령으로 정하는 바에 따라 국제규제물자 중 핵물질(이하 "특정핵물질"이라 한다)의 계량관리규정을 정하여 특정핵물질의 사용개시 전에 위원회의 승인을 받아야 한다. 이를 변경하려는

때에도 또한 같다. 다만, 총리령으로 정하는 경미한 사항을 변경하려는 때에는 이를 신고하여야 한다.

② 위원회는 제1항의 계량관리규정이 특정핵물질의 적정한 계량관리에 부족하다고 인정하면 이에 대한 보완을 명할 수 있다.

제15조의2(안전관련설비 계약 신고) 제10조제2항에 따라 허가신청서를 제출한 자 또는 발전용원자로설치자가 안전관련설비에 대하여 다음 각 호의 어느 하나에 해당하는 계약(도급을 받는 자의 하도급거래를 포함한다)을 체결한 때에는 계약을 체결한 날부터 30일 이내에 총리령으로 정하는 바에 따라 위원회에 신고하여야 한다. 신고한 사항을 변경하려는 때에도 또한 같다.

1. 안전관련설비의 설계에 관한 사항(건설과 관련된 설계를 포함한다)
2. 안전관련설비의 제작에 관한 사항
3. 안전관련설비의 성능검증에 관한 사항

제15조의3(부적합사항 보고) 다음 각 호의 어느 하나에 해당하는 자는 안전관련설비에서 제11조 및 제21조의 허가기준에 적합하지 아니한 사항을 발견하면 위원회가 정하여 고시하는 바에 따라 위원회에 보고하여야 한다.

1. 제10조제2항에 따라 허가신청서를 제출한 자
2. 발전용원자로설치자
3. 제15조의2에 따른 안전관련설비의 설계자 · 제작자(이하 "공급자"라 한다)
4. 제15조의2에 따른 안전관련설비의 성능검증을 수행하는 자(이하 "성능검증기관"이라 한다)

제15조의4(성능검증관리기관 지정 등) ① 위원회는 성능검증기관을 효율적으로 관리하기 위하여 제111조에 따라 그 권한을 위탁할 수 있는 기관 중에서 관리기관(이하 "성능검증관리기관"이라 한다)을 지정할 수 있다.

② 성능검증관리기관은 성능검증기관의 운영현황 등을 조사하여 위원회에 보고하여야 한다.

③ 위원회는 성능검증관리기관의 운영실태를 조사할 수 있으며, 조사 결과 필요하다고 인정되면 시정을 명령할 수 있고, 성능검증관리기관이 다음 각 호의 어느 하나에 해당하는 경우에는 그 지정을 취소할 수 있다. 다만, 제1호에 해당하면 그 지정을 취소하여야 한다.

1. 거짓이나 그 밖의 부정한 방법으로 지정을 받았을 때
2. 대통령령으로 정하는 지정기준에 미달하게 된 경우
3. 시정명령에 따르지 아니한 경우

④ 성능검증관리기관의 지정기준, 업무범위(성능검증기관 인증업무를 포함한다) 등에 관하여 필요한 사항은 대통령령으로 정한다.

⑤ 제1항에 따라 성능검증관리기관으로 지정을 받으려는 자는 총리령으로 정하는 신청서와 그 부속서류를 작성하여 위원회에 제출하여야 한다.

⑥ 위원회는 성능검증관리기관이 그 업무를 수행하는 데 필요한 경비를 출연금 또는 보조금으로

지급할 수 있다.

제16조(검사) ① 발전용원자로설치자, 공급자 및 성능검증기관은 발전용원자로 및 관계시설의 건설, 특정핵물질의 계량관리에 관한 사항을 대통령령으로 정하는 바에 따라 위원회의 검사를 받아야 한다.

② 위원회는 제1항에 따른 검사결과 다음 각 호의 어느 하나에 해당하면 발전용원자로설치자, 공급자 및 성능검증기관에게 그 시정 또는 보완을 명할 수 있다.

1. 제11조에 따른 허가기준에 미달될 때
2. 제10조제2항에 따른 허가신청서의 첨부서류에 기재된 내용과 일치하지 아니하거나 제15조에 따른 계량관리규정에 위반될 때

제17조(건설허가의 취소 등) ① 위원회는 발전용원자로설치자가 다음 각 호의 어느 하나에 해당하면 그 허가를 취소하거나 1년 이내의 기간을 정하여 그 건설공사의 정지를 명할 수 있다. 다만, 제1호 또는 제5호에 해당하는 때에는 그 허가를 취소하여야 한다.

1. 거짓이나 그 밖의 부정한 방법으로 허가를 받은 때
2. 정당한 사유 없이 대통령령으로 정하는 기간 안에 그 허가받은 건설공사를 개시하지 아니하거나 1년 이상 계속하여 그 공사를 중단한 때
3. 제10조제1항 후단에 따라 허가받아야 할 사항을 허가받지 아니하고 변경한 때
4. 제11조의 허가기준에 미달하게 된 때
5. 제14조제1호 · 제2호 및 제4호 중 어느 하나에 해당하게 된 때. 다만, 법인의 임원이 그 사유에 해당하게 된 경우 3개월 이내에 그 임원을 바꾼 때에는 그러하지 아니하다.
6. 제16조제2항 또는 제98조제1항 및 제3항에 따른 명령을 위반한 때
7. 제15조제1항 · 제94조 또는 제96조를 위반한 때
8. 제99조의 허가조건을 위반한 때

② 위원회는 제1항에 따라 건설공사의 정지를 명하려는 경우에 그 처분이 해당 사업의 이용자 등에게 심한 불편을 주거나 공익을 해칠 염려가 있을 때에는 그 건설공사의 정지를 갈음하여 50억원 이하의 과징금을 부과할 수 있다.

③ 제1항에 따른 건설공사의 정지처분기준과 제2항에 따른 과징금의 부과기준은 대통령령으로 정한다.

④ 위원회는 제2항에 따른 과징금을 내야 할 자가 납부기한까지 과징금을 납부하지 아니하면 국세체납처분의 예에 따라 이를 징수하거나 제2항에 따른 과징금 부과처분을 취소하고 제1항에 따른 건설공사의 정지처분을 하여야 한다.

제18조(기록과 비치) 발전용원자로설치자는 발전용원자로 및 관계시설의 건설에 관한 사항을 총리령으로 정하는 바에 따라 기록하여 이를 그 공사장 또는 사업소마다 갖추어 두어야 한다.

제19조(승계) 발전용원자로설치자가 그 사업을 양도하거나 사망한 때 또는 법인이 합병된 때에는

그 사업의 양수인 · 상속인 또는 합병 후 존속하는 법인이나 합병에 의하여 설립된 법인은 그 발전용원자로설치자의 지위를 승계한다. 이 경우 그 상속인이 제14조제1호부터 제3호까지 중 어느 하나에 해당하는 때에는 3개월 이내에 그 사업을 다른 사람에게 양도하여야 한다.

제2절 발전용원자로 및 관계시설의 운영

제20조(운영허가) ① 발전용원자로 및 관계시설을 운영하려는 자는 대통령령으로 정하는 바에 따라 위원회의 허가를 받아야 한다. 허가받은 사항을 변경하려는 때에도 또한 같다. 다만, 총리령으로 정하는 경미한 사항을 변경하려는 때에는 이를 신고하여야 한다.

② 제1항의 허가를 받으려는 자는 허가신청서에 발전용원자로 및 관계시설에 관한 운영기술지침서, 최종안전성분석보고서, 사고관리계획서(중대사고관리계획을 포함한다), 운전에 관한 품질보증계획서, 방사선환경영향평가서(제10조제2항에 따라 제출된 방사선환경영향평가서와 달라진 부분만 해당한다), 발전용원자로 및 관계시설의 해체계획서(제10조제2항에 따라 제출된 해체계획서와 달라진 부분만 해당한다), 액체 및 기체 상태의 방사성물질등의 배출계획서[부지별, 기간별, 핵종군(核種群)별 배출총량을 포함한다] 및 총리령으로 정하는 서류를 첨부하여 위원회에 제출하여야 한다.

③ 제1항에 따른 운영허가 및 변경허가에 관하여는 제14조를 준용한다. 이 경우 제14조제3호 중 "제17조"는 "제24조"로 본다.

제21조(허가기준) ①제20조제1항의 허가기준은 다음과 같다.

1. 위원회규칙으로 정하는 발전용원자로 및 관계시설의 운영에 필요한 기술능력을 확보하고 있을 것
2. 발전용원자로 및 관계시설의 성능이 위원회규칙으로 정하는 기술기준에 적합하여 방사성물질등에 따른 인체 · 물체 및 공공의 재해방지에 지장이 없을 것
3. 발전용원자로 및 관계시설의 운영으로 인하여 발생되는 방사성물질등으로부터 국민의 건강 및 환경상의 위해를 방지하기 위하여 대통령령으로 정하는 기준에 적합할 것
4. 제20조제2항에 따른 품질보증계획서의 내용이 위원회규칙으로 정하는 기준에 적합할 것
5. 제20조제2항에 따른 해체계획서의 내용이 위원회규칙으로 정하는 기준에 적합할 것
6. 제20조제2항에 따른 사고관리계획서의 내용이 위원회규칙으로 정하는 기준에 적합할 것

② 발전용원자로 및 관계시설을 영구정지를 하려는 경우에는 제20조제1항에 따라 변경허가를 받아야 한다. 이 경우 다음 각 호의 어느 하나에 해당하는 때에는 제1항 각 호의 허가기준 중 일부를 적용하지 아니할 수 있다.

1. 발전용원자로 및 관계시설의 영구정지로 인하여 제1항의 허가기준을 그대로 적용하기 어려운 경우
2. 영구정지의 목적에 비추어 제1항의 허가기준을 준수하지 아니하여도 안전상 지장이 없는 경우

제22조(검사) ① 제20조제1항에 따라 허가를 받은 자(이하 "발전용원자로운영자"라 한다), 공급자 및 성능검증기관은 발전용원자로 및 관계시설의 운영, 특정핵물질의 계량관리에 관한 사항을 대통령령으로 정하는 바에 따라 위원회의 검사를 받아야 한다.

② 위원회는 제1항에 따른 검사결과 다음 각 호의 어느 하나에 해당하면 발전용원자로운영자, 공급자 및 성능검증기관에게 그 시정 또는 보완을 명할 수 있다.

1. 제21조에 따른 허가기준에 미달되거나 제26조제1항에 따른 조치가 부족할 때
2. 제20조제2항에 따른 허가신청서의 첨부서류에 기재된 내용과 일치하지 아니하거나 제29조에서 준용하는 제15조에 따른 계량관리규정에 위반될 때

제23조(주기적 안전성평가) ① 발전용원자로운영자는 대통령령으로 정하는 바에 따라 발전용원자로 및 관계시설의 안전성을 주기적으로 평가하고, 그 결과를 위원회에 제출하여야 한다. 다만, 제21조제2항에 따라 변경허가를 받고 영구정지한 발전용원자로 및 관계시설의 주기적 안정성평가에 필요한 사항은 대통령령으로 정한다.

② 위원회는 제1항에 따른 주기적 안전성평가결과 또는 그에 따른 안전조치가 부족하다고 인정하면 발전용원자로운영자에게 그 시정 또는 보완을 명할 수 있다.

③ 제1항에 따른 평가방법 및 평가내용 등에 관한 사항은 대통령령으로 정한다.

제24조(운영허가의 취소 등) ① 위원회는 발전용원자로운영자가 다음 각 호의 어느 하나에 해당하면 그 허가를 취소하거나, 1년 이내의 기간을 정하여 그 운영의 정지를 명할 수 있다. 다만, 제1호 또는 제4호에 해당하는 때에는 그 허가를 취소하여야 한다.

1. 거짓이나 그 밖의 부정한 방법으로 허가를 받은 때
2. 정당한 사유 없이 대통령령으로 정하는 기간 안에 그 허가받은 운영을 개시하지 아니하거나 1년 이상 계속하여 그 운영을 중단한 때
3. 제20조제1항 후단에 따라 허가받아야 할 사항을 허가받지 아니하고 변경한 때
4. 제20조제3항에 따라 준용되는 제14조제1호 · 제2호 및 제4호 중 어느 하나에 해당하게 된 때. 다만, 법인의 임원이 그 사유에 해당하게 된 경우 3개월 이내에 그 임원을 바꾼 때에는 그러하지 아니하다.
5. 제21조의 허가기준에 미달하게 된 때
6. 제22조제2항 · 제23조제2항 · 제27조 · 제92조제2항 또는 제98조제1항 및 제3항에 따른 명령을 위반한 때
7. 제29조에 따라 준용되는 제15조제1항을 위반한 때
8. 제26조 · 제70조 · 제89조제5항 · 제94조 · 제96조 또는 제106조제1항을 위반한 때
9. 제99조의 허가조건을 위반한 때

② 제1항에 따라 그 운영의 정지를 명하여야 할 경우에는 제17조제2항부터 제4항까지의 규정을 준용한다.

제25조(기록과 비치) 발전용원자로운영자는 발전용원자로 및 관계시설의 운영에 관한 사항을 총리령으로 정하는 바에 따라 기록하여 이를 그 공장 또는 사업소마다 비치하여야 한다.

제26조(운영에 관한 안전조치 등) ① 발전용원자로운영자가 발전용원자로 및 관계시설을 운영할 때에는 대통령령으로 정하는 바에 따라 인체 · 물체 및 공공의 안전을 위하여 필요한 조치를 하여야 한다.

② 발전용원자로운영자 및 그 종업원은 제20조제2항의 운영기술지침서를 준수하여야 한다.

③ 발전용원자로운영자는 원자로마다 제84조에 따라 원자로조종감독자면허를 받은 사람 및 원자로조종사면허를 받은 사람 각 1명 이상을 늘 원자로의 운전업무에 종사하게 하여야 한다.

④ 발전용원자로운영자는 제84조에 따른 핵연료물질취급감독자면허를 받은 사람 및 방사선취급감독자면허를 받은 사람 각 1명 이상을 원자로 및 관계시설에서의 핵물질 및 방사선안전관리를 위한 업무에 종사하게 하여야 한다.

⑤ 발전용원자로운영자가 제21조제2항에 따라 영구정지에 관한 변경허가를 받은 경우 위원회가 다음 각 호의 어느 하나에 해당하는 것으로 인정하는 때에는 제1항부터 제4항까지의 일부를 적용하지 아니할 수 있다.

1. 발전용원자로 및 관계시설의 영구정지로 인하여 제1항부터 제4항까지의 일부를 그대로 적용하기 어려운 경우
2. 영구정지의 목적에 비추어 제1항부터 제4항까지에 따른 안전조치를 하지 아니하여도 기술적인 면에서 보아 안전상 지장이 없는 경우

제27조(발전용원자로 및 관계시설의 사용정지 등의 조치) 위원회는 발전용원자로 및 관계시설의 성능이 제21조제2호에 따른 기술기준에 적합하지 아니하다고 인정하거나 제26조제1항에 따른 조치가 부족하다고 인정하면 해당 발전용원자로운영자에게 발전용원자로 및 관계시설의 사용정지, 개조, 수리, 이전, 운영방법의 지정 또는 제20조제2항의 운영기술지침서의 변경이나 오염제거와 그 밖의 안전을 위하여 필요한 조치를 명할 수 있다.

제28조(발전용원자로 및 관계시설의 해체) ① 발전용원자로운영자가 발전용원자로 및 관계시설을 해체하려는 때에는 대통령령으로 정하는 바에 따라 위원회의 승인을 받아야 한다. 승인받은 사항을 변경하려는 때에도 또한 같다. 다만, 총리령으로 정하는 경미한 사항을 변경하려는 때에는 이를 위원회에 신고하여야 한다.

② 제1항의 승인을 받으려는 자는 승인신청서에 발전용원자로 및 관계시설의 해체계획서와 총리령으로 정하는 서류를 첨부하여 위원회에 제출하여야 한다.

③ 발전용원자로운영자는 발전용원자로 및 관계시설의 해체상황을 총리령으로 정하는 바에 따라 위원회에 보고하여야 한다. 이 경우 위원회는 발전용원자로 및 관계시설의 해체상황을 확인 · 점검하여야 한다.

④ 발전용원자로운영자가 발전용원자로 및 관계시설의 해체를 완료한 때에는 총리령으로 정하는

바에 따라 위원회에 보고하여야 한다.

⑤ 제4항에 따라 보고하려는 자는 해체완료보고서와 총리령으로 정하는 서류를 첨부하여 위원회에 제출하여야 한다.

⑥ 위원회는 발전용원자로 및 관계시설의 해체가 완료된 때에는 총리령으로 정하는 바에 따라 검사를 하여야 한다.

⑦ 위원회는 제3항에 따른 확인 · 점검 결과 또는 제6항에 따른 검사 결과 발전용원자로운영자가 해체계획서에 따라 이행하지 아니하거나 제5항에 따른 해체완료보고서에 기재된 내용과 일치하지 아니하면 그 시정 또는 보완을 명할 수 있다.

⑧ 위원회는 제6항에 따른 검사를 완료한 때에는 제20조제1항에 따른 발전용원자로 및 관계시설의 운영허가의 종료를 해당 발전용원자로운영자에게 서면으로 통지하여야 한다.

⑨ 위원회는 발전용원자로운영자에게 제8항에 따른 통지를 할 때에는 방사선에 의한 재해의 방지와 공공의 안전을 위하여 필요한 경우 발전용원자로 및 관계시설의 해체 완료 후 부지의 재이용에 관하여 조건을 붙일 수 있다.

제29조(준용) 발전용원자로운영자의 사업승인, 안전관련설비 계약 신고, 부적합사항 보고, 승계에 관하여는 제15조 · 제15조의2 · 제15조의3 및 제19조를 준용한다. 이 경우 "발전용원자로설치자"는 "발전용원자로운영자"로 본다.

제3절 연구용원자로 등의 건설·운영

제30조(연구용원자로 등의 건설허가) ① 연구용 또는 교육용의 원자로 및 관계시설을 건설하려는 자는 그 종류별로 대통령령으로 정하는 바에 따라 위원회의 허가를 받아야 한다. 허가받은 사항을 변경하려는 때에도 또한 같다. 다만, 총리령으로 정하는 경미한 사항을 변경하려는 때에는 이를 신고하여야 한다.

② 제1항에 따라 허가를 받으려는 자는 그 허가의 종류별로 허가신청서에 방사선환경영향평가서, 예비안전성분석보고서, 건설에 관한 품질보증계획서, 연구용 또는 교육용 원자로 및 관계시설의 해체계획서와 그 밖에 총리령으로 정하는 서류를 첨부하여 위원회에 제출하여야 한다.

③ 제1항에 따른 허가 및 변경허가에 관하여는 제11조 및 제14조를 준용한다. 이 경우 제14조제3호 중 "제17조"는 "제32조"로 본다.

제30조의2(연구용원자로 등의 운영허가) ① 연구용 또는 교육용 원자로 및 관계시설을 운영하려는 자는 그 종류별로 대통령령으로 정하는 바에 따라 위원회의 허가를 받아야 한다. 허가받은 사항을 변경하려는 때에도 또한 같다. 다만, 총리령으로 정하는 경미한 사항을 변경하려는 때에는 이를 신고하여야 한다.

② 제1항에 따라 허가를 받으려는 자는 그 허가의 종류별로 허가신청서에 운영기술지침서, 최종안전성분석보고서, 운전에 관한 품질보증계획서, 방사선환경영향평가서(제30조제2항에 따라

제출된 방사선환경영향평가서와 달라진 부분만 해당한다), 연구용 또는 교육용 원자로 및 관계시설의 해체계획서(제30조제2항에 따라 제출된 해체계획서와 달라진 부분만 해당한다) 및 그 밖에 총리령으로 정하는 서류를 첨부하여 위원회에 제출하여야 한다.

③ 제1항에 따른 허가 및 변경허가에 관하여는 제14조 및 제21조를 준용한다. 이 경우 제14조제3호 중 "제17조"는 "제32조"로 본다.

제31조(외국원자력선의 입항 · 출항 신고 등) ① 다음 각 호의 어느 하나에 해당하는 자가 소유하는 선박으로서 원자로를 설치한 선박(군함을 제외하며, 이하 이 조에서 "외국원자력선"이라 한다)을 대한민국의 항구에 입항 또는 출항시키려는 외국원자력선운항자는 대통령령으로 정하는 바에 따라 미리 위원회에 신고하여야 한다.

1. 대한민국의 국적을 가지지 아니한 자
2. 대한민국의 법령에 따라 설립된 법인이나 단체가 아닌 자

② 위원회는 제1항에 따라 신고를 받은 경우에 필요하다고 인정하면 총리령으로 정하는 바에 따라 외국원자력선운항자가 원자로 또는 방사성물질등에 따른 재해를 방지하기 위하여 하여야 할 조치를 해양수산부장관에게 통지하여야 한다.

③ 해양수산부장관은 제2항의 통지를 받으면 그 통지된 내용에 따라 외국원자력선운항자에게 원자로 또는 방사성물질등에 따른 재해를 방지하는 데에 필요한 조치를 할 것을 명하고, 지방항만사무소장에게 해당 원자력선의 운항에 필요한 규제를 할 것을 지시하여야 한다.

제32조(건설허가 · 운영허가의 취소 등) ①위원회는 제30조제1항에 따라 허가를 받은 자(이하 "연구용원자로등설치자"라 한다) 및 제30조의2제1항에 따라 허가를 받은 자(이하 "연구용원자로등운영자"라 한다)가 다음 각 호의 어느 하나에 해당하면 그 허가를 취소하거나 1년 이내의 기간을 정하여 사업의 정지를 명할 수 있다. 다만, 제1호 또는 제4호에 해당하는 때에는 그 허가를 취소하여야 한다.

1. 거짓이나 그 밖의 부정한 방법으로 허가를 받은 때
2. 정당한 사유 없이 대통령령으로 정하는 기간 안에 그 허가받은 사업을 개시하지 아니하거나 1년 이상 계속하여 그 사업을 중단한 때
3. 제30조제3항 · 제30조의2제3항에 따라 준용되는 제11조 및 제21조의 허가기준에 미달하게 된 때
4. 제30조제3항 · 제30조의2제3항에 따라 준용되는 제14조제1호 · 제2호 및 제4호 중 어느 하나에 해당하게 된 때. 다만, 법인의 임원이 그 사유에 해당하게 된 경우 3개월 이내에 그 임원을 바꾼 때에는 그러하지 아니하다.
5. 제30조제1항 후단 · 제30조의2제1항 후단에 따라 허가받아야 할 사항을 허가받지 아니하고 변경한 때
6. 제34조에 따라 준용되는 제15조제1항 또는 제26조를 위반한 때

7. 제34조에 따라 준용되는 제16조제2항 · 제22조제2항 또는 제27조에 따른 명령을 위반한 때
8. 제31조제3항 · 제92조제2항 또는 제98조제1항 및 제3항에 따른 명령을 위반한 때
9. 제70조 · 제89조제5항 · 제94조 · 제96조 또는 제106조제1항을 위반한 때
10. 제99조의 허가조건을 위반한 때
11. 제34조제1항에 따라 준용되는 제23조제2항에 따른 명령을 위반한 때

② 제1항에 따라 그 사업의 정지를 명하여야 할 경우에는 제17조제2항부터 제4항까지의 규정을 준용한다.

제33조(사업의 중단 · 폐지 등의 신고) 연구용원자로등설치자 및 연구용원자로등운영자가 그 사업의 전부 또는 일부를 중단 또는 폐지하거나 중단한 사업을 재개한 때에는 그 중단 · 폐지 또는 재개한 날부터 30일 이내에 이를 위원회에 신고하여야 한다.

제34조(준용) ① 연구용원자로등설치자 및 연구용원자로등운영자의 각종 의무 등에 관하여는 제15조 · 제15조의2 · 제15조의3 · 제16조 · 제18조 · 제19조 · 제22조 · 제23조 및 제25조부터 제28조까지의 규정을 준용한다.

② 제1항의 준용에 있어서 "발전용원자로설치자"는 "연구용원자로등설치자"로 보고 "발전용원자로운영자"는 "연구용원자로등운영자"로 본다.

제4장 핵연료주기사업 및 핵물질사용 등

제1절 핵연료주기사업

제35조(핵연료주기사업의 허가 등) ① 핵원료물질 또는 핵연료물질의 정련사업 또는 가공사업(변환사업을 포함한다)을 하려는 자는 대통령령으로 정하는 바에 따라 위원회의 허가를 받아야 한다. 허가받은 사항을 변경하려는 때에도 또한 같다. 다만, 총리령으로 정하는 경미한 사항의 변경은 이를 신고하여야 한다.

② 사용후핵연료처리사업을 하려는 자는 대통령령으로 정하는 바에 따라 주무부장관의 지정을 받아야 하며, 주무부장관은 지정 시 위원회와 협의하여야 한다. 지정받은 사항을 변경하려는 때에는 주무부장관의 승인을 받아야 한다. 다만, 총리령으로 정하는 경미한 사항의 변경은 이를 신고하여야 한다.

③ 제1항에 따른 허가를 받으려는 자는 위원회에, 제2항에 따른 지정을 받으려는 자는 주무부장관에게 각각 그 허가 또는 지정 신청서에 방사선환경영향평가서, 안전관리규정, 설계 및 공사방법에 관한 설명서, 사업의 운영에 관한 품질보증계획서 및 해당 시설의 해체계획서와 그 밖에 총리령으로 정하는 서류를 첨부하여 제출하여야 한다.

④ 사용후핵연료의 처리 · 처분에 관하여 필요한 사항은 미래창조과학부장관과 산업통상자원부장관이 위원회 및 관계 부처의 장과 협의하여 「원자력 진흥법」 제3조에 따른 원자력진흥위원회의 심의 · 의결을 거쳐 결정한다.

⑤ 제1항 및 제2항에 관하여는 제14조를 준용한다. 이 경우 제14조제3호 중 "제17조"는 "제38조"로 본다.

제36조(허가 등 기준) ①제35조제1항 및 제2항에 따른 허가 또는 지정 기준은 다음과 같다.

1. 총리령으로 정하는 사업을 수행하는 데에 필요한 기술능력을 확보하고 있을 것
2. 핵연료주기시설의 위치 · 구조 · 설비 및 성능이 위원회규칙으로 정하는 기술기준에 적합하여 방사성물질등에 따른 인체 · 물체 및 공공의 재해방지에 지장이 없을 것
3. 핵연료주기시설의 운영으로 인하여 발생되는 방사성물질등으로부터 국민의 건강 및 환경상의 위해를 방지하기 위하여 대통령령으로 정하는 기준에 적합할 것
4. 제35조제3항에 따른 해체계획서의 내용이 위원회규칙으로 정하는 기준에 적합할 것

② 핵연료주기사업자가 핵연료주기시설을 영구정지하려는 경우에는 제35조제1항에 따라 변경허가를 받아야 한다. 이 경우 다음 각 호의 어느 하나에 해당하는 때에는 제1항 각 호의 허가 또는 지정 기준 중 일부를 적용하지 아니할 수 있다.

1. 핵연료주기시설의 영구정지로 인하여 제1항의 허가기준을 그대로 적용하기 어려운 경우
2. 영구정지의 목적에 비추어 제1항의 허가기준을 준수하지 아니하여도 안전상 지장이 없는 경우

제37조(검사) ① 제35조제1항 및 제2항에 따라 허가 또는 지정을 받은 자(이하 "핵연료주기사업자"라 한다)는 핵연료주기시설의 설치 및 운영, 특정핵물질의 계량관리에 관한 사항을 대통령령으로 정하는 바에 따라 위원회의 검사를 받아야 한다.

② 위원회는 제1항에 따른 검사결과 다음 각 호의 어느 하나에 해당하면 핵연료주기사업자에게 그 시정 또는 보완을 명할 수 있다.

1. 제36조에 따른 허가 또는 지정 기준에 미달하거나 제40조제1항에 따른 안전조치가 부족할 때
2. 제35조제3항에 따른 허가 또는 지정 신청서의 첨부서류에 기재된 내용과 일치하지 아니하거나 제44조에서 준용하는 제15조에 따른 계량관리규정에 위반될 때

제38조(허가 등의 취소 등) ① 핵연료주기사업자가 다음 각 호의 어느 하나에 해당하면 위원회는 그 허가를, 주무부장관은 그 지정을 각각 취소하거나 1년 이내의 기간을 정하여 사업의 정지를 명할 수 있다. 다만, 제1호 또는 제4호에 해당하는 때에는 그 허가 또는 지정을 취소하여야 한다.

1. 거짓이나 그 밖의 부정한 방법으로 허가 또는 지정을 받은 때
2. 정당한 사유 없이 대통령령으로 정하는 기간 안에 그 허가 또는 지정받은 사업을 개시하지 아니하거나 1년 이상 계속하여 그 사업을 중단한 때
3. 제35조제1항 후단 또는 제2항 후단에 따라 허가 또는 승인받아야 할 사항을 허가 또는 승인받지 아니하고 변경한 때
4. 제35조제5항에 따라 준용되는 제14조제1호 · 제2호 및 제4호 중 어느 하나에 해당하게 된 때. 다만, 법인의 임원이 그 사유에 해당하게 된 경우 3개월 이내에 그 임원을 바꾼 때에는 그러하지 아니하다.

5. 제36조의 허가 또는 지정 기준에 미달하게 된 때
6. 제37조제2항 · 제41조 · 제92조제2항 또는 제98조제1항 및 제3항에 따른 명령을 위반한 때
7. 제40조제1항 · 제2항, 제70조, 제89조제5항, 제94조, 제96조 또는 제106조제1항을 위반한 때
8. 제44조에 따라 준용되는 제15조제1항을 위반한 때
9. 제99조의 허가 또는 지정 조건을 위반한 때

② 제1항에 따라 그 사업의 정지를 명하여야 할 경우에는 제17조제2항부터 제4항까지의 규정을 준용한다.

제39조(기록과 비치) 핵연료주기사업자는 총리령으로 정하는 바에 따라 핵연료주기시설의 건설 및 운영에 관한 사항을 기록하여 이를 공장 또는 사업소마다 비치하여야 한다.

제40조(운영에 관한 안전조치 등) ① 핵연료주기사업자가 그 시설을 운영할 때에는 인체 · 물체 및 공공의 안전을 위하여 대통령령으로 정하는 바에 따라 안전조치를 하여야 한다.

② 핵연료주기사업자 및 그 종업원은 제35조제3항에 따른 안전관리규정을 준수하여야 한다.

③ 핵연료주기사업자가 제36조제2항에 따라 영구정지에 관한 변경허가를 받은 경우 위원회가 다음 각 호의 어느 하나에 해당하는 것으로 인정하는 때에는 제1항 및 제2항의 일부를 적용하지 아니할 수 있다.

1. 핵연료주기시설의 영구정지로 인하여 제1항 및 제2항을 그대로 적용하기 어려운 경우
2. 영구정지의 목적에 비추어 제1항 및 제2항에 따른 안전조치를 하지 아니하여도 기술적인 면에서 보아 안전상 지장이 없는 경우

제41조(핵연료주기시설의 사용정지 등의 조치) 위원회는 제40조에 따른 안전조치가 부족하다고 인정하면 핵연료주기사업자에게 그 시설의 사용정지 · 개조 · 수리 · 이전이나 이전방법의 지정과 그 밖의 안전을 위하여 필요한 조치를 명할 수 있다.

제42조(핵연료주기시설의 해체) ① 핵연료주기사업자가 핵연료주기시설을 해체하려는 때에는 대통령령으로 정하는 바에 따라 위원회의 승인을 받아야 한다. 승인받은 사항을 변경하려는 때에도 또한 같다. 다만, 총리령으로 정하는 경미한 사항을 변경하려는 때에는 이를 위원회에 신고하여야 한다.

② 제1항의 승인을 받으려는 자는 승인신청서에 핵연료주기시설의 해체계획서와 총리령으로 정하는 서류를 첨부하여 위원회에 제출하여야 한다.

③ 삭제

④ 삭제

제43조(사업개시 등의 신고) 핵연료주기사업자는 그 사업을 개시 · 중단 또는 폐지하거나 중단한 사업을 재개한 때에는 그 사업을 개시 · 중단 · 폐지 또는 재개한 날부터 30일 이내에 이를 위원회에 신고하여야 한다.

제44조(준용) 핵연료주기사업자의 사업 승인, 승계 및 핵연료주기시설의 해체 등에 관하여는 제

15조, 제19조 및 제28조제3항부터 제9항까지의 규정을 준용한다. 이 경우 "발전용원자로설치자" 또는 "발전용원자로운영자"는 "핵연료주기사업자"로 본다.

제2절 핵물질사용

제45조(핵연료물질의 사용 등 허가) ① 다음 각 호의 어느 하나에 해당하는 경우를 제외하고 핵연료물질을 사용 또는 소지하려는 자는 대통령령으로 정하는 바에 따라 위원회의 허가를 받아야 한다. 허가받은 사항을 변경하려는 때에도 또한 같다. 다만, 총리령으로 정하는 경미한 사항을 변경하려는 때에는 이를 신고하여야 한다.

1. 발전용원자로설치자 · 발전용원자로운영자 또는 연구용원자로등설치자 · 연구용원자로등운영자가 핵연료물질을 그 허가받은 사업에 사용하는 경우
2. 핵연료주기사업자가 핵연료물질을 그 허가 또는 지정받은 사업에 사용하는 경우
3. 대통령령으로 정하는 종류 및 수량의 핵연료물질을 사용하는 경우

② 제1항의 허가를 받으려는 자는 허가신청서에 안전관리규정과 그 밖에 총리령으로 정하는 서류를 첨부하여 위원회에 제출하여야 한다.

③ 제1항에 따른 허가에 관하여는 제14조를 준용한다. 이 경우 제14조제3호 중 "제17조"는 "제48조"로 본다.

제46조(허가기준) 제45조제1항의 허가기준은 다음과 같다.

1. 총리령으로 정하는 핵연료물질의 사용 또는 소지에 필요한 기술능력을 확보하고 있을 것
2. 사용시설 · 분배시설 · 저장시설 · 보관시설 · 처리시설 및 배출시설(이하 "사용시설등"이라 한다)의 위치 · 구조 및 설비가 위원회규칙으로 정하는 기술기준에 적합하여 방사성물질등에 따른 인체 · 물체 및 공공의 재해방지에 지장이 없을 것
3. 핵연료물질의 사용 또는 소지로 인하여 발생되는 방사성물질등으로부터 국민의 건강 및 환경상의 위해를 방지하기 위하여 대통령령으로 정하는 기준에 적합할 것
4. 대통령령으로 정하는 장비 및 인력을 확보할 것

제47조(검사) ① 제45조제1항에 따라 허가를 받은 자(이하 "핵연료물질사용자"라 한다)는 핵연료물질의 사용 또는 소지, 특정핵물질의 계량관리에 관한 사항을 대통령령으로 정하는 바에 따라 위원회의 검사를 받아야 한다.

② 위원회는 제1항에 따른 검사결과 다음 각 호의 어느 하나에 해당하면 핵연료물질사용자에게 그 시정 또는 보완을 명할 수 있다.

1. 제46조에 따른 허가기준 및 제50조제1항에 따른 기술기준에 미달될 때
2. 제45조제2항에 따른 허가신청서의 첨부서류에 기재된 내용과 일치하지 아니하거나 제51조에서 준용하는 제15조에 따른 계량관리규정에 위반될 때

제48조(사용 또는 소지 허가의 취소 등) ① 위원회는 핵연료물질사용자가 다음 각 호의 어느 하나에

해당하면 그 허가를 취소하거나 1년 이내의 기간을 정하여 업무의 정지를 명할 수 있다. 다만, 제1호 또는 제3호에 해당하는 때에는 그 허가를 취소하여야 한다.

1. 거짓이나 그 밖의 부정한 방법으로 허가를 받은 때
2. 제45조제1항 후단에 따라 허가받아야 할 사항을 허가받지 아니하고 변경한 때
3. 제45조제3항에 따라 준용되는 제14조제1호 · 제2호 및 제4호 중 어느 하나에 해당하게 된 때. 다만, 법인의 임원이 그 사유에 해당하게 된 경우 3개월 이내에 그 임원을 바꾼 때에는 그러하지 아니하다.
4. 제46조의 허가기준에 미달하게 된 때
5. 제50조제3항 또는 제51조에 따라 준용되는 제15조제1항을 위반한 때
6. 제47조제2항 · 제50조제2항 · 제92조제2항 또는 제98조제1항 및 제3항에 따른 명령을 위반한 때
7. 제70조 · 제94조 · 제96조 또는 제106조제1항을 위반한 때
8. 제99조의 허가조건을 위반한 때

② 위원회는 제1항에 따라 업무의 정지를 명하여야 할 경우에 그 업무의 정지를 갈음하여 5억원 이하의 과징금을 부과할 수 있다.

③ 제1항에 따른 업무의 정지 처분기준과 제2항에 따른 과징금의 부과기준은 대통령령으로 정한다.

④ 위원회는 제2항에 따른 과징금을 내야 할 자가 납부기한까지 과징금을 내지 아니하면 국세체납처분의 예에 따라 이를 징수하거나 제2항에 따른 과징금 부과처분을 취소하고 제1항에 따른 업무정지처분을 하여야 한다.

제49조(기록과 비치) 핵연료물질사용자는 핵연료물질의 사용 또는 소지에 관한 사항을 총리령으로 정하는 바에 따라 기록하여 이를 그 공장 또는 사업소마다 비치하여야 한다.

제50조(기준준수의무 등) ① 핵연료물질사용자는 다음 사항에 관하여 위원회규칙으로 정하는 기술기준을 준수하여야 한다.

1. 핵연료물질 또는 그에 따라 오염된 물질의 사업소 안에서의 사용 · 분배 · 저장 · 운반 · 보관 · 처리 및 배출
2. 핵연료물질 또는 그에 따라 오염된 물질의 사용시설 등

② 위원회는 해당 사업소 안에서의 핵연료물질 또는 그에 따라 오염된 물질의 사용 · 분배 · 저장 · 운반 · 보관 · 처리 또는 배출이 제1항에 따른 기술기준에 적합하지 아니하다고 인정하면 핵연료물질사용자에게 해당 시설의 수리 · 개선 · 이전 또는 사용의 정지, 취급방법의 변경과 그 밖의 안전에 필요한 조치를 명할 수 있다.

③ 핵연료물질사용자 및 그 종업원은 제45조제2항에 따른 안전관리규정을 준수하여야 한다.

제51조(준용) 핵연료물질사용자의 사업 승인 · 승계 및 신고에 관하여는 제15조 · 제19조 및 제43조를 준용한다. 이 경우 “발전용원자로설치자” 또는 “핵연료주기사업자”는 “핵연료물질사용자”로 본다.

제52조(핵원료물질의 사용신고 등) ① 다음 각 호의 어느 하나에 해당하는 경우를 제외하고 핵원료물질을 사용하려는 자는 대통령령으로 정하는 바에 따라 위원회에 신고하여야 한다. 신고한 사항을 변경하려는 때에도 또한 같다.

1. 발전용원자로설치자 · 발전용원자로운영자 · 연구용원자로등설치자 · 연구용원자로등운영자 또는 핵연료주기사업자가 핵원료물질을 그 허가 또는 지정받은 사업에 사용하는 경우
2. 총리령으로 정하는 종류 및 수량의 핵원료물질을 사용하는 경우

② 제1항에 따라 신고한 자(이하 "핵원료물질사용자"라 한다)는 위원회규칙으로 정하는 기술기준에 따라 핵원료물질을 사용하여야 한다.

③ 위원회는 핵원료물질의 사용이 제2항에 따른 기술기준에 적합하지 아니하면 해당 핵원료물질 사용자에게 그 기준에 적합하도록 시정 또는 보완을 명할 수 있다.

④ 핵원료물질사용자는 핵원료물질의 사용에 관한 사항을 총리령으로 정하는 바에 따라 기록하여 이를 공장 또는 사업소마다 비치하여야 한다.

⑤ 핵원료물질사용자의 결격사유에 관하여는 제14조를 준용한다. 이 경우 제14조 각 호 외의 부분 중 "제10조제1항의 허가를 받을 수 없다"는 "제52조제1항의 신고를 할 수 없다"로, 같은 조 제3호 중 "제17조에 따라 허가가 취소된 후"는 "제52조제6항에 따라 사용금지된 후"로, 같은 조 제4호 중 "임원 중에"는 "대표자가"로 본다.

⑥ 위원회는 핵원료물질사용자가 다음 각 호의 어느 하나에 해당하면 1년 이내의 기간을 정하여 사용금지를 명할 수 있다.

1. 거짓이나 그 밖의 부정한 방법으로 신고한 때
2. 제1항 후단에 따른 변경신고를 하지 아니하고 신고한 사항을 변경한 때
3. 제5항에서 준용하는 제14조제1호 · 제2호 및 제4호 중 어느 하나에 해당하게 된 때. 다만, 법인의 대표자가 그 사유에 해당하게 된 경우 3개월 이내에 그 대표자를 바꾸어 선임한 때에는 그러하지 아니하다.
4. 제3항, 제92조제2항 또는 제98조제1항 및 제3항에 따른 명령을 위반한 때
5. 제106조제1항을 위반한 때

⑦ 제6항에 따른 사용금지를 명하여야 할 경우에는 제48조제2항부터 제4항까지의 규정을 준용한다.

⑧ 제7항의 준용에 있어서 "업무의 정지"는 "사용금지"로 본다.

제5장 방사성동위원소 및 방사선발생장치

제53조(방사성동위원소 · 방사선발생장치 사용 등의 허가 등) ① 방사성동위원소 또는 방사선발생장치(이하 "방사성동위원소등"이라 한다)를 생산 · 판매 · 사용(소지 · 취급을 포함한다. 이하 같다) 또는 이동사용하려는 자는 대통령령으로 정하는 바에 따라 위원회의 허가를 받아야 한다. 허가받은

사항을 변경하려는 때에도 또한 같다. 다만, 총리령으로 정하는 일시적인 사용 장소의 변경과 그 밖의 경미한 사항을 변경하려는 때에는 이를 신고하여야 한다.

② 제1항에도 불구하고 총리령으로 정하는 용도 또는 수량 이하의 밀봉된 방사성동위원소 또는 총리령으로 정하는 용도 또는 용량 이하의 방사선발생장치를 사용 또는 이동사용하려는 자는 대통령령으로 정하는 바에 따라 위원회에 신고하여야 한다. 신고한 사항을 변경하려는 때에도 또한 같다.

③ 제1항에 따른 허가를 받으려는 자는 허가신청서에 안전성분석보고서, 품질보증계획서, 방사선안전보고서 및 안전관리규정과 그 밖에 총리령으로 정하는 서류를 첨부하여 위원회에 제출하여야 하며, 제2항에 따른 신고를 하려는 자는 신고서에 총리령으로 정하는 서류를 첨부하여 위원회에 제출하여야 한다. 다만, 안전성분석보고서 및 품질보증계획서의 제출은 생산허가를 받으려는 자에 한한다.

④ 제1항에 따라 허가를 받은 자(이하 "허가사용자"라 한다) 및 제2항에 따라 신고를 한 자(이하 "신고사용자"라 한다)의 결격사유에 관하여는 제14조를 준용한다. 이 경우 제14조 본문 중 "제10조제1항의 허가를 받을 수 없다"는 "제53조제1항 · 제2항의 허가를 받거나 신고를 할 수 없다"로, 같은 조 제3호 중 "제17조에 따라 허가가 취소된 후"는 "제57조에 따라 허가취소 · 사용금지된 후"로, 같은 조 제4호 중 "임원 중에"는 "대표자가"로 본다.

제53조의2(방사선안전관리자) ① 허가사용자 및 신고사용자는 방사선 안전관리에 관한 다음 각 호의 업무를 수행하기 위하여 대통령령으로 정하는 바에 따라 방사선안전관리자를 선임하여 방사성동위원소등의 사용개시 전에 이를 위원회에 신고하여야 한다. 신고한 사항을 변경하려는 때에도 또한 같다.

1. 제53조제3항의 안전관리규정 및 제59조제1항의 기술기준의 준수여부 점검
2. 방사선작업종사자 또는 방사선관리구역에 출입하는 자에 대한 제91조에 따른 방사선장해방지조치
3. 허가사용자 및 신고사용자에 대한 방사선 안전관리에 관한 조치 권고
4. 그 밖에 방사선 안전관리를 위하여 필요한 조치

② 위원회는 방사선안전관리자가 제1항에 따른 업무를 게을리한 때에는 허가사용자 및 신고사용자에게 그 방사선안전관리자의 해임을 요구할 수 있다.

③ 허가사용자 및 신고사용자는 제2항에 따른 해임요구를 받은 때에는 정당한 사유가 없으면 해당 방사선안전관리자를 지체 없이 해임하고 새로운 방사선안전관리자를 선임하되, 해임한 날부터 30일 이내에 위원회에 선임신고 및 해임신고를 하여야 한다.

④ 허가사용자 및 신고사용자는 제3항에 따라 해임된 후 1년이 지나지 아니한 사람을 방사선안전관리자로 선임하여서는 아니 된다.

⑤ 허가사용자, 신고사용자, 방사선작업종사자 및 방사선관리구역출입자는 방사선 안전관리에

관한 방사선안전관리자의 조치와 권고에 따라야 한다.

⑥ 방사선안전관리자의 자격요건 등에 필요한 사항은 대통령령으로 정한다.

제54조(업무대행자의 등록) ① 허가사용자 및 신고사용자를 대행하여 다음 각 호의 어느 하나의 업무를 하려는 자는 위원회에 등록하여야 한다.

1. 방사선오염의 제거
2. 방사성동위원소등 및 방사성폐기물의 수거 · 처리 및 운반
3. 방사선안전보고서 · 안전관리규정의 작성
4. 사용시설등의 설치에 대한 감리
5. 방사선안전관리
6. 그 밖에 총리령으로 정하는 방사선의 안전관리 및 장해방지 관련 업무

② 제1항에 따라 등록한 자(이하 "업무대행자"라 한다)가 등록한 사항을 변경하려면 이를 위원회에 신고하여야 한다.

③ 제1항에 따른 등록을 하려는 자는 그 신청서에 업무대행규정과 그 밖에 총리령으로 정하는 서류를 첨부하여 위원회에 제출하여야 한다.

④ 제1항에 따른 등록의 결격사유에 관하여는 제14조를 준용한다. 이 경우 제14조 본문 중 "제10조제1항의 허가를 받을 수 없다"는 "제54조제1항의 등록을 할 수 없다"로, 같은 조 제3호 중 "제17조에 따라 허가가 취소된 후"는 "제57조에 따라 등록이 취소된 후"로, 같은 조 제4호 중 "임원 중에"는 "대표자가"로 본다.

제55조(허가기준 등) ① 제53조제1항에 따른 허가기준은 다음과 같다.

1. 생산시설 · 사용시설등의 위치 · 구조 및 설비가 위원회규칙으로 정하는 기술기준에 적합할 것
2. 방사성동위원소 또는 그에 따라 오염된 물질 또는 방사선발생장치에 따라 발생한 피폭방사선량이 대통령령으로 정하는 선량한도를 초과하지 아니할 것
3. 생산하려는 방사성동위원소등의 성능 및 품질보증계획서의 내용이 위원회가 정하여 고시하는 기준에 적합할 것
4. 대통령령으로 정하는 장비 및 인력을 확보할 것

② 제54조제1항에 따른 등록기준은 다음 각 호와 같다.

1. 총리령으로 정하는 대행업무 수행에 필요한 기술능력을 확보하고 있을 것
2. 대통령령으로 정하는 장비 및 인력을 확보할 것
3. 대행업무의 범위 및 업무대행규정이 총리령으로 정하는 기준에 적합할 것

제56조(검사) ① 허가사용자 및 업무대행자는 방사성동위원소등의 생산 · 판매 · 사용 · 이동사용 또는 대행업무를 대통령령으로 정하는 바에 따라 위원회의 검사를 받아야 한다. 다만, 대통령령으로 정하는 바에 따라 검사가 면제되는 경우에는 그러하지 아니하다.

② 위원회는 제1항에 따른 검사결과 다음 각 호의 어느 하나에 해당하면 허가사용자 또는 업무대

행자에게 그 시정 또는 보완을 명할 수 있다.

1. 제55조제1항에 따른 허가기준 또는 제55조제2항에 따른 등록기준에 미달될 때
2. 제53조제3항에 따른 안전관리규정 또는 제54조제3항에 따른 업무대행규정을 위반하였을 때

제57조(생산 · 판매 · 사용 또는 이동사용 허가 등의 취소 등) ① 위원회는 허가사용자 · 신고사용자 또는 업무대행자가 다음 각 호의 어느 하나에 해당하면 그 허가 · 등록의 취소 또는 1년 이내의 기간을 정하여 그 업무를 정지하거나 사용금지(신고사용자만 해당한다)를 명할 수 있다. 다만, 제1호 또는 제4호에 해당하는 때에는 그 허가 또는 등록을 취소하여야 한다.

1. 거짓이나 그 밖의 부정한 방법으로 허가를 받았거나 신고 또는 등록한 때
2. 정당한 사유 없이 대통령령으로 정하는 기간 안에 그 허가받은 사용 또는 사업을 개시하지 아니하거나 1년 이상 계속하여 중단한 때
3. 제53조제1항 후단, 제2항 후단 또는 제54조제2항에 따라 변경허가 또는 변경신고를 하지 아니하고 허가받은 사항이나 신고 또는 등록한 사항을 변경한 때
4. 제53조제4항 및 제54조제4항에서 준용하는 제14조제1호 · 제2호 및 제4호 중 어느 하나에 해당하게 된 때. 다만, 법인의 대표자가 그 사유에 해당하게 된 경우 3개월 이내에 그 대표자를 바꾸어 선임한 때에는 그러하지 아니하다.
5. 제55조의 허가 또는 등록 기준에 미달하게 된 때
6. 제56조제2항, 제59조제2항, 제92조제2항 또는 제98조제1항 및 제3항에 따른 명령을 위반한 때
7. 제59조제3항 · 제70조 · 제94조 · 제96조 또는 제106조제1항을 위반한 때
8. 제99조의 허가조건을 위반한 때

② 위원회는 제1항에 따라 업무의 정지 또는 사용금지를 명하여야 할 경우에 그 업무의 정지 또는 사용금지를 갈음하여 5억원 이하의 과징금을 부과할 수 있다.

③ 제1항에 따른 업무의 정지 또는 사용금지 처분기준과 제2항에 따른 과징금의 부과기준은 대통령령으로 정한다.

④ 위원회는 제2항에 따른 과징금을 내야 할 자가 납부기한까지 과징금을 내지 아니하면 국세체납처분의 예에 따라 이를 징수하거나 제2항에 따른 과징금 부과처분을 취소하고 제1항에 따른 업무정지처분 또는 사용금지처분을 하여야 한다.

제58조(기록과 비치) 허가사용자 · 신고사용자 및 업무대행자는 총리령으로 정하는 바에 따라 방사성동위원소등의 생산 · 사용 · 이동사용 · 분배 · 저장 · 운반 · 보관 · 처리 · 배출 · 판매 또는 업무대행 등에 관한 사항을 기록하여 이를 공장 또는 사업소마다 비치하여야 한다.

제59조(기준준수의무 등) ① 허가사용자 및 신고사용자는 다음 사항에 관하여 위원회규칙으로 정하는 기술기준을 준수하여야 한다.

1. 방사성동위원소 또는 그에 따라 오염된 물질이나 방사선발생장치의 생산시설 · 사용시설등의 위치 · 구조 및 설비

2. 방사성동위원소 또는 그에 따라 오염된 물질이나 방사선발생장치의 사업소 안에서의 생산 · 사용 · 분배 · 저장 · 운반 · 보관 · 처리 및 배출
3. 방사성동위원소등의 이동사용 및 판매

② 위원회는 사업소 안에서의 방사성동위원소 또는 그에 따라 오염된 물질이나 방사선발생장치의 생산시설 또는 사용시설등의 위치 · 구조 및 설비, 사업소 안에서의 생산 · 사용 · 분배 · 저장 · 운반 · 처리 및 배출과 방사성동위원소등의 이동사용이나 판매가 제1항에 따른 기술기준에 적합하지 아니하다고 인정하면 허가사용자 및 신고사용자에게 해당 시설의 수리 · 개선 · 이전 또는 생산 · 사용의 정지, 취급방법의 변경과 그 밖의 안전에 필요한 조치를 명할 수 있다.

③ 허가사용자 및 그 종업원은 제53조제3항에 따른 안전관리규정을 준수하여야 하며, 업무대행자와 그 종업원은 제54조제3항에 따른 업무대행규정을 준수하여야 한다.

제59조의2(발주자의 안전조치 의무) ① 방사선투과검사를 위하여 제53조에 따라 방사성동위원소등을 이동사용하는 경우 방사선투과검사를 의뢰한 발주자(이하 "발주자"라 한다)는 발주자의 사업장에서 방사성동위원소등을 이동사용하는 방사선작업종사자가 과도한 방사선에 노출되지 아니하도록 위원회규칙으로 정하는 바에 따라 안전한 작업환경을 제공하여야 한다.

② 위원회는 발주자에게 다음 각 호의 안전설비의 설치 또는 보완을 명할 수 있다.

1. 제91조에 따른 방사선장해방지조치에 적합한 전용작업장
2. 방사선방호를 위한 차폐시설 또는 차폐물

③ 제2항에 따라 위원회가 발주자에게 안전설비의 설치 또는 보완을 명하였음에도 발주자가 이를 이행하지 아니하여 방사선작업종사자의 안전이 위협받을 경우 위원회는 위원회규칙으로 정하는 바에 따라 방사선투과검사 작업의 중지를 명할 수 있다.

④ 제3항에 따라 작업이 중지된 작업장에서는 방사선투과검사를 실시하여서는 아니 된다.

⑤ 제3항에 따라 작업이 중지된 작업장에 대하여 발주자 및 허가사용자 또는 신고사용자가 작업을 재개하기 위한 이행사항 · 절차 · 방법 및 그 밖에 필요한 사항은 대통령령으로 정한다.

⑥ 발주자는 안전한 작업환경 조성을 위하여 방사선작업종사자의 실제 일일작업량을 위원회에 보고하여야 한다. 이 경우 보고 대상 · 방법 및 절차 등에 필요한 사항은 위원회규칙으로 정한다.

⑦ 방사성동위원소등을 이동사용하여 방사선투과검사를 실시할 때 방사선안전관리자가 안전한 방사선투과검사의 수행을 위하여 발주자에게 필요한 조치나 협력을 요청할 경우 발주자는 이에 따라야 한다.

⑧ 제2항에 따른 안전설비의 세부기준 등에 필요한 사항은 위원회규칙으로 정한다.

제60조(방사선발생장치 등의 설계승인 등) ① 방사선발생장치 또는 방사성동위원소가 내장된 기기(이하 "방사선기기"라 한다)를 제작하려는 자 또는 외국에서 제작된 방사선기기를 수입하려는 자는 대통령령으로 정하는 바에 따라 위원회의 승인을 받아야 한다. 이를 변경하려는 때에도 또한 같다. 다만, 총리령으로 정하는 경미한 사항을 변경하려는 때에는 이를 위원회에 신고하여야 한다.

② 제1항에 따른 승인을 받으려는 자는 방사선기기의 설계자료, 안전성평가자료, 제작에 관한 품질보증계획서와 그 밖에 총리령으로 정하는 서류를 첨부하여 위원회에 제출하여야 한다.

제61조(검사) ① 제60조제1항에 따라 승인을 받은 자는 제작 또는 수입한 방사선기기를 대통령령으로 정하는 바에 따라 위원회의 검사를 받아야 한다. 다만, 대통령령으로 정하는 바에 따라 검사가 면제되는 경우에는 그러하지 아니하다.

② 허가사용자 및 신고사용자는 제1항에 따른 검사에 합격된 방사선기기를 사용하여야 한다.

제62조(준용) 허가사용자 · 신고사용자 및 업무대행자의 사업 승계와 신고에 관하여는 제19조 및 제43조를 준용한다. 이 경우 "발전용원자로설치자" 또는 "핵연료주기사업자"는 "허가사용자 · 신고사용자 및 업무대행자"로 본다.

제6장 폐기 및 운반

제63조(방사성폐기물관리시설등의 건설 · 운영 허가) ① 방사성폐기물의 저장 · 처리 · 처분 시설 및 그 부속시설(이하 "방사성폐기물관리시설등"이라 한다)을 건설 · 운영하려는 자는 대통령령으로 정하는 바에 따라 위원회의 허가를 받아야 한다. 허가받은 사항을 변경하려는 때에도 또한 같다. 다만, 총리령으로 정하는 경미한 사항을 변경하려는 때에는 이를 신고하여야 한다.

② 제1항에 따라 허가를 받으려는 자는 허가신청서에 방사선환경영향평가서, 안전성분석보고서, 안전관리규정, 설계 및 공사 방법에 관한 설명서, 건설 및 운영에 관한 품질보증계획서와 그 밖에 총리령으로 정하는 서류를 첨부하여 위원회에 제출하여야 한다.

③ 제1항에 따른 허가 및 변경허가의 결격사유에 관하여는 제14조를 준용한다. 이 경우 제14조 제3호 중 "제17조"는 "제66조"로 본다.

제64조(허가기준) 제63조제1항에 따른 허가기준은 다음 각 호와 같다.

1. 총리령으로 정하는 방사성폐기물관리시설등의 건설 · 운영에 필요한 기술능력을 확보하고 있을 것
2. 방사성폐기물관리시설등의 위치 · 구조 · 설비 및 성능이 위원회규칙으로 정하는 기술기준에 적합하여 방사성물질등에 따른 인체 · 물체 및 공공의 재해방지에 지장이 없을 것
3. 방사성폐기물관리시설등의 건설 · 운영 과정에서 발생되는 방사성물질등으로부터 국민의 건강 및 환경상의 위해를 방지하기 위하여 대통령령으로 정하는 기준에 적합할 것
4. 대통령령으로 정하는 장비 및 인력을 확보하고 있을 것
5. 방사성폐기물 처분시설의 전부 또는 일부에 대한 폐쇄 후 관리계획이 300년 이하의 범위에서 대통령령으로 정하는 기간 동안 방사성폐기물 처분시설의 안전성 확보를 위하여 위원회규칙으로 정하는 관리 기준에 적합할 것

제65조(검사) ① 제63조제1항에 따라 방사성폐기물관리시설등의 건설 · 운영 허가를 받은 자(이하 "방사성폐기물관리시설등건설 · 운영자"라 한다)는 방사성폐기물관리시설등의 설치 · 운영, 방사

성폐기물의 저장 · 처리 · 처분, 특정핵물질의 계량관리에 관한 사항을 대통령령으로 정하는 바에 따라 위원회의 검사를 받아야 한다.

② 위원회는 제1항에 따른 검사결과 다음 각 호의 어느 하나에 해당하면 방사성폐기물관리시설등건설 · 운영자에게 그 시정 또는 보완을 명할 수 있다.

1. 제64조에 따른 허가기준 및 제68조제1항에 따른 기술기준에 미달될 때
2. 제63조제2항에 따른 허가신청서의 첨부서류에 기재된 내용과 일치하지 아니하거나 제69조에 따라 준용되는 제15조에 따른 계량관리규정에 위반될 때

제66조(방사성폐기물관리시설등의 건설 · 운영 허가의 취소 등) ① 위원회는 방사성폐기물관리시설등건설 · 운영자가 다음 각 호의 어느 하나에 해당하면 그 허가를 취소하거나 1년 이내의 기간을 정하여 그 사업의 정지를 명할 수 있다. 다만, 제1호 또는 제4호에 해당하는 때에는 그 허가를 취소하여야 한다.

1. 거짓이나 그 밖의 부정한 방법으로 허가를 받은 때
2. 정당한 사유 없이 대통령령으로 정하는 기간 안에 그 허가받은 사업을 개시하지 아니하거나 1년 이상 계속하여 그 사업을 중단한 때
3. 제63조제1항 후단에 따라 허가받아야 할 사항을 허가받지 아니하고 변경한 때
4. 제63조제3항에 따라 준용되는 제14조제1호 · 제2호 및 제4호 중 어느 하나에 해당하게 된 때. 다만, 법인의 임원이 그 사유에 해당하게 된 경우 3개월 이내에 그 임원을 바꾼 때에는 그러하지 아니하다.
5. 제64조의 허가기준에 미달하게 된 때
6. 제69조에 따라 준용되는 제15조제1항을 위반한 때
7. 제65조제2항 · 제68조제2항 · 제92조제2항 또는 제98조제1항 · 제3항에 따른 명령을 위반한 때
8. 제68조제3항, 제89조제5항, 제94조, 제96조 또는 제106조제1항을 위반한 때
9. 제99조의 허가조건을 위반한 때

② 제1항에 따른 사업정지에 관하여는 제17조제2항부터 제4항까지의 규정을 준용한다.

제67조(기록과 비치) 방사성폐기물관리시설등건설 · 운영자는 총리령으로 정하는 바에 따라 방사성폐기물의 저장 · 처리 또는 처분에 관한 사항 등을 기록하여 이를 방사성폐기물관리시설등에 비치하여야 한다.

제68조(기준준수의무 등) ① 방사성폐기물관리시설등건설 · 운영자는 다음 사항에 관하여 위원회규칙으로 정하는 기술기준을 준수하여야 한다.

1. 방사성폐기물관리시설등의 위치 · 구조 · 설비 및 성능
2. 방사성폐기물의 저장 · 처리 또는 처분

② 위원회는 방사성폐기물관리시설등의 위치 · 구조 · 설비 및 성능과 방사성폐기물의 저장 · 처리 또는 처분이 제1항에 따른 기술기준에 적합하지 아니하다고 인정하면 방사성폐기물관리시

설등건설 · 운영자에게 해당 시설의 수리 · 개선 · 이전 또는 업무의 정지, 취급방법의 변경과 그 밖의 안전에 필요한 조치를 명할 수 있다.

③ 방사성폐기물관리시설등건설 · 운영자 및 그 종업원은 제63조제2항에 따른 안전관리규정을 준수하여야 한다.

제69조(준용) 방사성폐기물관리시설등건설 · 운영자에게는 제10조제3항부터 제6항까지, 제15조, 제19조 및 제43조를 준용한다. 이 경우 "발전용원자로설치자" 또는 "핵연료주기사업자"는 "방사성폐기물관리시설등건설 · 운영자"로 본다.

제70조(방사성폐기물의 처분제한) ① 누구든지 방사성폐기물을 해양에 투기(投棄)하는 방법으로 처분할 수 없다.

② 방사성폐기물관리시설등건설 · 운영자가 아닌 자는 총리령으로 정하는 종류 및 수량의 방사성폐기물을 땅속에 천층(淺層)처분(동굴처분을 포함한다) 또는 심층(深層)처분 등의 방법으로 처분할 수 없다.

③ 제2항에 따른 방사성폐기물 외의 방사성폐기물의 처분은 대통령령으로 정하는 방법 및 절차에 적합하게 하여야 한다.

④ 제2항에 따른 방사성폐기물의 처분을 방사성폐기물관리시설등건설 · 운영자에게 위탁하려는 자는 총리령으로 정하는 인도(引渡)기준에 적합하게 하여야 한다.

제71조(운반신고) ① 발전용원자로설치자 · 발전용원자로운영자 · 연구용원자로등설치자 · 연구용원자로등운영자 · 핵연료주기사업자 · 핵연료물질사용자 · 핵원료물질사용자 · 허가사용자 · 신고사용자 · 업무대행자 및 방사성폐기물관리시설등건설 · 운영자(이하 "원자력관계사업자"라 한다)가 총리령으로 정하는 수량의 방사성물질등을 해당 사업소 밖의 장소나 외국으로부터 국내의 해당 사업소로 운반하려는 때에는 대통령령으로 정하는 바에 따라 위원회에 신고하여야 한다.

② 총리령으로 정하는 수량의 방사성물질등을 실은 선박이나 항공기를 대한민국의 항구 또는 공항에 입항시키거나 대한민국의 영해를 경유하려는 자(선박의 경우만 해당한다)는 대통령령으로 정하는 바에 따라 미리 위원회에 신고하여야 한다. 신고한 사항을 변경하려는 때에도 또한 같다.

제72조(포장 및 운반에 관한 기술기준) 방사성물질등을 철도 · 도로 · 선박 또는 항공기 등에 의하여 운반하거나 국내 또는 국제 우편으로 우송하는 경우에는 위원회규칙으로 정하는 포장 및 운반에 관한 기술기준에 적합하도록 하여야 한다.

제73조(피폭관리 등) 원자력관계사업자는 방사성물질등의 운반에 관계하는 작업자에게 방사선피폭의 점검과 안전교육을 실시하여야 한다.

제74조(사고의 조치 등) ① 원자력관계사업자 또는 원자력관계사업자로부터 방사성물질등의 운반을 위탁받은 자는 방사성물질등의 운반 또는 포장 중에 발생할 수 있는 사고에 대비하여 총리령으로 정하는 바에 따라 비상대응계획을 수립 · 시행하여야 한다.

② 원자력관계사업자 또는 원자력관계사업자로부터 방사성물질등의 운반을 위탁받은 자는 방사성물질등의 운반 또는 포장 중 방사성물질등의 누설 · 화재와 그 밖의 사고가 발생한 때에는 대통령령으로 정하는 바에 따라 필요한 안전조치를 취하고 지체 없이 이를 위원회에 보고하여야 한다.

제75조(포장 및 운반 검사) ① 원자력관계사업자 및 그로부터 방사성물질등의 포장 또는 운반을 위탁받은 자는 제72조에 따른 기술기준의 준수에 관하여 대통령령으로 정하는 바에 따라 위원회의 검사를 받아야 한다.

② 위원회는 제1항에 따른 검사결과 제72조에 따른 기술기준에 미달되면 그 시정 또는 보완을 명할 수 있다.

제76조(운반용기의 설계승인) ① 원자력관계사업자가 총리령으로 정하는 수량의 방사성물질등의 포장 또는 운반을 위한 용기(이하 "운반용기"라 한다)를 제작하려는 때 또는 외국에서 제작된 운반용기를 수입하려는 때에는 대통령령으로 정하는 설계기준에 따라 위원회의 승인을 받아야 한다. 이를 변경하려는 때에도 또한 같다. 다만, 총리령으로 정하는 경미한 사항을 변경하려는 때에는 이를 위원회에 신고하여야 한다.

② 제1항의 승인을 받으려는 자는 승인신청서에 운반용기의 설계자료, 제작에 관한 품질보증계획서, 안전성분석보고서와 그 밖에 총리령으로 정하는 서류를 첨부하여 위원회에 제출하여야 한다.

제77조(검사) ① 원자력관계사업자는 제76조제1항에 따라 승인을 받아 제작 · 수입된 운반용기 및 사용 중인 운반용기를 대통령령으로 정하는 바에 따라 위원회의 검사를 받아야 한다. 다만, 대통령령으로 정하는 바에 따라 검사가 면제되는 경우에는 그러하지 아니하다.

② 원자력관계사업자는 제1항에 따른 검사에 합격된 운반용기를 사용하여야 한다.

제7장 방사선피폭선량의 판독 등

제78조(판독업무자의 등록) ① 신체의 외부에서 피폭하는 방사선량의 판독에 관한 업무를 하려는 자는 위원회에 등록하여야 한다.

② 제1항에 따라 등록한 자(이하 "판독업무자"라 한다)가 등록한 사항을 변경하려는 경우에는 이를 위원회에 신고하여야 한다.

③ 제1항에 따라 등록을 하려는 자는 그 신청서에 판독에 관한 품질보증계획서와 그 밖에 총리령으로 정하는 서류를 첨부하여 위원회에 제출하여야 한다.

④ 제1항에 따라 등록을 하려는 자에게는 제14조를 준용한다. 이 경우 제14조제3호 중 "제17조에 따라 허가가 취소된"은 "제81조에 따라 등록이 취소된"으로, 같은 조 제4호 중 "임원 중에"는 "대표자가"로 본다.

제79조(등록기준) 제78조제1항에 따른 등록기준은 다음 각 호와 같다.

1. 총리령으로 정하는 판독시설의 설치 · 운영에 필요한 기술적 능력을 가지고 있을 것
2. 제78조제3항에 따른 품질보증계획서의 내용이 총리령으로 정하는 기준에 적합할 것

제80조(검사) ① 판독업무자는 판독업무 등을 대통령령으로 정하는 바에 따라 위원회의 검사를 받아야 한다.

② 위원회는 제1항에 따른 검사결과 판독업무자가 제79조에 따른 등록기준에 미달되면 그 시정 또는 보완을 명할 수 있다.

제81조(판독업무자 등록의 취소 등) ① 위원회는 판독업무자가 다음 각 호의 어느 하나에 해당하면 그 등록을 취소하거나 1년 이내의 기간을 정하여 그 업무의 정지를 명할 수 있다. 다만, 제1호 또는 제5호에 해당하는 때에는 그 등록을 취소하여야 한다.

1. 거짓이나 그 밖의 부정한 방법으로 등록을 한 때
2. 정당한 사유 없이 대통령령으로 정하는 기간 안에 그 등록한 업무를 개시하지 아니하거나 1년 이상 계속하여 중단한 때
3. 제78조제2항에 따라 신고를 하지 아니하고 등록한 사항을 변경한 때
4. 제79조에 따른 등록기준에 미달하게 된 때
5. 제78조제4항에서 준용하는 제14조제1호 · 제2호 및 제4호 중 어느 하나에 해당하게 된 때. 다만, 법인의 대표자가 그 사유에 해당하게 된 경우 3개월 이내에 그 대표자를 바꾸어 선임한 때에는 그러하지 아니하다.
6. 제80조제2항 또는 제98조제1항 및 제3항에 따른 명령을 위반한 때

② 제1항에 따른 업무의 정지를 명하여야 하는 경우에는 제57조제2항부터 제4항까지의 규정을 준용한다.

제82조(기록과 비치) 판독업무자는 총리령으로 정하는 바에 따라 판독시설 및 판독업무에 관한 사항 등을 기록하여 이를 공장 또는 사업소마다 비치하여야 한다.

제83조(준용) 판독업무자의 사업 승계와 신고에 관하여는 제19조 및 제43조를 준용한다. 이 경우 "발전용원자로설치자" 또는 "핵연료주기사업자"는 "판독업무자"로 본다.

제8장 면허 및 시험

제84조(면허 등) ① 원자로의 운전이나 핵연료물질 · 방사성동위원소등의 취급은 대통령령으로 정하는 바에 따라 위원회의 면허를 받은 사람이나 「국가기술자격법」에 따른 방사선관리기술사가 아니면 이를 할 수 없다. 다만, 제106조제1항에 따른 교육 및 훈련을 받은 사람이 제2항 각 호(제2호는 제외한다)의 면허를 받은 사람 또는 「국가기술자격법」에 따른 방사선관리기술사의 지시 · 감독하에 이를 운전하거나 취급하는 경우에는 그러하지 아니하다.

② 제1항의 면허는 다음과 같이 구분한다.

1. 원자로조종감독자면허

2. 원자로조종사면허
3. 핵연료물질취급감독자면허
4. 핵연료물질취급자면허
5. 방사성동위원소취급자일반면허
6. 방사성동위원소취급자특수면허
7. 방사선취급감독자면허

제85조(결격사유) 다음 각 호의 어느 하나에 해당하는 사람은 제84조에 따른 면허를 받을 수 없다.

1. 18세 미만의 사람
2. 피성년후견인 · 피한정후견인
3. 이 법을 위반하여 금고 이상의 형의 선고를 받고 그 형의 집행이 종료되거나 집행을 받지 아니하기로 확정된 후 2년이 경과되지 아니한 사람이나 형의 집행유예를 선고받고 그 집행유예기간 중에 있는 사람
4. 제86조에 따라 면허가 취소된 후 2년이 경과되지 아니한 사람
5. 원자로 및 관계시설의 건설 및 개수 · 보수에 관한 업무, 원자로 및 관계시설의 재료 · 부품 등의 납품 · 검수에 관한 업무를 수행하는 자가 업무와 관련하여 「형법」 제129조 · 제130조 · 제132조 및 제133조의 죄를 범하여 금고 이상의 형의 선고를 받고 그 형의 집행이 종료되거나 집행을 받지 아니하기로 확정된 후 5년이 경과되지 아니한 사람이나 형의 집행유예를 선고받고 그 집행유예기간 중에 있는 사람

제86조(면허의 취소 등) ① 위원회는 제84조에 따른 면허를 받은 사람이 다음 각 호의 어느 하나에 해당하면 그 면허를 취소하거나 3년 이내의 기간을 정하여 그 면허를 정지할 수 있다. 다만, 제1호 또는 제2호에 해당하는 경우에는 그 면허를 취소하여야 한다.

1. 거짓이나 그 밖의 부정한 방법으로 면허를 받은 때
2. 제85조제1호부터 제3호까지 및 제5호 중 어느 하나에 해당하게 된 때
3. 제88조제2항을 위반한 때
4. 제106조제2항을 위반한 때

② 제1항에 따른 면허의 취소 또는 정지의 기준은 총리령으로 정한다.

제87조(면허시험) ① 제84조에 따른 면허를 받으려는 사람은 위원회가 시행하는 면허시험에 합격하여야 한다.

② 위원회는 제84조제2항 각 호의 어느 하나에 해당하는 면허를 받은 사람 또는 외국에서 이에 준하는 면허를 받은 사람이 같은 조 제1항에 따른 면허를 받으려는 때에는 대통령령으로 정하는 바에 따라 제1항에 따른 면허시험의 전부 또는 일부를 면제할 수 있다.

③ 제1항에 따른 면허시험에 응시한 사람이 그 시험에 관하여 부정한 행위를 한 경우에는 해당 시험을 무효로 하고, 그 시험의 응시 일부터 3년간 그 면허시험의 응시자격을 정지한다.

④ 제1항에 따른 면허시험의 응시자격 · 시험과목 · 시험방법과 그 밖에 필요한 사항은 대통령령으로 정한다.

제88조(면허증) ① 위원회는 제87조에 따른 면허시험에 합격한 사람에게 총리령으로 정하는 바에 따라 면허증을 교부하여야 한다.

② 제1항에 따라 면허증을 교부받은 사람은 이를 다른 사람에게 대여하거나 부당하게 행사하여서는 아니 된다.

제9장 규제·감독

제89조(제한구역의 설정) ① 국가가 원자로 및 관계시설, 핵연료주기시설 또는 방사성폐기물관리시설등을 설치하는 때에는 방사선에 따른 인체 · 물체 및 공공의 재해를 방어하기 위하여 일정 범위의 제한구역을 설정할 수 있다.

② 제1항에 따른 제한구역에서는 일반인의 출입이나 거주의 제한을 명할 수 있다.

③ 제1항에 따른 제한구역의 설정범위와 제2항에 따른 출입이나 거주의 제한에 필요한 사항은 대통령령으로 정한다.

④ 제2항에 따른 제한으로 인하여 발생한 손실은 정당한 보상을 하여야 한다. 이 경우 그 지급에 필요한 사항은 대통령령으로 정한다.

⑤ 국가 외의 원자로 및 관계시설, 핵연료주기시설 또는 방사성폐기물관리시설등을 설치 · 운영하려는 자는 일정 범위의 부지를 대통령령으로 정하는 바에 따라 확보하여 그 범위에서 제1항에 따른 제한구역을 설정하고 그 제한구역에는 일반인의 출입이나 거주를 제한하여야 한다.

제90조(위해시설 설치제한) ① 제10조 · 제20조 · 제35조 또는 제63조에 따른 허가를 받아 원자로 및 관계시설, 핵연료주기시설 또는 방사성폐기물관리시설등이 건설 또는 운영되고 있는 부지로부터 대통령령으로 정하는 범위에 해당 시설의 운영에 위해가 되는 시설의 설치를 허가 · 인가 또는 승인하려는 관계 행정기관의 장은 위원회와 미리 협의하여야 한다.

② 제1항에 따라 관계 행정기관의 장이 위원회와 협의하여야 하는 대상시설은 대통령령으로 정한다.

제91조(방사선장해방지조치) ① 원자력관계사업자는 방사선장해를 방지하기 위하여 대통령령으로 정하는 바에 따라 다음 각 호의 조치를 하여야 한다.

1. 방사선량 및 방사성오염의 측정
2. 건강진단
3. 피폭관리
4. 방사성물질의 방출량 및 피폭방사선량을 가능한 한 합리적으로 낮게 유지하기 위하여 필요한 조치

② 원자력관계사업자는 방사선작업종사자 및 대통령령으로 정하는 수시출입자의 피폭방사선량

이 대통령령으로 정하는 선량한도를 초과하지 아니하도록 필요한 조치를 하여야 한다.

③ 원자력관계사업자는 방사선장해를 받은 사람 또는 방사선장해를 받은 것으로 보이는 사람에게 원자력이용시설에의 출입제한과 그 밖의 보건상 필요한 조치를 하여야 한다.

제92조(장해방어조치 및 보고) ① 원자력관계사업자는 다음 각 호의 어느 하나에 해당하면 대통령령으로 정하는 바에 따라 안전조치를 하고 그 사실을 지체 없이 위원회에 보고하여야 한다.

1. 지진 · 화재와 그 밖의 재해에 따라 원자력이용시설이나 방사성물질등에 위험이 발생하거나 발생할 염려가 있을 때
2. 원자력이용시설의 고장 등이 발생한 때
3. 방사선장해가 발생한 때

② 위원회는 제1항에 따라 보고를 받은 때에는 해당 원자력관계사업자에게 원자력이용시설의 사용정지, 방사성물질등의 이전 · 오염의 제거와 그 밖의 방사선장해를 방지하기 위하여 필요한 조치를 명할 수 있다.

제92조의2(해체계획서의 주기적 갱신) 발전용원자로운영자, 연구용원자로등운영자 및 핵연료주기시설의 운영자는 해당 원자로 및 관계시설과 핵연료주기시설의 해체계획서를 총리령으로 정하는 바에 따라 주기적으로 갱신하여 위원회에 보고하여야 한다.

제93조(핵물질 등의 수용 · 양도) ① 정부는 따로 법률에서 정하는 바에 따라 핵물질 또는 방사성동위원소등의 생산자 · 소지자 또는 관리자로부터 해당 핵물질 또는 방사성동위원소등에 관한 권리를 수용하거나 위원회가 지정하는 자에게 그 권리를 양도하게 할 수 있다.

② 제1항에 따라 권리를 수용하거나 양도하게 한 때에는 정당한 보상을 하여야 한다.

제94조(방사성물질등 또는 방사선발생장치의 소지 및 양도 · 양수 제한) 다음 각 호의 어느 하나에 해당하는 경우 외에는 방사성물질등 또는 방사선발생장치를 소지하거나 양도 · 양수할 수 없다. 다만, 국제약속에 따라 국가가 핵물질을 양도 · 양수하거나 국가로부터 양수하는 경우에는 그러하지 아니하다.

1. 원자력관계사업자가 이 법에 따라 허가 또는 지정을 받거나 신고를 한 범위에서 방사성물질등 또는 방사선발생장치를 양수 · 소지하거나 다른 원자력관계사업자에게 양도하는 경우
2. 제17조 · 제24조 · 제32조 · 제38조 · 제48조 · 제57조 및 제66조에 따라 허가 또는 지정이 취소된 원자력관계사업자가 그 허가 또는 지정이 취소되었거나 사용이 금지된 때에 소지하고 있던 방사성물질등 또는 방사선발생장치를 총리령으로 정하는 바에 따라 소지하거나 다른 원자력관계사업자에게 양도하는 경우
3. 해당 사업 또는 업무를 폐지한 원자력관계사업자가 그 사업 또는 업무를 폐지한 때에 소지하고 있던 방사성물질등 또는 방사선발생장치를 총리령으로 정하는 바에 따라 소지하거나 다른 원자력관계사업자에게 양도하는 경우
4. 원자력관계사업자로부터 방사성물질등 또는 방사선발생장치의 운반을 위탁받은 자가 그 위탁

받은 방사성물질등 또는 방사선발생장치를 소지하는 경우

5. 원자력관계사업자의 종업원이 그 직무상 방사성물질등 또는 방사선발생장치를 소지하는 경우
6. 원자력관계사업자가 사망하여 그 상속인이 방사성물질등 또는 방사선발생장치를 소지하는 경우. 다만, 해당 상속인이 제14조제1호부터 제3호까지 중 어느 하나에 해당하는 경우는 제외한다.

제95조(허가 등의 취소 또는 사업폐지 등에 따른 조치) ① 이 법에 따라 허가 또는 지정이 취소(사용금지를 포함한다)되거나 사업 또는 사용을 폐지한 원자력관계사업자는 대통령령으로 정하는 바에 따라 방사성물질등 또는 방사선발생장치의 양도 · 보관 · 배출 · 저장 · 처리 · 처분 · 오염제거 · 기록인도와 그 밖의 방사선장해방어를 위하여 필요한 조치를 하고, 그 조치한 날부터 30일 이내에 이를 위원회에 신고하여야 한다.

② 위원회는 원자력관계사업자가 제1항에 따른 조치를 하지 아니하거나 그러한 조치에도 불구하고 방사성물질등 또는 방사선발생장치로부터 지역 주민 또는 주변 환경을 보호하기 위하여 필요하다고 인정하는 경우에는 방사성물질등 또는 방사선발생장치의 수거 및 오염된 시설의 해체 등 필요한 조치를 할 수 있다.

③ 위원회는 제2항에 따른 조치에 소요되는 비용을 해당 원자력관계사업자에게 부담하게 할 수 있다.

제96조(원자력이용시설의 취급제한) 누구든지 18세 미만인 사람으로 하여금 원자력이용시설이나 방사성물질등을 취급하게 하여서는 아니 된다. 다만, 교육훈련 등의 목적으로 위원회가 인정하면 그러하지 아니하다.

제97조(도난 등의 신고) 원자력관계사업자는 그가 소지하는 방사선발생장치 또는 방사성물질등에 관하여 도난 · 분실 · 화재, 그 밖의 사고가 발생된 경우 지체 없이 그 사실을 위원회에 신고하여야 한다.

제98조(보고 · 검사 등) ① 위원회는 이 법의 시행을 위하여 필요하다고 인정하면 원자력관계사업자 · 판독업무자와 원자로 및 관계시설의 건설 또는 운영에 참여하는 사업자와 국제규제물자를 취급하거나 관련 연구를 수행하는 자로서 대통령령으로 정하는 자에게 그 업무에 관한 보고 또는 서류의 제출 및 제출된 서류의 보완을 명할 수 있다.

② 위원회는 제1항에 따라 보고받은 내용 및 제출된 서류의 현장 확인을 위하여 필요한 경우, 원자력이용시설의 안전을 위하여 특히 필요하다고 인정하는 경우 또는 이 법에 따른 각종 검사를 수행하기 위하여 필요하면 소속 공무원으로 하여금 그 사업소 · 공장 · 선박 · 연구시설 또는 부지 등에 출입하여 장부 · 서류 · 시설과 그 밖의 필요한 물건을 검사하게 하거나 관계인에게 질문하게 할 수 있으며, 시험을 위하여 필요한 최소량의 시료를 수거하게 할 수 있다.

③ 위원회는 제2항에 따라 검사 등을 실시한 결과 이 법과 국제약속을 위반한 사항이 있으면 그 시정 또는 보완을 명할 수 있다.

④ 국제약속에 따라 국제원자력기구가 지정하는 자 또는 국제규제물자공급 당사국 정부가 지정하는 자는 위원회가 지정하는 소속 공무원의 감독하에 국제약속으로 정한 범위에서 국제규제물자를 취급하거나 관련 연구를 수행하는 자의 사업소 · 공장 · 선박 · 연구시설 및 부지 등에 출입하여 장부 · 서류 · 시설과 그 밖의 필요한 물건을 검사하고, 관계인에게 질문하거나 시험을 위하여 필요한 최소량의 시료를 수거할 수 있다.

⑤ 국제원자력기구가 지정하는 자는 위원회가 지정하는 소속 공무원의 감독하에 국제약속으로 정한 범위에서 국제규제물자의 이동을 감시하기 위한 설비를 설치하거나 봉인을 할 수 있다.

⑥ 위원회는 대통령령으로 정하는 바에 따라 국제규제물자의 이동을 확인하거나 정보를 관리하기 위하여 필요한 조치를 할 수 있다.

⑦ 제2항 및 제4항부터 제6항까지의 규정에 따라 검사하거나 국제규제물자의 이동을 감시 · 확인하기 위하여 직무를 수행하는 자는 그 권한을 나타내는 증표를 관계인에게 내보여야 한다.

제10장 보칙

제99조(허가 또는 지정 조건) ① 이 법에 따른 허가 또는 지정에는 안전성확보의 이행을 위하여 필요한 조건을 붙일 수 있다.

② 제1항의 조건은 이 법의 시행을 위하여 필요한 최소한의 것이어야 하며, 허가 또는 지정받은 자에게 부당한 의무를 지우는 것이어서는 아니 된다.

제100조(특정기술주제보고서의 승인) ① 위원회는 원자로 및 관계시설을 설치 · 운영하려는 자 또는 원자로 및 관계시설의 건설 · 운영에 참여하는 자가 총리령으로 정하는 특정기술주제보고서의 승인을 신청하는 경우에는 이를 승인할 수 있다.

② 제10조제2항 · 제20조제2항 · 제30조제2항 · 제30조의2제2항에 따른 허가신청서류에 기재할 사항 중 제1항에 따라 미리 승인을 받은 사항은 기재하지 아니할 수 있다.

제101조(청문) 위원회는 다음 각 호의 어느 하나에 해당하는 처분을 하려는 경우에는 청문을 실시하여야 한다.

1. 제17조제1항 · 제24조제1항 · 제32조 · 제48조 · 제57조제1항 · 제66조제1항 또는 제81조에 따른 허가 또는 등록의 취소
2. 제38조제1항에 따른 허가 또는 지정의 취소
3. 제86조에 따른 면허의 취소

제102조(종업원에 대한 보호) 원자력관계사업자 또는 판독업무자는 그가 사용하는 종업원이 다음 각 호의 어느 하나에 해당하는 행위를 한 것을 이유로 해고하거나 불이익을 주어서는 아니 된다.

1. 제20조제2항 또는 제30조의2제2항에 따른 운영기술지침서, 제35조제3항 · 제45조제2항 · 제53조제3항 또는 제63조제2항에 따른 안전관리규정 및 제78조제3항에 따른 판독에 관한 품질보증계획서를 준수하기 위한 행위

2. 원자력관계사업자 또는 판독업무자가 제1호에 따른 운영기술지침서 · 안전관리규정 및 판독에 관한 품질보증계획서를 위반하였거나 위반할 우려가 있는 경우에 이를 위원회 또는 위원회의 권한을 위임받거나 위탁받은 기관의 장에게 알려주는 행위
3. 제16조(제34조에서 준용하는 경우를 포함한다) · 제22조(제34조에서 준용하는 경우를 포함한다) · 제37조 · 제47조 · 제56조 · 제61조 · 제65조 · 제77조 · 제80조 · 제98조에 따른 검사 또는 조사에 응하기 위하여 증언을 하거나 증거를 제출하는 행위
4. 제53조의2제1항제1호부터 제4호까지의 방사선안전관리자의 업무행위 또는 방사선안전관리자가 같은 조 제5항에 따라 방사선안전관리에 관하여 조치 · 권고하거나 제59조의2제7항에 따라 안전관리에 필요한 조치나 협력을 요청하는 행위

제103조(주민의 의견수렴) ① 다음 각 호의 어느 하나에 해당하는 자(이하 이 조에서 "신청자"라 한다)는 제10조제2항 · 제5항, 제20조제2항 또는 제63조제2항에 따른 방사선환경영향평가서를 작성할 때 제3항에 따른 방사선환경영향평가서 초안을 공람하게 하거나 공청회 등을 개최하여 위원회가 정하는 범위의 주민의 의견을 수렴하고 이를 방사선환경영향평가서의 내용에 포함시켜야 한다. 이 경우 주민의견수렴 대상지역을 관할하는 지방자치단체의 장 또는 대통령령으로 정하는 범위의 주민의 요구가 있으면 공청회 등을 개최하여야 한다.

1. 제10조제1항 또는 제3항에 따라 허가 또는 승인을 받으려는 자
2. 발전용원자로 및 관계시설의 설계수명기간이 만료된 후에 그 시설을 계속하여 운전하기 위하여 제20조제1항 후단에 따른 변경허가를 받으려는 자
3. 제63조제1항에 따라 방사성폐기물 처분시설 또는 사용후핵연료 저장시설의 건설 · 운영 허가를 받으려는 자

② 제28조제1항에 따라 승인을 받으려는 자가 제28조제2항에 규정한 해체계획서를 작성할 때 제3항에 따른 해체계획서 초안을 공람하게 하거나 공청회 등을 개최하여 위원회가 정하는 범위의 주민의 의견을 수렴하고 이를 해체계획서의 내용에 포함시켜야 한다. 이 경우 주민의견수렴 대상지역을 관할하는 지방자치단체의 장 또는 대통령령으로 정하는 범위의 주민의 요구가 있으면 공청회 등을 개최하여야 한다.

③ 신청자 또는 제28조제1항에 따라 승인을 받으려는 자는 제1항 또는 제2항에 따라 주민의 의견을 수렴하려면 총리령으로 정하는 바에 따라 미리 방사선환경영향평가서 초안 또는 해체계획서 초안을 작성하여야 한다.

④ 제1항, 제2항 및 제3항에 따른 주민의견수렴의 방법 · 절차와 그 밖에 필요한 사항은 대통령령으로 정한다.

⑤ 신청자 또는 제28조제1항에 따라 승인을 받으려는 자는 대통령령으로 정하는 바에 따라 제1항 및 제2항에 따른 주민의 의견수렴에 드는 비용을 부담하여야 한다.

제103조의2(정보공개의무) ① 위원회는 공공의 안전을 도모하기 위하여 원자력이용시설에 대한 건

설허가 및 운영허가 관련 심사결과와 원자력안전관리에 관한 검사결과 등 대통령령으로 정하는 정보를 적극적으로 공개하여야 한다. 다만, 국가의 중대한 이익을 현저히 해칠 우려가 있는 경우 공개하지 아니할 수 있다.

② 제1항에 따른 정보공개의 방법, 절차 등에 필요한 사항은 대통령령으로 정한다.

제104조(환경보전) ① 다음 각 호의 어느 하나에 해당하는 시설의 설치자 및 운영자는 총리령으로 정하는 바에 따라 방사선환경조사 및 방사선환경영향평가를 실시하여 이를 위원회에 보고하여야 한다.

1. 발전용원자로
2. 열 출력 100킬로와트 이상의 연구용원자로
3. 핵연료주기시설
4. 사용후핵연료 중간저장시설
5. 방사성폐기물 처분시설

② 위원회는 제1항에 따른 방사선환경조사 및 방사선환경영향평가의 결과를 확인하기 위하여 필요하면 방사선환경조사를 실시할 수 있다.

③ 위원회는 제1항에 따른 보고결과 또는 제2항에 따른 방사선환경조사의 실시결과 그 주변 환경에 나쁜 영향을 미칠 우려가 있다고 인정하면 제1항에 따른 시설의 설치자 및 운영자에게 환경보전에 필요한 조치를 명할 수 있다.

제105조(전국 환경방사능 감시) ① 위원회는 국내외 방사능 비상사태를 조기에 탐지하여 방사선으로부터 국민의 건강을 보호하고 환경을 보전하기 위하여 대통령령으로 정하는 바에 따라 국토 전역에 대하여 환경상의 방사선 및 방사능을 감시하고 그 결과를 평가하여야 한다.

② 위원회는 제1항에 따른 업무를 체계적으로 수행하기 위하여 중앙방사능측정소 및 지방방사능측정소를 설치 · 운영할 수 있다.

③ 제2항에 따른 측정소의 설치 · 운영에 필요한 사항은 총리령으로 정한다.

제106조(교육훈련) ① 원자력관계사업자는 방사선작업종사자와 방사선 관리 구역에 출입하는 사람에게 대통령령으로 정하는 바에 따라 원자력이용에 따르는 안전성 확보 및 방사선장해방지에 필요한 교육 및 훈련을 실시하여야 한다.

② 제84조에 따라 면허를 받은 사람은 대통령령으로 정하는 바에 따라 위원회가 실시하는 보수교육을 받아야 한다.

③ 원자력관계사업자 및 원자력 관련 연구를 수행하는 사람 중 대통령령으로 정하는 사람은 총리령으로 정하는 바에 따라 원자력통제에 관한 교육을 받아야 한다.

제107조(수출입의 절차) 원자로 및 관계시설, 핵물질, 방사성동위원소등의 수출입절차는 위원회가 산업통상자원부장관과 협의하여 정하는 바에 따른다.

제107조의2(국제협력) ① 위원회는 원자력안전 및 핵안보의 증진을 위하여 국제기구, 외국정부 또

는 그 밖의 기관과의 국제협력을 촉진하기 위한 시책을 마련하고 추진할 수 있다.

② 정부는 제1항에 따른 국제협력에 관한 시책을 효율적으로 추진하기 위하여 이를 전문적으로 지원할 기관을 지정하고 그 지원업무 수행에 필요한 경비의 전부 또는 일부를 출연하거나 보조할 수 있다.

③ 제2항에 따른 전문기관의 지정과 지원 등 국제협력 촉진에 필요한 사항은 대통령령으로 정한다.

제108조(비밀누설금지) 이 법에 따른 직무에 종사하거나 종사하였던 위원회의 위원 및 「원자력안전위원회의 설치 및 운영에 관한 법률」 제15조에 따른 전문위원회의 위원 또는 공무원은 그 직무상 알게 된 원자력에 관한 비밀을 누설하거나 이 법의 시행을 위한 목적 이외에 이를 이용하여서는 아니 된다.

제109조(원자력안전 관계 공무원에 대한 수당) 원자력안전에 종사하는 공무원은 「국가공무원법」에 따른 보수와 그 밖의 수당 외에 대통령령으로 정하는 바에 따라 연구수당 · 위험근무수당 또는 보건수당을 받을 수 있다.

제110조(보상) 원자력이용과 이에 따른 안전관리 중에 방사선에 의하여 신체 또는 재산에 피해를 입은 자는 대통령령으로 정하는 바에 따라 정당한 보상을 받는다.

제110조의2(포상금의 지급) ① 위원회는 이 법의 위반행위를 신고 또는 제보하고 이를 입증할 수 있는 증거자료를 제출함으로써 원자력안전에 기여한 자에 대하여 예산의 범위에서 포상금을 지급할 수 있다.

② 제1항에 따른 포상금 지급의 기준 · 절차 등에 관하여 필요한 사항은 대통령령으로 정한다.

제110조의3(책임의 감면 등) ① 이 법의 위반행위를 신고함으로써 그와 관련된 자신의 범죄가 발견된 경우 그 신고자에 대하여 형을 감경 또는 면제할 수 있다.

② 제1항은 공공기관의 징계처분에 관하여 이를 준용한다.

③ 이 법의 위반행위를 신고한 경우에는 다른 법령, 단체협약 또는 취업규칙 등의 관련 규정에도 불구하고 직무상 비밀준수의무를 위반하지 아니한 것으로 본다.

제111조(권한의 위탁) ① 이 법에 따른 위원회의 권한 중 다음 각 호의 권한을 대통령령으로 정하는 바에 따라 제5조제2항에 따라 설립된 기관, 통제기술원, 안전재단, 그 밖의 관계 전문기관 또는 다른 행정기관에 위탁할 수 있다.

1. 제10조제1항 전단 및 후단, 제12조제1항 전단 및 후단, 제20조제1항 전단 및 후단, 제30조제1항 전단 및 후단, 제35조제1항 전단 및 후단, 같은 조 제2항 전단, 제45조제1항 전단 및 후단, 제53조제1항 전단 및 후단, 제63조제1항 전단 및 후단에 따른 인가 · 허가 및 지정에 관련된 안전성 심사
2. 제10조제3항(제69조에서 준용하는 경우를 포함한다), 제15조제1항 전단 및 후단(제29조 · 제34조 · 제44조 · 제51조 및 제69조에서 준용하는 경우를 포함한다), 제28조제1항 전단 및 후단(제34조에서 준용하는 경우를 포함한다), 제35조제2항 후단, 제42조제1항 전단 및 후단,

제60조제1항 전단 및 후단, 제76조제1항 전단 및 후단, 제100조제1항에 따른 승인에 관련된 안전성 심사

3. 제11조제2호 및 제4호(제30조제3항에서 준용하는 경우를 포함한다), 제21조제2호 및 제4호(제30조2제3항에서 준용하는 경우를 포함한다), 제36조제3호, 제46조제3호, 제50조제1항, 제52조제2항, 제55조제1항제1호 및 제3호, 제59조제1항, 제64조제2호, 제68조제1항, 제72조 및 제79조제2호에 따른 기준(기술기준을 포함한다)의 연구 · 개발
4. 제16조제1항(제34조에서 준용하는 경우를 포함한다), 제22조제1항(제34조에서 준용하는 경우를 포함한다), 제28조제3항 후단 · 제6항(제34조 및 제44조에서 준용하는 경우를 포함한다), 제37조제1항, 제47조제1항, 제56조제1항 본문, 제61조제1항 본문, 제65조제1항, 제75조제1항, 제77조제1항 본문 및 제80조제1항에 따른 검사 및 확인 · 점검
5. 제87조에 따른 면허시험
6. 제98조제6항에 따른 국제규제물자에 관한 정보의 관리
7. 제82조 및 제98조제1항에 따라 판독업무자가 판독한 방사선작업종사자의 피폭에 관한 기록 및 보고의 관리
8. 제10조제1항 단서, 제15조제1항 단서(제29조 · 제34조 · 제44조 · 제51조 및 제69조에서 준용하는 경우를 포함한다), 제15조의2(제29조 및 제34조에서 준용하는 경우를 포함한다), 제20조제1항 단서, 제28조제1항 단서(제34조에서 준용하는 경우를 포함한다), 제30조제1항 단서, 제30조의2제1항 단서, 제33조, 제35조제1항 단서 및 제2항 단서, 제42조제1항 단서, 제43조(제51조 · 제62조 · 제69조 및 제83조에서 준용하는 경우를 포함한다), 제45조제1항 단서, 제52조제1항, 제53조제1항 단서 및 같은 조 제2항, 제53조의2제1항 및 제3항, 제54조제2항, 제60조제1항 단서, 제63조제1항 단서, 제71조, 제76조제1항 단서, 제78조제2항 및 제95조제1항에 따른 신고의 접수
9. 제106조제2항에 따른 보수교육의 실시 및 같은 조 제3항에 따른 원자력통제에 관한 교육의 실시
10. 제88조제1항에 따른 면허증의 교부, 제93조에 따른 핵물질 등의 수용 · 양도, 제98조제1항 및 제104조제1항에 따른 보고, 제107조에 따른 수출입과 관련된 업무
11. 제1호부터 제8호까지에 따른 위탁업무의 수행에 필요한 범위에서 제98조제1항에 따른 서류의 제출 · 보완 요구
12. 제54조제1항 및 제78조제1항에 따른 등록에 관련된 안전성 심사
13. 제104조제2항에 따른 방사선환경조사 및 제105조제1항에 따른 환경상의 방사선 및 방사능 감시 · 평가
14. 제23조제1항(제34조제1항에서 준용하는 경우를 포함한다)에 따른 주기적 안전성평가에 관련된 안전성 심사

15. 그 밖에 대통령령으로 정하는 업무

② 위원회는 필요하다고 인정하면 제1항에 따라 권한을 위탁받은 기관에 보조금을 지급할 수 있다.

③ 삭제

④ 삭제

⑤ 제1항에 따라 권한을 위탁받은 기관의 장은 대통령령으로 정하는 바에 따라 위탁받은 권한의 효율적인 수행을 위한 수탁업무처리규정을 정하여 위원회의 승인을 받아야 한다. 이를 변경하려는 때에도 또한 같다.

⑥ 삭제

제111조의2(원자력안전관리부담금 등) ① 위원회는 제111조제1항 각 호의 업무를 원활하게 수행하기 위하여 이 법에 따른 허가 · 지정 · 승인 · 등록 또는 교육훈련을 신청한 자, 해당 원자력관계사업자 또는 판독업무자(이하 "원자력관계사업자등"이라 한다)에게 원자력안전관리부담금(이하 "부담금"이라 한다)을 부과 · 징수할 수 있다.

② 부담금의 규모, 산정기준은 원자력관계사업자등이 발생시키는 원자력안전관리 수요, 관련시설의 방호 및 방사능 방재 수요를 고려하여 대통령령으로 정한다.

③ 그 밖에 부담금의 납부방법 및 납부시기 등에 관한 사항은 대통령령으로 정한다.

④ 위원회는 부담금 규모, 산정기준, 납부방법 및 납부시기 등에 관하여 필요한 사항을 변경하고자 할 때에는 관계 중앙행정기관의 장과 협의하여야 한다.

제111조의3(강제징수) ① 위원회는 원자력관계사업자등이 부담금을 납부기한 내에 납부하지 아니한 경우에는 납부기한 경과 후 7일 이내에 부담금의 납부를 독촉하여야 한다.

② 부담금 및 체납된 부담금을 납부기한 내에 납부하지 아니한 경우에는 「국세징수법」 제21조를 준용하여 가산금을 징수한다.

③ 제1항에 따라 독촉장을 발부한 때에는 10일 이상 60일 이내의 납부기한을 주어야 한다.

④ 제1항에 따라 독촉장을 받은 자가 그 기한 내에 부담금 및 제2항에 따른 가산금을 납부하지 아니한 때에는 위원회는 국세체납처분의 예에 따라 이를 징수할 수 있다.

제111조의4(원자력기금 내 원자력안전규제계정의 재원 및 용도) ① 「원자력 진흥법」 제17조제2항에 따른 원자력안전규제계정의 재원은 다음 각 호와 같다.

1. 제111조의2제1항에 따른 부담금 및 제111조의3제2항에 따른 가산금
2. 「원자력시설 등의 방호 및 방사능 방재 대책법」 제45조제2항에 따라 징수하는 비용
3. 이 법 및 「원자력시설 등의 방호 및 방사능 방재 대책법」에 따라 징수하는 과징금 및 과태료
4. 「원자력손해배상 보상계약에 관한 법률」 제7조에 따른 보상료
5. 정부의 출연금
6. 정부가 아닌 자의 출연금 및 기부금
7. 일반회계로부터의 전입금

8. 원자력안전규제계정의 운용으로 생기는 수익금
9. 「공공자금관리기금법」에 따른 공공자금관리기금으로부터의 예수금(豫受金)
10. 「원자력 진흥법」 제17조제3항에 따른 차입금
11. 그 밖에 대통령령으로 정하는 수익금

② 원자력안전규제계정은 다음 각 호의 어느 하나에 해당하는 용도에 사용한다.

1. 원자력이용시설에 대한 안전관리
2. 방사선 및 방사성 물질로부터의 위해를 예방하기 위한 안전관리
3. 원자력통제
4. 원자력이용시설의 방호 및 방사능 방재
5. 제1호부터 제4호까지에 필요한 시설, 기자재, 장비 및 정보시스템의 구축 · 운영
6. 제1호부터 제4호까지에 필요한 기준, 절차, 지침 등을 마련하기 위한 원자력안전연구개발
7. 제1호부터 제4호까지와 관련한 인력의 양성 및 교육 훈련
8. 제1호부터 제4호까지와 관련한 국제협력
9. 「원자력 손해배상법」 제9조에 따른 보상
10. 제5조에 따른 원자력안전전문기관 및 제6조에 따른 통제기술원의 기관운영에 필요한 기본경비
11. 「공공자금관리기금법」에 따른 공공자금관리기금으로부터의 예수금 및 「원자력 진흥법」 제17조제3항에 따른 차입금에 대한 원리금 상환
12. 그 밖에 대통령령으로 정하는 원자력이용시설에 대한 안전관리, 방사선 및 방사성 물질로부터의 위해를 예방하기 위한 안전관리, 원자력통제 및 원자력시설 등의 방호 및 방사능 방재 관련 업무

③ 위원회는 제2항 각 호의 어느 하나의 사업을 수행하는 기관 또는 단체에 그 소요비용을 출연 또는 보조할 수 있다.

제112조(수수료) 이 법에 따라 허가 · 지정 · 승인 · 면허 · 등록 · 검사를 신청하는 자는 총리령으로 정하는 바에 따라 수수료를 납부하여야 한다. 다만, 위원회는 국가, 지방자치단체, 「초 · 중등교육법」 및 「고등교육법」에 따른 학교, 그 밖에 다른 법령에 따라 설립된 학교와 이 법 또는 다른 법률에 따라 정부가 출연금을 지급하는 기관으로서 대통령령으로 정하는 기관에는 수수료의 납부를 면제할 수 있다.

제11장 벌칙

제113조(벌칙) ① 원자로를 파괴하여 사람의 생명 · 신체 또는 재산을 해치거나 그 밖에 공공의 안전을 문란하게 한 사람은 사형 · 무기 또는 3년 이상의 유기징역에 처한다.

② 전쟁 · 천재지변 또는 이에 준하는 비상사태에서 제1항의 죄를 범한 사람은 사형 또는 무기징역에 처한다.

③ 제1항 및 제2항의 미수범은 처벌한다.

④ 제1항 또는 제2항의 죄를 범할 목적으로 예비 · 음모 또는 선동한 자는 3년 이상의 유기징역에 처한다.

제114조(벌칙) ① 방사성물질등과 원자로 및 관계시설, 핵연료주기시설, 방사선발생장치를 부당하게 조작하여 사람의 생명 또는 신체에 위험을 가한 사람은 1년 이상 10년 이하의 징역에 처한다.

② 제1항의 죄를 범하여 사람을 사망하게 한 사람은 3년 이상의 유기징역에 처한다.

제115조(벌칙) 제108조를 위반한 사람은 10년 이하의 징역에 처한다.

제116조(벌칙) 다음 각 호의 어느 하나에 해당하는 자는 3년 이하의 징역 또는 3천만원 이하의 벌금에 처하거나 이를 병과(竝科)할 수 있다.

1. 제10조제1항 전단 · 제20조제1항 전단 · 제30조제1항 전단 · 제30조의2제1항 전단 · 제35조제1항 전단 및 제2항 전단 · 제45조제1항 전단 · 제53조제1항 전단 · 제54조제1항 · 제63조제1항 전단 또는 제78조제1항을 위반하여 허가 · 등록 또는 지정을 받지 아니하고 사용 · 소지 · 사업 등 각 해당 조에 규정된 행위를 한 자
2. 제27조(제34조에서 준용하는 경우를 포함한다) · 제41조 · 제50조제2항 · 제68조제2항 또는 제92조제2항에 따른 명령을 위반한 자
3. 제17조제1항 · 제24조제1항 · 제32조 · 제38조제1항 · 제48조 · 제57조제1항 · 제59조의2제3항 · 제66조제1항 또는 제81조제1항에 따른 사업 또는 업무의 정지명령을 위반하여 사업 또는 업무를 계속한 자

제117조(벌칙) 다음 각 호의 어느 하나에 해당하는 자는 1년 이하의 징역 또는 1천만원 이하의 벌금에 처하거나 이를 병과할 수 있다.

1. 제10조제1항 후단 · 제20조제1항 후단 · 제30조제1항 후단 · 제30조의2제1항 후단 · 제35조제1항 후단 및 제2항 후단 · 제45조제1항 후단 · 제53조제1항 후단 또는 제63조제1항 후단을 위반하여 변경허가를 받지 아니하고 허가받은 사항을 변경하거나 승인을 받지 아니하고 지정받은 사항을 변경한 자
2. 제10조제4항(제69조에서 준용하는 경우를 포함한다) · 제15조제1항 전단(제29조 · 제34조 · 제44조 · 제51조 및 제69조에서 준용하는 경우를 포함한다) · 제28조제1항 전단(제34조에서 준용하는 경우를 포함한다) · 제42조제1항 전단 · 제60조제1항 전단 · 제76조제1항 전단 또는 제111조제5항 전단을 위반하여 승인을 받지 아니한 자
3. 제16조제1항(제34조에서 준용하는 경우를 포함한다) · 제22조제1항(제34조에서 준용하는 경우를 포함한다) · 제37조제1항 · 제47조제1항 · 제56조제1항 · 제65조제1항 · 제75조제1항 · 제77조제1항 또는 제80조제1항을 위반하여 검사받아야 할 사항을 검사받지 아니하거나 제98조제2항 및 제4항에 따른 검사를 거부 · 방해 또는 기피하거나 거짓의 진술을 한 자
4. 제89조제2항에 따른 제한명령을 위반하여 출입하거나 거주한 자 또는 같은 조 제5항을 위반

한 자

5. 제31조제3항 · 제52조제3항 · 제59조제2항 · 제59조의2제2항 또는 제98조제1항 및 제3항에 따른 명령을 위반한 자
6. 제70조제1항 및 제2항 · 제77조제2항 · 제84조제1항 본문 · 제94조 · 제96조 또는 제97조를 위반한 자
7. 제15조의3(제29조 및 제34조에서 준용하는 경우를 포함한다) · 제15조의4제2항 · 제74조제2항 · 제92조제1항 · 제92조의2 · 제98조제1항 또는 제104조제1항을 위반하여 보고를 하지 아니하거나 거짓의 보고를 한 자

제118조(벌칙) 다음 각 호의 어느 하나에 해당하는 자는 300만원 이하의 벌금에 처한다.

1. 제15조의4제3항 · 제16조제2항(제34조에서 준용하는 경우를 포함한다) · 제22조제2항(제34조에서 준용하는 경우를 포함한다) · 제23조제2항(제34조제1항에서 준용하는 경우를 포함한다) · 제28조제7항(제34조 및 제44조에서 준용하는 경우를 포함한다) · 제37조제2항 · 제47조제2항 · 제56조제2항 · 제65조제2항 · 제75조제2항 또는 제104조제3항에 따른 명령을 위반한 자
2. 제23조제1항(제34조제1항에서 준용하는 경우를 포함한다) · 제26조(제34조에서 준용하는 경우를 포함한다) · 제40조제1항 · 제88조제2항 또는 제102조를 위반한 자
3. 제15조제1항 후단(제29조 · 제34조 · 제44조 · 제51조 및 제69조에서 준용하는 경우를 포함한다) 또는 제28조제1항 후단(제34조에서 준용하는 경우를 포함한다)을 위반하여 변경승인을 받지 아니하고 승인받은 사항을 변경한 자
4. 제99조제1항의 허가 또는 지정 조건을 위반한 자
5. 제59조의2제6항을 위반하여 보고를 하지 아니하거나 거짓으로 보고한 자

제119조(과태료) ① 다음 각 호의 어느 하나에 해당하는 자에게는 3천만원 이하의 과태료를 부과한다.

1. 제10조제1항 단서 · 제15조제1항 단서(제29조 · 제34조 · 제44조 · 제51조 및 제69조에서 준용하는 경우를 포함한다) · 제15조의2(제29조 및 제34조에서 준용하는 경우를 포함한다) · 제20조제1항 단서 · 제28조제1항 단서(제34조에서 준용하는 경우를 포함한다) · 제30조제1항 단서 · 제30조의2제1항 단서 · 제31조제1항 · 제33조 · 제35조제1항 단서 및 제2항 단서 · 제42조제1항 단서 · 제43조(제51조 · 제62조 · 제69조 및 제83조에서 준용하는 경우를 포함한다) · 제45조제1항 단서 · 제52조제1항 · 제53조제1항 단서 및 제2항 · 제53조의2제1항 및 제3항 · 제54조제2항 · 제60조제1항 단서 · 제63조제1항 단서 · 제71조 · 제76조제1항 단서 · 제78조제2항 또는 제95조제1항을 위반하여 신고를 하지 아니하거나 거짓의 신고를 한 자
2. 제40조제2항 · 제50조제1항 및 제3항 · 제52조제2항 · 제53조의2제4항 및 제5항 · 제59조제1항 및 제3항 · 제59조의2제7항 · 제61조 · 제68조제1항 및 제3항 · 제70조제3항 및 제4항 · 제72조 · 제73조 · 제74조제1항 · 제91조 또는 제106조제1항을 위반한 자

3. 제18조(제34조에서 준용하는 경우를 포함한다) · 제25조(제34조에서 준용하는 경우를 포함한다) · 제39조 · 제49조 · 제52조제4항 · 제58조 · 제67조 또는 제82조를 위반하여 기록하지 아니하거나 거짓으로 기록한 자
4. 제80조제2항에 따른 명령을 위반한 자
5. 제28조제1항 후단(제34조에서 준용하는 경우를 포함한다) · 제42조제1항 후단 · 제60조제1항 후단 · 제76조제1항 후단 또는 제111조제5항 후단을 위반하여 변경승인을 받지 아니하고 승인받은 사항을 변경한 자
6. 제15조의2에 따른 성능검증과 관련된 서류를 위조 · 조작한 자
7. 제106조제3항을 위반하여 교육을 받지 아니한 자

② 제1항에 따른 과태료는 대통령령으로 정하는 바에 따라 위원회가 부과 · 징수한다.

③ 삭제

제120조(양벌규정) ① 법인의 대표자나 법인 또는 개인의 대리인, 사용인, 그 밖의 종업원이 그 법인 또는 개인의 업무에 관하여 제113조부터 제115조까지의 어느 하나에 해당하는 위반행위를 하면 그 행위자를 벌하는 외에 그 법인 또는 개인을 1억원 이하의 벌금에 처한다. 다만, 법인 또는 개인이 그 위반행위를 방지하기 위하여 해당 업무에 관하여 상당한 주의와 감독을 게을리하지 아니한 경우에는 그러하지 아니하다.

② 법인의 대표자나 법인 또는 개인의 대리인, 사용인, 그 밖의 종업원이 그 법인 또는 개인의 업무에 관하여 제116조부터 제118조까지의 어느 하나에 해당하는 위반행위를 하면 그 행위자를 벌하는 외에 그 법인 또는 개인에게도 해당 조문의 벌금형을 과(科)한다. 다만, 법인 또는 개인이 그 위반행위를 방지하기 위하여 해당 업무에 관하여 상당한 주의와 감독을 게을리하지 아니한 경우에는 그러하지 아니하다.

제121조(벌칙적용에서의 공무원 의제) 다음 각 호의 어느 하나에 해당하는 자는 「형법」과 그 밖의 법률에 따른 벌칙의 적용에 있어서는 이를 공무원으로 본다.
1. 성능검증기관에서 성능검증업무를 하는 자
2. 성능검증관리기관에서 성능검증관리업무에 종사하는 자
3. 제111조에 따라 위탁한 업무에 종사하는 기관 또는 관계 전문기관의 임원 및 직원

부칙 〈법률 제10911호, 2011.7.25.〉

제1조(시행일) 이 법은 공포 후 3개월이 경과한 날부터 시행한다.

제2조(종전의 처분 등에 관한 경과조치) 이 법 시행 당시 종전의 「원자력법」에 따라 행한 원자력안전에 관한 처분 · 절차와 그 밖의 행위는 이 법에 따라 행한 것으로 본다.

제3조(벌칙에 관한 경과조치) 이 법 시행 전에 행한 행위에 대한 벌칙의 적용에 있어서는 종전의 「원자력법」에 따른다.

제4조(다른 법률의 개정) ① 공중 등 협박목적을 위한 자금조달행위의 금지에 관한 법률 일부를 다음과 같이 개정한다.

제2조제1호마목 중 "「원자력법」"을 "「원자력안전법」"으로 한다.

② 방사선 및 방사성동위원소 이용진흥법 일부를 다음과 같이 개정한다.

제2조제1호 및 제2호 중 "「원자력법」"을 각각 "「원자력안전법」"으로 한다.

제14조제1항제1호 중 "「원자력법」 제65조제1항"을 "「원자력안전법」 제53조제1항"으로 하고, 같은 항 제2호 중 "「원자력법」 제65조제2항"을 "「원자력안전법」 제53조제2항"으로 하며, 같은 항 제3호 중 "「원자력법」 제65조의2제1항"을 "「원자력안전법」 제54조제1항"으로 하고, 같은 항 제4호 중 "「원자력법」 제72조제1항"을 "「원자력안전법」 제60조제1항"으로 한다.

③ 방사성폐기물 관리법 일부를 다음과 같이 개정한다.

제2조제1호 중 "「원자력법」"을 "「원자력안전법」"으로 하고, 같은 조 제2호 중 "「원자력법」 제84조제2항"을 "「원자력안전법」 제70조제2항"으로 하며, 같은 조 제4호 중 "「원자력법」"을 "「원자력안전법」"으로 한다.

제13조제1항 중 "「원자력법」 제84조제2항"을 "「원자력안전법」 제70조제2항"으로 한다.

제25조제1항제1호 및 같은 조 제2항 단서 중 "「원자력법」 제65조의2"를 각각 "「원자력안전법」 제54조"로 한다.

④ 수질 및 수생태계 보전에 관한 법률 일부를 다음과 같이 개정한다.

제17조제2항제6호 중 "「원자력법」"을 "「원자력안전법」"으로 한다.

⑤ 부담금관리 기본법 일부를 다음과 같이 개정한다.

별표 제11호 중 "「원자력법」 제111조"를 "「원자력안전법」 제111조"로 한다.

⑥ 에너지법 일부를 다음과 같이 개정한다.

제5조 단서 중 "「원자력법」"을 "「원자력 진흥법」 및 「원자력안전법」"으로 한다.

⑦ 원자력손해배상법 일부를 다음과 같이 개정한다.

제2조제1항제3호사목을 다음과 같이 하고, 같은 호에 아목을 다음과 같이 신설한다.

사. 「원자력 진흥법」에 따른 원자력연구개발기관, 원자력관련용역 및 제품생산기관

아. 「원자력안전법」에 따른 원자력안전전문기관

제2조제2항 중 "원자력법이"를 "「원자력 진흥법」 및 「원자력안전법」에서"로 한다.

⑧ 유해화학물질 관리법 일부를 다음과 같이 개정한다.

제3조제1항제1호 중 "「원자력법」"을 "「원자력안전법」"으로 한다.

⑨ 전력기술관리법 일부를 다음과 같이 개정한다.

제2조제1호 단서 중 "「원자력법」"을 "「원자력안전법」"으로 한다.

⑩ 전원개발촉진법 일부를 다음과 같이 개정한다.

제6조제1항제17호 중 "「원자력법」 제11조제3항"을 "「원자력안전법」 제10조제3항"으로 한다.

⑪ 중 · 저준위 방사성폐기물 처분시설의 유치지역지원에 관한 특별법 일부를 다음과 같이 개정한다.

제2조제1호 및 제18조 중 "「원자력법」"을 각각 "「원자력안전법」"으로 한다.

⑫ 지진재해대책법 일부를 다음과 같이 개정한다.

제14조제1항제17호 중 "「원자력법」"을 "「원자력안전법」"으로 한다.

⑬ 폐기물관리법 일부를 다음과 같이 개정한다.

제3조제1항제1호 중 "「원자력법」"을 "「원자력안전법」"으로 한다.

⑭ 폐기물의 국가간 이동 및 그 처리에 관한 법률 일부를 다음과 같이 개정한다.

제3조제1항 중 "원자력법"을 "「원자력안전법」"으로 한다.

⑮ 해양환경관리법 일부를 다음과 같이 개정한다.

제3조제1항 각 호 외의 부분 단서 중 "「원자력법」"을 "「원자력안전법」"으로 한다.

<16> 핵융합에너지 개발진흥법 일부를 다음과 같이 개정한다.

제3조제2항 중 "「원자력법」이"를 "「원자력안전법」에서"로 한다.

<17> 환경정책기본법 일부를 다음과 같이 개정한다.

제21조의2제2항 중 "「원자력법」"을 "「원자력안전법」"으로 한다.

제5조(다른 법률과의 관계) 이 법 시행 당시 다른 법률에서 「원자력법」 또는 그 규정을 인용한 경우에 이 법 중 그에 해당하는 규정이 있는 경우에는 이 법 또는 이 법에 해당하는 규정을 인용한 것으로 본다.

부칙 〈법률 제11715호, 2013.3.23.〉 (원자력안전위원회의 설치 및 운영에 관한 법률)

제1조(시행일) 이 법은 공포한 날부터 시행한다.

제2조 및 제3조 생략

제4조(다른 법률의 개정) ① 및 ② 생략

③ 원자력안전법 일부를 다음과 같이 개정한다.

제2조제17호 중 "원자력안전위원회규칙"을 "총리령"으로 한다.

제10조제1항 단서 중 "원자력안전위원회규칙(이하 "위원회규칙"이라 한다)"을 "총리령"으로 한다.

제10조제2항, 같은 조 제4항 및 같은 조 제5항, 제11조제1호, 제12조제1항 단서 및 같은 조 제2항, 제15조제1항 단서, 제18조, 제20조제1항 단서 및 같은 조 제2항, 제25조, 제28조제1항 단서, 제30조제1항 단서 및 같은 조 제2항 본문, 제31조제2항, 제35조제1항 단서, 같은 조 제2항 단서 및 같은 조 제3항, 제36조제1호, 제39조, 제42조제1항 단서, 제45조제1항 각 호 외의 부분 단서 및 같은 조 제2항, 제46조제1호, 제49조, 제52조제1항제2호 및 같은 조 제4항, 제53조제1항 단서, 같은 조 제2항 전단 및 같은 조 제3항 본문, 제54조제1항제6호 및 같은 조 제3항, 제55조제2항제1호 및 같은 조 같은 항 제3호, 제58조, 제60조제1항 단서 및 같은 조 제2항, 제

63조제1항 단서 및 같은 조 제2항, 제64조제1호, 제67조, 제70조제2항 및 같은 조 제4항, 제71조제1항 및 같은 조 제2항 전단, 제74조제1항, 제76조제1항 전단 · 단서 및 같은 조 제2항, 제78조제3항, 제79조제1호 및 같은 조 제2호, 제82조, 제86조제2항, 제88조제1항, 제94조제2호 및 같은 조 제3호, 제100조제1항, 제103조제2항, 제104조제1항 각 호 외의 부분, 제105조제3항, 제106조제3항 및 제112조 본문 중 "위원회규칙"을 각각 "총리령"으로 한다.

제11조제2호 중 "위원회규칙"을 "원자력안전위원회규칙(이하 "위원회규칙"이라 한다)"으로 한다.

제31조제2항 및 같은 조 제3항 중 "국토해양부장관"을 "해양수산부장관"으로 하고, 제35조제4항 중 "교육과학기술부장관과 지식경제부장관"을 "미래창조과학부장관과 산업통상자원부장관"으로 하며, 제107조 중 "지식경제부장관"을 "산업통상자원부장관"으로 한다.

제5조 생략

부칙 〈법률 제12666호, 2014.5.21.〉

제1조(시행일) 이 법은 공포 후 6개월이 경과한 날부터 시행한다. 단, 제14조제1호 및 제85조제2호의 개정규정은 공포한 날부터 시행한다.

제2조(안전관련설비 계약의 신고에 관한 적용례) 제15조의2의 개정규정은 이 법 시행 후 최초로 체결하는 안전관련설비의 설계 · 제작 또는 성능검증에 관한 계약분부터 적용한다.

제3조(금치산자 등의 결격사유에 관한 경과조치) 제14조제1호 및 제85조제2호의 개정규정에도 불구하고 같은 개정규정 시행 당시 이미 금치산 또는 한정치산의 선고를 받은 사람 중 법률 제10429호 민법일부개정법률 부칙 제2조에 따라 금치산 또는 한정치산 선고의 효력이 유지되는 사람에 대해서는 종전의 규정에 따른다.

제4조(행정처분기준에 관한 경과조치) 이 법 시행 전의 위반행위에 대한 행정처분(과징금 · 과태료 부과처분을 포함한다)에 관하여는 종전의 규정에 따른다.

제5조(연구용원자로 등의 허가에 관한 경과조치) 이 법 시행 당시 종전의 규정에 따라 연구용원자로 등의 허가를 받은 자는 제30조제1항 및 제30조의2제1항의 개정규정에 따른 연구용원자로 등의 건설허가 및 운영허가를 받은 것으로 본다.

제6조(다른 법률의 개정) 비파괴검사기술의 진흥 및 관리에 관한 법률 일부를 다음과 같이 개정한다.

제16조 및 제25조제2항을 각각 삭제한다.

부칙 〈법률 제13078호, 2015.1.20.〉

제1조(시행일) 이 법은 공포 후 6개월이 경과한 날부터 시행한다. 다만, 제103조제1항의 개정규정은 공포한 날부터 시행한다.

제2조(해체계획서의 승인에 관한 경과조치) 이 법 시행 당시 종전의 규정에 따라 발전용원자로 및 관계시설, 연구용 또는 교육용 원자로 및 관계시설, 핵연료주기시설을 건설 또는 운영 중에 있는 자

는 이 법 시행일부터 3년 이내에 이 법에 따른 해당 시설의 해체계획서를 위원회에 제출하여 승인을 받아야 한다. 이 경우 위원회에 제출하여 승인받은 해체계획서는 제10조제2항, 제20조제2항, 제30조제2항, 제30조의2제2항, 제35조제3항의 개정규정에 따라 위원회에 제출된 해체계획서로 본다.

제3조(주민의 의견수렴에 관한 특례) 이 법 공포 후 6개월 이내에 발전용원자로 및 관계시설의 설계수명이 만료된 후에 그 시설을 계속하여 운전하기 위하여 제20조제1항 후단에 따른 변경허가를 신청한 자는 변경허가를 신청한 날부터 6개월 이내에 제103조제1항의 개정규정에 따른 주민의견수렴 절차를 보완할 수 있다.

부칙 〈법률 제13389호, 2015.6.22.〉

제1조(시행일) 이 법은 2016년 1월 1일부터 시행한다. 다만, 제2조제25호, 제20조제2항, 제21조제1항제6호 및 제103조의2의 개정규정은 공포 후 1년이 경과한 날부터 시행한다.

제2조(강제징수에 관한 적용례) 제111조의3의 개정규정은 이 법 시행 후 최초로 부과하는 부담금부터 적용한다.

제3조(사고관리계획서에 관한 경과조치) 제20조제2항의 개정규정 시행 당시 종전의 규정에 따라 발전용원자로 및 관계시설을 운영 중이거나 이미 운영허가를 신청하여 위원회에서 심사 중에 있는 자는 운영허가 여부와 관계없이 같은 개정규정 시행일부터 3년 이내에 이 법에 따른 해당 시설의 사고관리계획서를 위원회에 제출하여야 한다. 이 경우 위원회에 제출한 사고관리계획서는 제20조제2항의 개정규정에 따라 위원회에 제출된 사고관리계획서로 본다.

제4조(다른 법률의 개정) 부담금관리 기본법 일부를 다음과 같이 개정한다.

별표 제11호를 다음과 같이 한다.

11. 「원자력안전법」 제111조의2에 따른 원자력안전관리부담금

부칙 〈법률 제13545호, 2015.12.1.〉

제1조(시행일) 이 법은 공포 후 1년이 경과한 날부터 시행한다.

제2조(액체 및 기체 상태의 방사성물질등의 배출계획서의 승인에 관한 경과조치) 이 법 시행 당시 종전의 규정에 따라 발전용원자로 및 관계시설을 운영 중에 있는 자 또는 운영하기 위하여 허가를 신청한 자는 이 법 시행일부터 2년 이내에 액체 및 기체 상태의 방사성물질등의 배출계획서를 위원회에 제출하여 승인을 받아야 한다.

부칙 〈법률 제13616호, 2015.12.22.〉

제1조(시행일) 이 법은 공포한 날부터 시행한다. 다만, 제7조의2의 개정규정은 공포 후 3개월이 경과한 날부터 시행하고, 제2조제24호의2 및 제64조제5호의 개정규정은 공포 후 1년이 경과한 날부

터 시행한다.

제2조(설립준비) ① 이 법 시행 전에 「민법」에 따라 설립된 재단법인 한국원자력안전재단(이하 "재단법인"이라 한다)은 이 법에 따른 안전재단의 정관을 2개월 내에 작성하여 위원회의 인가를 받아야 한다.

② 재단법인은 제1항에 따른 인가를 받은 때에는 지체 없이 이 법에 따른 안전재단의 설립등기를 하여야 한다.

제3조(재단법인에 관한 경과조치) ① 재단법인은 안전재단의 설립등기를 완료한 경우에는 「민법」 중 법인의 해산 및 청산에 관한 규정에도 불구하고 해산된 것으로 본다.

② 이 법 시행 당시 재단법인이 관리하고 있는 재산과 권리 · 의무는 안전재단의 설립등기일에 안전재단이 포괄 승계한다.

③ 제2항에 따라 승계된 재산과 권리 · 의무에 관한 등기부나 그 밖의 공부상에 표시된 재단법인의 명의는 안전재단의 명의로 본다.

④ 제2항에 따라 승계한 재산과 관련하여 안전재단 설립 전에 재단법인이 행한 행위와 재단법인에 대하여 행하여진 행위는 안전재단이 행하거나 안전재단에 대하여 행하여진 행위로 본다.

⑤ 안전재단이 설립된 때에는 그 설립 당시의 재단법인의 임직원은 안전재단의 임직원으로 선임 또는 임명된 것으로 본다. 이 경우 임원의 임기는 종전의 재단법인 정관에 따른 임기의 잔여 기간으로 한다.

제4조(공공기관 지정에 관한 경과조치) 이 법 시행 당시 재단법인에 대하여 기획재정부장관이 「공공기관의 운영에 관한 법률」에 따라 공공기관으로 지정한 것은 이 법에 따른 안전재단에 대하여 지정한 것으로 본다.

제5조(허가기준 변경에 관한 경과조치) 이 법 시행 당시 종전의 규정에 따라 방사성폐기물 처분시설의 건설 · 운영 허가를 받은 자는 이 법 시행일부터 2년 이내에 제64조의 개정규정에 따른 허가기준에 적합한 요건을 갖추어 제63조제1항에 따라 허가를 받아야 한다.